21世纪高等学校机械设计制造及其自动化专业系列教材

互换性与技术测量

（第五版）

主编　杨曙年　张新宝　常素萍

主审　李　柱

华中科技大学出版社

中国·武汉

内容简介

本书以各类制造装备制件(包括零、部件和整机)的几何参数为研究对象，介绍涉及设计、制造及使用全过程的几何参数精度理论及相应技术规范、精度的测试评价方法以及精度的设计方法及其应用，这些知识和技能是高等工科院校制造类及仪器仪表类等专业的重要技术基础。

本书第1章和第2章为基本原理部分，其中：第1章介绍互换性原理及其所属学科标准化原理的基本知识；第2章介绍测量技术的基本概念、测量的基本原则，测量数据获取及分析处理的基本方法。第3章、第4章和第5章分别介绍构成制件基本几何要素的尺寸、形状和位置，以及表面粗糙度的精度规范及其设计与应用。第6章和第7章介绍滚动轴承、键与花键、螺纹、锥度与角度，以及齿轮等典型零、部件的几何精度规范及其设计与应用。第8章介绍制件各要素间，以及制件与制件之间相关尺寸的精度联系及尺寸链的基本分析计算方法。

本书引用了基于第二代GPS的最新国家标准和技术资料，在第四版基础上修改完善而成。本书可供高等院校机械类、近机类以及仪器仪表类专业本科教学用，也可供相关专科学生、有关科研院所及工程技术人员参考。

图书在版编目(CIP)数据

互换性与技术测量/杨曙年，张新宝，常素萍主编. —5版. —武汉：华中科技大学出版社，2018.12(2024.7重印)

ISBN 978-7-5680-4907-8

Ⅰ.①互… Ⅱ.①杨… ②张… ③常… Ⅲ.①零部件-互换性-高等学校-教材 ②零部件-技术测量-高等学校-教材 Ⅳ.①TG801

中国版本图书馆CIP数据核字(2018)第296557号

互换性与技术测量(第五版)
HUHUANXING YU JISHU CELIANG

杨曙年 张新宝 常素萍 主编

策划编辑：万亚军
责任编辑：吴 晗
封面设计：原色设计
责任监印：周治超
出版发行：华中科技大学出版社(中国·武汉) 电话：(027)81321913
武汉市东湖新技术开发区华工科技园 邮编：430223
录 排：武汉市洪山区佳年华文印部
印 刷：武汉邮科印务有限公司
开 本：787mm×1092mm 1/16
印 张：20.25
字 数：526千字
版 次：2024年7月第5版第3次印刷
定 价：49.80元

21 世纪高等学校

机械设计制造及其自动化专业系列教材

编审委员会

21世纪高等学校
机械设计制造及其自动化专业系列教材

总　序

"中心藏之，何日忘之"，在新中国成立60周年之际，时隔"21世纪高等学校机械设计制造及其自动化专业系列教材"出版9年之后，再次为此系列教材写序时，《诗经》中的这两句诗又一次涌上心头，衷心感谢作者们的辛勤写作，感谢多年来读者对这套系列教材的支持与信任，感谢为这套系列教材出版与完善作过努力的所有朋友们。

追思世纪交替之际，华中科技大学出版社在众多院士和专家的支持与指导下，根据1998年教育部颁布的新的普通高等学校专业目录，紧密结合"机械类专业人才培养方案体系改革的研究与实践"和"工程制图与机械基础系列课程教学内容和课程体系改革研究与实践"两个重大教学改革成果，约请全国20多所院校数十位长期从事教学和教学改革工作的教师，经多年辛勤劳动编写了"21世纪高等学校机械设计制造及其自动化专业系列教材"。这套系列教材共出版了20多本，涵盖了"机械设计制造及其自动化"专业的所有主要专业基础课程和部分专业方向选修课程，是一套改革力度比较大的教材，集中反映了华中科技大学和国内众多兄弟院校在改革机械工程类人才培养模式和课程内容体系方面所取得的成果。

这套系列教材出版发行9年来，已被全国数百所院校采用，受到了教师和学生的广泛欢迎。目前，已有13本列入普通高等教育"十一五"国家级规划教材，多本获国家级、省部级奖励。其中的一些教材(如《机械工程控制基础》《机电传动控制》《机械制造技术基础》等)已成为同类教材的佼佼者。更难得的是，"21世纪高等学校机械设计制造及其自动化专业系列教材"也已成为一个著名的丛书品牌。9年前为这套教材作序的时候，我希望这套教材能加强各兄弟院校在教学改革方面的交流与合作，对机械工程类专业人才培养质量的提高起到积极的促进作用，现在看来，这一目标很好地达到了，让人倍感欣慰。

李白讲得十分正确："人非尧舜，谁能尽善？"我始终认为，金无足赤，人无完人，文无完文，书无完书。尽管这套系列教材取得了可喜的成绩，但毫无疑问，这套书中，某本书中，这样或那样的错误、不妥、疏漏与不足，必然会存在。何况形势总在不断地发展,更需要进一步来完善,与时俱进,奋发前进。较之 9 年前,机械工程学科有了很大的变化和发展,为了满足当前机械工程类专业人才培养的需要,华中科技大学出版社在教育部高等学校机械学科教学指导委员会的指导下,对这套系列教材进行了全面修订,并在原基础上进一步拓展,在全国范围内约请了一大批知名专家,力争组织最好的作者队伍,有计划地更新和丰富“21 世纪机械设计制造及其自动化专业系列教材”。此次修订可谓非常必要,十分及时,修订工作也极为认真。

“得时后代超前代,识路前贤励后贤。”这套系列教材能取得今天的成绩,是几代机械工程教育工作者和出版工作者共同努力的结果。我深信,对于这次计划进行修订的教材,编写者一定能在继承已出版教材优点的基础上,结合高等教育的深入推进与本门课程的教学发展形势,广泛听取使用者的意见与建议,将教材凝练为精品;对于这次新拓展的教材,编写者也一定能吸收和发展原教材的优点,结合自身的特色,写成高质量的教材,以适应“提高教育质量”这一要求。是的,我一贯认为我们的事业是集体的,我们深信由前贤、后贤一起一定能将我们的事业推向新的高度!

尽管这套系列教材正开始全面的修订,但真理不会穷尽,认识不是终结,进步没有止境。“嘤其鸣矣,求其友声”,我们衷心希望同行专家和读者继续不吝赐教,及时批评指正。

是为之序。

中国科学院院士 杨叔子

2009.9.9

前 言

“互换性与技术测量”以标准化和计量学两个学科的基本理论作为基础，是一门综合性很强的应用技术基础学科。其内容是机械类、近机类以及仪器仪表类等涉及制造和测试计量学科各专业的重要技术基础。

“互换性与技术测量” 以各类制件(包括零、部件和整机)的几何参数为对象，研究制件的精度理论、精度控制规范及其技术实现，主要反映：制件几何参数精度规范的制定和实施，即几何参数精度的标准及标准化；几何参数精度的设计方法，即科学、合理地确定各类制件几何参数值的极限；制件几何参数的检测及精度评价方法，即通过相应的测量方法，来保证制件互换性的实现。“互换性与技术测量”内容的本质涉及制件几何参数精度评价与保证体系的基本原理及其应用，是保证制件具备经济、合理的制造和使用质量的技术基础。

自 20 世纪 90 年代来，国际标准化组织 ISO 根据科技发展水平及实际应用的需求，把需控制几何参数精度的制件统称为“几何产品”，并成立新的技术委员会 ISO/TC213，全面修订 ISO 公差标准，制定并逐步完善“几何产品技术规范与认证”(geometrical product specifications and verification，简称 GPS)体系。该体系的系列标准以现代数字化设计和制造技术、测试计量技术和评价方法为背景，针对产品实际几何参数值具有较强的随机性特征，综合考虑几何产品的功能、规范、制造、测量认证的全过程来规范和检测评价产品的几何精度。GPS 标准对以几何学为基础来规范和控制几何参数精度的传统公差来说是一次大的变革，其对控制产品制造和检测中具有随机性的几何参数的误差更具针对性，对计算机辅助公差设计(computer aided tolerancing，CAT)、计算机辅助测试(computer aided test，CAT)、计算机辅助设计与制造(CAD/CAM)等现代设计制造和检测技术更具适应性。目前，对规范几何产品的精度控制仍处于传统标准体系向现代 GPS 体系的过渡期，且 GPS 体系也在不断完善过程中。本书在以后者为主并兼顾前者的指导思想下，根据几何产品的制作精度和使用精度的客观规律，介绍制件精度控制的基本原理、规范及其技术实现。

由于本书的主要应用对象为高等学校本科生，因而没有单列章节介绍 GPS 体系的构成，而主要介绍各相关标准所涉及的基本概念和基本术语定义，标准的基本构成规律，相应几何参数误差的控制和检测评价方法，以及相应几何参数精度的设计方法和图样标注方法等。本书也可供相关专业专科学生、有关科研院所及工程技术人员参考。

本书(本次修订版)由杨曙年、张新宝、常素萍任主编。各章编写分工为：第 1 章、第 2 章、第 3 章，杨曙年编写；第 4 章、第 5 章、第 6 章，杨曙年、张新宝编写；第 7 章，杨曙年、汪洁、张新宝编写；第 8 章，杨曙年、张新宝编写。本书配套电子资源由常素萍制作完成。本书由李柱审阅。

本书(本次修订版)的编写得到华中科技大学教改基金的资助,编者在此表示衷心感谢;同时也向本书前四版的所有编者致谢!

由于本次修订与上一版修订的时间跨度较大,相关国家标准在基本概念、名词术语定义、评定参数及检测方法等方面有较多变动,导致本版调整修改之处较多,加上编者的水平有限,书中难免有疏忽错误之处,欢迎读者批评指正!

编　者

2018 年 10 月于华中科技大学

目　录

互换性与标准化概论

1.1 互换性概述

1.1.1 互换性的含义

所谓互换性(interchangeability),顾名思义即事物可以相互替换的特性,国家标准GB/T 20000.1《标准化工作指南》称“在具体条件下,诸多产品、过程或服务一起使用,各自满足相应要求,彼此间不引起不可接受的互相干扰的适应能力”为互换性。在工程及日常生活中,产品或制件互换性的体现比比皆是。

如计算机的U盘(USB接口移动硬盘),同一个U盘可在不同计算机上使用,同一计算机也可使用不同厂家的U盘;电视机上的集成芯片损坏了或某功能模块失效了,换装上统一规格型号的新芯片或功能模块,便能保证电视机的正常工作;家用白炽灯泡坏了,到商店购回同一规格的灯泡,装上即可通电照明;自行车、汽车、拖拉机等机械零件损坏后,修理人员迅速换上同规格的新零件,即能满足它们的使用要求。这里提到的U盘、芯片、功能模块、灯泡、机械零件等,在同一规格内可以替换使用,它们都是具有互换性的产品。在制造工程领域中,产品或制件可互换的特性不仅在使用中体现出优越性,而且互换性在产品的研究、开发、设计、制造等全过程中都有重要的作用。

从理论上讲,要使一批产品或制件具有可以互相替换使用的特性,需要将它们的所有实际参数(如尺寸、形状等几何参数及强度、硬度等物理参数)的数值加工制造得完全一样,使得任取其中一件,其应用效果都是相同的。但是,由于实际生产中制造误差不可避免地存在,要获得这样完全一致的产品几乎是不可能的,也不必要。因而在按互换性的原则组织生产时,只要将一批产品或零件实际参数值的变动限制在允许的极限范围内,保证它们充分近似,即可实现互换性并获得最佳的技术经济效益。

至此,可将机械工程中互换性的定义归结为:机器制造中的互换性,是指按规定的几何、物理及其他质量参数的极限范围,来分别制造机器的各个组成部分,使其在装配与更换时不需辅助加工及修配,便能很好地满足使用和生产上的要求。

1.1.2 互换性的分类

根据使用要求以及互换的对象、程度、部位和范围的不同,互换性可分为不同的种类。

1. 按决定参数分

按决定参数或使用要求,互换性可分为几何参数互换性与功能互换性等两类。

(1) 几何参数互换性　几何参数互换性是指通过规定几何参数的极限以保证成品的几何

参数值充分近似所达到的互换性。此为狭义互换性，即通常所讲的互换性，有时也局限于反映保证零件尺寸配合或装配要求的互换性，也是本教材主要涉及的互换性。

（2）功能互换性　功能互换性是指通过规定功能参数的极限所达到的互换性。功能参数既包括几何参数，也包括其他一些参数，如材料力学性能参数、化学、光学、电学、流体力学等参数。此为广义互换性，往往着重于保证除几何参数互换性要求或装配要求以外的其他功能要求。

2. 按方法及程度分

按实现方法及互换程度的不同，互换性可分为完全互换性（极值互换）和不完全互换性等两类。

（1）完全互换性　完全互换性是指零、部件在装配或更换时不仅不需要辅助加工与修配，而且不需选择，即可保证百分之百地满足使用要求的性质。

（2）不完全互换性　不完全互换性是指零、部件在装配或更换时需要选择或做些加工才能完成装配的性质。

不完全互换性通常包括概率互换（大数互换）、分组互换、调整互换和修配互换等几个种类。

① 概率互换　概率互换是指零、部件的设计制造仅能以接近于1的概率来满足互换性的要求的性质。某些生产场合，从制造技术和制造经济性综合考虑，可按概率互换性要求组织生产，允许一批零件中的极少数不能互换。

② 分组互换　分组互换通常用于某些大批量生产且装配精度要求很高的零件。此时若采用完全互换组织生产，则零件互换参数数值的允许变动量将很小，从而加工困难、成本高，甚至无法加工。在这种情况下，可按分组互换性要求组织生产：将零件互换参数数值的允许变动量适当加大，以减小加工难度；而在加工完毕后再用测量器具将零件按实际参数值的大小分为若干个组，使同组零件的实际参数值的差别减小，然后按组进行装配。此时，仅同组内的零件可以互换，组与组之间不可互换。分组互换，既可保证装配精度及使用要求，又使零件易于加工、降低制造成本。例如，滚动轴承内、外套圈及滚动体在装配之前，通常要分十几组甚至几十组；内燃机的活塞、活塞销和连杆在装配前，往往要分为三、四组。

③ 调整互换和修配互换　调整互换和修配互换这两类互换性是提高整机互换性水平的一种补充手段，较多应用于单件小批量生产中，特别是在重型机械和精密仪器制造中。在机构或机器进行装配时，往往必须改变装配链中某一零件实际参数值的大小，以其为调整环来减小或消除（补偿）其他零件装配中的累积误差，从而满足总的装配精度等使用要求。调整互换就是通过更换调整环零件或改变它的位置的互换性质，而修配互换是通过对调整环零件部分材料的修配来改变调整环实际参数值的大小，从而达到对装配精度补偿的目的的互换性质。需要指出的是，此时组成机构或机器装配链中的所有零件仍然按互换性原则制成，装配过程也遵循互换性原则，但必须对调整环进行调整或修配才能达到总装配精度要求。显然，在进行这样的调整或修配后，若要更换机构或机器的组成零件，则必须对调整环重新进行相应的调整或修配。

3. 按部位或范围分

对独立的标准部件或机构来讲，其互换性可分为外互换与内互换等两类。

（1）外互换　外互换是指部件或机构与其外部相配零件间的互换性。例如，滚动轴承内套圈与支承轴、外套圈与轴承座孔之间的配合为外互换。从使用的角度考虑，滚动轴承作为标准部件，其外互换采用完全互换。

(2) 内互换　内互换是指部件或机构内部组成零件之间的互换性。例如，滚动轴承内、外套圈的滚道分别与滚动体(如滚珠、滚柱等)之间的配合为内互换。因这些组成零件的精度要求高，加工难度大，生产批量大，故它们的内互换采用分组互换。

在实际生产组织中，究竟采用何种形式的互换性，要由产品的精度要求与复杂程度、产量大小(生产规模)、生产设备以及技术水平等一系列因素来决定。

1.1.3　互换性的意义

机械工程中互换性的意义体现在产品或制件的设计、制造和使用等方面。

从使用上看，若产品或制件具有互换性，则它们磨损或损坏后，可以方便、及时地用新的备件取代。例如，各种内燃机的活塞、活塞销、活塞环等易损件，各种滚动轴承等易耗件都是按互换性原则生产的。由于零备件具有互换性，因而维修方便，维修时间和费用少，可以保证机器工作的连续性和持久性，从而可显著提高机器的使用价值。

从制造上看，互换性是提高生产水平和进行文明生产的有力手段。装配时，由于零、部件具有互换性，不需辅助加工和修配，故能减轻装配工作的劳动，缩短装配周期，并且可按流水作业方式进行装配工作，乃至进行自动装配，从而可大大提高装配生产率。加工时，由于按互换性原则组织生产，同一部机器上的各个零件可以同时分别按规定的参数极限制造。对于一些应用量大面广的标准件，还可由专门的车间或专业厂单独生产。这样，由于产品单一、数量多、分工细，可广泛采用高效专用加工设备。因而，产量和质量必然会得到明显提高，生产成本随之也会显著降低。

从设计上看，由于按互换性原则来设计，尽量采用具有互换性的零、部件或独立机构以及总成，故可简化计算、绘图等工作，缩短设计周期，也便于各种现代 CAD 方法的应用。这对发展产品的多样化、系列化，促进产品结构、性能的不断改进，都有重大作用。

从上述互换性的作用可知，在机器制造中遵循互换性原则，不仅能显著地提高劳动生产率，而且能有效地保证产品质量和降低成本，因而互换性是机器制造可持续发展的重要生产原则和技术基础。从根本上讲，按互换性原则组织生产，实质上就是按分工协作的原则组织生产，而“分工与协作造成的生产力不费资本分文”，因此可以获得巨大的经济效益。

1.1.4　互换性生产的发展

互换性的产生和发展经历了漫长的历史过程，它与社会的需求及生产技术的发展密切相关。在早期的制造业中，制件中涉及的有相互结合零件，都是按“配作”的方式制造的。在这种情况下，生产效率低下，且有关零件完全没有互换性可言。后来在兵器工业发展需求的刺激下，沙俄帝国图里斯基(Тульский)兵工厂于 1760 年至 1770 年出现了关于利用标准量规进行互换性生产的记载；美国关于按互换性原则大量生产步枪的记载是在 1798 年。虽然我国近代工业的发展处于世界的落后地位，但古代应用互换性原则进行生产的历史则很早。这点可以从秦皇陵兵马俑坑出土的上万件兵器上得到证实。如图 1-1 所示，以出土的弩机(远射程弓箭的扳机)为例，它的几个组成零件都是青铜制品，其中的圆柱销与另两个零件的三个孔分别形成间隙配合，且一批弩机的这些零件都具有互换性。从出土的大量青铜镞(箭头)的实测结果看，不仅每一个镞的三个刃口的分度尺寸以及三个刃口的长度尺寸的差别很小，而且一批镞之间的尺寸差别也很小；同时这批镞的表面光洁，镞尖曲线与现代自动步枪弹头的曲线一致。可见它们已具备相当好的功能互换性。我国机器制造业采用现代互换性原则也是先出现于兵器工业，如1931年的沈阳兵工厂和1937年的金陵兵工厂，均在互换性生产上具有了相当的规模。

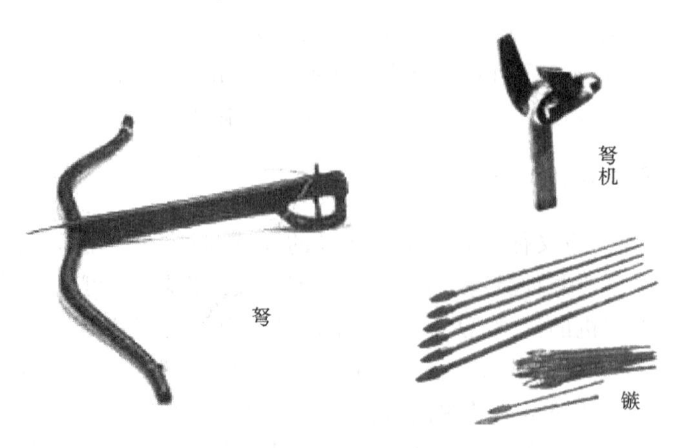

图1-1 秦始皇陵兵马俑坑出土兵器

当今，无论是从广度或深度来讲，互换性生产的发展都已进入了一个新的阶段。不仅由装配互换性发展到功能互换性，由几何参数的互换性发展到其他质量参数的互换性，由成批、大量生产的互换性发展到单件、小批量生产的互换性，而且超出了机械工业的范畴，扩大到了其他行业。其中典型的例子是近年来飞速发展的电子制造工业。由于按互换性原则生产电子工业产品、元器件、功能模块及整机，不但制造成本大幅度降低，而且极大地方便了产品的更新换代，从而丰富了产品的品种，扩大了产量与销售量。另外，在其他一些新兴产业中，也都可以看到互换性原则的应用与发展。可以说，作为一门基础技术科学，互换性原则为当今信息社会的到来及今后的发展已经并将继续做出巨大的贡献。

1.1.5 制造误差与精度设计

1. 互换性与制造误差

按照前述机械工程中互换性的含义，要实现几何参数互换性，首先要按规定的互换性参数的极限范围来加工制造它们。之所以要规定参数的极限范围，是因为在互换性生产的过程(包括设计、加工、检测、装配、使用等)中自始至终都存在误差，这是公理。

为保证互换性，应将实际参数值限制在允许的极限范围内。这里，允许实际参数值在极限范围内的最大变动量称为公差。公差是用于限制误差的，对制件的几何参数而言，通常加工过程中可能出现以下几种制造误差。

(1) 尺寸误差　加工后得到制件的实际尺寸与规定的期望尺寸不一致，二者的差别为尺寸误差。

(2) 几何形貌误差　加工后得到制件几何要素(构成制件几何特征的点、线、面)的实际形貌与规定的理想形貌往往不一致，二者的差别便是几何形貌误差。根据这些几何要素的尺度特征，通常几何形貌误差可分为以下三种。

① 宏观几何形貌误差　宏观几何形貌误差指制件上实际要素整体上与该要素的理想要素之间的差别，通常称为形状误差。如图1-2(轴截面图)所示的实际加工获得的实际圆形轮廓，与其理想圆之间存在圆度误差。

② 微观几何形貌误差　如图1-2所示，制件实际表面放大后，可见存在许多具有间距很小、高度也很小的峰谷，这种微观的几何形貌特征称为表面粗糙度。

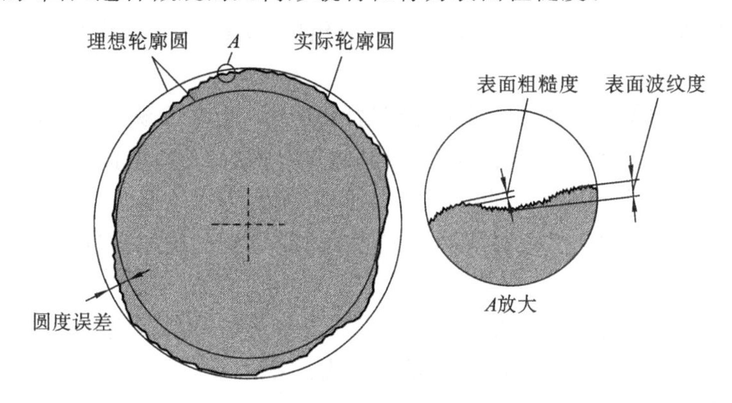

图1-2　几何形貌误差

③ 表面波纹度　如图1-2所示，介于宏观和微观几何形貌误差之间的实际表面几何特征称为表面波纹度，亦称波度。

(3) 几何要素之间的位置误差　制件通常由多个几何要素按一定的相对位置关系构成，而经加工后得到制件各几何要素的实际相对位置往往与其理想相对位置不一致，二者的差别便是位置误差。如图1-3所示的阶梯轴，左端直径为ϕD轴的轴线应与右端直径为ϕd轴的轴线同轴，而加工后两实际轴线往往不同轴，出现相对位置上的误差。

2. 要素

为规范对制件几何参数的描述和对制造误差的控制，国家标准GB/T 18780—2002《产品几何量技术规范(GPS) 几何要素　第1部分　基本术语和定义》将构成制件特定部位几何特征的点、线、面称为要素，把面或面上的线称为组成要素(俗称轮廓要素)，由一个或几个组成要素得到的中心点、中心线或中心面称为导出要素(俗称中心要素)。图1-4所示的为由点、线、面构成一个具有几何特征的零件外形。要素可以是平面、圆柱面、球面、二平行平面、圆锥面、轴线、球心等。

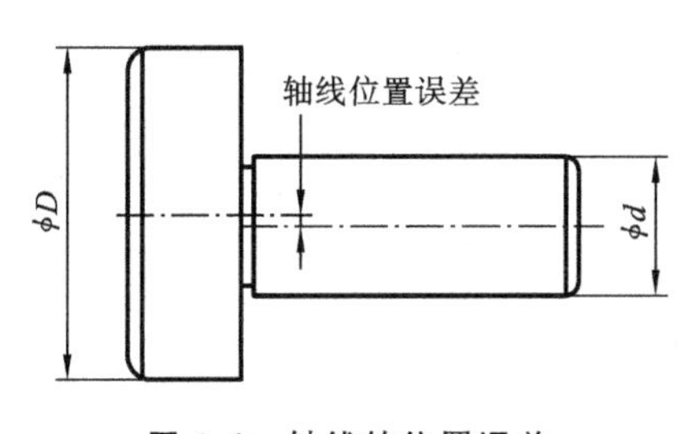

图1-3　轴线的位置误差

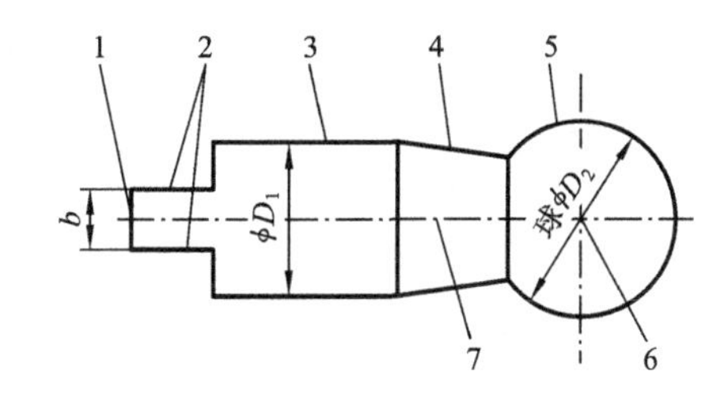

图1-4　要素

1—平面；2—二平行平面；3—圆柱面；4—圆锥面；5—球面；6—球心；7—轴线

针对工件在不同制造阶段要素所处的不同状态，GB/T 18780对要素做了进一步的分类。

设计时，设计者通过技术图样或其他方法来描述所需工件的设计意图，此时要素体现的是理论正确状态。技术图样上给出的理论正确组成要素称为公称组成要素，而由公称组成要素导出的中心点、中心线或中心面称为公称导出要素，如表1-1(a)所示。公称要素是纯几何学意义上的点、线、面等要素，与理论上的没有误差。

加工后，工件的要素体现的是实物。此时工件上实际存在并将整个工件与周围介质分隔的一组要素称为工件实际表面。由接近实际(组成)要素所限定的工件实际表面的组成要素部分称为实际(组成)要素，如表 1-1(b)所示。实际(组成)要素是加工形成的，其与公称要素比，存在加工误差。

检测时，要素体现的是检测器具对工件实物的描述。此时按规定的方法提取实际(组成)要素上的有限点所形成的实际(组成)要素的近似替代，该近似替代称为提取组成要素，而由一个或几个提取组成要素得到的中心点、中心线或中心面称为提取导出要素，如表 1-1(c)所示。提取组成要素的定义意味着，用检测结果对实际(组成)要素的描述是近似的，其与实际(组成)要素比，存在测量误差。

制造误差评价时，按规定的方法由提取组成要素所形成的并具有理想形状的组成要素称为拟合组成要素，由一个或几个拟合组成要素导出的中心点、轴线或中心面称为拟合导出要素，如表 1-1(d)所示。将提取要素与其拟合要素进行比较，可获得该要素的制造误差，其既包含加工误差，也包含测量误差。

表 1-1　零件设计制造不同阶段各要素定义之间的关系

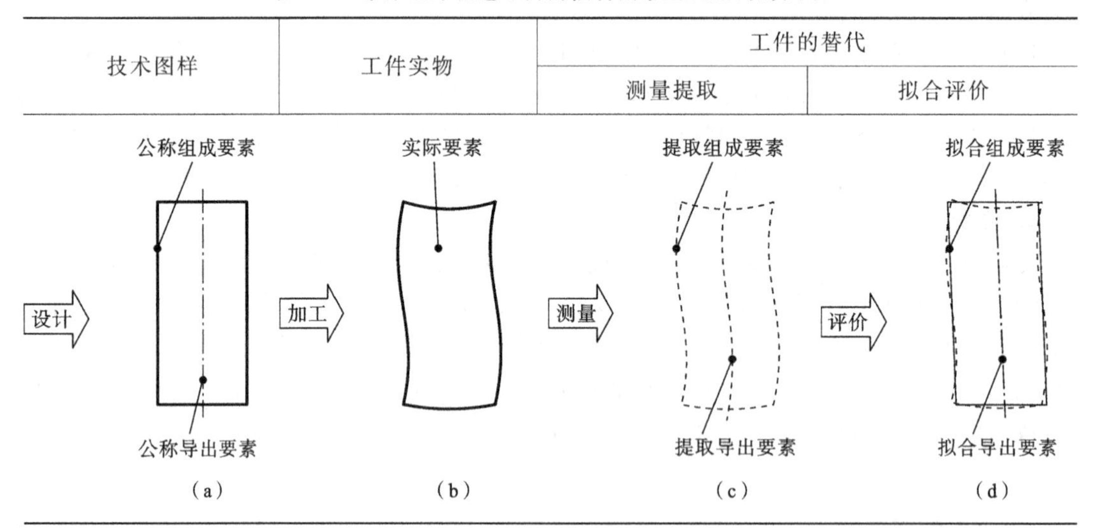

3. 精度设计

设计机器时，通常要考虑其基本动作的实现及其稳定性、传递动力的方式及可靠性、工作精度要求及其保持性、使用的方便性及寿命，以及用规范的工程图样表达出设计的结果，以便付诸制造加工。由此，全部机械设计至少应包含如下几方面的设计内容。

(1) 系统设计　系统设计的主要内容包括确定机器的基本工作原理和总体布局，设计适当的机构实现功能需求的位移、速度和加速度等，同时进行机构工作的稳定设计，以满足机构实现功能的运动学和动力学要求。系统设计又称为原理设计或“一次设计”。

(2) 结构设计　结构设计的主要内容为完成原理设计所定机构的具体结构设计。其包括合理地确定组成机构的具体零、部件及其相互结合部位的基本结构及其基本参数，以满足由具体结构构成的机器系统工作时能承受规定的负荷，满足各构件及相互结合部位的强度、刚度、使用可靠性和寿命要求。结构设计又称为参数设计或“二次设计”。

(3) 精度设计　精度设计的主要内容为确定机器各零、部件及机器几何参数允许的变动及其评定方法。其包括合理地确定这些参数的公差和极限偏差，以及制造中对这些参数的检测和评定方法，以保证机器能正确地进行装配并满足机器工作精度等功能要求。精度设计又称为“三次设计”。

（4）形体设计　形体设计的主要内容为将以上设计的有关结果按规范要求表达在工程图样上，同时在不违背上述设计的基础上，根据人体工程学相关原理完成机器的造型设计。

显然，本课程所涉及的主要是精度设计，即“三次设计”的内容。误差的大小反映精度的高低，误差是精度的度量，因而精度设计过程实质上是对误差的认识、限制和评价的过程。

在机器制造中，为满足整机的使用功能的需求，对具有互换性要求的几何参数通常都要规定参数值的允许变动范围，即参数的精度要求。在原理设计和结构设计获得参数的基本数值后，还需进一步考虑各参数间的精度联系、保证实现各参数精度的工艺可能性及经济性、参数在使用环境中的精度保持性等因素，在此基础上进行参数的精度设计。因而，精度设计更为细化的内容应包含精度的分析、确定、评定、传递、分配、储备、保持及控制等多方面。

1.2　标准化及优先数系

在制造领域中，要实现互换性生产，必须进行各种技术参数（如尺寸参数、几何参数、表面粗糙度参数等）及其公差的设计，制定有关标准；必须进行产品系列化，零、部件通用化，工艺及原材料的标准化（standardization）工作。互换性生产与标准化分不开，且标准化贯彻于互换性生产的全过程，这是广泛实现互换性生产的前提与重要方法，因而各级技术人员和管理人员有必要掌握一定的标准化基本知识。

1.2.1　标准和标准化的意义

1. 标准

GB/T 20000.1《标准化工作指南》给出标准（standard）的定义：标准是为了在一定的范围内获得最佳秩序，经协商一致制定并由公认机构批准，共同使用和重复使用的一种规范性文件。标准宜以科学、技术和经验的综合成果为基础，以促进最佳的共同效益为目的。

“标准”是共同使用和重复使用的一种“规范性文件”。既然是一种“规范性文件”，则须对被规范的对象提出必须满足和应该达到的各方面的条件和要求，对于实物和制件对象还要提出相应的制作工艺过程和检验规范等规定。通常标准以文字规定的形式体现，也可能以“实物标准”体现，如各类计量标准、标准物质、标准样品等。

并非是对于任何事物和概念都可以或需要用“标准”的形式去规范的，而且“规范”也是要有依据和规则的。也就是说，“标准”有它的一些内在的特性。

（1）标准涉及对象的重复性　标准所涉及的对象必须是具有重复性特征的事物和概念。不具重复性的事物和概念，如艺术大师的作品、被强制废止生产的产品等，则无须标准。

（2）对标准涉及对象的认知性　对标准涉及的对象进行规范，必须反映其内在本质并符合客观发展规律，这样才能最大限度地限制它们在重复出现中的杂乱和无序化，从而获得最佳的社会、经济效益。因而，对标准涉及的对象的认知程度是对它们进行规范的基础。所谓认知程度，即涉及这些对象的科学、技术和实践经验的综合成果。随着科技水平的不断发展及人类社会实践经验的不断丰富，人们对客观世界的认知也会随之深化，因而对同一事物制定的标准也必须在不断修订中提高水平。如本书涉及的极限与配合制标准，就随着制造科学与技术及社会经济活动的发展，经历了初期公差制、旧公差制及国际公差制等几个发展阶段。

(3) 制定标准的协商性和发布标准的权威性　标准是一种统一的规范,标准的推行将涉及社会经济利益。因而在制定标准过程中必须既考虑所涉及的各个方面的利益,又考虑社会发展和国民经济的整体和全局的利益。这就要求标准的制定不但要有科学的基础,还要有广泛的调研和涉及利益多方的参与协商。既然是多方参与制定标准,则要由主管部门(权威部门),即公认的机构来组织制定标准和审批及发布标准。这样,在公认的机构的主持下,通过反复地协商来协调部门与整体、局部和全局的利益,并由公认机构以一定形式发布和推行标准,使标准成为一定范围内的统一规范。从而,制定的标准将能使所涉及对象在重复出现中体现出最佳秩序并获得最佳的社会经济效果。

(4) 标准的法规性　标准的制定、批准、发布、实施、修订和废止等,具有一套严格的形式。标准制定后,有些是要强制执行的,如一些医药、食品、环境、安全等标准;而本书涉及的主要是一些技术标准,是各标准涉及范围内由大家共同遵守的统一的"技术依据"或"技术规范"、"规定"。

2. 标准分类

在技术经济领域内,标准可分为技术标准和管理标准两类不同性质的标准。图 1-5 所示的是标准的分类关系。按标准化对象的特征,技术标准可分为基础标准、产品标准、方法标准和安全、卫生、环保标准等四类。管理标准分为生产组织标准、经济管理标准和服务标准三类。下面主要介绍技术标准。

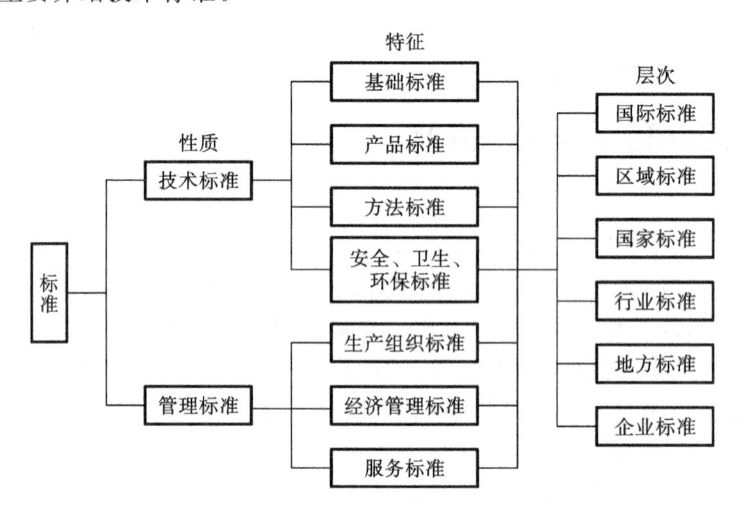

图 1-5　标准分类关系图

(1) 基础标准　基础标准是指以标准化共性要求和前提条件为对象,在较广范围内普遍使用或具有指导意义的标准,如计量单位、术语、符号、优先数系、机械制图、极限与配合、零件结构要素等标准。

(2) 产品标准　产品标准是指以产品及其构成部分为对象,规定要达到的部分或全部技术要求的标准,如机电设备、仪器仪表、工艺装备、零部件、毛坯、半成品及原材料等基本产品或辅助产品的标准。产品标准包括产品品种系列标准和产品质量标准。前者规定产品的分类、形式、尺寸、主要性能参数等,后者规定产品的质量特征和使用性能指标等,如质量指标、检验方法、验收规则,以及包装、储存、运输、使用、维修等。

(3) 方法标准　方法标准是指以生产技术活动中的重要程序、规划、方法为对象的标准,如设计计算方法、设计规程、工艺规程、生产方法、操作方法、试验方法、验收规则、分析方法、采样方法等标准。

(4) 安全、卫生、环保标准 该标准是指专门为了安全、卫生与环境保护目的而制定的标准。

3. 标准的级别

根据适应领域和有效范围，我国标准分为四个级别：国家标准、行业标准、地方标准和企业标准，且后三级标准不得与国家标准相抵触。从世界范围看，有国际标准和国际区域性（或集团性）标准两级。标准分级示意如图1-6所示。

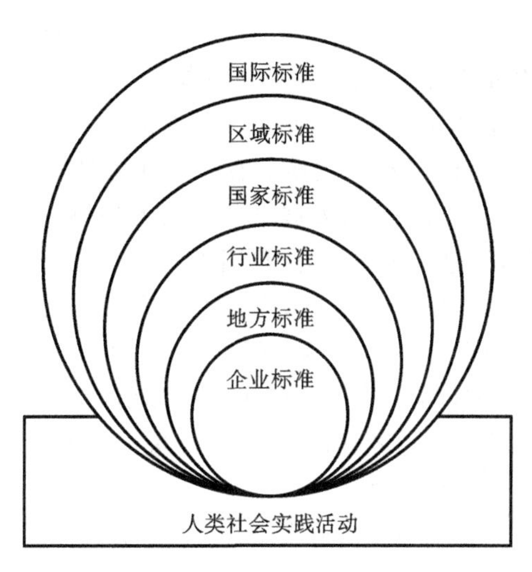

图1-6 标准的分级

国家标准是指对全国经济、技术发展有重大意义而必须在全国范围内统一的标准；行业标准主要是指全国性的行业范围内统一的标准；企业标准是指对企业生产技术组织工作具有重要意义而需要统一的标准。

国际标准通常是指由国际标准化组织（ISO，international standardization organization）和国际电工委员会（IEC，international electrotechnical commission）制定发布的标准。国际区域性（或集团性）标准是指由国际地区（或国家集团）性组织，如欧洲标准化委员会（CEN）、欧洲电工标准化委员会（CENELEC）等所制定发布的标准。

4. 标准化

GB/T 20000.1《标准化工作指南》给出标准化的定义：标准化是为了在一定范围内获得最佳秩序，对现实问题或潜在问题制定共同使用和重复使用的条款的活动。这一活动主要包括编制、发布和实施标准的过程。标准化的主要作用在于为了其预期目的改进产品、过程或服务的适用性，防止贸易壁垒，并促进技术合作。

标准化有如下特征。

(1) 标准化不是孤立的事物，而是一个社会实践的过程 这一过程的基本任务主要是制定标准、贯彻标准，进而修订标准，而主要目的是建立最佳秩序并获取最佳效益。

(2) 标准是标准化活动的核心 随着科技水平的不断发展及贯彻标准实践经验的不断累积，人们对标准化对象的认知也必将随之深化。因而由标准化的目的以及标准的特性可知，标准化过程不是仅制定一次标准就完结的过程，而是在制定→贯彻→修订的不断循环中逐步上升的运动过程，而且每完成一个循环，标准的水平就提高一步。

(3) 标准化是以标准为载体的运动过程 只有载体没有运动，即只制定标准而不贯彻标准，将不会有标准化的效果，因而贯彻标准是取得效果的唯一途径；同时，只贯彻标准，而不通过积累经验、适时采用先进科技成果来修订标准，将不会有标准化的持续发展，也不能保持获得最佳效果。

(4) 标准化是一个相对的概念，在深度和广度上都有程度的差别 无论是一项标准还是一个标准体系都在逐步向更深的层次发展。

5. 标准化的作用

标准化对科技进步与发展、国民经济建设和贸易有着深刻的影响，以下仅从两个方面做简要说明。

(1) 从技术经济上看 标准化是组织现代化大生产的重要手段，是实现专业化协作生产的必要前提,是科学管理的重要组成部分,是提高产品质量的技术保证,是合理开发产品品种的有效措施,也是合理利用资源、保证卫生和安全的有力手段。同时,标准化是联系科学研究、设计、生产、流通和使用等方面的技术纽带,是整个社会经济合理化的技术基础。

(2) 从经济贸易上看　标准化是发展贸易、提高产品在国内外市场上竞争能力的技术保证。在当今经济发展全球化的大趋势下,标准化更显现出至关重要的作用。应该着重提出的是,经过多年的努力,我国于2001年加入了世界贸易组织WTO(world trade organization),它标志着我国正式进入全球经济发展的大舞台。对于标准化在国际贸易及国民经济建设中所扮演的重要角色,有关专家提出了"得标准者行天下"的评价,其基点有如下方面。

① 贸易壁垒的存在　国际贸易是各国(或地区)之间的商品流通。大多数国家为维护自身的社会经济利益,在商品的进出口流通中采取"奖出、限入"的政策,从而国际贸易中存在障碍——贸易壁垒。

在各种贸易壁垒中,与标准化和认证(质量检定)有关的常称为技术壁垒,它在国际贸易中占有非常重要的地位。技术壁垒包括一些严格的技术标准,苛刻的安全、卫生规定,以及繁杂的标签、包装、认证规定等,用于限制商品的进口和在进口国的销售。技术壁垒是在国际贸易中限制进口的重要手段。

② 标准化的双重作用　标准化既是突破贸易技术壁垒,实现各国技术交流和贸易往来的基础,又是构建贸易技术壁垒,实现技术控制和市场占领的手段。

国家或国家集团的经济活动、经济利益和经济发展空间,总是由这些国家的共同标准所统一构筑的标准化空间所防护,以保护空间内成员的利益。这样的贸易技术壁垒阻碍了经济的全球化发展,不利于人类社会的共同进步。世界贸易组织签订的《关税及贸易总协定》(GATT,general agreement on tariffs and trade)中的文件之一:《世界贸易组织技术性贸易壁垒协定》(WTO/TBT,agreement on technical barriers to trade),常称为GATT"标准守则",其目的就是消除或至少是减少国际贸易中由于各国法律、法规和标准的不同所造成的技术壁垒,其主要思想是通过国际标准化活动来进行协调、取得统一。实质上,就是在国际范围内通过标准化来规范和约束全球经济活动的杂乱和无序,取得最佳秩序,获取人类社会经济的最佳效果。

从另一方面讲,标准化也是构建贸易技术壁垒,形成有利于自身经济空间的重要手段。作为一些发展中国家,在进入国际市场的某些经济空间时,必须了解和熟悉它们的各种标准,有目的地提高自身标准化的水平,提高产品质量,为跻身国际市场创造条件。作为发达国家,也须适时减少技术壁垒,采用国际标准,扩大标准化空间,争取更大市场。同时也应看到,目前在许多领域,特别是创新性的领域中或对于一些原创性产品,还没有公认的标准,因此可用标准筑起技术壁垒,在一定的时间内实现技术控制和市场占领。

总之,搞好标准化工作,对提高产品和工程建设质量、提高劳动生产率、搞好环境保护及安全卫生、改善人民生活、促进内外贸易、高速发展国民经济等都有着重要的作用。可以说,标准化是社会可持续发展的重要的技术基础。

1.2.2　标准化的基本原理

标准化的基本原理(原则)是一个尚待探讨的理论问题。它应揭示标准化发展的规律,即反映标准化内在的矛盾运动。由于标准化涉及面广,其内涵和外延极其丰富且相当复杂,人们的认识、理解不一,因此,关于标准化的原理,国内外学术界众说纷纭。主要的代表性学说可归纳如下。

1. ISO/STACO提出的七条原理

国际标准化组织标准化科学原理研究常设委员会（ISO/STACO）于1972年以ISO的名义出版了由桑德斯主编的《标准化的目的与原理》一书，首次提出了标准化的七条原理（原则）。它们是：简化原理、一致同意原理、实施价值原理、选择固定原理、定期修改原理、检验测试原理、法律强制原理。这七条原理概括了标准化的特征，以及制定和贯彻标准的全过程，因而被认为是较全面的。这七条原理是ISO/STACO集体研究的结果，因此被英、法、美、日等国的标准化学术界普遍接受。

2. 中国国内研究中的一些观点

我国标准化学术界关于标准化原理的提法不尽一致，大体上有：简化、统一、协调、优化、重复利用等。在标准化的宏观管理方面，有系统效应原理、结构优化原理、有序化原理及反馈控制原理等。

比较新颖的原理是有序化原理，即认为标准化的实质是抑制状态从有序向无序发展的过程，以延缓"熵"的增加。在此借用了热力学的熵作为标准化的度量。根据热力学第一定律，能量既不能凭空产生，也不能被消灭；而根据热力学第二定律，能量只能沿着一个不可逆转的方向，即耗散的方向转化。物理学意义上的熵，就是不能再被转化做功的能量总和的测定单位。因此，热力学第一定律与第二定律也可概括为"宇宙的能量总和是常数，总的熵是不断增加的"，而熵的增加就意味着有效能量的减少。当宇宙有效能量告罄时，则达到宇宙的热寂。标准化的目的与实质是通过有序化延缓熵的增加，即充分经济地利用有效能量，由此可见标准化特别重要的意义。

3. 标准化原理简述

本书将标准化的基本原理做如下概括。

（1）最佳协调原理　在一定的范围和条件下，按技术及经济的全面要求，可以在标准化系统中的各个组成要素之间找到最好的平衡状态。

标准化系统的组成要素即构成成分，从大的方面讲，包括科学研究、设计、生产、流通、使用等；按具体技术参数讲，包括各有关的技术参数等。

标准化的范围，可以限于一个企业内、一个行业内、一国之内，以及国家之间。在这些范围内，相应的标准化分别体现为企业标准、专业标准、国家标准及国际标准的制定与推行。

标准化有一定的条件，即技术标准的应用条件或前提。对标准化的要求有技术要求和经济指标的要求。前者如精度、寿命、可靠性、承载能力等；后者如成本、消耗、生产率等。

标准化系统各组成要素之间的平衡，也就是它们之间的协调，是对立面的统一。例如，从使用上讲，要求产品品种多样化；而从制造上讲，希望减少品种、增加批量。在制定标准中，类似于协调品种与批量之间的矛盾的过程，即是平衡。

协调是多方面的，从上述组成要素的各个大的方面的协调，到具体技术参数的协调，还包括有关标准之间的协调。协调的科学和技术依据是生产实践、科学实验和优选的经验。

最佳协调原理是标准化的依据。用于产品，则体现为优质产品；用于工艺或试验方法，则体现为先进工艺或先进试验方法；用于设计，则体现为优化设计；用于结构，则体现为合理的结构；用于标准的数学模型，则体现为模型及其参数的最佳化；等等。

值得注意的是，标准化中协调的结果是取得一种平衡，一种追求技术、经济效益及社会效应的平衡。从理论上讲，各组成要素之间的最好的平衡要按技术、经济指标及社会效应来全面衡量。然而,标准化中的协调是人为的。对于企业标准,参与协调的是一个企业中的各有关部门的代表;对于行业标准,参与协调的是各有关企业或行业的代表;对于国际标准,参与协调的是多国的代表。也就是说,标准化中参与协调的是各方利益或利益集团的代表,谁在技术上占优、谁的经济实力强大、谁的政治影响力广泛,则谁将取得协调的主动权,谁就会从制定的标准中获取更多、更大的利益。从这个意义上讲,“得标准者行天下”并不是空穴来风。对于一定的范围和条件,可能有许多协调方案,因而取得的平衡是有条件的相对平衡,应从中找出最好的方案。

(2) 简化统一原理　在标准化系统中,由许多要素构成的集合体,可以通过定性或定量的组成参数,实现简化、统一。

集合体即标准化对象,它由许多要素构成,其特性可用若干定性或定量的参数表示。同时,在这些参数中必定有对集合体的影响处于支配地位的主要参数,它与其他一些参数存在函数关系或相关关系,从而影响其他参数的变化。主参数可以是一个或若干个,例如,动力机械的功率和转速,车床的中心高(允许工件的最大直径),滚动轴承的配合尺寸,齿轮的模数,孔、轴配合的直径、螺纹的大径等。

各种技术参数通常都可以有许多不同的数值。从生产要求来讲,希望扩大数值的间隔,尽量减少参数数值的个数,以增加具有同一参数数值产品的批量。这样将有利于生产管理及采用先进工艺并降低成本。而从使用要求来讲,参数数值的间隔过大是不好的,但间隔过小也无必要,甚至不便。因此,应对技术参数数值进行分档、归并,只选用其中有限个数值,以实现简化和统一。

简化统一原理用于产品时,表现为产品的系列化;用于零、部件时,表现为零、部件的通用化;用于结构要素时,表现为结构要素的标准化。

在极限与配合中,互换性参数的确定、基本尺寸的标准化、尺寸分段、公差分级、配合分类、基孔制与基轴制等,都是极限与配合标准中体现简化统一原理的例子。

(3) 分解合成原理　标准化系统中的集合体,都可层层分解为基本标准化单元;反之,各个基本标准化单元也可合成为标准化集合体。

在标准化系统中,对具有不同个性的集合体,通过层层分解为基本单元后,可以从基本单元上找到更多的共性和相似性,这是进行标准化的基础。而通过基本标准化单元的合成,则可达到集合体的标准化。例如,组合机床和组合夹具就是体现分解合成原理的典型,这是实际领域的例子。再如,国际公差制中的标准公差系列和基本偏差系列,也是体现分解合成原理的典型,这是抽象领域的例子。

(4) 优选再现原理　对标准化系统中由许多要素构成的集合体,可以主动重复再现其组成要素间的最佳协调。

所谓优选,即探求并确定各组成要素处于最佳协调时的集合体,是标准化中实现最佳协调原理的过程。例如,探求并确定优质机器、先进工艺等。

由于各组成要素间的最佳协调是有条件的,故可通过实现此条件来主动重复获得要素间的最佳协调,而且这是一种自觉的、有组织的社会活动。例如,主动发展优质产品,推广先进工艺等。

按优选再现原理,充分利用创造性劳动成果,免除重复探索性劳动的损失,反复应用成功的经验,故可获得巨大的经济效益。

(5) 稳定过渡原理　标准化系统中,各组成要素间的最佳平衡都应保持一段时间的相对稳定,然后才能而且必须过渡到新的最佳平衡。

平衡都是有条件的,约束条件一旦变化,平衡即被破坏。但标准化系统中各组成要素间的最佳平衡都必须保持一段时间的相对稳定性,或者说,保持相对的固定性,这样才能使标准化获得经济效益。条件变化后,原有平衡不一定立即改变,因为原有平衡是以全局利益为前提的。只有当条件的变化累积发展到一定的程度,以至从全局利益看,原有最佳平衡失效,这时才能而且必须向新的最佳平衡过渡。一个好的技术标准,既要有先进性,也要有稳定性和继承性。或者说,技术标准的发展规律应按阶梯状上升发展。一个能长期稳定且保持先进性的标准是最好的标准。在标准化工作中,注意体现标准的"超前"性,就是为了在保证标准先进性的同时尽可能延长标准的稳定期。

在极限与配合标准体系中,国际公差制之所以能顺利取代"旧公差制",主要是由于国际公差制的基本结构优越,既可适应生产发展的需要,延伸或插入标准公差与基本偏差,又能保持基本结构的稳定。这也是体现稳定过渡原理的事例。

在上述标准化原理中,"最佳协调原理"概括了标准化的意义与依据;"简化统一原理"与"分解合成原理"概括了标准化的方法;"优选再现原理"与"稳定过渡原理"则概括了标准贯彻与修订的关系。其中,"最佳协调原理"是标准化最基本的原理,是其他原理的基础。

1.2.3　技术参数数值系列的标准化

在工程技术中,经常要用到一些按一定规律排列的数值系列,它们把处处稠密、处处连续的实数离散化或简化,并通过数值系列的排列规律,在尽量满足使用需求的前提下,最大限度地限制工程应用中对数值需求的无序化发展,从而获得最佳的技术经济效益。其中广泛用于各种技术参数的优先数系,是数值标准化的重要内容。

1. 技术参数数值系列标准化的目的

在生产中,当选定一个数值作为某种产品的参数指标时,这个数值就会按照一定的规律向一切相关制品、材料等有关的参数指标传播、扩散。例如,动力机械的功率与转速的数值确定后,它们不仅会传播到有关机器的相应参数上,而且必然会传播到其本身的轴、轴承、键、齿轮、联轴器等一整套零、部件的尺寸和材料特性参数上,并继而传播到加工和检验这些零、部件的刀具、夹具、量具以及专用机床等相应的参数上。这种技术参数数值的传播,在生产实践中是极为普遍的现象。它既发生在相同的量值之间,也发生在不同的量值之间,并且跨越行业和部门的界限。而工程技术中的参数数值,即使是很小的差别,经过反复传播,也会引起尺寸规格的繁多杂乱,给生产组织、协作配套以及使用维修等带来很大的困难。因而,对于各种技术参数,必须从全局出发加以协调,实现数值系列的标准化。

另一方面,从方便设计、制造(包括协作配套)、管理、使用和维修等方面考虑,对于技术参数的数值,也应进行适当的简化和统一。

目前,用于数值分级的数值系列主要有:一般数值系列(如算术级数、阶梯算术级数等)、优先数系列、模数系列和 E 系列等。

2. 优先数系的构成规律

优先数(preferred number)和优先数系(series of preferred numbers)就是对各种技术参

数的数值进行协调、简化和统一的一种科学的数值分级制度。

提及数值分级，人们很容易就想到采用各相邻项数值的绝对差相等的算术级数(等差级数)。然而，算术级数数值序列中，相邻项数值的相对差不等，且序列数值跨度越大，相对差的变化也越大。例如，由自然数构成的等差级数序列中，1 与 2 之间的相对差为 100%，而 10 与 11 之间的相对差仅 10%。此外，若技术参数按算术级数分级，在它们参与工程运算后，结果往往不再是算术级数中的项了，这将不利于数值的传播。例如，若对轴径 d 的数值按算术级数分级，则相应算出的轴的截面积 $A=\pi d^2/4$ 的数列就不再是算术级数了。因而算术级数不宜用做优先数系。

若按几何级数(等比级数)对数值进行分级，则可避免上述缺点。例如，首项为 1，公比为 q 的几何级数数值系列，其相邻项的相对差都是$(q-1)\times 100\%$，从而在整个数系中，数值的分布相对均匀。同样以上述轴的直径 d 和截面积 A 为例，当 d 为公比为 q 的几何级数序列时，A 则为公比为 q^2 的几何级数数值系列；同时，由材料力学知识可知，该轴传递转矩的能力同其直径 d 的三次方成正比，即转矩将是一个公比为 q^3 的几何级数数值系列。可见，按几何级数对数值进行分级，将使数值的传播有序化。

由此可知，工程技术中的主要参数若按几何级数分级，不但数系中数值分布相对均匀，而且经过数值传播后，与其相关的其他量的数值也有可能按同样的数学规律分级。因而按几何级数的规律构成优先数系，将能获得很好的技术经济效果。

3. 优先数系的标准

现在普遍采用的优先数系是一种十进制的几何级数。它的基本构成规律如下。

(1) 数系的项值依次包含：…，0.001，0.01，0.1，1，10，100，…这些数，即由 $10^{\pm N}$(其中 N 为整数)组成的十进数序列。

(2) 十进数序列按：…，0.001～0.01，0.01～0.1，0.1～1，1～10，10～100，100～1000，…的规律分成为若干区间，称为“十进段”。

(3) 每个“十进段”内都按同一公比 q 细分，形成一个公比为 q 的几何级数数值系列。这样，可根据实际需要取不同的公比 q，从而得到不同分级间隔的数值系列，形成优先数系。

我国标准 GB/T 321—2005《优先数和优先数系》采用的优先数系与国际标准 ISO3:1973 相同，其适用于各种量值的分级，特别是在确定产品的参数或参数系列时，应按该标准规定的基本系列值选用。标准中，优先数系分别用系列代号 R5、R10、R20、R40、R80 表示。这五种优先数系的公比分别用代号 q_5、q_{10}、q_{20}、q_{40}、q_{80} 表示，下标 5、10、20、40、80 分别表示各系列中每个“十进段”被细分的段数。即，R5 系列中每个十进段被细分为 5 个小段；R10 系列相应分为 10 小段；R20 系列相应分为 20 小段；R40 系列相应分为 40 小段；R80 系列相应分为 80 小段。各系列公比数值如下。

对于 R5 系列，$q_5=\sqrt[5]{10}\approx 1.5849\approx 1.6$；

对于 R10 系列，$q_{10}=\sqrt[10]{10}\approx 1.2589\approx 1.25$；

对于 R20 系列，$q_{20}=\sqrt[20]{10}\approx 1.1220\approx 1.12$；

对于 R40 系列，$q_{40}=\sqrt[40]{10}\approx 1.0593\approx 1.06$；

对于 R80 系列，$q_{80}=\sqrt[80]{10}\approx 1.0294\approx 1.03$。

其中，R5，R10，R20，R40 为基本系列，也是常用系列，它们的数值如表 1-2 所示；而 R80 则为补充系列，用于数值间隔要求更为细密的场合，其数值如表 1-3 所示。

表 1-2　优先数基本系列

常用值				计算值①	常用值与计算值间相对差/(%)
R5	R10	R20	R40		
1.00	1.00	1.00	1.00	1.0000	0
			1.06	1.0593	+0.07
		1.12	1.12	1.1220	−0.18
			1.18	1.1885	−0.71
	1.25	1.25	1.25	1.2589	−0.71
			1.32	1.3335	−1.01
		1.40	1.40	1.4125	−0.88
			1.50	1.4962	+0.25
1.60	1.60	1.60	1.60	1.5849	+0.95
			1.70	1.6788	+1.26
		1.80	1.80	1.7183	+1.22
			1.90	1.8836	+0.87
	2.00	2.00	2.00	1.9953	+0.24
			2.12	2.1135	+0.31
		2.24	2.24	2.2387	+0.06
			2.36	2.3714	−0.48
2.50	2.50	2.50	2.50	2.5119	−0.47
			2.65	2.6607	−0.40
		2.80	2.80	2.8184	−0.65
			3.00	2.9854	+0.49
	3.15	3.15	3.15	3.1623	−0.39
			3.35	3.3497	+0.01
		3.55	3.55	3.5481	+0.05
			3.75	3.7584	−0.22
4.00	4.00	4.00	4.00	3.9811	+0.47
			4.25	4.2170	+0.78
		4.50	4.50	4.4668	+0.74
			4.75	4.7315	+0.39
	5.00	5.00	5.00	5.0119	−0.24
			5.30	5.3088	−0.17
		5.60	5.60	5.6234	−0.42
			6.00	5.9566	+0.73

续表

常　用　值				计算值①	常用值与计算值间相对差/(%)
R5	R10	R20	R40		
6.30	6.30	6.30	6.30	6.3096	−0.15
			6.70	6.6834	+0.25
		7.10	7.10	7.0795	+0.29
			7.50	7.4989	+0.01
	8.00	8.00	8.00	7.9433	+0.71
			8.50	8.4140	+1.02
		9.00	9.00	8.9125	+0.98
			9.50	9.4406	+0.63
10.00	10.00	10.00	10.00	10.0000	0

注:① 对理论值取5位有效数字的近似值,计算值对理论值的相对误差小于1/20000。

表1-3　优先数补充系列

R80常　用　值									
1.00	1.25	1.60	2.00	2.50	3.15	4.00	5.00	6.30	8.00
1.03	1.28	1.65	2.06	2.58	3.25	4.12	5.15	6.50	8.25
1.06	1.32	1.70	2.12	2.65	3.35	4.25	5.30	6.70	8.50
1.09	1.36	1.75	2.18	2.72	3.45	4.37	5.45	6.90	8.75
1.12	1.40	1.80	2.24	2.80	3.55	4.50	5.60	7.10	9.00
1.15	1.45	1.85	2.30	2.90	3.65	4.62	5.80	7.30	9.25
1.18	1.50	1.90	2.36	3.00	3.75	4.75	6.00	7.50	9.50
1.22	1.55	1.95	2.43	3.07	3.85	4.87	6.15	7.75	9.75

优先数系中的每一个数即为优先数。按理论公比计算所得的优先数的理论值为无理数,实际应用中不便。优先数系标准制定中,取理论值的5位有效数字的近似值作为计算值,其与理论值的相对误差小于1/20 000,主要用于精度要求高的计算;再对计算值作保留3位有效数字的圆整,得到的数为常用值,其对计算值的最大相对误差为+1.26%～−1.01%。

4. 优先数系的主要优点

1) 数值分级合理

数系中各相邻项的相对差相等,即系列中数值间隔相对均匀。因而选用优先数系,技术参数的分布经济合理,能在产品品种规格的数量与用户实际需求之间达到理想的平衡。

2) 规律明确,利于数值的扩散

优先数系是等比数列,其各项的对数又构成等差数列;同时任意两优先数理论值的积、商和任一项的整次幂仍为同系列的优先数;依次从R5、R10、R20、R40到R80,后一系列包含前一系列的全部项值。这些特点能方便设计计算,同时有利于数值的扩散。

3) 国际统一的数值制,共同的技术基础

优先数系是国际上统一的数值分级制,是各国共同采用的基础标准;它适用于不同领域各种技术参数的分级,为技术经济工作上的统一和简化,以及产品参数的协调提供了共同的基础。

4）具有广泛的适应性

优先数系的项值可向两端无限延伸，因而优先数的范围是不受限制的。

同时在任一个优先数系中，每 P 项取一项值可组成该系列的派生系列。例如，若从 R10 系列中每三项取一个值，则根据首项的取值可构成多种 R10/3 系列，当首项取 1 时，构成的系列为：1.00，2.00，4.00，8.00，…；首项取 1.25 时，构成的系列为：1.25，2.50，5.00，10.00，…。派生系列给优先数系数值及数值间隔的选取带来更多的灵活性，因而也给不同的应用带来更多的适应性。

另外，优先数系不仅广泛应用于技术标准的制定，也广泛用于尚未标准化的对象。这样，可使各种技术参数数值的选择，从一开始就纳入标准化的轨道，尽量减少非标准数据，为以后进行标准化奠定基础。

结语与习题

Ⅰ. 本章的学习目的、要求及重点

学习目的：了解本门学科的任务与基本内容，调动学习本门课程的主观能动性。

要求：了解互换性生产的分类、意义及优越性；了解几何参数的制造误差的类别，建立精度设计的概念；了解标准及标准化的基础知识，包括标准的定义、分级和分类、标准化的意义和基本原理，以及数值系列的标准化。

重点：互换性的意义（优越性）；数值分级方法。

Ⅱ. 复习思考题

1. 试列举互换性应用的实例，并做分析。
2. 在单件生产，例如只做一台机器，其中是否会涉及互换性的应用？为什么？
3. 试对互换性的原理或原则进行探讨。
4. 简述互换性与制造误差、精度设计及标准化的关系。
5. 试对标准化的原理或原则进行探讨。
6. 试证明同一公比优先数系中，任意两优先数理论值的积、商和任一项的整次幂仍为优先数。

技术测量概论

2.1 技术测量的基本知识

著名的俄国科学家门捷列夫曾说过:“没有测量,就没有科学。”当代科学巨匠爱因斯坦也直接指出:“测量就是科学。”可见,计量学作为一门独立学科的科学地位,以及在人类科学发展和技术进步中的重要作用。

所谓测量,是将被测量与计量单位量(或标准量)进行比较,从而确定二者比值的实验过程。若以 Q 表示被测的量,以 u 表示单位量,二者的比值为 $x=Q/u$,则有

$$Q=x\times u$$

此即测量结果的一般表达,表示所得被测量 Q 的量值为用测量单位 u 表示的被测的量的数值 x。

测量过程包括测量对象、测量单位、测量方法、测量器具、测量操作者及测量环境等要素。由于测量过程诸要素的缺陷及不稳定性,测得的量值与被测量的真值总有差别,这就是测量误差。

测量几乎涉及人类社会生活和科学技术发展的方方面面。在自然科学领域里,我国计量学界习惯上按物理学类别把测量分为长度、力学、热工、电磁、无线电、时间频率、化学、声学、电离辐射和光学等类别的测量,俗称“十大计量”。在机械制造的互换性生产中对制件几何参数的测量,称为几何量计量,主要涉及的是长度计量,包括制件的尺寸、要素的形状及表面粗糙度,以及要素间的角度和位置等几何量,习惯上也称为技术测量或精密测量。

2.1.1 计量单位与量值传递系统

各种物理量都有它们的度量单位,并以选定的物质在规定条件下所显示的数量作为基本度量单位的标准,即计量单位是度量同类量值的一个标准量。为了规范人类生活、生产、科学技术以及经贸活动的秩序,必须建立科学、适用的计量单位制以及从计量单位到测量实践的量值传递系统,以保证计量的准确、可靠和统一。

1. 计量单位

1948 年第九届国际计量大会要求国际计量委员会创立一种简单而科学的、供所有米制公约组织成员国均能使用的实用单位制。1954 年第十届国际计量大会决定以度量长度的单位米(m)、质量的单位千克(kg)、时间的单位秒(s)、电流的单位安培(A)、温度的单位开尔文(K)和光强的单位坎德拉(cd)作为基本单位。1960 年第十一届国际计量大会决定把以这六个单位为基本单位的实用计量单位制命名为“国际单位制”,并规定其符号为“SI”(système international d'unités[法])。1971 年的第十四届国际计量大会又决定把度量物质的量的单位摩尔(mol)增设为基本单位。国际单位制,即米制(公制)的诞生,是世界计量史上的一个重要里程

碑，标志着全人类计量语言的真正统一。目前除少数国家外，世界大多数国家和地区普遍采用国际单位制。我国政府于1977年5月20日在米制公约上签字，成为该公约的签字国。

2. 长度基准

国际单位制的长度单位“米”是在规定条件(定义)下体现长度量值的一个标准量，对其基本的要求是统一、准确、稳定可靠、易于复现。米的定义随着技术的发展和进步而不断更新和完善。

我国古代度量衡学与音律学密切相关。古代音乐文明的发展要求乐器间音调的和谐与标准音高确定和统一，但音高是一个模糊的概念。由现代声学可知，借助一定管长、管径及壁厚形成的共振腔发出声音的音高是确定的。而我国古代先民早就认识到这一自然规律，借此创造了“黄钟律管”，并于5000年前就产生了国家标准律管。《汉书·律历志》载：“度者，分、寸、尺、丈、引也，所以度长短也。本起于黄钟之长……”这实际上是基于律管的声学特征与尺度特征的统一，将决定黄钟律管共振频率的参数之一，即以管长作为确定长度单位的基准。

长度单位“米”(metre)最早起源于法国，1791年获法国国会批准，以通过巴黎的地球子午线全长的四千万分之一作为长度单位“米”。但作为国际统一的长度单位“米”，是在其后近100年的1889年，由第一届国际计量大会决定，按该定义用铂铱合金制作的一批1“米”长度合金棒中，编号为No.6的一个为“国际米原器”(IPM，international prototype metre)，即“米”的实物基准，并作为世界上最有权威的长度基准器保存在巴黎国际计量局。

由于金属内部的不稳定性、存放受力及环境影响，国际米原器并非稳定可靠，同时各国定期要将国家基准米尺送往巴黎与国际米原器校对亦有不便，更重要的是国际米原器0.1 μm的精度逐步不适应科学和技术发展的需要。第二次世界大战后，德国科学家研制了氪86(^{86}Kr)低压气体放电灯，其在一定条件下由氪86同位素原子辐射出的橙黄色谱线的真空波长值是个“定”值。因此1960年第十一届国际计量大会对“米”作了新的定义：“米的长度等于氪86(^{86}Kr)原子在$2P_{10}$和$5d_5$能级之间跃迁的辐射在真空中波长的1650763.73倍。”这一以光波波长作为长度单位的自然基准，性能稳定，没有变形问题，容易复现，而且复现精确度可以达到0.001 μm。我国于1963年也建立了氪86(^{86}Kr)同位素长度基准。

随着科学技术的进步，20世纪60年代激光器的问世，以及之后对激光频率和波长测量的精确度极大提高，用激光测速法测量光速的精度达到10^{-9}，提高了约100倍。1975年第十五届国际计量大会决议公布，现代真空中光速的可靠值是：$c=299\ 792\ 458 \pm 0.001$ km/s。1983年第十七届国际计量大会通过了米的新定义：“米是光在真空中1/299 792 458 s的时间间隔内所传播路径的长度。”这一新定义的特点在于，把真空光速值作为固定不变的基本物理常量，长度量值可以通过测量光在真空中传播的时间导出。采用光的行程作为长度基准，可以保证长度计量的稳定、可靠和统一，同时复现方便且不确定度可达$\pm 2.5\times 10^{-11}$。

3. 长度量值传递

为了保证人类生活、生产、科学技术以及经贸活动实践中长度量值的统一，必须建立从长度基准到实际应用中使用的各种计量器具(量具、量仪)，直至被测对象的长度“量值传递”及其逆过程“量值溯源”规范。根据这一规范，可将国际、国家基准所复现的长度计量单位的量值通过各级计量标准器逐级传递到工作计量器具，从而保证被测对象所测得的量值准确一致。我国保证量值统一的法律依据是《中华人民共和国计量法》，其中明确规定“计量检定必须按照国家计量检定系统表进行”。计量检定系统表及相应检定规程、规范等为量值传递工作提供法制保证和技术依据。计量检定系统表的内容是国家对计量基准到各等级计量标准器具直至工作计量器具的主从检定关系所做的技术规定。

对于长度量而言，从复现“米”定义的基准到测量实践之间的量值传递媒介包括线纹尺(standard scale)和量块(块规，gauge block)，它们是机械制造中的实用长度基准。图 2-1 所示的为长度计量器具(量块部分)检定系统表框图，该框图示出了以量块为媒介的长度量值检定系统，包括长度计量基准器、长度计量标准器和工作长度计量器等三个层次。长度计量基准器，由复现“米”定义准确长度的国家长度基准、长度副基准和工作长度基准器构成。国家长度基准是国内长度量值传递的起点，亦是量值溯源的终点；长度副基准通过与长度基准比对得

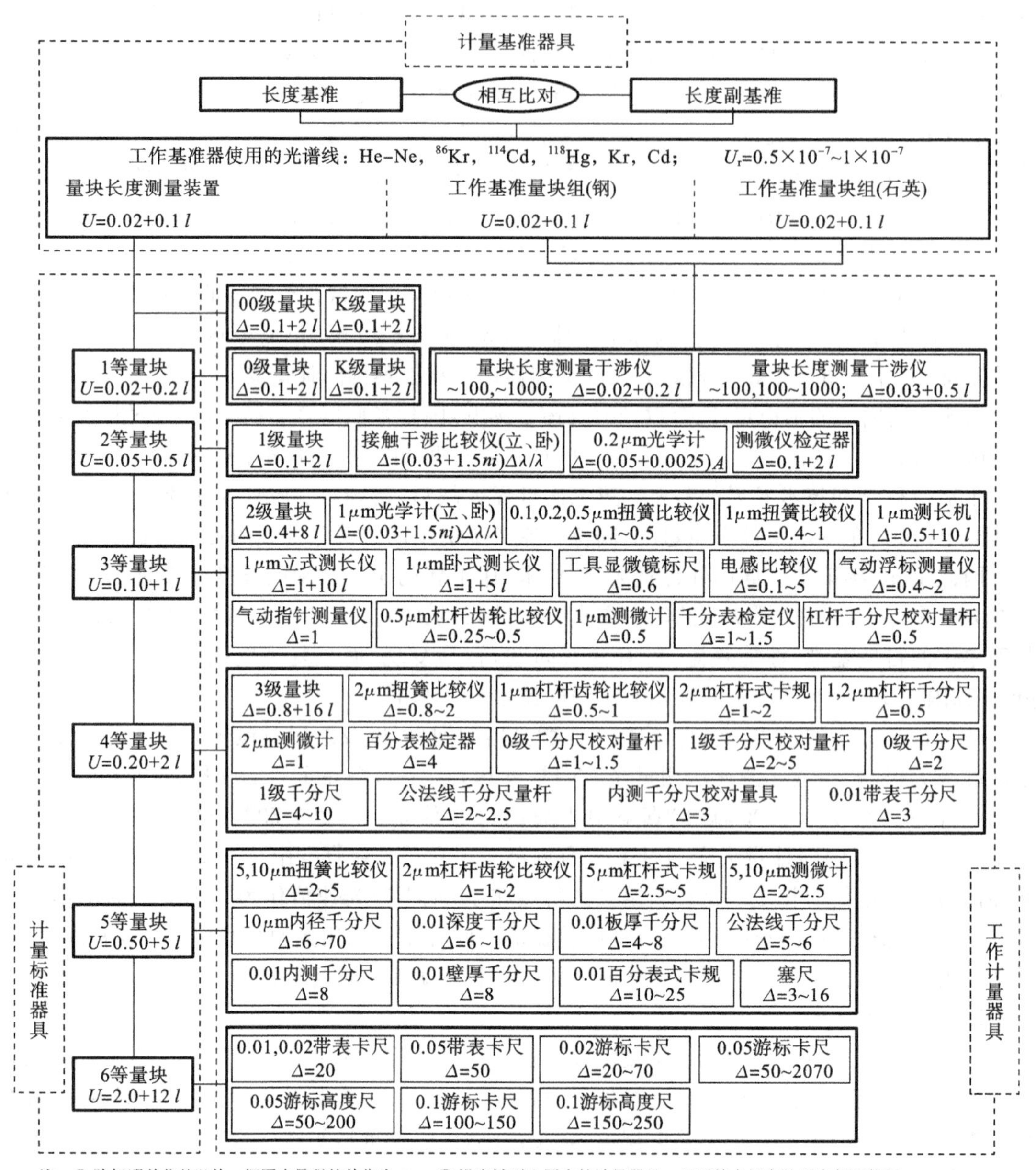

注：① 除标明单位的以外，框图中量程的单位为 mm；② 没有被列入图中的计量器具，只要符合规定的要求都可使用。

图 2-1 长度计量器具(量块部分)检定系统表框图

U_r—测量结果总的相对不确定度(置信限)(μm)；U—测量结果总的绝对不确定度(置信限)(μm)；Δ—示值误差(μm)；l—被测的长度(m)；n—Δ 检定时，受检间隔在仪器标尺上读出的格数；i—示值的分度值；λ—滤光片波长(μm)；Δλ—滤光片波长的测量误差(μm)；A—Δ 公式中被测与标准二者长度之差在仪器上的读数值(μm)

到，用于代替国家基准的日常使用及验证；工作长度计量基准器包括量块长度测量装置和基准量块组两类，通过与国家长度基准或副基准比对或校准，分别用于检定长度计量标准器（图 2-1 所示等、级的量块）和量块长度测量干涉仪。长度计量标准器用于检定或校准工作长度计量器，即实际工作中广泛使用的、不同精度的长度测量器。

4. 实用长度基准

在长度量的计量检定系统中，量块作为长度计量标准器传递尺寸，同时量块的尺寸也可以通过工作长度计量基准器溯源至国家长度基准。在机械制造及精密测量实际工作中，量块被广泛用做标准长度来检定或校准量具和量仪，比较测量时用于调整仪器的零位，有时允许低精度量块直接用于检验零件或者用于机械加工中的精密划线、机床精密调整等工作。因而，通常把量块称为实用长度基准。

量块用耐磨材料制造，横截面为矩形，是具有一对相互平行测量面的长方体实物量具，图 2-2(a)所示的为量块的示意图。如图 2-2(b)所示，量块一个测量面上的任意点到与其相对的另一测量面相研合的辅助体（材料和表面质量应与量块相同）表面之间的垂直距离为量块的长度 l，对应于量块未研合测量面中心点的量块长度为量块中心长度 lc 。中心长度标记在量块上，用于表明其与长度单位“米”之间关系的量值称为量块的标称长度 ln，也称为量块长度的示值，如图 2-2(a)所示量块的示值为 40 mm。

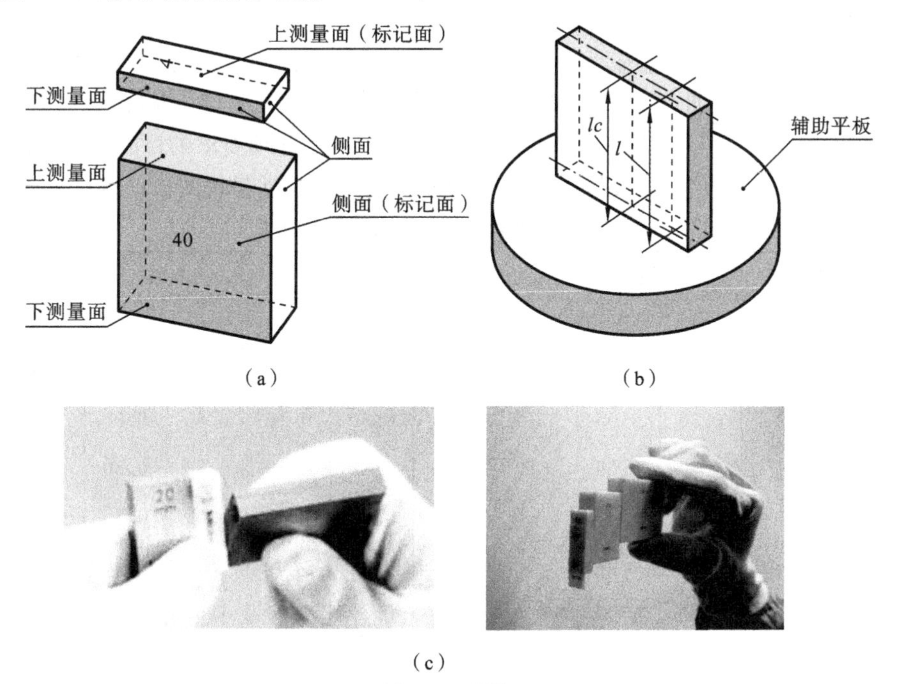

(a) (b)

(c)

图 2-2 量块

量块由优质钢或能被精加工成容易研合表面的其他类似耐磨材料制造，一般都用铬锰钢，或用线膨胀系数小、性质稳定、耐磨、不易变形的其他材料制成。在温度为 10～30℃范围内钢制量块的线膨胀系数应为$(11.5\pm1.0)\times10^{-6}\ K^{-1}$，测量面的硬度应不低于 800HV0.5（或 63HRC）；在不受异常温度、振动、冲击、磁场或机械力影响的环境下量块长度尺寸稳定性要求如表 2-1 所示。

量块具有可研合特性。量块的可研合性是指量块的一个测量面与另一量块测量面或与另一经精加工的类似量块测量面的表面通过分子力的作用而相互黏合的性能。此种现象是因为

表 2-1　量块尺寸稳定性要求

级别	量块长度最大允许年变化量
K、0	$\pm(0.02\ \mu m+0.25\times10^{-6}\times ln)$
1、2	$\pm(0.05\ \mu m+0.5\times10^{-6}\times ln)$
3	$\pm(0.05\ \mu m+1.0\times10^{-6}\times ln)$

注:ln 为量块标称长度,单位为 mm。

量块测量面经过精细加工,表面极为光洁、平整,其表面形貌要求如表 2-2 所示。当测量面上留有极薄一层油膜(约0.02 μm)时,加少许压力把两个量块的测量面相互推合,由于分子之间存在吸引力,两个平面将黏合在一起,如图 2-2(c)所示。量块的这一特性使其测量面可以和另一量块的测量面相研合而组合使用,形成所需的不同尺寸,也可以和具有类似表面质量的辅助体表面相研合而用于量块长度的测量。

表 2-2　量块测量面表面形貌要求

级别		K 级	0 级	1 级	2、3 级
平面度公差 /μm	$0.5\leqslant ln\leqslant150$	0.05	0.10	0.15	0.25
	$150<ln\leqslant500$	0.10	0.15	0.18	0.25
	$500<ln\leqslant1000$	0.15	0.18	0.20	0.25
表面粗糙度 Ra/μm		0.01		0.016	

注:ln 为量块标称长度,单位为 mm。

作为一种长度计量标准器和实用长度标准量具,国家标准规定以中心长度 lc 的尺寸衡量量块的尺寸精度。对量块尺寸有两项具体要求,一为量块测量面上任意点长度 l 相对于标称长度 ln 的极限偏差 $\pm t_e$,此项要求的目的在于控制测量面各点处的量块实际尺寸偏离其标称尺寸的分散程度;另一要求为,量块长度 l 变动量最大允许值 t_v,此项要求的目的在于通过限制长度变动量控制两个测量面的平行度误差。表 2-3 所示的为部分尺寸量块的 $\pm t_e$ 和 t_v 的规定值。

表 2-3　量块长度和长度变动量允许值

级　别	K 级		0 级		1 级		2 级		3 级	
ln	$\pm t_e$	t_v	$\pm t_e$	t_v	$\pm t_e$	t_v	$\pm t_e$	t_v	$\pm t_e$	t_v
$ln\leqslant10$	0.20	0.05	0.12	0.10	0.20	0.16	0.45	0.30	1.00	0.50
$10<ln\leqslant25$	0.30	0.05	0.14	0.10	0.30	0.16	0.60	0.30	1.20	0.50
$25<ln\leqslant50$	0.40	0.06	0.20	0.10	0.40	0.18	0.80	0.30	1.60	0.55
$50<ln\leqslant75$	0.50	0.06	0.25	0.12	0.50	0.18	1.00	0.35	2.00	0.55
$75<ln\leqslant100$	0.60	0.07	0.30	0.12	0.60	0.20	1.20	0.35	2.50	0.60
$100<ln\leqslant150$	0.80	0.08	0.40	0.14	0.80	0.20	1.60	0.40	3.00	0.65

注:ln 为标称长度,单位为 mm;
$\pm t_e$ 为测量面上任意点长度对于标称长度的极限偏差,单位为 μm;
t_v 为量块长度变动量最大允许值,单位为 μm。

尽管量块是一种高精度量具,但如表 2-2、表 2-3 所示的要求,在量块制造过程中同样会有制造误差,其长度尺寸并非准确,测量面并非理想平面,两测量面也不是绝对平行;同时,作为高精度量具在被检定时会有检定的测量误差。因而,为了满足不同应用场合对量块的精度要求,国家标准根据量块的制造精度将其划分为 K 级(校准级)、0 级、1 级、2 级和 3 级共五个准确度“级”别,按量块的检定精度划分为 1 等、2 等、3 等、4 等、5 等、6 等共六个“等”别。

对量块分“级”和分“等”的共同技术要求,在理化特征方面主要有材质、尺寸稳定性、测量面硬度等;几何参数的要求主要有平面度、粗糙度、长度及长度变动量。量块精度“级”和“等”的划分主要区别在于对中心长度的认可,前者按中心长度的极限偏差来认可量块长度的准确度,后者按检定中心长度时的测量不确定度来认可量块长度的准确度。

根据图 2-1 所示的长度计量器具检定系统表框图,检定各“等”量块的尺寸应在检定规程规定条件下,用相应精确度的量仪进行测量。其中,1 等量块直接以激光波长为基准,在激光干涉仪上进行绝对测量,其他各“等”量块通常均以高其一“等”的量块为标准,在规定的仪器上用相对法进行测量。

量块按“级”使用时,所依据的是刻在量块上的标称尺寸,而忽略量块的制造误差;按“等”使用时,所依据的是量块检定证书上记录的实际尺寸,忽略的是检定时的测量误差。由此可知,与按“级”使用量块相比,按“等”使用可免除量块制造误差对使用结果的影响,从这个意义上讲,按“等”选用量块可以获得高一些的精度。

量块都是按一定尺寸系列成套生产供应的,在实际选用量块时,通常是在一套量块中用多个量块研合组成所需的标准尺寸。由于每块量块都会有自身的制造误差或是检定误差存在,为了避免误差的累积,应该以最少的块数组成所需标准尺寸。仅从这个角度考虑,可采用所谓的消除尾数法来选择。例如,对所需 25.036 mm 的标准尺寸,可用 1.006 mm、1.03 mm、3 mm和 20 mm 的四个量块研合组成。

2.1.2　测量方法和测量器具的分类

1. 测量方法的分类

广义的测量方法,是指测量时所采用的测量原理、测量器具和测量条件的总和。而在实际工作中,往往只从获得测量结果的方式来理解测量方法,并按不同的特征进行下列分类。

1) *按所测之量是否为要测之量分*

按所测之量是否为要测之量,测量方法分为直接测量和间接测量。

(1) 直接测量　从测量器具的读数装置上得到要测之量的整个数值或其相对于标准量的偏差的测量方法,称为直接测量。

直接测量又可分为绝对测量和相对测量(比较测量)等两种方法。从测量器具的读数装置上得到要测之量的整个数值的方法为绝对测量,如用游标卡尺、千分尺测量零件的直径。若从测量器具的读数装置上得到的是要测之量相对于标准量的偏差值的方法为相对测量,此时要测之量的整个数值等于读取的偏差值与标准量值的代数和。例如,用经过量块调整零位的比较仪测量零件的尺寸。

(2) 间接测量　测量有关量,并通过一定的数学关系式,求得要测之量的数值的测量方法,称为间接测量。例如,在测量大直径圆柱形零件时,可先测量周长 L,然后通过关系式 $D=L/\pi$ 求得其直径 D。

2) *按零件上同时被测参数的多少分*

按零件上同时被测参数的多少,测量方法可分为综合测量和单项测量。

(1) 综合测量　综合测量时,同时测量零件几个相关参数的综合效应或综合参数。例如,用螺纹环规对螺纹进行测量,是通过测量螺纹中径、螺距、牙型角等参数的综合效应来判断螺纹合格与否的。

综合测量一般效率较高,对保证零件的互换性更为可靠,常用于完工零件的检验(终检),

但不方便对零件进行工艺分析。

(2) 单项测量　单项测量时,分别测量零件的各个参数。例如,分别测量螺纹的实际中径、螺距、半角等,判断各参数是否满足设计给出的公差要求。

单项测量分别测量零件的各组成参数,一般用于检验工序尺寸,能在工艺过程中及时剔除废品并方便零件制造工艺分析。但从判断整体零件合格与否的角度看,单项测量效率较低。

3) 按被测工件表面与量仪之间是否有机械作用力分

按被测工件表面与量仪之间是否有机械作用力,测量方法可分为接触测量和非接触测量。

(1) 接触测量　接触测量时,仪器的测量头与被测零件表面直接接触,并有机械作用力存在。接触形式有点接触(如用球形测头测量平面)、线接触(如用平面测头测量外圆柱体的直径)及面接触(如用平面测头测量平面)。

接触测量对被测表面油污、切削液和极微小振动不甚敏感,但接触的测量力会引起零件表面的划伤及测头磨损,同时测量力也会引起测量系统的变形。

(2) 非接触测量　非接触测量时,仪器的测量头与被测零件之间没有机械作用的测量力。例如,光学投影测量、气动测量等。

非接触测量没有机械力的作用,没有划伤和磨损,但被测表面的清洁度、测量头与被测表面间介质的状况往往会影响测量结果。

4) 按测量在机械加工工艺过程中所起的作用分

按测量在机械加工工艺过程中所起的作用,测量方法可分为被动测量与主动测量。

(1) 被动测量　被动测量是零件加工后进行的测量。被动测量的测量结果用于判断零件合格与否,发现并剔除废品,同时可用于加工误差的工艺分析,但零件合格与否已既成事实,被动测量不能及时防止废品产生。

(2) 主动测量　主动测量是零件加工过程中进行的测量。此时,由测量结果及时判断是否需要继续加工并对工艺系统做相应调整,由于它能直接控制零件的加工过程,故能防止废品的产生。主动测量使技术测量与加工工艺密切联系在一起,是实现零废品生产的技术基础,但由于是在加工过程中进行测量,测量的精度往往会受到测量原理和技术水平的制约。

此外,按照被测的量或零件在测量过程中所处的状态,测量方法可分为静态测量和动态测量等两类;按照在测量过程中,决定测量精度的因素或条件是否相对稳定,测量方法可分为等精度测量和不等精度测量等两类。

2. 测量器具的分类

机械制造中用于长度量测量的测量器具可按其测量原理、结构特点及用途等,分为以下四类。

(1) 基准量具　基准量具是测量中体现标准量的量具。其中:体现固定量值的标准量的,为定值量具,如基准米尺、量块、角度量块、多面棱体、直角尺等;体现一定范围内各种量值的标准量的,为变值基准量具,如刻线尺、钢皮尺、量角器等。

(2) 极限量规　极限量规是用于检验零件尺寸、形状或相互位置的无刻度专用检验工具,通常成对(通规和止规)使用。用极限量规检验工件时,仅判断零件合格与否,不能得到以具体数值表达的测量结果。

(3) 检查夹具　检查夹具是一种专用检验工具,可迅速方便地用于检查更多或更复杂的参数。

(4) 通用测量器具　通用测量器具可测量一定范围内的各种参数,并以具体数值表达测量结果。通用测量器具常见的几种类型如下：游标量具，如游标卡尺、游标高度尺、游标量角器等；微动螺旋量具，如外径千分尺、内径千分尺、深度千分尺等；机械量仪，如百分表、千分表、杠杆齿轮比较仪、扭簧比较仪等；光学量仪，如光学比较仪、测长仪、投影仪、干涉仪、工具显微镜等；气动量仪，如水柱式气动量仪、浮标式气动量仪等；电动量仪，如电感式比较仪、电容式比较仪、轮廓仪等。

习惯上，一般常将结构简单，主要在车间使用的测量器具称为量具；将结构复杂、精度高，主要在计量室和实验室使用的测量器具称为量仪。

按计量学的观点，还可分为单值或变值测量器具；按同时能测得尺寸的数目，分为单尺寸或多尺寸测量器具；按测量过程自动化程度，分为非自动、半自动或全自动测量器具。

2.1.3　测量器具和测量方法的基本评价指标

测量器具和测量方法的基本评价指标是选择和使用测量器具、研究和判断测量方法可行性的依据，其中常用的基本指标如下。

1. 刻度间距 C（scale spacing，分度 scale division）

刻度间距是指测量器具标尺上相邻两刻线中心线间的距离（或圆周弧长），如图 2-3 所示。为了便于读数及估读一个刻度间距内的小数部分，刻度间距不宜太小。一般根据仪器示数度盘的大小，$C=1\sim2.5$ mm。

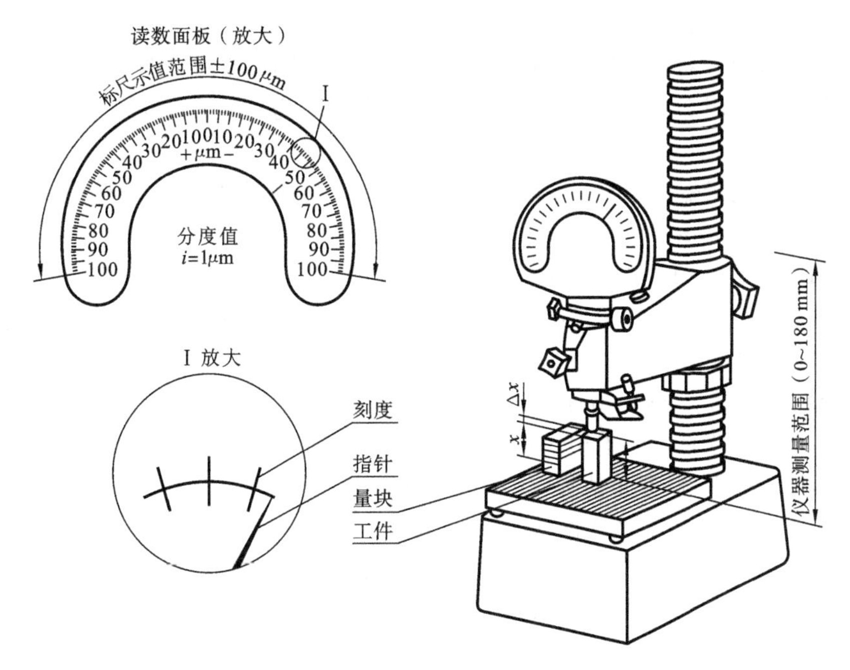

图 2-3　测量器具（机械式比较仪）的基本评价指标

2. 分度值 i（刻度值，value of a scale division）

分度值是指测量器具标尺上每一个刻度间距所代表的量值，如图 2-3 所示的分度值为 1 μm。一般长度测量器具的分度值 i=1、0.01、0.001、0.0005 mm 等。数显仪器的分度值也称为分辨力（resolution），它表示最末一位数字间隔所代表的量值。

3. 灵敏度（sensitivity）与放大比（magnification）

对于给定的被测量值，被观测量的增量 ΔL 与其相应的被测量的增量 Δx 之比，称为测量器具的灵敏度。灵敏度有两种表达方式：

绝对灵敏度
$$S=\Delta L/\Delta x \tag{2-1}$$

相对灵敏度
$$S_0=S/x \tag{2-2}$$

式中：x——被测值。

在分子、分母为同一类物理量的情况下，灵敏度亦称为放大比 K。对于一般等分刻度的量仪，其放大比为常数，即

$$K=\text{刻度间距}/\text{刻度值}=C/i \tag{2-3}$$

4. 灵敏限(迟钝度，discrimination threshold**)**

灵敏限是指引起量仪示值可察觉变化的被测量的最小变动量，或者说，是不致引起量仪示值可察觉变化的被测量的最大变动量。

灵敏限或迟钝度表示量仪对被测值微小变动的不敏感程度，其产生原因是量仪传动元件间的间隙、元件接触处的弹性变形、摩擦阻力等。由式(2-1)和式(2-3)可知，量仪在灵敏限内的灵敏度或放大比为零。因此，选用量仪时应注意，不能用灵敏限大的量仪来测灵敏限内的微小尺寸变动。

5. 回程误差(hysterisis error)

回程误差是指当被测量不变时，在相同条件下，测量器具沿正、反行程在同一点上的测量结果之差的绝对值。

6. 测量范围(measuring range)

测量范围是指测量器具允许误差限定的被测量值的范围，即测量器具所能测得的最小值至最大值的范围。如图 2-3 所示机械式比较仪的测量范围为 0～180 mm。

7. 示值范围(range of indication)

示值范围是指测量器具标尺(或示数装置)上能反映出的被测量的全部数值。如图 2-3 所示的示值范围为±100 μm。

8. 示值误差(error of indication)

示值误差是指测量器具的示值减去被测量的真值所得的代数差。例如，用千分尺测一薄片厚度，示值为 1.49 mm，而薄片的实际厚度为 1.485 mm，则示值误差为+0.005 mm。

9. 修正值(校正值，correction**)**

修正值是指为消除系统误差用代数法加到测量结果上的值。修正值与示值误差的绝对值相等而符号相反。如上例，修正值为－0.005 mm。

10. 示值变动性(示值不稳定性，variation of indication**)**

示值变动性是指在测量条件不变的情况下，对同一被测量进行多次重复测量时，系列测得值彼此间的最大差异，即用测得的最大值与最小值之差来衡量示值变动的程度。

11. 测量力(measuring force)

测量力是指在测量过程中，测量头与被测对象之间的作用力。

12. 测量不确定度(uncertainty of measurement)

由于测量误差的存在，测量结果对被测量真值具有不可避免的分散性。因此对测量器具或测量方法，需用测量不确定度来合理地赋予被测量之值的分散性。不确定度是与测量结果相联系的参数，在表达测量结果时，其给出被测量的真实值所在的某一量值范围。

用多次重复测量系列测得值(观测列)的标准差表示的测量不确定度，称为标准不确定度(standard uncertainty)。用对观测列进行统计分析的方法来评定标准不确定度，称为不确定

度的 A 类评定(type A evaluation of uncertainty,或 A 类不确定度评定);用不同于对观测列进行统计分析的方法来评定标准不确定度,称为不确定度的 B 类评定(type B evaluation of uncertainty,或 B 类不确定度评定)。

2.2　被测长度量在测量中的基本变换方式

在长度测量中,被测的量是尺寸和角度,因此测量仪器或装置在测量过程中往往需要感知被测对象的微小的位移量。通常可用不同原理的敏感元件来获取这微小的位移信息,并将其放大及处理后显示在测量仪器或装置的指示器上。为了便于信息的获取、放大、传递和显示,需要用适当的变换方式将微小的位移量放大或转换成其他相应的物理量再放大。

按变换原理,常见的变换方式有机械变换、气动变换、光学变换和电学变换等四种类型。

1. 机械变换

在机械变换中,被测量值的变化将引起测量头产生相应的位移,并经过特定机构组成的机械变换器对感知的位移进行放大。

1) 螺旋变换

图 2-4(a)所示的为实现螺旋变换原理的螺旋测微机构简图。图中的测微螺杆(导程 P)的左端为测量面,右端与转筒(半径 R)固联为一体;测量过程中,当转筒回转 θ 角时,测微螺杆在螺母中轴向移动距离 $x=(\theta/2\pi)P$;而螺母与其上的固定刻线不动,此时转筒外表面上的刻线相对固定刻线的圆周位移为 $y=R\theta$。故螺旋测微机构(变换器)的放大比为

$$K=y/x=2\pi R/P \tag{2-4}$$

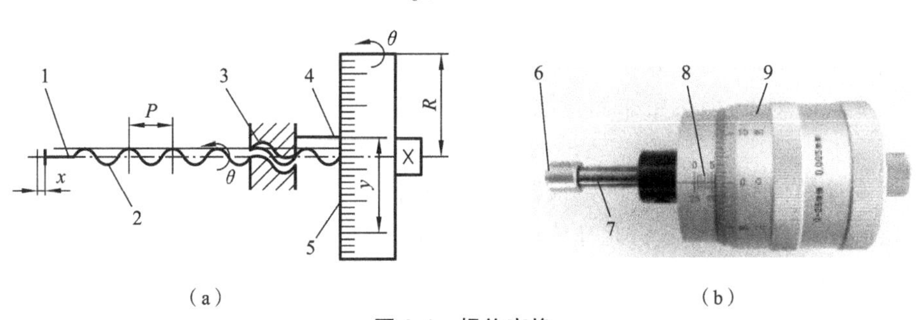

图 2-4　螺旋变换

1,7—测杆;2—测微螺杆;3—螺母;4,8—固定刻线;5,9—转筒;6—测量面

图 2-4(b)所示的为一螺旋千分尺,其转筒刻线处半径 $R=23.88$ mm,测微螺杆螺距 $P=1$ mm,故其放大比 $K\approx150$。

2) 杠杆变换

杠杆变换是利用不等臂杠杆工作原理,将测头感受的被测量值变化放大的一种变换形式。即在测杆感受被测量值变化而产生位移后,杠杆将产生角位移,带动指针回转,使指针端点沿其周向扩大位移。

按照测量过程中杠杆短臂长度是否变化,杠杆变换有正弦杠杆变换和正切杠杆变换等两种类型。

图 2-5(a)所示的为正弦杠杆变换原理简图。在测量过程中杠杆短臂长度 a 不变,测杆位移 x 与杠杆转角 φ 之间遵循 $x=a\sin\varphi$ 的正弦函数关系。其放大比为

$$K=y/x=R\varphi/(a\sin\varphi) \tag{2-5}$$

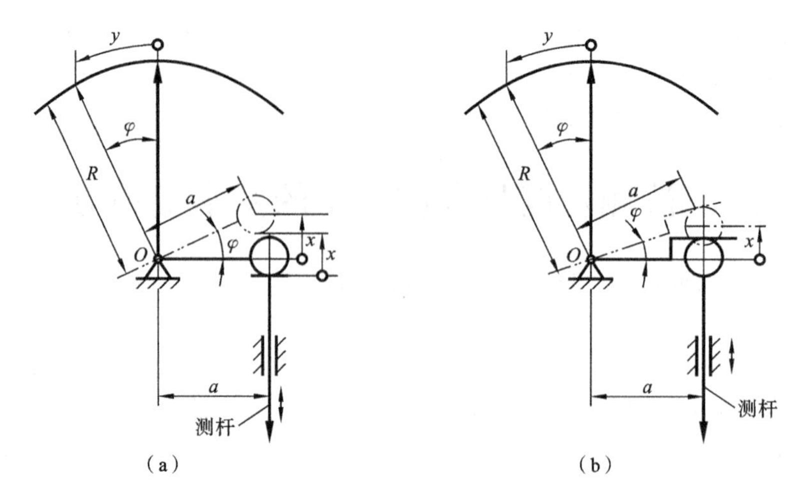

图 2-5　杠杆变换

为读取数据及刻制标尺的方便，通常希望指针端点所指标尺的刻度为均匀刻线。由于在 φ 角较小时有 $\varphi \approx \sin\varphi$，此时，$x$ 与 φ 为 $x \approx a\varphi$ 的近似线性关系，则式(2-5)取 $K \approx R/a$。因而，在 φ 角较小，即测量示值范围较小时，基于正弦杠杆传动原理的测量仪的标尺可制成均匀刻度，但会带来测量原理误差，其值为

$$\Delta x = a\varphi - a\sin\varphi \approx a\varphi^3/6 \tag{2-6}$$

图 2-5(b)所示的为正切杠杆变换原理简图。在测量过程中杠杆短臂长度是变化的，测杆位移 x 与杠杆转角 φ 之间遵循 $x = a\tan\varphi$ 的正切函数关系。其放大比为

$$K = y/x = R\varphi/(a\tan\varphi) \tag{2-7}$$

与正弦机构类似，在 φ 角较小，即测量示值范围较小时，基于正切杠杆传动原理的测量仪的标尺可制成均匀刻度，但会带来测量原理误差，其值为

$$\Delta x = a\varphi - a\tan\varphi \approx a\varphi^3/3 \tag{2-8}$$

由杠杆变换的传动原理导致测量仪器存在上述的测量原理误差，因而在仪器设计制造时应采用补偿和结构优化的方法将此种传动误差减小。

3）弹簧变换

弹簧变换是利用特制弹簧的弹性变形，将测头感受的被测量值变化放大的一种变换形式。弹簧变换有平行片簧变换和扭簧变换等两种类型，而以扭簧变换应用较多。

扭簧用薄而长的金属带(见图 2-6(a))制成。将其两端固定(仅防止转动但长度方向可移动)，然后在其中部按某一方向扭转，经工艺处理后形成扭簧(见图 2-6(b))。图 2-6(c)所示的为扭簧变换原理简图，图中扭簧的一端固定，另一端与弹簧桥 A 相连。测杆上升带动弹簧桥的上端向右移动，致使扭簧拉伸 Δl，从而使扭簧中部臂长为 R 的指针偏转角度 φ。实验证明，图 2-6 所示结构扭簧变换的放大比为

$$K = y/x \approx (R\varphi/\Delta l) \times 2\pi/360^\circ \tag{2-9}$$

4）齿轮变换

齿轮变换是通过齿轮传动系统，将测头感受的被测量值变化放大的一种变换形式。图 2-7所示的为一齿轮变换原理简图，图中测杆上的齿条与小齿轮 Z_1(齿数为 z_1，模数为 m)啮合，大齿轮 Z_2(齿数为 z_2)与 Z_1 固定在同一转轴上；Z_2 与小齿轮 Z_3 啮合，指针与 Z_3(齿数为 z_3)固定在同一转轴上。通过齿轮传动，测杆的位移 x 转换为指针的位移 y，其放大比为

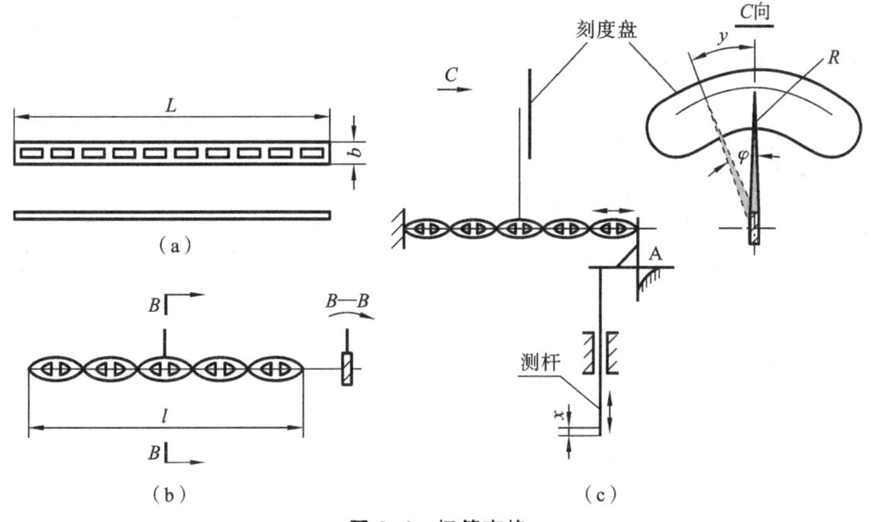

图2-6　扭簧变换

$$K=y/x=\frac{2Rz_2}{mz_1z_3} \tag{2-10}$$

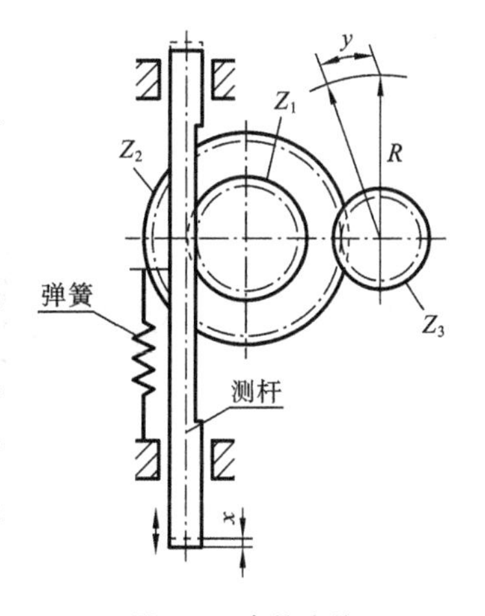

图2-7　齿轮变换

这种变换无传动原理误差,故测量范围很大。但受齿轮传动的制造和安装误差的影响,变换精度不高。

2. 气动变换

气动变换是将被测量值的变化转换成压缩空气的压力或流量变化的一种变换形式。利用气动变换原理,可制成多种气动量仪,如低压水柱式、浮标式、薄膜式、水银柱差压式、带差动测头的波纹管式气动量仪;同时,按感知压力或流量方式,它又可分为气-电结合的气电式量仪、气-光结合的气动光学式量仪等几种。

1）气压变换

图2-8(a)所示的为一种气压变换的原理简图。具有恒压 p_0 的压缩空气,经主喷嘴 R_0 进入测量室,再通过测量喷嘴R和喷嘴前的间隙进入大气。当间隙大小 z 发生变化时,测量室的气压 p 将随之改变。这样,就把尺寸变化转换成为气压变化信号,且测量气室压力 p 与输入压缩空气的压力 p_0 有如下关系:

$$p=\frac{p_0}{1+(f/f_0)^2}=\frac{p_0}{1+(4dz/d_0^2)^2} \tag{2-11}$$

式中:f_0——主喷嘴截面积,若主喷嘴直径为 d_0,则 $f_0=\pi d_0^2/4$;

f——测量喷嘴前间隙的通流面积,若测量喷嘴直径为 d,则 $f=\pi dz$。

由式(2-11)可知,测量室的气压 p 与间隙 z 成非线性关系。因此,为了减小测量结果的非线性误差,设计的量仪应以 p-z 曲线(见图2-8(b))上近似直线的区间为量仪的工作区间。

2）气流变换

图2-9所示的为一种气流变换的原理简图。当间隙 z 变化时,由喷嘴R流出空气的流量也相应变化,从而将尺寸变化转换成为气流的流量变化信号。

3. 光学变换

光学变换主要利用光学成像的放大或缩小、光束方向的改变、光波干涉和光的基本参数

(如光强、波长、频率、相位等)的变化等原理,实现对被测量值的变换。光学变换是一种高精度的变换方式,在长度测量方法中应用非常广泛。

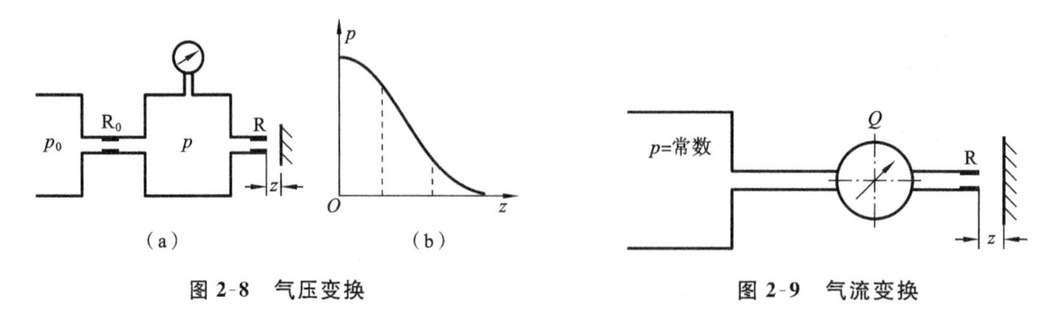

图 2-8　气压变换　　　　图 2-9　气流变换

1)影像变换

光学影像变换采用光学系统将被测对象成像于目镜视场、屏幕或各种光电变换器件(如CCD、PSD等)上,以便于瞄准或观测。

图 2-10(a)所示的为显微光学系统。光源 O 点位于聚光镜组 C 的焦点上,光源射出的光线经聚光镜汇聚成平行光束后照射到物体 P_1P,再经物镜 L_1 在影屏面上成像 P'_1P'。若物体和像对物镜的距离分别为 u 与 v,则放大比为

$$K=v/u \tag{2-12}$$

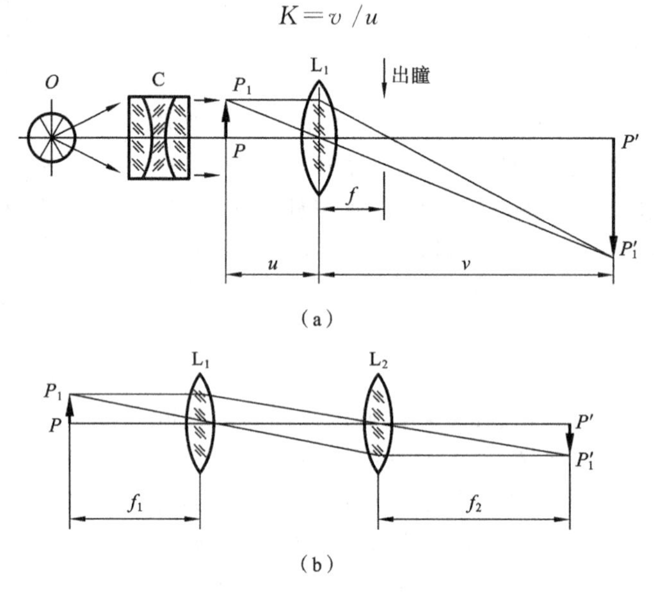

图 2-10　影像变换

若物体 P_1P 是标尺的位移量,则通过物镜变换放大为 P'_1P'。

图 2-10(b)所示的为准直光学系统及望远镜光学系统。物体 PP_1 位于透镜 L_1 的焦平面上,经透镜 L_1 和 L_2 成平行光束,在 L_2 的焦平面上成像 $P'P'_1$。其放大比为

$$K=f_2/f_1 \tag{2-13}$$

2)光学杠杆变换

光学杠杆变换是将测头感受的被测量值的变化,通过光学杠杆改变光路,转换为标尺影像的位移的一种变换形式。

图 2-11 所示的为光学杠杆的光路原理。图中透明玻璃标尺位于物镜的焦平面上,光源发出的光线透射标尺并经物镜汇聚成平行光束,平行光束由平面反射镜反射后再通过物镜成像

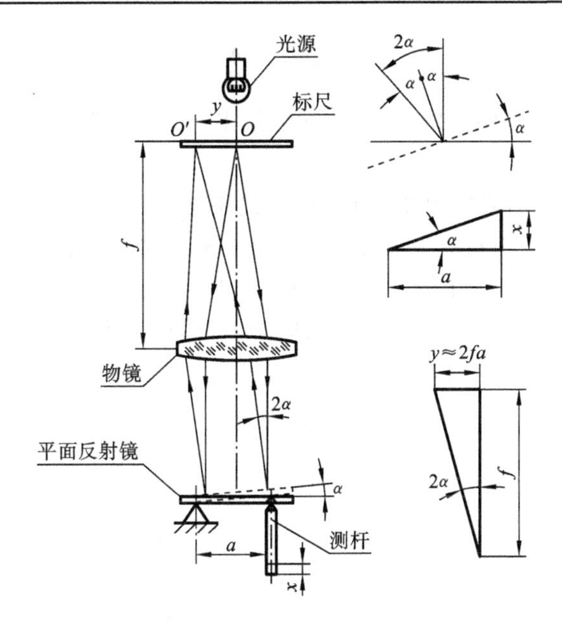

图 2-11 光学杠杆变换

于焦平面上。测量时,被测尺寸变化引起测杆位移 x,导致反射镜偏转 α 角,则反射镜的反射光线相对入射光线偏转 2α 角,将原成像于标尺 O 点的影像移至 O' 点,位移了 $y=f\tan 2\alpha\approx 2f\alpha$,而 $x=a\tan\alpha\approx a\alpha$,故放大比为

$$K=y/x=\frac{f\tan 2\alpha}{a\tan\alpha}\approx 2f/a \tag{2-14}$$

3) 光波干涉变换

光波干涉变换是利用光波干涉原理,将被测量的尺度信息转换成为干涉带信息输出的一种变换形式。

如图 2-12(a)所示,光学平晶与另一反射面之间形成的空气间隙为 h。单色光线 AB 射入平晶至 C 点并分成两路:一路自 C 点反射,经 F 点至 J 点;另一路在 C 点折射至 D 点并反射,依次经过 E、G 至 K 点。两路光线的光程差为

$$\Delta=\left(CD+DE+GK+\frac{\lambda}{2}\right)-(FL+LJ)$$

式中:λ——入射单色光的波长。

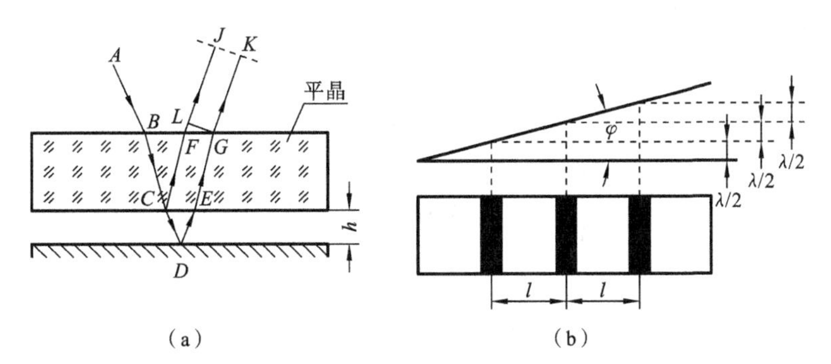

图 2-12 光波干涉变换

因为光线自 D 点的反射是光密介质的反射,有半波长的损失,所以要加上 $\lambda/2$。当光线是垂直入射时,$FL=0$,$CD=DE=h$,$GK=LJ$,则

$$\Delta=2h+\frac{\lambda}{2}$$

当光程差 Δ 为半波长的偶数倍时，光线加强最多，形成亮带；当光程差 Δ 为半波长的奇数倍时，光线减弱，形成暗带。

当平晶与反射面之间形成如图 2-12(b)所示的小夹角 φ 的空气隙时，若反射面很平，则可看到许多相互平行的明、暗相间的干涉带。相邻两条暗带或相邻两条亮带之间的距离为 l，与其对应的空气隙厚度差为 $\lambda/2$。改变夹角 φ，则干涉带的间距 l 也将随之变化。

以气隙 h 的变化作为测量输入信号 x，而以干涉带间距 l 作为输出信号 y。当 $x=\lambda/2$ 时，$y=l$，则放大比为

$$K=\frac{y}{x}=\frac{l}{\lambda/2}=\frac{1}{\tan\varphi} \tag{2-15}$$

因此，改变 φ 角，可改变放大比。

在光学计量仪器中，利用干涉原理制成的仪器很多，包括用于长度基准量值传递的干涉仪等。用于长度绝对测量的仪器，有量块绝对测量干涉仪、测量大尺寸的通用干涉仪、NPL(英国国家物理研究所)干涉仪、激光干涉测长仪等；用于长度比较测量的仪器，有接触式干涉仪、非接触干涉内径测量仪、非接触式干涉指示仪等。此外，还有用于测量精密角度、形状误差和微观表面形貌等的干涉仪。

4. 电学变换

电学变换是将被测量值的变化转换成电阻、电容、电感等有关电学参数的变化，并由测量电路输出相应的电压、电流、电脉冲或频率等，把长度量的变化转换成电参数变化的一种变换形式。

1) 电容变换

电容变换是将被测量值的变化转换成电容量的变化，由后续测量电路给出相应电输出的一种变换形式。由电学知识，两个平行板组成电容器的电容量为

$$C=\varepsilon A/d \tag{2-16}$$

式中：C——电容量；

ε——电容极板间介质的介电常数，对真空 $\varepsilon=\varepsilon_0$；

A——两平行板覆盖的面积；

d——两平行板之间的距离。

根据此式，当被测量值的变化使得 d、A 或 ε 发生变化时，电容量也随之变化，由此可构成如图 2-13 所示的变极距、变极板面积和变介质三种基本类型的电容变换形式。

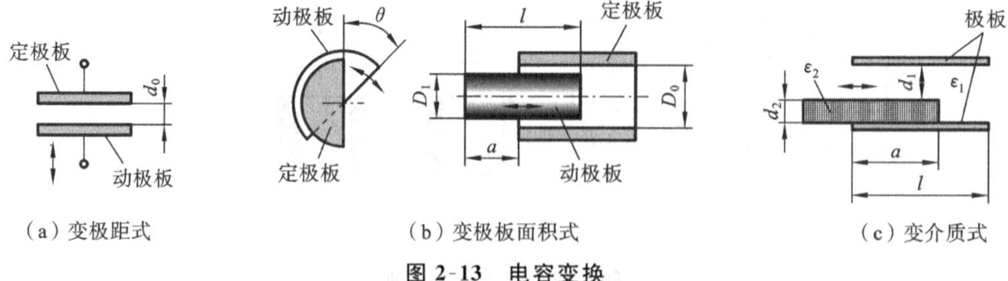

(a) 变极距式　(b) 变极板面积式　(c) 变介质式

图 2-13　电容变换

图 2-13(a)所示的为变极距式电容变换原理简图。图中初始状态时电容量为 C_0，极板间的初始距离为 d_0。设当电容的动极板随被测量值的变化而缩小 Δd 时的电容量为 C_1。由式

(2-16)可知,电容量 C 与极板距离为非线性的双曲线关系,但若 $\Delta d<<d_0$,则有

$$C_1\approx C_0+C_0\Delta d/d_0$$

这时 C_1 与 Δd 成近似线性关系。因而,变极距式电容变换通常用于 Δd 在极小范围内变化的情况。

图 2-13(b)所示的为两种变极板面积式电容变换原理简图。其中左图所示的变换原理为:当图示动极板有一个 θ 角位移时,其与定极板的覆盖面积发生改变,从而改变了两极板间的电容量。当 $\theta=0$ 时,电容量 $C_0=\varepsilon_1 A/d$,ε_1 为介电常数。测量时,动极板随被测量值变化而转动,即 $\theta\neq0$,则电容量改变为 C_1,并有

$$C_1=C_0-C_0\theta/\pi \tag{2-17}$$

可以看出,这种形式的电容变换用于角位移测量,且电容量与角位移成线性关系。

图 2-13(b)右图所示的圆柱形的电容变换原理为:当图示圆柱形动极板在圆筒形定极板内发生相对位移时,极板间的覆盖面积发生改变,从而改变了两极板间的电容量。初始位置,即图示 $a=0$ 时,动定极板相互覆盖,此时电容量 $C_0=\varepsilon_1 l/[1.8ln(D_0/D_1)]$,其中,$\varepsilon_1$ 为介电常数,l、D_0 和 D_1 的单位为 cm,C_0 的单位为 pF。测量时,动极板随被测量值的变化而在定极板内位移 a 时,电容量变为

$$C_1\approx C_0-C_0 a/l \tag{2-18}$$

此式表明,电容量与被测量值变化引起的位移基本上成线性关系。圆柱形极板可以减小径向移动对输出的影响,且构成的变换器更为紧凑。

图 2-13(c)所示的为变介质式电容变换原理简图。当极板间没有介电常数为 ε_2 的介质时,电容量

$$C_0=\varepsilon_1 bl/(d_1+d_2)$$

式中:ε_1——介电常数;

b——极板宽度。

测量时,ε_2 介质随被测量值的变化而在两极板内位移 a 时,电容量变为

$$C_1=C_0+C_0\times\frac{a}{l}\times\frac{1-\varepsilon_1/\varepsilon_2}{d_1/d_2+\varepsilon_1/\varepsilon_2} \tag{2-19}$$

此式表明,图 2-13(c)所示变介质式电容变换中,电容量 C 与被测量值变化引起的位移成线性关系。

2) 电感变换

电感变换是将被测量值的变化转换成电感量的变化,由后续测量电路给出相应电输出的一种变换形式。电感变换可分为变磁阻(自感)式、互感式及电涡流式等类型。

(1) 变磁阻式电感变换　图 2-14 所示的是变磁阻式电感变换几种方式的原理简图。图中线圈的电感量 L 可近似表示为

$$L\approx\frac{N^2\mu_0 s}{2\delta} \tag{2-20}$$

式中:L——电感量(H);

N——线圈匝数;

μ_0——空气磁导率(H/cm);

s——通磁气隙截面积(cm^2);

δ——气隙的厚度(cm)。

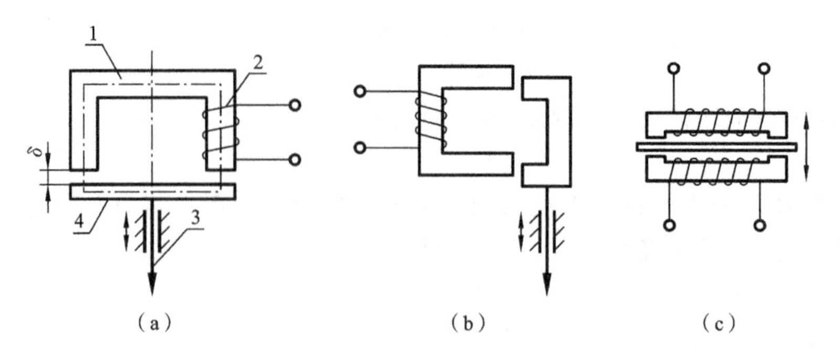

图 2-14　电感变换

1—铁芯；2—感应线圈；3—测杆；4—衔铁

式(2-20)表明，在 N 和 μ_0 为定值的情况下，电感量 L 与气隙厚度 δ 成反比，与通磁气隙的截面积 s 成正比。因此，将测头以适当的形式与衔铁连接，测量时被测量值的变化通过测头带动衔铁改变 δ(变气隙厚度式，见图 2-14(a))或改变 s(变气隙面积式，见图 2-14(b))，从而改变磁阻使电感量发生相应的变化。

对于变气隙厚度式变换，若忽略二次以上高次项，则其变换的灵敏度为

$$S=\left|\frac{L_0}{\delta_0}\right| \tag{2-21}$$

式中：L_0、δ_0——初始时的电感量和气隙厚度。

在按气隙厚度变换时，由于电感量 L 与气隙厚度 δ 的关系为非线性的，因而多在接近于线性关系的小范围内应用，从而限制了测量范围。为了改善 L 与 δ 间的非线性关系，提高变换灵敏度，并减小环境变化的影响，实际应用较多的是将两个相同的变气隙厚度式变换器结合在一起，组成差动电感变换器(见图 2-14(c))。对于差动变气隙厚度式变换，若忽略高次项，则其变换的灵敏度将提高 1 倍，即

$$S=\left|\frac{2L_0}{\delta_0}\right| \tag{2-22}$$

(2) 互感变换　以上介绍的电感变换是基于将被测值的变化转换为电感线圈的自感变化，以实现长度量的测量的方法。图 2-15 所示的为螺管形差动变压器式互感变换的原理简图。螺管形差动变压器的结构形式有三段式和两段式等两种，分别如图 2-15(a)和图 2-15(b)所示，图 2-15(c)所示的为其电原理图。若图示变压器的初级线圈 N_0 输入交流电 $\dot{U}_i$，则两个差动连接的次级线圈 N_1、N_2 将互感应出电势。当插在线圈中央的铁芯 b 在螺管轴线上移动时，次级线圈 N_1、N_2 的互感系数 M_1、M_2 将发生变化量为 ΔM 的改变，导致具有 180°相位差的互感电势 $\dot{U}_1$、$\dot{U}_2$ 随之改变，从而二者反极性串接后的输出电压 $\dot{U}_0$ 亦发生相应的变化。输出电压 $\dot{U}_0$ 的有效值为

$$U_0=\frac{\omega(M_1-M_2)U_i}{\sqrt{R_{N_0}^2+(\omega L_{N_0})^2}} \tag{2-23}$$

式中：ω——激励电压的频率；

L_{N_0}、R_{N_0}——初级线圈的电感和损耗电阻。

当铁芯处于中间平衡位置时，$M_1=M_2=M$，此时 $U_0=0$ 。

当铁芯上移时，$M_1\to M_1+\Delta M$，$M_2\to M_2-\Delta M$，此时 U_0 与 U_1 同极性，且

$$U_0=\frac{2\omega\Delta MU_i}{\sqrt{R_{N_0}^2+(\omega L_{N_0})^2}}$$

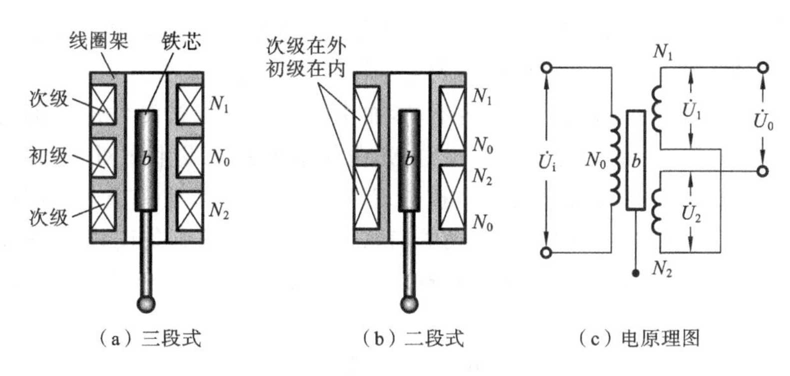

图 2-15　螺管形差动变压器互感变换

当铁芯下移时，$M_1 \rightarrow M_1 - \Delta M$，$M_2 \rightarrow M_2 + \Delta M$，此时 U_0 与 U_2 同极性，且

$$U_0 = \frac{-2\omega \Delta M U_i}{\sqrt{R_{N_0}^2 + (\omega L_{N_0})^2}}$$

电感变换具有结构简单，内部结构无磨损，无活动电触点，工作寿命长的特点；基于电感变换的测量仪器的灵敏度和分辨率高，能测出 0.01 μm 的位移变化；同时，电感变换的线性度和重复性都比较好，在几十微米到数毫米的测量范围内的非线性误差可达 0.05%～0.1%，并且稳定性好。因而，电感变换被广泛应用于长度测量中。当然，电感变换也具有频率响应较低、不宜用于快速动态测量的缺点。

5. 数字式变换

随着微型计算机技术的迅速发展及其在科技领域和工程应用中的广泛渗透，测量技术也发展到数字化阶段，其中测量信息获取的数字变换技术使测量更为便捷可靠。较之模拟变换，数字变换具有更高的分辨力和测量精度、抗干扰能力更强、稳定性更好、易于计算机通过接口采集数据、便于信号处理和实现自动化测量等一系列优点。常用的数字变换有栅式、编码器式、频率输出式、感应同步器式等类型，以下仅介绍其中几种。

1）光栅变换

光栅变换利用光栅作为敏感器件，其在测量过程中感受被测量值变化而产生位移，从而产生莫尔条纹，通过光电探测器探测莫尔条纹的变化，以将该位移转换为电信号。利用光栅变换可对直线位移或角度位移进行精密测量。

光栅的种类很多，常见的有物理光栅和计量光栅等两类。计量光栅又分为长光栅和圆光栅等两种，前者用于测量直线位移，后者用于测量角位移。

光栅由很多间距相等的不透光的刻线（间距为 d）和刻线间的透光缝隙构成，图 2-16(a)所示的为光栅读数头的结构简图。图中两个光栅，即主光栅 3 和指示光栅 4 的刻线面平行地贴合在一起，中间留有 0.01～0.1 mm 的间隙，二者的刻线保持一个小夹角 φ。光源 1 发出的光经聚光镜 2 汇聚成平行光束后，透射过主光栅 3 与指示光栅 4 刻线的不重合之处，形成清晰的

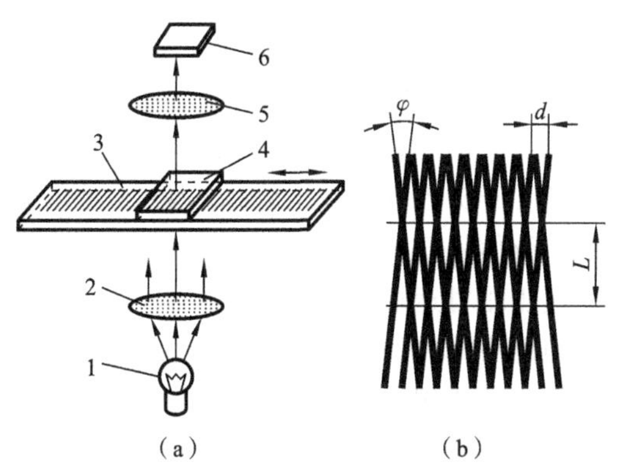

图 2-16　光栅变换

1—光源；2,5—聚光镜；3—主光栅；
4—指示光栅；6—光电接收器

明、暗相间的莫尔条纹(见图 2-16(b)),然后经聚光镜 5 汇聚投射到光电接收器 6(通常为硅光电池)上,由接收器将载有莫尔条纹信息的光信号转换为电信号输出。

测量中,图 2-16 所示指示光栅 4 固定不动,而主光栅 3 可随被测件沿与刻线垂直的方向运动(或感受被测量值变化而引起位移)。当主光栅与指示光栅发生相对移动时,莫尔条纹将沿平行于刻线方向移动。光栅每移动一个栅距 d,则莫尔条纹移动一个条纹间距 L。利用光栅的这一特性,由光电接收器获取条纹移动的信息得到移过的莫尔条纹数,来测量两光栅的相对位移量。由于取小的夹角 φ,可得到较大的条纹间距 L,因而光栅变换具有放大的特点,其放大比为

$$K=L/d\approx 1/\varphi \tag{2-24}$$

式中:φ 的单位为弧度,适当调整 φ 角,可使条纹间距 L 比光栅栅距 d 放大数百倍,适合于位移的精密测量。

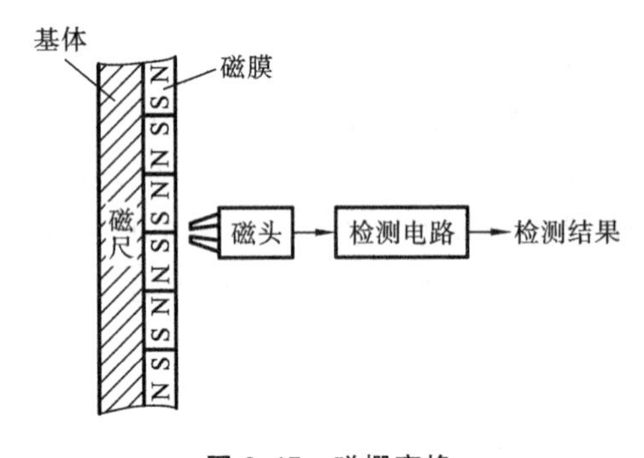

图 2-17　磁栅变换

2) 磁栅变换

磁栅变换基于磁电变换原理,是一种将磁信号转换成电信号的变换形式。磁栅变换由磁尺或磁盘(磁栅)、磁头和检测电路完成(见图 2-17)。

磁栅由不导磁金属带基体上均匀涂覆一层薄磁膜而形成,然后利用录磁技术在磁栅上记录一定节距 W 的磁化信号(通常是正弦波或矩形波信号)形成如图 2-17 所示的栅状磁化图形。磁栅的栅条数一般在 100～30000 之间,栅距应大于 0.04 mm。

磁头通过其输出感应线圈来拾取磁栅上记录的磁化信号,一般分为静态和动态两种方式。

静态磁头上另有一被施加交变激励信号的绕组,其每周期两次使磁头的铁芯磁饱和,从而阻断磁栅上的信号磁通,仅在激励信号两次过零时,磁栅上的信号磁通才通过输出绕组的铁芯而产生感应电势。其输出电压为

$$U=U_m\sin\frac{2\pi x}{W}\sin\omega t \tag{2-25}$$

式中:U_m——幅值系数;

x——磁头与磁栅的相对位移;

W——磁栅的节距;

ω——激励信号的 2 倍角频率。

动态磁头上仅有输出绕组,因而只有在磁头相对磁栅运动时,磁头输出绕组才输出一定频率的正弦信号。动态磁头的输出信号在 N-N 处和 S-S 处分别达到正向峰值和负向峰值,其幅值取决于相对运动的速度。

由磁头输出的电信号再由检测电路将磁头相对于磁栅的位置或位移量用数字信号输出,供结果显示或用做控制信号。

3) 感应同步器变换

感应同步器(又称为平面变压器)基于电磁变换原理,由两个类似于变压器初、次级的平行印制电路绕组构成,其通过两绕组互感量随位置的变化而变化来检测位移量。感应同步器可分为直线式和旋转式等两种类型。

直线感应同步器(见图 2-18(a))定尺和动尺均用绝缘黏合剂将铜箔粘贴在矩形金属基板上,再将铜箔以一定的间距(2τ)刻制成图示平面矩形绕组线路。定尺上有一个绕组,动尺上有相差为 1/4 间距($\tau/2$)的正弦和余弦两个平面绕组线路。旋转感应同步器(见图 2-18(b))定子和转子用与直线式感应同步器相同的工艺制作在圆盘形基板上。定子和转子相当于直线式感应同步器的定尺和动尺。

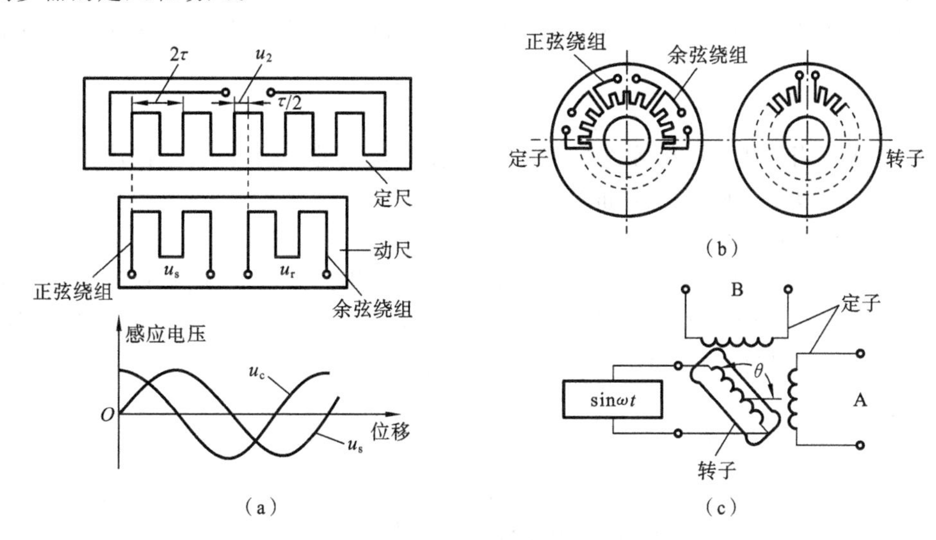

图 2-18 感应同步器

安装时,定尺与动尺(定子和转子)面对面贴合,二者间留有 0.05～0.25 mm 间隙。直线式感应同步器的定尺可由多块拼合,以致可达到测量几十米的应用范围。

感应同步器的工作原理类似于图 2-18(c)所示旋转变压器,当 $\theta=0$ 时,转子线圈与线圈 A 垂直,无电磁耦合,而其与线圈 B 平行,达到最大耦合。直线感应同步器的情况与之相同,一个间距正好相当于旋转变压器的一转(称为 360°电角度)。因此,如果在动尺的两个绕组中分别通以一定频率的交流电,在定尺绕组中将产生感应电动势,它的幅值和相位与动尺相对于定尺的位移有关,通过监幅器或鉴相器鉴别其幅值的大小或相位的数值,就可以反映位移的变化。

感应同步器具有精度高、工作可靠、寿命长、抗干扰能力强等特点,主要用于测量线位移或角位移,以及与此相关的物理量,如转速、振动等。在机械制造中其广泛用于各类机床的定位、数控和数显,也用于雷达天线的定位跟踪及某些仪器的分度装置。利用感应同步器多极感应元件的结构特点,可以进行误差补偿来改善测量精度。

2.3 测量误差及其评定

2.3.1 测量误差及其产生的原因

1. 测量误差的表达方式

由于测量系统各方面因素的影响,测量结果与被测量的客观真实量值总是存在差异,即存在测量误差。根据测量的不同目的,测量误差的大小有两种表达方式。

(1) 测量的绝对误差(absolute error) 测量结果 x 减去被测量的真值 μ 所

得的代数差,称为测量的绝对误差 Δ,即

$$\Delta = x - \mu$$

由于真值 μ 不能确定,实际上用的是约定真值。约定真值有时称为指定值、最佳估计值、约定值或参考值。约定真值可以是由参考标准复现而赋予该量的值,也可以是权威机构认定或客观存在的常数值,通常用多次测量结果来确定约定真值。

(2) 测量的相对误差(relative error) 测量的绝对误差与被测量真值之比为测量的相对误差 Δ_r,即

$$\Delta_r = (\Delta/\mu) \times 100\% \approx (\Delta/x) \times 100\%$$

$|\Delta|$ 往往用于当被测量值相等或相近时,对测量准确度的评价;$|\Delta_r|$ 往往用于当被测量值不相等,特别是相差较大时,对测量准确度的评价。

2. 测量误差产生的原因

测量误差来自于整个测量系统,包括测量的方法、选用的测量器具、测量所处的环境条件以及测量的操作者。为了提高测量的准确度,应减小测量误差,因而需了解导致测量误差的原因。测量误差产生的原因通常可分为以下三种类型。

1) *方法误差*

测量方法不完善将导致测量误差。对于同一被测量可采用不同的测量方法,但所测得的结果往往是不同的,特别是,采用了近似的甚至是不合理的测量方法时,测量误差将更大。如对软质材料被测件采用点状测头测量、被测件工作状态不稳定时采用动态测量方法、测量基准选择不当等均为不合理的测量方法。

2) *测量器具误差*

测量器具本身固有的误差将导致测量误差,它与被测对象和外部测量条件无关。测量器具本身固有的误差有传动原理误差、测量器具制造和装配调整误差、测量力引起的误差和对准误差等。

设计测量器具时,有时采用近似的方法,如在杠杆变换机构的设计中,为读取数据及刻制标尺的方便,把非线性传动原理在小角度内线性化,由此带来了式(2-6)或式(2-8)给出的原理误差。

制造测量器具时,其制造误差将会带入测量结果中。如传动构件制造误差所引起的放大比不准确、传动系统构件间的间隙引起的误差、标尺的刻度不准确、标准量(量块、螺旋变换的螺纹等)本身的制造误差、量仪装配与调整不善引起的误差等均为制造误差。

测量器具结构设计及制造上的一系列误差都将在测量过程中综合反映出来。例如,当测量器具的活动部件运动时由摩擦阻力或磨损引起的误差,由于测量器具弹性元件的弹性滞后现象引起的误差,由于各元件材料的线膨胀系数不同受温度影响所引起的误差等,均会反映到测量过程中。

测量器具各种误差的综合作用结果,主要反映在示值误差和示值不稳定性上,可用高精度仪器或量块来鉴定,其大小不得超过允许的极限值。若量仪备有校正图表或公式,则测量时可据之修正测量结果,以减小测量器具误差的影响。

3) *测量条件引起的测量误差*

测量过程中,测量条件的变化将影响测量的结果,如温度、湿度、气压等自然环境变化,或振动及噪声、电源波动、光照、空气扰动等测量条件改变都将影响测量结果。

温度偏离标准温度(+20℃)引起的测量误差为

$$\Delta L = L[\alpha_1(t_1 - 20) - \alpha_2(t_2 - 20)] \tag{2-26}$$

式中：ΔL——因热膨胀引起的测量误差，mm；

L——工件尺寸，mm；

α_1——工件材料的线膨胀系数，10^{-6}/℃；

α_2——量具材料的线膨胀系数，10^{-6}/℃；

t_1——工件的温度，℃；

t_2——量具的温度，℃。

如以标准尺(58%的镍钢)为基准测量某黄铜刻度尺为例，测得读数 $L=100.0010$ mm；同时测得标准尺的温度 $t_2=20.5$℃，黄铜刻度尺的温度 $t_1=21.5$℃；58%的镍钢的线膨胀系数 $\alpha_2=12.0\times10^{-6}$/℃，黄铜的线膨胀系数 $\alpha_1=18.5\times10^{-6}$/℃。则

$$\Delta L = 100.001\times[(21.5-20)\times18.5\times10^{-6}-(20.5-20)\times12.0\times10^{-6}]\ \text{mm} = 0.0022\ \text{mm}$$

所以，黄铜刻度尺的测量结果应校正为

$$L' = L - \Delta L = (100.0010 - 0.0022)\ \text{mm} = 99.9988\ \text{mm}$$

由此例可知，测量过程中温度对测量结果的影响是不能忽视的，特别是在精密测量中，温度影响是必须考虑的重要因素。由式(2-26)，测量时最好使基准量具与被测对象的材料相近，即使 $\alpha_2 \approx \alpha_1$。这样，测量过程中只要二者的温度相近($t_2 \approx t_1$)，即使偏离标准温度，对测量结果的影响也不大。若二者的线膨胀系数相差较大，则必须严格地在+20℃条件下进行测量，或对测量结果做必要的修正。

对于一些精密测量仪器或方法，通常都对测量环境条件做了严格的规定，有些给出了相应环境变化的修正方法。

4) 与主观因素有关的误差

在测量过程中，操作者的主观因素有时对测量结果会有很大的影响。在同样条件下，用同样的测量方法，不同的人所得测量结果有时相差很远，即说明存在着人为因素引起的测量误差。如：当示数指针停留在两刻线中间，需要目测估计指针转过的小数部分时，不同的人会有不同的估读结果，从而形成目测或估读的判断误差；在使用指示式仪器或游标量具时，由于观察方向不同，读数也可能不同，从而形成斜视误差；在判断影像或刻线重合状况时，还会有由于肉眼分辨力限制而形成的瞄准误差等。

2.3.2　测量误差的分类

按测量误差的性质，其可分为系统误差、随机误差和粗大误差等三种类型。

1. 系统误差(systematic error)

在相同条件下，多次测量同一量值时，误差的绝对值和符号保持恒定，或在条件改变时，误差按某一确定的规律变化，称其为系统误差。由此，系统误差可分为定值系统误差和变值系统误差等两种。

(1) 定值系统误差　在测量时，定值系统误差对每次测得值的影响都是相同的，例如，仪器零点的一次调整误差等。

(2) 变值系统误差　在测量时，变值系统误差对每次测得值的影响是按一定规律变化的，例如，在测量过程中温度均匀变化所引起的测量误差。

从理论上讲，系统误差是可以消除的。通常多数定值系统误差都易于发现，并能够消除。但实际上系统误差不一定能够完全被消除。对于未能消除的系统误差，在规定允许的测量误

差时,应予考虑。

2. 随机误差(random error,亦称偶然误差 accidental error)

在相同的条件下,多次测量同一量值时,误差的绝对值与符号均不定,称其为随机误差。

将系统误差消除后,在同样条件下,重复地对同一量值进行多次测量,其所得结果也不尽相同,即说明随机误差的存在。产生随机误差的原因很多,通常相互间很少有关联,而且又未加控制,因此表现出误差大小和符号的随机性。如在某光学非接触测量过程中,由于温度波动、空气无规则扰动、杂散光干扰、被测表面反射率不恒定、机构运动副中的微小杂质或灰尘、仪器电压波动或器件电子噪声等各种因素的影响,虽然单个因素对测量结果影响不大,但各不相关的这些因素的综合效应使得测得数据将含有随机误差。

从理论上讲,随机误差是不能够被消除的。但可用概率和数理统计的方法,通过对一系列测得数据的处理来减小其对测量结果的影响,并评定其影响程度。

3. 粗大误差(parasitic error,简称粗误差,亦称过失误差)

超出在规定条件下预计的误差称为粗大误差。粗大误差是测量者主观上的疏忽或客观条件的巨变等原因造成的,常使测得值有显著的差异。在正常的测量过程中,应该而且能够将粗大误差剔除。

通常用精密度(precision)形容随机误差的影响,用正确度(correctness)形容系统误差的影响,用准确度或精确度(accuracy)形容系统误差与随机误差的综合影响。

2.3.3 测量数据的处理与测量误差的评定

为了提高测量精度,可根据测量误差的特征和规律,对测量数据进行必要的处理,合理地给出测量结果。

1. 随机误差的特性及其处理与评定

1)随机误差的统计特征及其数学描述

根据大量的观察与实践,发现测量时的随机误差通常具有如下统计特性。

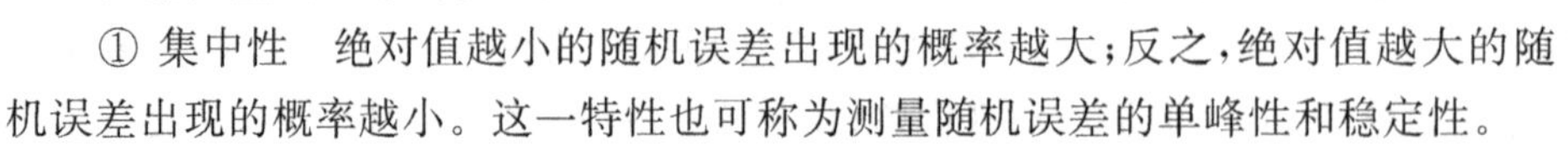

① 集中性 绝对值越小的随机误差出现的概率越大;反之,绝对值越大的随机误差出现的概率越小。这一特性也可称为测量随机误差的单峰性和稳定性。

② 对称性 绝对值相等的正、负随机误差出现的概率相近。这一特性也可称为测量随机误差的相消性。

③ 有界性 在一定测量条件下,随机误差的实际分布范围有限且一定。这一特性也可称为测量随机误差的有限性。

根据概率论,测量随机误差的上述统计特性符合正态分布(normal distribution),也称高斯分布(Gauss distribution)的随机变量的统计特征,因而可用正态分布概率密度函数 y 来描述测量的随机误差的统计特征,即

$$y=\frac{1}{\sigma\sqrt{2\pi}}e^{-\delta^2/(2\sigma^2)} \tag{2-27}$$

式中:y——测量随机误差的概率密度函数;

e——自然对数的底;

δ——测量的随机误差;

σ——测量随机误差的均方差(亦称标准偏差),对于一定的测量方法,其值为常数。

图 2-19 所示的为测量随机误差的概率密度函数 y 的图形。

由概率论可知，图2-19所示概率密度函数y曲线与δ坐标轴(测量的随机误差)之间的面积表示测量误差δ出现在某区间内的概率P。由于概率密度函数y是单峰偶函数，因此它能较好地描述随机误差的集中性和对称性。对此，图2-19给出了直观的反映，图中随机误差出现在更靠近y轴的区间$[\delta_1,\delta_2]$中的概率P_1比出现在离y轴稍远区间$[\delta_3,\delta_4]$中的概率P_2大；随机误差出现在与y轴对称的两个区间$[\delta_3,\delta_4]$和$[\delta_5,\delta_6]$中的概率P_2和P_3相等。

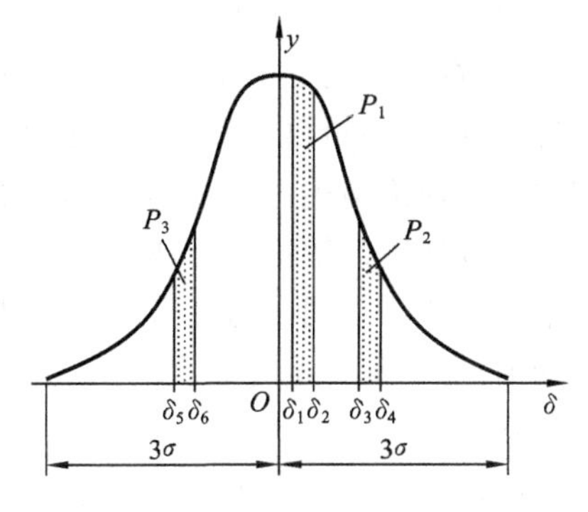

图2-19　正态分布概率密度函数

测量的随机误差δ出现在$(-\infty,+\infty)$区间的概率为

$$P=\int_{-\infty}^{+\infty}y\mathrm{d}\delta=\int_{-\infty}^{+\infty}\frac{1}{\sigma\sqrt{2\pi}}\mathrm{e}^{-\delta^2/(2\sigma^2)}\mathrm{d}\delta=100\%$$

此式说明，凡是测量，测量误差出现的概率为100%，即出现测量误差是不可避免的。

由于测量的随机误差δ出现在$[-3\sigma,+3\sigma]$区间中的概率为

$$P=\int_{-3\sigma}^{+3\sigma}\frac{1}{\sigma\sqrt{2\pi}}\mathrm{e}^{-\delta^2/(2\sigma^2)}\mathrm{d}\delta=99.73\%\approx100\%$$

说明测量的随机误差集中出现在$[-3\sigma,+3\sigma]$区间内。这一方面体现了测量随机误差的集中性，同时表明超出$\pm3\sigma$范围的随机误差的概率只有0.27%，是小概率事件。故工程实际中认为测量的随机误差是有界的，其极限误差为

$$\Delta_{\lim}=\pm3\sigma \tag{2-28}$$

即认为$[-3\sigma,+3\sigma]$区间是测量随机误差的实际分布范围。

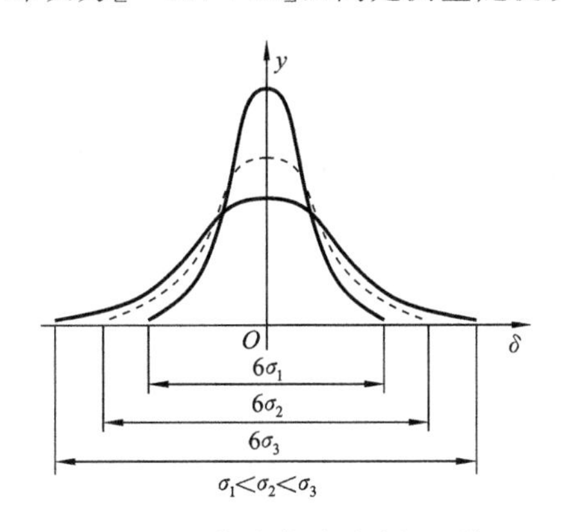

图2-20　标准偏差对随机误差分布范围的影响

由式(2-28)可知，标准偏差σ越小，则随机误差实际分布范围越小，表示随机误差对测得值的影响小，即表示该系列测得值的测量精密度高，若测量的系统误差已消除，则该测量方法的精确度高。如图2-20所示，三种测量方法中，标准偏差为σ_1的测量方法的精密度最高。因此，可用标准偏差或极限误差评定随机误差对测量结果的影响。

2）随机误差总体分布的参数估计

由概率论及误差理论知识可知，随机误差的标准偏差σ为各随机误差平方和的平均值的平方根，即

$$\sigma=\sqrt{\frac{\delta_1^2+\delta_2^2+\cdots+\delta_n^2}{n}}=\sqrt{\frac{\sum\delta_i^2}{n}} \tag{2-29}$$

式中：n——重复多次测量的次数；

$\delta_i(i=1,2,\cdots,n)$——随机误差，即消除系统误差后的测得值x_i与真值μ之差，即

$$\delta_i=x_i-\mu \tag{2-30}$$

其中，

$$\mu=\frac{\sum x_i}{n} \tag{2-31}$$

对于式(2-29)和式(2-31),理论上要求 $n\to\infty$,即要求测量中获得无穷多个测量的随机误差 δ_i,这在实际测量中是不可能做到的,因而不可能得到理论上的真值 μ 和标准偏差 σ。也就是说,式(2-27)给出的概率密度函数 y 是依据概率论,对随机变量即测量的随机误差 δ 总体分布规律的理论描述,式中的 μ 和 σ 为决定分布特征的两个参数。

由数理统计知识可知,随机变量总体分布参数可在一定的置信水平下,由有限容量的随机变量样本估计得到。为此,针对测量随机误差的基本特性,对同一被测的量值,在消除系统误差的前提下,进行重复 n 次的一组"等精度测量"。当测量次数 n 充分大时,可依据获得的系列测量数据这一测得值的样本,即 $x_i(i=1,2,\cdots,n)$ 对总体分布参数进行如下估计。

(1) 真值 μ 的估计　用系列测得值的算术平均值 $\bar{x}$ 作为真值 μ 的估计值(最近真值),即

$$\bar{x}=\frac{\sum x_i}{n}\quad(i=1,2,\cdots,n)\tag{2-32}$$

(2) 标准偏差 σ 的估计　用系列测得值的样本标准差 s 作为总体分布标准偏差 σ 的估计值,即

$$s=\sqrt{\frac{\sum(x_i-\bar{x})^2}{n-1}}=\sqrt{\frac{\sum\upsilon_i^2}{n-1}}\quad(i=1,2,\cdots,n)\tag{2-33}$$

式(2-33)称为贝塞尔(Bessel)公式,υ_i 称为残余误差(简称残差),即

$$\upsilon_i=x_i-\bar{x}\tag{2-34}$$

通过上述测量的随机误差总体分布的参数估计,便可对实际测量中有限次数的随机误差进行统计评价。对于式(2-34)所表述的残差,其有如下有意义的特性。

① 残差的代数和等于零　由于 $\sum\upsilon_i=\sum x_i-n\bar{x}$,而 $\bar{x}=\frac{1}{n}\sum x_i$,故 $\sum\upsilon_i=0$。此即残差的"相消性",按此特性,可在测量数据处理时检验 $\bar{x}$ 与 υ_i 的计算是否有差错。

② 残差的平方和为最小　由于 $\sum\upsilon_i^2=\sum(x_i-\bar{x})^2=\sum x_i^2-2\bar{x}\sum x_i+n(\bar{x})^2$,若要使 $\sum\upsilon_i^2$ 为最小,则必须使 $\frac{\partial\left(\sum\upsilon_i^2\right)}{\partial\bar{x}}=0$,由此得 $0-2\sum x_i+2n\bar{x}=0$,即 $\bar{x}=\frac{\sum x_i}{n}$。按此反证,当 $\bar{x}=\frac{\sum x_i}{n}$ 成立时,必有

$$\sum\upsilon_i^2=\min\tag{2-35}$$

式(2-35)表明,若不取 $\bar{x}$,而用其他值估计 μ,并求各测得值对该值的偏差,这些偏差的平方和一定比残差平方和大,即用 $\bar{x}$ 来近似代替真值比用其他值好。

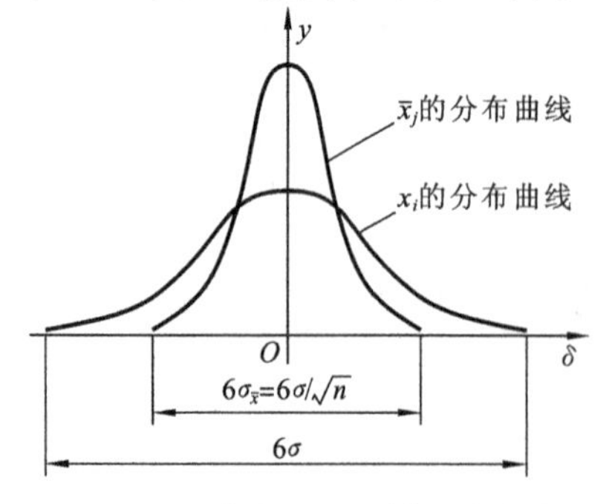

图 2-21　算术平均值 $\bar{x}$ 的分布范围

3) 随机误差算术平均值 $\bar{x}$ 的标准偏差 $\sigma_{\bar{x}}$

若在同样条件下对同一量值重复进行若干组"n 次测量",则每组"n 次测量"所得的算术平均值 $\bar{x}_j$(j 为测量组的序号)不尽相同,但其波动范围比各组中单次测得值 x_i 的波动范围要小,且 n 越大波动范围减小越多(见图2-21)。这说明测量误差算术平均值 $\bar{x}_j$ 的精密度不仅高于单次测量系列值 x_i 的精密度,还与测量次数有关。

根据概率论与数理统计知识,及式(2-27)、式(2-30),系列测得值 x_i 的算术平均值亦为正态分布的随机变量,其

标准偏差为

$$\sigma_{\bar{x}}=\sigma/\sqrt{n} \tag{2-36}$$

式中：σ——系列测得值 x_i 的标准偏差，其与测量随机误差 δ 的标准偏差相同；

$\sigma_{\bar{x}}$——$n\to\infty$ 的理论值，其估计值为

$$\sigma_{\bar{x}}\approx s/\sqrt{n} \tag{2-37}$$

则算术平均值的极限误差为

$$\Delta_{\bar{x}\lim}=\pm 3\sigma_{\bar{x}} \tag{2-38}$$

综上所述，当用系列测得值中的任一单次值 x_i 作为测量结果时，应该用标准偏差 $\sigma\approx s$ 或极限误差 $\Delta_{\lim}$ 来评定给出结果精密度；为了减小随机误差的影响，可用多次重复测得值的算术平均值 $\bar{x}$（被测量的最近真值）作为测量结果，而此时应该用算术平均值的标准偏差 $\sigma_{\bar{x}}\approx s/\sqrt{n}$ 或极限误差 $\Delta_{\bar{x}\lim}$ 来评定给出结果精密度。

例 2-1　测量某轴直径，得到表 2-4 所示的一系列等精度测得值。设系统误差已消除，试求该轴直径的测量结果。

解　列表计算如下。

表 2-4　例 2-1 测量数据及其处理

测量序号	系列测得值 x_i/mm	算术平均值 $\bar{x}$/mm	残差 υ_i/μm	残差的平方 υ_i^2/μm²
1	25.0360	25.0364	−0.4	0.16
2	25.0365		+0.1	0.01
3	25.0362		−0.2	0.04
4	25.0364		0	0
5	25.0367		+0.3	0.09
6	25.0363		−0.1	0.01
7	25.0366		+0.2	0.04
8	25.0363		−0.1	0.01
9	25.0366		+0.2	0.04
10	25.0364		0	0
	$\sum x_i=250.364$		$\sum \upsilon_i=0$	$\sum \upsilon_i^2=0.4$

系列测得值的算术平均值：$\bar{x}=\dfrac{\sum x_i}{n}=\dfrac{250.364}{10}\ \text{mm}=25.0364\ \text{mm}$

系列测得值的样本标准差：$s=\sqrt{\dfrac{\sum \upsilon_i^2}{n-1}}=\sqrt{\dfrac{0.40}{10-1}}\ \mu\text{m}\approx 0.21\ \mu\text{m}$

算术平均值的标准偏差：　$\sigma_{\bar{x}}\approx s/\sqrt{n}=0.21/\sqrt{10}\ \mu\text{m}\approx 0.07\ \mu\text{m}$

算术平均值的极限误差：　$\Delta_{\bar{x}\lim}=\pm 3\sigma_{\bar{x}}=\pm 3\times 0.7\ \mu\text{m}=\pm 0.21\ \mu\text{m}$

该轴直径的最终测量结果：$x=\bar{x}\pm\Delta_{\bar{x}\lim}=(25.0364\pm 0.0002)\ \text{mm}$

2. 系统误差的发现与消除

当测量数据含有系统误差时，由于其绝对值往往较大，故其对测量的准确度影响较大。同时，通过对同一条件下多次重复测得值的数据处理，不仅不能消除系统误差，有时甚至也难发现系统误差。因此，系统误差常是影响测量结果可靠性的主要因素。

尽管从理论上讲,系统误差是可以完全消除的,而实际上只能消除到一定程度。若将系统误差减小到使其影响相当于随机误差的程度,即可按随机误差处理。

1) 定值系统误差的发现与消除

定值系统误差不能从系列测得值的处理中揭示,而只能通过另外的实验对比方法去发现。例如,在用比较仪测量零件的尺寸时,由量块尺寸偏差引起的定值系统误差,可用高精度仪器对量块的实际尺寸进行检定来发现,或用高精度量块代替进行对比测量来发现。

在测量过程中,如能控制定值系统误差的符号,则可使定值系统误差出现一次正值,再出现一次负值,然后取这两次读数的算术平均值作为测量结果。例如,在工具显微镜上测量螺纹的螺距或中径时,可取按螺牙左、右两轮廓测得值的算术平均值作为测量结果,以消除工件安装不正确引起的定值测量误差。

2) 变值系统误差的发现与消除

变值系统误差有可能通过对系列测得值的处理和分析观察来揭示。

由于显著的变值系统误差将全面地影响测量误差的分布规律,因此可以通过对随机误差分布规律假设的检验,来揭示变值系统误差的存在。在实际测量中,用于判断变值系统误差的方法,实质上都是以检验测量误差的分布是否偏离正态分布为基础的。要判断同一组系列测得值中是否含有变值系统误差可用以下两种方法。

① 残余误差观察法　将测得值按测量的先后顺序列出,算出全部残余误差 υ_i,通过观察 υ_i 的大小和正负符号的变化,判断有无变值系统误差。

若残余误差 υ_i 按近似于线性规律递增或递减(见图 2-22),则可判断测量结果中存在线性的变值系统误差。

若 υ_i 的正负符号近似于正弦的周期规律变化,且变化的幅值较显著(见图 2-23),则存在周期性的变值系统误差。

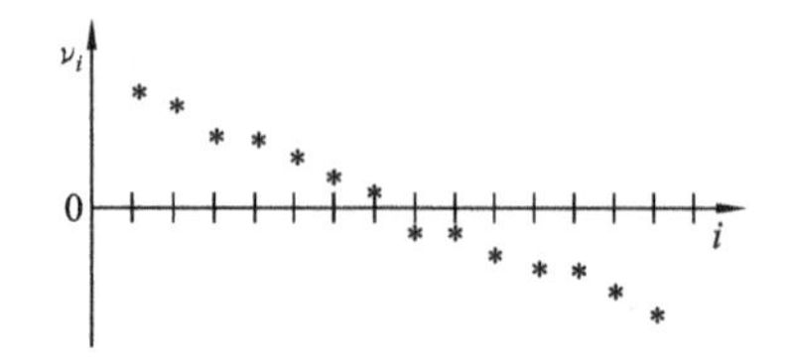

图 2-22　近似于线性递减的变值系统误差

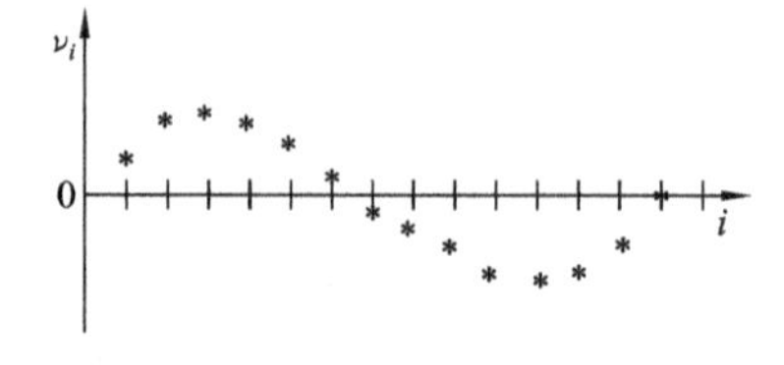

图 2-23　近似于正弦曲线的周期性变值系统误差

② 残余误差核算法　将测得值按测量的先后顺序分为前半组和后半组。这时,若残余误差的符号大体正、负相间且前后两个半组各自的残余误差代数和之差接近于零,表明残余误差有相消性,则不存在显著的变值系统误差;若前后两个半组的残余误差代数和相差较大,二者的差值较之于 υ_i 来说明显不接近于零,则可判断系列测量值存在变值系统误差。

例 2-2　测一轴颈,测得值如表 2-5 所示。试判断测得值是否含有变值系统误差。

表 2-5　例 2-2 测得值及其处理

测量序号 i	1	2	3	4	5	6	7	8	9	10
测得值 x_i/mm	34.588	34.589	34.588	34.590	34.592	34.594	34.596	34.600	34.600	34.603
残余误差 υ_i/μm	−6	−5	−6	−4	−2	0	+2	+6	+6	+9
$n=10$	$\bar{x}=34.594$ mm									

解　计算算术平均值及残余误差，其值如表2-5所示。将测量数列分为前后两组，有

$$\sum_{i=1}^{5}\upsilon_i=-23\ \mu\mathrm{m},\quad \sum_{i=6}^{10}\upsilon_i=+23\ \mu\mathrm{m}$$

$$\sum_{i=1}^{5}\upsilon_i-\sum_{i=6}^{10}\upsilon_i=-46\ \mu\mathrm{m}$$

前后两个半组的残余误差代数和之差明显不接近于零，故测量数列含有变值系统误差。进而观察残差的大小和符号的变化或作图观察，可知存在线性变值系统误差。

若怀疑存在变值系统误差，则一般应通过分析试验，找出其产生的原因，并设法消除之，然后重新测量。

3. 粗大误差的判别与剔除

1）3σ 准则

当系列测得值按正态分布时，由于测量误差超出$[-3\sigma,+3\sigma]$范围的概率只有0.27%，通常在实际测量中这种小概率事件被认为不可能出现。故将超出$[-3\sigma,+3\sigma]$范围的残余误差υ_i作为粗大误差，即与其对应的测得值x_i含有粗大误差，应从测量数列中剔除。按此准则，粗大误差的界限为

$$|\upsilon_i|>3\sigma \tag{2-39}$$

但此准则所用的标准偏差σ应是理论值，或大量重复测量的统计值，故此准则仅适用于大量重复测量的实验统计分析。若重复测量次数不多($n<50$)，又未经大量重复测量来统计确定测量方法的σ值，则按此准则剔除粗大误差未必可靠。特别是当$n\leqslant10$，且用样本标准差s替代σ时，按此准则将不能提出任何粗大误差。

2）狄克逊(W. J. Dixon)准则

设对某一被测量值进行一系列等精度独立测量，其测得值按正态分布，将测得值$x(i)$按从小到大顺序排列，即

$$x_{(1)}\leqslant x_{(2)}\leqslant\cdots\leqslant x_{(n-1)}\leqslant x_{(n)}$$

为判断上述测量数列的首、末两项(最小和最大项)数据是否含粗大误差，狄克逊研究了$\dfrac{x_{(n)}-x_{(n-1)}}{x_{(n)}-x_{(1)}}$等级差比的分布，并根据分布的特征，计算出不同样本数n在不同危率γ下相应级差比的临界值$f(\gamma,n)$，同时给出了测量所得级差比f_0的计算公式，如表2-6所示。若

$$f_0>f(\gamma,n) \tag{2-40}$$

则认为$x_{(n)}$或$x_{(1)}$为粗大误差，应剔除。

表2-6　狄克逊系数与计算公式

n	$f(\gamma,n)$		f_0 计算公式	
	$\gamma=0.01$	$\gamma=0.05$	$x_{(1)}$ 可疑时	$x_{(n)}$ 可疑时
3	0.988	0.941		
4	0.889	0.765		
5	0.780	0.642	$\dfrac{x_{(2)}-x_{(1)}}{x_{(n)}-x_{(1)}}$	$\dfrac{x_{(n)}-x_{(n-1)}}{x_{(n)}-x_{(1)}}$
6	0.698	0.560		
7	0.637	0.507		

续表

n	$f(\gamma,n)$		f_0 计算公式	
	$\gamma=0.01$	$\gamma=0.05$	$x_{(1)}$ 可疑时	$x_{(n)}$ 可疑时
8	0.683	0.554	$\frac{x_{(2)}-x_{(1)}}{x_{(n-1)}-x_{(1)}}$	$\frac{x_{(n)}-x_{(n-1)}}{x_{(n)}-x_{(2)}}$
9	0.635	0.512		
10	0.597	0.477		
11	0.679	0.576	$\frac{x_{(3)}-x_{(1)}}{x_{(n-1)}-x_{(1)}}$	$\frac{x_{(n)}-x_{(n-2)}}{x_{(n)}-x_{(3)}}$
12	0.642	0.546		
13	0.615	0.521		
14	0.641	0.546	$\frac{x_{(3)}-x_{(1)}}{x_{(n-2)}-x_{(1)}}$	$\frac{x_{(n)}-x_{(n-2)}}{x_{(n)}-x_{(3)}}$
15	0.616	0.525		
16	0.595	0.507		
17	0.577	0.490		
18	0.561	0.475		
19	0.547	0.462		
20	0.535	0.450		
21	0.524	0.440		
22	0.514	0.430		
23	0.505	0.421		
24	0.497	0.413		
25	0.489	0.406		

危率 γ 表示按此准则将测量数据误判含有粗大误差的概率。例如，$\gamma=0.05$ 表示粗大误差判断错误的概率为 5%，或判断正确的概率为 95%。按此准则，若发现粗大误差，则应从测量数据列中剔除，并重新按大小确定余下测得数据的顺序后再进行检查，至首、末两项数据均不含粗大误差止。

例 2-3　试按狄克逊准则，判断表 2-4 给出的测量数据在危率 $\gamma=0.05$ 下是否含有粗大误差。

解　将测得数据按大小顺序排列如表 2-7 所示。

表 2-7　例 2-3 测得数据排序　(mm)

$x_{(1)}$	$x_{(2)}$	$x_{(3)}$	$x_{(4)}$	$x_{(5)}$	$x_{(6)}$	$x_{(7)}$	$x_{(8)}$	$x_{(9)}$	$x_{(10)}$
25.0360	25.0362	25.0363	25.0363	25.0364	25.0364	25.0365	25.0366	25.0366	25.0367

根据表 2-6，当 $n=10$，$\gamma=0.05$ 时，$f(0.05,10)=0.477$。

① 判断 $x_{(10)}$ 是否含粗大误差。

由表 2-6，　$f_0=\frac{x_{(10)}-x_{(9)}}{x_{(10)}-x_{(2)}}=\frac{25.0367-25.0366}{25.0367-25.0362}=0.2<f(0.05,10)=0.477$

所以，$x_{(10)}$ 不含粗大误差。

② 判断 $x_{(1)}$ 是否含粗大误差。

由表 2-6，　$f_0=\frac{x_{(2)}-x_{(1)}}{x_{(9)}-x_{(1)}}=\frac{25.0362-25.0360}{25.0366-25.0360}=0.333<f(0.05,10)=0.477$

所以，$x_{(1)}$ 不含粗大误差。

故，表 2-4 给出的测量数据均不含有粗大误差。

4. 误差的合成

1）系统误差的合成

设间接被测量 y 与 n 个直接测量量 $x_1, x_2, \cdots, x_n$ 之间的函数关系为

$$y=f(x_1, x_2, \cdots, x_n)$$

对上式全微分，可得 y 的系统误差与各分量的系统误差的关系为

$$\Delta y=\frac{\partial f}{\partial x_1}\Delta x_1+\frac{\partial f}{\partial x_2}\Delta x_2+\cdots+\frac{\partial f}{\partial x_n}\Delta x_n \tag{2-41}$$

式中：Δy——间接被测量 y 的系统误差；

$\Delta x_1, \Delta x_2, \cdots, \Delta x_n$——直接被测分量的系统误差；

$\frac{\partial f}{\partial x_i}$——误差传递系数。

若 y 与 $x_1, x_2, \cdots, x_n$ 成线性函数关系，即

$$y=a_1x_1+a_2x_2+\cdots+a_nx_n$$

则有

$$\Delta y=a_1\Delta x_1+a_2\Delta x_2+\cdots+a_n\Delta x_n \tag{2-42}$$

误差传递函数 $\frac{\partial f}{\partial x_i}=a_i$。

若

$$y=x_1+x_2+\cdots+x_n$$

则有

$$\Delta y=\Delta x_1+\Delta x_2+\cdots+\Delta x_n \tag{2-43}$$

误差传递函数 $\frac{\partial f}{\partial x_i}=1$ 。

2）随机误差的合成

设直接测量各分量 x_i 为随机变量，且相互独立，则 y 的方差与各分量方差的关系为

$$\sigma_y^2=\left(\frac{\partial f}{\partial x_1}\sigma_{x_1}\right)^2+\left(\frac{\partial f}{\partial x_2}\sigma_{x_2}\right)^2+\cdots+\left(\frac{\partial f}{\partial x_n}\sigma_{x_n}\right)^2 \tag{2-44}$$

若各分量均为正态分布，在置信概率为 99.73%的条件下，各分量的测量极限误差为

$$\Delta_{x_i\lim}=\pm 3\sigma_{x_i}$$

则测量的极限误差（置信概率为 99.73%）为

$$\begin{aligned}\Delta_{y\lim}&=\pm 3\sigma_y=\pm 3\sqrt{\left(\frac{\partial f}{\partial x_1}\sigma_{x_1}\right)^2+\left(\frac{\partial f}{\partial x_2}\sigma_{x_2}\right)^2+\cdots+\left(\frac{\partial f}{\partial x_n}\sigma_{x_n}\right)^2}\\&=\pm\sqrt{\left(\frac{\partial f}{\partial x_1}\right)^2\Delta_{x_1\lim}^2+\left(\frac{\partial f}{\partial x_2}\right)^2\Delta_{x_2\lim}^2+\cdots+\left(\frac{\partial f}{\partial x_n}\right)^2\Delta_{x_n\lim}^2}\end{aligned} \tag{2-45}$$

若

$$y=a_1x_1+a_2x_2+\cdots+a_nx_n$$

则有

$$\Delta_{y\lim}=\pm\sqrt{a_1^2\Delta_{x_1\lim}^2+a_2^2\Delta_{x_2\lim}^2+\cdots+a_n^2\Delta_{x_n\lim}^2} \tag{2-46}$$

若

$$y=x_1+x_2+\cdots+x_n$$

则有

$$\Delta_{y\lim}=\pm\sqrt{\Delta_{x_1\lim}^2+\Delta_{x_2\lim}^2+\cdots+\Delta_{x_n\lim}^2} \tag{2-47}$$

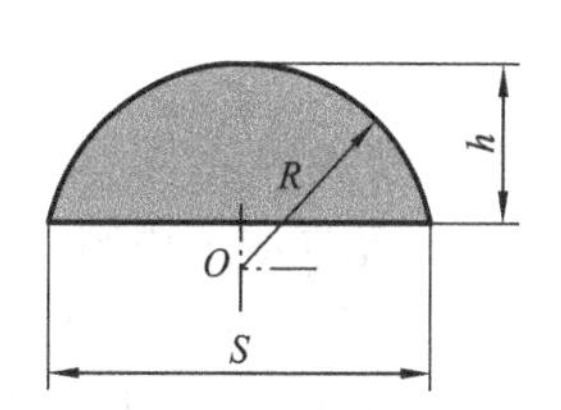

图 2-24　圆弧样板

例 2-4　设有一厚度为 1 mm 的圆弧样板，如图 2-24 所示。在万能工具显微镜上测得 $S=23.664$ mm，$\Delta S=-0.004$ mm，$h=10.000$ mm，$\Delta h=+0.002$ mm。已知在万能工具显微镜上用影像法

测量平面工件时的测量极限误差公式为

纵向：$\Delta_{\lim}=\pm(3+L/30+HL/4000)\ \mu m$

横向：$\Delta_{\lim}=\pm(3+L/50+HL/2500)\ \mu m$

式中：L——被测长度；

H——工件上表面到仪器玻璃台面的距离。求 R 的测量结果。

解 (1) 计算系统误差。

R 与 S、h 的函数关系为

$$R=S^2/8h+h/2$$

对 R 进行全微分，得

$$\Delta R=\frac{S}{4h}\Delta S-\left(\frac{S^2}{8h^2}-\frac{1}{2}\right)\Delta h \tag{2-48}$$

即有

$$\frac{\partial R}{\partial S}=\frac{S}{4h}=\frac{23.664}{4\times 10}=0.5916$$

$$\frac{\partial R}{\partial h}=-\left(\frac{S^2}{8h^2}-\frac{1}{2}\right)=0.1999$$

将已知的 ΔS、Δh 及上述计算的$\dfrac{\partial R}{\partial S}$、$\dfrac{\partial R}{\partial h}$代入式(2-48)，得到的系统误差为

$$\Delta R=[0.5916\times(-0.004)-0.1999\times 0.002]\text{mm}=-0.0028\ \text{mm}$$

(2) 估计随机误差。

计算 S、h 的测量极限误差

$$\Delta_{S\lim}=\pm\left(3+\frac{23.664}{30}+\frac{1\times 23.664}{4000}\right)\ \mu\text{m}=\pm 3.8\ \mu\text{m}$$

$$\Delta_{h\lim}=\pm\left(3+\frac{10}{50}+\frac{1\times 10}{2500}\right)\ \mu\text{m}=\pm 3.2\ \mu\text{m}$$

由式(2-45)，得

$$\Delta_{R\lim}=\pm\sqrt{\left(\frac{\partial R}{\partial S}\right)^2\Delta_{S\lim}^2+\left(\frac{\partial R}{\partial h}\right)^2\Delta_{h\lim}^2}=\pm 0.0023\ \text{mm}$$

(3) 测量结果表达。

将 $S=23.664$ mm，$h=10.000$ mm 代入 R 计算式，得

$$R=\left(\frac{23.664^2}{8\times 10.000}+\frac{10.000}{2}\right)\ \text{mm}=11.9998\ \text{mm}$$

R 的测量结果可表达为

$$R=[(11.9998+0.0028)\pm 0.0023]\ \text{mm}=(12.003\pm 0.002)\ \text{mm}$$

2.4 技术测量的基本原则

在技术测量中，掌握并遵循以下一些基本的测量原则，可提高测量的精确程度及可靠性。

1. 基准统一原则

基准统一原则主要指在制件或装备的设计、制造(加工及装配)及测试评价的全过程中，各种基准原则上应一致。设计时，从应用的角度考虑，应选装配基准为设计基准。加工时，从加工可能性、经济性和加工精度的角度考虑，应尽量选设计基准为加工工艺基准；若不能统一，则

须将设计基准的有关技术要求换算到所选的工艺基准上。工艺过程测量时，从评价工艺质量的角度考虑，应以工艺基准为测量基准。对于终结（验收）测量，从使用和性能评价的角度考虑，应选装配基准为测量基准。

以图2-25所示的齿轮轴为例，使用中，由两端轴颈支承中部齿轮回转，两端轴颈表面为装配基准。设计时，则以体现两端轴颈表面的轴线为设计基准。而加工时，因工艺需求，以两顶尖孔内圆锥面体现的轴线为工艺基准。因此，在进行中间测量时，如测量齿圈径向跳动，则应选两顶尖孔内圆锥面作测量基准。而在进行终结测量时，如测量齿侧间隙，则应以齿轮的装配基准即两端轴颈表面作为测量基准。

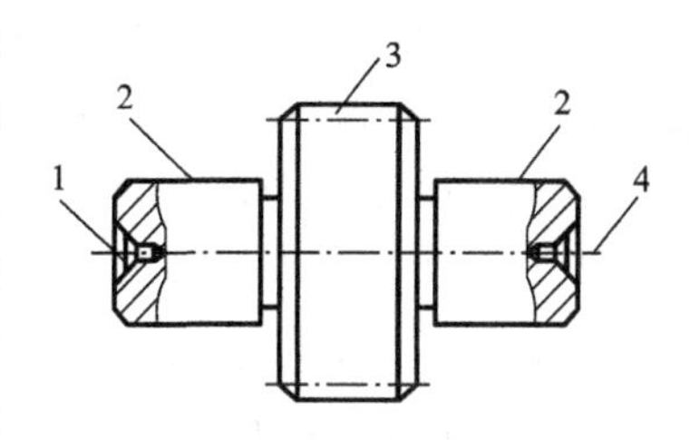

图2-25 基准举例

1—顶尖孔锥面；2—轴颈表面；3—齿轮；4—两轴颈公共轴线

遵循基准统一原则可以避免误差累积的影响：在加工时可以充分利用设计给定的公差；在测量时能以适宜的测量精度保证零件的公差要求，或在保证达到公差要求的前提下，不致对测量精度要求过高。

2. 最小变形原则

在测量过程中，测量系统的变形会直接影响到测量结果，因此，最小变形原则可表述为：在测量过程中，要求被测工件与测量器具之间的相对变形最小。常见的变形为热变形和弹性变形。

1）热变形

长度测量的标准温度是20℃。国家标准规定的长度参数值均为20℃时的量值，同时检测和评价长度量值时，以被测件、测量器具及环境温度均为20℃时的测量结果为准。

2）弹性变形

在测量过程中，由于测量力、重力或其他力的影响，测量器具或工件将产生弹性变形，比如仪器支架变形，工作台、量块或线纹尺的支承变形，测头或工作台与工件或量块的接触变形（压陷效应）等，均会影响测量结果。

根据在比较仪上做实际检测试验，当用10 N的力向上推比较仪的支架时观察仪器的读数：光学比较仪的读数变化约为0.2 μm；机械式比较仪读数变化约为0.5 μm。此例说明测量力将引起支架的变形，但对于比较测量法而言，这种影响体现在测量力发生改变时。

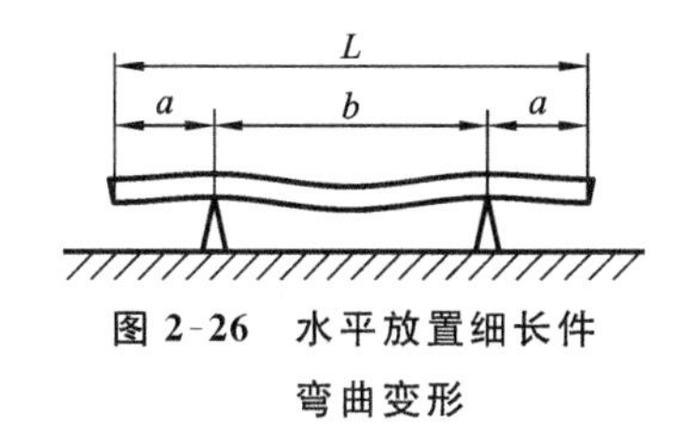

图2-26 水平放置细长件弯曲变形

当工件被支承测量时，由工件自重引起的自身变形或支承方式引起的变形均会影响测量结果。例如，把一标称尺寸1000 mm量块的一测量面平放在水平工作台的平面上时，由于自重的作用，量块尺寸将缩短约0.02 μm。对于一些刚性较差的细长工件或薄壁工件，如较长的量块或刻线尺、丝杠、细长轴等，测量过程中的支承方式会影响测量结果。如图2-26所示，两点水平支承某细长工件，在重力的作用下工件将发生弯曲变形。由力学知识可知，当$a=0.2336L$时，图示工件中间弯曲量最小；当$a=0.2232L$时，工件中间与两端的变形相同。

另外，当球面或圆柱面测量头与工件平面或其他形状表面接触时，理论上应为点接触或线接触。但实际测量中，在测量力的作用下，接触处将产生接触变形（赫兹变形），变形量可按赫兹力学公式计算。在被测工件为软材料或测量力相对较大时，应考虑接触变形对测量结果的影响而选择非接触测量方法。

由于分析计算和精确确定弹性变形造成的测量误差通常比较复杂和困难，一般用增加测量系统的刚度和减小测量力等方法来减小弹性变形的影响。

3. 最短测量链原则

在长度测量中,测量链由测量系统中确定两测量面相对位置的各个环节及被测工件组成。两测量面是指测头与工作台的测量面(通常为立式测量仪器),或活动测头与固定测头的测量面(通常为卧式测量仪器)。将被测工件置于两测量面之间即形成封闭的测量链。

在测量链中,各组成环节的误差通常是 1∶1 地传递到测量结果的,而测量链的最终测量误差是各组成环节误差的累积值。因此,最短测量链原则为:在测量系统中,应尽量减少测量链的组成环节数,并减小组成环节的误差。例如,用量块组合尺寸时,应使用尽量少的量块;用指示表测量时,在测头、工件、工作台之间应不垫或尽量少垫量块。

4. 阿贝测长原则

长度测量实质上是将被测量与测量器具上的标准长度量(如量块、刻线标尺等)进行比较的过程。测量时,被测量与标准长度之间需要有相对移动,并由滑移机构来导向。由于滑移机构的固定件与移动件之间需要有适当的间隙,同时二者存在制造或安装误差,测量过程中移动方向往往偏离标准长度的方向,从而造成测量误差。为了减少这种方向偏差对测量结果的影响,德国人艾恩斯特·阿贝(Ernst Abbe)于 1890 年提出了著名的阿贝测长原则:“将被测物与标准尺沿测量轴线成直线排列”,即被测尺寸与作为标准的尺寸在测量过程中应在同一条直线上,成串联关系。

图 2-27 所示的为用游标卡尺测量轴径的示意图。其中,轴的直径 L 为被测线,卡尺上的标度刻线为测量线,二者为并联关系且相距为 S,不符合阿贝原则。测量时,图示滑尺左移并以一定的测量力靠在被测轴表面上。由于定尺与滑尺之间有间隙,在测量力的作用下滑尺将发生图示偏转(φ),从而产生测量误差:

$$\Delta L = L - L' = S\tan\varphi$$

式中:ΔL——阿贝误差,即违反阿贝原则所引起的测量误差;

φ——滑尺的偏转角;

S——测量线与被测线之间的距离。

由于 φ 角很小,有 $\tan\varphi \approx \varphi$,可取

$$\Delta L = S\varphi$$

若设 $S = 20$ mm,$\varphi = 0.0003$ rad,则 $\Delta L = 6$ μm。

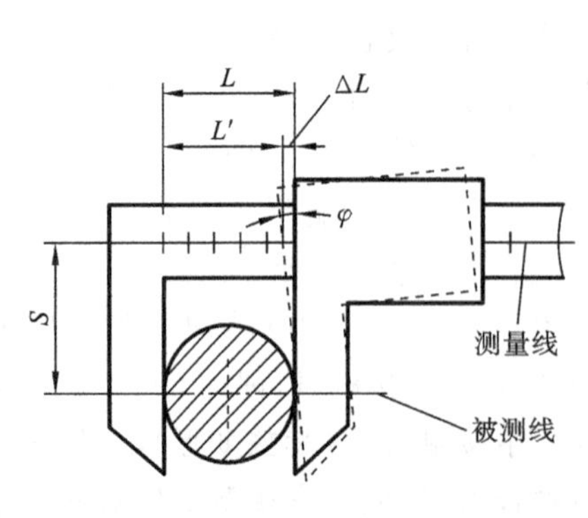

图 2-27 测量线与被测线并联

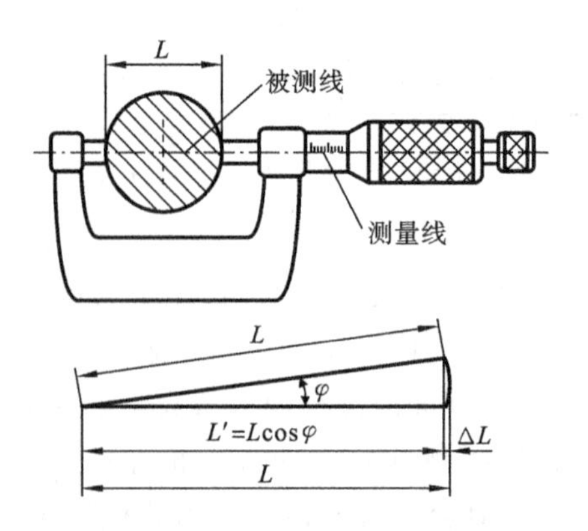

图 2-28 测量线与被测线串联

图 2-28 所示的为用千分尺测量轴径的示意图。图中,轴的直径 L 为被测线,千分尺上的

读数刻线为测量线，二者为串联关系，且二者成直线排列，符合阿贝原则，故没有阿贝误差。此时，即便测量螺杆与支承之间有间隙，有可能造成螺杆轴线的移动方向对被测线偏转 φ 角，但由此引起的测量误差为

$$\Delta L = L - L' = L(1-\cos\varphi)$$

式中：L'——测得值。

因实际中 φ 角很小，有 $1-\cos\varphi \approx \varphi^2/2$，故

$$\Delta L = L\varphi^2/2$$

假设 $L=20\ \text{mm}$，$\varphi=0.0003\ \text{rad}$，则 $\Delta L=9\times10^{-4}\ \mu\text{m}$。这与上例游标卡尺测量相比，测量误差可忽略不计。

按阿贝原则设计测量器具或测量方法，可免除显著的阿贝误差，这是遵循阿贝原则的优点。但是，此时测量器具或测量装置的整体尺寸会较大，这对大尺寸测量来讲是值得注意的问题。实际测量工作中，往往会出现因测量装置整体尺寸的限制而不能采用阿贝原则设计的情况，此时应尽量减小类似图 2-27 所示的 S，同时提高支承测量线与被测线相对移动导轨的制造精度，必要时还可采用误差补偿的方法，以消除因违背阿贝原则而产生的测量误差。这便是后来发展形成的“阿贝-布莱恩原则”(Abbe-Bryan’s principle)，该原则的要点为：① 使测量线与被测线相对偏离量 $S=0$，即完全符合阿贝原则；② 减小测量线与被测线之间的偏转角 φ，即提高支承测量线与被测线相对滑移构件的制造精度；③ 对违背阿贝原则所产生的误差进行修正。

5. 闭合原则

在用节距法测量直线度和平面度误差的过程中，所得一系列数据是互有联系的。在测量齿轮齿距累积误差的过程中，所得一系列相对偏差的数据也是互有联系的。在测量 n 边棱体角度时，棱体内角之和为 $(n-2)\times180°$。从原理上讲，这类测量过程可称为封闭性连锁测量，应遵守测量的闭合原则，即：最后累积误差应为零。若以 $\Delta_1, \Delta_2, \cdots, \Delta_n$ 表示逐次测量所得误差值，则最后累积误差 $\Delta_\Sigma = \sum_{i=1}^{n}\Delta_i = 0$。

按闭合原则，可检查封闭性连锁测量过程的正确性，发现并消除仪器的系统误差。

图 2-29 所示的为根据测量的闭合原则用自准直仪检测方形角尺的四个直角的测量原理简图。将方形角尺 φ_1 角的一面放在平板上，用自准直仪照至其另一面并调整仪器读数为 $e_1=0$。然后以 φ_1 角为定角并用 A 表示，依次测量 φ_2、φ_3、φ_4 角，分别得到相应读数 e_2、e_3、e_4，则有

$$\begin{cases}\varphi_1 = A + e_1\\ \varphi_2 = A + e_2\\ \varphi_3 = A + e_3\\ \varphi_4 = A + e_4\end{cases} \tag{2-49}$$

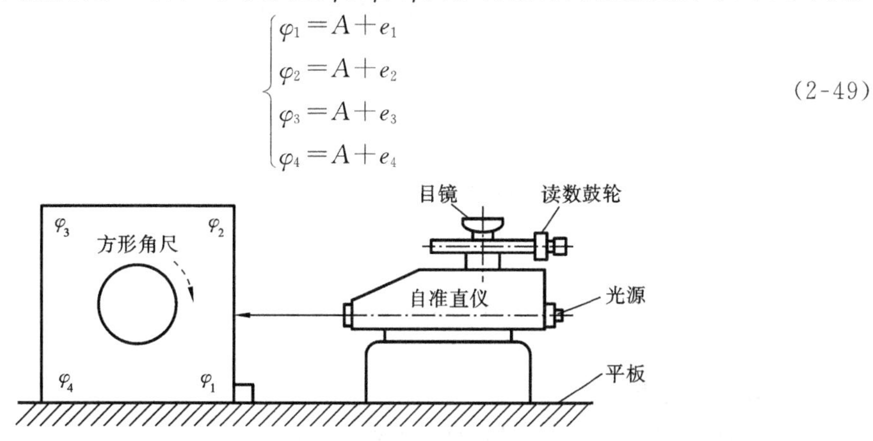

图 2-29　用自准直仪检测方形角尺

将式(2-49)等号两端分别求和,则有

$$\varphi_1+\varphi_2+\varphi_3+\varphi_4=4A+e_1+e_2+e_3+e_4 \tag{2-50}$$

由于方形角尺的四个内角之和等于 360°,于是由式(2-50)可得

$$A=90°-(e_1+e_2+e_3+e_4)/4$$

再将上式所得 A 值代入式(2-49)中,即可分别求得方形角尺各角度值。

6. 重复原则

在测量过程中,存在许多未知的、不明显因素的影响,使每一次测得的结果都有误差,甚至产生粗大误差。为了保证测量的可靠性,防止出现粗大误差,可对同一被测参数重复进行多次测量。若重复多次的测量结果相同或变化不大,则一般表明测量结果的可靠性较高,此即重复原则。重复原则是测量实践中判断测量结果可靠性的常用准则。

若用相近的不同测量方法测量同一参数能获得相同或相近的测量结果,则表明该测量结果的可靠性高;若某一测量结果,在以后的重复测量中不再获得或相差甚远,则原来测量结果的可靠性差,甚至是不可信的。测量的重复原则正是科学研究结果可靠性的可重复或可复现原则在计量学中的体现。

另外,按重复原则还可判断测量条件是否稳定。

7. 随机原则

造成测量误差的因素很多,而要确定每一因素对测量结果的影响的确切数值往往很困难,甚至不可能。因此,测量时通常主要对影响较大的因素进行分析计算,尽可能消除其对测量结果的影响。而对其他大多数影响不大、具有不确定性的因素共同造成的测量误差,可按随机误差并用数理统计方法进行分析处理及评定,给出测量结果的最近真值,同时以一定的置信概率给出被测量真值所在的量值范围,此即随机原则。

例如,仪器的零位调整误差,对于一次调整其为系统误差。若按随机原则,可多次调整零位,每次调整后进行再测量。这样仪器的部分调整误差被转化为随机误差,可按随机误差处理,取一系列测得值的算术平均值作为最终测量结果,即可减小调整误差的影响。

以上是测量实践中应注意的一些基本的原则,此外还有测量的公差原则、有关测量条件的原则等。这些原则主要是从测量技术方面提出的,实际测量时还应考虑测量的经济性、测量效率及预防性等原则。

结语与习题

Ⅰ. 本章的学习目的、要求及重点

学习目的:了解本门学科的任务与基本内容,调动学习本门课程的主观能动性。

要求:了解技术测量的意义、要求及基本原则;了解基本度量指标及各种测量方法的基本特征;了解测量误差、测量数据的处理及测量结果的评价;了解常用长度量测量仪器的基本变换原理(结合实验自学)。

重点:测量器具及测量方法的基本度量指标、测量方法分类及测量数据的处理与测量误差的评定。

Ⅱ. 复习思考题

1. 在机械制造中,对技术测量的主要要求是什么?用什么方法保证测量器具在测量上的统一?

2. 分度值、刻度间距及放大比三者有何关系？放大比与灵敏度有何关系？标尺的示值范围与测量器具的测量范围有何区别？

3. 回程误差是什么意思？一般情况下它是怎么产生的？校正值是什么意思？其作用如何？

4. 测量误差按性质如何分类？各有何特征？用什么方法消除或减小测量误差，提高测量精度？

5. 测量的基本原则有哪些，其要点是什么？

Ⅲ. 练习题

1. 用两种方法测量真值分别为 $L_1=40$ mm，$L_2=80$ mm 的长度，测得值分别为40.004 mm，80.006 mm。试评定两种方法测量精度的高低。

2. 在相同条件下，用立式光学比较仪对某轴同一部位的直径重复测量10次，按测量顺序记录测得值（单位：mm）为：30.4170，30.4180，30.4185，30.4180，30.4185，30.4180，30.4175，30.4180，30.4180，30.4185。

（1）判断有无粗大误差，若有则删除；

（2）判断有无变值系统误差；

（3）求轴在该部位直径的最近真值；

（4）求系列测量值标准偏差 σ 的估计值 s；

（5）求系列测量值平均值的标准偏差 $\sigma_{\bar{x}}$ 的估计值与极限偏差 $\Delta_{\bar{x}\lim}$；

（6）写出最后测量结果。

3. 如图2-30所示，将四个相同直径 d 的钢球放入被测环规中间，通过测高仪测出 H 值，然后间接求出环规的孔径 D。若已知 $d=19.05$ mm，$H=34.395$ mm，其测量极限误差 $\Delta_{d\lim}=\pm0.5$ μm，$\Delta_{H\lim}=\pm1$ μm。试求：

（1）D 的计算式；

（2）D 的实际尺寸；

（3）D 的测量极限误差；

（4）D 的测量结果。

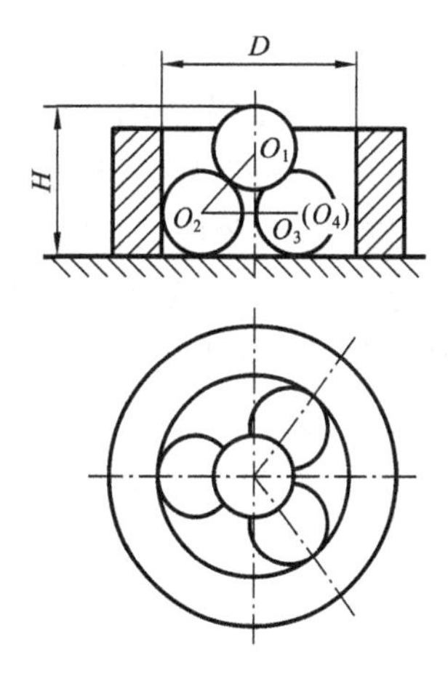

图2-30　间接测量环规内径

圆柱体结合的互换性

3.1 概 述

由孔与轴，即内、外圆柱体相互结合所构成的结构，是制造业里各种机构中最基本、应用最多的一种结构。孔、轴结合主要有直径与长度两个互换性几何参数，从使用要求看，长径比通常在一定的范围内(如1.5左右)，此时直径更为重要。因此，可按直径这一主要参数来考虑圆柱体结合的互换性。

在各种类型的机构中广泛采用的孔、轴结合，能够形成二者间的相对转动(或移动)、相对固定或可拆卸定心结合的三种连接副；也就是说，实际孔、轴结合可有如图3-1所示意的松动、紧固和“不松不紧”三种结合状态。松动结合时，孔的直径比轴的大，结合后二者可做轴向或周向相对运动；紧固结合时，孔的直径比轴的小，因而需要较大的力实现二者结合，通过结合面弹性变形达到二者紧固；“不松不紧”结合时，孔、轴直径非常相近，仅需较小的力实现二者结合，因结合面变形小或无变形，二者能较好地定心且方便拆卸。实际应用中，这三种结合状态的选择由二者所在机构的运动学功能要求而定，主要通过机构的原理设计或“一次设计”完成。

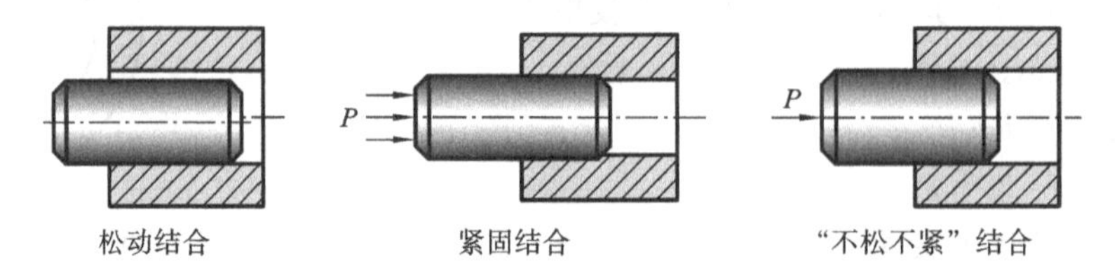

图3-1 孔、轴结合的三种状态

由于加工误差的存在，相互结合的孔或轴的实际尺寸都不可能做成某一个期望的确定值，都将在一定的范围内变动。因而，在相互结合的孔、轴加工完后，二者结合时的状态相应也会在一定范围内变动。例如，在图3-2所示的孔、轴松动结合中，当可能出现的最小尺寸的孔与最大尺寸的轴结合时，结合后的松动量最小；而当可能出现的最大尺寸的孔与最小尺寸的轴结合时，结合后的松动量最大。从松动量最小到松动量最大，这个变动范围的大小，反映了孔、轴相互结合的精确程度。这种情况对于孔、轴的紧固结合也一样存在。

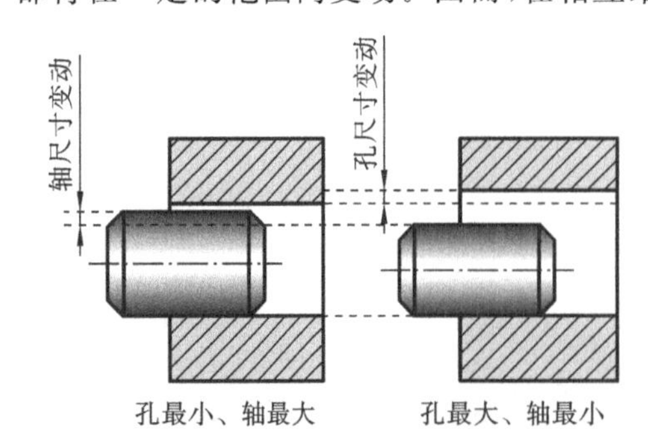

图3-2 尺寸误差对孔轴结合精确程度的影响

显然，要保证圆柱体结合的互换性，满足使用功能对孔、轴相互结合精确程度的要求，设计时应对相互结合的孔和轴可能出现的最大尺寸和最小尺寸提出要求，给出相应的尺寸极限，即需要对相互结合孔、轴的尺寸进行精度设计。

本章主要介绍孔、轴结合的精度设计的有关内容，包括以标准形式体现的尺寸精度规范和精度保证规范的构成规律(其体系见图 3-3)，以及精度的选用原则与方法和有关检测的规定与方法。

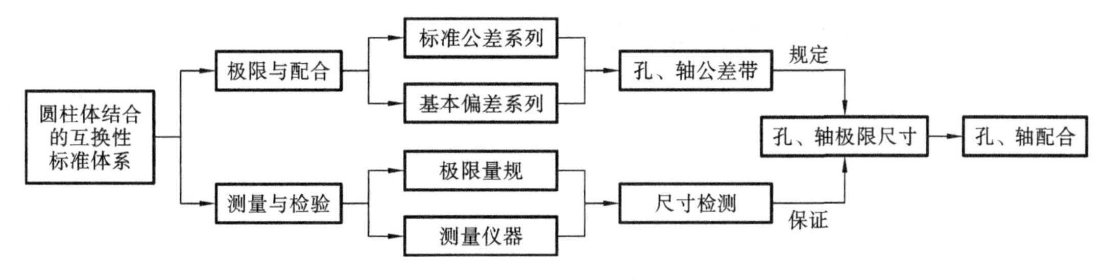

图 3-3　圆柱体结合的互换性标准体系

3.2　有关极限与配合的术语和定义

3.2.1　关于孔与轴

在极限与配合制中，孔与轴这两个术语有其特殊的含义。

1. 轴(shaft)

轴通常指工件的圆柱形外尺寸要素，也包括非圆柱形外尺寸要素(由两平行平面或切面形成的被包容面)，如图 3-4(a)所示。

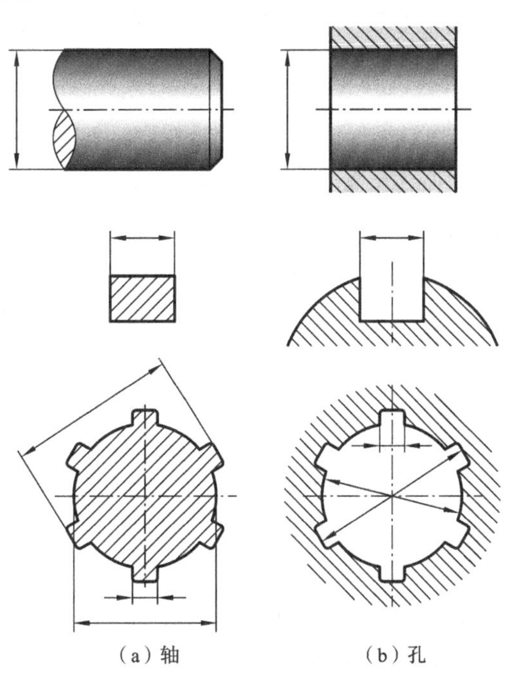

(a) 轴　　(b) 孔

图 3-4　轴与孔

2. 孔(hole)

孔通常指工件的圆柱形内尺寸要素，也包括非圆柱形内尺寸要素(由两平行平面或切面形成的包容面)，如图 3-4(b)所示。

从装配关系讲，孔是包容面，轴是被包容面。从加工(去除材料)过程看，孔的尺寸由小变大，轴的尺寸由大变小。就测量而言，通常用内卡尺类量具测孔，用外卡尺类量具测轴。

3.2.2　关于尺寸的术语及定义

在极限与配合制中，关于尺寸的术语及定义较多，以下参见图 3-5 所示的示意作解释说明。

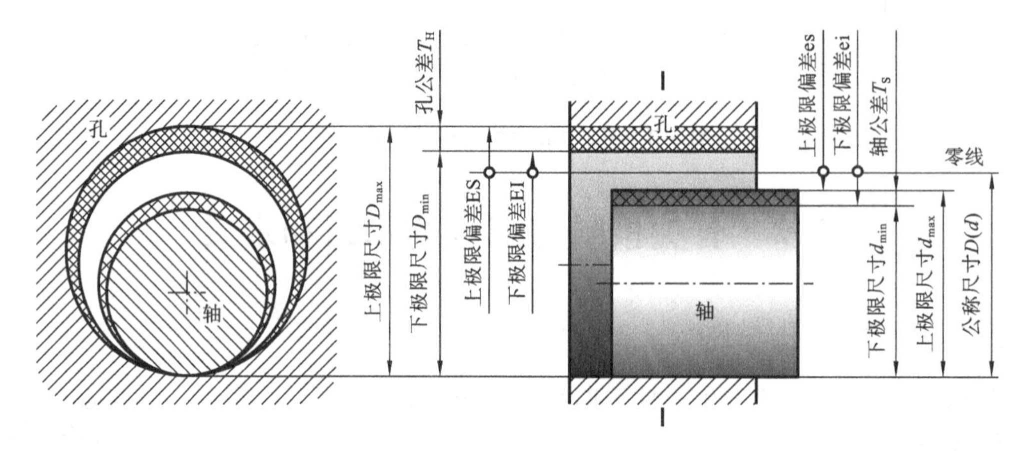

图 3-5　基本术语示意图

1. 尺寸要素(feature of size)

由一定大小的线性尺寸或角度尺寸确定的几何形状称为尺寸要素。尺寸要素可以是圆柱形、球形、两平行对应面、圆锥形或楔形。

2. 尺寸(size)

尺寸是以特定单位表示线性尺寸值的数值。在技术图样和一定范围内，若已注明共同单位(如在机械制图尺寸标注中，以 mm 为单位)，均可只写数字，不写单位。

3. 公称尺寸(nominal size)

公称尺寸为图样规范确定的理想形状要素的尺寸。公称尺寸由设计给定，其可以是整数或小数，但一般应按标准选取，这样可以减少定值刀具、量具及夹具等的规格数量。通过公称尺寸，应用上、下极限偏差可算出极限尺寸。由于制造误差的存在，工件加工完后得到的实际尺寸一般并不等于设计给定的公称尺寸。习惯上用 D 和 d 分别表示孔和轴的公称尺寸。

4. 提取组成要素的局部尺寸(local size of an extracted integral feature)

提取组成要素的局部尺寸是一切提取组成要素上两对应点之间距离的统称，为方便起见，可简称为提取要素的局部尺寸。习惯上用 D_a 和 d_a 分别表示提取要素的局部尺寸。提取要素的局部尺寸分为两类。

(1) 提取圆柱面的局部尺寸(local size of an extracted cylinder)　即提取圆柱面要素上两对应点之间的距离。这两对应点所在横截面应垂直于由提取圆柱面得到的拟合圆柱面的轴线，两点之间的连线应通过拟合圆圆心。

(2) 两平行提取表面的局部尺寸(local size of two parallel extracted surfaces)　即两平行

对应提取表面上两对应点之间的距离。这两对应点之间的连线应垂直于拟合中心平面；该拟合中心平面是由这两平行提取表面得到的两拟合平行平面的中心平面(两拟合平行平面之间的距离可能与公称距离不同)。

由于存在测量误差，提取要素的局部尺寸并非该尺寸的真值。例如，测得某轴的尺寸为 24.965 mm，若测量的极限误差为±0.001 mm，则尺寸的真值在(24.965±0.001) mm 范围内；若忽略测量误差，可取该轴的局部尺寸为 24.965 mm。允许的测量误差由设计人员依据专门标准选定。

另外，由于表面宏观及微观形貌误差的存在，被测提取要素上的各处局部尺寸不完全相同，造成尺寸的不定性。

5. 作用尺寸(function size)

孔、轴相互结合的实际状态受到表面形貌误差导致的尺寸不定性的影响，如图 3-6 所示。在结合面全长上，与实际孔内接的最大理想轴的尺寸称为该孔的作用尺寸(function size of hole)；在结合面全长上，与实际轴外接的最小理想孔的尺寸称为该轴的作用尺寸(function size of shaft)。

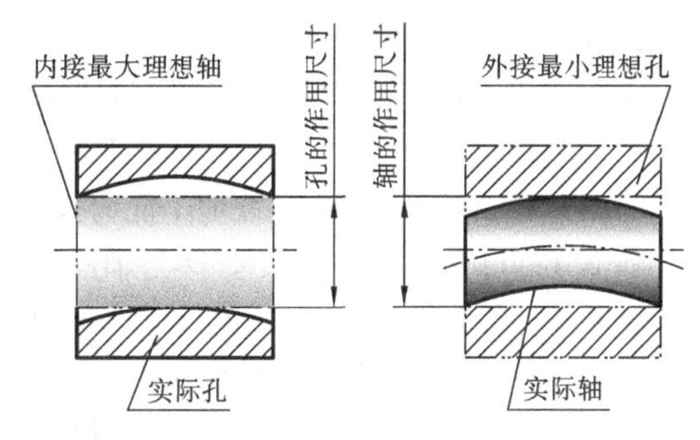

图 3-6　作用尺寸

习惯上用 D_m 和 d_m 分别表示孔和轴的作用尺寸。若孔或轴没有形貌误差，则其作用尺寸等于提取孔、轴的局部尺寸，即 $D_m=D_a$、$d_m=d_a$；通常情况下，孔的作用尺寸小于或等于该孔的最小提取局部尺寸，即 $D_m \leqslant D_{a\,min}$；轴的作用尺寸大于或等于该轴的最大提取局部尺寸，即 $d_m \geqslant d_{a\,max}$。

6. 极限尺寸(limits of size)

极限尺寸是指尺寸要素允许的两个极端尺寸。其中，允许的最大尺寸称为上极限尺寸(upper limit of size)，习惯上分别用 D_{max} 和 d_{max} 表示；允许的最小尺寸称为下极限尺寸(lower limit of size)，习惯上分别用 D_{min} 和 d_{min} 表示。通常，极限尺寸都以公称尺寸为基数来确定。提取孔、轴的局部尺寸应位于两极限尺寸为界的闭区间内。

7. 最大实体极限(MML，maximum material limit)

孔、轴具有允许的材料量为最多时的状态称为最大实体状态(MMC，maximum material condition)，在此状态下的极限尺寸称为最大实体极限，它是孔的下极限尺寸、轴的上极限尺寸。例如，孔 $\phi 25^{+0.021}_{0}$ mm 的最大实体极限为 25.000 mm；轴 $\phi 25^{-0.020}_{-0.033}$ mm 的最大实体极限为24.980 mm。

8. 最小实体极限(LML，least material limit)

孔、轴具有允许的材料量为最少时的状态称为最小实体状态(LMC，least material condition)，在此状态下的极限尺寸称为最小实体极限，它是孔的上极限尺寸、轴的下极限尺寸。例如，孔 $\phi 25^{+0.021}_{0}$ mm 的最小实体极限为 25.021 mm；轴 $\phi 25^{-0.020}_{-0.033}$ mm 的最小实体极限为 24.967 mm。

3.2.3　关于偏差及公差的术语及定义

1. 尺寸偏差(**简称偏差**，deviation)

某一尺寸(实际尺寸、极限尺寸等)减去其公称尺寸所得的代数差为尺寸偏差(见图 3-5)。

(1) 提取组成要素的局部偏差(actual deviation) 实际尺寸减去其公称尺寸所得的代数差,它表示提取组成要素的局部尺寸对公称尺寸偏离的大小和方向。

(2) 极限偏差(limit deviations) 极限尺寸减去其公称尺寸所得的代数差。其中,上极限尺寸减其公称尺寸所得代数差称为上极限偏差(upper deviation);下极限尺寸减其公称尺寸所得代数差称为下极限偏差(lower deviation)。极限偏差由设计给定,用于限制提取组成要素的局部偏差。

国际上对孔、轴极限偏差规定的代号为:ES表示孔的上极限偏差、EI表示孔的下极限偏差;es表示轴的上极限偏差、ei表示轴的下极限偏差。它们分别为法文 ecart superieur(上极限偏差)和 ecart inferieur(下极限偏差)的缩写。

2. 尺寸公差(简称公差,size tolerance)

上极限尺寸减下极限尺寸之差,或上极限偏差减下极限偏差之差称为尺寸公差(见图3-5)。公差是允许尺寸的变动量,因而尺寸公差是没有正、负之分的绝对值。从工艺上讲,由于加工误差的必然存在,公差数值不能为零。习惯上分别用 T_H 和 T_S 表示孔、轴公差。

例 3-1 已知孔的公称尺寸 D 与轴的公称尺寸 d 均为 25 mm,孔的上、下极限尺寸分别为 $D_{max}=25.021$ mm 和 $D_{min}=25.000$ mm;轴的上、下极限尺寸分别为 $d_{max}=24.980$ mm 和 $d_{min}=24.967$ mm。求孔与轴的极限偏差及公差。

解 孔的上极限偏差 $ES=D_{max}-D=(25.021-25)\ \text{mm}=+0.021\ \text{mm}$

孔的下极限偏差 $EI=D_{min}-D=(25.000-25)\ \text{mm}=0$

轴的上极限偏差 $es=d_{max}-d=(24.980-25)\ \text{mm}=-0.020\ \text{mm}$

轴的下极限偏差 $ei=d_{min}-d=(24.967-25)\ \text{mm}=-0.033\ \text{mm}$

孔的公差 $T_H=D_{max}-D_{min}=|25.021-25.000|\ \text{mm}=0.021\ \text{mm}$

轴的公差 $T_S=d_{max}-d_{min}=|24.980-24.967|\ \text{mm}=0.013\ \text{mm}$

或,孔的公差 $T_H=|ES-EI|=|+0.021-0|\ \text{mm}=0.021\ \text{mm}$

轴的公差 $T_S=|es-ei|=|-0.020-(-0.033)|\ \text{mm}=0.013\ \text{mm}$

"偏差"与"公差"看似相近,却是完全不同的两个概念。因极限尺寸与局部尺寸都可以大于、小于或等于公称尺寸,所以"偏差"可以为正值、负值或零,是代数量;而"公差"则是没有正、负之分的绝对值,且不能为零。"极限偏差"用于限制"局部偏差";而"公差"用于限制局部尺寸变动量,即限制"误差"。"局部偏差"是通过测量得到的;理论上讲"公差"不是测量出来的,而是由设计给定的,可通过测得尺寸(同一要求且足够多的一批工件)的实际变动量来推断。加工时,"上极限偏差"或"下极限偏差"不反映加工的难易,只表示对机床调整要求(如进刀量大小);而"公差"表示允许尺寸的变动量,是对加工精度的要求,反映加工难易。

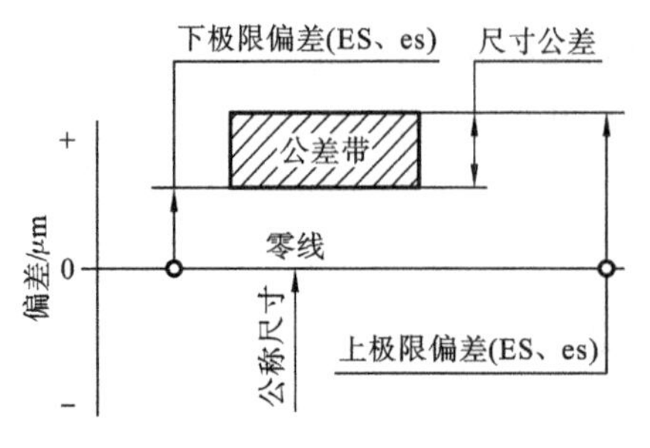

图 3-7 公差带图解

3. 零线(zero line)

由于公差及偏差的数值与公称尺寸数值相比,通常相差几个数量级,在进行极限与配合的图解(公差带图)分析时,不便于用同一比例表示。因而,在极限与配合图解中,仅用一条直线表示公称尺寸,称为零线,以其为基准确定偏差和公差,如图3-7所示。

图解中,通常沿水平方向绘制零线,正偏差位于其上,负偏差位于其下。

4. 公差带(tolerance zone)

在公差带图解中,由代表上极限偏差和下极限偏差(或上极限尺寸和下极限尺寸)的两条直线所限定的一个区域称为公差带(见图 3-7)。公差带由公差的大小和其相对于零线的位置来确定。

3.2.4　关于配合的术语及定义

1. 配合(fit)

所谓配合,是指公称尺寸相同且相互结合的孔与轴公差带之间的关系。

这里的"关系"实际上是用孔、轴相互结合(装配)后二者之间的相对状态来区别的。若二者装配后能在保持结合状态下自由实现轴向或周向相对运动,则二者是一种"松动"结合关系;若二者装配后能承受较大的工作负载(主要是轴向或周向)而不改变原有结合状态,则二者是一种"紧固"结合关系;若装配后,二者既不能自由实现轴向或周向相对运动,但在不大的轴向或周向力作用下又能方便拆卸,即二者是介于"松动"和"紧固"之间的结合关系。

在标准规定的极限与配合制中,针对上述三种孔、轴的结合关系,分别规定了间隙配合、过盈配合和过渡配合三种配合,供设计者根据不同的使用要求选用。对于具体的一对相互配合的孔和轴来说,一旦它们按规定的要求加工出来后,二者的结合关系只能是间隙或过盈中的一种,这点在对理解过渡配合应引起注意。

2. 间隙或过盈

1) 间隙(clearance)

若孔的尺寸减去相配合的轴的尺寸所得的代数差为正值,则此正差值称为间隙,其绝对值称为间隙量,如图 3-8(a)所示。习惯上用 X 表示间隙。

(1) 最小间隙(minimum clearance)　若孔的下极限尺寸减去相配合的轴的上极限尺寸所得的代数差为正,则此正差值称为最小间隙(X_{min}),有

$$X_{min}=D_{min}-d_{max}=\mathrm{EI}-\mathrm{es}$$

(2) 最大间隙(maximum clearance)　若孔的上极限尺寸减去相配合的轴的下极限尺寸所得的代数差为正,则此正差值称为最大间隙(X_{max}),有

$$X_{max}=D_{max}-d_{min}=\mathrm{ES}-\mathrm{ei}$$

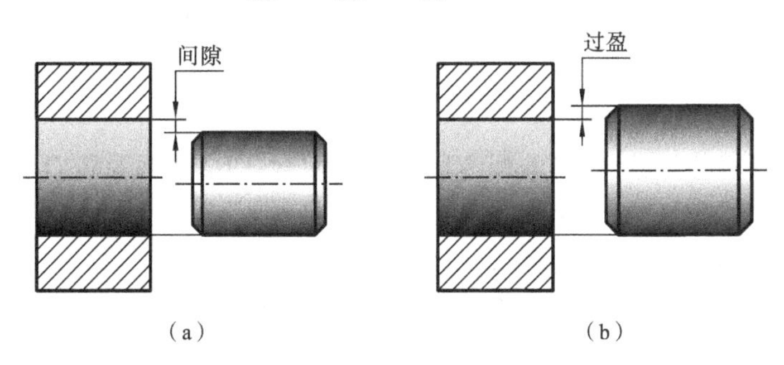

图 3-8　间隙与过盈

2) 过盈(interference)

若孔的尺寸减去相配合的轴的尺寸所得的代数差为负值,则此负差值称为过盈,其绝对值称为过盈量,如图 3-8(b)所示。习惯上用 Y 表示过盈。

(1) 最小过盈(minimum interference)　若孔的上极限尺寸减去相配合的轴的下极限尺

寸所得的代数差为负值,则此负差值称为最小过盈(Y_{min}),有

$$Y_{min}=D_{max}-d_{min}=ES-ei$$

(2) 最大过盈(maximum interference) 若孔的下极限尺寸减去相配合的轴的上极限尺寸所得的代数差为负值,则此负差值称为最大过盈(Y_{max}),有

$$Y_{max}=D_{min}-d_{max}=EI-es$$

最小间隙与最大间隙统称为极限间隙,最小过盈与最大过盈统称为极限过盈。从制造上看,由于制造误差的存在,相互结合孔、轴的尺寸可能为各自极限尺寸范围内的某一尺寸,因而二者结合后形成的间隙或过盈值也将是极限间隙或过盈范围内的某一值,即可能出现的间隙或过盈是在极限间隙或过盈范围内变动的。从使用上看,通常要控制间隙或过盈的变动量,以满足结合精度的要求。因而,孔、轴结合的精度设计时,需根据使用要求来确定孔、轴配合所允许的极限间隙或过盈,然后合理选用相应孔、轴的极限尺寸;或者,合理选用相应孔、轴的极限尺寸,再计算它们形成配合后的极限间隙或过盈,看是否满足使用要求。

3. 间隙配合(clearance fit)

具有间隙(包括最小间隙为零)的配合称为间隙配合。孔、轴间隙配合(见图 3-9)时,孔公差带在轴公差带之上(包括二者衔接)。配合的极限状态:最大间隙 $X_{max}>0$,最小间隙 $X_{min}\geqslant 0$。配合的平均状态:平均间隙 $X_{av}=(X_{max}+X_{min})/2>0$。

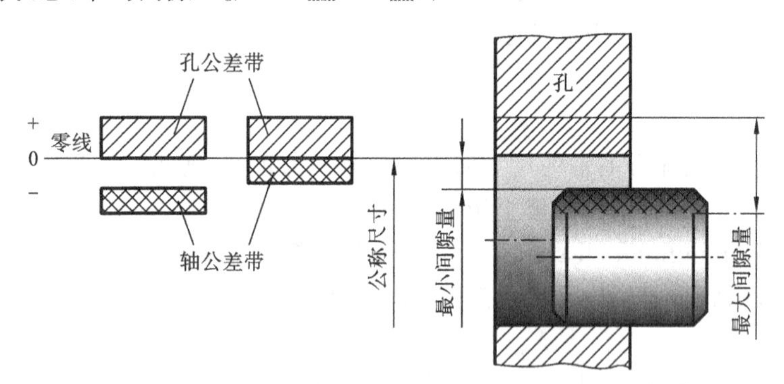

图 3-9 间隙配合

间隙配合主要用于孔、轴的活动连接。间隙的作用在于使用功能需求,同时可储藏润滑油,补偿热变形、弹性变形及制造安装误差等。间隙量是影响孔、轴相对运动活动程度及定位精度的基本因素。

4. 过盈配合(interference fit)

具有过盈(包括最小过盈为零)的配合称为过盈配合。孔、轴过盈配合时(见图 3-10),孔公差带在轴公差带之下(包括二者衔接)。配合的极限状态:最大过盈 $Y_{max}<0$,最小过盈 $Y_{min}\leqslant 0$;配合的平均状态:平均过盈 $Y_{av}=(Y_{max}+Y_{min})/2<0$。

过盈配合用于孔、轴的紧固连接,不允许二者有相对运动。孔、轴过盈配合时,轴的尺寸比孔的大,因此要施加压力才能实现二者的装配;也可以用热胀冷缩的方法,即加热孔或冷却轴来实现二者的装配。采用过盈配合时,不另加紧固件,依靠孔、轴结合面的变形即可实现紧固连接,并能承受一定的轴向力或传递扭矩。

5. 过渡配合(transition fit)

可能具有间隙或过盈的配合称为过渡配合。孔、轴过渡配合时(见图 3-11),孔公差带与轴公差带相互交叠。配合的极限状态:最大间隙 $X_{max}>0$,最大过盈 $Y_{max}<0$;配合的平均状态:

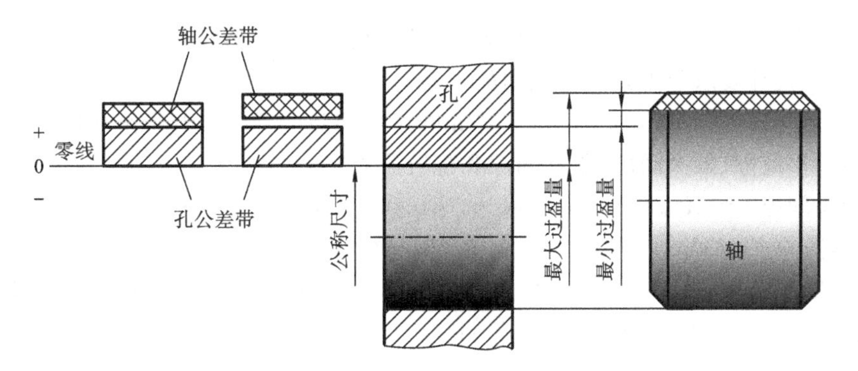

图 3-10 过盈配合

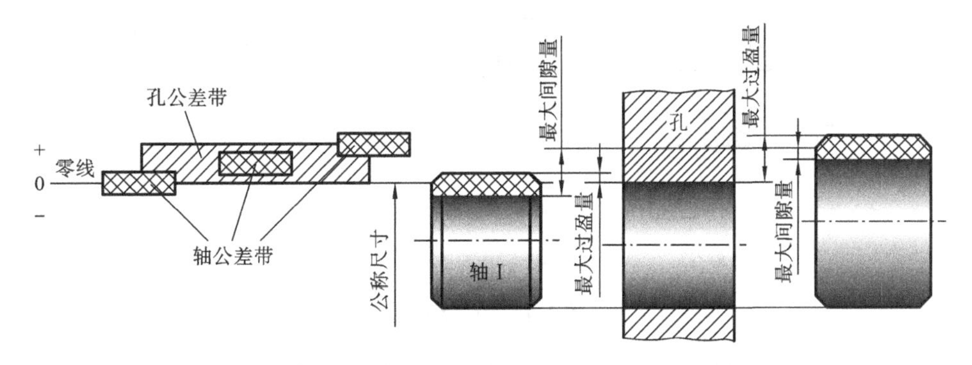

图 3-11 过渡配合

若$(X_{max}+Y_{max})/2>0$，则为平均间隙 X_{av}；若$(X_{max}+Y_{max})/2<0$，则为平均过盈 Y_{av}。

过渡配合主要用于孔、轴的定心连接。标准中规定的过渡配合的间隙量或过盈量一般都较小，因此能保证相配孔、轴有很好的对中性和同轴性，并且便于装配和拆卸。

需要注意的是，根据使用要求选用了过渡配合后，对于单套相配孔、轴按规定的过渡配合要求制成前，只能知道二者将可能形成具有间隙或者具有过盈的配合，而一旦它们被加工成具体的零件后，它们的配合便确定了，即要么是间隙配合，要么是过盈配合；而对于一批按规定的过渡配合要求制成的相配孔和轴，它们装配后将有部分形成间隙配合，部分形成过盈配合，且多数与平均状态的配合类型一致。

6. 配合公差(variation of fit)

配合公差为组成配合的孔、轴公差之和，它是允许间隙或过盈的变动量，是无正、负之分的绝对值。通常用 T_f 表示配合公差，则有

$$T_f=T_H+T_S=\begin{cases}|X_{max}-X_{min}| & (\text{对于间隙配合})\\ |Y_{min}-Y_{max}| & (\text{对于过盈配合})\\ |X_{max}-Y_{max}| & (\text{对于过渡配合})\end{cases} \tag{3-1}$$

式中：配合公差 T_f 反映配合的精度，是设计者为满足使用要求对所选配合规定的允许间隙或过盈变动量；而孔公差 T_H 和轴公差 T_S 反映孔与轴的制造精度，是设计者为限制加工误差，对孔和轴规定的允许尺寸变动量，是制造要求(工艺要求)。因而，式(3-1)将使用要求与制造要求用“=”号联系在一起，即表示，使用要求必须要有相应的制造手段来实现；反之，所选的制造工艺手段要能满足使用要求的规定。一般而言，使用要求高，即 T_f 小，则 T_H 和 T_S 更小，制造加工难度增加；而要减小加工难度，降低制造成本，T_H 和 T_S 要加大，则 T_f 加大，导致使用性

能的降低。因而,式(3-1)实际上反映出“公差”的实质:协调机器零件的使用要求与制造要求之间的矛盾,或设计要求与工艺要求之间的矛盾。

例 3-2 孔 $\phi25^{+0.021}_{0}$ mm 与轴 $\phi25^{-0.020}_{-0.033}$ mm 组成间隙配合的公差带图如图 3-12(a)所示。求该配合的最小间隙、最大间隙、平均间隙和配合公差。

解 最小间隙 $X_{min}=EI-es=[0-(-0.020)]\ mm=+0.020\ mm$

最大间隙 $X_{max}=ES-ei=[+0.021-(-0.033)]\ mm=+0.054\ mm$

平均间隙 $X_{av}=(X_{max}+X_{min})/2=(+0.020+0.054)/2\ mm=+0.037\ mm$

配合公差 $T_f=|X_{max}-X_{min}|=|+0.054-0.020|\ mm=0.034\ mm$

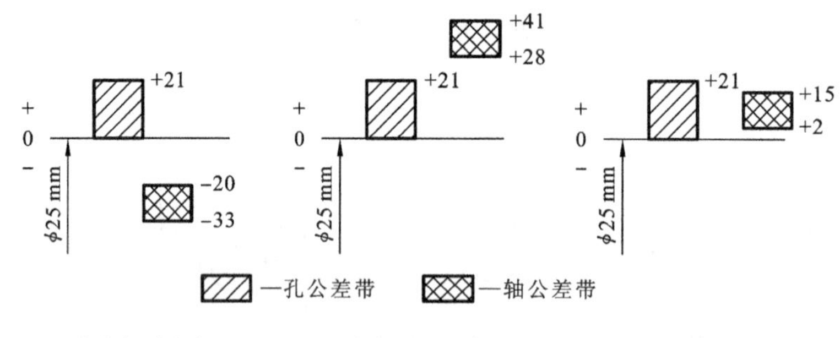

(a) 间隙配合 (b) 过盈配合 (c) 过渡配合

图 3-12 配合举例

例 3-3 孔 $\phi25^{+0.021}_{0}$ mm 与轴 $\phi25^{+0.041}_{+0.028}$ mm 组成过盈配合的公差带图如图 3-12(b)所示。求该配合的最小过盈、最大过盈、平均过盈和配合公差。

解 最小过盈 $Y_{min}=ES-ei=(+0.021-0.028)\ mm=-0.007\ mm$

最大过盈 $Y_{max}=EI-es=(0-0.041)\ mm=-0.041\ mm$

平均过盈 $Y_{av}=(Y_{max}+Y_{min})/2=(-0.041-0.007)/2\ mm=-0.024\ mm$

配合公差 $T_f=|Y_{min}-Y_{max}|=|-0.007-(-0.041)|\ mm=0.034\ mm$

例 3-4 孔 $\phi25^{+0.021}_{0}$ mm 与轴 $\phi25^{+0.015}_{+0.002}$ mm 组成过渡配合的公差带图如图 3-12(c)所示。求该配合的最大间隙、最大过盈、平均间隙或过盈及配合公差。

解 最大间隙 $X_{max}=ES-ei=(+0.021-0.002)\ mm=+0.019\ mm$

最大过盈 $Y_{max}=EI-es=(0-0.015)\ mm=-0.015\ mm$

平均间隙或过盈 $X_{av}=(X_{max}+Y_{max})/2=(+0.019-0.015)/2\ mm=+0.002\ mm$

配合公差 $T_f=|X_{max}-Y_{max}|=|+0.019-(-0.015)|\ mm=0.034\ mm$

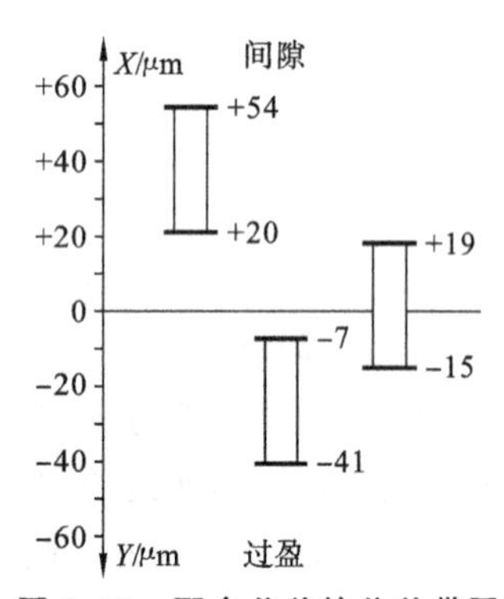

图 3-13 配合公差的公差带图

由以上三例对间隙配合、过盈配合和过渡配合特性的计算可见,这三种公称尺寸相同,且孔、轴公差值分别相同的配合中,孔、轴结合松紧程度不同,但结合的松紧变动程度相同,即配合的精度是相同的。

对于各种配合的特性,也可用配合公差的公差带图解来表示。在配合公差的公差带图解中,零线为间隙或过盈等于零的直线;间隙配合公差的公差带为最大间隙与最小间隙之间的区域;过盈配合公差的公差带为最小过盈与最大过盈之间的区域;过渡配合公差的公差带为最大间隙与最大过盈之间的区域。图 3-13 所示的为上面三例的配合公差的公差带图。

3.2.5　关于极限制与配合制的术语及定义

我国现行“极限与配合”国家标准采用ISO(International Standardization Organization,国际标准化组织)制定的国际标准的极限与配合制。所谓极限制(limit system),是指经标准化的公差与偏差制度;配合制(fit system),是指同一极限制的孔与轴组成配合的一种制度。现行国家标准采用的极限与配合制的主要特点,是着眼于孔、轴公差带组成要素,即公差带的大小和公差带的位置的标准化,由标准化的孔、轴公差带形成各种配合。

1. 标准公差(standard tolerance)

在极限与配合制标准中所规定的任一公差称为标准公差,用符号IT(international tolerance)表示,意即“国际公差”。

2. 基本偏差(fundamental deviation)

在极限与配合制标准中,确定公差带相对于零线位置的那个极限偏差称为基本偏差,它可以是上极限偏差或下极限偏差,一般为靠近零线的那个极限偏差。

3. 基孔制配合(hole-basis system of fit)

基本偏差为一定的孔的公差带,与不同基本偏差的轴的公差带形成各种配合的一种制度称为基孔制配合制度。

在基孔制配合中,选作基准的孔称为基准孔,其下极限偏差为零。图3-14(a)所示的为基孔制配合的孔、轴公差带示意图。

4. 基轴制配合(shaft-basis system of fit)

基本偏差为一定的轴的公差带,与不同基本偏差的孔的公差带形成各种配合的一种制度称为基轴制配合制度。

在基轴制配合中,选作基准的轴称为基准轴,其上极限偏差为零。图3-14(b)所示为基轴制配合的孔、轴公差带示意图。

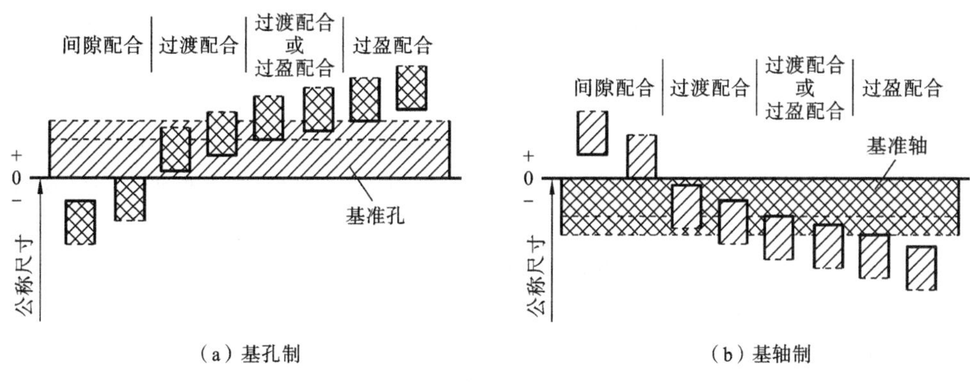

(a) 基孔制　　(b) 基轴制

图3-14　基孔制与基轴制

3.3　公差值(公差带大小)的标准化

3.3.1　标准公差

由于加工误差不可避免地存在,在零件尺寸的精度设计时,需按使用要求及实际制造能力等因素规定允许尺寸的变动量,即规定尺寸公差以保证合理的

加工精度。为避免公差选择的无序化,应按数值标准化原理确定出系列的标准公差值供设计者选用,以保证设计的标准化。为此,极限与配合制标准给出了孔、轴公差数值标准化的结果,即标准公差系列。

公差是用于限制制造误差的,因而公差数值系列的标准化一方面应符合制造误差呈现的最一般的规律;另一方面需要针对不同的应用需求及制造工艺方法的精度能力,给出反映不同精度水平的标准公差数值。考虑这两方面的因素,标准公差的基本计算式为

$$T=a\times i \tag{3-2}$$

式中:T——标准公差;

a——公差等级系数,用来规定不同精度水平的标准公差数值;

i——公差因子,用来反映制造误差与公称尺寸的关系。

1. 标准公差因子(standard tolerance factor,又称公差单位)

极限与配合制标准中,用于确定标准公差的基本单位称为公差因子或称公差单位,它是公称尺寸的函数,当公称尺寸 $D\leqslant 500$ mm 时,用 i 表示,$D>500$ mm 时用 I 表示。

长期的生产实践表明,通常情况下公称尺寸越大,可能出现的制造误差会越大,说明制造误差的大小,即制造精度是与尺寸有关的。因此为了合理地规定在同一个精度水平要求下,不同尺寸所允许的尺寸变动量,需了解不同公称尺寸下制造误差出现的规律。

通过专门试验和统计分析,可用公差单位 i(或 I)来描述制造误差(加工及测量误差)随公称尺寸(D)变化而变化的规律,并用经验公式 i(或 I)$=f(D)$表达,即

$$\begin{cases} i=0.45\sqrt[3]{D}+0.001D & (D\leqslant 500\ \text{mm}) \quad (3\text{-}3)\\ I=0.004D+2.1 & (D>500\sim 3150\ \text{mm}) \quad (3\text{-}4) \end{cases}$$

式中:D——公称尺寸,mm;

i、I——式中尺寸范围内的公差单位,μm。

式(3-3)表明,在 $D\leqslant 500$ mm 范围内,制造误差与公称尺寸基本上符合立方抛物线的关系。但是,当尺寸较大时,测量误差的影响增大,故该式引入了与尺寸成正比的第二项,主要用于补偿测量时温度不稳定或对标准温度有偏差所引起的测量误差及量规变形误差等。

式(3-4)表明,在 $D>500$ mm 的大尺寸范围内,考虑到测量误差、特别是温度造成的测量误差的影响很突出,采用线性公式以使公差更快地随尺寸的增加而扩大,这样更为合理。但是,即使采用了线性公式,仍不足以充分反映测量误差随尺寸增加而迅速扩大的事实,因此在大尺寸公差选用时应该引起注意。另外,为了使 i 和 I 连续衔接,式(3-4)加了2.1 μm 项。

2. 公差等级(standard tolerance grades)及其代号

实际应用中,需要不同精度水平的零件;实际加工中,不同的工艺手段有不同的加工精度能力。因而,需要将标准公差分成不同的等级,以满足能适应各种加工手段的广泛需求。由式(3-2)可知,对于具有相同公差单位 i(或 I)的同一公称尺寸,其不同的精度需求,可按合理的规律来规定不同的 a 值,便可实现将标准公差分成不同的等级。

极限与配合制标准中,对于公称尺寸 $D\leqslant 500$ mm 的尺寸范围,规定了 20 级标准公差等级,分别用标准公差代号 IT 与等级数(阿拉伯数字)组合表示为 IT01,IT0,IT1,IT2,…,IT18;对于公称尺寸 $D>500\sim 3150$ mm 的尺寸范围,规定了 18 级标准公差等级,分别表示为 IT1,IT2,…,IT18。

标准公差从等级 IT01 到等级 IT18，公差值依次加大，即允许的误差值加大，精度降低；而同一公差等级，对所有公称尺寸的一组公差被认为具有同等精度。

3.3.2　标准公差系列

1. 标准公差值的计算公式

极限与配合制标准中，各公差等级的公差值多数是按式(3-2)计算的，如表 3-1 所示的是对于公称尺寸≤3150 mm，IT5 ～IT18 的计算公式。表 3-1 给出公式的 a 值取自 R5 优先数系，其中计算 IT6 时，a 值取 10；为便于衔接，计算 IT5 时，a 值取 7；对于 D>500～3150 mm，计算 IT1～IT4 时，a 值分别取近似几何级数分布的 2、2.7、3.7、5。

表 3-1　等级为 IT1 ～IT18 的标准公差计算公式

公称尺寸/mm		公差等级										
		IT1	IT2	IT3	IT4	IT5	IT6	IT7	IT8	IT9	IT10	IT11
大于	至	标准公差的计算公式(计算结果的单位为 μm)										
—	500	—	—	—	—	$7i$	$10i$	$16i$	$25i$	$40i$	$64i$	$100i$
500	3150	$2I$	$2.7I$	$3.7I$	$5I$	$7I$	$10I$	$16I$	$25I$	$40I$	$64I$	$100I$

公称尺寸/mm		公差等级						
		IT12	IT13	IT14	IT15	IT16	IT17	IT18
大于	至	标准公差的计算公式(计算结果的单位为 μm)						
—	500	$160i$	$250i$	$400i$	$640i$	$1000i$	$1600i$	$2500i$
500	3150	$160I$	$250I$	$400I$	$640I$	$1000I$	$1600I$	$2500I$

部分等级的标准公差数值不是按式(3-2)计算的。如表 3-2 所示，对于公称尺寸 D≤500 mm，IT01、IT0、IT1 这三个精度要求很高的公差等级，主要考虑测量误差的影响，其标准公差数值采用表 3-2 所示的线性公式计算；而 IT2、IT3、IT4 这三个公差等级，在 IT1～IT5 之间大致按几何级数分布。

表 3-2　公称尺寸≤500 mm 的 IT01～IT4 标准公差计算公式

公差等级	IT01	IT0	IT1	IT2	IT3	IT4
计算公式	$0.3+0.008D$	$0.5+0.012D$	$0.8+0.020D$	$IT1(IT5/IT1)^{1/4}$	$IT1(IT5/IT1)^{2/4}$	$IT1(IT5/IT1)^{3/4}$

注：表中 D 为公称尺寸分段的几何平均值，mm；表中公式计算结果的单位为 μm。

2. 公称尺寸的分段

在计算标准公差值时，若按式(3-3)或式(3-4)计算公差单位 i 或 I，任意一个公称尺寸 D 对应一个 i 或 I，将可获得无穷多公差单位，这既没有必要，也将导致制造时的不便。因而在公差数值标准化中对公差单位的计算进行了简化，即通过将尺寸分段，把连续函数 i 或 I 进行离散化，取能充分满足应用需求的有限个公差单位来计算标准公差值。

极限与配合制标准中，0～500 mm 范围内的公称尺寸被分为 13 个主尺寸段，>500～3150 mm 范围的公称尺寸被分为 8 个主尺寸段；多数主尺寸段还进一步细分为中间段。主段的公称尺寸用于计算标准公差和基本偏差，中间段的只用于计算若干特殊的基本偏差。尺寸分段情况如表 3-3 所示。

表 3-3　公称尺寸分段　　(mm)

主段		中间段	
大于	至	大于	至
—	3	无细分段	
3	6		
6	10		
10	18	10 14	14 18
18	30	18 24	24 30
30	50	30 40	40 50
50	80	50 65	65 80
80	120	80 100	100 120
120	180	120 160 140	140 160 180
180	250	180 200 225	200 225 250

主段		中间段	
大于	至	大于	至
250	315	250 280	280 315
315	400	315 355	355 400
400	500	400 450	450 500
500	630	500 560	560 630
630	800	630 710	710 800
800	1000	800 900	900 1000
1000	1250	1000 1120	1120 1250
1250	1600	1250 1400	1400 1600
1600	2000	1600 1800	1800 2000
2000	2500	2000 2240	2240 2500
2500	3150	2500 2800	2800 3150

尺寸分段后，每一段内的所有公称尺寸，都由该尺寸段的段首和段尾两尺寸的几何平均值来替代，即

$$D_m = \sqrt{D_1 D_2} \tag{3-5}$$

式中：D_1——段首尺寸；

D_2——段尾尺寸。

对于公称尺寸≤3 mm 的公称尺寸段，其几何平均值按 $\sqrt{1\times3}$ mm 计算。值得注意的是，两尺寸段衔接时，前一尺寸段的段尾与下一尺寸段的段首尺寸属于前一尺寸段。

通过尺寸分段，在 0～500 mm 范围内，由式(3-3)，公差单位 i 可简化为 13 个；在公称尺寸＞500～3150 mm 范围内，由式(3-4)，公差单位 I 可简化为 8 个。

3. 标准公差系列

由上述规定的标准公差计算公式，在带入公差单位后，可分别计算出所有的标准公差数值，构成极限与配合制标准规定的标准公差系列，如表 3-4 所示。表中的标准公差值具有权威性，设计中应按表中的数值选用，若表中数值不能满足设计要求，可按标准公差的构成规律，延伸或插入所需的公差。

表 3-4　标准公差数值

公称尺寸/mm	公差等级																			
	μm													mm						
	IT01	IT0	IT1	IT2	IT3	IT4	IT5	IT6	IT7	IT8	IT9	IT10	IT11	IT12	IT13	IT14	IT15	IT16	IT17	IT18
≤3	0.3	0.5	0.8	1.2	2	3	4	6	10	14	25	40	60	0.10	0.14	0.25	0.4	0.6	1.0	1.4
>3～6	0.4	0.6	1	1.5	2.5	4	5	8	12	18	30	48	75	0.12	0.18	0.3	0.48	0.75	1.2	1.8
>6～10	0.4	0.6	1	1.5	2.5	4	6	9	15	22	36	58	90	0.15	0.22	0.36	0.58	0.9	1.5	2.2
>10～18	0.5	0.8	1.2	2	3	5	8	11	18	27	43	70	110	0.18	0.27	0.43	0.7	1.1	1.8	2.7
>18～30	0.6	1	1.5	2.5	4	6	9	13	21	33	52	84	130	0.21	0.33	0.52	0.84	1.3	2.1	3.3
>30～50	0.6	1	1.5	2.5	4	7	11	16	25	39	62	100	160	0.25	0.39	0.62	1.0	1.6	2.5	3.9
>50～80	0.8	1.2	2	3	5	8	13	19	30	46	74	120	190	0.30	0.46	0.74	1.2	1.9	3.0	4.6
>80～120	1	1.5	2.5	4	6	10	15	22	35	54	87	140	220	0.35	0.54	0.87	1.4	2.2	3.5	5.4
>120～180	1.2	2	3.5	5	8	12	18	25	40	63	100	160	250	0.40	0.63	1.0	1.6	2.5	4.0	6.3
>180～250	2	3	4.5	7	10	14	20	29	46	72	115	185	290	0.46	0.72	1.15	1.85	2.9	4.6	7.2
>250～315	2.5	4	6	8	12	16	23	32	52	81	130	210	320	0.52	0.81	1.3	2.1	3.2	5.2	8.1
>315～400	3	5	7	9	13	18	25	36	57	89	140	230	360	0.57	0.89	1.4	2.3	3.6	5.7	8.9
>400～500	4	6	8	10	15	20	27	40	63	97	155	250	400	0.63	0.97	1.55	2.5	4.0	6.3	9.7
>500～630	—		9	11	16	22	32	44	70	110	175	280	440	0.7	1.1	1.75	2.8	4.4	7.0	11.0
>630～800	—		10	13	18	25	36	50	80	125	200	320	500	0.8	1.25	2.0	3.2	5.0	8.0	12.5
>800～1000	—		11	15	21	28	40	56	90	140	230	360	560	0.9	1.4	2.3	3.6	5.6	9.0	14.0
>1000～1250	—		13	18	24	33	47	66	105	165	260	420	660	1.05	1.65	2.6	4.2	6.6	10.5	16.5
>1250～1600	—		15	21	29	39	55	78	125	195	310	500	780	1.25	1.95	3.1	5.0	7.8	12.5	19.5
>1600～2000	—		18	25	35	46	65	92	150	230	370	600	920	1.5	2.3	3.7	6.0	9.2	15.0	23.0
>2000～2500	—		22	30	41	55	78	110	175	280	440	700	1100	1.75	2.8	4.4	7.0	11.0	17.5	28.0
>2500～3150	—		26	36	50	68	96	135	210	330	540	860	1350	2.1	3.3	5.4	8.6	13.5	21.0	33.0

例 3-5　公称尺寸为 50 mm，计算 IT6 和 IT7 的值。

解　50 mm 属于>30～50 mm 尺寸段，其几何平均值为

$$D_{m}=\sqrt{30\times 50}\ \mathrm{mm}\approx 38.73\ \mathrm{mm}$$

由式(3-3)，公差单位为

$$i=(0.45\times \sqrt[3]{38.73}+0.001\times 38.73)\ \mu\mathrm{m}\approx 1.56\ \mu\mathrm{m}$$

由表 3-1，IT6=10i，IT7=16i，则

$$IT6=10\times1.56\ \mu m\approx16\ \mu m$$

$$IT7=16\times1.56\ \mu m\approx25\ \mu m$$

需要指出的是，表 3-4 所示的标准公差值是经过标准规定的方法修约后给出的值，所以按公式计算的值往往与表中数值略有差别。实际应用时查表中的值即可，无需自行计算。

3.4 基本偏差(公差带位置)的标准化

3.4.1 基本偏差的意义和代号

极限与配合标准规定，用上极限偏差或下极限偏差这两个极限偏差中的一个(一般为靠近零线或绝对值较小的那个极限偏差)作为基本偏差来确定公差带相对于零线的位置，并对孔、轴各规定有 28 个基本偏差，即对孔和轴的公差带各规定了 28 种相对于零线的位置，如图3-15所示。

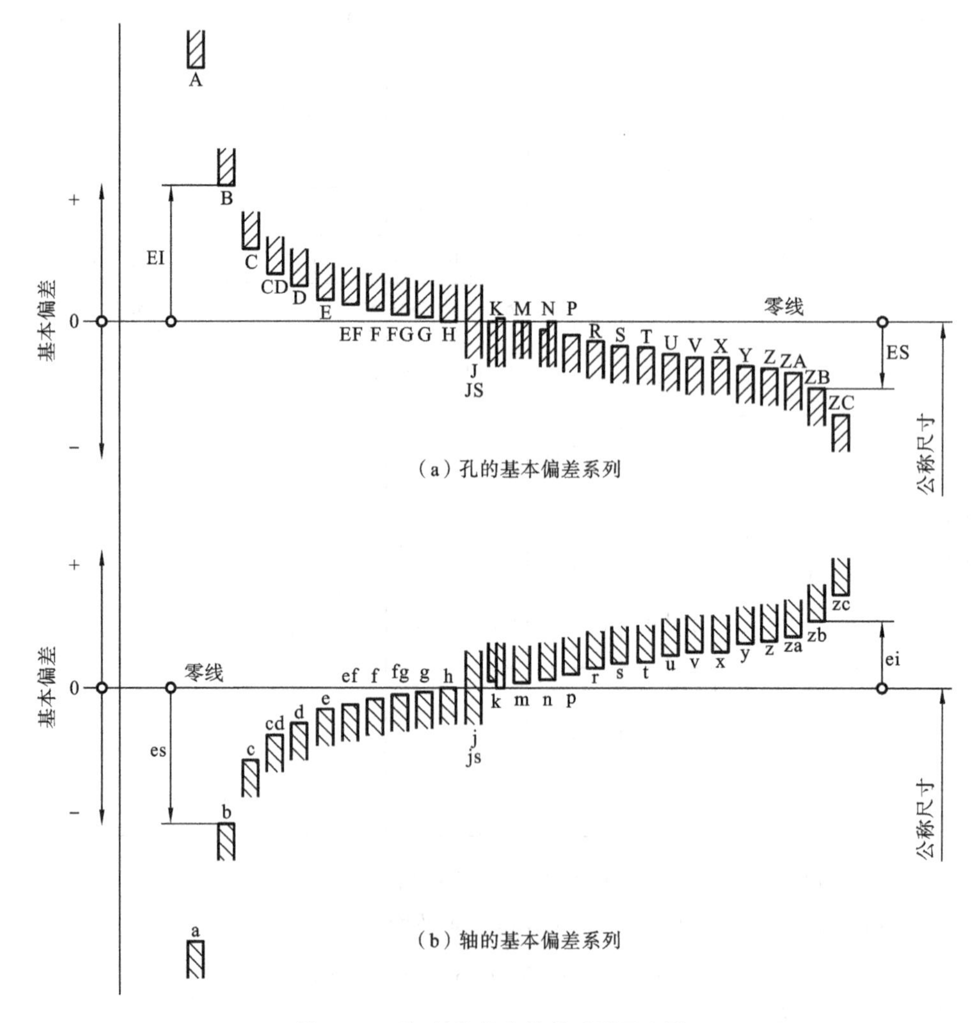

图 3-15 孔、轴的基本偏差系列示意图

基本偏差的代号分别用一至两个拉丁字母表示，大写字母代表孔，小写字母代表轴。

图 3-15 反映了孔、轴基本偏差的一般规律：① 对于轴，a～h 为上极限偏差 es，j～zc 为下极限偏差 ei；对于孔，A～H 为下极限偏差 EI，J～ZC 上极限偏差 ES。② a～h 数值均不大于 0，而 A～H 数值均不小于 0，它们的绝对值依次由大变小，即公差带位置逐步靠近零线；k～zc 数值一般不小于 0，而 K～ZC 数值一般不大于 0，但它们的绝对值依次由小变大，即公差带位置逐步远离零线。③ H 和 h 的数值为零，分别代表基准孔的基本偏差和基准轴的基本偏差。④ 图 3-15 所示的仅表示孔和轴的基本偏差系列，因而公差带仅绘出基本偏差这一个极限偏差，而未绘出的另一极限偏差取决于公差等级与该基本偏差的组合。

同样，由图 3-15 可见，孔、轴有几个基本偏差有别于一般规律：① 代号分别为 JS、js 的孔、轴的基本偏差所组成的公差带，其位置在各公差等级中均对称于零线，因为它们的基本偏差的绝对值为公差的一半，即基本偏差可为上极限偏差（+IT/2）或下极限偏差（−IT/2）。② 代号分别为 J、j 的孔、轴的基本偏差在图中没单独绘出（分别与 JS、js 放在一起），主要因为它们是由旧标准（ISA 制）继承而来的经验数据，并规定只在少数公差等级中应用（对于轴为 IT5～IT8 级，对于孔为 IT6～IT8 级）；同时 j 的数值小于 0，J 的数值大于 0（见图 3-16）。③ 图 3-15 所示的反映出代号为 K、M 或 N 的孔基本偏差（ES）和代号为 k 的轴基本偏差（ei）对同一代号分别有不同数值，图 3-16 所示的为其放大图。这是因为由它们组成的公差带多用于过渡配合，配合性质对公差带的位置和大小都较敏感，因此给出的基本偏差数值没有按同一公式计算，基本上针对应用需求由经验或统计方法确定。

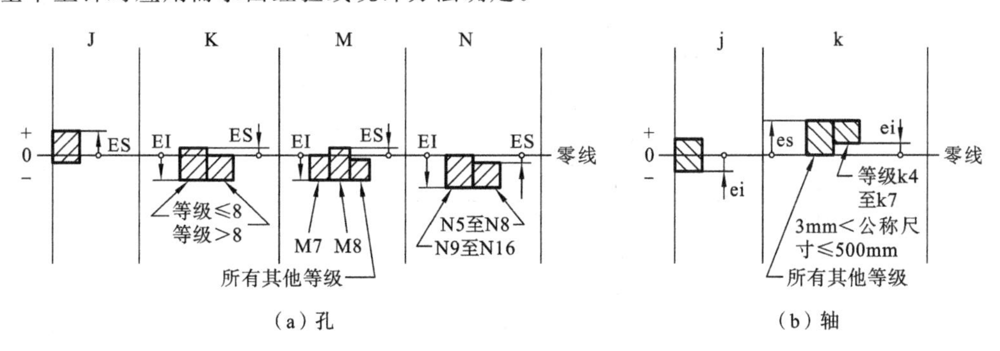

(a) 孔　　(b) 轴

图 3-16　个别孔、轴的基本偏差示意图

有了基本偏差代号，其与公差等级数组合在一起便可表示特定的公差带了，如 P7 表示基本偏差为 P、公差等级为 IT7 级的孔公差带；h6 表示基本偏差为 h、公差等级为 IT6 级的基准轴的公差带。

3.4.2　基本偏差的计算

1. 基本偏差的计算公式及规定

极限与配合标准给出了轴和孔基本偏差的计算公式及规定，如表 3-5 所示。

2. 轴基本偏差的计算说明

1）基本偏差为 a～h 的轴用于间隙配合

按表 3-5 所示的计算公式，在基孔制中，这些轴的基本偏差的绝对值正好等于最小间隙的绝对值，如图 3-17 所示。基本偏差 a、b、c 用于大间隙或热动配合，考虑发热膨胀的影响，其绝对值采用与直径成正比的关系（对 c，直径≤40 mm 时除外）。基本偏差 d、e、f 主要用于旋转运动，从理论上讲，为保证良好的液体摩擦，最小间隙应按直径的平方根关系来考虑，但考虑表面

表 3-5　轴和孔的基本偏差计算公式及规定

公称尺寸/mm		轴			公式	孔			公称尺寸/mm	
大于	至	基本偏差	符号	极限偏差		极限偏差	符号	基本偏差	大于	至
1	120	a	−	es	$265+1.3D$	EI	+	A	1	120
120	500				$3.5D$				120	500
1	160	b	−	es	$\approx 140+0.85D$	EI	+	B	1	160
160	500				$\approx 1.8D$				160	500
0	40	c	−	es	$52D^{0.2}$	EI	+	C	0	40
40	500				$95+0.8D$				40	500
0	10	cd	−	es	C、c 和 D、d 值的几何平均值	EI	+	CD	0	10
0	3 150	d	−	es	$16D^{0.44}$	EI	+	D	0	3 150
0	3 150	e	−	es	$11D^{0.41}$	EI	+	E	0	3 150
0	10	ef	−	es	E、e 和 F、f 值的几何平均值	EI	+	EF	0	10
0	3 150	f	−	es	$5.5D^{0.41}$	EI	+	F	0	3 150
0	10	fg	−	es	F、f 和 G、g 值的几何平均值	EI	+	FG	0	10
0	3 150	g	−	es	$2.5D^{0.34}$	EI	+	G	0	3 150
0	3 150	h	无符号	es	偏差=0	EI	无符号	H	0	3 150
0	500	j			无公式			J	0	500
0	3 150	js	+ −	es ei	$0.5\mathrm{IT}n$	EI ES	+ −	JS	0	3 150
0	500	k	+	ei	$0.6\sqrt[3]{D}$	ES	−	K	0	500
500	3 150		无符号		偏差=0		无符号		500	3 150
0	500	m	+	ei	IT7−IT6	ES	−	M	0	500
500	3 150				$0.024D+12.6$				500	3 150
0	500	n	+	ei	$5D^{0.34}$	ES	−	N	0	500
500	3 150				$0.04D+21$				500	3 150
0	500	p	+	ei	IT7+0～5	ES	−	p	0	500
500	3 150				$0.072D+37.8$				500	3 150
0	3 150	r	+	ei	P、p 和 S、s 值的几何平均值	ES	−	R	0	3 150
0	50	s	+	ei	IT8+1～4	ES	−	S	0	50
50	3 150				IT7+$0.4D$				50	3 150
24	3 150	t	+	ei	IT7+$0.63D$	ES	−	T	24	3 150
0	3 150	u	+	ei	IT7+D	ES	−	U	0	3 150
14	500	v	+	ei	IT7+$1.25D$	ES	−	V	14	500
0	500	x	+	ei	IT7+$1.6D$	ES	−	X	0	500
18	500	y	+	ei	IT7+$2D$	ES	−	Y	18	500
0	500	z	+	ei	IT7+$2.5D$	ES	−	Z	0	500
0	500	za	+	ei	IT8+$3.15D$	ES	−	ZA	0	500
0	500	zb	+	ei	IT9+$4D$	ES	−	ZB	0	500
0	500	zc	+	ei	IT10+$5D$	ES	−	ZC	0	500

注：① 公式中 D 是公称尺寸分段的几何平均值，mm；基本偏差的计算结果以 μm 计；

② j、J 只在表 3-7 和表 3-8 中给出其值；

③ 对于公称尺寸到 500 mm 轴，基本偏差 k 的计算公式仅适用于标准公差等级 IT4～IT7；对于有其他公称尺寸和所有其他 IT 等级，基本偏差 k=0；孔的基本偏差 K 的计算公式仅适用于标准公差等级小于或等于 IT8，对于所有其他基本尺寸和所有其他 IT 等级，基本偏差 K=0；

④ 孔的基本偏差 K～ZC 的计算应用例外情况的规定。

粗糙度的影响，要将间隙适当减小。基本偏差 g 主要用于滑动或半液体摩擦及要求定心的配合，间隙要小，故直径的指数减小。cd、ef、fg 的绝对值分别按 c 与 d、e 与 f、f 与 g 的绝对值的几何平均值确定。

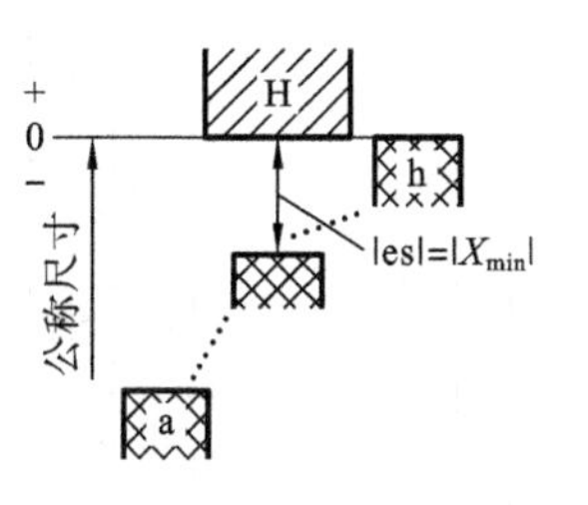

图 3-17　基本偏差 a～h

2）基本偏差为 j～n 的轴用于过渡配合

按表 3-5 所示的计算公式，对于 j，标准中仅规定了 j5～j8 四种公差带，而推荐一般用途的仅用 j5～j7 三个，j5、j6 主要用于滚动轴承；这些公差带的极限偏差由经验数据确定。对于 k，按表 3-5 中规定公式计算的 k4～k7 的基本偏差数值甚小，仅为 1～5 μm，对于其余公差等级，取 ei＝0。对于 m，按 m6 的上极限偏差与 H7 的上极限偏差相当来确定，所以其基本偏差 ei＝＋(IT7－IT6)≈＋2.8 $\sqrt[3]{D}$(见图 3-18(a))；m5、m6 用于滚动轴承。对于 n，按与 H6 形成过盈配合，而与 H7 形成过渡配合来考虑(见图 3-18(b))，故 n 的数值应大于 IT6 而小于 IT7，取 ei＝$5D^{0.34}$。总之，上述用于过渡配合的轴的基本偏差，基本上由经验与统计的方法确定，而采用计算公式计算时，则采用与直径的立方根成比例的关系来计算。

3）基本偏差为 p～zc 的轴用于过盈配合

按表 3-5 所示的计算公式，p～zc 按过盈配合来规定，并从最小过盈考虑，且大多以 H7 为基础(见图 3-19)。p 比 IT7 大几个微米，故基本偏差为 p 的轴与 H7 孔的配合有几个微米的最小过盈量，这是最早使用的过盈配合之一。r 按 p 与 s 的几何平均值确定。对于 s，当 $D\leqslant$ 50 mm 时，要求其形成的公差带与 H8 配合时要求有几个微米的最小过盈量，故 ei＝＋IT8＋(1～4)。对于 s(当 $D>50$ mm 时)、t、u、v、x、y、z 等基本偏差，当它们形成的公差带与 H7 配合时，最小过盈量依次为 0.4D、0.63D、D、1.25D、1.6D、2D、2.5D。而 za、zb、zc 分别与 H8、H9、H10 配合时，最小过盈量依次为 3.15D、4D、5D。最小过盈量的系列符合 R10 优先数系，按其规定的基本偏差较有规律，便于选用。

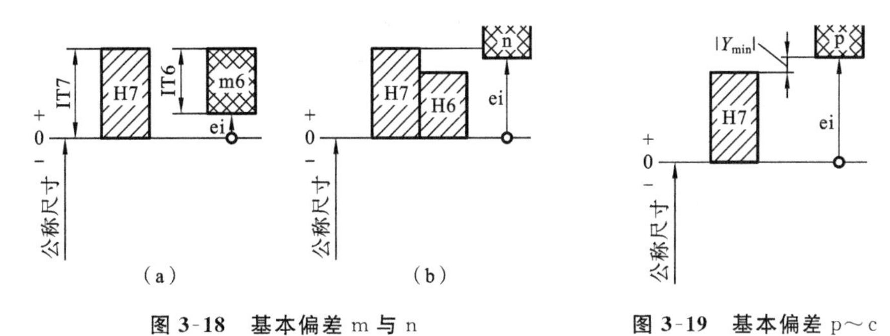

图 3-18　基本偏差 m 与 n　　　　图 3-19　基本偏差 p～c

按表 3-5 计算并经过标准规定的修约后，所得各尺寸段的轴的基本偏差数值如表 3-6 所示。

3. 孔基本偏差的计算说明

孔的基本偏差计算的理论依据与轴基本偏差的是相同的，因而可由轴的基本偏差换算得到孔的基本偏差。但是，在某些实际应用中，需要由不同公差等级的孔、轴形成配合，为保证按基孔制与按基轴制形成的这些配合(如 ϕ50H7/p6 与 ϕ50P7/h6)具有相同的配合性质，即极限间隙或过盈对应相等的等效配合，在由轴基本偏差换算成孔基本偏差时应满足相应的等效条件，如表 3-7 所示。

表 3-6 轴的基本偏差数值

公称尺寸/mm		基本偏差/μm											
		上极限偏差 es											
大于	至	所有标准公差等级											
		a①	b①	c	cd	d	e	ef	f	fg	g	h	js②
—	3	−270	−140	−60	−34	−20	−14	−10	−6	−4	−2	0	偏差=±IT*n*/2,式中 *n* 为 IT 的等级
3	6	−270	−140	−70	−46	−30	−20	−14	−10	−6	−4	0	
6	10	−280	−150	−80	−56	−40	−25	−18	−13	−8	−5	0	
10	14	−290	−150	−95	—	−50	−32	—	−16	—	−6	0	
14	18												
18	24	−300	−160	−110	—	−65	−40	—	−20	—	−7	0	
24	30												
30	40	−310	−170	−120	—	−80	−50	—	−25	—	−9	0	
40	50	−320	−180	−130									
50	65	−340	−190	−140	—	−100	−60	—	−30	—	−10	0	
65	80	−360	−200	−150									
80	100	−380	−220	−170	—	−120	−72	—	−36	—	−12	0	
100	120	−410	−240	−180									
120	140	−460	−260	−200	—	−145	−85	—	−43	—	−14	0	
140	160	−520	−280	−210									
160	180	−580	−310	−230									
180	200	−660	−340	−240	—	−170	−100	—	−50	—	−15	0	
200	225	−740	−380	−260									
225	250	−820	−420	−280									
250	280	−920	−480	−300	—	−190	−110	—	−56	—	−17	0	
280	315	−1 050	−540	−330									
315	355	−1 200	−600	−360	—	−210	−125	—	−62	—	−18	0	
355	400	−1 350	−680	−400									
400	450	−1 500	−760	−440	—	−230	−135	—	−68	—	−20	0	
450	500	−1 650	−840	−480									
500	560					−260	−145		−76		−22	0	
560	630												
630	710					−290	−160		−80		−24	0	
710	800												
800	900					−320	−170		−86		−26	0	
900	1 000												
1 000	1 120					−350	−195		−98		−28	0	
1 120	1 250												
1 250	1 400					−390	−220		−110		−30	0	
1 400	1 600												
1 600	1 800					−430	−240		−120		−32	0	
1 800	2 000												
2 000	2 240					−480	−260		−130		−34	0	
2 240	2 500												
2 500	2 800					−520	−290		−145		−38	0	
2 800	3 150												

公称尺寸/mm		基本偏差/μm																		
		下极限偏差 ei																		
大于	至	IT5与IT6	IT7	IT8	IT4~IT7	≤IT3 >IT7	所有标准公差等级													
		j			k		m	n	p	r	s	t	u	v	x	y	z	za	zb	zc
—	3	−2	−4	−6	0	0	+2	+4	+6	+10	+14	—	+18	—	+20	—	+26	+32	+40	+60
3	6	−2	−4	—	+1	0	+4	+8	+12	+15	+19	—	+23	—	+28	—	+35	+42	+50	+80
6	10	−2	−5		+1	0	+6	+10	+15	+19	+23	—	+28	—	+34	—	+42	+52	+67	+97
10	14	−3	−6	—	+1	0	+7	+12	+18	+23	+28	—	+33	—	+40	—	+50	+64	+90	+130
14	18													+39	+45	—	+60	+77	+108	+150
18	24	−4	−8	—	+2	0	+8	+15	+22	+28	+35	—	+41	+47	+54	+63	+73	+98	+136	+188
24	30											+41	+48	+55	+64	+75	+88	+118	+160	+218
30	40	−5	−10	—	+2	0	+9	+17	+26	+34	+43	+48	+60	+68	+80	+94	+112	+148	+200	+274
40	50											+54	+70	+81	+97	+114	+136	+180	+242	+325
50	65	−7	−12	—	+2	0	+11	+20	+32	+41	+53	+66	+87	+102	+122	+144	+172	+226	+300	+405
65	80									+43	+59	+75	+102	+120	+146	+174	+210	+274	+360	+480
80	100	−9	−15	—	+3	0	+13	+23	+37	+51	+71	+91	+124	+146	+178	+214	+258	+335	+445	+585
100	120									+54	+79	+104	+144	+172	+210	+254	+310	+400	+525	+690
120	140	−11	−18	—	+3	0	+15	+27	+43	+63	+92	+122	+170	+202	+248	+300	+365	+470	+620	+800
140	160									+65	+100	+134	+190	+228	+280	+340	+415	+535	+700	+900
160	180									+68	+108	+146	+210	+252	+310	+380	+465	+600	+780	+1 000
180	200	−13	−21	—	+4	0	+17	+31	+50	+77	+122	+166	+236	+284	+350	+425	+520	+670	+880	+1 150
200	225									+80	+130	+180	+258	+310	+385	+470	+575	+740	+960	+1 250
225	250									+84	+140	+196	+284	+340	+425	+520	+640	+820	+1 050	+1 350
250	280	−16	−26	—	+4	0	+20	+34	+56	+94	+158	+218	+315	+385	+475	+580	+710	+920	+1 200	+1 550
280	315									+98	+170	+240	+350	+425	+525	+650	+790	+1 000	+1 300	+1 700
315	355	−18	−28	—	+4	0	+21	+37	+62	+108	+190	+268	+390	+475	+590	+730	+900	+1 150	+1 500	+1 900
355	400									+114	+208	+294	+435	+530	+660	+820	+1 000	+1 300	+1 650	+2 100
400	450	−20	−32	—	+5	0	+23	+40	+68	+126	+232	+330	+490	+595	+740	+920	+1 100	+1 450	+1 850	+2 400
450	500									+132	+252	+360	+540	+660	+820	+1 000	+1 250	+1 600	+2 100	+2 600
500	560				0	0	+26	+44	+78	+150	+280	+400	+600							
560	630									+155	+310	+450	+660							
630	710				0	0	+30	+50	+88	+175	+340	+500	+740							
710	800									+185	+380	+560	+840							
800	900				0	0	+34	+56	+100	+210	+430	+620	+940							
900	1 000									+220	+470	+680	+1 050							
1 000	1 120				0	0	+40	+66	+120	+250	+520	+780	+1 150							
1 120	1 250									+260	+580	+840	+1 300							
1 250	1 400				0	0	+48	+78	+140	+300	+640	+960	+1 450							
1 400	1 600									+330	+720	+1 050	+1 600							
1 600	1 800				0	0	+58	+92	+170	+370	+820	+1 200	+1 850							
1 800	2 000									+400	+920	+1 350	+2 000							
2 000	2 240				0	0	+68	+110	+195	+440	+1 000	+1 500	+2 300							
2 240	2 500									+460	+1 100	+1 650	+2 500							
2 500	2 800				0	0	+76	+135	+240	+550	+1 250	+1 900	+2 900							
2 800	3 150									+580	+1 400	+2 100	+3 200							

注:① 公称尺寸小于或等于 1 mm 的基本偏差 a 和 b 不使用。
② 公差带 js7 至 js11,若 IT*n* 的数值为奇数,则取 js=±(IT *n*−1)/2。

表 3-7 孔基本偏差换算形成基孔制和基轴制等效配合的条件

基本偏差	用于配合的类别	极限间隙或过盈				两种配合制等效条件
		项目	计算式	基孔制时	基轴制时	
孔 A～H:EI 轴 a～h:es	间隙配合	X_{min}	EI－es	－es	EI	EI＝－es
		X_{max}	ES－ei	$-es+T_H+T_S$	$EI+T_H+T_S$	
孔 K～ZC:ES 轴 k～zc:ei	过渡及过盈配合	Y_{max}	EI－es	$-ei-T_S$	$ES-T_H$	$ES=-ei+T_H-T_S$
		X_{max}	ES－ei	$-ei+T_H$	$ES+T_S$	

由表 3-7 可见，孔基本偏差 A～H 由对应轴基本偏差换算时，要形成基孔制与基轴制的等效配合，仅与极限偏差有关，不受公差等级的影响。孔基本偏差 K～ZC 由对应轴基本偏差换算时，将受公差等级的影响；而在孔、轴公差等级相同，即 $T_H=T_S$ 时，只与极限偏差有关。据此，极限与配合标准针对实际应用的需要，对孔的基本偏差计算分为两类情况考虑。

1）一般情况

同一字母表示的孔、轴基本偏差的绝对值相等，而符号相反，即

$$EI=-es \quad 或 \quad ES=-ei \tag{3-6}$$

式(3-6)表示基本偏代号字母对应的孔的基本偏羗与轴的基本偏差相对于零线的位置是完全对称的。由表 3-6 可知，这一规则适用于大部分孔的基本偏差的换算，即：适用于间隙配合的 A～H；当孔、轴公差等级相同时，用于过渡配合或过盈配合的 K～ZC(公称尺寸＞3～500 mm 的 N 除外)。

根据式(3-6)，代号字母对应的孔的基本偏差与轴的基本偏差采用同样的计算公式计算(见表 3-6)，算出的数值分别取相反的符号。

2）例外情况

根据实际应用的需求，极限与配合标准对下列例外情况时孔的基本偏差计算作了规定。

① 公称尺寸＞3～500 mm、公差等级为 IT9～IT18、代号为 N 的基本偏差数值为零。

② 对于公称尺寸＞3～500 mm、公差等级高于 IT8、代号为 K、M、N 的基本偏差和公差等级高于 IT7、代号为 P～ZC 的基本偏差的计算：标准规定此时按孔比轴低一个公差等级考虑配合，且孔的基本偏差 ES 等于与其代号字母相同的轴基本偏差 ei 的相反数，然后加上一个 Δ 值，Δ 为孔的标准公差数值减去比其公差等级高一级的轴的标准公差数值，即

$$ES=-ei+\Delta, \quad \Delta=ITn-IT(n-1) \tag{3-7}$$

式中：ITn——公差等级数为 n 时，孔的标准公差值；

$IT(n-1)$——公差等级数为 $n-1$ 时，即比该孔高一级的轴的标准公差数值。

式(3-7)保证了在上述规定范围内，给定某一公差等级的孔与更精一级的轴相配合时，所形成的基孔制和基轴制配合等效，即具有相同的极限间隙或过盈量。

对于例外情况孔的基本偏差计算的规定，表 3-5 中是以附注形式体现的(见表 3-5 注④)，式(3-7)中的－ei 项即按该表给出的公式算出。

按表 3-5 计算并经过标准规定的修约后，所得各尺寸段的孔的基本偏差数值如表 3-8 所示。

例 3-6 计算确定 ϕ50f7 与 ϕ50f6 轴的极限偏差，并给出它们的工作尺寸。

解 50 mm 属于＞30～50 mm 尺寸段，几何平均值 $D_m=\sqrt{30\times50}$ mm≈38.73 mm。

表 3-8 孔的基本偏差数值

公称尺寸/mm		基本偏差值/μm																					
		下极限偏差 EI												上极限偏差 ES									
大于	至	所有标准公差等级												IT6	IT7	IT8	≤IT8	>IT8	≤IT8	>IT8	≤IT8	>IT8	≤IT7
		A[①]	B[①]	C	CD	D	E	EF	F	FG	G	H	JS[②]	J			K[③]		M[③④]		N[③⑤]		P ZC[③]
—	3	+270	+140	+60	+34	+20	+14	+10	+6	+4	+2	0	偏差=±ITn/2,式中,ITn为IT 的等级	+2	+4	+6	0	0	−2	−2	−4	−4	在大于IT7 的相应数值上增加一个Δ值
3	6	+270	+140	+70	+46	+30	+20	+14	+10	+6	+4	0		+5	+6	+10	−1+Δ		−4+Δ	−4	−8+Δ	0	
6	10	+280	+150	+80	+56	+40	+25	+18	+13	+8	+5	0		+5	+8	+12	−1+Δ		−5+Δ	−5	−10+Δ	0	
10	14	+290	+150	+95		+50	+32		+16		+6	0		+6	+10	+15	−1+Δ		−7+Δ	−7	−12+Δ	0	
14	18																						
18	24	+300	+160	+110		+65	+40		+20		+7	0		+8	+12	+20	−2+Δ		−8+Δ	−8	−15+Δ	0	
24	30																						
30	40	+310	+170	+120		+80	+50		+25		+9	0		+10	+14	+24	−2+Δ		−9+Δ	−9	−17+Δ	0	
40	50	+320	+180	+130																			
50	65	+340	+190	+140		+100	+60		+30		+10	0		+13	+18	+28	−2+Δ		−11+Δ	−11	−20+Δ	0	
65	80	+360	+200	+150																			
80	100	+380	+220	+170		+120	+72		+36		+12	0		+16	+22	+34	−3+Δ		−13+Δ	−13	−23+Δ	0	
100	120	+410	+240	+180																			
120	140	+460	+260	+200		+145	+85		+43		+14	0		+18	+26	+41	−3+Δ		−15+Δ	−16	−27+Δ	0	
140	160	+520	+280	+210																			
160	180	+580	+310	+230																			
180	200	+660	+340	+240		+170	+100		+50		+15	0		+22	+30	+47	−4+Δ		−17+Δ	−17	−31+Δ	0	
200	225	+740	+380	+260																			
225	250	+820	+420	+280																			
250	280	+920	+480	+300		+190	+110		+56		+17	0		+25	+36	+55	−4+Δ		−20+Δ	−20	−34+Δ	0	
280	315	+1 050	+540	+330																			
315	355	+1 200	+600	+360		+210	+125		+62		+18	0		+29	+39	+60	−4+Δ		−21+Δ	−21	−37+Δ	0	
355	400	+1 350	+680	+400																			

续表

公称尺寸/mm		基本偏差值/μm																					
		下极限偏差 EI												上极限偏差 ES									
大于	至	所有标准公差等级												IT6	IT7	IT8	≤IT8	>IT8	≤IT8	>IT8	≤IT8	>IT8	≤IT7
		A[①]	B[①]	C	CD	D	E	EF	F	FG	G	H	JS[②]	J			K[③]		M[③④]		N[③⑤]		P ZC[③]
400	450	+1 500	+760	+440		+230	+135	—	+68	—	+20	0	偏差 =±ITn/2，式中，ITn为IT的等级	+33	+43	+66	−5+Δ	—	−23+Δ	−23	−40+Δ	0	在大于IT7的相应数值上增加一个Δ值
450	500	+1 650	+840	+480																			
500	560	—	—	—	—	+260	+145	—	+76	—	+22	0		—	—	—	0	—	−26		−44		
560	630																						
630	710	—	—	—	—	+290	+160	—	+80	—	+24	0		—	—	—	0	—	−30		−50		
710	800																						
800	900	—	—	—	—	+320	+170	—	+86	—	+26	0		—	—	—	0	—	−34		−56		
900	1 000																						
1 000	1 120	—	—	—	—	+350	+195	—	+98	—	+28	0		—	—	—	0	—	−40		−66		
1 120	1 250																						
1 250	1 400	—	—	—	—	+390	+220	—	+110	—	+30	0		—	—	—	0	—	−48		−78		
1 400	1 600																						
1 600	1 800	—	—	—	—	+430	+240	—	+120	—	+32	0		—	—	—	0	—	−58		−92		
1 800	2 000																						
2 000	2 240	—	—	—	—	+480	+260	—	+130	—	+34	0		—	—	—	0	—	−68		−110		
2 240	2 500																						
2 500	2 800	—	—	—	—	+520	+290	—	+145	—	+38	0		—	—	—	0	—	−76		−135		
2 800	3 150																						

续表

公称尺寸/mm		基本偏差值/μm												Δ的数值/μm					
		上极限偏差 ES																	
		标准公差等级大于 IT7												标准公差等级					
大于	至	P	R	S	T	U	V	X	Y	Z	ZA	ZB	ZC	IT3	IT4	IT5	IT6	IT7	IT8
—	3	-6	-10	-14	—	-18	—	-20	—	-26	-32	-40	-60	0	0	0	0	0	0
3	6	-12	-15	-19	—	-23	—	-28	—	-35	-42	-50	-80	1	1.5	1	3	4	6
6	10	-15	-19	-23	—	-28	—	-34	—	-42	-52	-67	-97	1	1.5	2	3	6	7
10	14	-18	-23	-28	—	-33	—	-40	—	-50	-64	-90	-130	1	2	3	3	7	9
14	18						-39	-45	—	-60	-77	-108	-150						
18	24	-22	-28	-35	—	-41	-47	-54	-63	-73	-98	-136	-188	1.5	2	3	4	8	12
24	30				-41	-48	-55	-64	-75	-88	-118	-180	-218						
30	40	-26	-34	-43	-48	-60	-68	-80	-94	-112	-148	-200	-274	1.5	3	4	5	9	14
40	50				-54	-70	-81	-97	-114	-136	-180	-242	-325						
50	65	-32	-41	-53	-66	-87	-102	-122	-144	-172	-226	-300	-405	2	3	5	6	11	16
65	80		-43	-59	-75	-102	-120	-146	-174	-210	-274	-360	-480						
80	100	-37	-51	-71	-91	-124	-146	-178	-214	-258	-335	-445	-585	2	4	5	7	13	19
100	120		-54	-79	-104	-144	-172	-210	-254	-310	-400	-525	-690						
120	140	-43	-63	-92	-122	-170	-202	-248	-300	-365	-470	-620	-800	3	4	6	7	15	23
140	160		-65	-100	-134	-190	-228	-280	-340	-415	-535	-700	-900						
160	180		-68	-108	-146	-210	-252	-310	-380	-465	-600	-780	-1 000						
180	200	-50	-77	-122	-166	-236	-284	-350	-425	-520	-670	-880	-1 150	3	4	6	9	17	26
200	225		-80	-130	-180	-258	-310	-385	-470	-575	-740	-960	-1 250						
225	250		-84	-140	-196	-284	-340	-425	-520	-640	-820	-1 050	-1 350						
250	280	-56	-94	-158	-218	-315	-385	-475	-580	-710	-920	-1 200	-1 550	4	4	7	9	20	29
280	315		-98	-170	-240	-350	-425	-525	-650	-790	-1 000	-1 300	-1 700						
315	355	-62	-108	-190	-268	-390	-475	-590	-730	-900	-1 150	-1 500	-1 900	4	5	7	11	21	32
355	400		-114	-208	-294	-435	-530	-660	-820	-1 000	-1 300	-1 650	-2 100						
400	450	-68	-126	-232	-330	-490	-595	-740	-920	-1 100	-1 450	-1 850	-2 400	5	5	7	13	23	34
450	500		-132	-252	-360	-540	-660	-820	-1 000	-1 250	-1 600	-2 100	-2 600						

续表

公称尺寸/mm		基本偏差值/μm												Δ的数值/μm					
		上极限偏差 ES																	
大于	至	标准公差等级大于 IT7												标准公差等级					
		P	R	S	T	U	V	X	Y	Z	ZA	ZB	ZC	IT3	IT4	IT5	IT6	IT7	IT8
500	560	−78	−150	−280	−400	−600	—	—	—	—	—	—	—	—	—	—	—	—	—
560	630		−155	−310	−450	−660	—	—	—	—	—	—	—						
630	710	−88	−175	−340	−500	−740	—	—	—	—	—	—	—	—	—	—	—	—	—
710	800		−185	−380	−560	−840	—	—	—	—	—	—	—						
800	900	−100	−210	−430	−620	−940	—	—	—	—	—	—	—	—	—	—	—	—	—
900	1 000		−220	−470	−680	−1 050	—	—	—	—	—	—	—						
1 000	1 120	−120	−250	−520	−780	−1 150	—	—	—	—	—	—	—	—	—	—	—	—	—
1 120	1 250		−260	−580	−840	−1 300	—	—	—	—	—	—	—						
1 250	1 400	−140	−300	−640	−960	−1 450	—	—	—	—	—	—	—	—	—	—	—	—	—
1 400	1 600		−330	−720	−1 050	−1 600	—	—	—	—	—	—	—						
1 600	1 800	−170	−370	−820	−1 200	−1 850	—	—	—	—	—	—	—	—	—	—	—	—	—
1 800	2 000		−400	−920	−1 350	−2 000	—	—	—	—	—	—	—						
2 000	2 240	−195	−440	−1 000	−1 500	−2 300	—	—	—	—	—	—	—	—	—	—	—	—	—
2 240	2 500		−460	−1 100	−1 650	−2 500	—	—	—	—	—	—	—						
2 500	2 800	−240	−550	−1 250	−1 900	−2 900	—	—	—	—	—	—	—	—	—	—	—	—	—
2 800	3 150		−580	−1 400	−2 100	−3 200	—	—	—	—	—	—	—						

注：① 公称尺寸小于或等于 1 mm 的基本偏差 A 和 B 不使用。
② 公差带 JS7～JS11，若 ITn 的数值为奇数，则取 JS=±(IT n−1)/2。
③ 对小于或等于 IT8 的 K、M、N 和小于等于 IT7 的 P～ZC，所需 Δ 值从表内右侧选取。
例如，18～30 mm 段的 K7，Δ=8 μm，所以 ES=(−2+8) μm=6 μm
18～30 mm 段的 S6，Δ=4 μm，所以 ES=(−35+4) μm=−31 μm
④ 特殊情况：250～315 mm 段的 M6，ES=−9 μm(代替−11 μm)。
⑤ 对公称尺寸小于或等于 1 mm 和公差等级大于 IT8 的基本偏差 N 不使用。

(1) 计算上极限偏差。

由表 3-5 可知，代号 f 表示的基本偏差为上极限偏差，按下式计算：

$$es=-5.5D_m^{0.41}=-5.5\times(38.73)^{0.41}\ \mu m\approx-25\ \mu m$$

所以，f7、f6 的上偏差为 $-25\ \mu m$。

(2) 计算下极限偏差。

由表 3-4 可知，对于>30～50 mm 尺寸段，IT6=16 μm，IT7=25 μm，则有

f7 的下极限偏差　　$ei=(-25-25)\ \mu m=-50\ \mu m$

f6 的下极限偏差　　$ei=(-25-16)\ \mu m=-41\ \mu m$

(3) 两轴工作尺寸。

两轴工作尺寸可分别表示为

$$\phi50f7\quad 或\quad \phi50_{-0.050}^{-0.025};\quad \phi50f6\quad 或\quad \phi50_{-0.041}^{-0.025}$$

此例采用表 3-5 所示的公式计算基本偏差，实际应用时应该查表 3-6。注意，表 3-6 给出的数值是按公式计算后经过修约的标准值。

例 3-7　不查表 3-5 和表 3-8，试根据标准规定的孔基本偏差的计算规则，由表 3-6 给出的轴的基本偏差确定 $\phi50F7$ 与 $\phi50M7$ 两孔的极限偏差，并给出它们的工作尺寸。

解　(1) 求 $\phi50F7$ 的极限偏差。

代号为 F 的基本偏差(EI)数值计算属一般情况，对应的轴基本偏差代号为 f。查表 3-6(或由上例)可知，该尺寸在>30～50 mm 尺寸段中，轴基本偏差 f 为 $es=-25\ \mu m$。则根据式(3-6)得，F 的基本偏差为下极限偏差，即

$$EI=-\ es=-(-25)\ \mu m=+25\ \mu m$$

由表 3-4 可知，对于>30～50 mm 尺寸段，IT7=25 μm，则有 F7 的上极限偏差为

$$ES=EI+IT7=(+25+25)\ \mu m=+50\ \mu m$$

$\phi50F7$ 工作尺寸可表示为：$\phi50_{+0.025}^{+0.050}$ mm。

(2) 求 $\phi50M7$ 的极限偏差。

代号为 M、公差等级为 IT7 的基本偏差(ES)数值计算属例外情况。对应的轴基本偏差代号为 m，查表 3-6 可知，在>30～50 mm 尺寸段中，轴基本偏差 m 为 $ei=+9\ \mu m$。则根据式(3-7)，有 M 的基本偏差(上极限偏差)为

$$ES=-ei+\Delta=-ei+ITn-IT(n-1)$$

式中 $n=7$。由表 3-4 可知，对于>30～50 mm 尺寸段，IT6=16 μm，IT7=25 μm，则有

$$ES=(-9+25-16)\ \mu m=0$$

M7 的下极限偏差为

$$EI=ES-IT7=(0-25)\ \mu m=-25\ \mu m$$

$\phi50M7$ 工作尺寸可表示为 $\phi50_{-0.025}^{\ 0}$ mm。

例 3-8　不查表 3-5 和表 3-8，试根据标准规定的孔基本偏差的计算规则，求 $\phi50H7/p6$ 与 $\phi50P7/h6$ 孔和轴的极限偏差，画出极限与配合图解，并求出极限间隙或过盈量。

解　(1) 求 $\phi50H7/p6$ 配合孔、轴的极限偏差。

① $\phi50H7$ 孔的极限偏差。

该孔的下极限偏差：H 为基准孔下偏差的公差带，EI=0。

该孔的上极限偏差：查表 3-4，对于>30～50 mm 尺寸段，IT7=25 μm，则有

$$ES=(0+25)\ \mu m=+25\ \mu m$$

② ϕ50p6 轴的极限偏差。

该轴的下极限偏差：p 为下极限偏差的公差带，由表 3-6 查得，ei=+26 μm。

该轴的上极限偏差：查表 3-4，对于>30～50 mm 尺寸段，IT6=16 μm，则有

$$es=(+26+16)\ \mu m=+42\ \mu m$$

(2) ϕ50P7/h6 的极限偏差。

① ϕ50P7 孔的极限偏差。

代号为 P、公差等级为 IT7 的基本偏差(ES)数值计算属例外情况。对应的轴基本偏差代号为 p，其数值为 ei=+26 μm，则根据式(3-7)，该孔的上极限偏差为

$$ES=-ei+\Delta==-ei+ITn-IT(n-1)=(-26+25-16)\ \mu m=-17\ \mu m$$

该孔的下极限偏差为

$$EI=ES-IT7=(-17-25)\ \mu m=-42\ \mu m$$

② ϕ50h6 轴的极限偏差。

该轴的上极限偏差：h 为基准轴上偏差的公差带，可查得 es=0

该轴的下极限偏差：　$ei=es-IT6=(0-16)\ \mu m=-16\ \mu m$

(3) 作 ϕ50H7/p6 与 ϕ50P7/h6 的极限与配合图解。

极限与配合图解如图 3-20 所示。

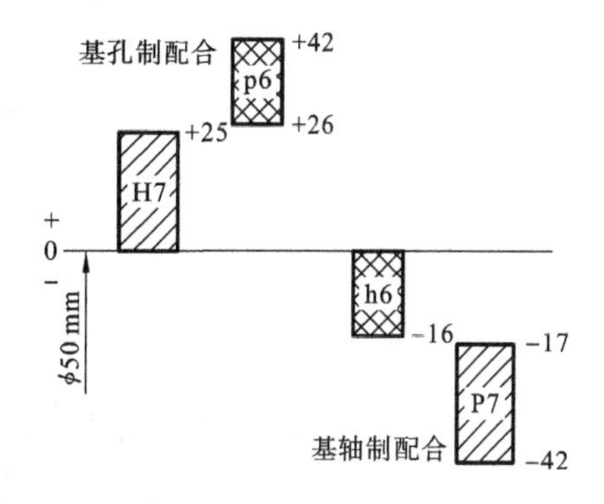

图 3-20　例 3-8 公差带图

(4) 求 ϕ50H7/p6 与 ϕ50P7/h6 的极限间隙或过盈量。

对于 ϕ50H7/p6，有

$$Y_{max}=EI-es=(0-42)\ \mu m=-42\ \mu m$$

$$Y_{min}=ES-ei=(+25-26)\ \mu m=-1\ \mu m$$

对于 ϕ50P7/h6，有

$$Y_{max}=EI-es=(-42-0)\ \mu m=-42\ \mu m$$

$$Y_{min}=ES-ei=[-17-(-16)]\ \mu m=-1\ \mu m$$

由此例可知，ϕ50H7/p6 和 ϕ50P7/h6 分别为基孔制和基轴制配合，但它们的最大过盈和最小过盈分别相同，是等效的配合。

3.5　公差带和配合选用的标准化

公称尺寸≤500 mm 时，极限与配合标准对孔和轴分别规定有 20 个公差等级和 28 种基本偏差，其中基本偏差 j 仅限用于 IT5～IT8 这 4 个公差等级，J 仅限用于 IT6～IT8 这 3 个公差等级。由此可得孔的公差带有(20×27)+3=543 个，轴公差带有(20×27)+4=544 个，可形成基孔制配合的有 20×544=10880 个，基轴制配合的有 20×543=10860 个。数量如此之多，尽管可以广泛满足使用要求，但在这么大的范围内选择公差带或配合会导致定值刀具、量具规格的繁杂，显然是不经济的，而且有些公差带如 g12、a5 等明显不符合应用要求。所以，有必要对公差带及配合进行进一步的简化和有序化。

3.5.1　标准推荐选用的公差带

极限与配合标准对公称尺寸≤500 mm 的常用尺寸段的公差带，按“一般用途公差带”、“常用公差带”和“优先选用公差带”三种情况作了规定，如图 3-21(轴公差带)、图 3-22(孔公差带)所示。图中的所有公差带均为一般用途公差带，轴的有 119 个，孔的有 105 个；一般用途公

差带中,折线框内为常用公差带,轴的有 59 个,孔的有 44 个;常用公差带中,有圆圈框的为优先选用公差带,孔、轴各 13 个。

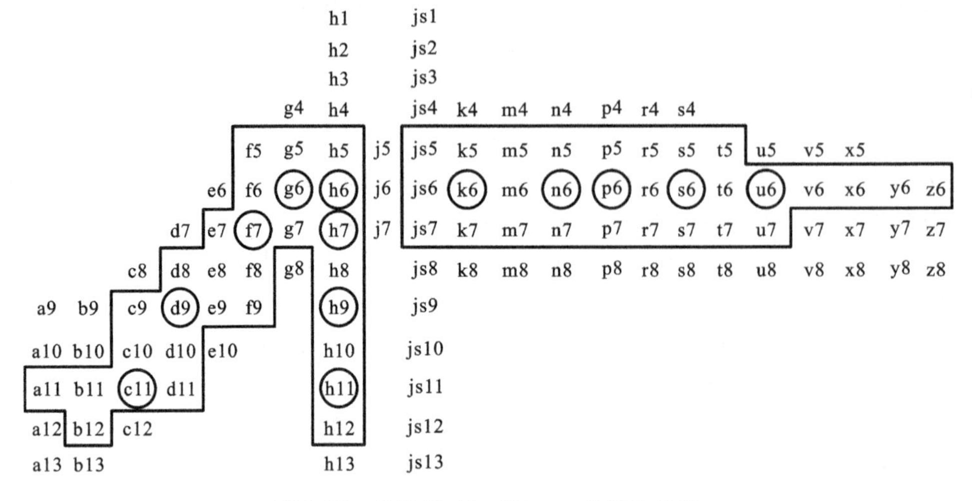

图 3-21 公称尺寸至 500 mm 的轴公差带

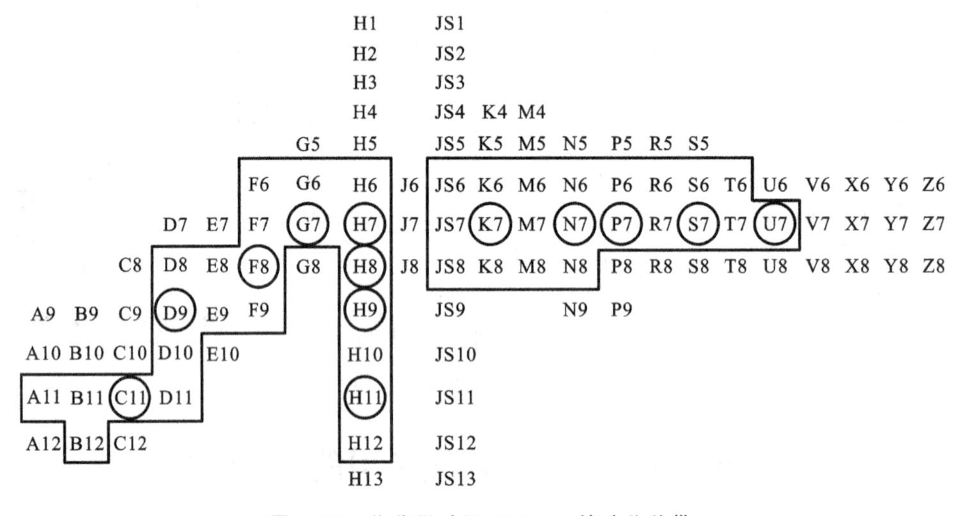

图 3-22 公称尺寸至 500 mm 的孔公差带

在选用时,应首先考虑优先公差带,其次是常用公差带,再次是一般用途公差带。这些公差带的上、下极限偏差可从标准中直接查得。在一般用途公差带不能满足应用要求时,可按标准中规定的标准公差与基本偏差组成所需的公差带;甚至可按公式用插入或延伸的方法,计算新的公差值和基本偏差来组成所需公差带。

3.5.2 标准推荐选用的配合

在推荐选用孔、轴公差带的基础上,极限与配合标准对公称尺寸≤500 mm 的常用尺寸段的孔、轴配合,按“常用配合”和“优先选用配合”两种情况作了规定,如表 3-9、表 3-10 所示。对基孔制配合(见表 3-9),共规定了常用配合 59 种,优先选用配合 13 种;对基轴制配合(见表 3-10),共规定了常用配合 47 种,优先选用配合 13 种。这些配合的极限间隙或过盈可从标准中直接查得。应用中,应优先选用标准推荐的优先配合,其次选常用配合;当常用配合不能满足应用要求时，可按标准中推荐的孔、轴标准公差带组成所需的基孔制、基轴制配合或无基准件配合。

表 3-9　公称尺寸至 500 mm 的基孔制优先、常用配合

基准孔	轴																				
	a	b	c	d	e	f	g	h	js	k	m	n	p	r	s	t	u	v	x	y	z
	间隙配合								过渡配合			过盈配合									
H6						H6/f5	H6/g5	H6/h5	H6/js5	H6/k5	H6/m5	H6/n5	H6/p5	H6/r5	H6/s5	H6/t5					
H7						H7/f6	◤H7/g6	◤H7/h6	H7/js6	◤H7/k6	H7/m6	◤H7/n6	◤H7/p6	H7/r6	◤H7/s6	H7/t6	◤H7/u6	H7/v6	H7/x6	H7/y6	H7/z6
H8					H8/e7	◤H8/f7	H8/g7	◤H8/h7	H8/js7	H8/k7	H8/m7	H8/n7	H8/p7	H8/r7	H8/s7	H8/t7	H8/u7				
				H8/d8	H8/e8	H8/f8		H8/h8													
H9			H9/c9	◤H9/d9	H9/e9	H9/f9		◤H9/h9													
H10			H10/c10	H10/d10				H10/h10													
H11	H11/a11	H11/b11	◤H11/c11	H11/d11				◤H11/h11													
H12		H12/b12						H12/h12													

注：① H6/n5、H7/p6 在公称尺寸小于或等于 3 mm 和 H8/r7 在公称尺寸小于或等于 100 mm 时，为过渡配合；

② 标注◤的配合为优先配合。

表 3-10　公称尺寸至 500 mm 的基轴制优先、常用配合

基准轴	孔																				
	A	B	C	D	E	F	G	H	JS	K	M	N	P	R	S	T	U	V	X	Y	Z
	间隙配合								过渡配合			过盈配合									
h5						F6/h5	G6/h5	H6/h5	JS6/h5	K6/h5	M6/h5	N6/h5	P6/h5	R6/h5	S6/h5	T6/h5					
h6						F7/h6	◤G7/h6	◤H7/h6	JS7/h6	◤K7/h6	M7/h6	◤N7/h6	◤P7/h6	R7/h6	◤S7/h6	T7/h6	◤U7/h6				
h7					E8/h7	◤F8/h7		◤H8/h7	JS8/h7	K8/h7	M8/h7	N8/h7									
h8				D8/h8	E8/h8	F8/h8		H8/h8													
h9				◤D9/h9	E9/h9	F9/h9		◤H9/h9													
h10				D10/h10				H10/h10													

续表

基准轴	孔																				
	A	B	C	D	E	F	G	H	JS	K	M	N	P	R	S	T	U	V	X	Y	Z
	间隙配合								过渡配合			过盈配合									
h11	$\frac{A11}{h11}$	$\frac{B11}{h11}$	◤$\frac{C11}{h11}$	$\frac{D11}{h11}$				◤$\frac{H11}{h11}$													
h12		$\frac{B12}{h12}$						$\frac{H12}{h12}$													

注:标注◤的配合为优先配合。

3.6　公差带和配合选择的综合分析

精度设计是机械(机器)设计十分重要的一环,其主要内容为确定机器各零、部件及机器几何参数允许的变动及其评定方法。包括合理地确定这些参数的公差和极限偏差,以及制造中对这些参数的检测和评定方法,以保证机器能正确地进行装配并满足机器工作精度等功能要求。显然,公差与配合的选择为精度设计的重要内容,其对机器的使用性能和制造成本都有很大的影响,有时甚至起决定性作用。

公差与配合选择的总原则是:保证机械产品的性能优良,制造经济可行;或者说,公差与配合的选择应使机械产品的使用价值与制造成本的综合效果最佳。

公差与配合选择的基本方法有三类:计算法、试验法和类比法。

① 计算法　计算法即是按一定的理论公式,通过计算来确定公差与配合的方法。按计算法确定公差与配合时,理论公式往往把条件理想化或简化,结果不完全符合实际,通常也较烦琐。但计算法的理论根据比较充分,有指导意义,将会得到越来越多的应用。

② 试验法　试验法即是通过专门的试验或统计分析来确定所需的间隙量或过盈量,从而选取适当的配合的方法。试验法最为可靠,但代价较高,周期较长,故适用于特别重要的机械或关键的配合。

③ 类比法　类比法即是以经过生产实践验证了的类似的机械、机构和零部件为样板,也就是,借鉴他人类似的成功经验来选取公差与配合的方法。类比法是目前工程技术人员广泛采用的方法,应用得当的话也十分有效。但是,若类比条件不够充分,经验不丰富,则要选取较好的配合就比较困难。

无论采用何种方法,公差与配合选择的基本要求是合理地规定基准制、公差等级与配合。由于不可能穷举每种应用场合和不同工艺条件下公差与配合的选择,以下仅针对一些典型的或有代表性的情况进行分析说明。

3.6.1　基准制的选择

极限与配合标准的配合制中,规定了基孔制和基轴制两种基准制。基准制的规定使公差与配合的选择更加有序化,能形成满足广泛需求的一系列配合,同时也尽可能限制实际选用零件极限尺寸的数目。基准制的选择涉及制件的工艺、结构及经济性等诸多方面因素,以下分别进行分析说明。

1. 工艺性

1）考虑加工工艺

（1）对于中等尺寸、较高精度的孔，宜采用基孔制　对于此种情况，一般用铰刀、拉刀等定尺寸刀具加工易于保证加工质量，效率较高，且对机床精度及操作者技术水平要求不高，应用较广。如对于某一尺寸 ϕ50 的配合，仅从满足使用要求的角度，既可采用基孔制配合，如 ϕ50H7/g6、ϕ50H7/k6、ϕ50H7/p6 等，也可采用对应等效（具有相同的极限间隙或过盈）的基轴制配合，如 ϕ50G7/h6、ϕ50K7/h6、ϕ50P7/h6 等。但从加工工艺的角度考虑，采用基孔制时，上述配合孔只需 ϕ50H7 一种规格的定尺寸刀具、量具；若采用基轴制，则上述配合孔需 ϕ50G7、ϕ50K7、ϕ50P7 等多种规格的定尺寸刀具、量具。因此，为了减少备用的定尺寸刀具、量具的品种规格，宜采用基孔制。

至于尺寸较大的孔或低精度的孔，一般不采用定尺寸刀具、量具加工、检测，从工艺上讲采用基孔制或基轴制都一样，但为了统一起见，一般也宜采用基孔制。

（2）对于冷拉成形轴，宜采用基轴制　冷拉成形轴的尺寸、形状较准确、表面光整，通常在农业机械或工程应用中，其外表面不需加工即可使用，故此时宜采用基轴制。

（3）对小尺寸精密轴，考虑采用基轴制　由于加工方法的多样性，小尺寸孔的加工较轴方便，故基轴制的应用较多，特别是，在钟表行业体现更明显。

2）考虑装配工艺

在图 3-23 所示由滚动轴承支承齿轮轴的图例中，轴的尺寸由轴承内圈而定，为基孔制 ϕ50k6（③处）。挡环与轴的配合（②处）若也按基孔制，则应定为 ϕ50H7。由于挡环仅起齿轮与轴承内圈间的轴向止动作用，其与轴的配合要求不高，按 ϕ50H7 制作不仅精度偏高，且装配和拆卸都不方便。对于此情况，挡环孔可选为 ϕ50E10，其与轴的无基准件配合 ϕ50E10/k6 既能满足使用要求，又能方便装拆，配合的公差带图如图 3-24(a)所示。

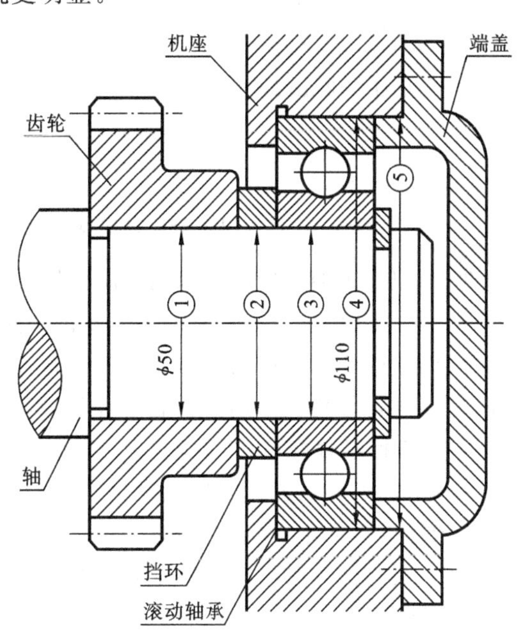

图 3-23　公差与配合选择分析示例

类似情况如图 3-23 中⑤处的配合，基座孔的尺寸由轴承外圈而定，为基轴制 ϕ110J7。若端盖止口轴与基座孔的配合也按基轴制，则应定为 ϕ110h6，这样不仅精度要求偏高，而且装配和拆卸都不方便。因而二者可选为无基准件配合 ϕ110J7/f9，既能满足使用要求，又能方便装拆，配合的公差带图如图 3-24(b)所示。

2. 满足结构需求

图 3-25(a)所示的为连杆、活塞销和活塞三者装配的示意图。根据使用要求，连杆孔（内有耐磨软合金衬套，图中未示出）与活塞销外圆为间隙配合，活塞销外圆与活塞的两孔为过渡配合，即活塞销需分别与连杆和活塞形成一轴多孔且配合性质不同的装配结构。

若活塞销与三个孔采用基孔制配合，其与活塞两端的孔的配合选 H7/m6，与连杆孔的配

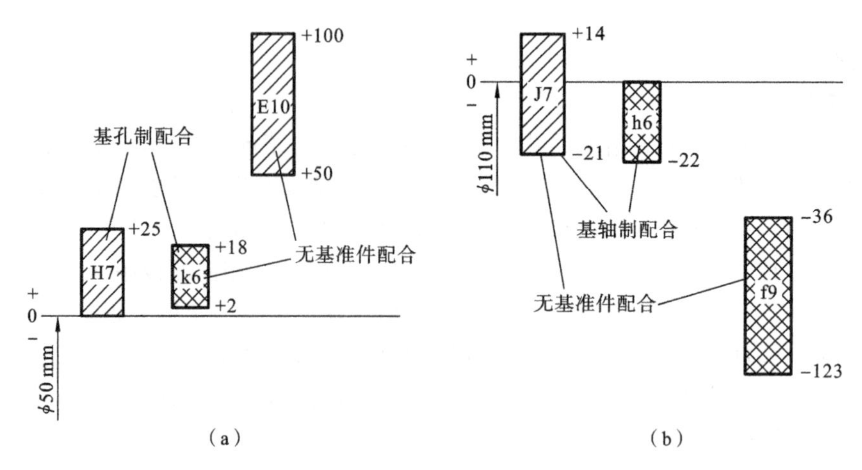

图 3-24　基准制选择公差带图解示例(考虑装配工艺)

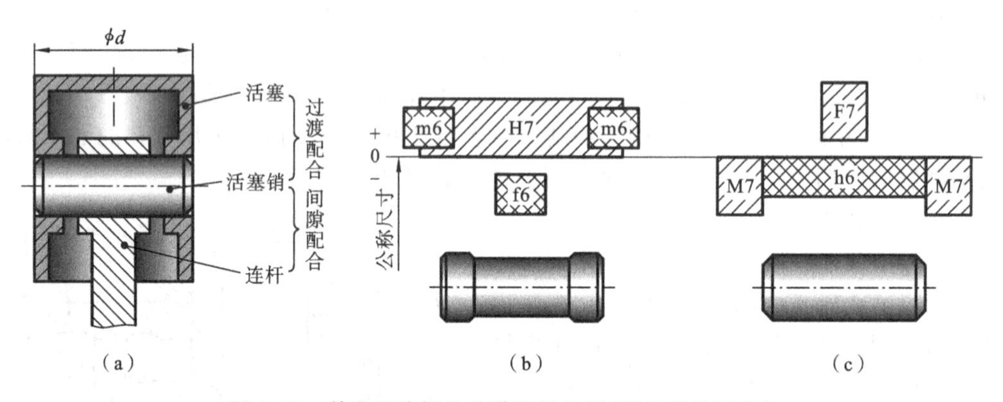

图 3-25　基准制选择公差带图解示例(满足结构需求)

合选 H7/f6,则加工后的活塞销为阶梯轴,装配时将损坏连杆衬套,配合的公差带图解及加工后的活塞销如图 3-25(b)所示。若采用基轴制,其与活塞两端的孔的配合选 M7/h6,与连杆孔的配合选 F7/h6,则加工后的活塞销为光轴,既满足使用的配合要求,装配时又不会损伤连杆孔,所以这种结构宜采用基轴制,如图 3-25(c)所示。

3. 与标准件配合

标准件通常由专门工厂大批量生产,其尺寸是标准化的。故与标准件配合时,基准制的选择应依标准件而定。例如,与滚动轴承内圈的配合的轴一定按基孔制(见图 3-23 中③处,轴为 ϕ50k6),而与滚动轴承外圈的配合的孔一定按基轴制(见图 3-23 中④处,孔为 ϕ110J7)。

4. 无特殊要求

在孔、轴配合无工艺、结构等的特殊要求情况下,为了统一起见或习惯上,一般也宜采用基孔制。若所有设计者都有这样的"默契",将大大减少基准制选择的无序化。

3.6.2　公差等级的选择

公差等级选择的实质,就是要具体解决机械零件的使用要求与制造工艺及成本之间的矛盾,在保证使用要求的前提下考虑工艺的可能性与经济性,合理确定公差数值。选择时,应考虑可能采用的工艺、具体的配合要求、涉及的有关零部件等多方面的因素,同时参考有关实例来进行。

1. 联系工艺

在按使用要求确定配合公差 T_f 后，孔公差 T_H 和轴公差 T_S 必须满足 $T_f = T_H + T_S$。而 T_H 和 T_S 可按工艺等价原则（加工难易原则）来进行分配，即对配合中难加工的工件规定公差数值相对大一点，而对与其相配的易加工的工件规定公差数值相对小一点。

对于公称尺寸≤500 mm 情况，当公差等级高于 IT8 时，通常孔难加工些，推荐孔公差等级比轴低一级，如 H8/f7、H7/g6 等；当公差等级为 IT8 时，也可采用同级孔、轴配合，如 H8/f8 等；当公差等级等于或低于 IT9 时，一般采用孔、轴同级配合，如 H9/f9、H9/d9、H11/c11 等。

对于公称尺寸>500 mm 情况，一般采用同级孔、轴配合。

对于公称尺寸≤3 mm 情况，由于工艺的多样性，可取 $T_H = T_S$ 或 $T_H > T_S$、$T_H < T_S$，这三种情况在实际应用中都存在，甚至 $T_H < T_S$ 的应用反而更多，且有孔公差等级比轴高 1 或 2 级，甚至 3 级的，钟表行业就有这种情况。

2. 联系配合

孔、轴公差等级或公差数值影响配合的间隙或过盈的变动量，所以使用所要求的允许间隙或过盈的变动量，即 T_f 必然限制相配孔、轴的公差等级。对于过渡配合和过盈配合，通常不允许 T_f 太大，因此应采用较高的公差等级（如 $T_H \leqslant$ IT8，$T_S \leqslant$ IT7 等）。对于间隙配合，一般允许最小间隙小时，公差等级应较高；允许最小间隙大时，公差等级应较低，如可选 H6/g5、H11/a11等，而类似 H10/g10 或 H6/a5 的选择不符合实际应用，也就不合理了。

3. 联系有关零、部件或机构

例如，齿轮孔与轴配合的公差等级要求与齿轮的精度等级有关；当齿轮精度为 5 级时，齿轮孔与轴公差等级均要求为 IT5。滚动轴承的内圈与轴、外圈与支承孔配合的公差等级与滚动轴承的精度等级有关，当滚动轴承的精度为 P4 级时，与内圈配合的轴的公差等级应为 IT4，与外圈配合的支撑孔的公差等级应为 IT5。

4. 联系应用场合及工艺手段

表 3-11、表 3-12 及表 3-13 分别给出不同公差等级的适用对象、各种常规工艺手段的精度能力以及相应的成本。不同的设计手册或文献等也会有不少关于公差等级选用的参考资料，正常情况下，这些资料的推荐或介绍都是前人经验的总结或有理论依据的结果。从广义上理解，参考、分析并借鉴这些结果，实际上就是一种类比选用公差等级的方法。

表 3-11　公差等级的应用

应　用	IT 等级																			
	01	0	1	2	3	4	5	6	7	8	9	10	11	12	13	14	15	16	17	18
块规	—	—	—																	
量规			—	—	—	—	—	—	—											
配合尺寸							—	—	—	—	—	—	—	—	—					
特精密零件配合				—	—	—	—													
非配合尺寸（大制造公差）														—	—	—	—	—	—	—
原材料公差										—	—	—	—	—	—	—				

表 3-12　各种加工手段的加工精度

加工手段	IT等级																	
	01	0	1	2	3	4	5	6	7	8	9	10	11	12	13	14	15	16
研磨	—	—	—	—	—	—	—											
珩磨						—	—	—	—									
圆磨							—	—	—	—								
平磨							—	—	—	—								
金刚石车							—	—	—									
金刚石镗							—	—	—									
拉削							—	—	—	—								
铰孔								—	—	—	—	—						
车削									—	—	—	—	—					
镗削									—	—	—	—	—					
铣削										—	—	—	—					
刨削、插削												—	—					
钻孔												—	—	—	—			
滚压、挤压												—	—					
冲压												—	—	—	—	—		
压铸													—	—	—	—		
粉末冶金成形								—	—	—								
粉末冶金烧结									—	—	—	—						
砂型铸造、气割																		—
锻造																	—	

表 3-13　加工精度与加工成本

尺寸	加工方法	IT等级															
		1	2	3	4	5	6	7	8	9	10	11	12	13	14	15	16
外径	普通车削						-·-	-·-	-·-	—	—	—	--	--	--		
	六角车床车削							-·-	-·-	—	—	—	--	--	--		
	自动车削							-·-	-·-	—	—	—	--	--			
	外圆磨削			-·-	-·-	—	—	--	--								
	无心磨削					-·-	-·-	—	—	--	--						
内径	普通车削						-·-	-·-	-·-	—	—	—	--	--	--		
	六角车床车削							-·-	-·-	—	—	—	--	--	--		
	自动车削								-·-	-·-	—	—	--	--			
	钻削										-·-	-·-	—	—	--		
	铰削							-·-	-·-	—	—	--	--				
	镗削							-·-	-·-	—	—	--	--				
	精镗				-·-	-·-	—	—	--	--							
	内圆磨				-·-	-·-	—	—	--	--							
	研磨		-·-	-·-	—	—	--	--									
长度	普通车削							-·-	-·-	-·-	—	—	—	--	--	--	
	六角车床车削								-·-	-·-	—	—	—	--	--		
	自动车削								-·-	-·-	—	—	—	--	--		
	铣削							-·-	-·-	-·-	—	—	—	--	--		

注：加工成本比例大致为点画线∶实线∶虚线＝5∶2.5∶1。

3.6.3 配合种类的选择

如本章3.2节所述，所谓配合，是指公称尺寸相同的，相互结合的孔与轴之间的关系。这种关系实际上是以孔、轴相互结合(装配)后，二者之间相互结合的松紧状态来区别的，分为间隙、过渡和过盈三种类型，分别称为间隙配合、过渡配合和过盈配合。

在机械设计的过程中，经过原理设计和结构设计后，具体的孔、轴需采用何种类型的结合关系已确定，即确定了具体采用间隙、过渡和过盈三种类型中的某一种。但是，无论选用何种类型的结合关系，都需考虑以下两方面的问题：其一，在满足使用要求的前提下，二者的松紧变动程度和变动范围如何保证；其二，针对具体的制造能力和成本要求，选用何种孔、轴公差带的组合来满足松紧变动的要求。此即配合选择的主要内容，也就是需要进行孔、轴结合的精度设计，给出合理可行的配合种类。

1. 配合选择的一般方法

在公差与配合选用的三种基本方法中，尽管计算法和试验法有着不可替代的优点，但在各类机械产品中，绝大多数配合都是用类比法选定的，以下分析主要针对类比法而言。

1）针对具体应用情况具体分析

在参照成功的经验用类比法选择配合时，要针对具体的应用情况作出具体的分析。

通常情况下，若工作时相配件间有相对运动，则必须用间隙配合；若无相对运动，而有键、销或螺钉等外加紧固件使之固紧，也可用间隙配合。若要求相配件间无相对运动，则可用过盈配合或较紧的过渡配合；受力大，则用过盈配合，受力小或基本上不受力或主要要求是定心、便于拆卸，则可用过渡配合。

在类比选择配合时，应考虑具体的工作条件来确定配合的松紧程度。对于间隙配合，应考虑运动特性、运动条件及运动精度等。对于过盈配合，应考虑负荷特性、负荷大小、材料许用应力、装配条件及工作温度等。对于过渡配合，应考虑对中性要求及拆卸要求等。表3-14给出了不同具体情况下，对间隙量或过盈量修正的参考意见。

表3-14 按具体情况考虑间隙量或过盈量的修正

具体情况	过盈量	间隙量	具体情况	过盈量	间隙量
材料许用应力小	减	—	装配时可能歪斜	减	增
经常拆卸	减	—	旋转速度较高	增	增
有冲击负荷	增	减	有轴向运动	—	增
工作温度：孔温度高于轴的①	增	减	润滑油黏度大	—	增
工作温度：轴温度高于孔的①	减	增	表面粗糙	增	减
配合长度较大	减	增	装配精度高	减	减
几何误差大	减	增			

注：① 材料相同时的情况。

2）了解极限与配合有关标准制订的规律及应用背景

极限与配合标准是很有规律的，仅从配合的角度出发，基本偏差与配合最一般的规律如表3-15所示，同时，表3-16给出了应用背景；表3-17给出了标准推荐的优先配合的应用背景。熟悉这些资料，对正确选择类比对象，进行类比分析，并最终确定配合的选择是十分有益的。应用中，应优先选用标准推荐的优先配合，其次选常用配合；当常用配合不能满足应用要求时，可按标准中推荐的孔、轴标准公差带组成所需的基孔制、基轴制配合,或无基准件配合。

表 3-15　基本偏差与配合

基准制	基准件		相配件	适用配合	
	基本偏差	公差	基本偏差		
基孔制	H (EI)	T_H	a ~ h (es)	间隙配合	
			j ~zc (ei)	$\lvert ei \rvert < T_H$:过渡配合	$\lvert ei \rvert \geqslant T_H$:过盈配合
基轴制	h (es)	T_S	A ~ H(EI)	间隙配合	
			J ~ZC (ES)	$\lvert ES \rvert < T_S$:过渡配合	$\lvert ES \rvert \geqslant T_S$:过盈配合

表 3-16　基孔制轴的基本偏差配合特性及应用

配合	基本偏差	配合特性及应用
间隙配合	a,b	可得到特别大的间隙,应用很少
	c	可得到很大间隙,一般适用于缓慢、松弛的动配合。用于工作条件较差(如农业机械),受力变形,或为了便于装配,而必须有较大间隙时,推荐配合为 H11/c11。其较高等级的配合,如 H8/c7 适用于轴在高温工作的紧密动配合,例如内燃机排气阀和导管
	d	一般用 IT7～IT11 级,适用于松的转动配合,如密封盖、滑轮、空转皮带轮与轴的配合。也适用于大直径滑动轴承配合,如燃气轮机、球磨机、轧滚成形和重型弯曲机及其他重型机械中的一些滑动支承
	e	多用于 IT7～IT9 级,通常适用于要求有明显间隙,易于转动的支承配合,如大跨距支承、多支点支承等配合。高等级的 e 轴适用于大的、高速、重载支承,如涡轮发电机、大的电动机的支承等,也适用于内燃机主要轴承、凸轮轴支承、摇臂支承等配合
	f	多用于 IT6～IT8 级的一般转动配合。当温度差别不大,对配合基本上没影响时,被广泛用于普通润滑油(或润滑脂)润滑的支承,如齿轮箱、小电动机、泵等的转轴与滑动支承的配合
	g	多用于IT5～IT7 级,配合间隙很小,制造成本高,除很轻负荷的精密装置外,不推荐用于转动配合。最适合不回转的精密滑动配合,也用于插销等定位配合。如精密连杆轴承、活塞及滑阀、连杆销等
	h	多用于 IT4～IT11 级。广泛用于无相对转动的零件,作为一般的定位配合。若没有温度、变形影响,也用于精密滑动配合
过渡配合	js	为完全对称偏差(±IT/2),平均起来,为稍有间隙的配合,多用于 IT4～IT7 级,要求间隙比 h 轴配合时小,并允许略有过盈的定位配合,如联轴器、齿圈与钢制轮毂,一般可用手或木槌装配
	k	平均起来没有间隙的配合,适用于 IT4～IT7 级。推荐用于要求稍有过盈的定位配合,例如为了消除振动用的定位配合。一般用木槌装配
	m	平均起来具有不大过盈的过渡配合,适用 IT4～IT7 级。一般可用木槌装配,但在最大过盈时,要求相当的压入力
	n	平均过盈比用 m 轴时稍大,很少得到间隙,适用 IT4～IT7 级,用槌或压力机装配。通常推荐用于紧密的组件配合。H6/n5 为过盈配合

续表

配合	基本偏差	配合特性及应用
过盈配合	p	与 H6 或 H7 孔配合时是过盈配合，而与 H8 孔配合时为过渡配合。对于非铁类零件，为较轻的压入配合，当需要时易于拆卸。对于钢、铸铁或铜-钢组件装配，是标准压入配合。对弹性材料，如轻合金等，往往要求很小的过盈，可采用 p 轴配合
	r	对于铁类零件，为中等打入配合；对于非铁类零件，为较轻的打入配合，当需要时，可以拆卸。与 H8 孔配合，直径在 100 mm 以上时为过盈配合，直径小时为过渡配合
	s	用于钢和铁制零件的永久性和半永久性装配，过盈量充分，可产生相当大的结合力。当用弹性材料，如轻合金时，配合性质与铁类零件的 p 轴相当。例如，套环压在轴上、阀座等配合。尺寸较大时，为了避免损伤配合表面，需用热胀或冷缩法装配
	t,u,v,x,y,z	过盈量依次增大，除 u 外，一般不推荐

表 3-17　标准推荐的优先配合的选用说明

优先配合		说　明
基孔制	基轴制	
$\frac{H11}{c11}$	$\frac{C11}{h11}$	间隙量非常大。用于很松的、转动很慢的动配合；要求大公差与大间隙量的外露组件；要求装配方便的很松的配合
$\frac{H9}{d9}$	$\frac{D9}{h9}$	间隙量很大的自由转动配合。用于精度非主要要求时。适用于有大的温度变动、高转速或大的轴颈压力时
$\frac{H8}{f7}$	$\frac{F8}{h7}$	间隙量不大的转动配合。用于中等转速与中等轴颈压力的精确转动；也用于装配较易的中等定位配合
$\frac{H7}{g6}$	$\frac{G7}{h6}$	间隙量很小的滑动配合。用于不希望自由旋转，但可自由移动和转动并精密定位时，也可用于要求明确的定位配合
$\frac{H7}{h6}$ $\frac{H8}{h7}$ $\frac{H9}{h9}$ $\frac{H11}{h11}$	$\frac{H7}{h6}$ $\frac{H8}{h7}$ $\frac{H9}{h9}$ $\frac{H11}{h11}$	均为间隙定位配合，零件可自由装拆，而工作时一般相对静止不动 在最大实体条件下的间隙量为零 在最小实体条件下的间隙量由公差等级决定
$\frac{H7}{k6}$	$\frac{K7}{h6}$	过渡配合，用于精密定位
$\frac{H7}{n6}$	$\frac{N7}{h6}$	过渡配合，允许有较大过盈的更精密定位
$\frac{H7}{p6}$	$\frac{P7}{h6}$	过盈定位配合，即小过盈量配合。用于定位精度特别重要时，能以最好的定位精度达到部件的刚性及对中性要求，而对内孔承受压力无特殊要求，不依靠配合的紧固性传递摩擦负荷
$\frac{H7}{s6}$	$\frac{S7}{h6}$	中等压入配合，适用于一般钢件，或用于薄壁件的冷缩配合，用于铸铁件可得到最紧的配合
$\frac{H7}{u6}$	$\frac{U7}{h6}$	压入配合，适用于可以承受高压力的零件，或不宜承受大压力的冷缩配合

2. 影响配合选择的因素

1) 考虑热变形的影响

在选择公差与配合时,要注意温度条件。标准中规定的均为标准温度(+20℃)时的数值。当工作温度不是+20℃,特别是相配孔、轴温差较大,或二者的线膨胀系数相差较大时,应考虑热变形的影响。这对高温或低温下工作的机械尤为重要。

例 3-9 公称尺寸为 $\phi150$ mm 的铝制活塞(轴)与钢制缸体(孔)为基孔制配合,工作温度:孔的为 $t_H=110$℃,轴的为 $t_S=180$℃。线膨胀系数:孔的为 $\alpha_H=12\times10^{-6}(1/℃)$,轴的为 $\alpha_S=24\times10^{-6}(1/℃)$。要求工作时间隙的变动范围为+0.1 ~+0.31 mm,试选择配合。

解 由热变形引起的间隙变化为

$$\Delta X=150\times[12\times10^{-6}\times(110-20)-24\times10^{-6}\times(180-20)]\ \text{mm}=-0.414\ \text{mm}$$

即工作时的间隙减小,故装配间隙应为

$$X_{min}=(0.1+0.414)\ \text{mm}=+0.514\ \text{mm}$$

$$X_{max}=(0.31+0.414)\ \text{mm}=+0.724\ \text{mm}$$

因题意要求为基孔制配合,则有

$$es=EI-X_{min}=(0-0.514)\ \text{mm}=-0.514\ \text{mm}$$

由表 3-6 可选代号为 a 的基本偏差,其为上极限偏差 es=−520 μm。

由于配合公差 $T_f=X_{max}-X_{min}=T_H+T_S=0.2$ mm,且 $T_f/2=100$ μm,由表 3-4 知,可取

$$T_H=T_S=IT9=100\ \mu\text{m}$$

故选用配合为:$\phi150$H9/a9。其最小间隙为+0.52 mm,最大间隙为+0.72 mm。

2) 考虑装配变形的影响

在机械结构中,常遇到类似图 3-26 所示的衬套装配结构。图中衬套外圆与基座孔的配合为过渡配合 $\phi70$H7/m6,内圆与轴的配合为间隙配合 $\phi60$H7/f7。由于衬套外表面与基座孔的配合有可能出现过盈,在衬套压入基座孔后,其内圆即收缩使孔径变小。按图示要求,当衬套外表面与基座孔的过盈量为最大过盈量−0.03 mm时,衬套内孔可能收缩 0.045 mm。图示衬套内孔与轴之间的最小间隙要求为+0.03 mm,则由于装配变形,此时将有−0.015 mm 的过盈量,导致不仅不能保证获得设计要求的间隙配合,甚至无法自由装配。这种孔、轴结合的情况也称二重配合。

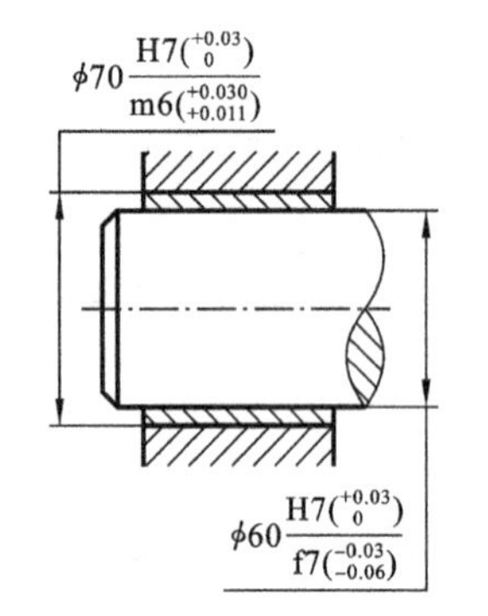

图 3-26 有装配变形的配合

一般装配图上标注的尺寸与配合,应是装配后的要求。因此,对有装配变形的类似的孔、轴配合,通常有两种处理措施:其一,在由装配图绘制零件图时,应对公差带进行必要的修正,例如,将图示衬套内孔公差带上移,使孔的极限尺寸加大;其二,用工艺措施保证,对图示 $\phi60$H7/f7 配合,在装配图上注明为装配后加工,即将衬套内圆初加工后压入基座孔,然后再精加工(如铰孔)至配合要求的尺寸。

3) 考虑尺寸分布特性的影响

下面以如图 3-27 所示的过渡配合 $\phi50$H7/js6 为例,说明尺寸分布特性对配合的影响。当尺寸按正态分布时,该配合获得过盈的概率只有千分之几,平均间隙为 $X_{av}=+12.5$ μm。若尺寸分布偏向最大实体尺寸(如图 3-27 中虚线所示),则出现过盈的概率显著增加,比 $\phi50$H7/k6 配合的正常情况还紧。

尺寸分布特性与生产方式有关。一般成批大量生产时,多用调整法加工,尺寸可能接近正

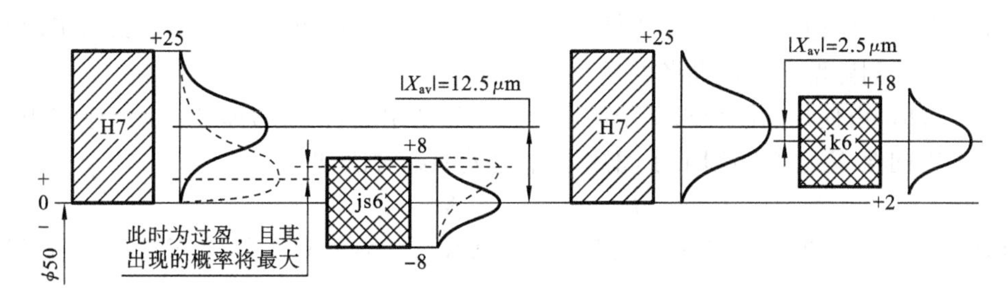

图 3-27　尺寸分布特性对配合的影响

态分布；而单件小批生产时，多用试切法加工，孔、轴尺寸分布中心多偏向最大实体尺寸。因此，对于同样的配合，用调整法加工或用试切法加工，其实际配合的效果是不同的，后者往往比前者的紧。

尺寸分布对所有配合的配合性质都有影响，特别是过渡配合或小间隙量的间隙配合对此更为敏感。为了切实保证实际的配合性质能更好地符合设计要求，应控制孔、轴实际尺寸的分布，或针对具体的生产方式选择合适的配合。

4）考虑精度储备

允许孔、轴结合松紧变动的变动量，或允许二者配合的间隙或过盈的变动量（配合公差），反映了孔、轴结合的精确程度，配合公差的大小为设计规定的配合精度。

相互配合的孔、轴装配在一起，二者的间隙或过盈为定值，只要其在设计允许的范围内，则满足了配合的精度要求。但是，在孔、轴的装配及装配后的工作过程中，二者的间隙或过盈是要变化的，初始的配合的精度将逐步丧失。

如对于间隙配合，若实际孔、轴结合后接近设计给定的最小间隙，则在形貌误差或装配偏斜等情况的影响下，有可能不能自由装配；若实际孔、轴结合后接近设计给定的最大间隙，但工作磨损使间隙扩大，则可能不到规定的使用期限便超出规定的最大间隙，导致配合失效。

对于过盈配合，若实际孔、轴的结合后接近设计给定的最小过盈，则在形貌误差等情况的影响下，二者非理想状态的接触，将导致结合力可能不能承受设计要求的负荷；若实际孔、轴在结合后接近设计给定的最大过盈，则在装配偏斜或错位等情况的影响下，可能导致材料的局部塑性变形减小结合力，甚至导致材料破损。

因此，确定配合公差时，应该考虑从制造到使用的全生命周期，来规定在正常使用的期限内能满足使用功能的精度要求，包括对制造（加工及装配）提出的精度要求和使用过程的精度保持要求。由于使用过程的精度要求只能通过设计中“预留”来保证，因此引入了“精度储备”的概念。

精度储备可用精度储备系数 K_τ 表示，即

$$K_\tau = T_F / T_K \tag{3-8}$$

式中：T_F——功用公差，即由使用要求确定的，在使用期限内某个性能参数的最大允许变动量；

T_K——制造公差。

显然，K_τ应大于 1，因为由使用功能要求确定的公差 T_F 不能全部用做制造公差 T_K，还必须保留一部分使用公差作为精度储备。制造公差用于限制加工、测量、装配等各种制造中的误差；使用公差则用于适应使用中由磨损、变形等各种因素造成的精度下降，以便在足够的使用期限内保持机器装备的工作精度。

（1）间隙配合的精度储备方法。

精度储备用于间隙配合主要是为使用过程留有磨损储备,图 3-28 所示的给出了用配合公差的公差带图对间隙配合精度储备的示意。

间隙配合时,由使用功能要求确定的配合公差为功用配合公差,即 T_F,其等于使用功能要求的功用最大间隙 X_{Fmax} 与功用最小间隙 X_{Fmin} 之差的绝对值,即

$$T_F = |X_{Fmax} - X_{Fmin}| \tag{3-9}$$

孔与轴的制造公差之和(若不考虑装配误差等),或设计给定的最大间隙 X_{max} 与最小间隙 X_{min} 之差的绝对值,为制造公差 T_K,即

$$T_K = T_H + T_S = |X_{max} - X_{min}| \tag{3-10}$$

此时精度储备系数为

$$K_\tau = \frac{X_{Fmax} - X_{Fmin}}{T_H + T_S} \tag{3-11}$$

在按标准选择配合时,往往所选标准配合的最小间隙 X_{min} 与功用最小间隙 X_{Fmin} 不相等。此时通常选 $X_{min} > X_{Fmin}$,否则不能满足使用功能要求。尽管这样会有一部分功用配合公差不能利用,其值为 $X_{min} - X_{Fmin}$,但是这一部分功用公差用于补偿结合面形貌误差对最小间隙的影响还是有利的。在按标准选择配合后,精度储备系数为

$$K_\tau = \frac{X_{Fmax} - X_{min}}{T_H + T_S} \tag{3-12}$$

对于式(3-12),从精度保持性的角度看,所选配合的间隙在使用过程中,允许从 X_{min} 逐渐因磨损增大到 X_{Fmax} 配合失效为止。这里,允许间隙的最大增量与配合公差之比即精度储备系数。显然,K_τ 数值增大,精度储备也相对增加。但是,使用要求的功用公差 T_F 反映配合的精度要求,不可能过大。在 T_F 一定时,精度储备的增加,意味着制造公差 T_K 减小,这将提高对加工制造的精度要求。因而,一般取 $K_\tau = 1.5 \sim 2$。

由于使用中的磨损,间隙从设计给定的 X_{max} 增大到 X_{Fmax} 时配合将失效,因此二者之差的绝对值称为间隙配合的磨损储备(公差)Δ_f,即

$$\Delta_f = |X_{Fmax} - X_{max}| \tag{3-13}$$

(2) 间隙配合的使用寿命评价。

假设磨损速度是一定的,若相配孔、轴的实际间隙接近 X_{Fmin},则其使用寿命最长;若其接近 X_{Fmax},则其使用寿命最短。然而,实际制造中,按给定的公差要求加工出相配合的孔和轴,在二者装配后所形成的实际间隙刚好是极限间隙(X_{max} 或 X_{min})的概率通常是非常小的,而获得平均间隙 X_{av} 的概率往往较大。因此,可用最大功用间隙 X_{Fmax} 与平均间隙 X_{av} 之差,与功用配合公差 T_F 之比来定义寿命系数,即

$$\tau = \frac{X_{Fmax} - X_{av}}{X_{Fmax} - X_{Fmin}} = \frac{X_{Fmax} - X_{av}}{T_F} \tag{3-14}$$

τ 的含义为,所选配合从其平均间隙 X_{av} 开始,一直磨损到最大功用公差 X_{Fmax} 时的磨损量在功用公差中所占的比例。即 τ 表示该配合使用的相对寿命或平均磨损储备,故称 τ 为寿命系数,其数值在 0~1 之间,显然 τ 的数值越大,寿命越长。

例如,在大量生产的某型号压气机中,曲轴轴颈与连杆大头衬套孔的配合原采用 ϕ70E8/h6,后来改为 ϕ70F7/h6。由于间隙减小,摩擦力矩增加了 4%,但由于增加了磨损储备,结合的耐久性使使用寿命约增加了一年。

(3) 过盈配合的精度储备方法。

精度储备用于过盈配合主要从两方面考虑:其一,工作时的强度储备 S_w;其二,装配时零

件的强度储备 S_p。图 3-28 给出了用配合公差的公差带图对过盈配合精度储备的示意。

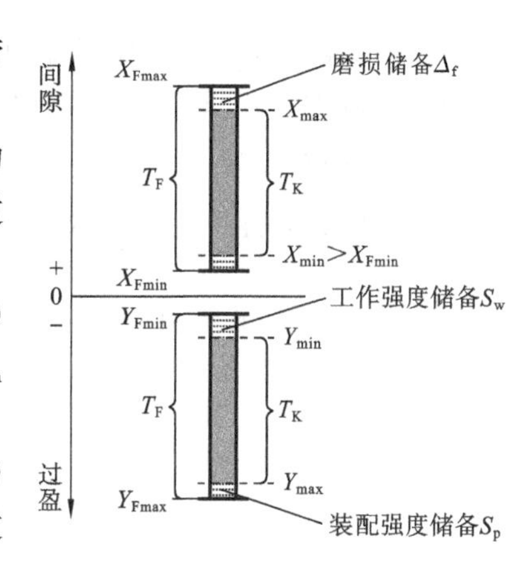

图 3-28　配合公差的公差带图示意精度储备

过盈配合时，由使用功能要求确定的配合公差为功用配合公差，即 T_F，其等于使用功能要求的功用最小过盈 Y_{Fmin} 与功用最大过盈 Y_{Fmax} 之差的绝对值，即

$$T_F = |Y_{Fmin} - Y_{Fmax}| \tag{3-15}$$

孔与轴的制造公差之和，或设计给定的最小过盈 Y_{min} 与最大过盈 Y_{max} 之差的绝对值，为制造公差 T_K，即

$$T_K = T_H + T_S = |Y_{min} - Y_{max}| \tag{3-16}$$

① 工作强度储备 S_w　工作强度储备为功用最小过盈 Y_{Fmin} 与设计给定的最小过盈 Y_{min} 之差的绝对值，即

$$S_w = |Y_{Fmin} - Y_{min}| \tag{3-17}$$

Y_{Fmin} 是依据使用功能的要求给出的功用最小过盈，即在孔、轴装配后，由 Y_{Fmin} 产生的结合力是能保证传递正常工作负荷的最小或基本需求的结合力。然而，在机器实际工作中，难免出现暂时的超负荷、瞬间的冲击和多次装拆。因此，在设计给定最小过盈 Y_{min} 时，应考虑其产生的过盈量要大于 Y_{Fmin} 产生的过盈量，以防止超负荷或多次装拆后过盈配合失效。这在图 3-28 所示过盈配合公差的公差带图上，体现为将 Y_{min} 从 Y_{Fmin} “下移”一个 S_w，即 S_w 为工作强度储备所增加的过盈量。

② 装配强度储备 S_p　装配强度储备为设计给定的最大过盈 Y_{max} 与功用最大过盈 Y_{Fmax} 之差的绝对值，即

$$S_p = |Y_{max} - Y_{Fmax}| \tag{3-18}$$

Y_{Fmax} 是依据使用功能的要求给出的功用最大过盈量，即在孔、轴装配后，由 Y_{Fmax} 产生的结合力为不致使结合件的材料损坏的最大的结合力。然而，在实际装配时，由于装配歪斜或孔轴形状误差等非孔、轴尺寸误差的影响，局部或部分结合面的结合力可能超出 Y_{Fmax} 下的结合力，从而造成材料损坏，以致过盈配合失效。为避免这种情况发生，在设计给定最大过盈 Y_{max} 时，应考虑其产生的过盈量要小于 Y_{Fmax} 产生的过盈量。这在图 3-28 所示过盈配合公差的公差带图上，体现为将 Y_{max} 从 Y_{Fmax} “上提”一个 S_p，即 S_p 为装配强度储备所减小的过盈量。

5）考虑配合确定性系数

可用配合的确定性系数 η 来比较配合的稳定性。确定性系数 η 定义为

$$\eta = \frac{X_{av}}{T_f/2} \quad \text{或} \quad \eta = \frac{Y_{av}}{T_f/2} \tag{3-19}$$

式中：X_{av}——配合的平均间隙；

Y_{av}——配合的平均过盈；

T_f——配合公差。

对于设计所定配合，式(3-19)反映其实际配合确定在其平均状态(X_{av} 或 Y_{av})附近的程度，即实际配合将出现在平均状态(往往是设计的期望状态)周围的分散程度，如图 3-29 所示。因而，配合的确定性系数 η 在一定程度上可以指导配合的选择。

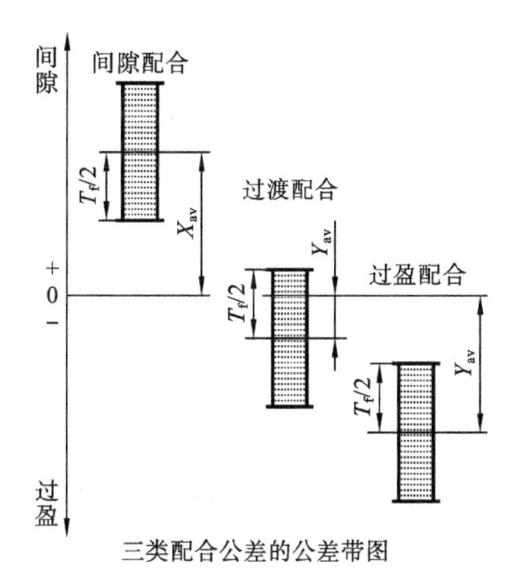

图 3-29　配合确定性系数

对于间隙配合，$\eta \geqslant 1$。当 $X_{min}=0$ 时，$\eta=+1$；而对于所有其他间隙配合，$\eta>+1$。

对于过渡配合，$-1<\eta<+1$。对于过盈配合，$\eta \leqslant -1$。当 $Y_{min}=0$ 时，$\eta=-1$；而对于所有其他过盈配合，$\eta<-1$。

例如，比较 ϕ50H7/g6 与 ϕ50H8/d8 两配合的确定性，前者的 $\eta_1=\frac{29.5}{41/2}\approx 1.44$，后者的 $\eta_2=\frac{119}{78/2}\approx 3.05$。虽然前者的公差等级比后者的高，但就配合确定性来说，后者的比前者的高。

3.7 孔、轴尺寸的检验

为了实现孔、轴结合的互换性，孔和轴的尺寸在设计时按极限与配合标准作了规定，而在孔、轴加工后，孔、轴的实际尺寸是否符合设计规定要求，必须通过检测才能判断。因此，检测是实现孔、轴结合互换性的保证。

当检测的目的为判别孔、轴尺寸是否符合公差规定的要求时，所用检测方法应只接受实际尺寸在规定的极限尺寸之内的工件。孔、轴尺寸检测方法主要有两种：其一，用光滑极限量规进行工件尺寸合格与否的判断检验，这种方法适用于检验批量生产工件的一般精度的尺寸；其二，用计量器具对工件尺寸进行测量检验，这种方法适用于检验单件、小批量生产的工件，或高精度工件的尺寸。

3.7.1 用光滑极限量规检验尺寸

1. 光滑极限量规及其特点

按国家标准 GB/T 1957 的定义，光滑极限量规(plain limit gauge)为：具有以被检孔或轴的最大极限尺寸和最小极限尺寸为公称尺寸的标准测量面，能反映控制被检孔或轴边界条件的无刻线长度测量器具。

图 3-30 所示的为光滑极限量规检验孔、轴尺寸的示意图。用光滑极限量规检验孔、轴，有如下特点。

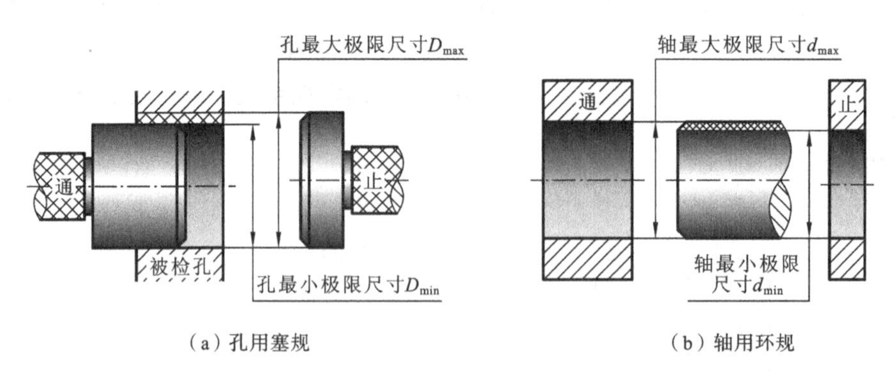

(a) 孔用塞规　　(b) 轴用环规

图 3-30　光滑极限量规检验工件

① 量规是一种没有刻度的定值专用量具，检验孔的量规为分别按该孔两极限尺寸精确制成的两个轴，检验轴的量规为分别按该轴两极限尺寸精确制成的两个孔；其检验结果仅判断工件合格与否。

② 极限量规一般都是成对使用的，分别称为通规(go gauge)和止规(not go gauge)。通规的尺寸按被检工件的最大实体尺寸(孔 D_{min}、轴 d_{max})制成，防止工件超出最大实体尺寸；止规的尺寸按被检工件的最小实体尺寸(孔 D_{max}、轴 d_{min})制成，防止工件超出最小实体尺寸。

③ 用于检验孔的量规(轴)称为塞规(plug gauge)；检验轴的量规(孔)称为环规(ring gauge)或卡规(snap gauge)。

④ 检验工件时，通规能通过并且止规不能通过的工件方为合格件。

按不同的检验对象，光滑极限量规可分为三种类型。

① 工作量规　工作量规是指工件制造过程中，操作者用于验收工件的量规。

② 验收量规　验收量规是指检验部门或用户代表在验收产品时所使用的量规。

③ 校对量规　校对量规是指在制造和使用过程中，用于检验量规的量规；通常，校对量规只用于检验环规(检验轴用)，对于塞规(检验孔用)可方便地使用量仪来测量。

2. 光滑极限量规验收工件的检测原则

对孔、轴尺寸的检验中，只有实际尺寸在规定的极限尺寸之内的工件才为合格工件。由于形貌误差的存在，实际尺寸具有不定性，因而实际孔、轴作为三维几何形体相互接合时，真正影响结合状态的是形体各局部实际尺寸的综合效应，即孔、轴的作用尺寸。因此，对标注于图样上规定的尺寸公差，应按极限尺寸判断原则(泰勒原则)设计检验方法。

极限尺寸判断原则的内容如下(见图3-31)。

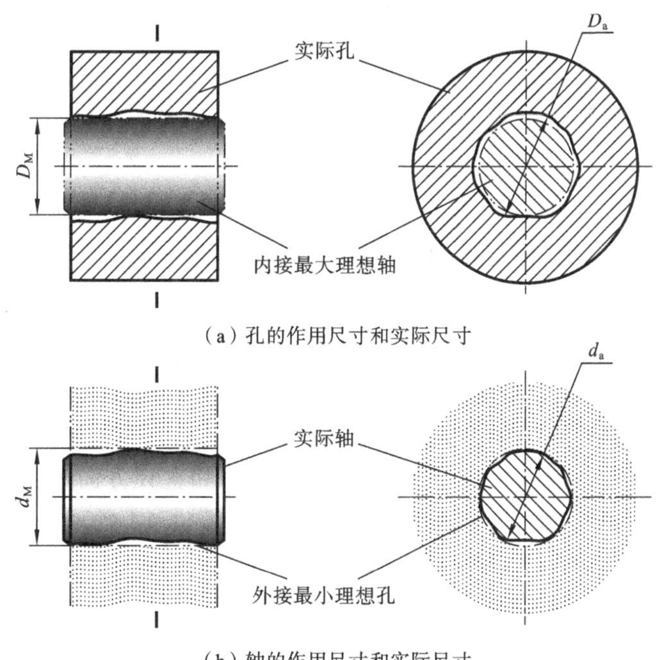

图3-31　极限尺寸判断原则

(1) 孔或轴的作用尺寸不允许超出最大实体尺寸。对于孔，其作用尺寸应不小于最小极限尺寸($D_M \geqslant D_{MML} = D_{min}$)；对于轴，其作用尺寸应不大于最大极限尺寸($d_M \leqslant d_{MML} = d_{max}$)。

(2) 孔或轴在任何位置上的实际尺寸不允许超出最小实体尺寸。对于孔，其实际尺寸应不大于最大极限尺寸($D_a \leqslant D_{LML} = D_{max}$)；对于轴，其实际尺寸应不小于最小极限尺寸($d_a \geqslant d_{LML} = d_{min}$)。

极限尺寸判断原则实质上就是用最大实体极限尺寸控制被检孔、轴的作用尺寸,用最小实体极限尺寸控制被检孔、轴的局部实际尺寸。即合格工件的作用尺寸以及任何位置的实际尺寸都必须在最大及最小实体极限尺寸之间。这样,便可通过检测把尺寸误差和形貌误差同时控制在尺寸公差带之内,用光滑极限量规验收工件时,量规的设计应遵循此原则。

3. 光滑极限量规的形式

根据极限尺寸判断原则,通规的尺寸为被检工件的最大实体尺寸(孔:D_{min}、轴:d_{max}),因而通规的作用是控制被检孔、轴的作用尺寸,它的测量面理论上应在配合的全长上具有与被测孔或轴相应的完整表面,即应制成全形量规。

止规的尺寸为被检工件的最小实体尺寸(孔:D_{max}、轴:d_{min}),因而止规的作用是控制被检孔、轴的实际尺寸,它的测量面理论上应为点状,即应制成不全形量规。

图 3-32 所示的为一带有孔的工件,且实际孔轮廓有加工误差,并超出了给定的公差带,其作用尺寸超出了最大实体尺寸 D_{min},部分位置的实际尺寸超出了最小实体尺寸 D_{max},为不合格的孔。用图示通规和止规来检验此孔,若不按泰勒原则,把通规制成片状塞规,或止规制成全形塞规,将不能揭示孔的加工误差。

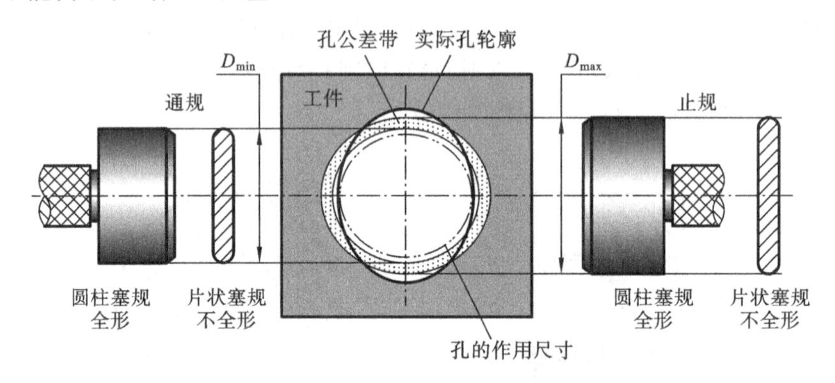

图 3-32 量规的形式对检验结果的影响

在实际生产中使用的量规并不都是遵守泰勒原则的。例如,对于大于 100 mm 孔的检验,为减轻重量,通规也很少制成全形轮廓;检验轴的量规,不论尺寸大小,为提高检验效率,通规都很少制成全形轮廓环规;另外由于被检件结构或装夹原因,有些部位尺寸无法用环规检验,如曲轴的中间轴、顶尖上加工的轴径等。在用非全形卡规检验轴时,为了发现轴的作用尺寸是否超出最大极限尺寸,可在轴的若干截面和直径方向进行多次检验解决。国家标准推荐的轴和孔用量规的形式及应用尺寸范围如表 3-18 所示,部分典型的结构如图 3-33、图 3-34 所示。

表 3-18 推荐的量规的形式及应用尺寸范围

<table>
<tr><th colspan="2" rowspan="2">用　　途</th><th rowspan="2">推荐顺序</th><th colspan="4">量规的工作尺寸/mm</th></tr>
<tr><th>~18</th><th>>18~100</th><th>>100~315</th><th>> 315~500</th></tr>
<tr><td rowspan="4">孔用</td><td rowspan="2">通端量规型式</td><td>1</td><td colspan="2">全形塞规</td><td>不全形塞规</td><td>球端杆规</td></tr>
<tr><td>2</td><td>—</td><td>不全形塞规或片形塞规</td><td>片形塞规</td><td>—</td></tr>
<tr><td rowspan="2">止端量规型式</td><td>1</td><td>全形塞规</td><td colspan="2">全形塞规或片形塞规</td><td>球端杆规</td></tr>
<tr><td>2</td><td>—</td><td colspan="2">不全形塞规</td><td>—</td></tr>
</table>

续表

用　途		推荐顺序	量规的工作尺寸/mm			
			～18	＞18～100	＞100～315	＞315～500
轴用	通端量规型式	1	环规		卡规	
		2	卡规		—	
	止端量规型式	1	卡规			
		2	环规	—		

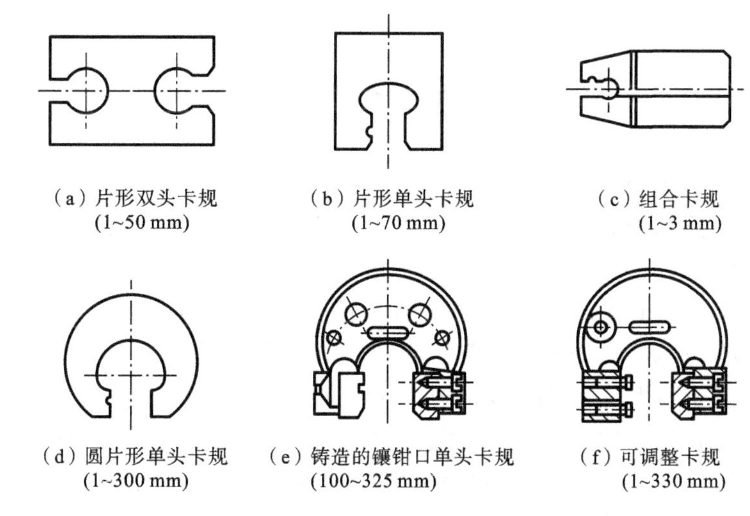

（a）片形双头卡规 (1~50 mm)　（b）片形单头卡规 (1~70 mm)　（c）组合卡规 (1~3 mm)

（d）圆片形单头卡规 (1~300 mm)　（e）铸造的镶钳口单头卡规 (100~325 mm)　（f）可调整卡规 (1~330 mm)

图 3-33　轴用量规的典型结构

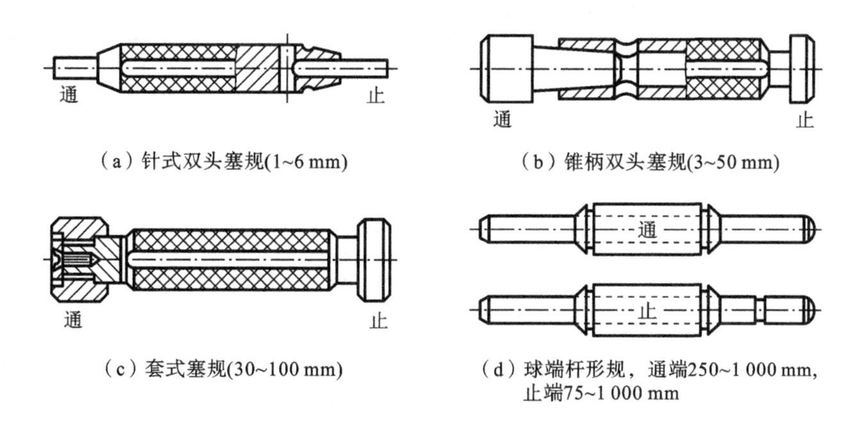

（a）针式双头塞规(1~6 mm)　（b）锥柄双头塞规(3~50 mm)

（c）套式塞规(30~100 mm)　（d）球端杆形规，通端250~1 000 mm，止端75~1 000 mm

图 3-34　孔用量规典型结构

4. 光滑极限量规的公差

量规是一种精密的检验工具。而在制造量规时，实际上它们就是孔、轴类零件，同样会有加工误差存在，因而必须按规定的公差制造。

1）量规的制造误差对验收工件的影响

理论上通规和止规的尺寸分别按被检工件的最大实体尺寸和最小实体尺寸制造。而由于制造误差的存在，通规和止规的实际尺寸并非准确等于最大实体尺寸和最小实体尺寸，因而用其检验工件的实际尺寸是否合格时必然出现误判。现以图 3-35 所示检验孔的量规（检验轴的

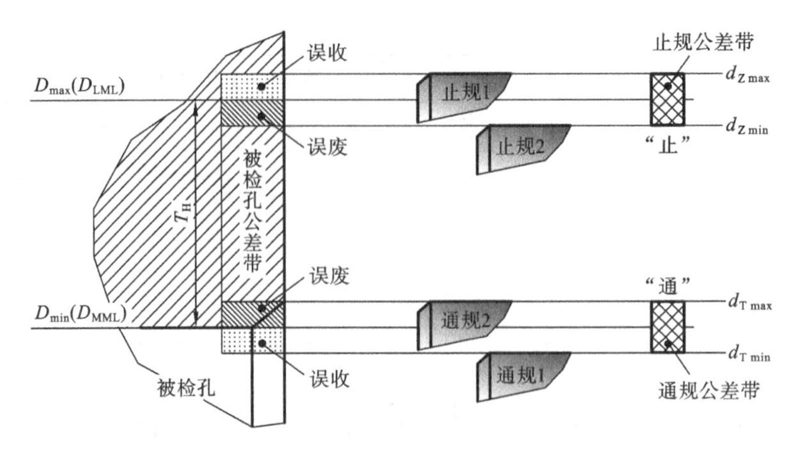

图 3-35　量规制造公差对验收结果的影响

$d_{Z\,max}$—止规最大极限尺寸；$d_{Z\,min}$—止规最小极限尺寸；$d_{T\,max}$—通规最大极限尺寸；$d_{T\,min}$—通规最小极限尺寸

量规与其类似）为例作说明。

为方便示意公差带，图 3-35 所示的是一被检孔的局部及其公差带的放大图。用于验收该孔的止规和通规的制造公差带分别对称于被检孔的最大极限尺寸 $D_{max}(D_{LML})$ 和最小极限尺寸 $D_{min}(D_{MML})$。对于按止规的制造公差带可制成的合格量规，图中绘出了它们的两个极端情况（局部示意），即尺寸为止规的最大极限尺寸 $d_{Z\,max}$ 的止规 1，及尺寸为止规的最小极限尺寸 $d_{Z\,min}$ 的止规 2；而对于通规，它们分别为尺寸为通规的最小极限尺寸 $d_{T\,min}$ 的通规 1，及尺寸为通规的最大极限尺寸 $d_{T\,max}$ 的通规 2。若用这些量规检验该孔，有可能出现的错误判断情况见表 3-19，表中“误收”表示该量规在检验中将原本不合格的尺寸 D_a 判断为合格尺寸，而“误废”表示将原本合格的尺寸 D_a 判断为不合格尺寸。

表 3-19　量规制造公差对验收结果的影响

量　规		量规尺寸	对被检工件尺寸 D_a 的误判范围	误判类型
止规	止规 1	$d_{Z\,max}$	$D_{max}(D_{LML})<D_a<d_{Z\,max}$	误收
	止规 2	$d_{Z\,min}$	$d_{Z\,min}<D_a<D_{max}(D_{LML})$	误废
通规	通规 1	$d_{T\,min}$	$d_{T\,min}<D_a<D_{min}(D_{MML})$	误收
	通规 2	$d_{T\,max}$	$D_{min}(D_{MML})<D_a<d_{T\,max}$	误废

由图 3-35 和表 3-19 可知，量规的制造误差将导致验收工件时的错误判断；而要针对被检对象的具体情况改善误判尺寸范围的大小，应合理给出量规的制造公差；要调整误判的类型（误收或误废）则应改变量规制造公差带的位置。

2）工作量规公差带

(1) 工作量规公差带大小的规定　如上述，量规制造误差作为测量误差带入检验中，将影响对被检工件合格与否的判别。实际上，即便能按工件的极限尺寸制成绝对精确的量规，其在检验过程中也会因磨损、热变形、测量力等因素的影响而出现误判的情况。同时从制造的经济性来看，提高量规的精度，相应的制造成本也会大大增加。因而量规作为精密定值量具，一方面制造精度要求高，同时也应按测量的公差原则与被测件的公差要求相适应。即作为测量器具，其测量的极限误差占被测件公差的比例，随工件公差等级的高低及公称尺寸的大小来确定，一般为 1/20～1/10；对于高精度、大尺寸被测件，考虑测量的难度相应增加，也可为 1/5～

1/3。国家标准对量规的制造公差 T_1 做了规定，如表 3-20 所示。

表 3-20　量规公差 T_1 和 Z_1 值　(μm)

工件公称尺寸/mm	IT6			IT7			IT8			IT9			IT10			IT11			IT12		
	公差	T_1	Z_1	公差	T_1	Z_1	公差	T_1	Z_1	公差	T_1	Z_1	公差	T_1	Z_1	公差	T_1	Z_1	公差	T_1	Z_1
～3	6	1	1	10	1.2	1.6	14	1.6	2	25	2	3	40	2.4	4	60	3	6	100	4	9
＞3～6	8	1.2	1.4	12	1.4	2	18	2	2.6	30	2.4	4	48	3	5	75	4	8	120	5	11
＞6～10	9	1.4	1.6	15	1.8	2.4	22	2.4	3.2	36	2.8	5	58	3.6	6	90	5	9	150	6	13
＞10～18	11	1.6	2	18	2	2.8	27	2.8	4	43	3.4	6	70	4	8	110	6	11	180	7	15
＞18～30	13	2	2.4	21	2.4	3.4	33	3.4	5	52	4	7	84	5	9	130	7	13	210	8	18
＞30～50	16	2.4	2.8	25	3	4	39	4	6	62	5	8	100	6	11	160	8	16	250	10	22
＞50～80	19	2.8	3.4	30	3.6	4.6	46	4.6	7	74	6	9	120	7	13	190	9	19	300	12	26
＞80～120	22	3.2	3.8	35	4.2	5.4	54	5.4	8	87	7	10	140	8	15	220	10	22	350	14	30
＞120～180	25	3.8	4.4	40	4.8	6	63	6	9	100	8	12	160	9	18	250	12	25	400	16	35
＞180～250	29	4.4	5	46	5.4	7	72	7	10	115	9	14	185	10	20	290	14	29	460	18	40
＞250～315	32	4.8	5.6	52	6	8	81	8	11	130	10	16	210	12	22	320	16	32	520	20	45
＞315～400	36	5.4	6.2	57	7	9	89	9	12	140	11	18	230	14	25	360	18	36	570	22	50
＞400～500	40	6	7	63	8	10	97	10	14	155	12	20	250	16	28	400	20	40	630	24	55

注：本表摘自 GB 1957—2006，该标准给出工件公差等级 IT6～IT16，此处仅摘录其中的 IT6～IT12。

(2) 工作量规公差带位置的规定　如上述，量规公差带相对工件极限尺寸的位置将对验收工件产生影响。若按图 3-35 所示公差带的位置制造通规和止规，理论上，多数量规出现误收和误废的可能性相近。若通规和止规的公差带的位置分别向被检孔公差带内移动，则相应的通规和止规验收工件时出现误收的可能性将随之减少，而误废的可能性将增加；至两量规公差带全部移进被检孔公差带内，则所制造的通规和止规的实际尺寸都将在被检工件的公差带内，这样理论上不会有误收，而误废的可能性将增加。

将量规公差带内移至被检工件公差带内，尽管加大了误废率，导致生产成本增加，但理论上可避免误收，有利于保证产品质量，因而我国量规的国家标准是按这一思路来规定量规公差带位置的，如图 3-36 所示。

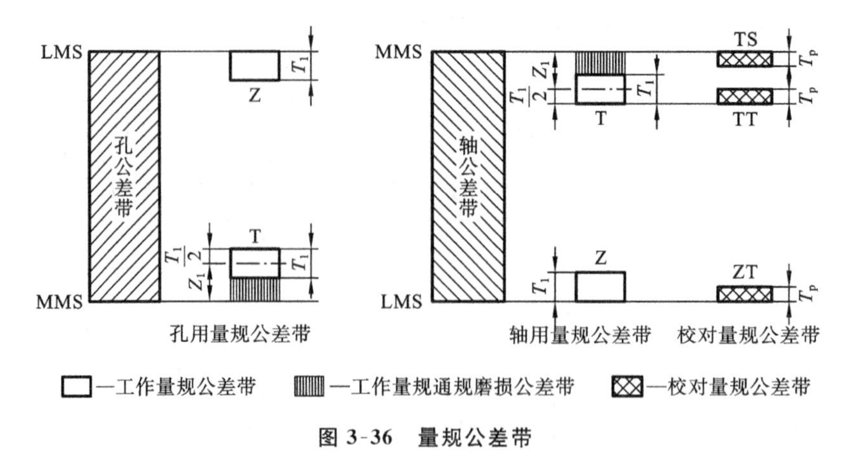

图 3-36　量规公差带

图 3-36 所示量规公差带图中，工作量规止规的公差带紧靠被检工件最小实体尺寸，而通规的公差带则偏离最大实体尺寸。这是因为正常加工中，不合格工件总是少数，合格的是大多数，因而止规磨损少；而通规因经常“通过”工件，因而其磨损远比止规的快。当通规尺寸磨损至超出了工件的最大实体尺寸时，从理论上讲，用其检验将会出现误收。与止规相比，为了相对延长通规的使用寿命，标准规定了通规的磨损公差(见图 3-36)及磨损极限。即规定通规公差带偏离被检工件最大实体尺寸一个偏离量 Z_1(通规公差带中心至被检工件最大实体尺寸间的距离)，表 3-20 所示的是 Z_1 的规定数值，通规公差带与最大实体尺寸间的区域为通规的磨损公差带。

3）验收量规

验收量规是检验部门或用户代表验收产品时使用的量规，我国标准中没有规定验收量规的公差带。通常情况下只用验收通规来验收产品，针对量规的使用规律，主要规定检验部门应使用已磨损较多的通规，用户代表应使用接近工件最大实体尺寸的通规，以及接近工件最小实体尺寸的止规。

4）校对量规公差带

校对量规用于检验制造或使用过程中的工作量规。由于孔用工作量规(塞规)刚性较好，不易变形，且便于用通用测量器具检验，所以标准没有规定孔用校对量规。

对于轴用工作通规(环规或卡规)，规定有两种校对量规。其中检验工作通规是否超出其自身最大实体尺寸(工作通规的最小极限尺寸)的校对通规，即校对工作通规的通规，简称“校通-通”或“TT”；检验工作通规是否超出磨损极限尺寸的校对止规，即校对工作通规磨损的止规，简称“校通-损”或“TS”。

对于轴用工作止规(环规或卡规)，只规定了一种校对量规，即检验工作量规是否超出其自身最大实体尺寸(工作通规的最小极限尺寸)的校对通规，是校对工作止规的通规，简称“校止-通”或“ZT”。

对上述轴用工作量规的三种校对量规的公差带大小，标准规定它们制造公差 T_p 的数值均为被检轴用工作量规制造公差 T_1 的一半，即 $T_p=T_1/2$；它们的公差带的位置如图 3-36 所示。

5. 量规设计

1）量规的形式及结构选择

量规的形式和应用尺寸范围的选择如表 3-18 所示。

量规的结构选择如图 3-33(轴用)和图 3-34(孔用)所示。

2) 量规工作尺寸的计算

量规工作尺寸计算的一般步骤如下:① 查出被检孔、轴的标准公差与基本偏差,或上极限偏差与下极限偏差,并绘出孔、轴公差带图;② 查出(见表 3-20)量规的制造公差 T_1 及通规公差带偏离工件最大实体尺寸的距离 Z_1;③ 计算工作量规(和校对量规)的极限偏差,给出工作尺寸;④ 在孔、轴公差带图上绘出量规公差带图。

例 3-10　计算 ϕ25H8/f7 孔与轴用工作量规的工作尺寸。

解　(1) 从表 3-4、表 3-6 和表 3-8 中查得如下公差。

对于孔,公差　　IT8=33 μm

下极限偏差　　EI=0

上极限偏差　　ES=EI+IT8=(0+33) μm=+33 μm

对于轴,公差　　IT7=21 μm

上极限偏差　　es=−20 μm

下极限偏差　　ei=es−IT7=(−20−21) μm=−41 μm

绘出工件公差带图如图 3-37 所示。

(2) 从表 3-20 查得如下公差。

对于公称尺寸 25 mm、公差等级 IT8 的孔用工作量规,公差为

$$T_1=3.4\ \mu m,\quad Z_1=5\ \mu m$$

对于公称尺寸 25 mm、公差等级 IT7 的轴用工作量规,公差为

$$T_1=2.4\ \mu m,\quad Z_1=3.4\ \mu m$$

(3) 在工件公差带图上绘出工件及量规公差带图,如图 3-37 所示。

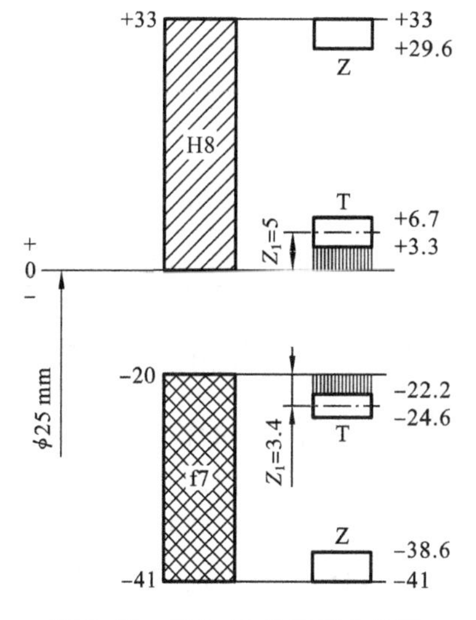

图 3-37　例 3-10 的量规公差带

(4) 计算工作量规的极限偏差,给出工作尺寸。

ϕ25H8 孔用工作量规公差如下。

通规上极限偏差　$T_s=EI+Z_1+T_1/2=(0+0.005+0.0017)\ mm=+0.0067\ mm$

通规下极限偏差　$T_i=EI+Z_1-T_1/2=(0+0.005-0.0017)\ mm=+0.0033\ mm$

工作尺寸为 $\phi25^{+0.0067}_{+0.0033}$ mm,也可写成 $\phi25.0067^{\ 0}_{-0.0034}$ mm。

止规上极限偏差　$Z_s=ES=+0.033\ mm$

止规下极限偏差　$Z_i=ES-T_1=(+0.033-0.0034)\ mm=+0.0296\ mm$

工作尺寸为 $\phi25^{+0.0330}_{+0.0296}$ mm,也可写成 $\phi25.033^{\ 0}_{-0.0034}$ mm。

将孔用工作量规(通规和止规)的极限偏差标注在公差带图上,如图 3-37 所示。

ϕ25f7 轴用工作量规公差如下。

通规上极限偏差　$T_s=es-Z_1+T_1/2=(-0.020-0.0034+0.0012)\ mm$
$=-0.0222\ mm$

通规下极限偏差　$T_i=es-Z_1-T_1/2=(-0.020-0.0034-0.0012)\ mm$
$=-0.0246\ mm$

工作尺寸为 $\phi25^{-0.0222}_{-0.0246}$ mm,也可写成 $\phi24.9754^{+0.0024}_{\ 0}$ mm。

止规上极限偏差　$Z_s = ei + T_1 = (-0.041 + 0.0024)\ mm = -0.0386\ mm$

止规下极限偏差　$Z_i = ei = -0.041\ mm$

工作尺寸为 $\phi 25^{-0.0386}_{-0.0410}$ mm，也可写成 $\phi 24.959^{+0.0024}_{0}$ mm。

将轴用工作量规(通规和止规)的极限偏差标注在公差带图上，如图 3-37 所示。

3) 量规的其他有关技术要求

(1) 量规的形状和位置误差应在其尺寸公差内，其公差为量规尺寸公差的 50%。当量规的尺寸公差小于或等于 0.002 mm 时，其形状公差为 0.001 mm。

(2) 量规测量面的表面粗糙度按表 3-21 所示的确定。

(3) 量规宜采用合金工具钢、碳素工具钢、渗碳钢及其他耐磨材料制造，钢制量规测量面的硬度不应小于 700 HV(或 60 HRC)，测量面不应有锈蚀、毛刺、黑斑、划痕等明显影响外观和使用质量的缺陷。

表 3-21　量规工作表面的表面粗糙度推荐值

工作量规	被检零件公称尺寸/mm		
	～120	>120～315	>315～500
	工作量规测量面的表面粗糙度 *Ra* 值/μm		
IT6 级孔用工作塞规	0.05	0.10	0.20
IT6～IT9 级轴用、IT7～IT9 级孔用量规	0.10	0.20	0.40
IT10～IT12 级孔、轴用量规	0.20	0.40	0.80
IT13～IT16 级孔、轴用量规	0.40	0.80	

3.7.2　用通用计量器具检验尺寸

光滑工件尺寸的检验除了用上述量规外，更多场合是采用其他的测量器具进行检测的。但是，不论采用何种器具与方法测量，测量误差都会影响测量结果。如图 3-38 所示，被检工件按设计公差加工后，若其实际尺寸位于最大极限尺寸与最小极限尺寸之间则应为合格工件，否则为不合格件，即以极限尺寸作为判断工件合格与否的验收极限。但是，由于测量误差 $\pm\Delta_{lim}$ 的存在，检验得到的是带有测量误差的实际尺寸，而并非工件尺寸的真值，因而会引起验收的误判。即可能将尺寸(真值)超出极限尺寸的工件判定为合格件，亦可能将尺寸(真值)在极限尺寸范围内的工件判定为不合格件，造成检验时的"误收"或"误废"。也就是说，测量误差将在实际上改变工件的规定公差带，使之缩小或扩大。考虑到测量误差的影响，工件可能的最小制造公差，称为生产公差；而可能的最大制造公差，称为保证公差。

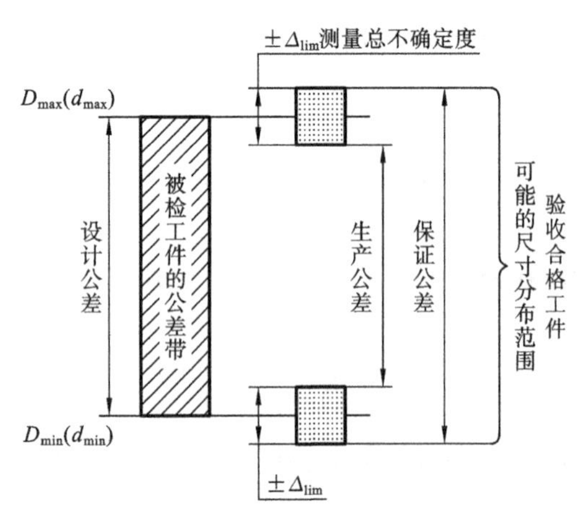

图 3-38　测量误差对工件尺寸检验的影响

从制造经济性上看，希望生产公差大，而从提高产品质量看，希望保证公差小。协调这二者的矛盾，一方面，需要合理选择测量器具或测量方法，以控制测量误差；另一方面，也需要在考虑测量误差的基础上，合理地确定验收工件时允许实际尺寸的变动范围，即规定允许实际尺寸变动范围的验收极限。

国家标准GB/T 3177《光滑工件尺寸的检验》规定了光滑工件尺寸的验收原则、验收极限、计量器具测量不确定度的允许值和计量器具的选用原则。该标准适用于使用通用计量器具，如游标卡尺、千分尺及车间使用的比较仪、投影仪等量具量仪，对图样上注出的公差等级为IT6～IT18级、公称尺寸至500 mm的光滑工件尺寸的检验。

1）验收极限与安全裕度

上述标准规定对光滑工件尺寸验收方法只接收规定的尺寸极限之内的工件，同时规定了检验工件尺寸合格与否的允许实际尺寸变动的界线——验收极限。

标准规定的验收极限，是从规定的工件最大实体尺寸（MMS）和最小实体尺寸（LMS）分别向工件公差带内移动一个安全裕度（A）来确定，如图3-39所示。安全裕度A值按被检工件公差的1/10确定，如表3-22所示，同时规定安全裕度A值可取0，即以工件极限尺寸为验收极限。

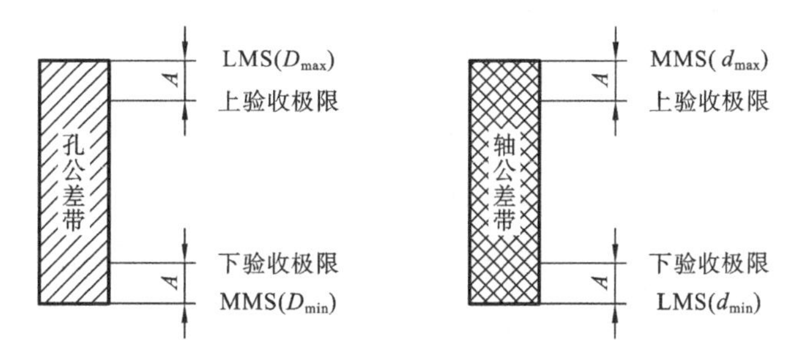

图3-39　孔、轴验收极限示意

对于被检孔，

$$上验收极限=最小实体尺寸(LMS)-安全裕度(A)$$

$$下验收极限=最大实体尺寸(MMS)+安全裕度(A)$$

对于被检轴，

$$上验收极限=最大实体尺寸(MMS)-安全裕度(A)$$

$$下验收极限=最小实体尺寸(LMS)+安全裕度(A)$$

规定内缩验收极限的主要出发点，是考虑在车间实际情况下，工件的形状误差通常取决于加工设备及工艺装备的精度，工件合格与否只按一次测量来判断；同时，对温度、压陷效应等，以及计量器具和标准器的系统误差，均不进行校正。此时，采用内缩验收极限可适当补偿测量的系统误差和形状误差对验收的影响。

验收极限方式的选择要结合尺寸的功能要求及其重要程度、尺寸公差等级、测量不确定度和过程能力等因素综合考虑。双边内缩验收极限主要用于遵守包容要求的尺寸、公差等级较高的尺寸；对于偏态分布的尺寸，其验收极限可仅对尺寸偏向的一边按内缩方式确定；对于加工误差分布范围相对公差值较集中，或非配合及一般公差的尺寸，验收极限可取为工件的极限尺寸，即取$A=0$。

2）测量器具的选择

测量器具应按测量器具不确定度的允许值u_1来选择，使所选测量器具的不确定度u值小于或等于u_1值。测量器具不确定度的允许值u_1如表3-22所示。

表 3-22　安全裕度(A)与测量器具的不确定度允许值(u_1)　(μm)

公差等级		6					7					8					9					10					11				
公称尺寸/mm		T	A	u_1			T	A	u_1			T	A	u_1			T	A	u_1			T	A	u_1			T	A	u_1		
大于	至			Ⅰ	Ⅱ	Ⅲ			Ⅰ	Ⅱ	Ⅲ			Ⅰ	Ⅱ	Ⅲ			Ⅰ	Ⅱ	Ⅲ			Ⅰ	Ⅱ	Ⅲ			Ⅰ	Ⅱ	Ⅲ
—	3	6	0.6	0.54	0.9	1.4	10	1.0	0.9	1.5	2.3	14	1.4	1.3	2.1	3.2	25	2.5	2.3	3.8	5.6	40	4.0	3.6	6.0	9.0	60	6.0	5.4	9.0	14
3	6	8	0.8	0.72	1.2	1.8	12	1.2	1.1	1.8	2.7	18	1.8	1.6	2.7	4.1	30	3.0	2.7	4.5	6.8	48	4.8	4.3	7.2	11	75	7.5	6.8	11	17
6	10	9	0.9	0.81	1.4	2.0	15	1.5	1.4	2.3	3.4	22	2.2	2.0	3.3	5.0	36	3.6	3.3	5.4	8.1	58	5.8	5.2	8.7	13	90	9.0	8.1	14	20
10	18	11	1.1	1.0	1.7	2.5	18	1.8	1.7	2.7	4.1	27	2.7	2.4	4.1	6.1	43	4.3	3.9	6.5	9.7	70	7.0	6.3	11	16	110	11	10	17	25
18	30	13	1.3	1.2	2.0	2.9	21	2.1	1.9	3.2	4.7	33	3.3	3.0	5.0	7.4	52	5.2	4.7	7.8	12	84	8.4	7.6	13	19	130	13	12	20	29
30	50	16	1.6	1.4	2.4	3.6	25	2.5	2.3	3.8	5.6	39	3.9	3.5	5.9	8.8	62	6.2	5.6	9.3	14	100	10	9.0	15	23	160	16	14	24	36
50	80	19	1.9	1.7	2.9	4.3	30	3.0	2.7	4.5	6.8	46	4.6	4.1	6.9	10	74	7.4	6.7	11	17	120	12	11	18	27	190	19	17	29	43
80	120	22	2.2	2.0	3.3	5.0	35	3.5	3.2	5.3	7.9	54	5.4	4.9	8.1	12	87	8.7	7.8	13	20	140	14	13	21	32	220	22	20	33	50
120	180	25	2.5	2.3	3.8	5.6	40	4.0	3.6	6.0	9.0	63	6.3	5.7	9.5	14	100	10	9.0	15	23	160	16	15	24	36	250	25	23	38	56
180	250	29	2.9	2.6	4.4	6.5	46	4.6	4.1	6.9	10	72	7.2	6.5	11	16	115	12	10	17	26	185	18	17	28	42	290	29	26	44	65
250	315	32	3.2	2.9	4.8	7.2	52	5.2	4.7	7.8	12	81	8.1	7.3	12	18	130	13	12	19	29	210	21	19	32	47	320	32	29	48	72
315	400	36	3.6	3.2	5.4	8.1	57	5.7	5.1	8.4	13	89	8.9	8.0	13	20	140	14	13	21	32	230	23	21	35	52	360	36	32	54	81
400	500	40	4.0	3.6	6.0	9.0	63	6.3	5.7	9.5	14	97	9.7	8.7	15	22	155	16	14	23	35	250	25	23	38	56	400	40	36	60	90

公差等级		12				13				14				15				16				17				18			
公称尺寸/mm		T	A	u_1		T	A	u_1		T	A	u_1		T	A	u_1		T	A	u_1		T	A	u_1		T	A	u_1	
大于	至			Ⅰ	Ⅱ			Ⅰ	Ⅱ			Ⅰ	Ⅱ			Ⅰ	Ⅱ			Ⅰ	Ⅱ			Ⅰ	Ⅱ			Ⅰ	Ⅱ
—	3	100	10	9.0	15	140	14	13	21	250	25	23	38	400	40	36	60	600	60	54	90	1000	100	90	150	1400	140	135	120
3	6	120	12	11	18	180	18	16	27	300	30	27	45	480	48	43	72	750	75	68	110	1200	120	110	180	1800	180	160	270
6	10	150	15	14	23	220	22	20	33	360	36	32	54	580	58	52	87	900	90	81	140	1500	150	140	230	2200	220	200	330
10	18	180	18	16	27	270	27	24	41	430	43	39	65	700	70	63	110	1100	110	100	170	1800	180	160	270	2700	270	240	400
18	30	210	21	19	32	330	33	30	50	520	52	47	78	840	84	76	130	1300	130	120	200	2100	210	190	320	3300	330	300	490
30	50	250	25	23	38	390	39	35	59	620	62	56	93	1000	100	90	150	1600	160	140	240	2500	250	220	380	3900	390	350	580
50	80	300	30	27	45	460	46	41	69	740	74	67	110	1200	120	110	180	1900	190	170	290	3000	300	270	450	4600	460	410	690
80	120	350	35	32	53	540	54	49	81	870	87	78	130	1400	140	130	210	2200	220	200	330	3500	350	320	530	5400	540	480	810
120	180	400	40	36	60	630	63	57	95	1000	100	90	150	1600	160	150	240	2500	250	230	380	4000	400	360	600	6300	630	570	940
180	250	460	46	41	69	720	72	65	110	1150	115	100	170	1850	180	170	280	2900	290	260	440	4600	460	410	690	7200	720	650	1080
250	315	520	52	47	78	810	81	83	120	1300	130	120	190	2100	210	190	320	3200	320	290	480	5200	520	470	780	8100	810	730	1210
315	400	570	57	51	86	890	89	80	130	1400	140	130	210	2300	230	210	350	3600	360	320	540	5700	570	510	850	8900	890	800	1330
400	500	630	63	57	95	970	97	87	150	1500	150	140	230	2500	250	230	380	4000	400	360	600	6300	630	570	950	9700	970	870	1450

测量器具不确定度的允许值 u_1 按测量器具不确定度 u 值与工件公差的比值分档：对于 IT6～IT11 的工件，分Ⅰ、Ⅱ、Ⅲ三档；对于 IT12～IT18 的工件，分Ⅰ、Ⅱ两档。测量不确定度Ⅰ、Ⅱ、Ⅲ三档的数值分别为工件公差 90%的 1/10、1/6、1/4。

对测量器具不确定度的允许值 u_1 的选用，一般情况下优先选用Ⅰ档，其次选用Ⅱ、Ⅲ档。当选用Ⅰ档时，使测量不确定度占工件公差的比值小，检测能力强，验收中产生的误判率小，验收质量高，但所需选用的测量器具的精度也相应较高。当选用Ⅱ、Ⅲ档时，使测量不确定度占工件公差的比值较大，验收中产生的误判率较大，但理论分析表明，此时误收率和误废率仍比较合理，且对测量器具的精度要求略低。

表 3-23 所示的是千分尺和游标卡尺的不确定度 u 的数值，表 3-24 所示的是比较仪的不确定度 u 的数值，供选择测量器具时参考。

表 3-23 千分尺和游标卡尺的不确定度 u (mm)

<table>
<tr><th colspan="2" rowspan="2">尺寸范围</th><th colspan="4">计量器具类型</th></tr>
<tr><th>分度值为 0.01 的外径千分尺</th><th>分度值为 0.01 的内径千分尺</th><th>分度值为 0.02 的游标卡尺</th><th>分度值为 0.05 的游标卡尺</th></tr>
<tr><th>大于</th><th>至</th><th colspan="4">不确定度 u</th></tr>
<tr><td>0</td><td>50</td><td>0.004</td><td rowspan="3">0.008</td><td rowspan="6">0.020</td><td rowspan="4">0.050</td></tr>
<tr><td>50</td><td>100</td><td>0.005</td></tr>
<tr><td>100</td><td>150</td><td>0.006</td></tr>
<tr><td>150</td><td>200</td><td>0.007</td><td rowspan="3">0.013</td></tr>
<tr><td>200</td><td>250</td><td>0.008</td><td rowspan="8">0.100</td></tr>
<tr><td>250</td><td>300</td><td>0.009</td></tr>
<tr><td>300</td><td>350</td><td>0.010</td><td rowspan="3">0.020</td><td rowspan="7">—</td></tr>
<tr><td>350</td><td>400</td><td>0.011</td></tr>
<tr><td>400</td><td>450</td><td>0.012</td></tr>
<tr><td>450</td><td>500</td><td>0.013</td><td>0.025</td></tr>
<tr><td>500</td><td>600</td><td rowspan="3">—</td><td rowspan="3">0.030</td></tr>
<tr><td>600</td><td>700</td></tr>
<tr><td>700</td><td>1000</td><td>0.150</td></tr>
</table>

表 3-24 比较仪的不确定度 u (mm)

<table>
<tr><th colspan="2" rowspan="2">尺寸范围</th><th colspan="4">所使用的计量器具</th></tr>
<tr><th>分度值 0.0005(相当于放大倍数 2000 倍)的比较仪</th><th>分度值 0.001(相当于放大倍数 1000 倍)的比较仪</th><th>分度值 0.002(相当于放大倍数 400 倍)的比较仪</th><th>分度值 0.005(相当于放大倍数 250 倍)的比较仪</th></tr>
<tr><th>大于</th><th>至</th><th colspan="4">不确定度 u</th></tr>
<tr><td>0</td><td>25</td><td>0.0006</td><td rowspan="2">0.0010</td><td>0.0017</td><td rowspan="6">0.0030</td></tr>
<tr><td>25</td><td>40</td><td>0.0007</td><td rowspan="3">0.0018</td></tr>
<tr><td>40</td><td>65</td><td>0.0008</td><td rowspan="2">0.0011</td></tr>
<tr><td>65</td><td>90</td><td>0.0008</td></tr>
<tr><td>90</td><td>115</td><td>0.0009</td><td>0.0012</td><td rowspan="2">0.0019</td></tr>
<tr><td>115</td><td>165</td><td>0.0010</td><td>0.0013</td></tr>
<tr><td>165</td><td>215</td><td>0.0012</td><td>0.0014</td><td>0.0020</td><td rowspan="3">0.0035</td></tr>
<tr><td>215</td><td>265</td><td>0.0014</td><td>0.0016</td><td>0.0021</td></tr>
<tr><td>265</td><td>315</td><td>0.0016</td><td>0.0017</td><td>0.0022</td></tr>
</table>

例 3-11 被测工件为轴 $\phi 35e9(^{-0.050}_{-0.112})$，试确定验收极限并选择测量器具。

解 (1) 确定安全裕度。

由表 3-22，在大于 30 至 50 mm 尺寸段：IT9＝0.062 mm，安全裕度 A = 0.0062 mm。

(2) 确定验收极限。

上验收极限=(35−0.050−0.0062) mm=34.9438 mm

下验收极限=(35−0.112+0.0062) mm=34.8942 mm

(3) 选择测量器具。

由表 3-22 查得,Ⅰ档 u_1=0.0056 mm,Ⅱ档 u_1=0.0093 mm,Ⅲ档 u_1=0.014 mm。

按Ⅰ档选用测量器具:由表 3-23,尺寸范围为 0~50 mm,分度值为 0.01 mm 的外径千分尺的不确定度 u=0.004 mm,小于 u_1=0.0056 mm,故选用该规格的外径千分尺可满足使用要求,且其为车间条件下常用的测量器具,没有必要按Ⅱ、Ⅲ档选用精度更低的测量器具而使验收质量降低。

结语与习题

Ⅰ.本章的学习目的、要求及重点

学习目的:通过对圆柱结合公差与配合的分析,了解极限制与配合制的一般规律,为应用极限与配合标准及学习其他典型结合的公差与配合打基础。了解光滑工件检验制所用量规和通用测量器具的特征和规定。

要求:① 了解极限与配合的基本术语,会用公差带图分析公差与配合; ② 了解极限与配合标准的构成、特点与基本规律;③ 了解公差与配合的选用原则;④ 了解量规的作用、特征及量规公差的特点;⑤ 了解计量器具的选择。

重点:极限制与配合制的结构特点与基本规律,公差与配合的基本计算与图解分析;公差与配合选用的基本原则;光滑工件检验用量规工作尺寸的计算,验收极限的计算及测量器具的选择。

Ⅱ.复习思考题

1. 试判断以下概念是否正确或完整?

(1) 公差可以说是允许零件尺寸的最大偏差。

(2) 公差通常为正值,但在个别情况下也可为负值或零。

(3) 从制造上讲,基孔制的特点就是先加工孔,基轴制的特点就是先加工轴。

(4) 轴与孔的加工精度越高,其配合精度也越高。

2. 如何区分间隙配合、过渡配合和过盈配合? 这三种不同类型的配合各用于什么场合?

3. 标准公差、基本偏差、公差、偏差、误差、公差等级这些基本概念有何区别与联系?

4. 什么是基孔制、基轴制? 为什么要规定基准制? 广泛应用基孔制的原因何在? 在什么情况下采用基轴制?

5. 间隙配合、过渡配合和过盈配合各在何种工作条件下应用? 选定配合及其松紧程度时应考虑哪些因素?

6. 量规的基本特征是什么? 各种量规的公差带是如何配置的?

7. 工作量规公差对工件公差有何影响?

8. 什么是极限尺寸判断原则?

9. 为什么要采用内缩验收极限? 有何优点?

Ⅲ. 练习题

1. 用附表 3-1 列出的数值,通过计算将结果填写至表格相应栏目的空格中,并按要求绘制相应公差带图并说明配合性质。

附表 3-1

序号	配合件	公称尺寸/mm	极限尺寸/mm		极限偏差/mm		公差 T /mm	极限间隙(或过盈)/mm			公称尺寸与极限偏差标注/mm	绘制公差带图解说明配合性质
			max	min	ES或es	EI或ei		X_{max}或Y_{min}	X_{min}或Y_{max}	X_{av}或Y_{av}		
1	孔	20	20.033	20								
	轴		19.980	19.959								
2	孔	40	40.025	40								
	轴		40.033	40.017								
3	孔	60	59.979	59.949								
	轴		60	59.981								

2. 查表(不查表3-5、表3-8)绘出下列配合孔、轴的公差带图，并计算配合的极限间隙或过盈。

(1) $\phi30\dfrac{H8}{f7}$　(2) $\phi30\dfrac{F8}{h7}$　(3) $\phi18\dfrac{H7}{h6}$　(4) $\phi60\dfrac{H7}{r6}$　(5) $\phi60\dfrac{R7}{h6}$

(6) $\phi85\dfrac{H8}{js7}$　(7) $\phi90\dfrac{D9}{h9}$　(8) $\phi60\dfrac{K7}{d6}$　(9) $\phi40\dfrac{H7}{t6}$　(10) $\phi40\dfrac{T7}{h6}$

(11) $\phi20\dfrac{K7}{h6}$　(12) $\phi20\dfrac{H7}{k6}$　(13) $\phi110\dfrac{C11}{h11}$　(14) $\phi50\dfrac{H7}{s6}$　(15) $\phi50\dfrac{S7}{h6}$

3. 某孔、轴配合的最小间隙为+0.027 mm，孔的上极限偏差为+0.077 mm，轴的上极限偏差为+0.023 mm，轴的公差为0.011 mm。求此配合的配合公差 T_f。

4. 有一配合，公称尺寸为 $\phi25$ mm，要求配合的最大间隙为+0.013 mm，最大过盈为−0.021 mm，试决定孔、轴公差等级，选择适当的配合(写出代号)并绘出公差带图。

5. 有一配合，公称尺寸为 $\phi25$ mm，按设计要求，配合的过盈应为 −0.014 ～ −0.048 mm。试决定孔、轴公差等级，按基孔制选择适当的配合(写出代号)并绘出公差带图。

6. 有一配合，公称尺寸为 $\phi25$ mm，按设计要求，配合的间隙应为 0 ～ +0.066 mm。试决定孔、轴公差等级，按基轴制选择适当的配合(写出代号)并绘出公差带图。

7. 试计算 $\phi25\dfrac{G7}{h6}$ 配合孔、轴所用工作量规的工作尺寸，并绘出相应的公差带图。

8. 试计算 $\phi30\dfrac{H7}{f6}$ 配合孔、轴所用工作量规的工作尺寸，并绘出相应的公差带图。

9. 试计算轴 $\phi30$d9 的验收极限尺寸，并为验收该轴选择合适的测量仪器。

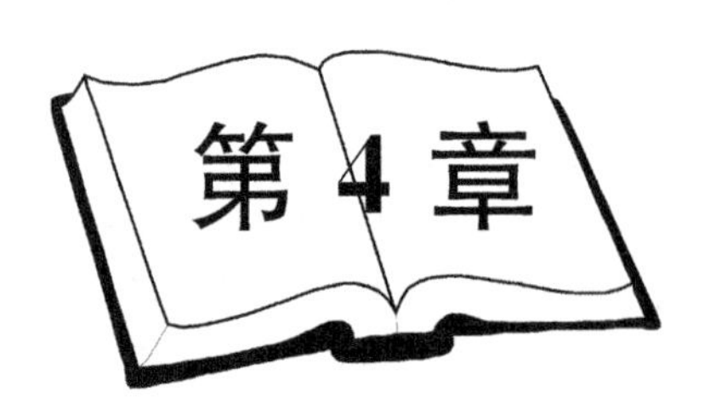

几何公差

4.1 概　　述

机械零件通常由多个几何要素构成，由于制造误差的存在，加工后所得零件的各实际几何要素与其理想状态的要素之间必然存在差别，即存在几何误差。零件的几何误差包括尺寸误差、几何误差、波度误差和表面粗糙度误差等。下面以一个由两同轴圆柱表面及左、右端面组成的套筒零件为例，通过其径向截面（见图 4-1(a)）和轴向截面（见图 4-1(b)）放大示意图示出其外表面的部分几何误差。由该图可见，外表面的径向截面并非理想圆形，轴向截面上的素线也非理想直线，形状存在误差；同时，截面外圆的圆心与内圆的圆心并非同心（相距 e），圆心的位置存在误差。此外，该图还示出外圆柱表面的波纹度误差和表面微观锯齿状的粗糙度误差。

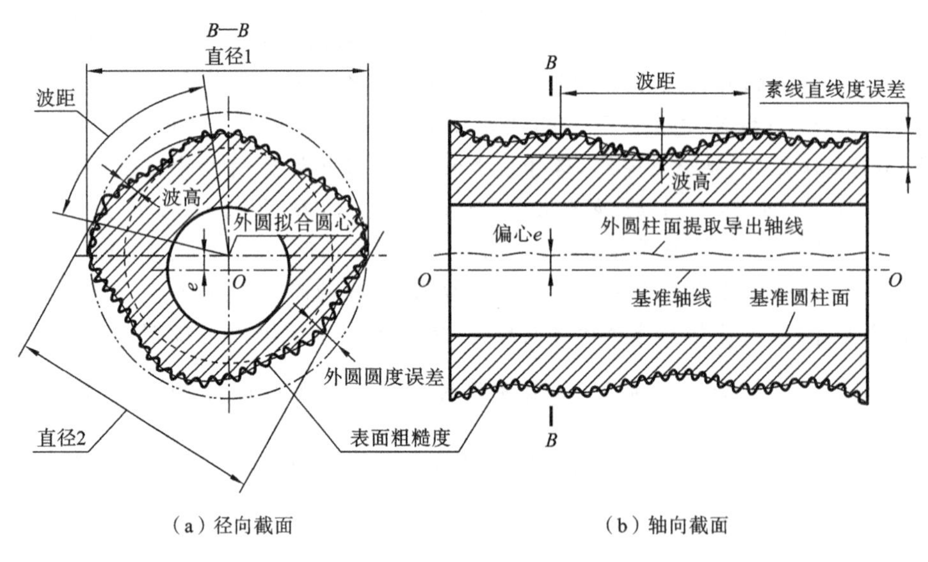

(a) 径向截面　　(b) 轴向截面

图 4-1　零件几何误差的示意

几何误差对机器零件的使用功能有很大的影响。例如，在间隙配合中，圆柱表面的形状误差会使间隙大小分布不均，造成局部磨损加快，从而降低零件的使用寿命；平面的形状误差，会减小互配零件的实际支承面积，增大单位面积压力，使接触表面的变形增大。又如，机床主轴装卡盘的定心锥面对两轴颈的跳动误差，会影响卡盘的旋转精度；在齿轮传动中，两相互啮合齿轮支承孔轴线的平行度误差过大，会降低轮齿的接触精度。总之，零件的几何误差直接影响到机器、仪器的工作精度、寿命等性能，而对高速、重载等条件下工作的机器及精密机械仪器，影响则更甚。但要制造完全没有几何误差的零件，既不可能也无必要。因此，为了满足零件的使用要求，保证零件的互换性和制造的经济性，设计时应对零件的几何误差给予必要而合理的限制，即对零件规定几何公差（形状、方向、位置和跳动公差）。

4.2 基本概念

1. 关于要素

第1章的1.1.5小节给出了要素的基本定义，并按制件的构成，把要素分为组成要素和导出要素两类；同时，按制造阶段，给出了描述要素不同状态的定义：设计时的公称要素，包括公称成组要素和公称导出要素；加工后的实际表面和实际（组成）要素；检测时的提取组成要素和提取导出要素；制造误差评价时的拟合组成要素和拟合导出要素。

为了规范规定几何公差时对要素的描述，本章对要素做进一步分类。

1）按技术要求分

按技术要求，要素分为被测要素和基准要素等两类。被测要素是指给出了几何公差的要素。基准要素是指用来确定被测要素方向或（和）位置的要素。被测要素和基准要素在零件制造的各阶段可以是理想要素、实际要素或提取要素等。

2）按功能要求分

按功能要求，要素分为单一要素和关联要素等两类。单一要素是指仅对其本身给出了形状公差要求的要素。关联要素是指对其他要素有功能关系的要素。单一要素和关联要素在零件制造的各阶段可以是理想要素、实际要素或提取要素等。

2. 几何公差与几何误差

几何公差包括单一要素的形状公差，以及关联要素的方向公差、位置公差和跳动公差。习惯上，也将形状、方向、位置和跳动公差统称为形位公差。设计时，规定制件几何要素的几何公差是为了限制制造中可能出现的几何误差。

1）形状公差与形状误差

形状公差指单一实际要素的形状所允许的变动全量。根据零件不同的几何特征，形状公差可分为六项，其名称和符号如表4-1所示。

形状误差指被测提取要素对其拟合要素的变动量，拟合要素的位置应符合最小条件。

如图4-2所示，销轴素线被规定了直线度公差要求。由于各种工艺因素的影响，箭头所指销轴的实际素线不是直线。为了保证零件的使用要求，在整个长度上，实际素线相对于公称直线的变动全量不能超过直线度公差的规定值0.015 mm，即实际素线直线度误差不能超出图示直线度公差带所限定的区域。

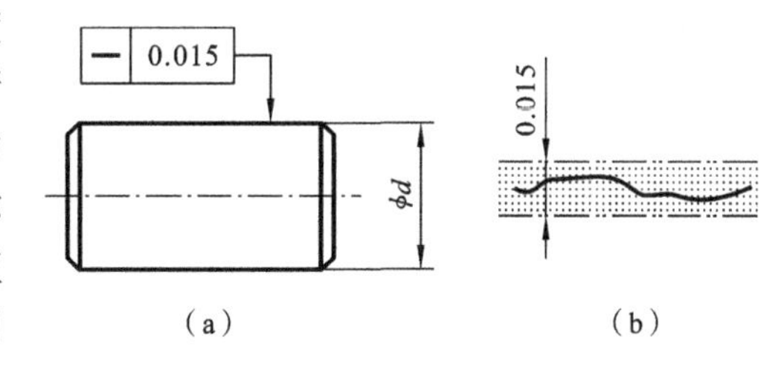

图4-2　销轴素线的直线度

2）方向公差与方向误差

方向公差：指关联实际要素对基准在方向上所允许的变动全量。根据零件不同的几何特征，方向公差可分为五项，其名称和符号如表4-1所示。

方向误差：指被测提取要素对一具有确定方向的拟合要素的变动量，该拟合要素的方向由基准确定。

表 4-1　几何特征符号及附加符号

类型	几何特征	符号	有无基准
形状公差	直线度	—	无
	平面度	▱	无
	圆度	○	无
	圆柱度	⌭	无
	线轮廓度	⌒	无
	面轮廓度	⌓	无
方向公差	平行度	//	有
	垂直度	⊥	有
	倾斜度	∠	有
	线轮廓度	⌒	有
	面轮廓度	⌓	有
位置公差	位置度	⌖	有或无
	同心度	◎	有
	同轴度	◎	有
	对称度	⌯	有
	线轮廓度	⌒	有
	面轮廓度	⌓	有
跳动公差	圆跳动	↗	有
	全跳动	⌰	有

附加符号	说明	符号
	被测要素	
	基准要素	A　A
	基准目标	φ20 / A1
	理论正确尺寸	50
	延伸公差带	Ⓟ
	最大实体要求	Ⓜ
	最小实体要求	Ⓛ
	自由状态条件	Ⓕ
	全周(轮廓)	
	包容要求	Ⓔ
	公共公差带	CZ
	小径	LD
	大径	MD
	中径、节径	PD
	线素	LE
	不凸起	NC
	任意横截面	ACS

图 4-3 所示零件的顶面对底面被规定了平行度公差要求。经过加工后的实际顶面对底面是关联实际要素。由于各种工艺因素的影响,实际顶面与基准底面不平行。为了保证零件的使用要求,在整个表面上,箭头所指顶面的提取(实际)平面对拟合基准底面 C 的平行度误差不能超过平行度公差规定值 0.05 mm,即被测提取(实际)顶面不能超出图示平行度公差带所限定的区域。

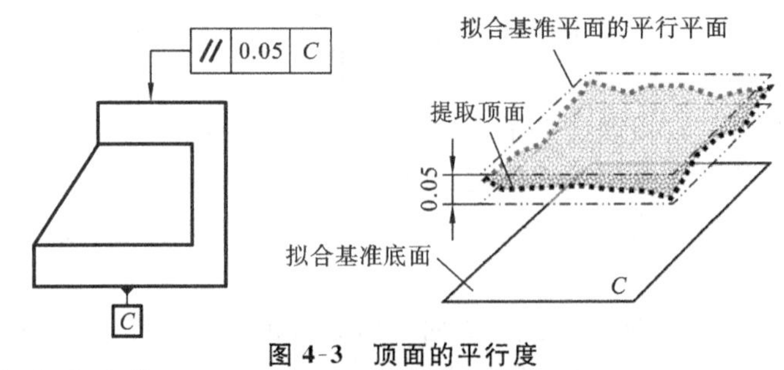

图 4-3　顶面的平行度

3) 位置公差与位置误差

位置公差:指关联实际要素对基准在位置上所允许的变动全量。根据零件不同的几何特征,位置公差可分为六项,其名称和符号如表 4-1 所示。

位置误差：指被测提取要素对一具有确定位置的拟合要素的变动量，拟合要素的位置由基准和理论正确尺寸确定。对于同轴度及对称度，理论正确尺寸为零。

4) 跳动公差与跳动误差

跳动公差：指关联实际要素绕基准回转一周或连续回转时，在位置上所允许的最大跳动量。根据零件不同的几何特征，跳动公差可分为两项，其名称和符号如表 4-1 所示。

跳动误差：被测实际要素绕基准轴线做无轴向移动回转一周时，由位置固定的指示器在给定方向上测得(提取)的最大与最小示值之差，称为圆跳动误差；被测实际要素绕基准轴线做无轴向移动回转，同时指示器沿给定方向的理想直线连续移动(或被测提取要素每回转一周，指示器沿给定方向的理想直线做间断移动)，由指示器在给定方向上测得(提取)的最大与最小示值之差，称为全跳动误差。

3. 几何公差的公差带

几何公差带是由一个或几个理想的几何线或面所限定的，由线性公差值表示其大小的区域。该区域用于限制实际要素变动，具有形状、大小、方向和位置四个要素。

几何公差带的形状由要素的特征及对几何公差的要求确定，其主要形状如图 4-4 所示。通常公差带的宽度方向为被测要素的法向，除非另有专门的说明来给定公差带宽度方向。公差带的宽度为给定公差值，即公差带的大小。

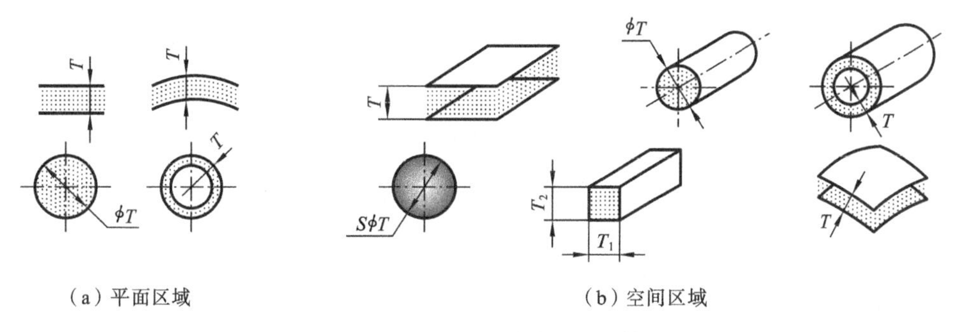

(a) 平面区域 (b) 空间区域

图 4-4 几何公差带的主要形状

根据功能需要，可以规定一种或多种几何特征的公差来限定要素的几何误差，但应注意各类几何公差之间的关系。如：要素的位置(定位)公差可同时控制该要素的位置(定位)误差、方向误差和形状误差；要素的方向公差可同时控制该要素的方向误差和形状误差；要素的形状公差控制该要素的形状误差。

设计时，根据零件的功能要求给出各几何要素的几何公差，加工后的实际要素必须在给定几何公差的公差带内才为合格，这与尺寸公差带的概念是一致的，但几何公差的公差带比尺寸公差带复杂。

4. 理论正确尺寸

当给出一个或一组要素的位置、方向或轮廓度公差时，分别用来确定其理论正确位置、方向或轮廓的尺寸，称为理论正确尺寸(Theoretical Exact Dimension，TED)。TED 也用于确定基准体系中各基准之间的方向、位置关系，该尺寸没有公差，标注在方框中。

5. 几何误差的评定原则

1) 形状误差的评定

(1) 最小条件

评定形状误差，即求被测提取要素对其拟合要素的变动量时，对不同位置的拟合要素会有不同的评定结果,因而国家标准对该拟合要素的位置做了统一的规定——应符合最小条件。所谓最小条件是指被测提取要素对其拟合要素的最大变动量为最小。此时,对被测提取要素评定的误差值为最小。

对提取组成要素(轮廓要素),其符合最小条件的拟合要素是处于实体之外与被测提取组成要素相接触,且被测提取组成要素对它的最大变动量为最小的要素。如图 4-5(a)所示,直线$\overline{A_1B_1}$、$\overline{A_2B_2}$、$\overline{A_3B_3}$为提取直线(组成要素)A-B-C 的无数拟合直线$\overline{A_iB_i}$($i=1,2,3,\cdots$)中的三条(其余拟合直线未绘出),由被测提取直线 A-B-C 对不同位置的每条拟合直线分别可得到相应的最大变动量h_i,如果有 $h_1<h_2<h_3<\cdots<h_i\cdots$,即所有最大变动量中 h_1 值最小,则符合最小条件的拟合直线为$\overline{A_1B_1}$。

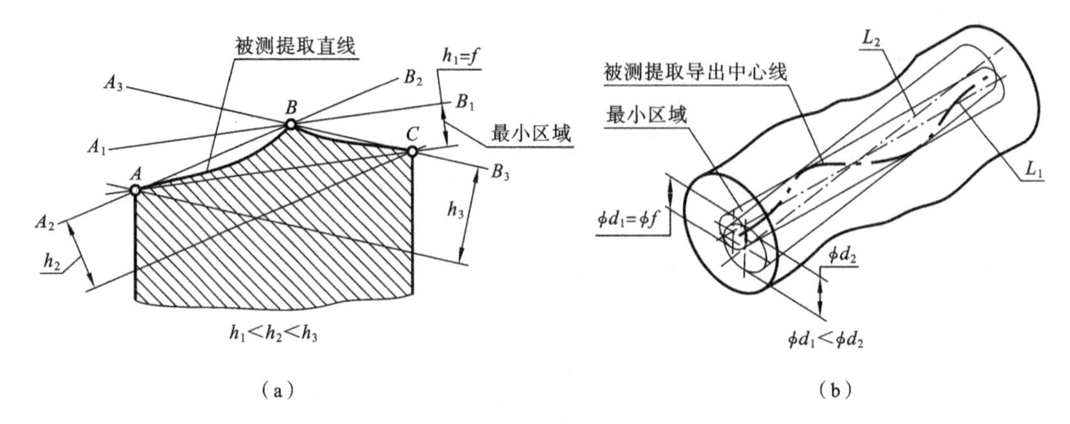

图 4-5 最小条件

对提取导出要素(中心线、中心面等),其符合最小条件的拟合要素位于被测提取导出要素之中,且被测提取导出要素对它的最大变动量为最小。如图 4-5(b)所示,符合最小条件的拟合轴线为 L_1,最大变动量为最小的是 ϕd_1。

(2) 最小区域

评定形状误差时,形状误差数值的大小用最小包容区域(简称最小区域)的宽度或直径表示。所谓最小区域是指包容被测要素时,具有最小宽度 f 或直径 ϕf 的包容区,如图 4-5 所示。

显然,按最小区域法评定的形状误差值为最小,可以最大限度地保证产品作为合格件而通过验收。最小区域法是评定形状误差的一个基本方法,因这时的拟合要素符合最小条件。由于符合最小条件的拟合要素是唯一的,按此评定的形状误差值也将是唯一的。所以最小条件不仅是确定理想要素位置的原则,也是评定形状误差的基本原则。

2) *方向误差的评定*

方向误差值用定向最小包容区域(简称定向最小区域)的宽度或直径表示。

定向最小区域是指按拟合基准要素的方向包容被测提取要素时,具有最小宽度 f 或直径 ϕf 的包容区域,拟合基准要素的方向由提取基准要素确定。各误差项目定向最小区域的形状分别与各自的公差带形状一致,但宽度(或直径)由被测提取要素本身决定。

图 4-6(a)所示的为评定被测提取平面对基准平面的平行度误差,拟合平面首先要平行于基准平面,然后再按拟合平面的方向来包容提取平面,按此形成最小包容区域,即定向最小区域。定向最小区域的宽度 f 即被测面对基准平面的平行度误差。

图 4-6(b)所示的为被测提取轴线对基准平面的垂直度误差。包容提取轴线的定向最小包容区域为一圆柱体,该圆柱体的轴线垂直于拟合基准平面,圆柱体的直径 ϕf 为被测提取轴

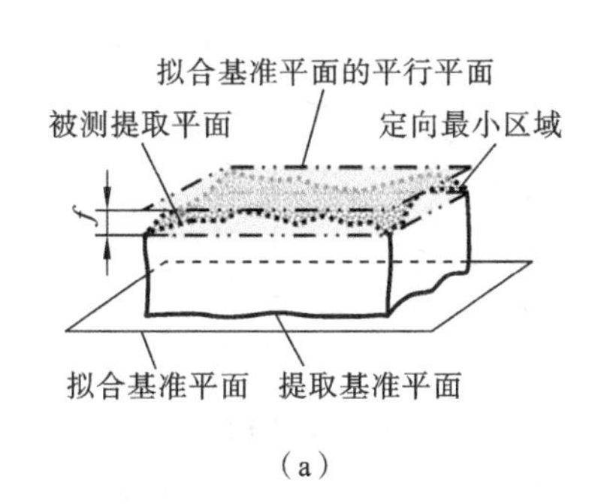

(a)

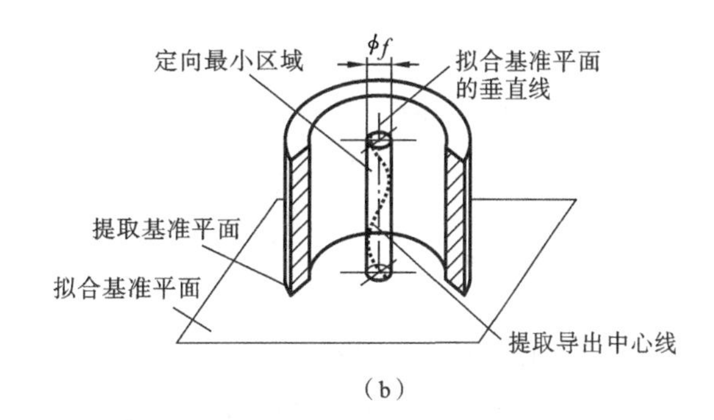

(b)

图 4-6　定向最小包容区域

线对基准平面的垂直度误差。

3）位置误差的评定

位置(定位)误差用定位最小包容区域(简称定位最小区域)的宽度或直径表示。

定位最小区域是指按拟合基准要素和理论正确尺寸定位的位置,来包容被测提取要素时,具有最小宽度 f 或直径 ϕf 的包容区域,拟合要素的位置由基准和理论正确尺寸确定。各误差项目定位最小区域的形状分别与各自的公差带形状一致,但宽度(或直径)由被测提取要素本身决定。

图 4-7 所示的为由基准和理论正确尺寸(图中带框的尺寸)所确定的拟合点的位置;在该拟合点已确定的条件下,以其为圆心作圆形成最小包容区域(一个圆)来包容提取点,定位最小区域的直径 ϕf 即为该点的位置度误差。

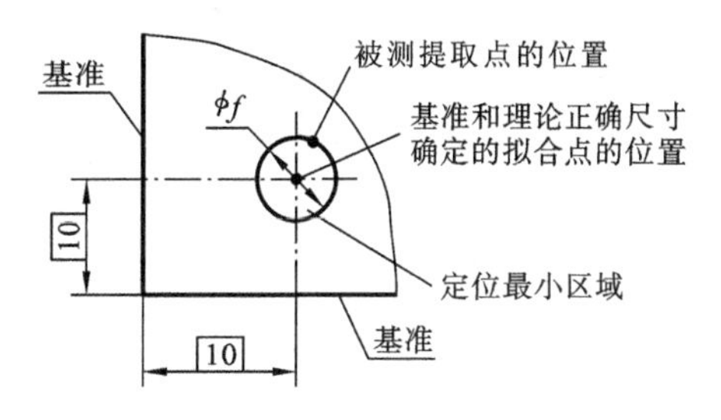

图 4-7　定位最小包容区域

4）跳动误差的评定

与前述几何误差不同,跳动误差是以测量方法定义,即以被测实际要素绕基准轴线做无轴向移动回转,并以指示器测量(提取)被测要素时,用测量点上的指示器示值变动来反映的几何误差。

跳动误差测量中,被测实际要素绕基准轴线做无轴向移动回转。此时,若指示器的位置固定,当被测提取要素回转一周,其在给定方向上测得的最大与最小示值之差为圆跳动误差;若测量时指示器的位置沿给定方向的理想直线连续或间断移动,以保证测量被测提取要素的整个表面,则指示器的最大与最小示值之差为全跳动误差。

跳动误差与测量方法有关,是被测要素形状误差和位置误差的综合反映。

6. 基准

设计给定的基准是具有正确形状的公称要素,在实际运用中由实际基准要素建立的基准为该基准要素的拟合要素。由于实际基准要素存在形状误差,因此拟合基准要素的位置应符合最小条件。例如,由提取导出轴线建立基准轴线时,基准轴线为穿过提取导出基准轴线且符合最小条件的理想轴线,如图 4-8 所示。由两条或两条以上提取导出轴线建立公共基准轴线时,公共基准轴线为这些提取导出轴线所共有的理想轴线,如图 4-9 所示。由实际表面建立基准平面时,基准平面为处于材料之外,与基准提取(实际)表面接触,且符合最小条件的理想平面,如图 4-10 所示。

为了确立被测要素的空间方位,有时仅有一个基准要素是不够的,可能需要两个或三个基

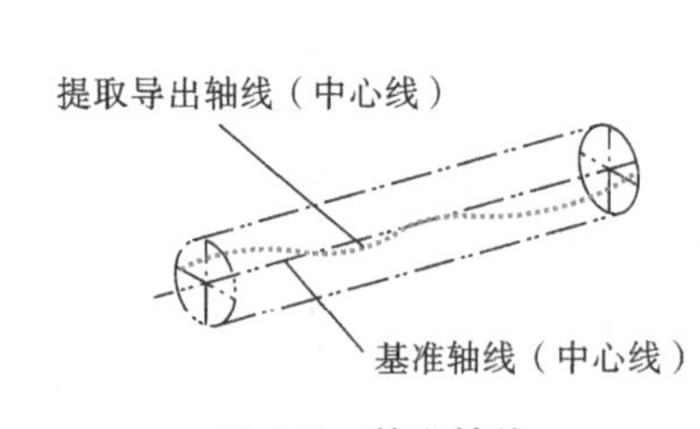

图 4-8　基准轴线

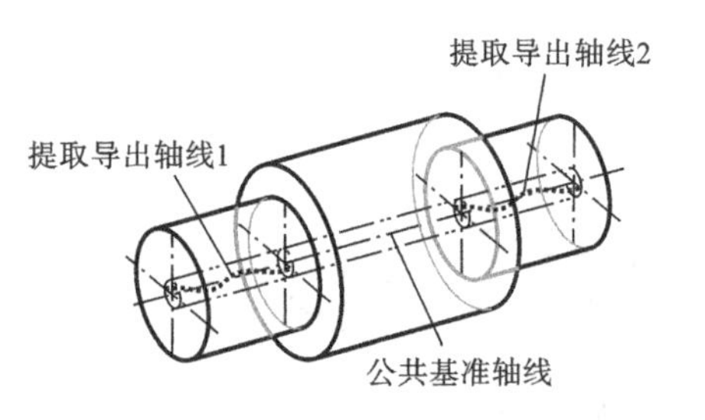

图 4-9　公共基准轴线

准。由三个互相垂直的基准平面所组成的基准体系,称三基面体系。这三个平面按功能要求分别称为第一基准平面、第二基准平面和第三基准平面。由实际表面建立三基面体系时,第一基准平面与第一基准实际表面至少有三点接触,它是该实际表面符合最小条件的理想平面。第二基准平面与第二基准实际表面至少有两点接触,为该实际表面垂直于第一基准平面的理想平面。第三基准平面与第三基准实际表面至少有一点接触,为该实际表面垂直于第一和第二基准平面的理想平面,如图 4-11 所示。

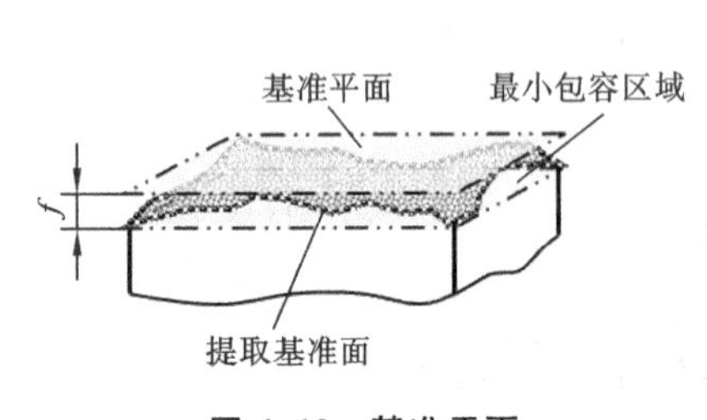

图 4-10　基准平面

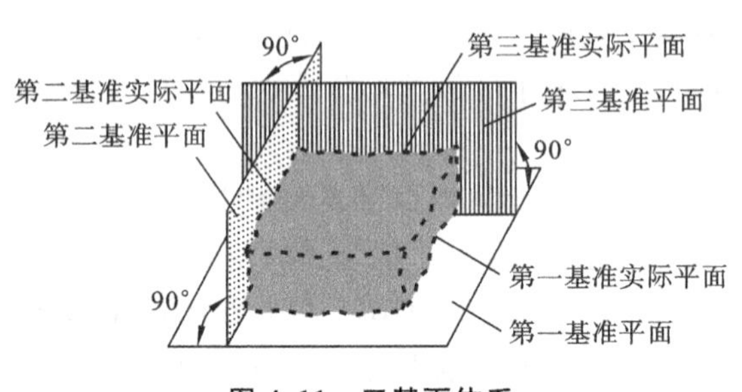

图 4-11　三基面体系

选择基准时,主要应根据设计要求,并兼顾基准统一原则和结构特征来进行。一般可从下列几方面来考虑。

(1) 设计时,应根据要素的功能要求及要素间的几何关系来选择基准。例如,对于旋转轴,通常都以与轴承配合的轴颈表面作为基准。

(2) 从装配关系考虑,应选择零件相互配合、相互接触的表面作为各自的基准,以保证零件的正确装配。

(3) 从加工、测量角度考虑,应选择在工装、夹量具中用做定位的相应要素作为基准,并考虑这些要素作基准时要便于设计工装、夹量具,还应尽量使测量基准与设计基准统一。

(4) 当必须以铸造、锻造或焊接等未经切削加工的毛面作基准时,应选择最稳定的表面作为基准;或在基准要素上指定一些点、线、面(即基准目标)来建立基准。

(5) 采用多个基准时,应从被测要素的使用要求考虑基准要素的顺序。通常选择对被测要素使用要求影响最大的表面,或者定位最稳定的表面作为第一基准。

4.3　几何公差及几何误差的测量评定

4.3.1　形状公差及形状误差的测量评定

1. 直线度

直线度公差是规定单一实际直线所允许的变动全量,以根据功能要求来控制工件上实际直线的直线度误差。

1）直线度公差的图样标注及公差带

图 4-12 所示的为在给定平面内对直线规定直线度公差的标注示例。其含义为，在箭头所指圆柱体的任一轴截面上，圆柱体素线的直线度误差值不得超出给定的公差值 0.02 mm。公差带为：在箭头所指圆柱体的任一轴截面（即给定平面）上，相距为公差值 0.02 mm 的两平行直线之间的区域。提取（实际）素线不得超出该区域。

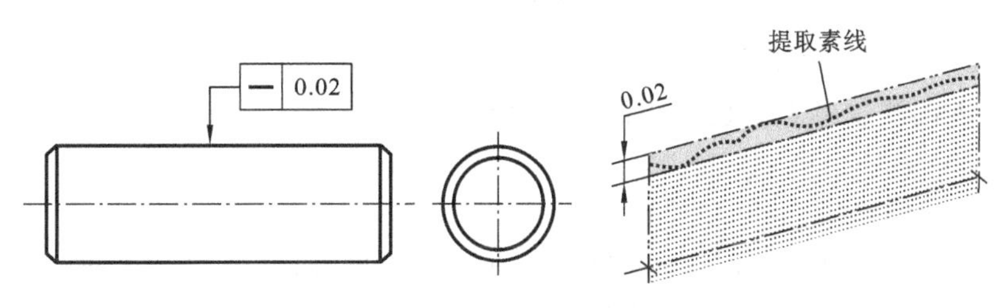

图 4-12 给定平面内的直线度公差

图 4-13 所示的为在给定方向上对直线规定直线度公差的标注示例。其含义为，在箭头所指的方向上，刀口形零件棱边的直线度误差值不得超出给定的公差值 0.02 mm。公差带为：与箭头所指方向垂直，相距为公差值 0.02 mm 的两平行平面之间的区域。刀口形零件提取（实际）棱边不得超出该区域。

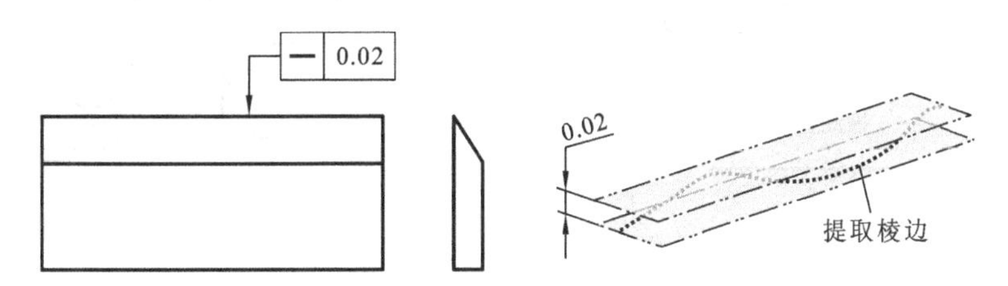

图 4-13 给定一个方向上的直线度公差

图 4-14 所示的为在给定的两个方向上对直线规定直线度公差的标注示例。其含义为，在两箭头分别所指的两个方向上，三棱形零件棱边的直线度误差值在图示水平方向不得超出给定的公差值 0.2 mm，垂直方向上不得超出给定的公差值 0.1 mm。公差带为，分别与两箭头所指方向垂直的两组平行平面组成的四棱柱之间的区域，其中水平平行平面相距为公差值0.2 mm，垂直平行平面相距为公差值 0.1 mm。三棱形零件提取（实际）棱边不得超出该区域。

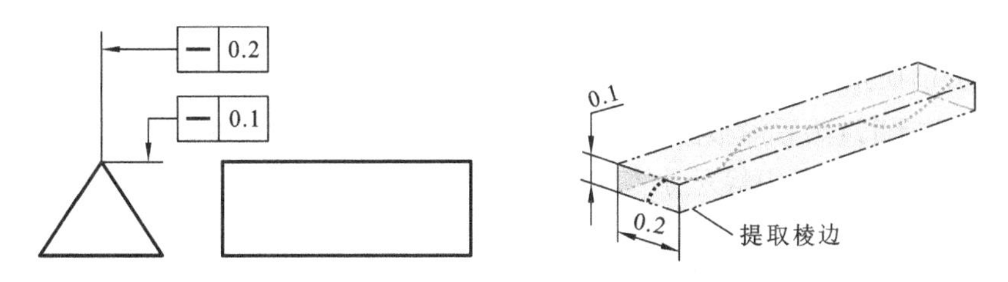

图 4-14 给定两个互相垂直方向上的直线度公差

图 4-15 所示的为在任意方向上对直线规定直线度公差的标注示例。其含义为，箭头所指圆柱体轴线的直线度误差在任意方向上不得超出给定的公差值 0.04 mm。公差带为，直径等于公差值 ϕ0.04 mm 的圆柱面内的区域。箭头所指圆柱表面的提取（实际）表面的导出轴线不得超出该区域。

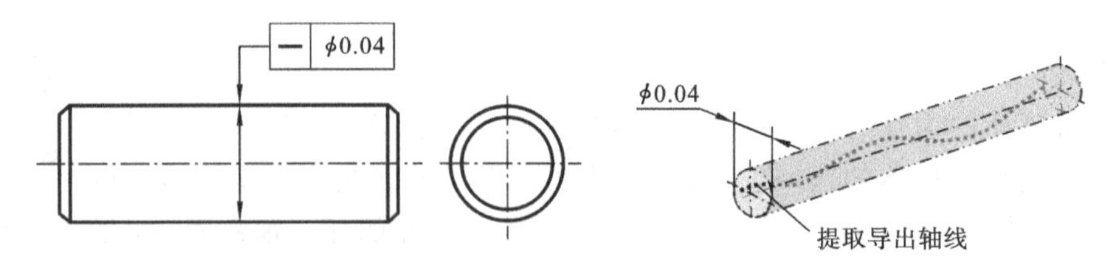

图 4-15　任意方向上的直线度公差

2) 直线度误差的测量方法

直线度误差的测量可采用直接、间接或组合等多种测量方法实现。这里介绍其中几种典型的测量方法。

(1) 用刀口尺测量法。

如图 4-16(a)所示,将刀口尺与被测实际直线直接接触,并使二者之间的最大空隙为最小,则此最大空隙 Δ 即为被测直线的直线度误差。当空隙较小时,可用标准光隙估读;当空隙较大时,可用厚薄规(塞尺)测量。此法为以刀口为测量基准的直接测量法,多用于小零件的测量。

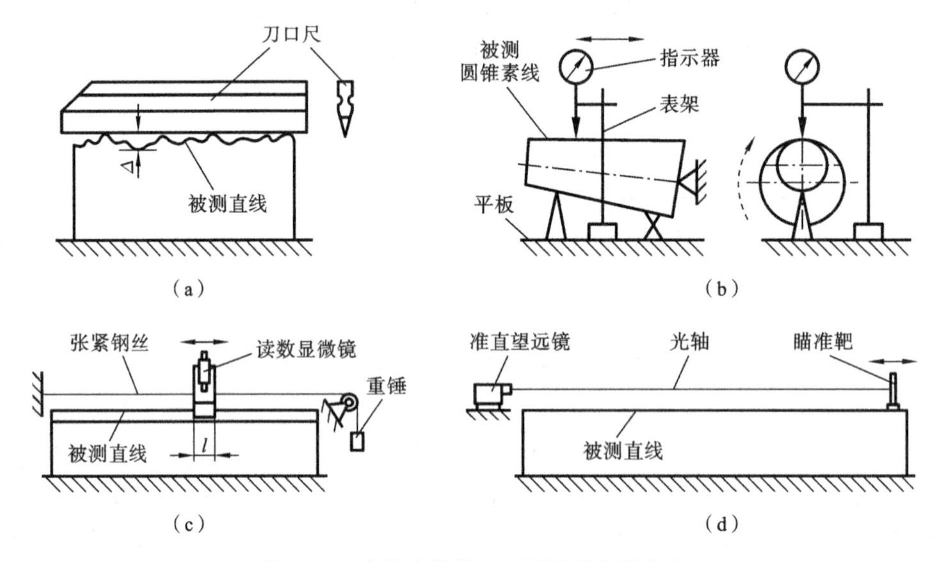

图 4-16　直线度误差直接测量的典型方法

(2) 用平板和带指示表的表架测量法。

如图 4-16(b)所示,将被测零件和带指示表的表架放在平板上,调整被测直线(图示锥体母线)与平板大致平行,然后沿被测要素移动带指示表的表架进行测量。此法为以平板为测量基准的直接测量法,多用于中等尺寸零件的测量。

(3) 基准轴线法。

通过测量装置,调整被测直线与某基准直线大致平行,然后读数装置沿被测直线移动进行测量。图 4-16(c)所示的为以张紧的钢丝作为直线基准的测量方法,其测量显微镜按节距 l 移动,沿被测直线全长内做连续测量;图 4-16(d)所示的为以准直光轴为直线基准的测量方法,其光靶沿被测直线移动,记录被测直线各点对光轴的偏离量。

(4) 用水平仪测量法。

如图 4-17(a)所示,调整被测直线大致水平放置,将固定有水平仪的桥板放在被测直线上，等跨距首尾相接地移动桥板，通过水平仪刻度测出各相邻两点相对水平面的高度差，再通过数据处理求直线度误差。此法为以水平面为测量基准的间接测量法。

(5) 用自准直仪测量法。

如图4-17(b)所示，将固定有反射镜的桥板置于被测直线上，调整自准直仪，使其光轴大致平行于被测直线两端点连线，然后等跨距首尾相接地移动桥板，通过自准直仪刻度测出各相邻两点相对光轴的高度差，再通过数据处理求直线度误差。此法为以自准直仪光轴为测量基准的间接测量法。

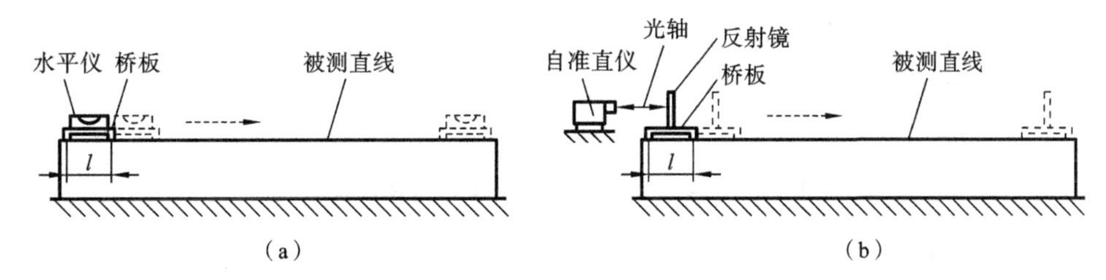

图4-17 直线度误差间接测量的典型方法

3) 直线度误差测量的数据处理及误差评定

(1) 对测量数据统一坐标值的换算。

用平板和带指示表的表架、钢丝绳和测量显微镜、准直望远镜和瞄准靶等直接方法测直线度误差时，所测得的数据在同一坐标系中，是被测直线上各测点相对于测量基准的绝对偏差。可直接利用这些数据作图或计算，求出被测直线的直线度误差值。

而用水平仪或自准直仪等间接方法测直线度误差时，分别以水平面和准直光轴为测量基准，所测得的数据是被测直线上两相邻测点的高度差。这些数据需要换算到统一的坐标系上才能用于作图或计算，从而求出被测直线的直线度误差值。通常选定起始测点的坐标值 $h_0=0$，将各测点的读数依次累加后得到各测点在统一坐标系中的相应坐标值 h_i。

例4-1 用水平仪按6个相等跨距测量机床导轨的直线度误差，各测点读数依次分别为：-5、-2、$+1$、-3、$+6$、-3(单位 μm)。试换算为统一坐标值，并绘出实际直线的误差图。

解 因为系列读数的第一个数据-5是第1测点相对被测导轨直线起始点(0点)的高度差，所以选起始点坐标 $h_0=0$，将各测点的读数依次累加，得到各测点相应的统一坐标值 h_i，如表4-2所示。

表4-2 例4-1数据表

序号 i	0	1	2	3	4	5	6
读数 $a_i/\mu m$	0	-5	-2	$+1$	-3	$+6$	-3
累计值 $h_i=h_{i-1}+a_i/\mu m$	0	-5	-7	-6	-9	-3	-6

以测点序号为横坐标值，以 h_i 为纵坐标值，在坐标纸上绘出各测点，并依次用直线连接各测点得到的折线即是实际直线的误差曲线，如图4-18所示。

(2) 直线度误差的评定。

① 最小区域法评定。

按最小区域法对给定平面内的直线度误差进行评定，若符合以下两点，则被测实际直线的直线度误差值 f 等于两平行直线间的距离：第一，在给定平面内误差曲线应位于两平行直线之间；第二，两平行直线与误差曲线成“高—低—高”或“低—高—低”相间三点接触(见图4-19)。

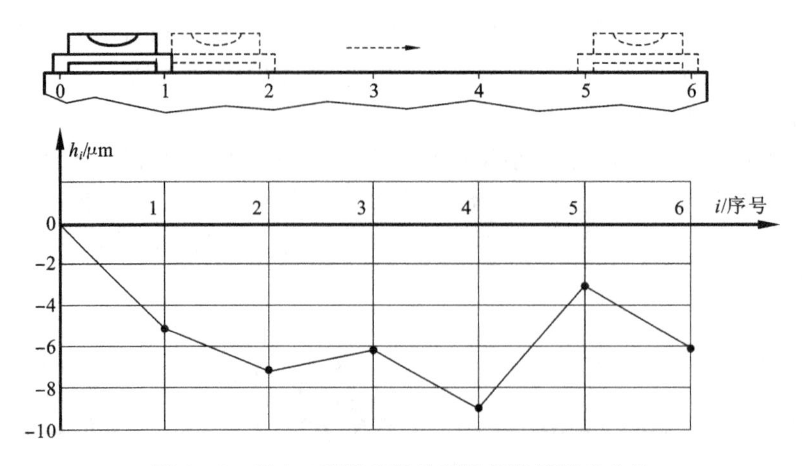

图 4-18　例 4-1 直线度误差测量示意及误差曲线

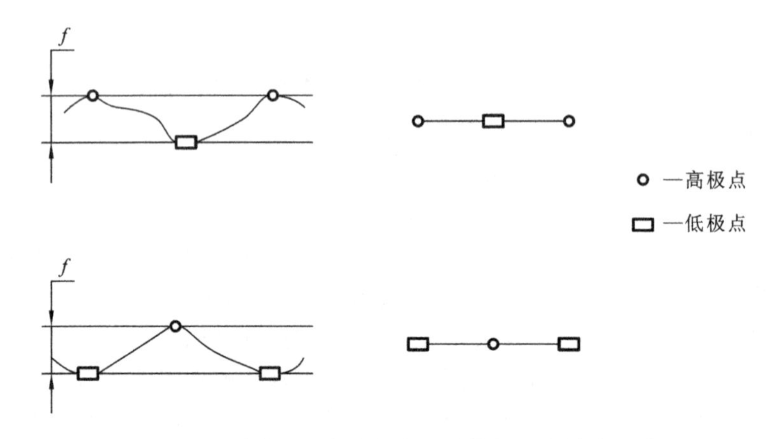

图 4-19　给定平面内直线度误差最小区域判别准则

注:其他类型直线度公差要求的评定,参见 GB/T 11336《直线度误差检测》。

例 4-2　试用最小区域法评定例 4-1 所测导轨的直线度误差。

解　按例 4-1 的解题步骤作出误差曲线,如图 4-20 所示。过点(0,0)和(5,−3)作一直线,再过点(4,−9)作它的平行线。由图可见,两平行直线全部包容误差曲线,且下包容线的接触点(低点)在上包容线两接触点(高点)之间。故这两条平行线构成了最小包容区域,两平行线的纵坐标距离 Δ 为直线度误差值,具体数值可用作图法或计算法求出。

作图法:按比例在图上量取直线度误差为

$$\Delta \approx 6.6\ \mu\text{m}$$

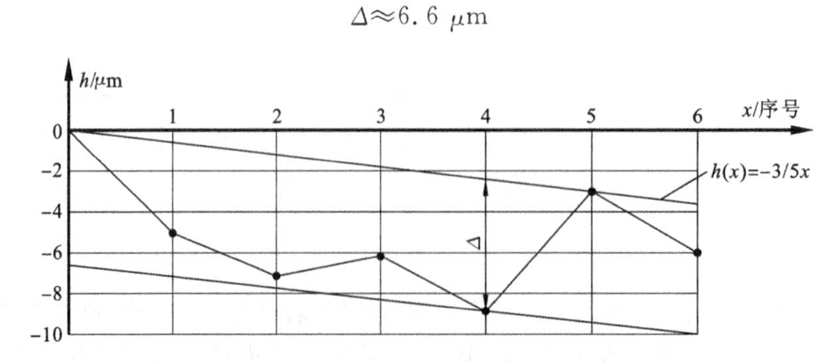

图 4-20　最小区域法求直线度误差

计算法：由上包容线两接触点(0,0)和(5,−3)求出上包容线的直线方程为

$$h(x)=-3/5x$$

则下包容线接触点到上包容线的坐标距离为直线度误差值 Δ，由直线方程可得

$$\Delta=|h_4-h(4)|=|-9-[(-3/5)\times4]|\ \mu m=6.6\ \mu m$$

② 两端点连线法评定。

该方法用测得被测直线的首、尾两点连线作为评定的理想直线，被测直线对该直线的最大变动量为评定的直线度误差值。

例 4-3 试用两端点连线法评定例 4-1 所测导轨的直线度误差。

解 按例 4-1 的解题步骤作出误差曲线，如图 4-21 所示。

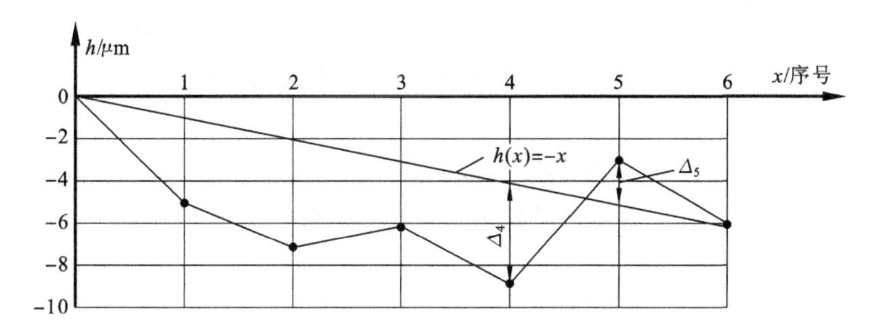

图 4-21 两端点连线法求直线度误差

用作图法解，即过首、尾两点(0,0)和(6,−6)作一直线，量取各点到连线的坐标距离 Δ_i，可得实际直线对其最大变动量为

$$\Delta=\Delta_4+\Delta_5\approx7\ \mu m$$

用计算法解，即先求过首、尾两点(0,0)和(6,−6)的直线方程为

$$h(x)=-x$$

再求各测点对首、尾连线的纵坐标偏差 $\Delta_i=h_i-h(x_i)$，有

$$\Delta_{i\max}=\Delta_5=h_5-h(5)=[-3-(-5)]\ \mu m=+2\ \mu m$$

$$\Delta_{i\min}=\Delta_4=h_4-h(4)=[-3-(-5)]\ \mu m=-5\ \mu m$$

所以，直线度误差为

$$\Delta=\Delta_5-\Delta_4=7\ \mu m$$

③ 最小二乘法评定。

该方法是用测得被测直线的最小二乘直线作为评定的理想直线，被测直线对该直线的最大变动量为评定的直线度误差值。

例 4-4 试用最小二乘法评定例 4-1 所测导轨的直线度误差(设桥板跨距为 100 mm)。

解 按例 4-1 的解题步骤作出误差曲线，如图 4-22 所示。

设被测实际直线的最小二乘直线为 $h(x)=a+bx$，要满足各测点到最小二乘直线纵坐标距离 $|V_i|$ 的平方和 Q 为最小，即

$$\min(Q)=\min\left(\sum_{i=0}^{n}V_i^2\right)=\min\sum_{i=0}^{n}[h_i-(a+bx_i)]^2$$

分别令

$$\frac{Q}{a}=0 \quad 和 \quad \frac{Q}{b}=0$$

则可得

$$a=\frac{1}{n}\sum_{i=0}^{n}h_i-b\frac{1}{n}\sum_{i=0}^{n}x_i$$

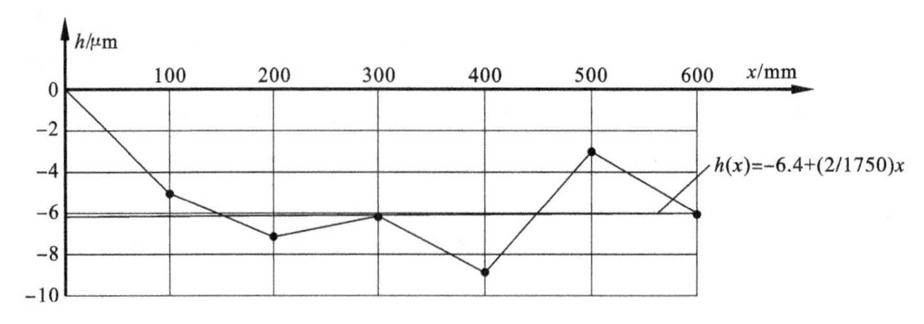

图 4-22　最小二乘法求直线度误差

$$b=\left[\sum_{i=0}^{n}x_ih_i-\frac{1}{n}\left(\sum_{i=0}^{n}x_i\right)\left(\sum_{i=0}^{n}h_i\right)\right]\Big/\left[\sum_{i=0}^{n}x_i^2-\frac{1}{n}\left(\sum_{i=0}^{n}x_i\right)^2\right]$$

将表 4-2 所示的数据(注:测点序号改为横坐标值)代入以上两式,可得

$$a=-6.4,\quad b=2/1750$$

则最小二乘直线方程为　　$h(x)=-6.4+(2/1750)x$

计算各测点对最小二乘直线的纵坐标偏差 $\Delta_i=h_i-h(x_i)$,结果如表 4-3 所示。由该表数据可求得直线度误差值为

$$\Delta=\Delta_{i\max}-\Delta_{i\min}=[+6.4-(-3.06)]\ \mu\text{m}\approx 9.5\ \mu\text{m}$$

表 4-3　最小二乘法评定直线度误差数据表

测点横坐标 x_i/mm	0	100	200	300	400	500	600
测点读数累计值 h_i/μm	0	−5	−7	−6	−9	−3	−6
最小二乘直线纵坐标 $h(x_i)$/μm	−6.4	−6.29	−6.17	−6.01	−5.94	−5.83	−5.71
纵坐标偏差 $\Delta_i=h_i-h(x_i)$/μm	+6.4	+1.29	−0.83	+0.01	−3.06	+2.83	−0.29

根据实际零件的功能需求,直线度误差的评定方法有多种。这些评定方法中,对同一被测直线按最小区域评定法所评定的直线度误差值最小,能最大限度地通过合格件,同时也具有唯一性。因而,最小区域评定法是判定直线度合格性的最后仲裁依据。

2. 平面度

平面度公差是规定单一实际平面所允许的变动全量,以根据功能要求来控制工件上实际平面的平面度误差。

1) 平面度公差的图样标注及公差带

图 4-23 所示的为平面度公差的标注示例。其含义为,箭头所指平面的平面度误差值不得超出给定的公差值 0.1 mm。公差带为,相距为公差值 0.1 mm 的两平行平面之间的区域。图示零件提取(实际)上平面不得超出该区域。

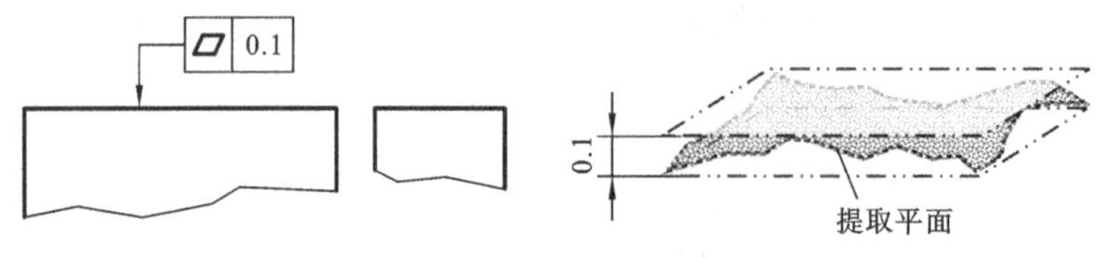

图 4-23　平面度公差

2) 平面度误差的测量方法

平面度误差的测量可采用直接、间接或组合等多种测量方法实现。这里介绍其中几种典

型的测量方法。

(1) 用平板和带指示表的表架测量的方法。

如图 4-24(a)所示，将被测零件和带指示表的表架放在平板上，调整被测平面与平板大致平行，然后按一定的布点移动带指示表的表架测量被测实际平面。此法为以平板为测量基准的直接测量法，多用于中等尺寸零件的测量。

(2) 用平晶测量的方法。

如图 4-24(b)所示，将平晶贴合在被测平面上，观察它们之间的干涉条纹。被测表面的平面度误差为封闭的干涉条纹数乘以光波波长之半；对于不封闭的干涉条纹，为条纹的弯曲度与相邻两条纹间距之比再乘以光波波长之半。此法为以平晶表面为测量基准的直接测量法，适用于高精度的小尺寸零件的测量。

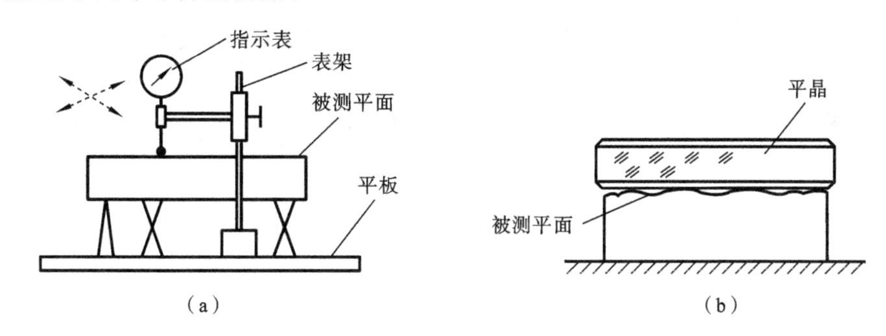

图 4-24 平面度误差直接测量的典型方法

(3) 用水平仪测量的方法。

如图 4-25(a)所示，调整被测平面大致水平位放置，将固定有水平仪的桥板放在被测平面上，按一定的布点和方向，等跨距首尾相接地移动桥板，通过水平仪刻度测出各相邻两点相对水平面的高度差，再通过数据处理求平面度误差。此法为以水平面为测量基准的间接测量法。

(4) 用自准直仪测量的方法。

如图 4-25(b)所示，将固定有反射镜的桥板置于被测平面上，调整自准直仪使其光轴大致平行于被测表面，然后按一定的布点和方向、等跨距首尾相接地移动桥板，通过自准直仪刻度测出各相邻两点相对光轴的高度差，再通过数据处理求平面度误差。此法为以自准直仪光轴为测量基准的间接测量法。

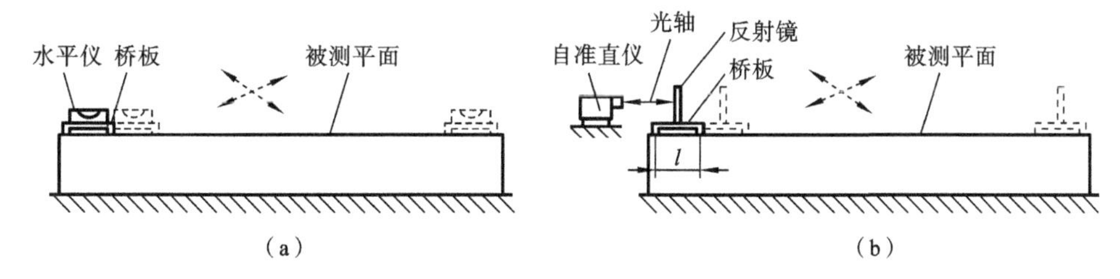

图 4-25 平面度误差间接测量的典型方法

3) 平面度误差测量数据处理及误差评定

(1)对测量数据统一坐标值的换算。

用平板和带指示表的表架及类似的直接方法测平面度误差时，所测得的数据在同一坐标系中，是被测平面上各测点相对于同一测量基准的绝对偏差。可直接利用这些数据作图或计算，求出被测平面的平面度误差值。

而用水平仪、自准直仪及类似的间接方法测平面度误差时,分别以水平面和准直光轴为测量基准,所测得的数据是被测平面上两相邻测点的高度差。这些数据需要换算到统一的坐标系上才能用于计算,从而求出被测平面的平面度误差值。通常选定起始测点的坐标值 $h_0=0$,将各测点的读数依次累加后得到各测点在统一坐标系中的相应坐标值 h_i。

例如,用水平仪测量时,按图 4-26(a)所示的测点 a_i、b_i、c_i 的布置及测量顺序测量,各测得的读数写在跨距间,为后点对前点的高度差,如图 4-26(b)所示。a_1 为起始点,且 $a_1=0$,将各读数按箭头所示测量顺序累加,所得结果表示各点对水平基准的坐标值,如图 4-26(c)所示。

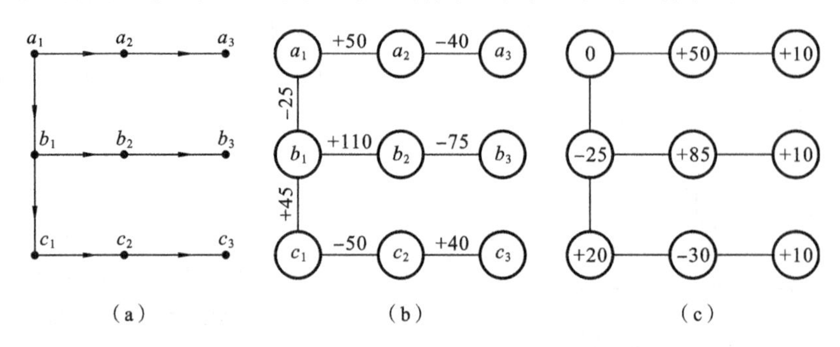

图 4-26 对平面度误差测量数据统一坐标值

(2) 平面度误差的评定。

① 最小区域法评定。

按最小区域法评定平面度误差时被测实际平面应全部位于两平行平面之间,同时还应符合以下三种评定准则之一。

第一,三角形准则。被测实际平面与两平行平面的接触点投影到其中一个平面上,形成图 4-27(a)所示的三角形接触状况,即在一个面上接触的等高最高(或最低)点所形成的三角形中包围着与另一个面接触的最低(或最高)点,此即三角形准则。

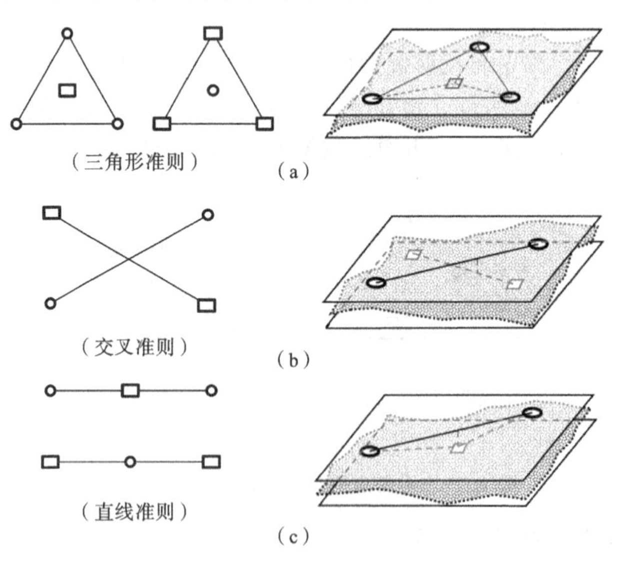

图 4-27 平面度误差最小区域判别准则

第二,交叉准则。被测实际平面与两平行平面的接触点投影到其中一个平面上,形成图 4-27(b)所示的交叉接触状况,即和一个面接触的两等高最高(或最低)点连线,与和另一平面接触的两等高最低(或最高)点连线交叉,此即交叉准则。

第三,直线准则。被测实际平面与两平行平面的接触点投影到其中一个平面上,形成图4-27(c)所示的直线接触状况,即和一个面接触的最低(或最高)点,在和一个面接触的两等高最高(或最低)点连线上,此即直线准则。

用最小区域法评定平面度误差时,首先要确定符合最小条件的评定平面,再将实际平面各点的测得值换算成对该评定平面的坐标值后,平面度误差即可求出。

不论平面度误差的测量数据是相对同一测量基面得到的,还是通过处理后转换为相对某一基面的数据,它们一般是不符合最小区域判别准则的,不能直接得到符合最小条件的平面度误差值。因而需要将数据的基准转换为符合最小条件的评定基准。通常,评定平面可采用基面旋转法得到。

例 4-5 如图 4-28(a)所示,方格中的数据是平面度误差测量处理后得到的被测实际平面上测点(小方格中心)相对于平面 Oxy 在 z 向的坐标值(单位 μm)。试用最小区域法评定其平面度误差值。

解 观察图 4-28(a)所示数据可知,其不符合平面度误差的最小条件判别准则。

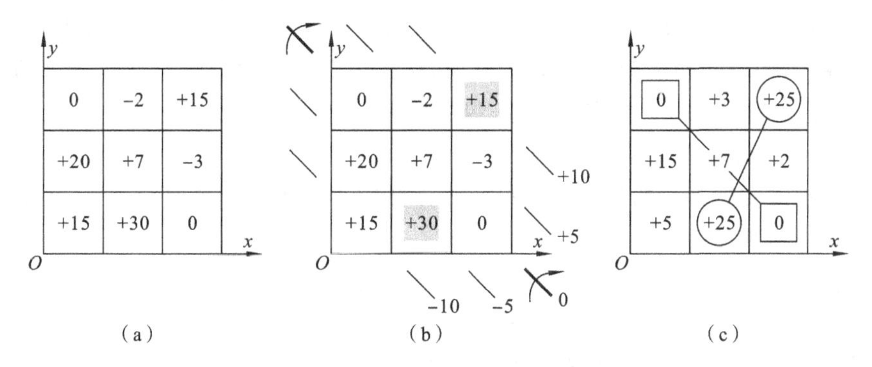

图 4-28 旋转基面求平面度误差

设各测点在空间的位置固定不变。以数据为 0 的两测点的连线为轴,按图 4-28(b)所示方向旋转 Oxy 面,改变数据的 z 向坐标值。因各测点在空间的位置固定不变,故图中右上方的数据会按比例增大,而左下方的数据会减小。现通过转动,使右上方的数据+15 与左下方的数据+30 变为等值,则所有数据的增、减量如图 4-28(b)所示。图 4-28(c)所示的是转动后的数据,可见这组数据符合交叉准则。因此,平面度误差为

$$\Delta=(25-0)\ \mu\text{m}=25\ \mu\text{m}$$

用基面旋转法评定平面度误差时,通常需要多次旋转数据的基面方能得到符合最小条件的评定基面;同时,当测量被测平面的测点较多、数据量较大时,像上例那样由人工旋转基面将很费时,且要有一定的经验,需借助计算机来完成。

② 三点法评定。

以通过被测实际平面上三点的平面作为评定基面(通常要求这三点相距尽可能远),则平面度误差值为所有测点相对该基面的最大变动量。

按三点法评定平面度误差时,可先用解析法求出过这三点的平面,然后求各测点到该平面的纵坐标偏差 Δ_i,则平面度误差为

$$\Delta=\Delta_{i\,\max}-\Delta_{i\,\min}$$

在实际工程应用中,当精度要求不高或现场检测时,往往用平板和带指示表的表架按三点

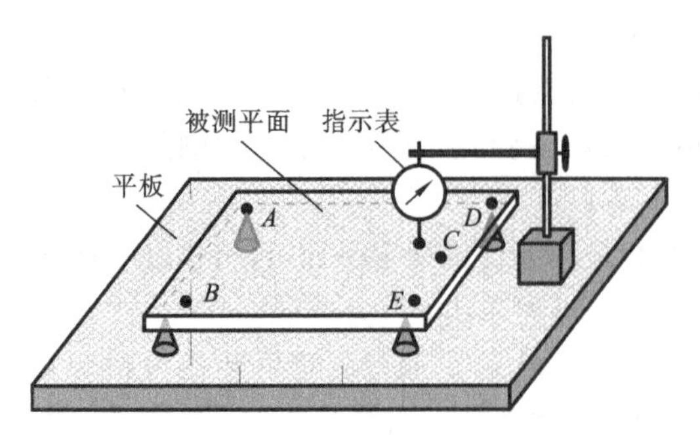

图 4-29 三点法、四点法评定平面度误差

法测量以直接获得平面度误差值，如图 4-29 所示。即将被测平面支撑在平板上，分别调整支撑点的高度，使被测平面上相距尽可能远的 A、B、C 三点相对平板等高，然后遍测被测面上所有点，取测得的最大值与最小值之差为平面度误差值。

③ 对角线(四点)法评定。

以通过被测实际平面上一条对角线两端点，且与另一对角线两端点连线平行的平面作为评定基面，则平面度误差值为所有测点相对该基面的最大变动量。

按对角线法评定平面度误差时，可先用解析法求出符合上述要求的平面，然后求各测点到该平面的纵坐标偏差 Δ_i，则平面度误差为

$$\Delta=\Delta_{i\max}-\Delta_{i\min}$$

在实际工程应用中，当精度要求不高或现场检测时，往往用平板和带指示表的表架按对角线法测量以直接获得平面度误差值，如图 4-29 所示。即将被测平面支撑在平板上，先调整一对角线两支撑点，使对角两端测点 A、E 等高，再调整另一对角线的两支撑点，使对角两端测点 B、D 等高；然后遍测被测面上所有点，取测得的最大值与最小值之差为平面度误差值。

④ 最小二乘法评定。

该方法以被测实际平面的最小二乘平面作为评定平面度误差的评定基面，平面度误差值为所有测点相对该基面的最大变动量。

设被测实际平面的平面度误差以其最小二乘平面作为评定基面，且最小二乘平面方程为

$$z=\alpha+\beta x+\gamma y$$

被测实际平面各测点(x_i、y_j、z_{ij})相对于最小二乘平面的高度坐标值为

$$V_{ij}=z_{ij}-z=z_{ij}-(\alpha+\beta x_i+\gamma y_j) \tag{4-1}$$

要满足各测点到最小二乘平面高度坐标距离$|V_{ij}|$的平方和 Q 为最小，即

$$\min(Q)=\min\left(\sum_{i=1}^{m}\sum_{j=1}^{n}V_{ij}^2\right)=\min\left\{\sum_{i=1}^{m}\sum_{j=1}^{n}[z_{ij}-(\alpha+\beta x_i+\gamma y_j)]^2\right\}$$

分别令 $\dfrac{\partial Q}{\partial\alpha}=0$，$\dfrac{\partial Q}{\partial\beta}=0$，$\dfrac{\partial Q}{\partial\gamma}=0$，则可得方程组

$$\begin{cases}mn\alpha+n\left(\sum\limits_{i=1}^{m}x_i\right)\beta+m\left(\sum\limits_{j=1}^{n}y_j\right)\gamma=\sum\limits_{i=1}^{m}\sum\limits_{j=1}^{n}z_{ij}\\ n\left(\sum\limits_{i=1}^{m}x_i\right)\alpha+n\left(\sum\limits_{i=1}^{m}x_i^2\right)\beta+\left(\sum\limits_{i=1}^{m}\sum\limits_{j=1}^{n}x_iy_j\right)\gamma=\sum\limits_{i=1}^{m}\sum\limits_{j=1}^{n}x_iz_{ij}\\ m\left(\sum\limits_{j=1}^{n}y_j\right)\alpha+\left(\sum\limits_{i=1}^{m}\sum\limits_{j=1}^{n}x_iy_j\right)\beta+m\left(\sum\limits_{j=1}^{n}y_j^2\right)\gamma=\sum\limits_{i=1}^{m}\sum\limits_{j=1}^{n}y_jz_{ij}\end{cases} \tag{4-2}$$

将被测实际平面各测点(x_i、y_j、z_{ij})的数据代入方程组式(4-2)，解方程组，可得最小二乘平面的三个待定参数 α、β 和 γ。由式(4-1)可计算 V_{ij}，则被测实际平面的平面度误差 Δ 为

$$\Delta=V_{ij\max}-V_{ij\min}$$

根据实际零件的功能需求，平面度误差的评定方法有多种。这些评定方法中，对同一被测平面按最小区域评定法所评定的平面度误差值最小，能最大限度地通过合格件，同时也具有唯

一性。因而，最小区域评定法是判定平面度合格性的最后仲裁依据。

3. 圆度

圆度公差为规定单一实际圆所允许的变动全量，以根据功能要求来控制工件上实际圆的圆度误差。

1）圆公差的图样标注及公差带

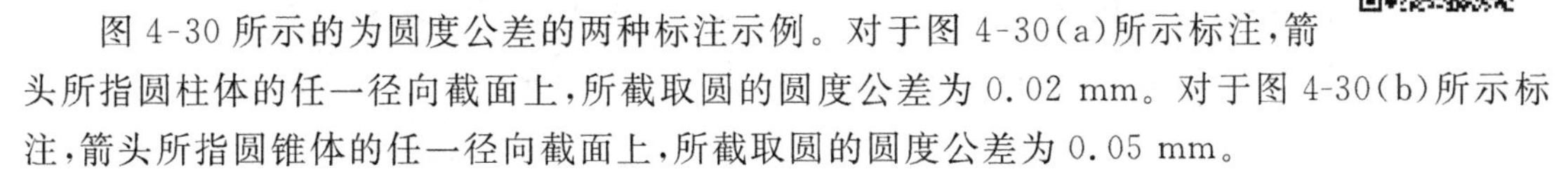

图 4-30 所示的为圆度公差的两种标注示例。对于图 4-30(a)所示标注，箭头所指圆柱体的任一径向截面上，所截取圆的圆度公差为 0.02 mm。对于图 4-30(b)所示标注，箭头所指圆锥体的任一径向截面上，所截取圆的圆度公差为 0.05 mm。

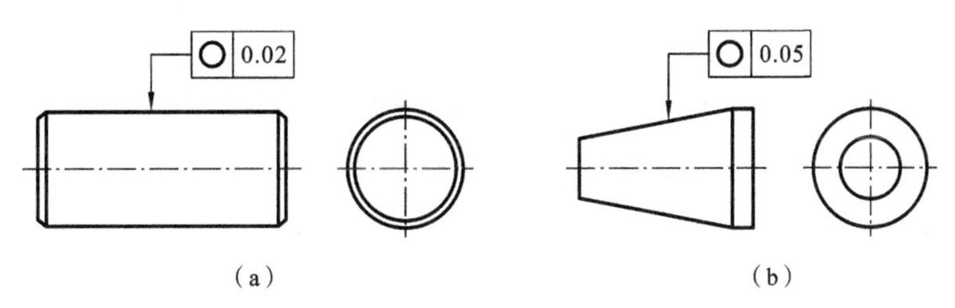

图 4-30　圆度公差标注

两种圆度公差的公差带为，在箭头所指圆柱体或圆锥体的任一径向截面上，半径差为公差值 t（对于图 4-30(a)，为 0.02 mm，对于图 4-30(b)，为 0.05 mm）的两同心圆之间的圆环区域，如图 4-31 所示。图示零件在截面上的提取（实际）圆不得超出该区域。

2）圆度误差的测量方法

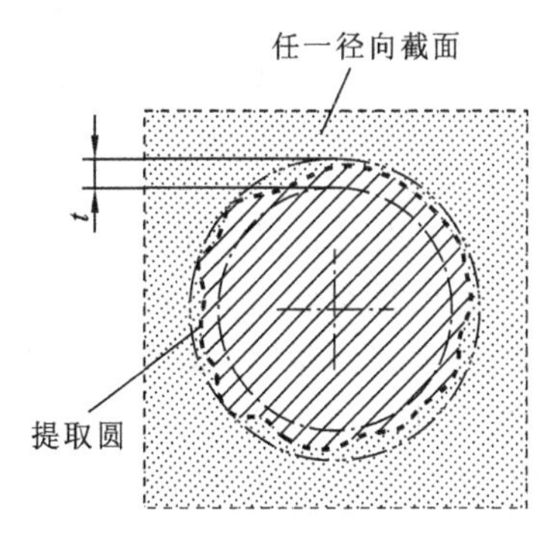

图 4-31　圆度公差带

圆度误差可按不同精度要求，用圆度仪、光学分度头、坐标测量装置或带电子计算机的测量显微镜、V 形块和带指示表的表架、千分尺及投影仪等测量。测量时，对被测零件的若干个截面（理论上应是无穷多个）进行测量，取其中最大的误差值作为该零件的圆度误差。

(1) 用千分尺或用平板和带指示表的表架测量的方法。

此法测量被测截面的直径差，亦称为两点测量法。在被测零件回转一周过程中，千分尺或指示表读数的最大差值之半作为被测截面的圆度误差。同样测量若干个截面，取其中最大的误差值作为该零件的圆度误差。此法适用于测量具有偶数棱形状误差的内、外圆表面。测量时可转动被测零件，也可转动量具。

(2) 用 V 形块和指示表测量的方法。

将被测零件放在 V 形块上（见图 4-32(a)），或将鞍式 V 形座放在被测零件上（见图 4-32(b)），或将 V 形架置于被测孔中（见图 4-32(c)），被测零件的轴线应与测量截面垂直，并固定其轴向位置。在被测零件回转一周过程中，指示表读数的最大差值之半，即为被测量截面的圆度误差。如此测量若干个截面，取其中最大的误差值作为该零件的圆度误差。

这种测量方法亦称三点测量法，测量结果的可靠性取决于被测截面的形状误差和 V 形块夹角的综合效果。此法适用于测量具有奇数棱形状误差的内、外圆表面。测量时可以转动被测零件，也可转动量具。

(3) 用分度头测量的方法。

如图 4-33 所示，将被测零件安装在两顶尖之间，利用分度头使之每次转一个等分角，从指

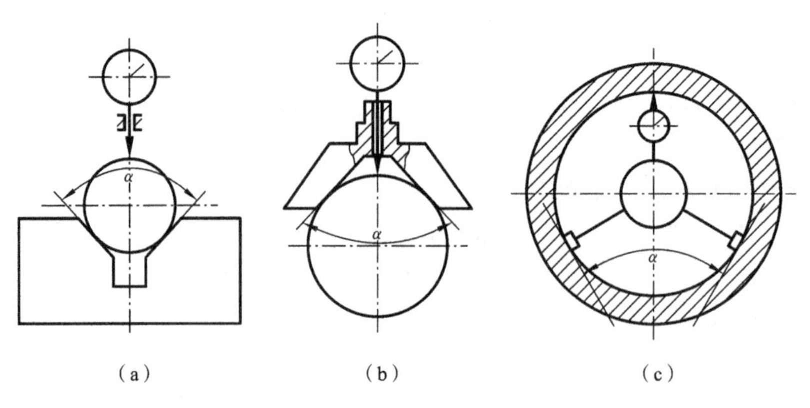

图 4-32　用 V 形块和指示表测量圆度误差

示表上读取被测截面上各测点的半径差。将所得读数值按一定比例放大后,绘制极坐标曲线,然后评定被测截面的圆度误差。

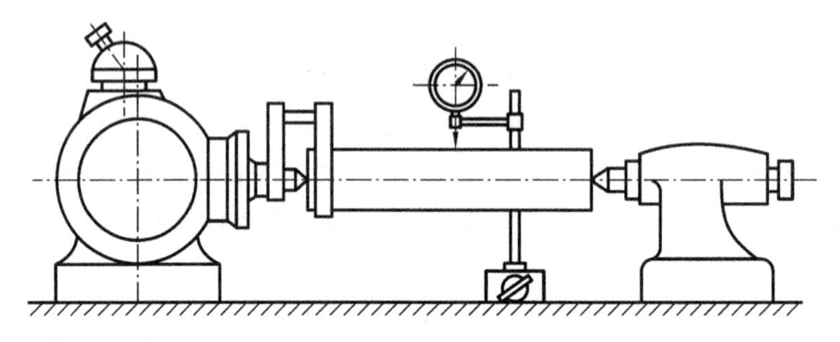

图 4-33　用分度头测量圆度误差

(4) 用圆度仪测量的方法。

圆度仪有转台式和转轴式等两种,其工作原理分别如图 4-34(a)和图 4-34(b)所示。用转台式圆度仪测量时,被测零件将安置在量仪的回转工作台上,调整零件轴线,使之与工作台的轴线同轴。用转轴式圆度仪测量时,被测零件将安置在量仪的固定工作台上,调整零件轴线使之与传感器的回转轴线同轴。两种形式的圆度仪分别由传感器测头与被测零件在相对回转一周过程中记录测量截面各点的半径差,绘制极坐标图,然后评定圆度误差。

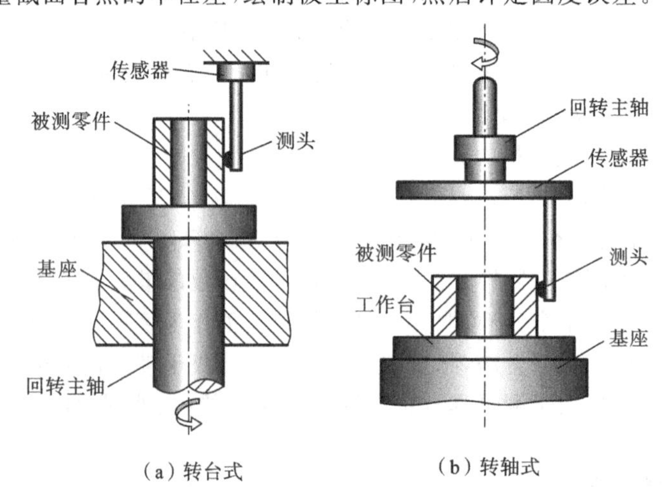

图 4-34　两种圆度仪的工作原理示意

3）圆度误差测量数据处理及误差评定

用分度头、圆度仪等测量圆度误差时，测得的主要是外圆或内圆表面对回转中心的半径变动 ΔR_i。要符合定义的圆度误差值，还需用一定的方法来评定，主要有四种评定方法：最小区域法、最小外接圆法、最大内接圆法、最小二乘圆法。

(1) 最小区域法。

最小区域法评定圆度误差的评定准则为，用两同心圆包容被测实际圆，且至少有四个实测点内外相间地分布在两个圆周上（符合交叉准则），则两个同心圆之间的圆环区域为最小区域，圆度误差为两同心圆的半径差 f，如图 4-35 所示。

用最小区域法评定圆度误差的关键在于确定最小区域圆的圆心。如图 4-36 所示，O 为测量被测实际圆时的回转中心，R_i 为各实际测点到 O 的距离；设 O' 为最小区域圆心，R'_i 为各测点到 O' 的距离。由该图可知

$$R'_i=\sqrt{x'^2_i+y'^2_i}=\sqrt{(R_i\cos\theta_i+u_1)^2+(R_i\sin\theta_i+u_2)^2} \tag{4-3}$$

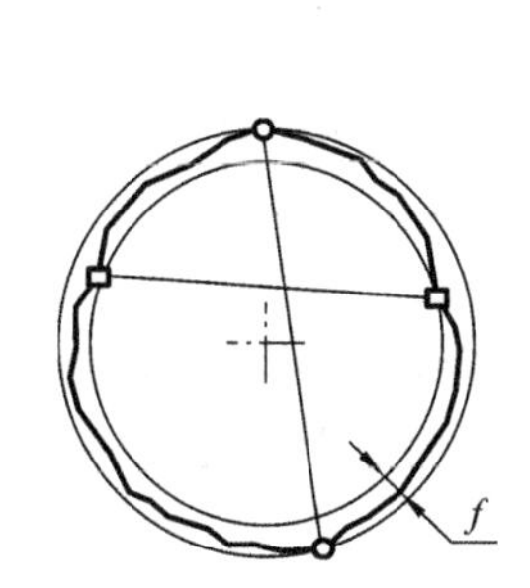

图 4-35　最小区域圆判别

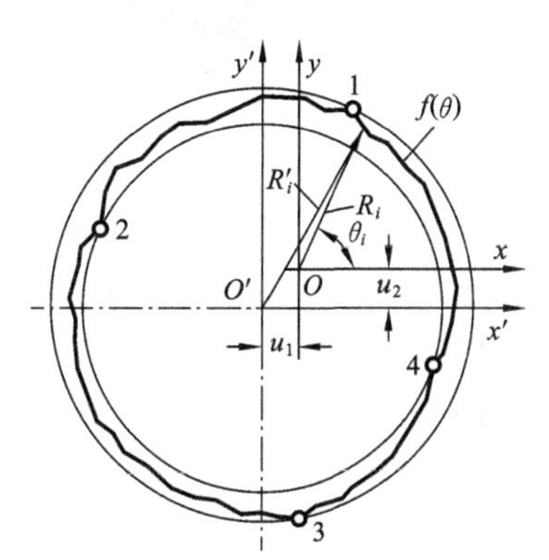

图 4-36　求最小区域圆

若 $u_1\ll R_i$，$u_2\ll R_i$，且 $\max\{R_i\}-\min\{R_i\}\ll R_i$，则可近似有

$$R'_i=R_i+u_1\cos\theta_i+u_2\sin\theta_i \tag{4-4}$$

设构成最小区域的两同心圆与图示的实际测点 1、2、3、4 四点内外相间地接触，符合交叉准则，则有

$$\begin{cases}R_1+u_1\cos\theta_1+u_2\sin\theta_1=R_3+u_1\cos\theta_3+u_2\sin\theta_3\\R_2+u_1\cos\theta_2+u_2\sin\theta_2=R_4+u_1\cos\theta_4+u_2\sin\theta_4\end{cases}$$

由于实际测得数据 ΔR_i 为相对于某起始测点的偏差值，设起始测点到测量回转中心 O 的半径为 R，则 $R_i=\Delta R_i+R$，代入上式，有

$$\begin{cases}\Delta R_1+u_1\cos\theta_1+u_2\sin\theta_1=\Delta R_3+u_1\cos\theta_3+u_2\sin\theta_3\\\Delta R_2+u_1\cos\theta_2+u_2\sin\theta_2=\Delta R_4+u_1\cos\theta_4+u_2\sin\theta_4\end{cases} \tag{4-5}$$

将测量数据 ΔR_i、θ_i 代入式(4-5)，可求出最小区域圆的圆心坐标为 (u_1,u_2)，则圆度误差为

$$\Delta=R'_1-R'_2=(\Delta R_1-\Delta R_2)+u_1(\cos\theta_1-\cos\theta_2)+u_2(\sin\theta_1-\sin\theta_2) \tag{4-6}$$

以上仅给出了最小区域圆心的计算方法，其假设前提是实际测点 1、2、3、4 四点符合交叉准则。但实际测量数据中往往找不到完全符合交叉准则的这四点，因而在评定过程中先选择大致符合交叉准则的四点，代入式(4-5)计算出圆心坐标 (u_1,u_2)；再以 (u_1,u_2) 为圆心分别作过所选四点两同心包容圆，若实际测点全部位于同心圆之间的区域，则按式(4-6)计算的圆度

误差值符合最小条件;若实际测点存在超出同心圆之间的区域的情况,则应在前一次计算结果的基础上再次选点进行迭代计算,直到符合条件为止。

(2) 最小外接圆法。

作被测实际圆的最小外接圆,再以最小外接圆的圆心作实际圆的内接圆,则此两同心圆的半径差为被测实际圆的圆度误差,如图 4-37 所示两种典型的最小外接圆。

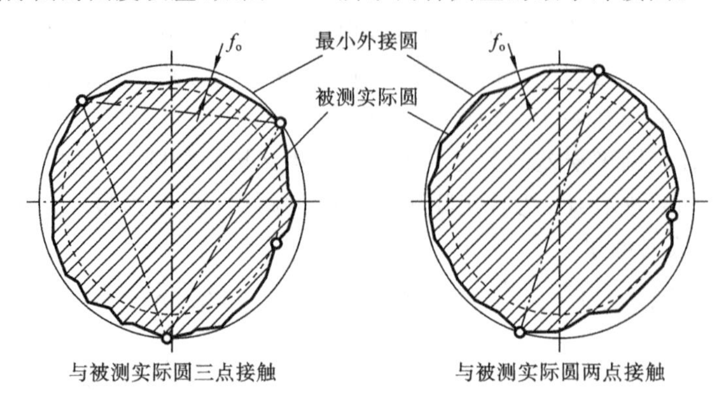

图 4-37　最小外接圆

最小外接圆法是主要用于圆柱外表面圆度误差的评定方法。最小外接圆体现了被测轴所能通过的最小配合孔的大小,由此所得的圆度误差可视为被测轴与最小配合孔之间的最大间隙。

(3) 最大内接圆法。

作被测实际圆的最大内接圆,再以最大内接圆的圆心作实际圆的外接圆,则此两同心圆的半径差为被测实际圆的圆度误差,如图 4-38 所示的是两种典型的最大内接圆。

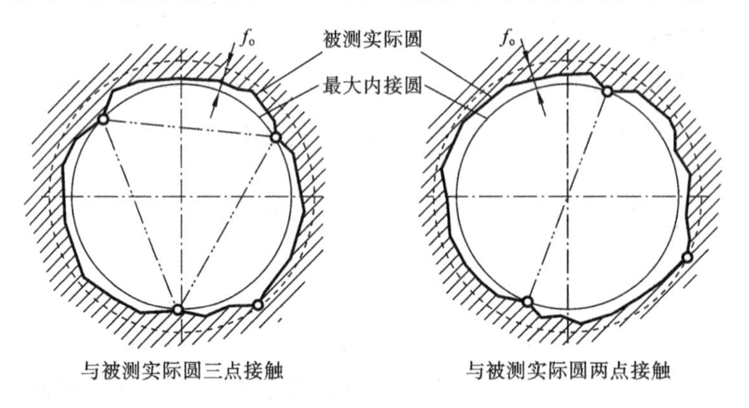

图 4-38　最大内接圆

最大内接圆法是主要用于圆柱内表面圆度误差的评定方法。最大内接圆体现了被测孔所能通过的最大配合轴的大小,由此所得的圆度误差可视为被测孔与最大配合轴之间的最大间隙。

(4) 最小二乘圆法。

作被测实际圆的最小二乘圆,则被测实际圆对该圆的最大变动量为圆度误差值。如图 4-39所示,最小二乘圆度误差值为

$$\Delta = R_{max} - R_{min}$$

设各被测点到最小二乘圆圆心 $O'(u_1, u_2)$的距离为 R'_i,到测量时的回转中心 O 的距离为 R_i,最小二乘圆的半径为 R_{LS},如图 4-40 所示。所谓最小二乘圆,即被测实际圆的各测点到该圆的距离$|V_i| = |R'_i - R_{LS}|$的平方和 Q 为最小,即

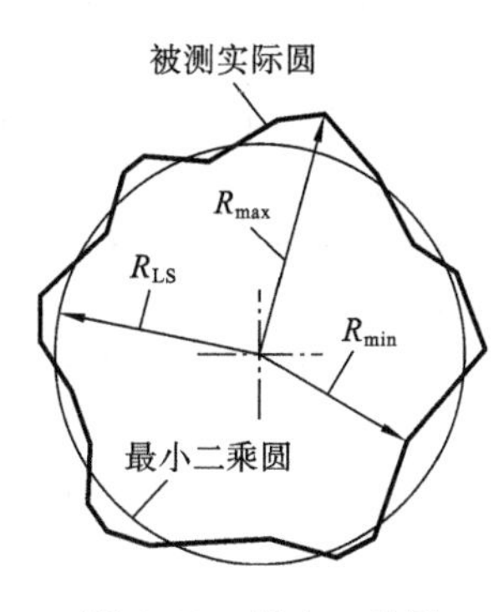

图 4-39 最小二乘圆

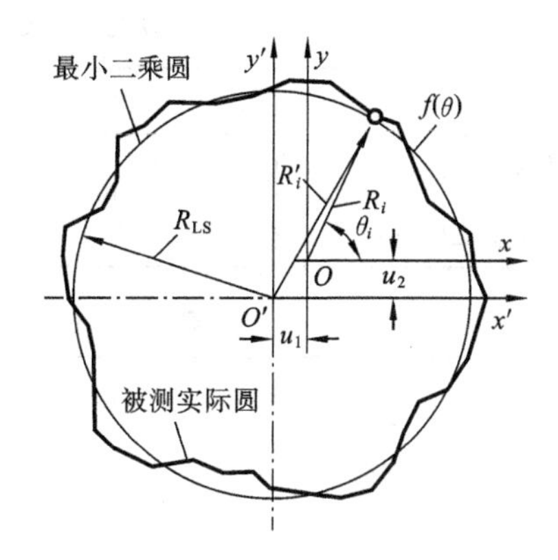

图 4-40 求最小二乘圆

$$\min(Q)=\min\left(\sum_{i=1}^{n}V_i^2\right)=\min\sum_{i=1}^{n}(R'_i-R_{LS})^2$$

由式(4-4)有

$$\min(Q)=\min\sum_{i=1}^{n}(R_i+u_1\cos\theta_i+u_2\sin\theta_i-R_{LS})^2$$

分别令

$$\frac{Q}{R_{LS}}=0,\quad \frac{Q}{u_1}=0 \quad 和 \quad \frac{Q}{u_2}=0$$

则可求得

$$\begin{cases} R_{LS}=\dfrac{1}{n}\sum\limits_{i=1}^{n}R_i \\ u_1=-\dfrac{2}{n}\sum\limits_{i=1}^{n}R_i\cos\theta_i \\ u_2=-\dfrac{2}{n}\sum\limits_{i=1}^{n}R_i\sin\theta_i \end{cases}$$

通常，测量数据是相对于半径为 R 的初始圆的偏差 ΔR_i，即 $R_i=\Delta R_i+R$，代入上式，在测量采样点在被测圆周上均布时，有

$$\begin{cases} R_{LS}=\dfrac{1}{n}\sum\limits_{i=1}^{n}(\Delta R_i+R) \\ u_1=-\dfrac{2}{n}\sum\limits_{i=1}^{n}\Delta R_i\cos\theta_i \\ u_2=-\dfrac{2}{n}\sum\limits_{i=1}^{n}\Delta R_i\sin\theta_i \end{cases} \tag{4-7}$$

至此，可求得最小二乘圆度误差值为

$$\begin{aligned}\Delta &=R'_{i\max}-R'_{i\min}=V_{i\max}-V_{i\min}\\ &=\max\{\Delta R_i+u_1\cos\theta_i+u_2\sin\theta_i\}-\min\{\Delta R_i+u_1\cos\theta_i+u_2\sin\theta_i\}\end{aligned} \tag{4-8}$$

例 4-6 用半径法测量直径为 20 mm 轴的圆度误差，每隔 30°读数一次，测量数据如表 4-4所示。试用最小二乘圆法评定其圆度误差。

解 求最小二乘圆心坐标 u_1 和 u_2，计算过程数据列于表 4-5 中。

由式(4-7)得

$u_1=(-0.9\times2)/12\ \mu m=-0.15\ \mu m$； $u_2=(+3.4\times2)/12\ \mu m=+0.57\ \mu m$

表 4-4　例 4-6 原始数据表

测点序号 i	1	2	3	4	5	6	7	8	9	10	11	12
角度坐标 θ_i	0°	30°	60°	90°	120°	150°	180°	210°	240°	270°	300°	330°
矢径相对误差 $\Delta R_i/\mu m$	6	7	5	3.5	5	7.5	4.5	6.5	7	4.5	6.5	6.5

表 4-5　例 4-6 数据处理数据表一

测点序号 i	1	2	3	4	5	6	7	8	9	10	11	12	$\sum$
角度坐标 θ_i	0°	30°	60°	90°	120°	150°	180°	210°	240°	270°	300°	330°	—
$\Delta R_i\cos\theta_i/\mu m$	6	6.1	2.5	0	−2.5	−6.5	−4.5	−5.6	−3.5	0	3.3	5.6	0.9
$\Delta R_i\sin\theta_i/\mu m$	0	3.5	4.3	3.5	4.3	3.8	0	−3.3	−6.1	−4.5	−5.6	−3.3	−3.4

令式(4-7)中的 $\Delta R_i+u_1\cos\theta_i+u_2\sin\theta_i=\Delta R'_i$，计算其值列于表 4-6 中。

表 4-6　例 4-6 数据处理数据表二

测点序号 i	1	2	3	4	5	6	7	8	9	10	11	12
$u_1\cos\theta_i/\mu m$	−0.15	−0.13	−0.08	0	+0.08	+0.13	+0.15	+0.13	+0.08	0	−0.08	−0.13
$u_2\sin\theta_i/\mu m$	0	+0.29	+0.49	+0.57	+0.49	+0.29	0	−0.20	−0.49	−0.57	−0.49	−0.29
$\Delta R'_i/\mu m$	+5.85	+7.16	+5.41	+4.07	+5.57	+7.92	+4.65	+6.34	+6.59	+3.93	+5.93	+6.08

则该轴的圆度误差为

$$\Delta=(7.92-3.93)\ \mu m\approx 4.0\ \mu m$$

根据实际零件的功能需求，圆度误差的评定方法有多种。这些评定方法中，对同一被测实际圆按最小区域评定法所评定的圆度误差值最小，能最大限度地通过合格件，同时也具有唯一性。因而，最小区域评定法是判定圆度合格性的最后仲裁依据。

4. 圆柱度

圆柱度公差是规定单一实际圆柱所允许的变动全量，以根据功能要求来控制工件上实际圆柱的圆柱度误差。

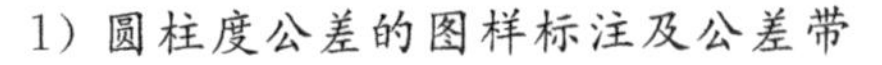

图 4-41 所示的为圆柱度公差的标注示例。其含义为，图中箭头所指圆柱面的圆柱度误差值不得超出给定的公差值 0.05 mm。公差带为，半径差为公差值 0.05 mm 的两同轴圆柱体之间的区域。对于图示箭头所指的圆柱体，其提取(实际)圆柱表面不得超出该区域。

2）圆柱度误差的测量方法

(1) 用平板、V 形块(或直角座)和带指示表的表架测量。

将被测实际圆柱体放置在平板上的 V 形块(见图 4-42(a))或直角座(见图 4-42(b))上，回转被测圆柱体并由指示器测量被测圆柱体回转一周时，一个截面上的最大值与最小值，然后用同样的方法连续测量被测圆柱体的若干个截面。各截面所有示值中最大示值与最小示值之差的一半为圆柱度误差值。

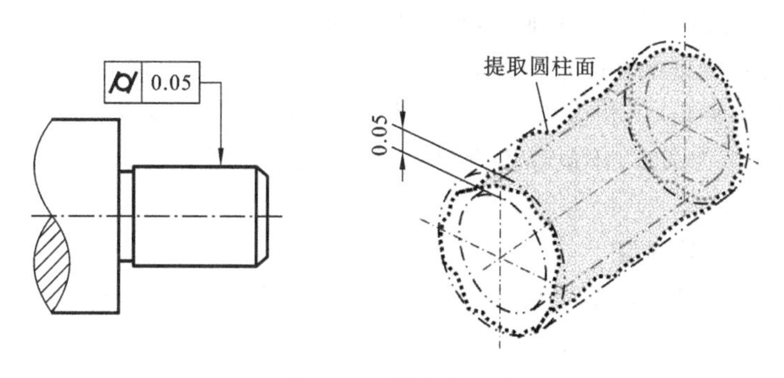

图 4-41 圆柱度公差

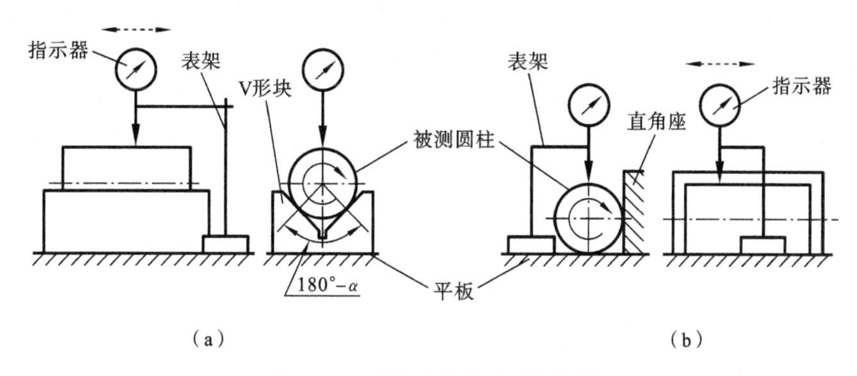

图 4-42 圆柱度误差的简易测量

用V形块测量适用于奇数棱圆柱表面，通常夹角为90°和120°的V形块分别测量；用直角座测量适用于偶数棱圆柱体表面。这类方法适用于精度要求不高的圆柱体表面的现场测量及评定。

(2) 用圆度仪测量。

在圆度仪上测量圆柱度误差的测量方法与测量圆度误差的一样，如图4-34所示。测量圆柱度误差时，由圆度仪通过测头及传感器记录被测实际圆柱面一个横截面上各测点相对工件回转轴的半径差。然后测头在被测表面上做无径向偏移的间断移动，分别测量若干个横截面(测头也可按螺旋线移动)，从而获得被测实际圆柱体表面各测点相对工件回转轴的半径差。

3) 圆柱度误差测量数据处理及误差评定

由于圆柱面为三维非线性曲面，所以圆柱度误差测量数据的处理及评定要比前述形状误差的复杂，一般需要靠计算机及相应的处理评定软件来完成。现代圆度仪上通常配有按最小二乘圆法或多种优化方法来处理评定圆柱度误差的软件。

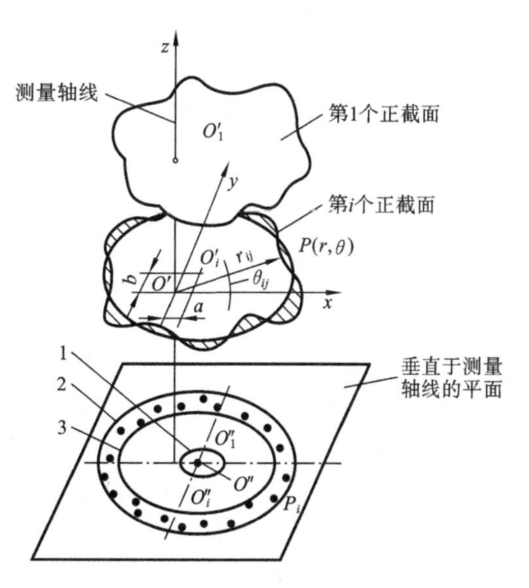

图 4-43 圆柱度误差的近似评定

在没有采用计算机评定的条件下，圆柱度误差也可在精度要求许可的情况下近似评定。如图4-43所示，先分别测量被测圆柱面上若干个横截面的圆度误差，将被测各截面实际轮廓的中心 O'_i 投影到垂直于测量轴线的平面，以相距最远两投

影点 O_1'' 和 O_i'' 之间的距离为直径作圆 1，若该圆能包容其他各投影点，则该圆的直径即为被测圆柱体实际轴线的直线度误差的近似值。再将各被测截面实际轮廓上的若干个点投影于上述与测量轴线垂直的平面上，得相应数量的投影点 P_i。以上述评定被测圆柱体实际轴线直线度误差的包容圆中心 O''为圆心，作包容各投影点 P_i 的两同心圆 2 和 3，其半径差即为被测零件的圆柱度误差。

5. 无基准的线、面轮廓度

无基准的线轮廓度或面轮廓度公差是规定单一实际线或表面所允许的变动全量，以根据功能要求来控制工件上实际线或面的形状误差。

1）无基准线轮廓度与面轮廓度公差的图样标注及公差带

图 4-44 所示的为无基准线轮廓度公差的图样标注示例。其含义为，在箭头所指曲面的任一平行于标注视图的截面内，所截取轮廓线的线轮廓度公差值为 0.04 mm。公差带为，在与标注被测曲面视图平行的任一截面上，直径等于公差值 0.04 mm、圆心位于具有理论正确形状的一系列圆的两等距包络线之间的区域。被测提取(实际)轮廓线不得超出该区域。

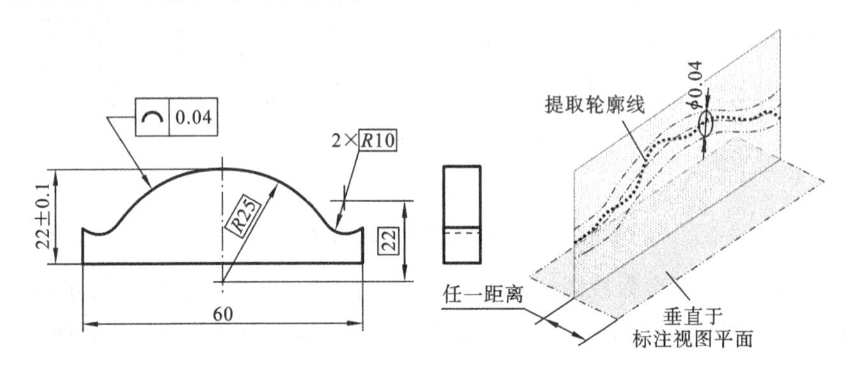

图 4-44　无基准线轮廓度公差

图 4-45 所示的为无基准面轮廓度公差的图样标注示例。其含义为，箭头所指曲面的面轮廓度公差值为 0.02 mm。公差带为，直径等于公差值 0.02 mm、球心位于具有理论正确形状的一系列圆球的两包络面之间的区域。被测提取(实际)轮廓面不得超出该区域。

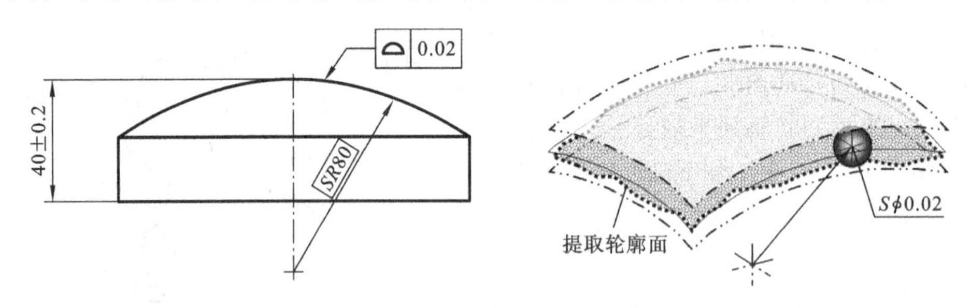

图 4-45　无基准面轮廓度公差

2）线、面轮廓度误差的测量方法

线轮廓度误差的测量可用轮廓样板、投影仪、仿形测量装置和坐标测量装置等测量方法进行。面轮廓度误差的测量可用成套截面轮廓样板、仿形测量装置及坐标测量装置，以及光学跟踪轮廓测量仪等方法进行。

3）线、面轮廓度误差的评定

用刀口轮廓度样板测量高精度零件的轮廓度误差(见图 4-46)时，通常用光隙法得到间隙的大小，低精度零件用厚薄规得到间隙的大小作为轮廓度的误差值。仿形法测量轮廓度误差（见图 4-47）时，初始测点指示器调零，轮廓度误差取测量中指示器最大示值绝对值的 2 倍。投影仪上用投影法测量轮廓度误差时，用两理论正确形状的轮廓包容实际轮廓，两轮廓间的距离为轮廓度误差。坐标测量法可得到提取（实际）轮廓测点的坐标值，然后通过计算可得到轮廓度误差值。

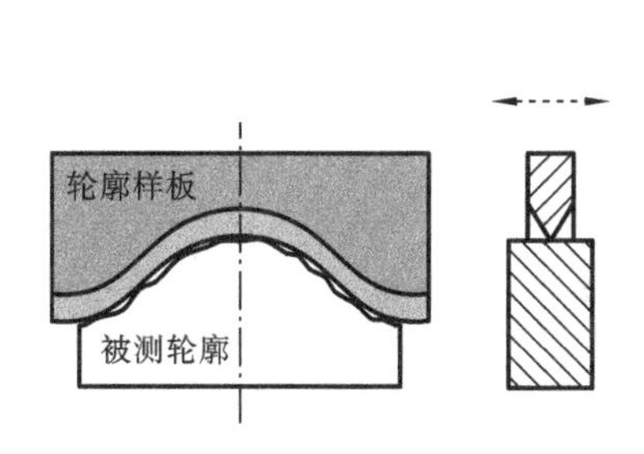

图 4-46 轮廓样板测轮廓度误差

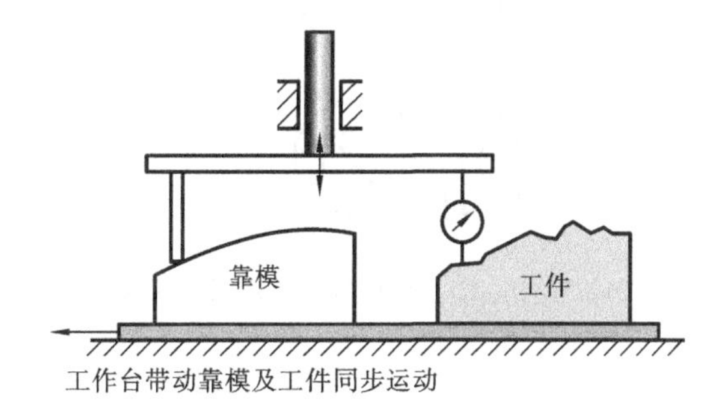

图 4-47 仿形法测轮廓度误差

4.3.2 方向公差及方向误差的测量评定

1. 平行度

平行度公差是规定关联被测实际要素对具有确定方向的基准在二者平行方向（即对基准的理想正确角度为 0°）所允许的变动全量，以根据功能要求来控制被测实际要素的平行度误差。

1）平行度公差的图样标注及公差带

图 4-48 所示的为在给定一个方向上，规定直线对基准平面的平行度公差的标注。其含义为，箭头所指零件两端孔轴线的公共轴线对底平面在箭头所指方向上的平行度公差值为 0.05 mm。公差带为相距为公差值 0.05 mm 且与基准平面 A 平行的两平行平面之间的区域。两端提取（实际）孔的导出轴线的公共轴线不得超出该区域。

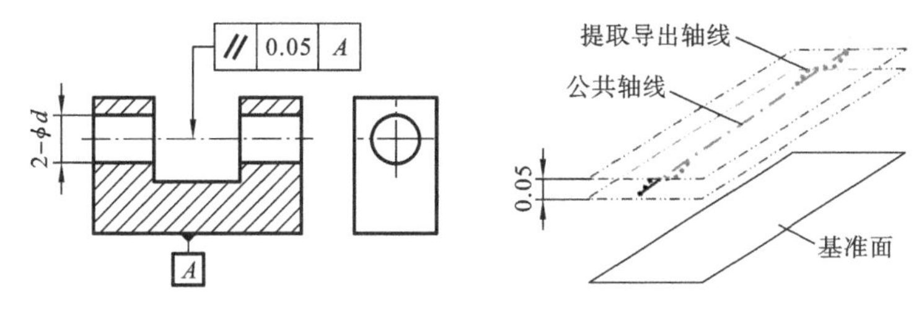

图 4-48 给定一个方向线对面的平行度公差

图 4-49 所示的为在给定两个方向上，规定直线对基准直线的平行度公差的标注示例。其含义为，箭头所指零件上端孔的轴线对零件下端孔轴线（基准轴线 B）在图示水平方向的平行度公差为 0.2 mm，在垂直方向的平行度公差为 0.1 mm。公差带为，两水平上相距为公差值 0.2 mm 和两垂直上相距为公差值 0.1 mm，且与基准轴线 B 分别在水平方向和垂直方向平行的两组平行平面之间的长方体区域。零件上端提取（实际）孔的导出轴线不得超出该区域。

图 4-50 所示的为在任意方向上，规定直线对基准直线的平行度公差的标注示例。其含义为，箭头所指零件上端孔的轴线在任意方向上对零件下端孔轴线（基准轴线 B）的平行度公差为 ϕ0.1 mm。公差带为直径为公差值 ϕ0.1 mm 且其轴线与基准轴线 B 平行的圆柱体区域。

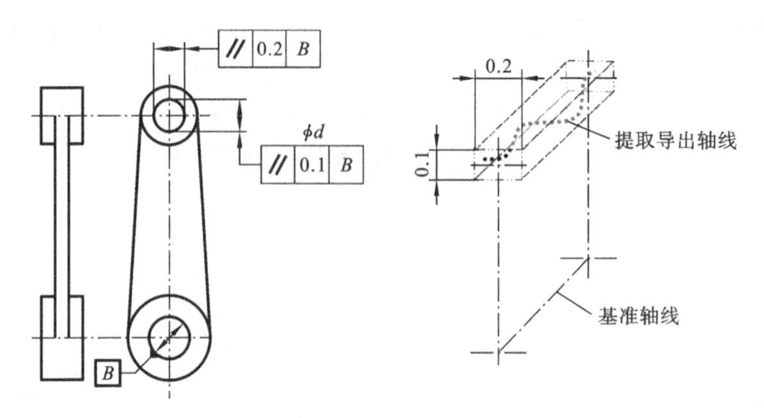

图 4-49　给定两个相互垂直方向线对线的平行度公差

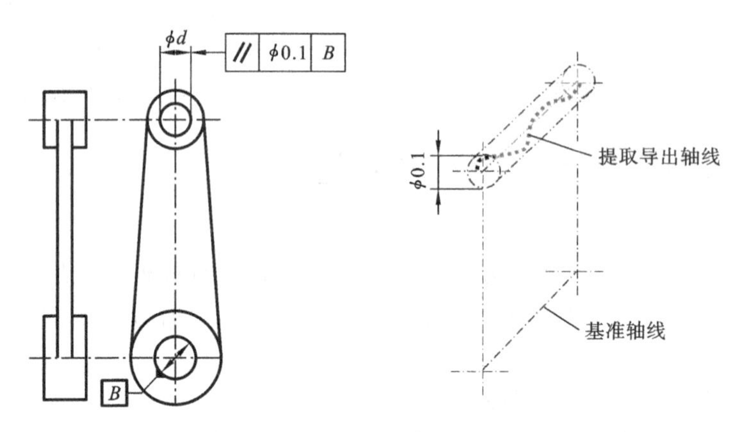

图 4-50　任意方向线对线的平行度公差

上端提取(实际)孔的导出轴线不得超出该区域。

图 4-51 所示的为规定平面对基准平面的平行度公差的标注示例。其含义为,箭头所指零件上平面对零件底平面(基准平面 *C*)的平行度公差为 0.05 mm。公差带为,相距为公差值 0.05 mm,且与基准平面 *C* 平行的两平行平面之间的区域。零件上表面的提取(实际)平面不得超出该区域。

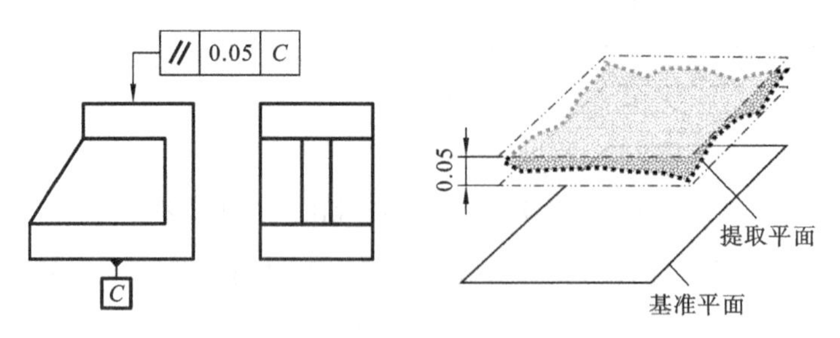

图 4-51　面对面的平行度公差

图 4-52 所示的为规定平面对基准直线的平行度公差的标注示例。其含义为,箭头所指零件的上平面对零件孔轴线(基准轴线 *D*)的平行度公差为 0.05 mm。公差带为,相距为公差值 0.05 mm,且与基准轴线 *D* 平行的两平行平面之间的区域。零件上表面的提取(实际)平面不得超出该区域。

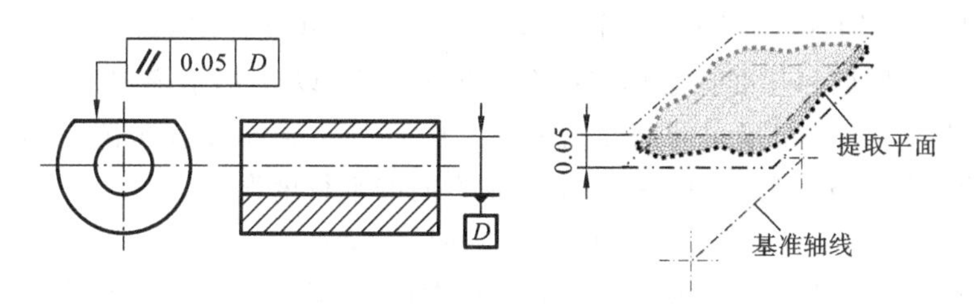

图 4-52 面对线的平行度公差

图 4-53 所示的为规定被测要素上的直线(LE)对基准体系的平行度公差的标注示例。其含义为,箭头所指零件的上平面与基准平面 B 平行的任一平面的交线对零件底平面(基准平面 A)的平行度公差为 0.02 mm。公差带为,在与基准平面 B 平行的任一平面上,相距为公差值 0.05 mm 且与基准平面 A 平行的两平行线之间的区域。被测面在此面上的提取(实际)直线不得超出该区域。

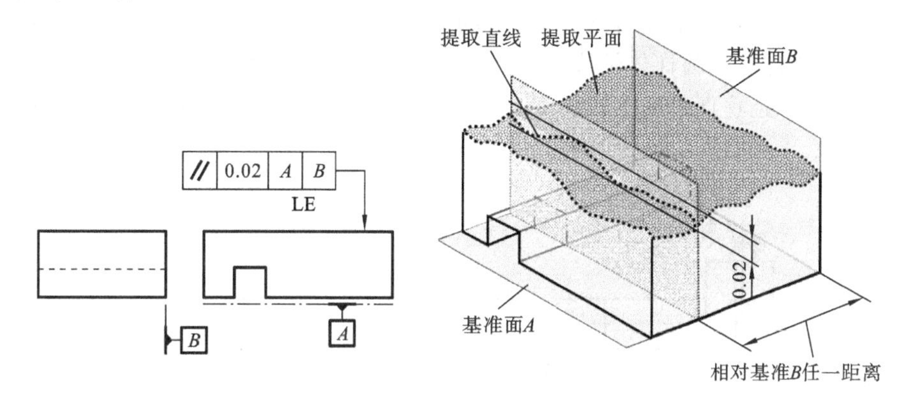

图 4-53 线对基准体系的平行度公差

2) 平行度误差的测量方法及误差评定

平行度误差可采用平板和带指示表的表架、水平仪、自准直仪、坐标测量装置等多种方法测量。实际工程中,特别是现场检测时多用平板和带指示表的表架(亦称打表法)测量平行度误差。

图 4-54 所示的为用打表法测量面对面平行度误差示意。工件放置在平板表面上,以平板表面模拟工件的基准平面并作为测量基准。通过表架在平板上的移动使指示器遍测工件的上表面,以指示器的最大读数与最小读数差为被测表面的平行度误差。

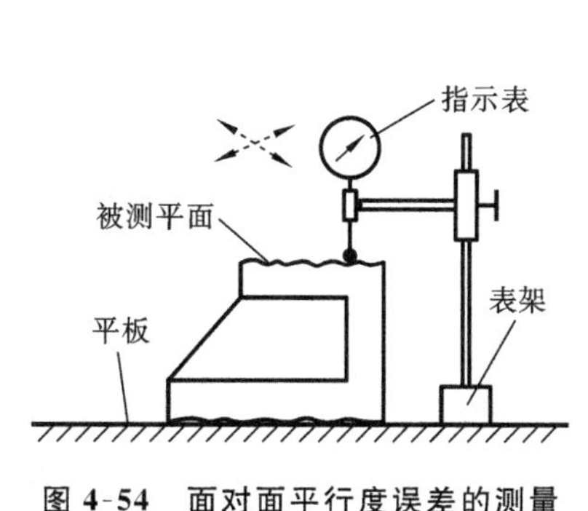

图 4-54 面对面平行度误差的测量

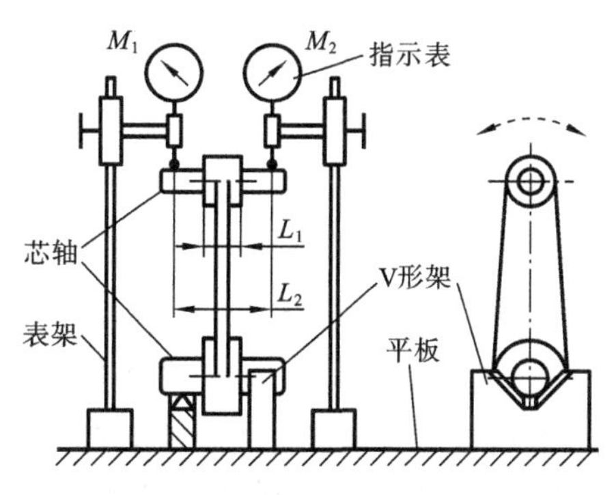

图 4-55 线对线平行度误差的测量

图 4-55 所示的为用打表法测量线对线平行度误差示意。分别在被测实际孔和基准实际

孔中无隙插入标准芯轴,以模拟工件的被测实际孔轴线和基准孔实际轴线。工件通过相对平板等高的两刀口 V 形架和基准孔芯轴支撑在平板表面上,以 V 形槽模拟工件的基准轴线并以平板作为测量基准。不调整指示器高度在平板上移动指示器,分别在被测孔芯轴上相距 L_2 两处测得读数 M_1、M_2。被测实际轴线在图示铅垂方向的平行度误差为

$$\Delta=(L_1/L_2)|M_1-M_2|$$

若测量被测实际轴线在图示水平方向的平行度误差,则需将被测零件在 V 形架上绕基准轴线回转 90°并作辅助支撑,然后按上述方法测量。

2. 垂直度

垂直度公差是规定关联被测实际要素对具有确定方向的基准在二者垂直方向(即对基准的理想正确角度为 90°)所允许的变动全量,以根据功能要求来控制被测实际要素的垂直度误差。

1) 垂直度公差的图样标注及公差带

图 4-56 所示的为规定平面对基准轴线的垂直度公差的标注示例。其含义为,箭头所指零件的左端平面对零件右端圆柱体轴线(基准线 B)的垂直度公差为 0.05 mm。公差带为,相距为公差值 0.05 mm 且垂直于基准轴线 B 的两平行平面之间的区域。被测提取(实际)左端面不得超出该区域。

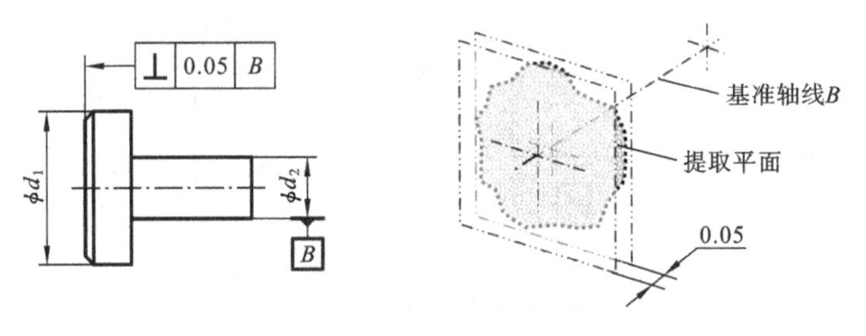

图 4-56　面对线垂直度公差

图 4-57 所示的为规定平面对基准平面的垂直度公差的标注示例。其含义为,箭头所指零件左端平面对零件底平面(基准平面 A)的垂直度公差为 0.05 mm。公差带为,相距为公差值 0.05 mm 且垂直于基准平面 A 的两平行平面之间的区域。被测提取(实际)左端面不得超出该区域。

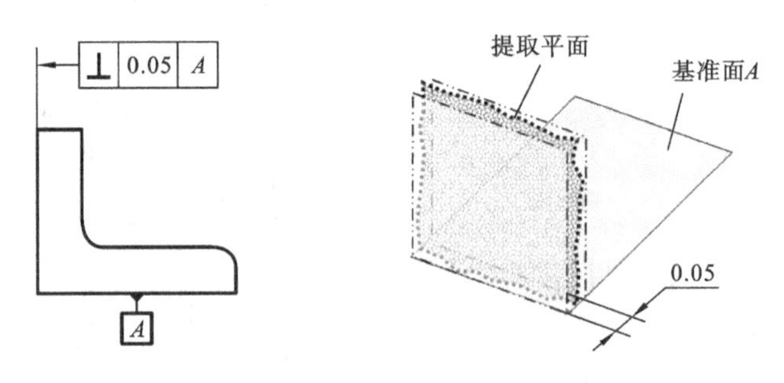

图 4-57　面对面垂直度公差

图 4-58 所示的为规定直线对基准直线的垂直度公差的标注示例。其含义为,箭头所指零件斜孔的轴线对零件水平孔轴线(基准线 A)的垂直度公差为 0.05 mm。公差带为,相距为公差值 0.06 mm 且垂直于基准轴线 A 的两平行平面之间的区域。被测提取(实际)斜孔的导出轴线不得超出该区域。

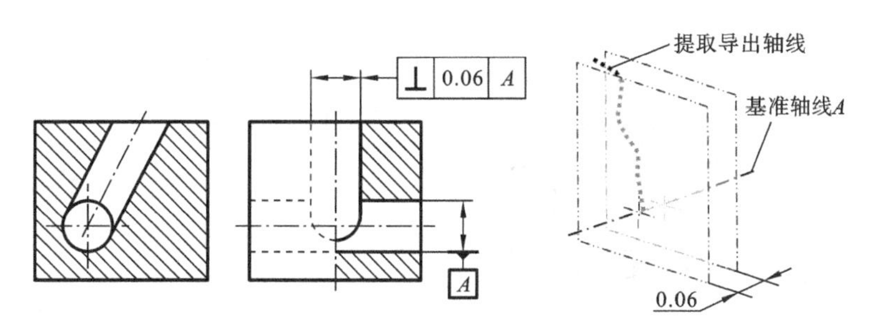

图 4-58 线对线垂直度公差

图 4-59 所示的为在给定一个方向上规定直线对基准平面的垂直度公差的标注示例。其含义为，箭头所指轴线在箭头所指方向上对零件底平面（基准平面 A）的垂直度公差为 0.04 mm。公差带为，在箭头所指方向上相距为公差值 0.04 mm 且垂直于基准平面 A 的两平行平面之间的区域。被测提取（实际）斜孔的导出轴线不得超出该区域。

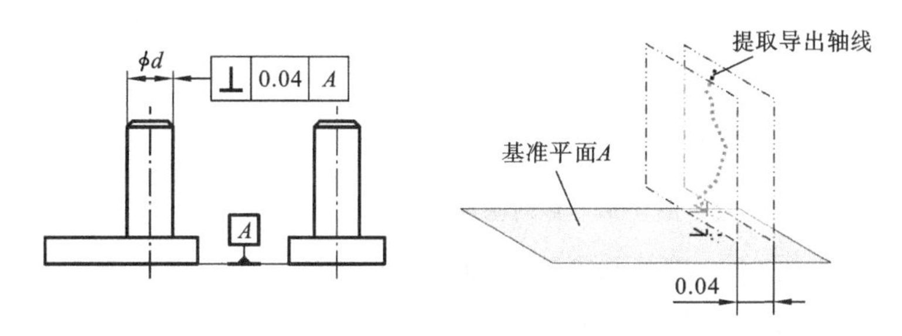

图 4-59 给定一个方向线对面垂直度公差

图 4-60 所示的为在给定两个方向上规定直线对基准平面的垂直度公差的标注示例。其含义为，箭头所指轴线在两箭头所指的相互垂直方向上对零件底平面（基准平面 A）的公差分别为 0.04 mm 和 0.02 mm。公差带为，在箭头所指的两相互垂直的方向上，垂直于基准平面 A 且分别相距为公差值 0.02 mm 和 0.04 mm 的两组平行平面之间的长方体区域。被测提取（实际）轴的导出轴线不得超出该区域。

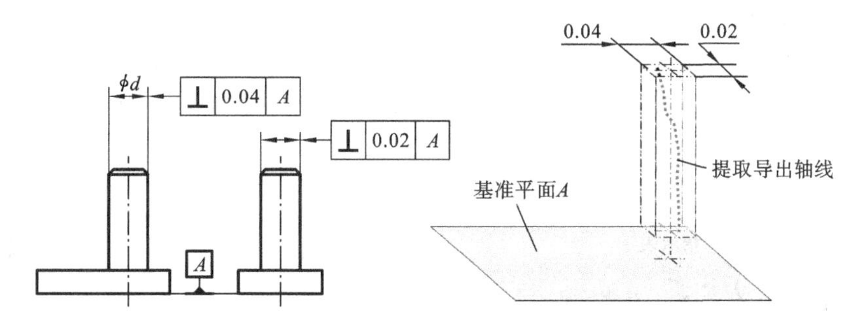

图 4-60 给定两个方向的线对面垂直度公差

图 4-61 所示的为任意方向上规定直线对基准平面的垂直度公差的标注示例。其含义为，箭头所指轴线在任意方向上对零件底平面（基准平面 A）的垂直度公差为 ϕ0.04 mm。公差带为在任意方向上，直径为公差值 ϕ0.04 mm 且轴线垂直于基准平面 A 的圆柱体区域。被测提取（实际）轴的导出轴线不得超出该区域。

图 4-62 所示的为规定直线对基准体系的垂直度公差的标注示例。其含义为，箭头所指轴线在与基准 B 垂直和平行的两个方向上对底平面（基准平面 A）的垂直度公差分别为0.04 mm

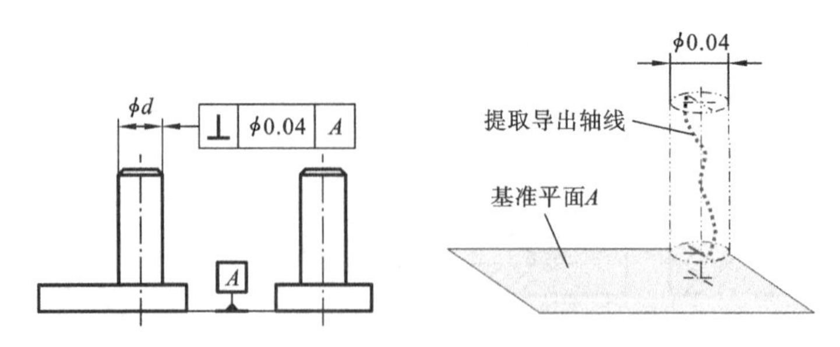

图 4-61　任意方向的线对面垂直度公差

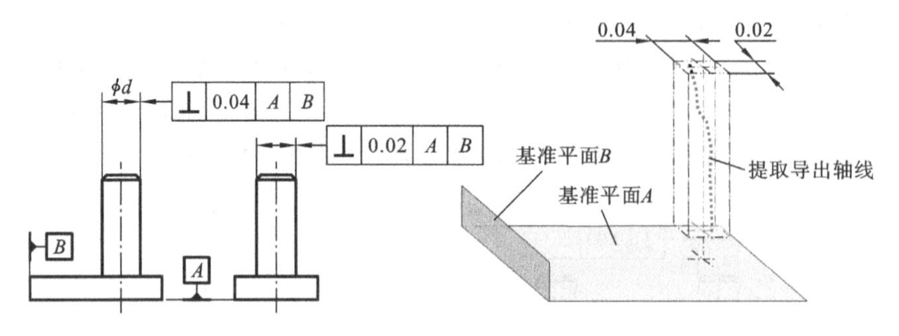

图 4-62　线对基准体系的垂直度公差

和 0.02 mm。公差带为，在分别与基准面 B 垂直和平行的两相互垂直的方向上，垂直于基准平面 A 且分别相距为公差值 0.02 mm 和 0.04 mm 的两组平行平面之间的长方体区域。被测提取(实际)轴的导出轴线不得超出该区域。

2) 垂直度误差的测量方法及误差评定

垂直度误差可采用平板、直角座和带指示表的表架、水平仪、准直望远镜、转向棱镜和瞄准靶，坐标测量装置等多种方法测量。实际工程中，特别是现场检测时多用打表法测量垂直度误差。

图 4-63 所示的为图 4-57 所示工件垂直度误差的一种测量方案示意图。直角规安装在平板上，工件实际基准面贴装在直角规表面，并调整被测表面在图示的左视方向上左、右两端点相对平板等高。以直角规表面模拟工件的基准，以平板表面为测量基准，通过表架在平板上的移动使指示表遍测工件的被测表面，以指示表的最大读数与最小读数差为被测表面的垂直度误差。

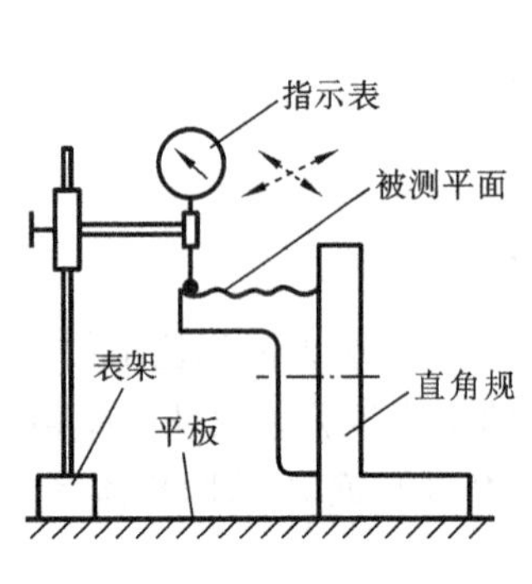

图 4-63　打表法测量垂直度误差

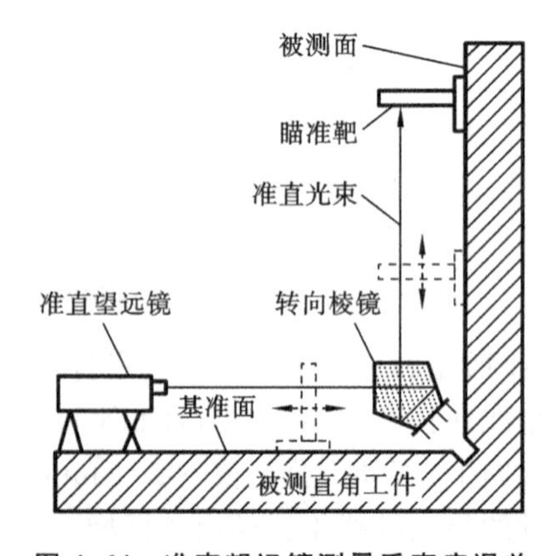

图 4-64　准直望远镜测量垂直度误差

图 4-64 所示为用准直望远镜、转向棱镜和瞄准靶测量一大型工件的垂直度误差示意图。

测量时，通过瞄准靶，将准直望远镜光轴调整与工件基准表面平行，光轴经过转向棱镜转折，然后沿被测表面移动瞄准靶，转向棱镜测取各测位的示值，并用计算或图解法得到被测实际表面的垂直度误差值。

3. 倾斜度

倾斜度公差是规定关联被测实际要素对具有理论正确角度的基准所允许的变动全量，以根据功能要求来控制被测实际要素的倾斜度误差。这里，理论正确角度可为0°～90°之间的任一角度。显然，平行度和垂直度的理论正确角度分别为0°和90°，是倾斜度的特例。

1）倾斜度公差的图样标注及公差带

图4-65所示的为规定平面对基准轴线的倾斜度公差的标注示例。其含义为，箭头所指零件左端环状斜面在与基准轴线 A 成75°的理论正确角度方向上对基准轴线 A 的倾斜度公差为0.08 mm。公差带为，相距为公差值0.08 mm且与基准轴线 A 的夹角为60°的两平行平面之间的区域。被测提取（实际）左端斜面不得超出该区域。

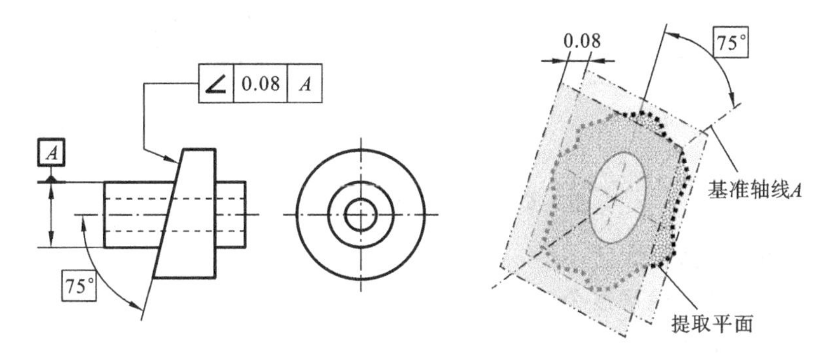

图4-65 面对线倾斜度公差

图4-66所示的为规定线对基准平面任意方向的倾斜度公差的标注示例。其含义为，箭头所指零件斜孔的轴线在与底面 A 成60°理论正确角度并与侧面 B 平行的方向上，对零件底面 A 和侧面 B 的任意方向的倾斜度公差为 $\phi0.05$ mm。公差带为，直径为公差值 $\phi0.05$ mm、与基准平面 A 成60°夹角且轴线平行于基准平面 B 的圆柱体区域。被测斜孔提取（实际）孔的导出轴线不得超出该区域。

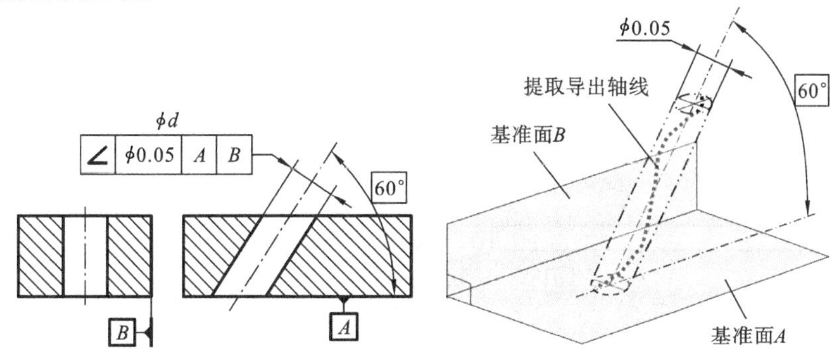

图4-66 任意方向线对面倾斜度公差

2）倾斜度误差的测量方法及误差评定

由于倾斜度误差为平行度及垂直度误差的一般情况，因而从测量方法上讲三种误差的测量十分类似，不同之处在于各自基准的体现方式。

图4-67(a)所示的为一零件及其倾斜面的倾斜度公差带示意，图4-67(b)所示的为该工件

倾斜度误差测量方案。如图 4-67(b)所示,测量时工件放在置于平板上的标准角度块上,以标准角度块的工作面模拟工件基准,以平板工作面作为测量基准。在平板上移动表架使指示器遍测工件的被测表面,以指示器的最大读数与最小读数差为被测表面的倾斜度误差。

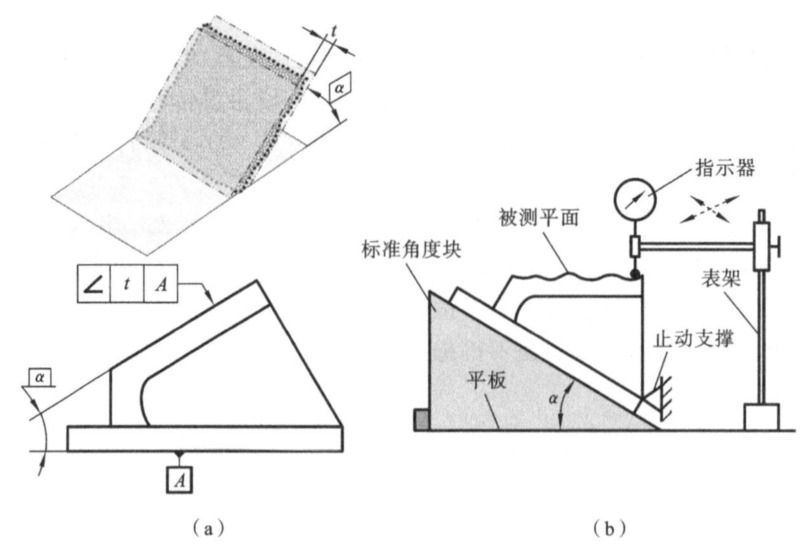

图 4-67 打表法测量倾斜度误差

4. 相对基准的线、面轮廓度

有基准要求的线或面轮廓度公差是规定关联实际被测线或面对基准所允许的变动全量,以根据功能要求来控制被测实际要素的线或面轮廓度误差。

1) 有基准要求的线轮廓度与面轮廓度公差的图样标注及公差带

图 4-68 所示的为相对于基准体系的线轮廓度公差的图样标注示例。其含义为,在箭头所指曲面的任一平行于标注视图的截面内,所截取的轮廓线对基准平面 A 和 B 的线轮廓度公差为 0.04 mm。公差带为,在与标注被测曲面视图平行的任一截面上一系列圆的两等距包络线之间的区域,这些圆的直径等于公差值 0.04 mm、圆心位于由基准平面 A 和 B 及理论正确尺寸确定的理论正确轮廓线上。被测提取(实际)轮廓线不得超出该区域。

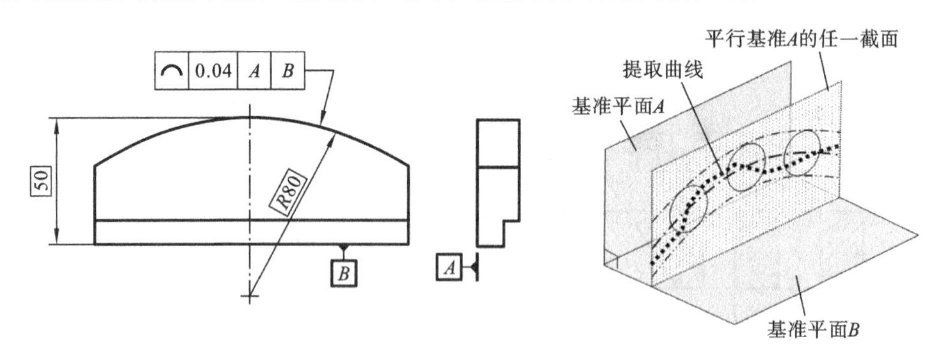

图 4-68 对基准体系的线轮廓度公差

图 4-69 所示的为相对于基准的面轮廓度公差的图样标注示例。其含义为,箭头所指球面对基准面 A 的面轮廓度公差为 0.1 mm。公差带为,一系列圆球的两等距包络面之间的区域,这些圆球的直径等于公差值 0.1 mm、球心位于由基准平面 A 及理论正确尺寸确定的理论正确球面上。被测提取(实际)球面不得超出该区域。

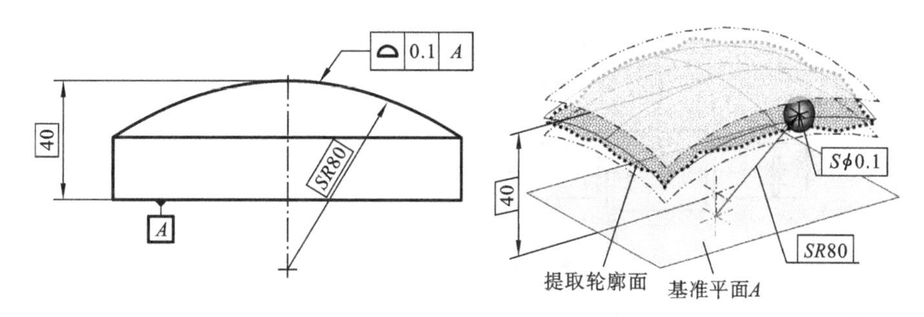

图 4-69　相对于基准的面轮廓度公差

2）相对基准的线、面轮廓度误差的测量方法及误差评定

相对基准的和无基准的线轮廓度或面轮廓度误差测量的基本方法类似，分别可用轮廓样板、成套截面轮廓样板、仿形测量装置、坐标测量装置或光学跟踪仪等测量方法测量，不同之处在于相对基准的线轮廓度或面轮廓度误差测量方案中要合理体现被测要素的基准。

4.3.3　位置公差及位置误差的测量评定

1. 同轴(心)度

同轴(心)度公差是规定关联被测实际要素对具有确定位置的基准所允许的变动全量(用于轴时为同轴度，用于点时为同心度)，以根据功能要求来控制被测实际要素的同轴(心)度误差。

1）同轴(心)度公差的图样标注及公差带

图 4-70 所示的为规定被测圆心对基准圆心的同心度公差的标注示例。其含义为，箭头所指外圆柱体表面的任一径向截面(ACS)内，所截外圆柱面轮廓圆的导出圆心对内圆柱面圆心的同心度误差不得超出给定的公差值 ϕ0.05 mm。公差带为，在被测工件的任一径向截面上，以内圆柱面的导出圆心为圆心、直径等于公差值 ϕ0.05 mm 圆形区域。被测外圆柱体提取(实际)圆柱面的任一径向截面上，提取轮廓的导出圆心不得超出该区域。

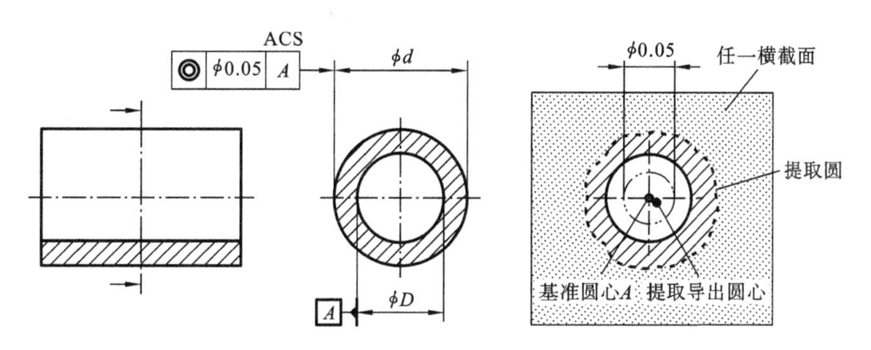

图 4-70　同心度公差

图 4-71 所示的为规定被测圆柱体轴线对基准轴线的同轴度公差的标注示例。其含义为，箭头所指直径为 ϕ_3 的圆柱体轴线对两端圆柱体(直径分别为 ϕ_1、ϕ_2)轴线的公共轴线的同轴度公差为 ϕ0.08 mm。公差带为，以两端圆柱体提取(实际)圆柱面的两导出轴线的公共轴线为轴，直径等于公差值 ϕ0.08 mm 圆柱体区域。中部直径为 ϕ_3 的被测圆柱体提取(实际)圆柱面的导出轴线不得超出该区域。

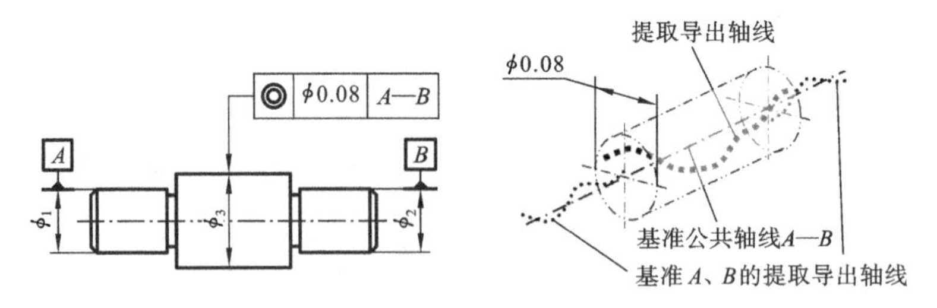

图 4-71 同轴度公差

2) 同轴度误差的测量方法及误差评定

同轴度误差可用平板、V形架和带指示器的表架,圆度仪及三坐标测量装置等方法测量。

图 4-72 所示的为用打表法测量同轴度误差示意。在平板表面上用相对平板等高的两刀口V形架支撑工件两端小轴的中部,以V形槽模拟工件两端小轴的公共基准轴线并以平板作为测量基准。不调整指示器的高度,在同一正截面上转动工件多次(n 次)分别测量圆周半圈的对应两点读数,取所有对应两点读数差的最大值,即

$$\Delta_j = \max_i(|Ma_i - Mb_i|) \quad (i=1,2,3,\cdots,n)$$

为该截面的同心度误差。然后,在若干(m 个)正截面上测量,取各截面上同轴度误差 Δ_j 中的最大值为该零件的同轴度误差 Δ,即

$$\Delta = \max_j(\Delta_j) \quad (j=1,2,3,\cdots,m)$$

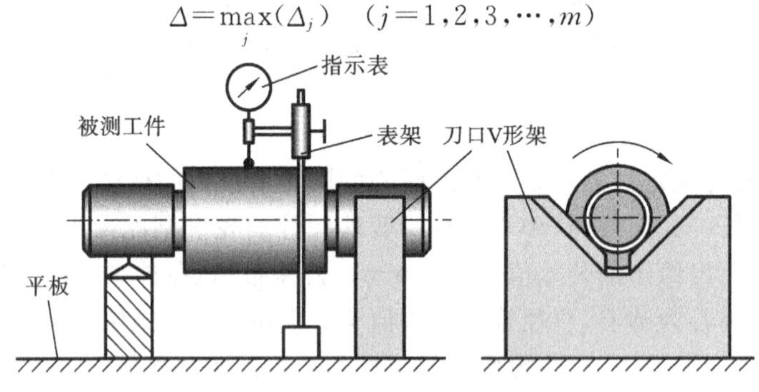

图 4-72 同轴度误差的测量

2. 对称度

对称度公差是规定关联被测实际要素对具有确定位置的基准所允许的变动全量,以根据功能要求来控制被测实际要素对基准的对称性变动误差。

1) 对称度公差的图样标注及公差带

图 4-73 所示的为规定被测平面对基准平面的对称度公差的标注示例。其含义为,箭头所指零件左端凹槽的中心平面对零件上下表面的中心面(基准A)的对称度公差为 0.08 mm。公

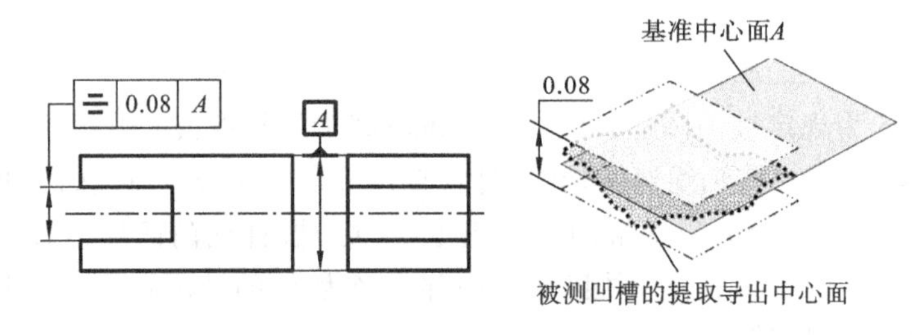

图 4-73 对称度公差

差带为，相距为公差值 0.08 mm，对称配置于基准中心平面 A 两侧的两平行平面之间的区域。被测凹槽内，上、下表面提取面（实际）的导出中心平面不得超出该区域。

2）对称度误差的测量方法及误差评定

对称度误差可用平板和带指示表的表架、坐标测量装置等方法测量。图 4-74 所示的为用平板和带指示表的表架测量对称度误差的示意。测量时，将被测工件放在平板上，先用指示表测量图示凹槽下表面各点相对平板的高度偏差；然后不动指示表的高度并移除指示表，在将工件翻转 180°后测量凹槽另一表面各测点相对平板的高度偏差。取两次测量上、下面的对应两点测量结果差值中的最大值为被测零件的对称度误差。

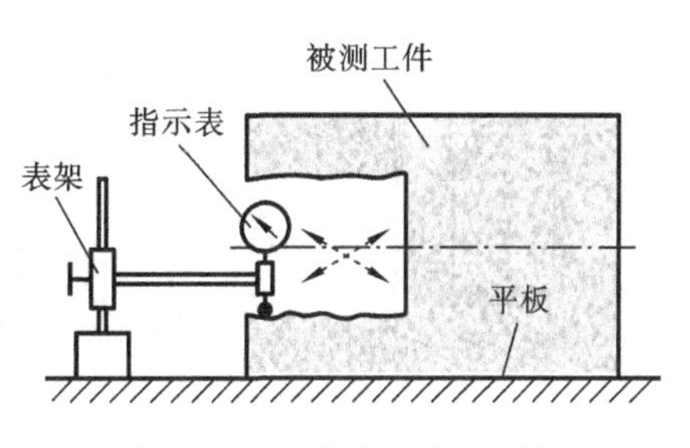

图 4-74 对称度误差的测量

3. 位置度

位置度公差是规定关联被测实际要素对具有确定位置的基准所允许的变动全量，以根据功能要求来控制被测实际要素对基准的位置变动误差。

1）位置度公差的图样标注及公差带

图 4-75 所示的为规定被测点对基准体系确定的点的位置度公差的标注示例。其含义为，箭头所指圆球的球心对由基准体系 A、B、C 所确定的点的位置度公差为 ϕ0.3 mm。公差带为，以基准体系 A、B、C 及理论正确尺寸所确定的点为球心，直径为 ϕ0.3 mm 的圆球区域。被测圆球提取（实际）球面的导出球心不得超出该区域。

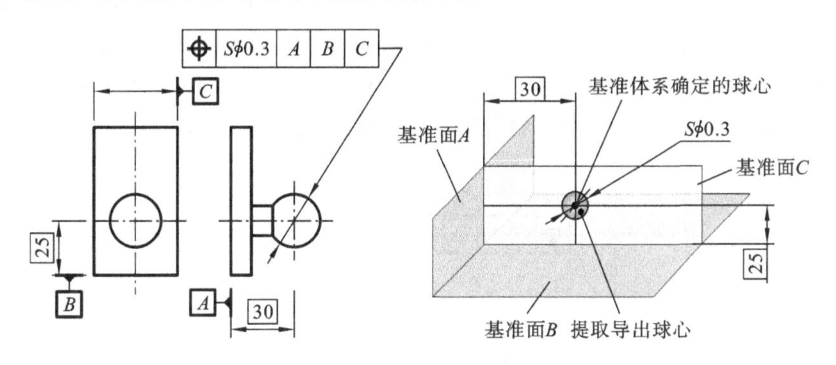

图 4-75 点的位置度公差

图 4-76 所示的为规定被测直线对基准体系确定的线的位置度公差的标注示例。其含义为，箭头所指 6 条刻线的中心线对由基准体系 A、B 及理论正确尺寸所确定的各相应刻线中心线的位置度公差为 0.01 mm。公差带为，相距为公差值 0.01 mm，对称配置在具有理论正确位置的直线两侧、分别垂直和平行于工件底面和左端面的两平行平面之间的区域。相应被测刻线提取（实际）刻线的导出中心线不得超出该区域。

图 4-77 所示的为规定被测孔的中心线在两个方向上对基准体系 A、B、C 及理论正确尺寸确定的具有理论正确位置的线的位置度公差的标注示例。其含义为，箭头所指孔的中心线对具有理论正确位置的线的位置度误差分别在图示的水平方向和垂直方向上不得超出给定公差值 0.1 mm 和 0.2 mm。公差带为，相距分别为公差值 0.1 mm 和 0.2 mm、中心平面通过具有理论正确位置的线，且各自垂直于给定方向的两组平行平面所形成的四棱柱区域。被测孔提取（实际）孔的导出中心线不得超出该区域。

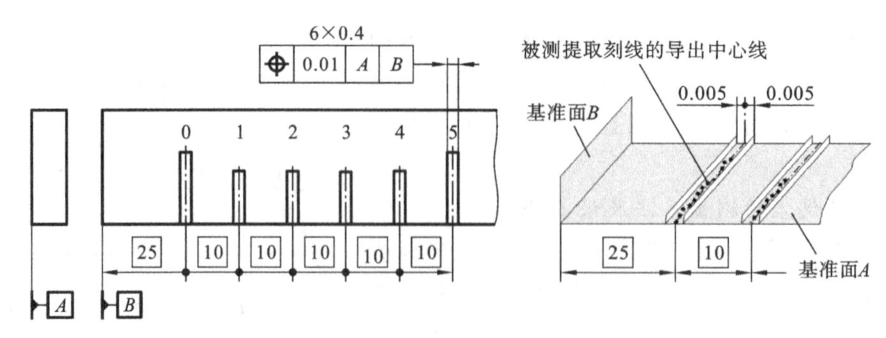

图 4-76　给定一个方向的线的位置度公差

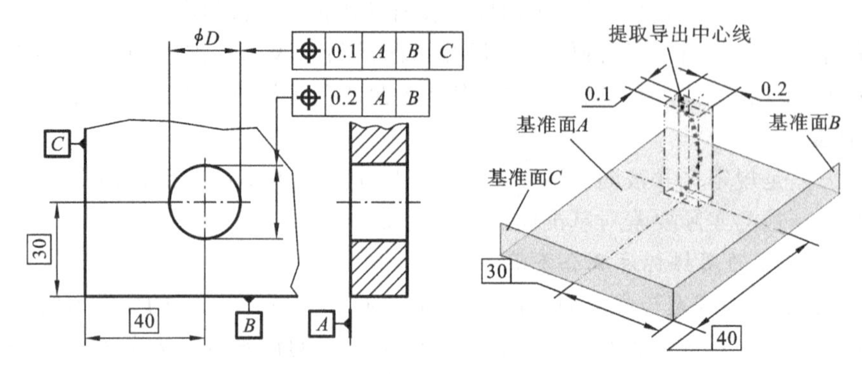

图 4-77　给定两个方向线的位置度公差

图 4-78 所示的为规定被测孔的中心线在任意方向上对基准体系 A、B、C 及理论正确尺寸确定的具有理论正确位置的线的位置度公差的标注示例。其含义为，箭头所指孔的中心线对具有理论正确位置的线的位置度公差为 ϕ0.08 mm。公差带为，以具有理论正确位置的线为中心线，直径为公差值 ϕ0.08 mm 的圆柱体区域。被测孔提取(实际)孔的导出中心线不得超出该区域。

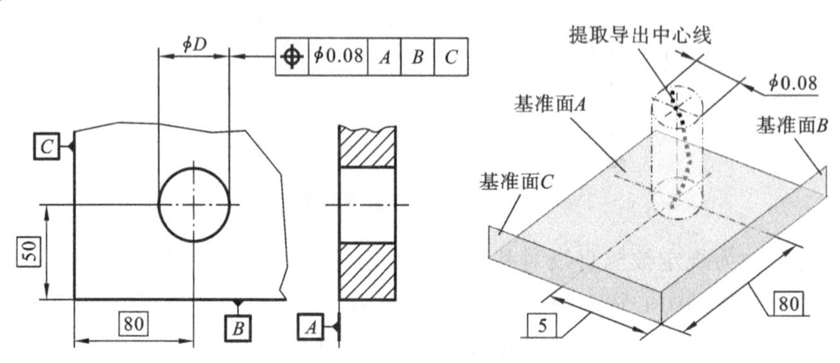

图 4-78　任意方向线的位置度公差

图 4-79 所示的为规定被测平面对基准体系 A、B 及理论正确尺寸确定的理论正确位置的位置度公差的标注示例。其含义为，箭头所指零件左端倾斜平面对基准 A、B 及理论正确尺寸确定理论正确位置平面的位置度公差为 0.08 mm。公差带为，相距为公差值 0.08 mm，以具有理论正确位置的平面为中心平面的两平行平面之间的区域。被测零件左端面的提取(实际)平面不得超出该区域。

2) 位置度误差的测量方法及误差评定

位置度误差多用坐标测量装置测量，也可用平板和带指示表的表架(或配专用测量支架及

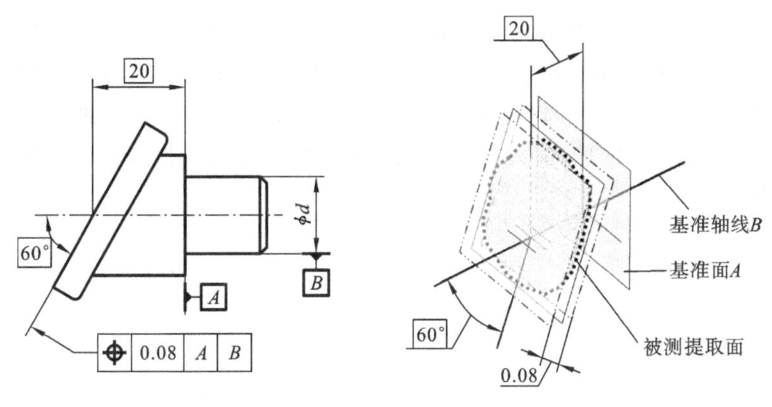

图 4-79　面的位置度公差

标准角度、尺寸件)等方法测量。图 4-80(a)所示的为被测零件及其位置度公差带示意图,图 4-80(b)所示的为该零件位置度误差的测量方法示意图。测量时,回转定心夹头的端面和夹持轴线模拟基准 B、A;适当尺寸的标准钢球放置在被测球面内,以钢球球心模拟被测球面的球心。测量中,在被测零件以夹持轴线为轴回转一周时,径向指示表最大示值与最小示值差的一半为对基准 A 的径向误差 f_x,垂向指示表(事先按标准零件调零)直接读取相对基准 B 的轴向误差 f_y,则被测球面球心点的位置误差为

$$f=2\sqrt{f_x^2+f_y^2}$$

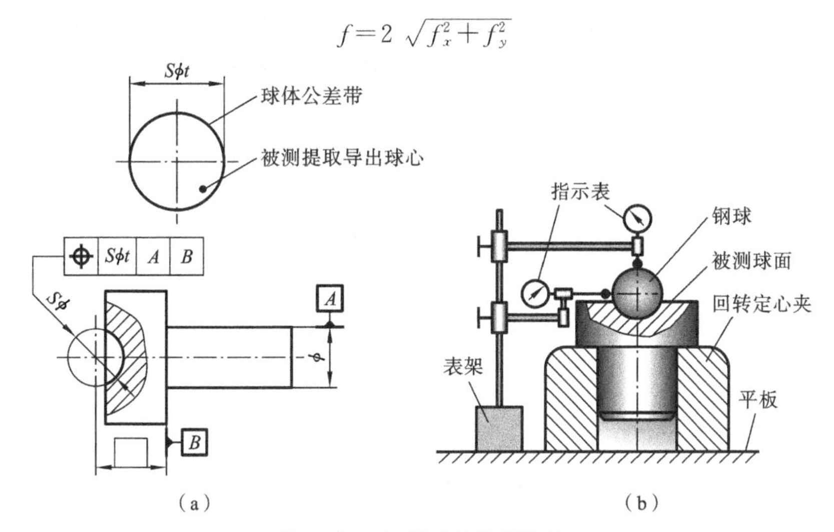

图 4-80　位置度误差的测量

4.3.4　跳动公差及跳动误差的测量评定

跳动公差为被测关联提取(实际)要素绕基准轴线回转时,对基准轴线所允许的最大变动量。跳动公差是以测量方法定义的一种几何公差,分为圆跳动公差和全跳动公差等两类,用于控制被测要素几何误差的综合作用结果。

1. 圆跳动

根据被测件功能对跳动方向限制的需求,圆跳动可分为径向圆跳动、轴向(端面)圆跳动和斜向圆跳动等三种。

1) 径向圆跳动公差的图样标注及公差带

图 4-81 所示的为规定被测圆柱体表面对基准轴线的径向圆跳动公差的标注示例。其含

义为,箭头所指零件中部直径为 ϕ_3 的圆柱面对两端直径分别为 ϕ_1、ϕ_2 两圆柱面公共轴线(基准轴线)的径向跳动公差为 0.08 mm。公差带为,在中部圆柱面绕两端圆柱面的公共轴线做无轴向移动的回转时,任一测量截面(测量平面)上以公共基准线与测量截面交点为圆心,半径差等于给定公差值 0.08 mm 的两同心圆之间的区域。被测截面内提取(实际)轮廓的径向跳动不得超出该区域。

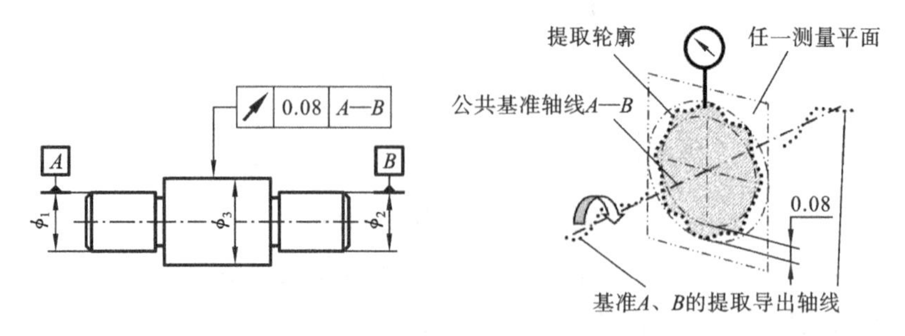

图 4-81 径向圆跳动公差

2) 轴向(端面)圆跳动公差的图样标注及公差带

图 4-82 所示的为规定被测面对基准轴线的轴向圆跳动公差的标注示例。其含义为,箭头所指零件右端面对左端圆柱面轴线(基准轴线)的轴向跳动公差为 0.05 mm。公差带为,在被测零件绕基准轴线做无轴向移动的回转时,以该轴线为轴的任一半径的测量圆柱面上,母线长度等于公差值 0.05 mm 圆柱面区域。被测端面在该半径上提取(实际)轮廓的轴向跳动误差不得超出该区域。

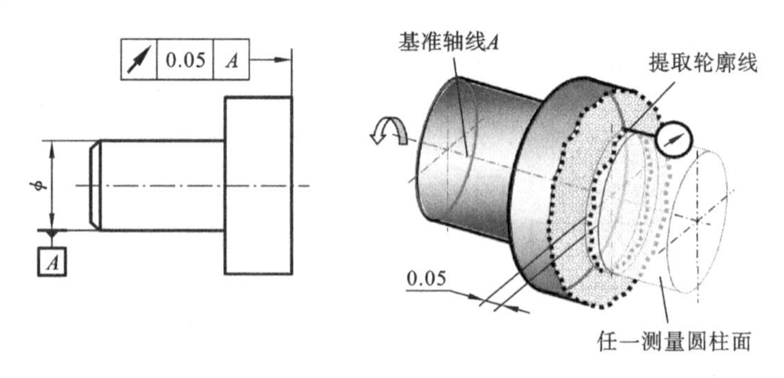

图 4-82 轴向圆跳动公差

3) 斜向圆跳动公差的图样标注及公差带

图 4-83 所示的为规定被测圆锥面对基准轴线的斜向圆跳动公差的标注示例。其含义为,箭头所指零件右端圆锥面对左端圆柱面轴线(基准轴线)的斜向圆跳动公差为 0.05 mm。公差带为,在被测圆锥面绕基准轴线做无轴向移动的回转时,在提取(实际)圆锥面母线的任一位置上,以该轴线为轴、母线长度等于公差值 0.05 mm 的测量圆锥面区域。被测圆锥面在任一测量圆锥上提取(实际)轮廓线的跳动误差不得超出该区域。

对于斜向圆跳动公差,一般测量方向应沿被测表面的法向,即测量圆锥与被测圆锥共轭,亦可根据零件功能要求规定特定的测量方向。

2. 全跳动

根据被测件功能对跳动方向限制的需求,全跳动又可分为径向全跳动、轴向(端面)全跳动等两种。

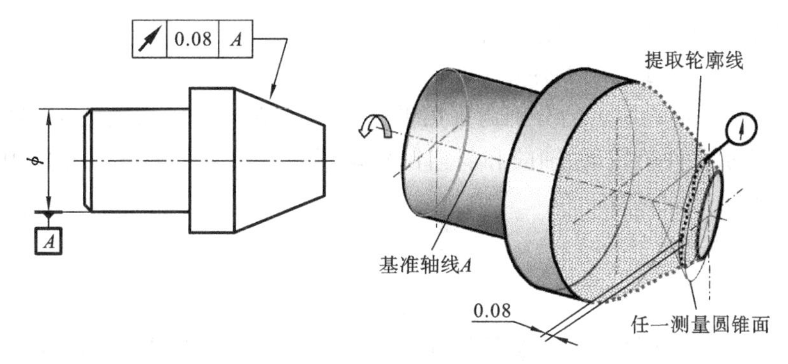

图 4-83 斜向圆跳动公差

1) 径向全跳动公差的图样标注及公差带

图 4-84 所示的为规定被测圆柱体表面对基准轴线的径向全跳动公差的标注示例。其含义为，箭头所指零件中部直径为 ϕ_3 的圆柱面对两端直径分别为 ϕ_1、ϕ_2 两圆柱面公共轴线(基准轴线)的径向全跳动公差为 0.08 mm。公差带为，在被测零件绕基准轴线做无轴向移动的回转时，以该基准线为轴、半径差等于给定公差值 0.08 mm 的两同轴圆柱面之间的区域。被测提取(实际)圆柱面的径向跳动不得超出该区域。

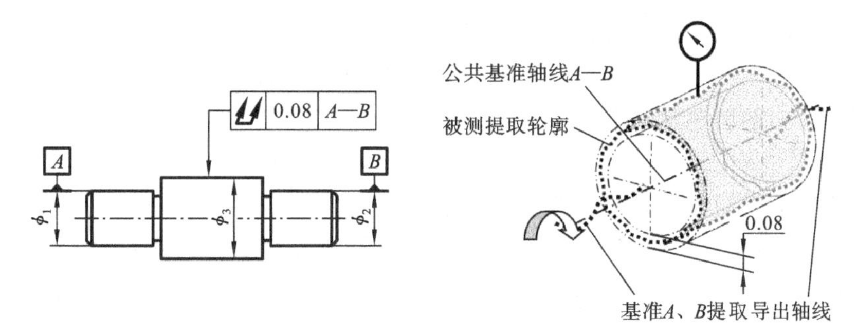

图 4-84 径向全跳动公差

2) 轴向(端面)全跳动公差的图样标注及公差带

图 4-85 所示的为规定被测面对基准轴线的端面全跳动公差的标注示例。其含义为，箭头所指零件右端面对左端圆柱面轴线(基准轴线)的轴向全跳动公差为 0.05 mm。公差带为，被测零件绕基准轴线做无轴向移动的回转时，垂直于基准轴线、相距为公差值 0.05 mm 的两平行平面之间的区域。被测端面提取(实际)面的轴向全跳动误差不得超出该区域。

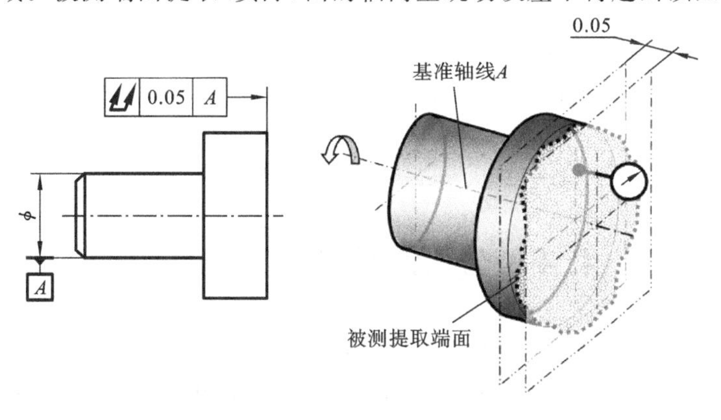

图 4-85 端面全跳动公差

3. 跳动误差的测量方法与误差评定

1) 圆跳动的测量方法及误差评定

图 4-86(a)、(b)和(c)所示的分别为采用平板、V 形架和带指示表的表架，测量图 4-81、图 4-82 和图 4-83 所示零件的径向、轴向和斜向圆跳动误差的示意。测量中分别用 V 形架模拟基准轴线，以平板为测量基准。

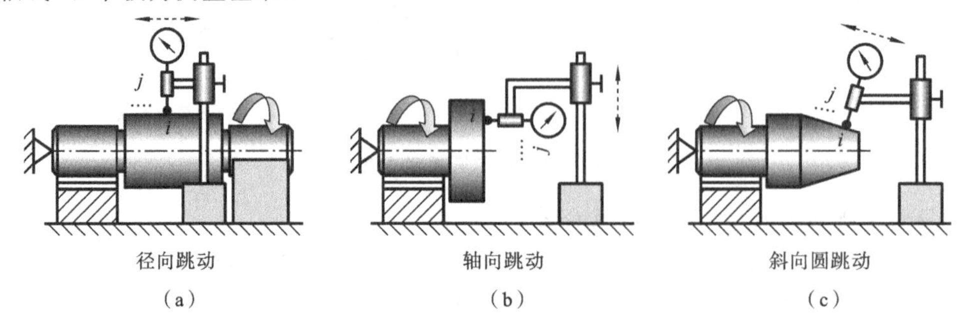

图 4-86 跳动误差的测量

根据跳动误差的含义，圆跳动误差测量的基本原理为，用指示表在某一固定位置(j)接触被测表面，同时使被测要素绕基准轴线做无轴向移动的回转，分别在回转轴线的径向、轴向或被测要素的法向(或其他给定方向)上，测量被测要素在某一测量平面、测量圆柱面或测量圆锥面上的多点 $i(i=1,2,3,\cdots,n)$对回转轴线在相应测量面内的径向、轴向和斜向圆跳动量 Δ_{ij}，并取该位置(j)的圆跳动误差为

$$\Delta_j=\Delta_{ij\max}-\Delta_{ij\min}\quad(i=1,2,3,\cdots,n)$$

然后保持指示表的测量方向并改变指示表的位置 $j(j=1,2,3,\cdots,m)$：对于径向和斜向圆跳动，依次在被测面母线的多个位置测量，而对于轴向圆跳动，则在端面的多个半径处重复上述测量，则所有位置上圆跳动误差的最大值为被测提取要素的圆跳动误差 Δ，即

$$\Delta=\Delta_{j\max}\quad(j=1,2,3,\cdots,m)$$

2) 全跳动的测量方法及误差评定

全跳动误差的测量可如图 4-86(a)、(b)所示，采用平板、V 形架和带指示表的表架的测量方案。测量时，可如上述圆跳动误差测量一样，对于径向全跳动，依次在被测圆柱面的多个径向截面处测量，而对于轴向全跳动，则在被测端面的多个半径处测量，则全跳动误差 Δ 为

$$\Delta=\Delta_{ij\max}-\Delta_{ij\min}\quad(i=1,2,3,\cdots,n;j=1,2,3,\cdots,m)$$

另外，按图 4-86(a)、(b)所示的测量方案，也可在测量时使被测表面在绕基准轴线回转的同时，沿被测圆柱面的母线方向(径向全跳动)或沿被测端面的半径方向(轴向圆跳动)连续移动指示表，从而在整个被测表面沿螺旋线路径读取多个点的跳动量 $\Delta_i(i=1,2,3,\cdots,n)$，则全跳动误差为

$$\Delta=\Delta_{i\max}-\Delta_{i\min}\quad(i=1,2,3,\cdots,n)$$

4.4 公差原则

任何一个制件都是由多个不同的几何要素构成的，设计者会对这些几何要素规定尺寸和(或)几何公差以限制加工误差，从而满足制件的不同功能需求。由于实际使用中制件以一个整体参与工作，因而对制件几何要素规定的各类公

差之间会存在一定的关联。这种关联可由设计者根据使用功能要求来处理，既可规定尺寸公差和几何公差相互独立，也可以规定二者相互影响、相互补偿，并在设计时明确尺寸公差与几何公差间的关系。作为设计的依据，国家标准 GB/T 4249 规定了确定尺寸公差和几何公差之间相互关系的原则，分为独立原则和相关要求等两类，其中相关要求又分为包容要求、最大实体要求和最小实体要求（包括附加于最大或最小实体要求的可逆要求）等三种。

4.4.1 独立原则

独立原则是指，图样上给定的每一个尺寸、形状、方向或位置要求均是独立的，应分别满足要求。通常，若图样上尺寸公差及几何公差标注没有其他特定符号标记，则对制件是按独立原则要求的。如果对尺寸、形状、方向或位置要求之间的相互关系有特定要求，则应在图样上标注规定符号。

按照独立原则要求，尺寸公差和几何公差分别控制尺寸误差和几何误差，即尺寸误差的大小不受几何公差的约束和影响，几何误差的大小同样也不受尺寸公差的约束和影响。

如图 4-87(a)所示，从公差原则的角度，标注的含义为，无论箭头所指轴的尺寸误差为多少，其提取（实际）轴线的直线度误差值在任意方向上不得超出给定的公差值 $\phi 0.01$ mm；同时，无论该轴提取（实际）轴线的直线度误差为多少，其直径的局部提取（实际）尺寸都不得超出由给定的公差值 0.021 mm 所决定的极限尺寸，即该图样标注轴的尺寸公差与直线度公差遵守独立原则。

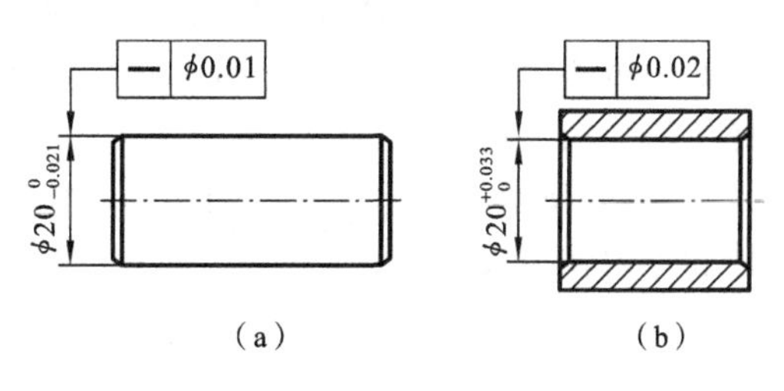

图 4-87 独立原则标注示例

同样，从公差原则的角度，图 4-87(b)所示标注的含义为，无论箭头所指孔的尺寸误差为多少，其提取（实际）轴线的直线度误差值在任意方向上不得超出给定的公差值 $\phi 0.02$ mm；同时，无论该孔提取（实际）轴线的直线度误差为多少，其直径的局部提取（实际）尺寸都不得超出由给定的公差值 0.033 mm 所决定的极限尺寸，即该图样标注孔的尺寸公差与直线度公差遵守独立原则。

遵守独立原则时，零件的合格条件必须是有关的局部实际尺寸 $D_a(d_a)$ 不得超出极限尺寸 $D_{min}(d_{min})$ 和 $D_{max}(d_{max})$，即

$$D_{min}(d_{min}) \leqslant D_a(d_a) \leqslant D_{max}(d_{max})$$

同时，有关的几何误差 f 不得超出几何公差 t_g，即

$$f \leqslant t_g$$

独立原则是应用较广的一种基本的公差原则，它的设计出发点是同时分别控制尺寸误差及几何误差，以保证零件使用功能。

4.4.2 相关要求

相关要求是指图样上给定的尺寸公差，形状、方向或位置公差相互关联的公差要求，分为包容要求、最大实体要求和最小实体要求（包括附加于最大或最小实体要求的可逆要求）。

1. 有关基本概念

此处涉及尺寸公差和几何公差相关要求的基本概念较多。其中，在第 3 章介绍了局部实际尺寸(actual local size)、最大实体状态 MMC 和最大实体极限 MML（亦称最大实体尺寸

MMS)、最小实体状态 LMC 和最小实体极限 LML(亦称最小实体尺寸 LMS),以下再介绍几个有关基本概念。

1) 尺寸要素

尺寸要素(feature of size)是指由一定大小的线性尺寸或角度尺寸确定的几何形状,它可以是圆柱形、球形、两平行对应面、圆锥形或楔形。

2) 作用尺寸

在第 3 章曾经从孔、轴配合的角度介绍过作用尺寸,本节将对其概念进一步延伸,以便后续一些概念的表达。

体外作用尺寸(external function size,EFS)　在被测要素的给定长度上,与提取(实际)内表面(孔类要素)体外相接的最大理想面或与提取(实际)外表面(轴类要素)体外相接的最小理想面的直径或宽度称为体外作用尺寸,分别用 D_{fe} 和 d_{fe} 表示。

体内作用尺寸(internal function size,IFS)　在被测要素的给定长度上,与提取(实际)内表面(孔类要素)体内相接的最小理想面或与提取(实际)外表面(轴类要素)体内相接的最大理想面的直径或宽度称为体内作用尺寸,分别用 D_{fi} 和 d_{fi} 表示。

对于被测关联要素,体现体外和体内作用尺寸理想面的轴线或中心平面必须与基准保持图样所给定的几何关系。

图 4-88 所示的为单一要素的体外和体内作用尺寸的示意,图 4-89 所示的为关联要素的体外和体内作用尺寸示意。

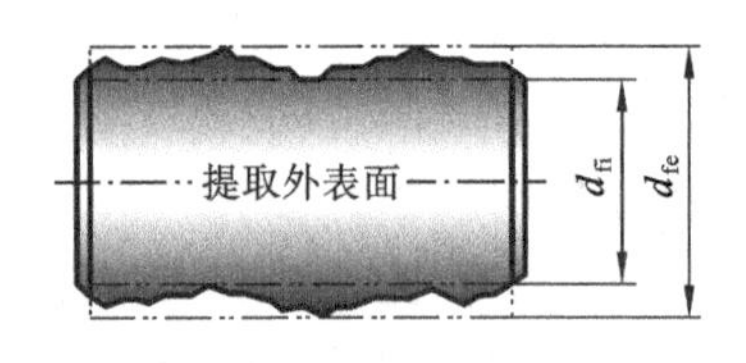

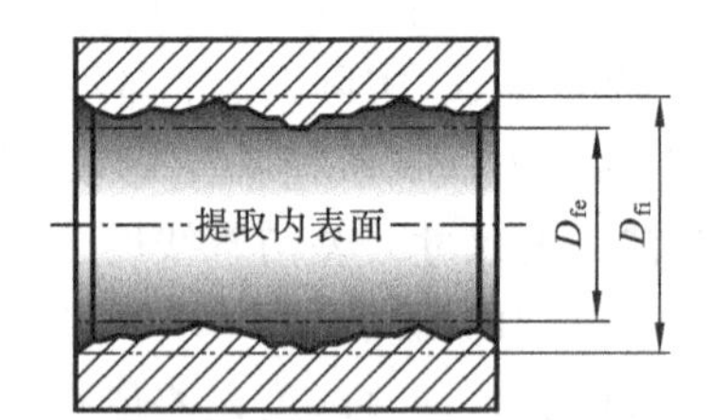

图 4-88　单一要素的体外和体内作用尺寸

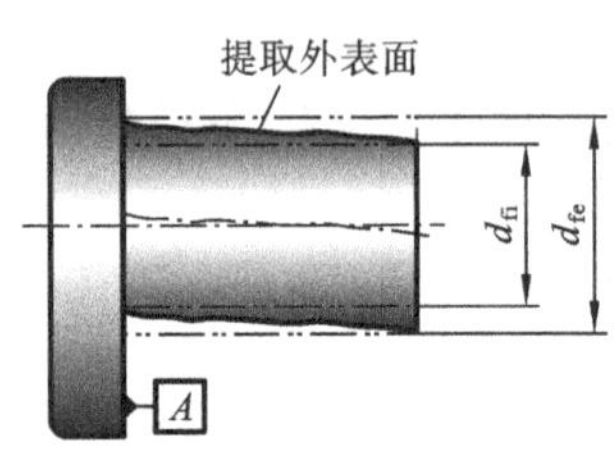

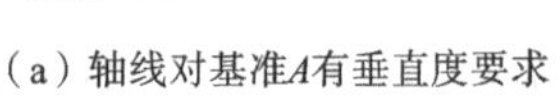

(a) 轴线对基准A有垂直度要求

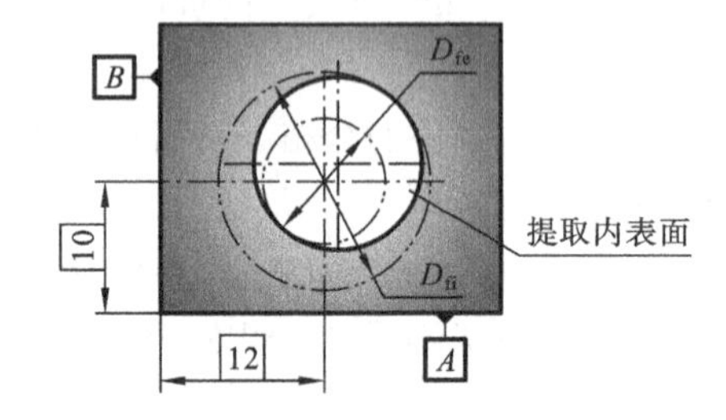

(b) 孔中心对理论正确尺寸及基准所定中心有位置度要求

图 4-89　关联要素的体外和体内作用尺寸

3) 最大实体边界及最小实体边界

最大实体边界(maximum material boundary,MMB)　提取组成要素的局部尺寸处处位于极限尺寸且使其具有实体最大时,其理想形状的极限包容面称为最大实体边界。

最小实体边界(least material boundary,LMB)　提取组成要素的局部尺寸处处位于极限尺寸且使其具有实体最小时,其理想形状的极限包容面称为最小实体边界。

4) 最大实体实效尺寸与最大实体实效状态

最大实体实效尺寸(maximum material virtual size,MMVS)　尺寸要素的最大实体尺寸

(MMS)与其导出要素的几何公差(t_g,形状、方向或位置公差)共同作用产生的尺寸称为最大实体实效尺寸。

对于外尺寸(轴类)要素,

$$d_{MMVS}=d_{MMS}+t_g=d_{max}+t_g$$

对于内尺寸(孔类)要素,

$$D_{MMVS}=D_{MMS}-t_g=D_{min}-t_g$$

最大实体实效状态(maximum material virtual condition,MMVC) 拟合要素的尺寸为其最大实体实效尺寸(MMVS)时的状态称为最大实体实效状态。

最大实体实效状态对应的极限包容面称为最大实体实效边界(maximum material virtual boundary,MMVB);对于方向或位置公差,最大实体实效边界须具有相应的理论正确方向或位置。

如图4-90(a)所示,对于图4-87(a)所示轴,该轴最大实体尺寸 $d_{MMS}=20$ mm,轴线直线度公差 $t_g=0.01$ mm,则其最大实体实效尺寸 $d_{MMVS}=(20+0.01)$ mm$=20.01$ mm;其最大实体实效边界(MMVB)为由实体外向内包容实际提取轴面的最小体外接触圆柱面,其直径为 $\phi20.01$ mm。如图4-90(b)所示,对于图4-87(b)所示孔,该孔最大实体尺寸 $D_{MMS}=20$ mm,孔轴线直线度公差 $t_g=0.02$ mm,则其最大实体实效尺寸 $D_{MMVS}=(20-0.02)$ mm$=19.98$ mm,其最大实体实效边界(MMVB)为由实体外向内包容实际提取孔面的最大体外接触圆柱面,其直径为 $\phi19.98$ mm。

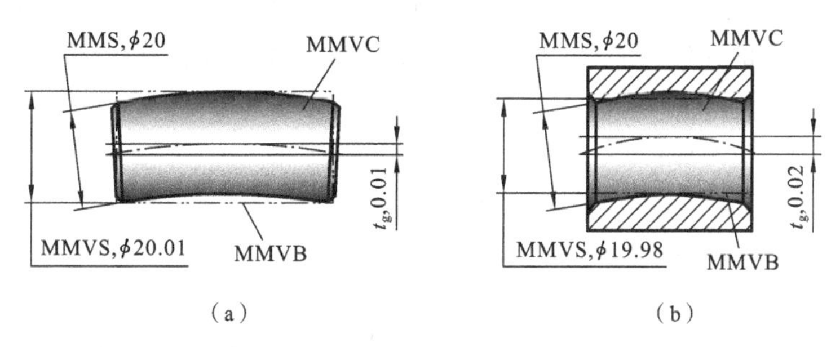

图4-90 最大实体实效尺寸及最大实体实效状态

如图4-91(b)所示,对于图4-91(a)所示轴,其最大实体尺寸 $d_{MMS}=15$ mm,轴线对基准 A 的垂直度公差 $t_g=0.02$ mm,则其最大实体实效尺寸 $d_{MMVS}=(15+0.02)$ mm$=15.02$ mm;其最大实体实效边界(MMVB)为由实体外向内包容实际提取轴面且垂直于基准 A 的最小体外接触圆柱面,其直径为 $\phi15.02$ mm。

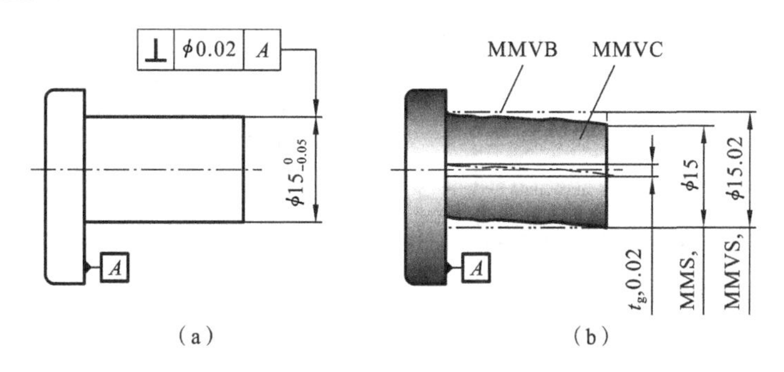

图4-91 定向最大实体实效尺寸及最大实体实效状态

如图 4-92(b)所示，对于图 4-92(a)所示孔板，其孔最大实体尺寸 $D_{MMS}=15$ mm，孔中心对由基准 A 和基准 B 及理论正确尺寸 $\boxed{10}$ 和 $\boxed{12}$ 所决定中心的位置度公差 $t_g=\phi0.02$ mm，则其最大实体实效尺寸 $D_{MMVS}=(15-0.02)$ mm $=14.98$ mm；其最大实体实效边界(MMVB)为，由实体外向内包容该实际提取孔，且以基准 A 和基准 B 及理论正确尺寸 $\boxed{10}$ 和 $\boxed{12}$ 所决定中心为圆心的最大内接圆，其直径为 $\phi14.98$ mm。

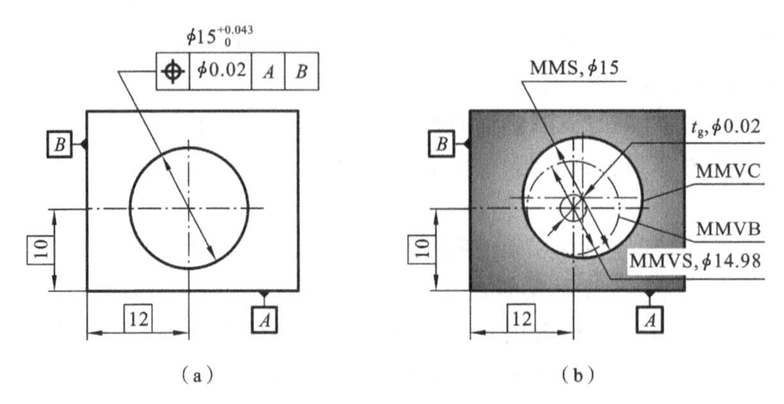

图 4-92　定位最大实体实效尺寸及最大实体实效状态

5) 最小实体实效尺寸与最小实体实效状态

最小实体实效尺寸(least material virtual size, LMVS)　尺寸要素的最小实体尺寸(LMS)与其导出要素的几何公差(t_g，形状、方向或位置公差)共同作用产生的尺寸称为最小实体实效尺寸。

对于外尺寸(轴类)要素，

$$d_{LMVS}=d_{LMS}-t_g=d_{min}-t_g$$

对于内尺寸(孔类)要素，

$$D_{LMVS}=D_{LMS}+t_g=D_{max}+t_g$$

最小实体实效状态(least material virtual condition, LMVC)　拟合要素的尺寸为其最小实体实效尺寸(LMVS)时的状态称为最小实体实效状态。

最小实体实效状态对应的极限包容面称为最小实体实效边界(least material virtual boundary, LMVB)；对于方向或位置公差，最小实体实效边界须具有相应的理论正确方向或位置。

如图 4-93(a)所示，对于图 4-87(a)所示轴，其最小实体尺寸 $d_{LMS}=19.979$ mm，轴线直线度公差 $t_g=0.01$ mm，则其最小实体实效尺寸 $d_{LMVS}=(19.979-0.01)$ mm $=19.969$ mm；其

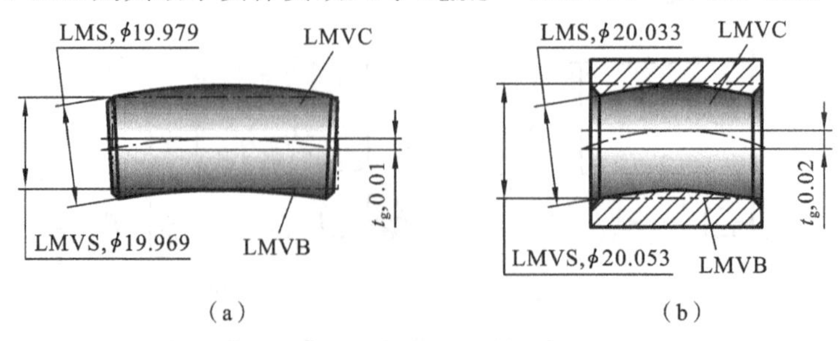

图 4-93　最小实体实效尺寸及最小实体实效状态

最小实体实效边界(LMVB)为由实体内向外包容实际提取轴面的最大体内接触圆柱面,其直径为 ϕ19.969 mm。如图 4-93(b)所示,对于图 4-87(b)所示孔,其最小实体尺寸 D_{LMS} = 20.033 mm,轴线直线度公差 t_g=0.02 mm,则其最小实体实效尺寸 D_{LMVS}=(20.033+0.02) mm=20.053 mm;其最小实体实效边界(LMVB)为由实体内向外包容实际提取孔面的最小体内接触圆柱面,其直径为 ϕ20.053 mm。

如图 4-94(a)所示,对于图 4-91(a)所示轴,其最小实体尺寸 d_{LMS}=14.95 mm,轴线对基准 A 的垂直度公差 t_g=0.02 mm,则其最小实体实效尺寸 d_{LMVS}=(14.95−0.02) mm=14.93 mm;其最小实体实效边界(LMVB)为,由实体内向外包容实际提取轴面且垂直于基准 A 的最大体内接触圆柱面,其直径为 ϕ14.93 mm。

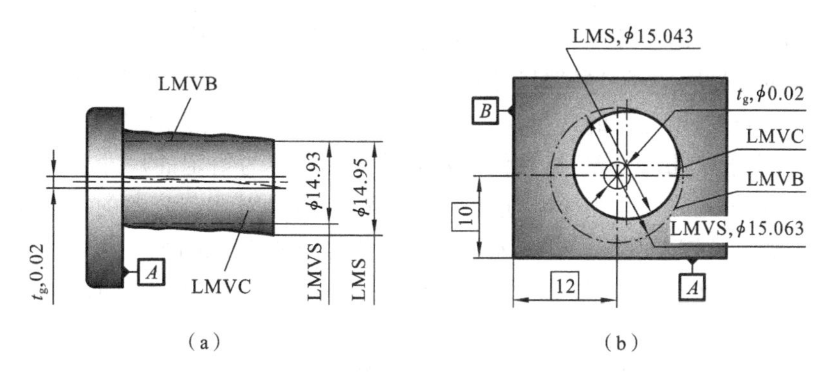

图 4-94 定向和定位最小实体实效尺寸及最小实体实效状态

如图 4-94(b)所示,对于图 4-92(a)所示孔板,其孔最小实体尺寸 D_{LMS}=15.043 mm,孔中心对由基准 A 和基准 B 及理论正确尺寸[10]和[12]所决定轴线的位置度公差 t_g=ϕ0.02 mm,则其最小实体实效尺寸 D_{LMVS}=(15.043+0.02) mm=15.063 mm;其最小实体实效边界(LMVB)为,由实体内向外包容实际提取孔,且以基准 A 和基准 B 及理论正确尺寸[10]和[12]所决定中心为圆心的最小体内接触圆,其直径为 ϕ15.063 mm。

2. 包容要求

1) 包容要求

包容要求(envelope requirement, ER)是规定尺寸公差与几何公差相互关联的一种公差要求。该要求规定,提取组成要素不得超越其最大实体边界(MMB),其局部实际尺寸不得超出最小实体尺寸(LMS)。包容要求适用于圆柱体表面或两平行对应面。

设计者根据制件的使用需求按包容要求规定公差时,应在尺寸要素的极限偏差或公差代号之后加注符号Ⓔ,如图 4-95(a)所示。当制件被要求遵守包容要求时,即要求其满足以下条件。

对于外表面(轴类),

$$d_{fe} \leqslant d_{MMS} = d_{max}, \quad d_a \geqslant d_{LMS} = d_{min}$$

对于内表面(孔类),

$$D_{fe} \geqslant D_{MMS} = D_{min}, \quad D_a \leqslant D_{LMS} = D_{max}$$

上述要求的实质,是用设计给定的极限尺寸控制被测要素的实际尺寸误差,用最大实体边界控制尺寸误差和几何误差共同作用的综合结果,从而规定了包容要求用于注有公差的要素时,尺寸公差与几何公差相互关联的机制。

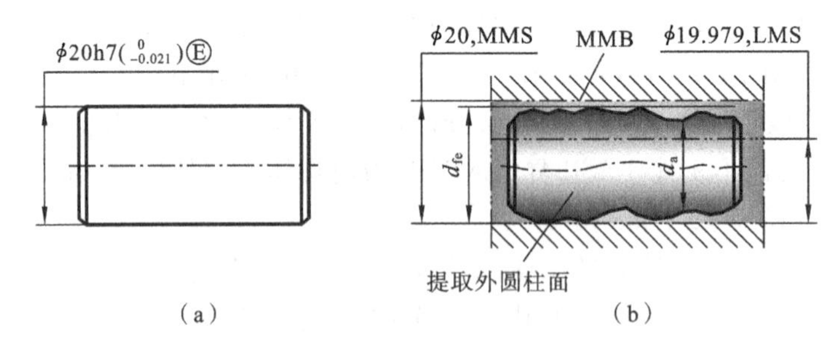

图 4-95　外尺寸包容要求的图样标注及其含义

按此关联机制，当提取(实际)局部尺寸处处为最大实体尺寸时，该要素不得有几何误差；当提取(实际)组成要素的局部尺寸偏离最大实体尺寸时，允许提取(实际)组成要素有几何误差，最大允许的量为提取(实际)局部尺寸对最大实体尺寸的偏离量，即尺寸公差可补偿几何公差(若给定了几何公差，则允许的几何误差不得超出该公差值)；当提取(实际)局部尺寸处处为最小实体尺寸且未给定几何公差时，几何误差的最大允许值为给定的尺寸公差；另外，当给定的几何公差是形状公差时，标注 0 Ⓜ与Ⓔ等效。由此可知，在对注有公差的要素提出了包容要求后，实际上是规定了该要素的尺寸公差对几何公差的一种补偿机制。

对于图 4-95(a)所示的按包容要求规定尺寸公差与直线度公差的轴，其含义(见图 4-95(b))如下。

① 该轴的提取(实际)外圆柱不能超出最大实体边界。即其尺寸误差与形状误差共同作用产生的体外作用尺寸 d_{fe}应小于最大实体边界尺寸 $d_{MMS}=d_{max}=\phi20$ mm。若提取外圆柱的局部尺寸 d_a 处处为最大实体尺寸 ϕ20 mm，则不允许外圆柱轴线有形状误差。

② 当该轴的提取(实际)外圆柱面的局部尺寸 d_a 偏离(小于)最大实体尺寸且大于或等于最小实体尺寸，该偏离量为 $\Delta=|d_a-d_{MMS}|$时，允许外圆柱体有不大于 Δ 的形状误差，且 Δ 的最大允许值等于尺寸公差。例如，当 $d_a=\phi19.985$ mm 时，该轴的提取(实际)外圆柱形状误差的最大允许值为 0.015 mm；当 $d_a=\phi19.979$ mm 时，该轴的提取(实际)外圆柱形状误差的最大允许值为 0.021 mm(等于尺寸公差)。

③ 该轴提取(实际)外圆柱面任意部位的局部尺寸 d_a 不得小于最小实体尺寸(LMS)ϕ19.979 mm。

对于图 4-96(a)所示的按包容要求规定尺寸公差与几何公差的孔，其含义(见图 4-96(b))如下。

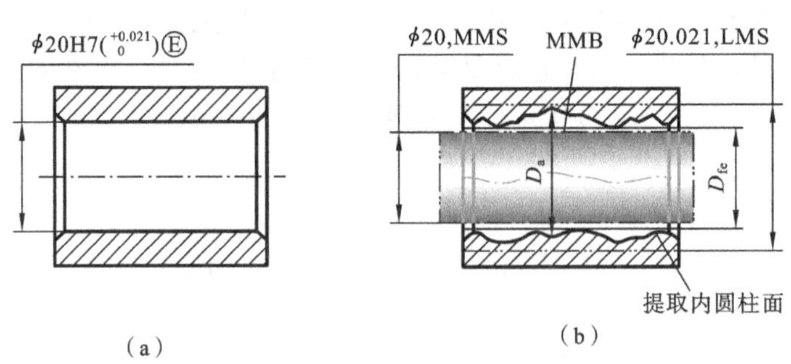

图 4-96　内尺寸包容要求的图样标注及其含义

① 该孔的提取(实际)内圆柱面不能超出最大实体边界。即其尺寸误差与形状误差共同作用产生的体外作用尺寸 D_{fe}应大于最大实体边界尺寸 $D_{MMS}=D_{min}=\phi20$ mm。若提取内圆柱

面的局部尺寸 D_a 处处为最大实体尺寸 ϕ20 mm，则不允许内圆柱面有形状误差。

② 当该孔的提取(实际)内圆柱面的局部尺寸 D_a 偏离(大于)最大实体尺寸且小于或等于最小实体尺寸，该偏离量为 $\Delta=|D_a-D_{MMS}|$ 时，允许内圆柱面有不大于 Δ 的形状误差，且 Δ 的最大允许值等于尺寸公差。如当 $D_a=\phi20.01$ mm 时，该孔提取(实际)圆柱面形状误差的最大允许值为 0.01 mm；当 $D_a=\phi20.021$ mm 时，该孔提取(实际)圆柱面形状误差的最大允许值为 0.021 mm(等于尺寸公差)。

③ 该孔提取(实际)内圆柱面任意部位的局部尺寸 D_a 不得大于最小实体尺寸(LMS)ϕ20.021 mm。

2) 包容要求的设计出发点

包容要求的实质，是综合控制具有尺寸误差和形状误差的提取(实际)组成要素的轮廓不超出最大实体边界，同时控制提取(实际)组成要素任意部位的局部尺寸不超出最小实体尺寸。因而，包容要求的设计出发点：一方面是通过要求相配合的内、外表面处处位于各自的最大实体边界内，从而保证确定的配合和性质，即保证使用要求的间隙或过盈；另一方面，要求相配合的内、外表面处处的局部尺寸不超出最小实体尺寸，以保证使用要求的强度。

3. 最大实体要求和附加可逆要求

最大实体要求和附加可逆要求涉及组成要素的尺寸公差和几何公差之间的相互关系，且只用于对尺寸要素的尺寸公差及其导出要素几何公差的综合要求。由于是综合要求，被测尺寸要素的尺寸公差与几何公差之间将存在有关规则规定的相关关系。

国家标准规定，对于规定最大实体要求的尺寸要素，在图样上要在相应导出要素的几何公差值(或基准符号)之后标注符号Ⓜ，若需附加可逆要求则在Ⓜ之后加注Ⓡ。

1) 最大实体要求

最大实体要求(maximum material requirement，MMR)是规定尺寸要素的非理想要素不得违反其最大实体实效状态(MMVC)的一种尺寸要素要求，即要求尺寸要素的非理想要素不得超越其最大实体实效边界(MMVB)。

国家标准对最大实体要求应用于注有公差的要素和基准要素规定了若干规则，以下仅对最大实体要求用于注有公差的要素的规则归纳表述如下(用于基准要素的有关规则可参阅 GB/T 16671)。

当最大实体要求用于注有公差的要素时，其规则如下。

① 要求该要素的提取局部尺寸不得超出其最大实体尺寸和最小实体尺寸(MMS 和 LMS)，即要求提取局部尺寸应位于极限尺寸之间。

② 要求该要素的提取组成要素不得超出其最大实体实效边界(MMVB)，即要求提取组成要素的体外作用尺寸不得超越最大实体实效边界的尺寸(若该要素的导出要素注有方向或位置公差时，要求其最大实体实效边界与其基准的理论正确方向或位置一致)。

因此，按最大实体要求，注有公差的尺寸要素应满足以下条件。

对于外表面(轴类)，

$$d_{fe}\leqslant d_{MMVS}=d_{max}+t_g,\quad d_{LMS}=d_{min}\leqslant d_a\leqslant d_{MMS}=d_{max}$$

对于内表面(孔类)，

$$D_{fe}\geqslant D_{MMVS}=D_{min}-t_g,\quad D_{MMS}=D_{min}\leqslant D_a\leqslant D_{LMS}=D_{max}$$

上述要求的实质，是用设计给定的极限尺寸控制被测要素的实际尺寸误差，用最大实体实效边界控制尺寸误差和几何误差共同作用的综合结果，从而规定了最大实体要求用于注有公差的要素时,尺寸公差与几何公差相互关联的机制。

按此关联机制,当提取(实际)局部尺寸处处为最大实体尺寸时,几何误差不得超出给定公差值;当提取(实际)局部尺寸误差没有超出规定的公差时,允许几何误差超过给定公差值,允许超过的量为提取(实际)局部尺寸对最大实体尺寸的偏离量,即尺寸公差可补偿几何公差;当提取(实际)局部尺寸处处为最小实体尺寸时,几何误差的最大允许值为给定的几何公差与尺寸公差之和;另外,当给定的几何公差是形状公差时,标注 0 Ⓜ与Ⓔ等效。由此可知,在对注有公差的要素提出了最大实体要求后,实际上是规定了该要素的尺寸公差对几何公差的一种补偿机制。

如图 4-97(a)所示轴的零件图,轴的直径要求为 $\phi20_{-0.021}^{\ 0}$,其轴线直线度公差值后标注了符号Ⓜ,即表示对该轴圆柱面提出了最大实体要求。其含义如下。

① 该轴提取(实际)外圆柱面不得超越最大实体实效边界 MMVB。即其尺寸误差与直线度误差共同作用产生的体外作用尺寸 d_{fe}应满足

$$d_{fe} \leqslant d_{MMVS} = d_{min} + t_g = \phi20.01\ \text{mm}$$

如图 4-97(b)所示。

② 当提取(实际)局部尺寸 d_a处处为最大实体尺寸 $\phi20$ mm 时,轴线直线度误差最大允许值为图样给定的直线度公差值 0.01 mm,如图 4-97(c)所示。当该轴的提取(实际)外圆柱面的局部尺寸 d_a 偏离(小于)最大实体尺寸,其偏离量为 $\Delta = |d_a - d_{MMS}|$时,允许轴线直线度公差为 $0.01+\Delta$,且 Δ 的最大允许值等于尺寸公差。例如,当 $d_a = \phi19.985$ mm 时,轴线直线度公差为 0.025 mm;当 d_a 处处为最小实体尺寸 $\phi19.979$ mm 时,该轴线直线度公差为 0.031 mm,如图 4-97(d)所示。图 4-97(e)所示的为尺寸偏差与直线度公差相互关联的动态公差图。

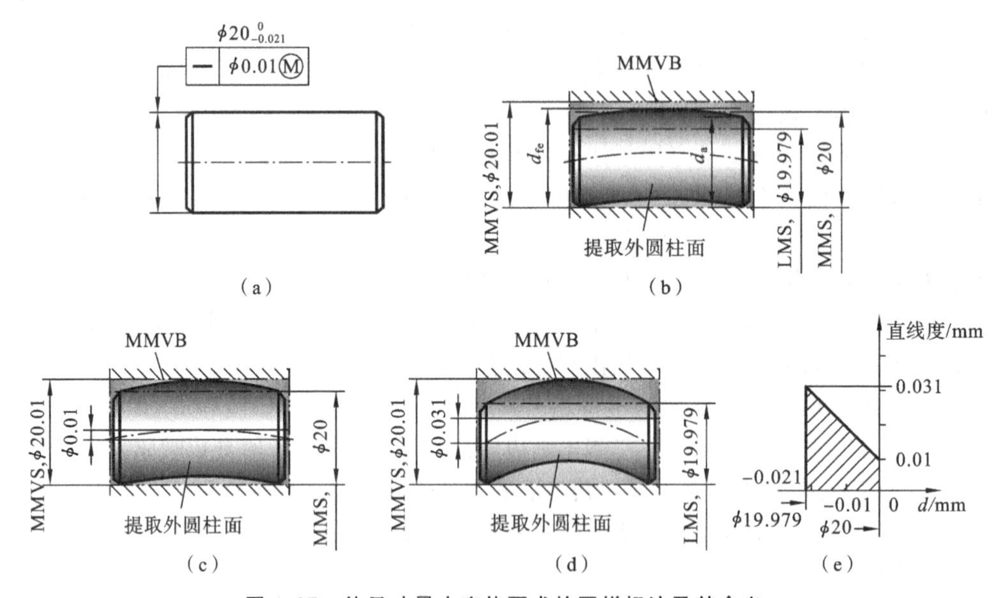

图 4-97 外尺寸最大实体要求的图样标注及其含义

③ 该轴提取(实际)局部尺寸 d_a应满足

$$d_{MMS} = d_{max} = \phi20\ \text{mm} \geqslant d_a \geqslant d_{LMS} = d_{min} = \phi19.979\ \text{mm}$$

对于图 4-98(a)所示零件图,孔的直径要求为 $\phi20_{\ 0}^{+0.033}$,其轴线垂直度公差值后标注了符号Ⓜ,即表示对该孔圆柱面提出了最大实体要求。其含义如下。

① 该孔提取(实际)内圆柱面不得超越最大实体实效边界 MMVB。即其尺寸误差与垂直度误差共同作用产生的体外作用尺寸 D_{fe}应满足

$$D_{fe} \geqslant D_{MMVS} = D_{min} - t_g = \phi 19.95 \text{ mm}$$

如图 4-98(b)所示。

② 当提取(实际)局部尺寸 D_a 处处为最大实体尺寸 ϕ20 mm 时,轴线垂直度误差最大允许值为图样给定的直线度公差值 0.05 mm,如图 4-98(c)所示。当该孔的提取(实际)内圆柱面的局部尺寸 D_a 偏离(大于)最大实体尺寸,其偏离量为 $\Delta = |D_a - D_{MMS}|$时,允许轴线垂直度公差为 0.05+Δ,且 Δ 的最大允许值等于尺寸公差。例如,当 $D_a = \phi$20.01 mm时,轴线垂直度公差为0.06 mm;当 D_a 处处为最小实体尺寸ϕ20.033 mm时,该轴线直线度公差为0.083 mm,如图 4-98(d)所示。图 4-98(e)所示的是尺寸偏差与垂直度公差相互关联的动态公差图。

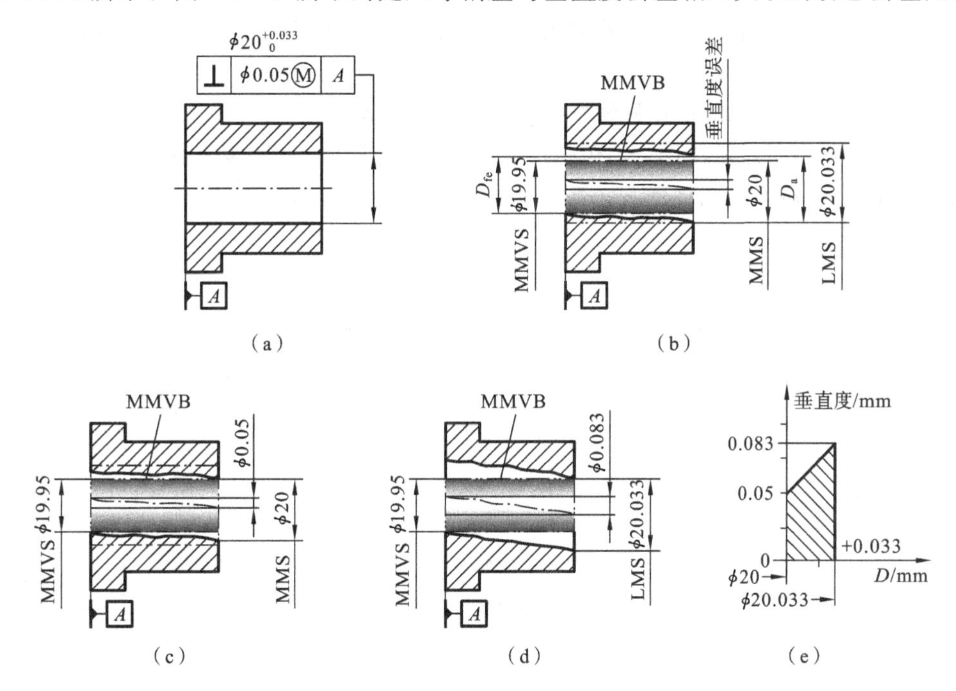

图 4-98 内尺寸、定向公差最大实体要求的图样标注及其含义

③ 该孔提取(实际)局部尺寸 D_a应满足

$$D_{MMS} = D_{min} = \phi 20 \text{ mm} \leqslant D_a \leqslant D_{LMS} = D_{max} = \phi 20.033 \text{ mm}$$

2) 最大实体要求附加可逆要求

当最大实体要求用于注有公差的要素,同时附加了可逆要求(reciprocity requirement, RPR)时,尺寸公差与几何公差相互关联的机制有所变化,其要求如下。

① 要求该要素的提取局部尺寸不得超出其最小实体尺寸(LMS)。即对于外表面,要求提取局部尺寸应大于最小极限尺寸,对于内表面,要求提取局部尺寸应小于最大极限尺寸。

② 要求该要素的提取组成要素不得超出其最大实体实效边界(MMVB),即要求提取组成要素的体外作用尺寸不得超越最大实体实效边界的尺寸(若该要素的导出要素注有方向或位置公差时,要求其最大实体实效边界与其基准的理论正确方向或位置一致)。

因此,按附加可逆要求的最大实体要求,注有公差的尺寸要素应满足以下条件。

对于外表面(轴类),

$$d_{fe} \leqslant d_{MMVS} = d_{max} + t_g, \quad d_a \geqslant d_{LMS} = d_{min}$$

对于内表面(孔类),

$$D_{fe} \geqslant D_{MMVS} = D_{min} - t_g, \quad D_a \leqslant D_{LMS} = D_{max}$$

由上述要求可见,与单独规定最大实体要求相比,在附加可逆要求后,实质是取消了最大实体尺寸对被测要素尺寸误差的控制,但仍然用最大实体实效边界控制尺寸误差和几何误差共同作用的综合结果。

按此要求所规定的尺寸公差与几何公差相互关联的机制,一方面保留了最大实体要求中尺寸公差对几何公差的补偿机制,同时附加了几何公差可补偿尺寸公差的规定,即当被测要素几何误差 f 没有超出规定的公差 t_g 时,允许提取(实际)局部尺寸超出最大实体尺寸,且允许超出的量为几何公差与几何误差之差的绝对值 $\Delta = |t_g - f|$;当提取组成要素没有几何误差(误差为"0")时,被测要素的尺寸公差最大值为给定的尺寸公差与几何公差之和。因而,在对注有公差的要素提出了最大实体要求,同时附加了可逆要求后,实际上是规定了对该要素尺寸公差和几何公差之间的一种相互补偿(reciprocity)的机制。

对于图 4-99(a)所示零件图,与图 4-97(a)所示零件相比,其轴线直线度公差值后标注了符号Ⓜ和Ⓡ,即表示对该轴圆柱面提出了最大实体要求并附加可逆要求。其含义如下。

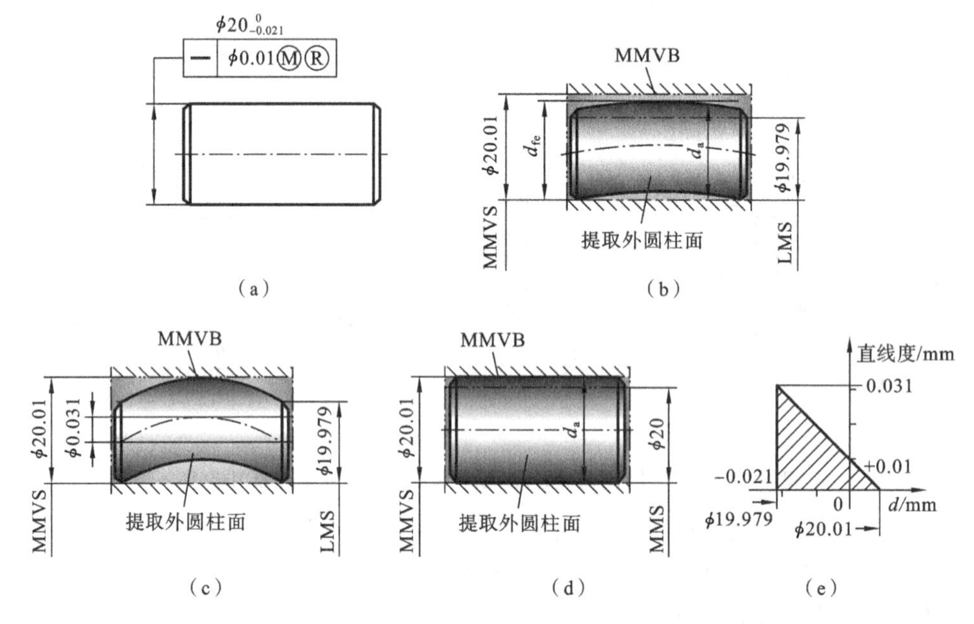

图 4-99 最大实体要求附加可逆要求的图样标注及其含义

① 该轴提取(实际)外圆柱面不得超越最大实体实效边界 MMVB。即其尺寸误差与直线度误差共同作用产生的体外作用尺寸 d_{fe}应满足

$$d_{fe} \leqslant d_{MMVS} = d_{max} + t_g = \phi 20.01 \text{ mm}$$

如图 4-99(b)所示。

② 该轴的提取(实际)外圆柱面的局部尺寸 d_a 偏离(小于)最大实体尺寸,其偏离量为 $\Delta = |d_a - d_{MMS}|$时,允许轴线的直线度公差为 $0.01+\Delta$;Δ 的最大允许值等于尺寸公差 0.021 mm,即当 d_a 处处为最小实体尺寸 ϕ19.979 mm 时,该轴线直线度公差为(0.01+0.021) mm=0.031 mm,如图 4-99(c)所示。

③ 当提取(实际)外圆柱面轴线的直线度误差 f 为给定公差 ϕ0.01 mm 时,提取(实际)局

部尺寸 d_a 不得大于最大实体尺寸 $\phi20$ mm。当轴线的直线度误差小于给定公差，二者之差的绝对值 $\Delta=|0.01-f|$ 时，允许局部尺寸 d_a 超出（大于）最大实体尺寸，允许 d_a 最大为 $\phi20$ mm$+\Delta$，即尺寸公差为 0.21 mm$+\Delta$；Δ 的最大允许值等于直线度公差 0.01 mm，即当直线度误差为“0”时，允许该轴尺寸公差为(0.01+0.021) mm=0.031 mm，如图 4-99(d)所示。

④ 该轴提取（实际）局部尺寸 d_a 应满足

$$d_a \geqslant d_{LMS}=d_{min}=\phi19.979\ \text{mm}$$

图 4-99(e)所示的为对该轴提出最大实体要求并附加了可逆要求后，其尺寸偏差与直线度公差相互关联的动态公差图。

3）最大实体要求（含附加可逆要求）的设计出发点

通常，若一个零件的尺寸要素达到具有允许材料量最多的最大实体尺寸，同时其相关几何误差又达到最大允许值，即处于最大实体实效状态时，该零件处于最难装配的状态。最大实体要求（含附加可逆要求）仅综合控制具有尺寸误差和形状误差的提取（实际）组成要素的轮廓不超出最大实体实效边界；其中最大实体要求允许尺寸要素的尺寸公差补偿给几何公差，而最大实体要求附加可逆要求后允许尺寸公差和几何公差相互补偿。所以，最大实体要求（含附加可逆要求）的设计出发点是：一方面，控制相关尺寸要素在最大实体实效边界内，以保证相配零件的可装配性为前提，从而方便制造、降低成本；另一方面，要求相配合的内、外表面的局部尺寸不超出最小实体尺寸，以保证使用的基本强度要求。

4. 最小实体要求和附加可逆要求

最小实体要求和附加可逆要求涉及组成要素的尺寸公差和几何公差之间的相互关系，且只用于对尺寸要素的尺寸公差及其导出要素几何公差（形位公差）的综合要求。由于是综合要求，被测尺寸要素的尺寸公差与几何公差之间将存在有关规则规定的相关关系。

国家标准规定，对于规定最小实体要求的尺寸要素，在图样上要在相应导出要素的几何公差值（或基准符号）之后标注符号Ⓛ，若需附加可逆要求，则在Ⓛ之后加注Ⓡ。

1）最小实体要求

最小实体要求（least material requirement，LMR）是规定尺寸要素的非理想要素不得违反其最小实体实效状态（LMVC）的一种尺寸要素要求，即要求尺寸要素的非理想要素不得超越其最小实体实效边界（LMVB）。

国家标准对最小实体要求应用于注有公差的要素和基准要素规定了若干规则，以下仅对最小实体要求用于注有公差的要素的规则归纳表述如下（用于基准要素的有关规则可参阅 GB/T 16671）。

当最小实体要求用于注有公差的要素时，其规则如下。

① 要求该要素的提取局部尺寸不得超出其最大实体尺寸和最小实体尺寸（MMS 和 LMS），即要求提取局部尺寸应位于极限尺寸之间。

② 要求该要素的提取组成要素不得超出其最小实体实效边界（LMVB），即要求提取组成要素的体内作用尺寸不得超越最小实体实效边界的尺寸（若该要素的导出要素注有方向或位置公差，则要求其最小实体实效边界与其基准的理论正确方向或位置一致）。

因此，按最小实体要求，注有公差的尺寸要素应满足如下条件。

对于外表面（轴类），

$$d_{fi} \geqslant d_{LMVS}=d_{min}-t_g,\quad d_{LMS}=d_{min} \leqslant d_a \leqslant d_{MMS}=d_{max}$$

对于内表面（孔类），

$$D_{fi} \leqslant D_{LMVS} = D_{max} + t_g, \quad D_{MMS} = D_{min} \leqslant D_a \leqslant D_{LMS} = D_{max}$$

上述要求的实质，是用设计给定的极限尺寸控制被测要素的实际尺寸误差，用最小实体实效边界控制尺寸误差和几何误差共同作用的综合结果，从而规定了最小实体要求用于注有公差的要素时，尺寸公差与几何公差相互关联的机制。

按此关联机制，当提取(实际)局部尺寸处处为最小实体尺寸时，几何误差不得超出给定公差值；当提取(实际)局部尺寸误差没有超出规定的公差时，允许几何误差超过给定公差值，允许超过的量为提取(实际)局部尺寸对最小实体尺寸的最小偏离量，即尺寸公差可补偿几何公差；当提取(实际)局部尺寸处处为最大实体尺寸时，几何误差的最大允许值为给定的几何公差与尺寸公差之和。由此可知，在对注有公差的要素提出了最小实体要求后，实际上是规定了该要素的尺寸公差对几何公差的一种补偿机制。

如图 4-100(a)所示轴的零件图，轴的直径要求为 $\phi 20_{-0.021}^{0}$ mm，其轴线直线度公差值后标注了符号Ⓛ，即表示对该轴圆柱面提出了最小实体要求。其含义如下。

① 该轴提取(实际)外圆柱面不得超越最小实体实效边界 LMVB。即其尺寸误差与直线度误差共同作用产生的体内作用尺寸 d_{fi} 应满足

$$d_{fi} \geqslant d_{LMVS} = d_{min} - t_g = \phi 19.969 \text{ mm}$$

如图 4-100(b)所示。

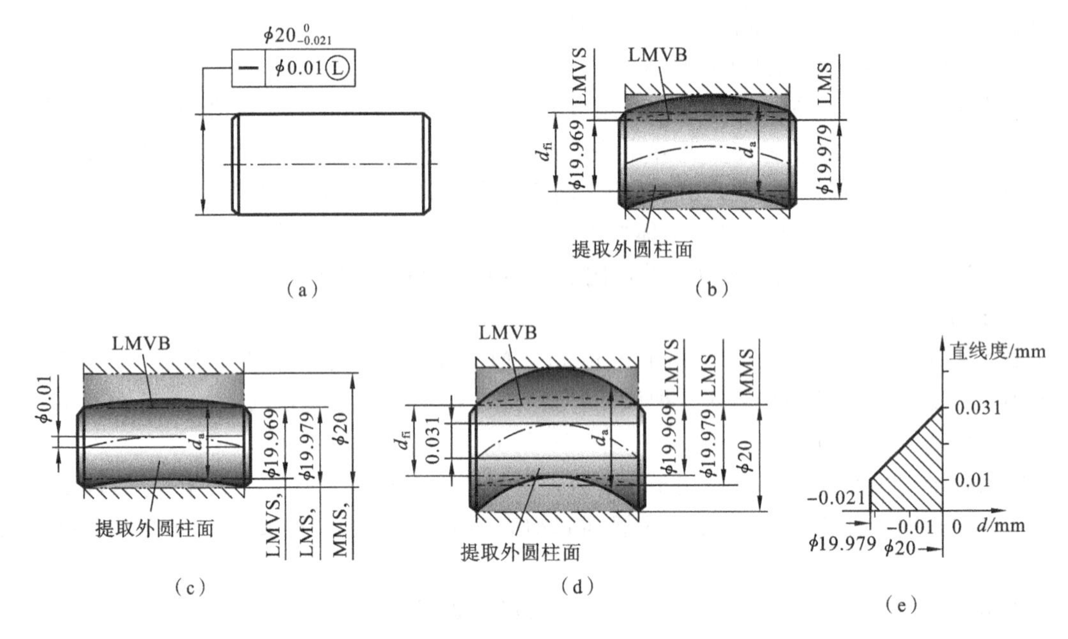

图 4-100　外尺寸最小实体要求的图样标注及其含义

② 当提取(实际)局部尺寸 d_a 处处为最小实体尺寸 $\phi 19.979$ mm 时，轴线直线度误差最大允许值为图样给定的直线度公差值 0.01 mm，如图 4-100(c)所示。当该轴的提取(实际)外圆柱面的局部尺寸 d_a 偏离(大于)最小实体尺寸，其偏离量为 $\Delta = |d_a - d_{LMS}|$ 时，允许轴线直线度公差为 0.01 mm$+\Delta$，且 Δ 的最大允许值等于尺寸公差。例如，当 $d_a = \phi 19.994$ mm 时，轴线直线度公差为 0.025 mm；当 d_a 处处为最大实体尺寸 $\phi 20$ mm 时，该轴线直线度公差为 0.031 mm，如图 4-100(d)所示。图 4-100(e)所示的为尺寸偏差与直线度公差相互关联的动态公差图。

③ 该轴提取(实际)局部尺寸 d_a 应满足

$$d_{LMS}=d_{min}=\phi 19.979\ mm\leqslant d_a\leqslant d_{MMS}=d_{max}=\phi 20\ mm$$

对于图4-101(a)所示零件径向截面图，内圆的直径要求为 $\phi 35^{+0.1}_{0}$ mm，其中心的位置度公差值后标注了符号Ⓛ，即表示对该内圆提出了最小实体要求。其含义如下。

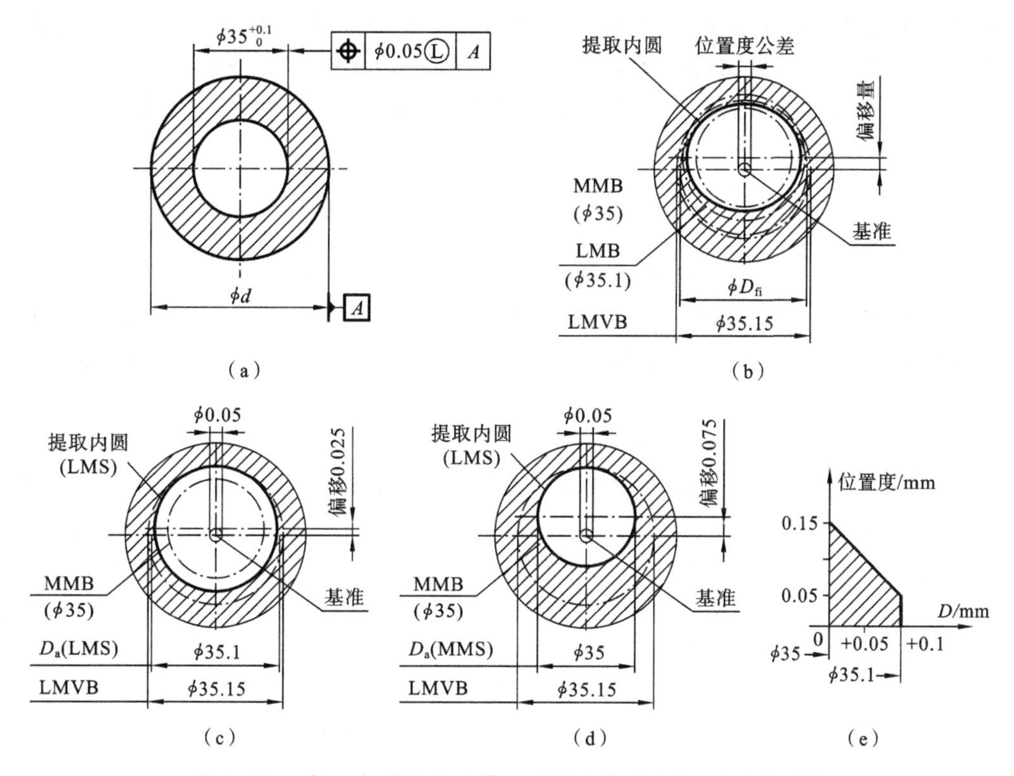

图4-101 内尺寸、定位公差最小实体要求的图样标注及其含义

① 该孔提取(实际)内圆不得超越最小实体实效边界LMVB。即其尺寸误差与位置度误差共同作用产生的体内作用尺寸 D_{fi} 应满足

$$D_{fi}\leqslant D_{LMVS}=D_{max}+t_g=\phi 35.15\ mm$$

如图4-101(b)所示。

② 当内圆的提取(实际)局部尺寸 D_a 处处为最小实体尺寸 $\phi 35.1$ mm时，中心的位置度误差最大允许值为图样给定的直线度公差值0.05 mm(中心点偏离基准点最大允许0.025 mm)，如图4-101(c)所示。当内圆的提取(实际)局部尺寸 D_a 偏离(小于)最小实体尺寸，其偏离量为 $\Delta=|D_a-D_{LMS}|$ 时，允许其中心点的位置度公差为 $0.05\ mm+\Delta$，且 Δ 的最大允许值等于尺寸公差。例如，当 $D_a=\phi 35.05$ mm时，位置度公差为0.10 mm；当 D_a 处处为最大实体尺寸 $\phi 35$ mm时，该中心点的位置度公差为0.15 mm(中心点偏离基准点最大允许0.075 mm)，如图4-101(d)所示。图4-101(e)所示的为内圆的尺寸偏差与其中心点的位置度公差相互关联的动态公差图。

③ 该内圆提取(实际)局部尺寸 D_a 应满足

$$D_{MMS}=D_{min}=\phi 35\ mm\leqslant D_a\leqslant D_{LMS}=D_{max}=\phi 35.1\ mm$$

2) 最小实体要求附加可逆要求

当最小实体要求用于注有公差的要素，同时附加了可逆要求(reciprocity requirement，RPR)时，尺寸公差与几何公差相互关联的机制有所变化，其要求如下。

① 要求该要素的提取局部尺寸不得超出其最大实体尺寸(MMS)。即对于外表面,要求提取局部尺寸应小于最大极限尺寸,对于内表面,要求提取局部尺寸应大于最小极限尺寸。

② 要求该要素的提取组成要素不得超出其最小实体实效边界(LMVB),即要求提取组成要素的体内作用尺寸不得超越最小实体实效边界的尺寸(若该要素的导出要素注有方向或位置公差时,要求其最小实体实效边界与其基准的理论正确方向或位置一致)。

因此,按附加可逆要求的最小实体要求,注有公差的尺寸要素应满足以下条件。

对于外表面(轴类),

$$d_{fi} \geqslant d_{LMVS} = d_{min} - t_g, \quad d_a \leqslant d_{MMS} = d_{max}$$

对于内表面(孔类),

$$D_{fi} \leqslant D_{LMVS} = D_{max} + t_g, \quad D_a \geqslant D_{MMS} = D_{min}$$

由上述要求可见,与单独规定最小实体要求相比,在附加可逆要求后,实质是取消了最小实体尺寸对被测要素尺寸误差的控制,但仍然用最小实体实效边界控制尺寸误差和几何误差共同作用的综合结果。

按此要求所规定的尺寸公差与几何公差相互关联的机制,一方面保留了最小实体要求中尺寸公差对几何公差的补偿机制,同时附加了几何公差可补偿尺寸公差的规定,即当被测要素几何误差 f 没有超出规定的公差 t_g 时,允许提取(实际)局部尺寸超出最小实体尺寸,且允许超出的量为几何公差与几何误差之差的绝对值 $\Delta = |t_g - f|$;当提取组成要素的几何误差为“0”时,被测要素的尺寸公差最大值为给定的尺寸公差与几何公差之和。因而,在对注有公差的要素提出了最小实体要求,同时附加了可逆要求后,实际上是规定了对该要素尺寸公差和几何公差之间的一种相互补偿(reciprocity)的机制。

对于图 4-102(a)所示零件图,与图 4-100(a)所示零件相比,其轴线直线度公差值后标注了符号Ⓛ和Ⓡ,即表示对该轴圆柱面提出了最小实体要求并附加可逆要求。其含义如下。

① 该轴提取(实际)外圆柱面不得超越最小实体实效边界 LMVB。即其尺寸误差与直线度误差共同作用产生的体内作用尺寸 d_{fi} 应满足

$$d_{fi} \geqslant d_{LMVS} = d_{max} - t_g = \phi 19.969\ \text{mm}$$

如图 4-102(b)所示。

② 当该轴的提取(实际)外圆柱面的局部尺寸 d_a 偏离(大于)最小实体尺寸,其偏离量为 $\Delta = |d_a - d_{LMS}|$ 时,允许轴线的直线度公差为 0.01 mm+Δ;Δ 的最大允许值等于尺寸公差 0.021 mm,即当 d_a 处处为最大实体尺寸 ϕ20 mm 时,该轴线直线度公差为(0.01+0.021) mm =0.031 mm,如图 4-102(c)所示。

③ 当提取(实际)外圆柱面轴线的直线度误差 f 等于给定公差 ϕ0.01 mm 时,提取(实际)局部尺寸 d_a 不得小于最小实体尺寸 ϕ19.979 mm。当轴线的直线度误差小于给定公差,二者之差的绝对值 $\Delta = |0.01 - f|$ 时,允许局部尺寸 d_a 超出(小于)最小实体尺寸,允许 d_a 最小为 ϕ19.979 mm−Δ,即尺寸公差为 0.21 mm+Δ;Δ 的最大允许值等于直线度公差 0.01 mm,即当直线度误差为“0”时,允许该轴尺寸公差为(0.01+0.021) mm=0.031 mm,如图 4-102(d)所示。

④ 该轴提取(实际)局部尺寸 d_a 应满足

$$d_a \leqslant d_{MMS} = d_{max} = \phi 20\ \text{mm}$$

图 4-102(e)所示的为对该轴提出最小实体要求,同时附加了可逆要求后,其尺寸偏差与直线度公差相互关联的动态公差图。

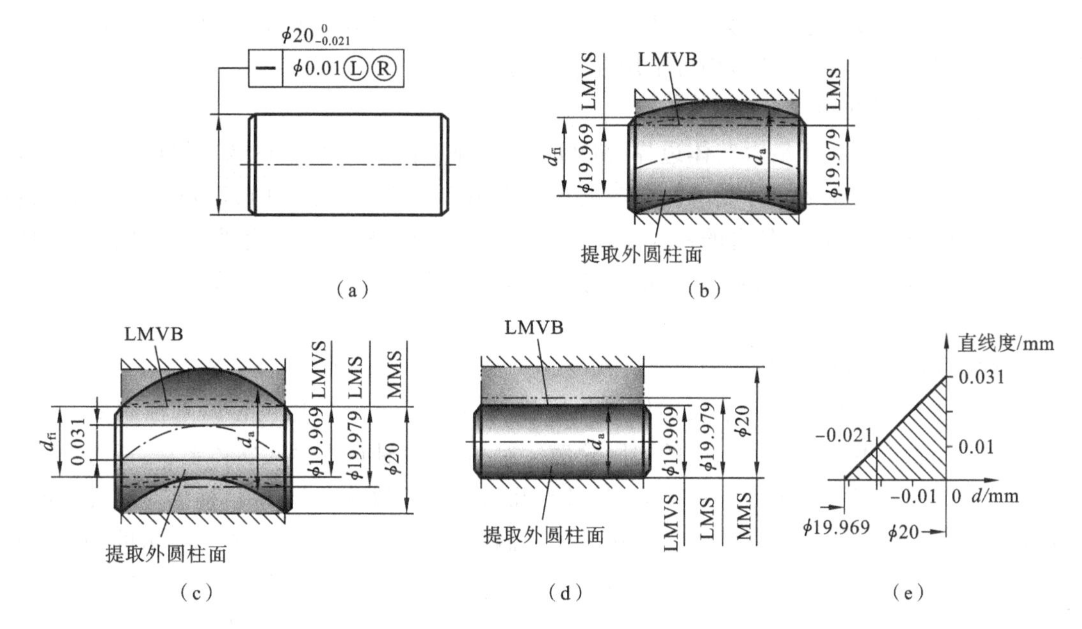

(a) (b) (c) (d) (e)

图 4-102 外尺寸最小实体要求附加可逆要求的图样标注及其含义

3）最小实体要求(含附加可逆要求)的设计出发点

通常，当一个零件的尺寸要素达到具有允许材料量最少的最小实体尺寸，同时其相关几何误差又达到最大允许值，即处于最小实体实效状态时，该零件处于强度最弱的状态。最小实体要求(含附加可逆要求)仅综合控制具有尺寸误差和形状误差的提取(实际)组成要素的轮廓不超出最小实体实效边界；其中最小实体要求允许尺寸要素的尺寸公差补偿给几何公差，而最小实体要求附加可逆要求后允许尺寸公差和几何公差相互补偿。其设计出发点是，一方面，控制相关尺寸要素在最小实体实效边界内，以保证零件本身的基本强度(外尺寸所必需的最小直径或壁厚，或最大内尺寸所涉及的最小壁厚)为前提，从而方便制造，降低成本；另一方面，要求相配合的内、外表面的局部尺寸不超出最大实体尺寸，以保证的可装配性。

4.5 几何精度设计

合理规定几何公差来限制零件有关组成要素的几何误差，即对零件进行几何精度设计，对保证整机的使用性能和制造成本是非常重要的。

零件几何精度设计要综合考虑功能需求、结构特点、制造环境及成本，其主要内容包括：考虑零件为多个要素组成的几何体，合理规定其尺寸公差与几何公差之间的关系；针对要素的性能要求和几何特征、要素间的功能关联、检测条件等，合理选择几何公差项目；根据零件的结构特点、精度要求及相应制作工艺能力和成本等确定几何公差值；将精度设计的结果规范地标注在工程图上。

4.5.1 公差原则的应用

1. 独立原则的应用

独立原则是处理零件尺寸公差与几何公差关系的基本公差原则。由于独立原则分别控制尺寸误差或几何误差，可满足零件尺寸公差或几何公差的单项功能要求。因而，在零件相关要素的尺寸和几何精度要求差别大、尺寸及几何精度均要求高或均要求低，以及要素间的尺寸与几何精度无必然联系等情况时，均可采用独立原则。

2. 包容要求的应用

包容要求实质上是用最大实体边界(MMB)这一理想包容面来控制要素的尺寸误差和几何误差共同作用所产生的实际轮廓。包容要求通常用于有配合要求的内、外表面，通过要求相配合的内、外表面处处位于各自的最大实体边界内，从而保证确定的配合性质，即保证使用要求的最小间隙或最大过盈；同时，在局部尺寸偏离最大实体尺寸时，允许有相应的几何误差存在，使制造成本得到降低。

3. 最大实体要求的应用

最大实体要求实质上是用最大实体实效边界(MMVB)这一理想包容面来控制要素的尺寸误差和几何误差共同作用所产生的实际轮廓。对相配孔、轴提出最大实体要求，是考虑当二者达到占有材料量最多的最大实体状态、且各自几何误差达到最大允许值，即处于装配最困难的状态时，二者仍能实现自由装配，通常用于主要满足可装配性而无严格配合要求的场合。同时，最大实体要求在局部尺寸偏离最大实体尺寸时，允许几何公差相应扩大；若再提出附加可逆要求的话，则在几何误差没超过给定公差值时，允许局部尺寸相应超出最大实体尺寸。因而，按最大实体要求(或再附加可逆要求)，能方便制造并以经济的制造成本满足相配孔、轴的可装配性。

4. 最小实体要求的应用

最小实体要求实质上是用最小实体实效边界(LMVB)这一理想包容面来控制要素的尺寸误差和几何误差共同作用所产生的实际轮廓。对零件提出最小实体要求，是考虑当其达到占有材料量最少的最小实体状态，且几何误差达到最大允许值，即处于强度最弱的最小实体实效状态时，仍能满足零件的基本强度要求，通常用于考虑强度临界值的设计，以控制最小壁厚保证最低许用强度的场合。同时，最小实体要求在局部尺寸偏离最小实体尺寸时，允许几何公差相应扩大；若再提出附加可逆要求的话，则在几何误差没超过给定公差值时，允许局部尺寸相应超出最小实体尺寸。因而，按最小实体要求(或再附加可逆要求)，能方便制造并以经济的制造成本满足相配孔、轴的基本强度。

4.5.2　几何公差项目的选择

选择几何公差项目时，通常要考虑以下因素。

1. 考虑零件的功能需求及现有设备的加工制造能力

选择几何公差项目时，首先应对零件使用功能进行分析，以确定因几何误差的出现将影响零件功能的各组成要素，并根据这些要素的几何特征及要素间的相互关联来选择相应的几何公差项目，以限制零件的制造误差。

同时，考虑功能许可的几何误差大小及可行的加工手段，决定是否通过图样标注提出几何公差要求。若确认常用设备和工艺方法可能导致的几何误差小于欲规定的公差，则可不在图样上标注出相应的公差要求(视同未注公差处理)；若功能所需满足的几何精度低于未注公差要求，则一般不在图样上标注相应的几何公差，除非规定较大几何公差值对零件加工具有显著的经济效益，才在图样上标注相应的几何公差；若功能所需满足的几何精度高于未注公差要求，则需在图样上标注相应的几何公差。

2. 避免对几何误差的重复限制

选择几何公差项目实质上是选择相应的公差带来限制加工误差。而几何公差带的形状有二维平面区域，也有三维空间区域(见图 4-5(b))，因此对同一要素规定几何公差时，要进行分析。若对该要素选择具有三维空间区域公差带的项目已能满足功能要求，或满足功能要求只需用二维平面区域公差带，则不要再重复选择其他的项目。例如，对于同一圆柱体表面，若规定了圆柱度公差且能满足功能要求，则不要再规定圆度公差；对于同一平面，若功能仅需规定直线度公差，就不要再重复规定平面度公差。

由于限制要素某种类型几何误差的公差，同时也可能会限制该要素其他类型的误差，因此选择几何公差项目时应注意。例如：位置公差可同时限制要素的位置误差、方向误差和形状误差；方向公差可同时限制要素的方向误差和形状误差；有的形状公差可同时限制要素不同项目的形状误差。

另外，不同的公差项目对同一要素几何误差的限制效果相同时，在考虑其他因素后，仅选择其中一个项目即可。例如：规定某端面对一轴线的垂直度公差与规定该端面对同一轴线的全跳动公差，对该端面几何误差的限制效果是雷同的，此时，若该端面工作时绕轴线回转，建议规定全跳动公差，若该端面为定位安装面，则建议规定垂直度公差。

3. 考虑现有的检测条件

实际要素是否满足所规定的几何公差要求是要通过检测来验证的，因此在规定公差时要考虑是否有经济可行的检测条件。例如，在车间条件下，只要能满足零件的功能要求，往往圆跳动误差比同轴度误差更为方便检测；可用圆度、素线直线度及平行度代替圆柱度，或用全跳动代替圆柱度。

4. 遵循有关专业标准的相关规定

专业标准的相关规定是几何公差项目选择的重要依据。例如，滚动轴承的标准中规定了相关孔、轴的几何公差要求；单键、花键、齿轮等典型零件的标准均对有关要素给出了几何公差的规定或要求。

4.5.3 几何公差值的确定

选取几何公差值最基本的原则是，在满足零件的使用要求的前提下选取最经济的公差值。几何公差值的选取可采用类比或计算等方法。目前工程应用中多采用类比法，即设计者参考自身或他人的成功经验(包括有关设计手册及技术资料)、同类优质产品的应用实例，经过对比分析来确定几何公差值。选取几何公差值时，应考虑以下问题。

(1) 考虑同一要素各项公差要求的内在联系。

当要求将被测要素限制在最大实体边界内时，选取形状公差值应小于方向、位置或跳动公差值，几何公差值应小于尺寸公差值；当要求遵循独立原则或最大实体要求时，选取形状公差值应小于方向、位置或跳动公差值。

对同一要素规定的几何公差项目中，二维公差带的大小(公差值)应不大于三维公差带大小。例如：对平面要素规定的直线度公差值应不大于平面度公差值；圆跳动公差值应不大于全跳动公差值。由于跳动公差具有综合控制的效果，因此，回转表面及其素线的形状公差值及定向、定位公差值应不大于相应的跳动公差值。

(2) 考虑配合要求。

对有配合要求的要素，其形状公差目前多按占尺寸公差的百分比来选取。根据功能要求及工艺条件,通常取尺寸公差的 25% ～ 63%,有特殊要求的亦可取更小的比例。应注意,选取几何公差值占尺寸公差值的百分比过小,对工艺装备的精度要求会过高;另一方面,若此百分比过大,将难以控制尺寸误差。因而对于一般零件,取其形状公差值为尺寸公差的 40%或 63%。

(3) 考虑表面粗糙度。

从平面加工的实践经验来看,通常表面粗糙度的平均高度值占形状误差(直线度、平面度)的 20% ～ 25%。因此,对于中等尺度和中等精度要求的零件,这类形状公差值可参考此经验关系选取。

(4) 考虑零件的结构特点。

对于刚性较差的零件(如细长轴、深孔、薄壁件等),以及其他一些结构工艺性不好的零件(如距离较远的孔、轴,大而薄的面等),由于加工精度受到类似结构的影响,此时可取较大的公差值。

(5) 考虑尺寸系统。

零件上各要素的几何公差往往也是某个尺寸链上的一个环,在确定某要素形状公差值时,应从其所在尺寸链的角度,根据该要素的功能要求及制造工艺能力合理给出公差值。

(6) 选用标准公差值。

GB/T 1184《形状和位置公差 未注公差值》规定了几何公差由高至低分为 1～12 级,为了适应精密零件的需要,圆度、圆柱度公差增加了一级,即 0 级,公差数值及应用举例如表 4-7～表 4-10 所示;同时对未注直线度、平面度、垂直度、对称度、圆跳动等公差规定了 H、K、L 由高至低三种公差等级,公差数值如表 4-11 所示。设计者在确定几何公差值时,应选择标准公差值。

表 4-7 直线度、平面度公差值及应用举例

主参数 L/mm	公差等级											
	1	2	3	4	5	6	7	8	9	10	11	12
	公差值/μm											
≤10	0.2	0.4	0.8	1.2	2	3	5	8	12	20	30	60
>10～16	0.25	0.5	1	1.5	2.5	4	6	10	15	25	40	80
>16～25	0.3	0.6	1.2	2	3	5	8	12	20	30	50	100
>25～40	0.4	0.8	1.5	2.5	4	6	10	15	25	40	60	120
>40～63	0.5	1	2	3	5	8	12	20	30	50	80	150
>63～100	0.6	1.2	2.5	4	6	10	15	25	40	60	100	200
>100～160	0.8	1.5	3	5	8	12	20	30	50	80	120	250
>160～250	1	2	4	6	10	15	25	40	60	100	150	300
>250～400	1.2	2.5	5	8	12	20	30	50	80	120	200	400
>400～630	1.5	3	6	10	15	25	40	60	100	150	250	500
>630～1000	2	4	8	12	20	30	50	80	120	200	300	600
>1 000～1 600	2.5	5	10	15	25	40	60	100	150	250	400	800
>1 600～2 500	3	6	12	20	30	50	80	120	200	300	500	1 000
>2 500～4 000	4	8	15	25	40	60	100	150	250	400	600	1 200
>4 000～6 300	5	10	20	30	50	80	120	200	300	500	800	1 500
>6 300～10 000	6	12	25	40	60	100	150	250	400	600	1 000	2 000

续表

主参数 L 图例

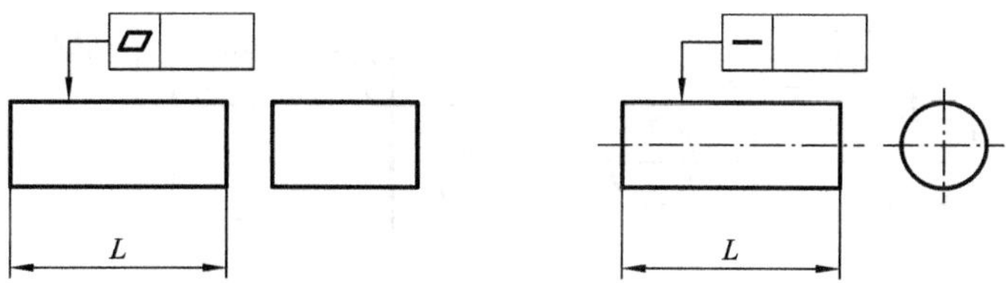

公差等级	应用举例
1,2	精密量具、仪器及精度极高的机械零件。如零级样板平尺和宽平尺，工具显微镜等精密量仪导轨面，喷油嘴针阀体端面和油泵柱塞套端面的平面度等
3	零级和1级宽平尺、1级样板平尺工作面，量仪圆弧导轨及测杆的直线度等
4	量具、量仪和机床导轨。如1级宽平尺、零级平板，量仪和高精度平面磨床的V形导轨及滚动导轨，轴承磨床和平面磨床床身直线度等
5	1级平板、2级宽平尺，平面磨床的纵向、垂向、立柱导轨及工作台，液压龙门刨床和六角车床的床身导轨，柴油机进、排气阀门导杆等
6	1级平板，普通机床及龙门刨导轨，滚齿机立柱、床身导轨及工作台，自动车床床身导轨，平面磨床垂直导轨，卧式镗床、铣床的工作台及机床主轴箱导轨，柴油机进、排气阀门导杆，柴油机机体结合面等
7	2级平板，游标卡尺尺身直线度，机床主轴箱、摇臂钻底座及工作台，液压泵盖，减速器壳体结合面等
8	2级平板，车床溜板箱与挂轮箱、机床传动箱体接合面，柴油机气缸体，连杆分离面，缸盖、汽车曲轴箱结合面，液压管件与法兰盘接合面等
9,10	3级平板，自动车床床身底面，摩托车曲轴箱体、汽车变速箱体、手动机械的支撑面等
11,12	易变形的薄片、薄壳零件，如离合器的摩擦片，汽车发动机缸盖结合面等

表 4-8 圆度、圆柱度公差值及应用举例

主参数 $d(D)$/mm	公差等级												
	0	1	2	3	4	5	6	7	8	9	10	11	12
	公差值/μm												
≤3	0.1	0.2	0.3	0.5	0.8	1.2	2	3	4	6	10	14	25
>3～6	0.1	0.2	0.4	0.6	1	1.5	2.5	4	5	8	12	18	30
>6～10	0.12	0.25	0.4	0.6	1	1.5	2.5	4	6	9	15	22	36
>10～18	0.15	0.25	0.5	0.8	1.2	2	3	5	8	11	18	27	43
>18～30	0.2	0.3	0.6	1	1.5	2.5	4	6	9	13	21	33	52
>30～50	0.25	0.4	0.6	1	1.5	2.5	4	7	11	16	25	39	62
>50～80	0.3	0.5	0.8	1.2	2	3	5	8	13	19	30	46	74
>80～120	0.4	0.6	1	1.5	2.5	4	6	10	16	22	35	54	87
>120～180	0.6	1	1.2	2	3.5	5	8	12	18	25	40	63	100
>180～250	0.8	1.2	2	3	4.5	7	10	14	20	29	46	72	115
>250～315	1.0	1.6	2.5	4	6	8	12	16	23	32	52	81	130
>315～400	1.2	2	3	5	7	9	13	18	25	36	57	89	140
>400～500	1.5	2.5	4	6	8	10	15	20	27	40	63	97	155

续表

主参数 $d(D)$ 图例

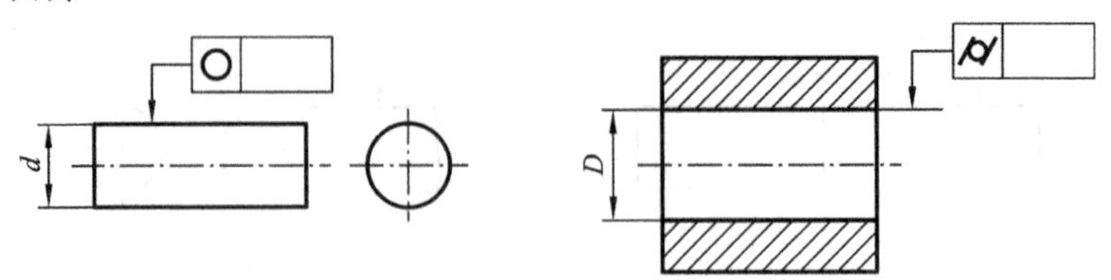

公差等级	应用举例
0,1	高精度量仪,机床主轴,滚动轴承滚珠和滚柱等
2	精密量仪主轴及轴套,阀套,高压油泵及喷油泵的柱塞及柱塞套,纺锭轴承,高速柴油机进、排气门,精密机床主轴轴颈,针阀圆柱体表面等
3	高精度外圆磨床轴承,磨床砂轮主轴套,喷油嘴针,阀体孔,高精度轴承内、外圈等
4	较精密机床主轴及支承孔,高压阀门,活塞、活塞销,阀体孔,高压液压泵柱塞,较高精度滚动轴承配合轴,铣削动力头箱体孔等
5	一般量仪主轴、测杆外圆柱面,陀螺仪轴颈,一般机床主轴轴颈及轴承孔,柴油机、汽油机的活塞、活塞销,与 5、6(6X)级滚动轴承配合的轴颈等
6	仪表端盖外圆柱面,一般机床主轴及前轴承孔,泵、压缩机的活塞,气缸,汽油发动机凸轮轴,纺机锭子,减速传动轴轴颈,高速船用柴油机、拖拉机曲轴轴颈,与 6(6X)级、0 级滚动轴承配合的外壳孔等
7	大功率低速柴油机曲轴轴颈、活塞、活塞销、连杆、气缸,高速柴油机箱体轴承孔,千斤顶或压力油缸活塞,机车传动轴,水泵及通用减速器转轴轴颈,与 0 级滚动轴承配合的轴颈等
8	低速发动机的大功率曲柄轴轴颈,压气机连杆盖、体,拖拉机气缸、活塞,炼胶机冷铸轴辊,印刷机传墨辊,内燃机曲轴轴颈,柴油机凸轮轴承孔、凸轮轴,拖拉机、小型船用柴油机气缸套等
9	空压机气缸体,液压传动筒,通用机械杠杆与拉杆用套筒销子,拖拉机活塞环、套筒孔等
10	印染机导布辊,绞车、吊车、起重机滑动轴承、轴颈等

表 4-9　平行度、垂直度、倾斜度公差值及应用举例

主参数 L、$d(D)$/mm	公差等级											
	1	2	3	4	5	6	7	8	9	10	11	12
	公差值/μm											
≤10	0.4	0.8	1.5	3	5	8	12	20	30	50	80	120
>10~16	0.5	1	2	4	6	10	15	25	40	60	100	150
>16~25	0.6	1.2	2.5	5	8	12	20	30	50	80	120	200
>25~40	0.8	1.5	3	6	10	15	25	40	60	100	150	250
>40~63	1	2	4	8	12	20	30	50	80	120	200	300
>63~100	1.2	2.5	5	10	15	25	40	60	100	150	250	400
>100~160	1.5	3	6	12	20	30	50	80	120	200	300	500
>160~250	2	4	8	15	25	40	60	100	150	250	400	600
>250~400	2.5	5	10	20	30	50	80	120	200	300	500	800

续表

主参数 $L、d(D)$/mm	公差等级											
	1	2	3	4	5	6	7	8	9	10	11	12
	公差值/μm											
>400~630	3	6	12	25	40	60	100	150	250	400	600	1 000
>630~1000	4	8	15	30	50	80	120	200	300	500	800	1 200
>1 000~1 600	5	10	20	40	60	100	150	250	400	600	1 000	1 500
>1 600~2 500	6	12	25	50	80	120	200	300	500	800	1 200	2 000
>2 500~4 000	8	15	30	60	100	150	250	400	600	1 000	1 500	2 500
>4 000~6 300	10	20	40	80	120	200	300	500	800	1 200	2 000	3 000
>6 300~10 000	12	25	50	100	150	250	400	600	1 000	1 500	2 500	4 000

主参数 $L、d(D)$图例

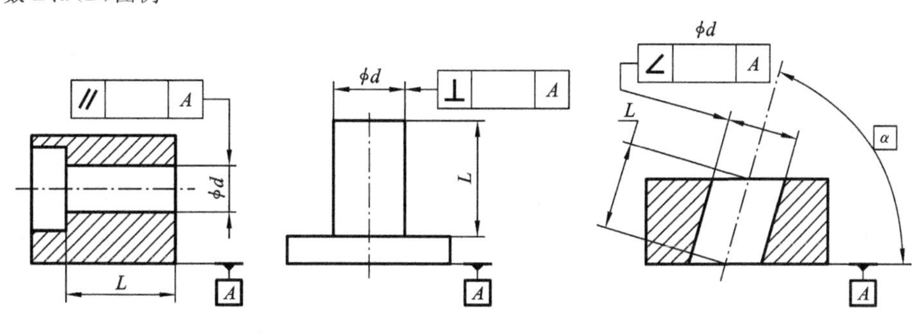

公差等级	应用举例
1	高精度机床、量仪、量具等的主要工作面等
2,3	精密机床、量仪、量具、模具的工作面和基准，精密机床的导轨、重要箱体主轴孔对基准面的要求，精密机床主轴肩端面，滚动轴承座圈端面，普通机床的主要导轨，精密刀具的工作面和基准等
4,5	量仪、量具、模具的工作面和基准面，普通车床导轨、重要支承面、机床主轴孔对基准的平行度，床头箱体重要孔，精密机床重要零件，通用减速机壳体孔，齿轮泵的油孔端面，发动机轴和离合器的凸缘，气缸支承端面，安装精密滚动轴承壳体孔的凸缘等
6,7,8	一般机床工作面和基准面，压力机和锻锤工作面，中等精度钻模工作面，机床一般轴承孔对基准的平行度，变速箱体孔，主轴花键对定心直径部位轴线的平行度，重型机械轴承盖端面，卷扬机、手动传动装置传动轴，一般导轨、主轴箱孔，刀架、砂轮架、气缸配合面对基准轴线，活塞销孔对活塞中心线的垂直度，滚动轴承内、外圈端面对轴线的垂直度等
9,10	低精度零件，重型机械滚动轴承端盖，柴油机、煤气发动机箱体曲轴孔、轴颈、花键轴和轴肩端面，皮带运输机法兰盘等端面对轴线的垂直度，手动卷扬机及传动装置的轴承端面，减速器壳体平面等
11,12	零件非工作面，卷扬机、运输机上用的减速器壳体平面，农用机械的齿轮端面等

表 4-10 同轴度、对称度、圆跳动、全跳动公差值及应用举例

主参数 $d(D)$、B、L /mm	公差等级											
	1	2	3	4	5	6	7	8	9	10	11	12
	公差值/μm											
≤1	0.4	0.6	1	1.5	2.5	4	6	10	15	25	40	60
>1~3	0.4	0.6	1	1.5	2.5	4	6	10	20	40	60	120
>3~6	0.5	0.8	1.2	2	3	5	8	12	25	50	80	150
>6~10	0.6	1	1.5	2.5	4	6	10	15	30	60	100	200
>10~18	0.8	1.2	2	3	5	8	12	20	40	80	120	250
>18~30	1	1.5	2.5	4	6	10	15	25	50	100	150	300
>30~50	1.2	2	3	5	8	12	20	30	60	120	200	400
>50~120	1.5	2.5	4	6	10	15	25	40	80	150	250	500
>120~250	2	3	5	8	12	20	30	50	100	200	300	600
>250~500	2.5	4	6	10	15	25	40	60	120	250	400	800
>500~800	3	5	8	12	20	30	50	80	150	300	500	1 000
>800~1 250	4	6	10	15	25	40	60	100	200	400	600	1 200
>1 250~2 000	5	8	12	20	30	50	80	120	250	500	800	1 500
>2 000~3 150	6	10	15	25	40	60	100	150	300	600	1 000	2 000
>3 150~5 000	8	12	20	30	50	80	120	200	400	800	1 200	2 500
>5 000~8 000	10	15	25	40	60	100	150	250	500	1 000	1 500	3 000
>8 000~10 000	12	20	30	50	80	120	200	300	600	1 200	2 000	4 000

主参数 $d(D)$、B、L 图例

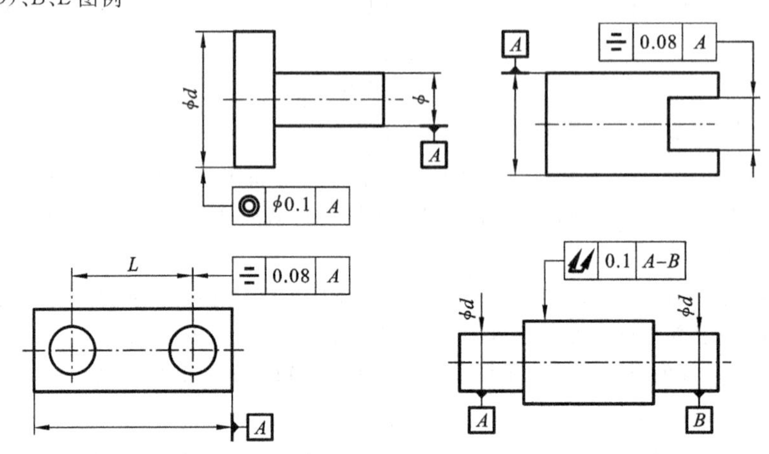

公差等级	应用举例
1,2	同轴度或旋转精度要求很高的零件,如精密量仪的主轴和顶尖,柴油机喷油嘴针阀等
3,4	机床主轴轴颈,砂轮轴轴颈,蒸汽轮机主轴,量仪的小齿轮轴,安装高精度齿轮的轴颈等
5,6,7	这是应用较广的公差等级,用于几何精度要求较高,尺寸公差等级不低于 IT8 级的零件。如 5 级常用于机床轴颈、量仪的测量杆、蒸汽轮机主轴、柱塞油泵转子、高精度滚动轴承外圈、一般精度滚动轴承内圈、回转工作台端面跳动、高精度机床的套筒、安装齿轮机床连接轴的法兰、高精度快速回转轴;7 级用于内燃机曲轴、凸轮轴、齿轮轴、水泵轴,汽车后轮输出轴,电动机转子,印刷机传墨辊轴颈、键槽对称度等

续表

公差等级	应用举例
8,9,10	用于几何精度要求一般，尺寸公差等级 IT9～IT11 级的零件。如 8 级用于拖拉机发动机分配轴轴颈，与 9 级精度与以下齿轮相配的轴，水泵叶轮、离心泵体、键槽等；9 级用于内燃机气缸套配合面、自行车中轴；10 级用于摩托车活塞，印染机导布辊，内燃机活塞环槽底径对活塞中心、气缸套外圈对内孔等
11,12	一般用于无特殊要求，尺寸公差等级为 IT12 或 IT12 级的零件

表 4-11　直线度和平面度的未注公差值　　(mm)

公差等级	基本长度范围					
	≤10	>10～30	>30～100	>100～300	>300～1000	>1000～3000
H	0.02	0.05	0.1	0.2	0.3	0.4
K	0.05	0.1	0.2	0.4	0.6	0.8
L	0.1	0.2	0.4	0.8	1.2	1.6

4.5.4　几何公差的图样标注

国家标准 GB/T 1182《产品几何技术规范(GPS)几何公差形状、方向、位置和跳动公差标注》对几何公差的图样标注做了全面的规定。4.2 节已对几何特征符号及附加符号做了介绍(见表 4-1)，且本章前述内容中已给出不少几何公差图样标注图例，因而，在此仅将 GB/T 1182 中的一些基本规范做相应的说明，更为详细的应用须参照该标准。

1. 公差框格的标注

表 4-12 所示的为用公差框格注出的公差要求的典型图例。公差框格分为两个或多个矩形格，标注几何公差时，自左至右分别在格中注出：项目的特征符号；公差值(对于圆形或圆柱形公差带，公差值前加注 ϕ，对于球形公差带，公差值前加注 S)；基准(注一个字母表示单个基准，多个字母表示基准体系或公共基准)。

表 4-12　几何公差框格标注示例

示　例	说　明
[— | 0.1]	被测要素的直线度公差，公差值为 0.1 mm
[// | 0.1 | *A*]	被测要素对基准要素 *A* 的平行度公差，公差值为 0.1 mm
[⌖ | ϕ0.1 | *A* | *C* | *B*]	被测要素对基准要素 *A*、*C*、*B*(依次为第一、第二、第三基准)的位置度公差，公差值为 ϕ0.1 mm(此处注 ϕ 表示圆形或圆柱体公差带的直径，若为球形公差带则注 *S*)
[◎ | ϕ0.1 | *A*—*B*]	被测要素对要素 *A* 和 *B* 建立的公共基准的同轴或同心度公差，公差值为 ϕ0.1 mm(此处是同轴度则为圆柱体公差带的直径，同心度则为圆形公差带的直径)
6×ϕ12±0.02 [⌖ | ϕ0.1 | *A*]	6 个相同的直径为 ϕ12±0.02 mm 要素对基准要素 *A* 的位置度公差，公差值为 ϕ0.1 mm(圆形或圆柱体公差带的直径)

续表

示　　例	说　　明
⏥ | 0.1 NC	被测要素的平面度公差，公差值为 0.1 mm 且要求实际被测要素的形状不凸起
— | 0.01 // | 0.06 | A	被测要素的直线度公差和平行度公差，其直线度公差值为 0.01 mm，平行度公差值为 0.06 mm
— | 0.05/200	被测要素的直线度公差，该要素任意 200 mm 内的直线度公差值为 0.05 mm
— | 0.1 　| 0.05/200	被测要素的直线度公差，该要素整体公差值为 0.1 mm，且任意 200 mm 内的直线度公差值为 0.05 mm

2．被测要素和基准要素的标注

在图样上对要素规定几何公差或指定评价该公差的基准时，需从公差框格或基准符号的任意一侧引出指引线连接至被测要素或基准要素。对于被测要素，指引线的终端带箭头；对于基准要素，指引线终端带涂黑或空白的三角形(见表 4-1)。表 4-13 所示的是对基准要素标注及说明；表 4-14 所示的是对被测要素几何公差要求的典型图例及说明。

表 4-13　基准要素的标注示例

图例：

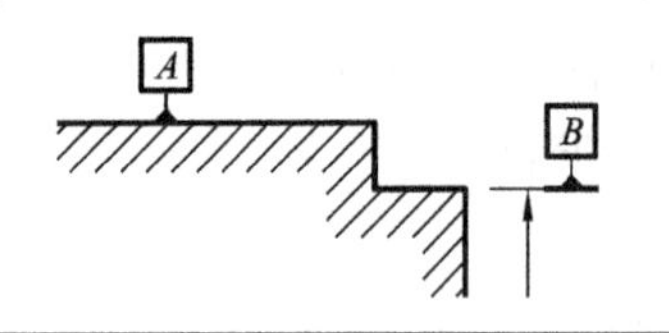

说明：当基准要素为轮廓要素(轮廓线或轮廓面)时，基准指引线的三角形应直接指到该要素的轮廓线或其延长线上(应与尺寸线明显错开)

图例：

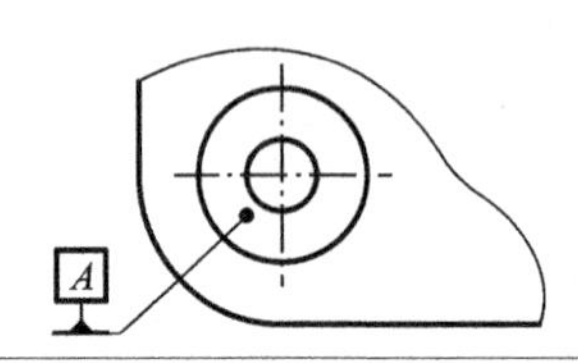

说明：当基准要素是视图上的局部表面时，三角形可指在带圆点的引出线的水平线上

图例：

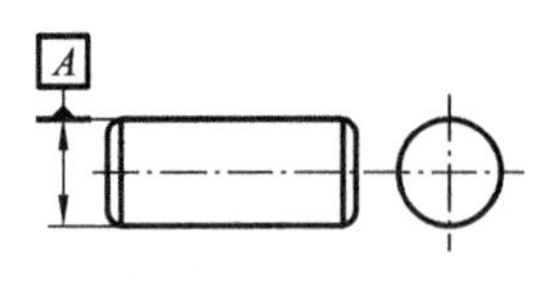

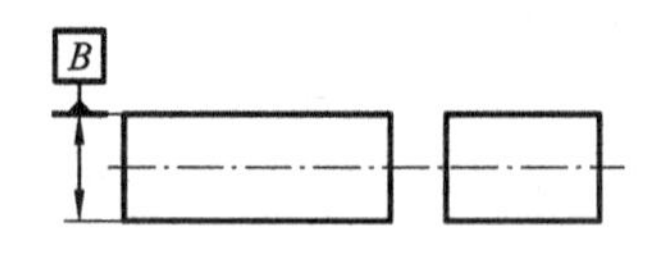

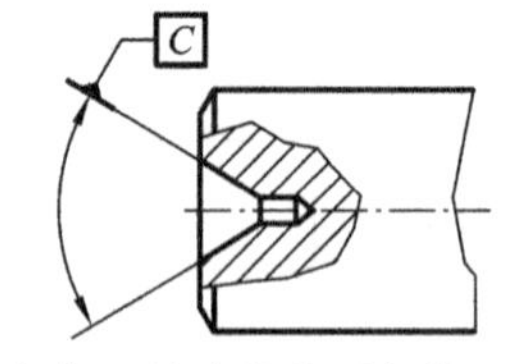

说明：当基准要素为中心要素(中心点、中心线、中心面)时，基准指引线应位于尺寸线的延长线上且三角形应对准尺寸线

图例：

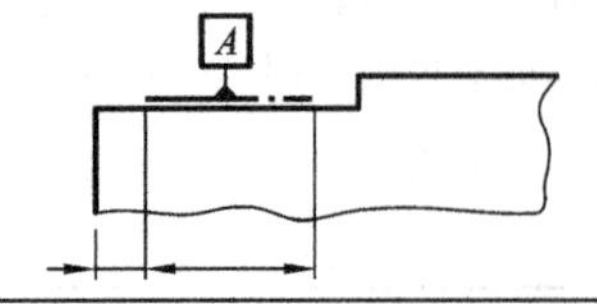

说明：当只以要素的某一局部做基准时，应采用粗点画线示出该局部的范围，并加注尺寸

续表

图例：

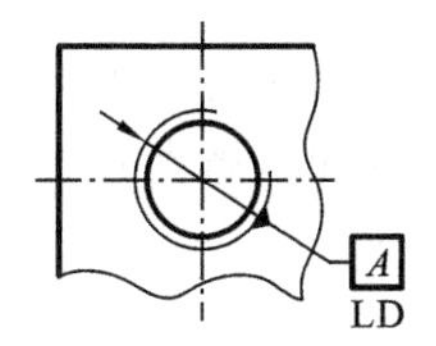

说明：当基准要素为螺纹轴线时，默认为该螺纹中径的轴线，否则应另注说明，如用 MD 表示大径，LD 表示小径（见左图）。另外，当被测要素为齿轮、花键轴时，需说明所指的要素，如用 PD 表示节径，用 MD 表示大径、LD 表示小径

表 4-14 被测要素的标注示例

图例：

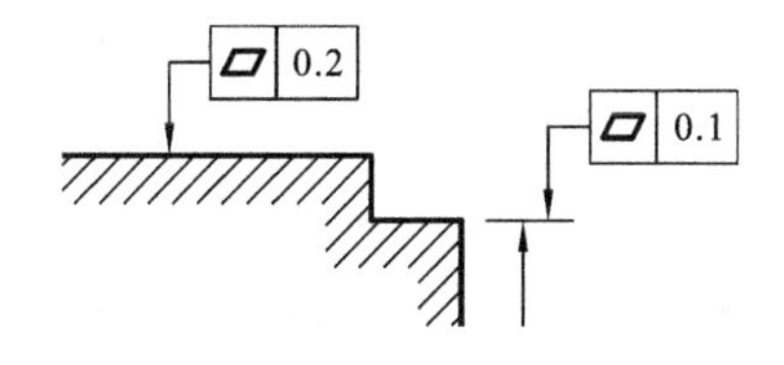

说明：当被测要素为轮廓要素（轮廓线或轮廓面）时，公差指引线的箭头应直接指到该要素的轮廓线或其延长线上（应与尺寸线明显错开）

图例：

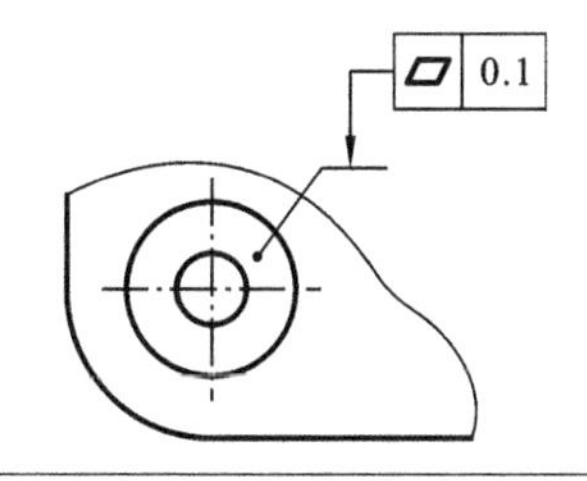

说明：当被测要素是视图上的局部表面时，箭头可指在带圆点的引出线的水平线上

图例：

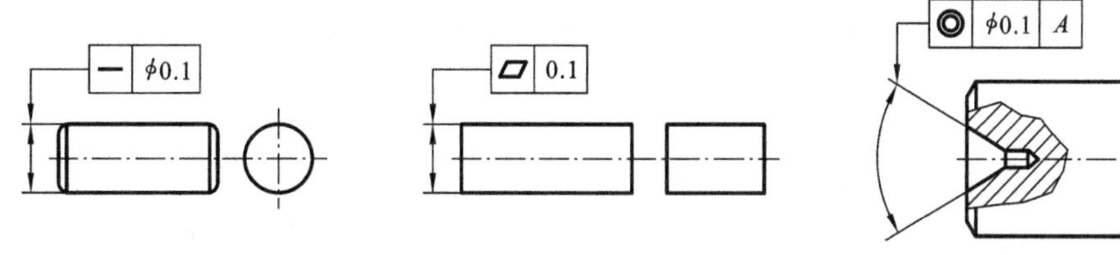

说明：当被测要素为中心要素（中心点、中心线、中心面）时，公差指引线应位于尺寸线的延长线上且箭头应对准尺寸线

图例：

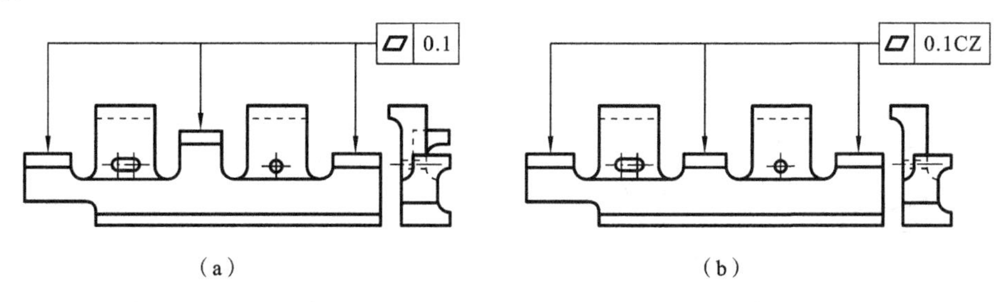

(a) (b)

说明：当多个要素具有相同的几何公差时，可用一个公差框格和多条指引线标注。图(a)所示的为要求箭头所指三个被测平面要素具有各自独立的公差带；图(b)所示公差数值后加注了附加符号CZ，表示要求箭头所指三个被测平面要素具有单一的公共公差带

续表

图例：

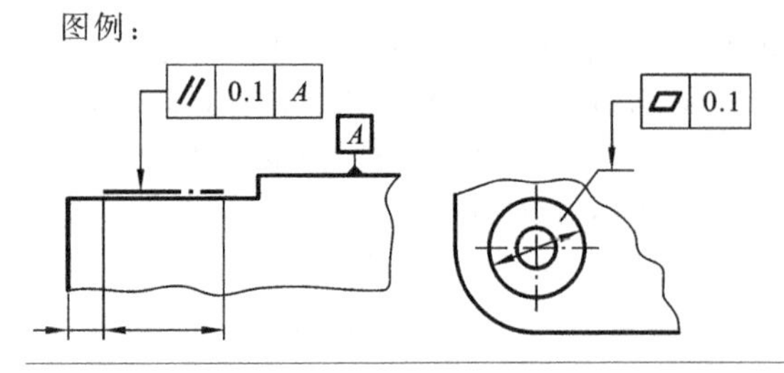

说明：当给出的公差仅适用于要素的某一指定的局部时，应采用粗点画线示出该局部的范围，并加注尺寸

图例：

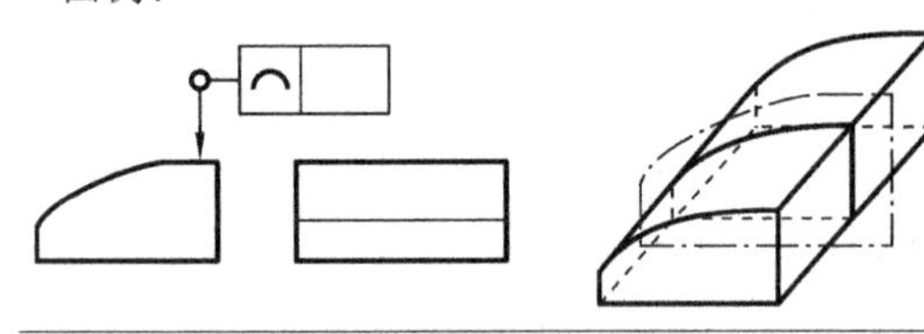

说明：当轮廓特征适用于横截面的整周轮廓或由该轮廓所示的整周表面时，应注出“全周”符号(见左图)。“全周”只包括有轮廓和公差标注所表示的各个表面

图例：

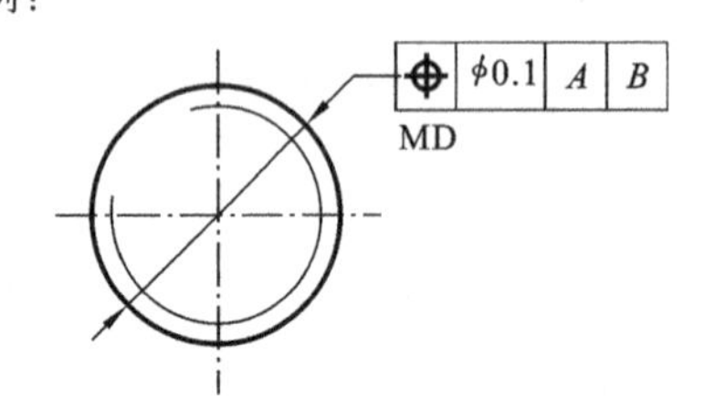

说明：当被测要素为螺纹轴线时，默认为该螺纹中径的轴线，否则应另注说明，如用 MD 表示大径(见左图)，LD 表示小径。另外，当被测要素为齿轮、花键轴时，需说明所指的要素，如用 PD 表示节径，用 MD 表示大径、LD 表示小径

3. 公差带宽度方向及指引线的方向

当用指引线连接公差框格与被测要素时，关于公差带宽度方向及指引线的箭头方向的规定如表 4-15 所示。

表 4-15　公差带宽度方向及指引线的方向

图例：

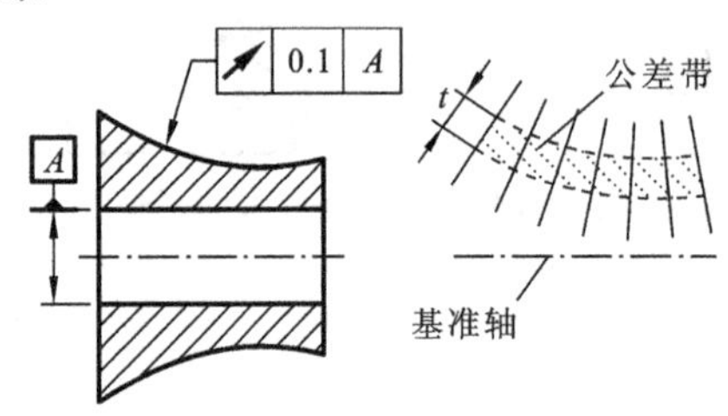

说明：几何公差带宽度方向为被测要素的法向(见左图)。

标准规定，指引线箭头的方向不影响对公差的定义，但若没有另外说明，习惯上标注时，指引线箭头指向被测要素的法向

图例：

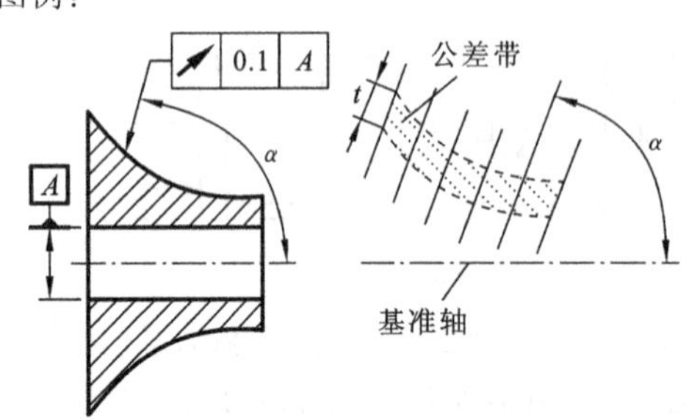

说明：公差带宽度若不为被测要素的法向，则应标注箭头所指方向(即使它等于 90°)。

如左图所示，圆跳动公差的指引线规定与基准线夹角为 α，则其公差带宽度始终为与基准轴线夹角为 α 的方向

续表

图例：

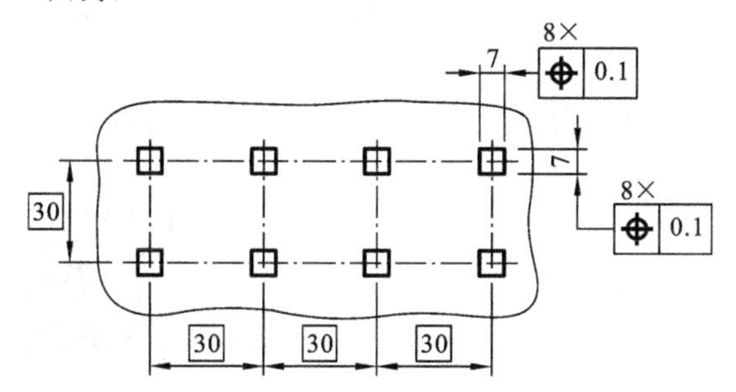

说明：中心点、中心线、中心面的位置公差带的宽度方向为理论正确图框的方向(除非另有说明)，并按指引线箭头所指互成0°或90°

图例：

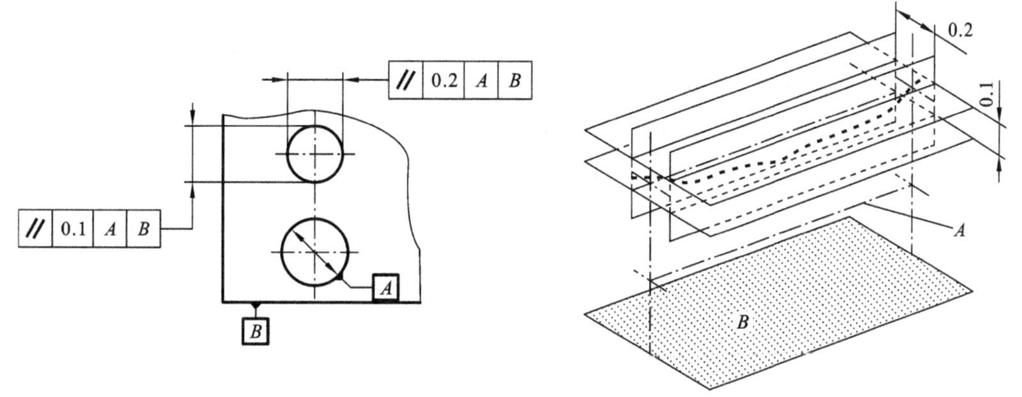

说明：对中心点、中心线、中心面的方向公差，公差带的宽度方向为指引线箭头方向，与基准互成0°或90°(除非另有说明)。除非另有规定，当在同一基准体系中规定两个方向的公差时，它们的公差带是相互垂直的

结语与习题

Ⅰ. 本章的学习目的、要求及重点

学习目的：了解几何公差的意义、基本内容及几何误差的测量方法，为选用几何公差打下基础。

要求：① 了解几何公差的特征；② 了解几何公差的基本原则；③ 了解几何公差的选用及标注方法；④ 了解几何误差的测量和评价方法。

重点：几何公差的一些基本原则；几何公差带。

Ⅱ. 复习思考题

1. 形状公差、方向公差、位置公差和跳动公差有哪些项目？它们如何定义，如何用符号表示？

2. 评定形状误差的准则是什么？用实例说明。

3. 举例说明几何公差中公差带的特征。

4. 测量方向、位置或跳动误差时，对形状误差的存在如何处理，为什么？

5. 圆柱零件素线的直线度公差与其轴心线直线度公差有何区别,如何选用?

6. 端面对轴线的垂直度公差和端面对该轴的轴向跳动公差有何区别,如何选用?

7. 什么是最大实体尺寸、最小实体尺寸、实体尺寸?什么是最大实体边界、最小实体边界、实效边界?

8. 处理几何公差与尺寸公差关系有些什么原则或要求?它们分别用在什么场合?试举例说明,并绘出动态公差图。

Ⅲ. 练习题

1. 在给定平面内,用自准直仪按节距法测量直线度误差。测量读数(单位:μm)依次为:0,+5,+5.5,−1,+1,−1,−0.5,+7。试分别用两端点连线法和最小区域法求出直线度误差。

2. 对于同一测量基准面,测得某平板上九个测点的数据(单位:μm)如附图 4-1 所示。试用最小区域法求其平面度误差。

3. 用打表法在与平板垂直的给定截面 P 上,沿恒定方向按节距法测量附图 4-2 所示凹槽零件上的 A、B 两实际直线,各点读数如附表 4-1 所示。

(1) 试用最小区域法分别求直线 A 和 B 的直线度误差;

(2) 若以直线 A 为基准,试求直线 B 对 A 的平行度误差。

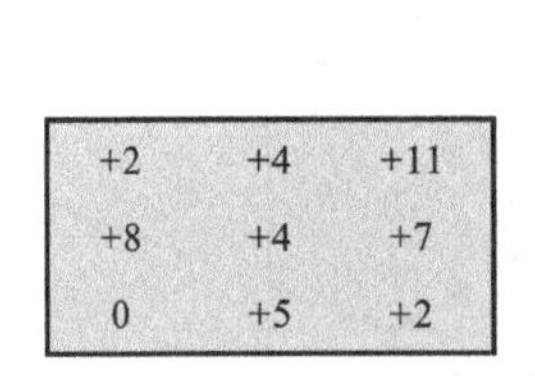

附图 4-1

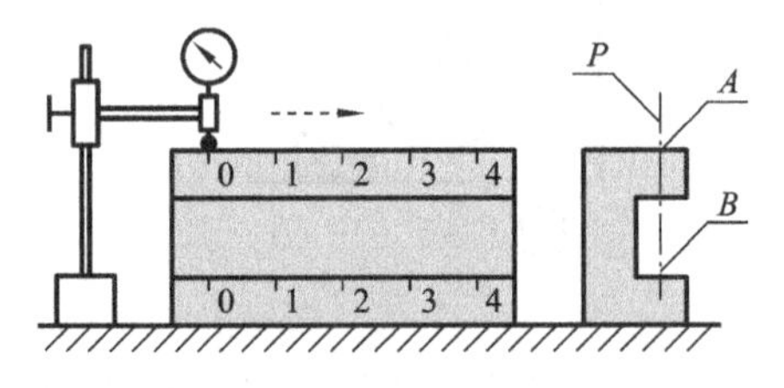

附图 4-2

附表 4-1

测点序号		0	1	2	3	4
读数/μm	直线 A	+4	+4	−2	−2	−2
	直线 B	0	−2	+11	−9	−11

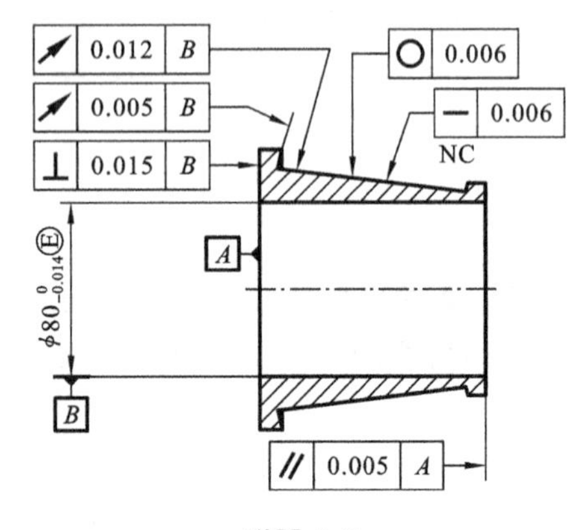

附图 4-3

4. 说明附图 4-3 所示圆锥滚子轴承内圈零件图上所标注的各项公差的含义。

5. 将下列要求标注在零件图上:

(1) 如附图 4-4(a)所示零件:$\phi32_{-0.039}^{\ 0}$ mm 的轴心线对两端 $\phi20_{-0.021}^{\ 0}$ mm 两轴公共轴心线的同轴度公差为 $\phi0.012$ mm;$\phi20_{-0.021}^{\ 0}$ mm 两轴段处的圆度公差为 0.01 mm。

(2) 如附图 4-4(b)所示零件:$\phi20_{\ 0}^{+0.021}$ mm 两孔的公共轴线对底面的平行度公差为 0.01 mm;$\phi20_{\ 0}^{+0.021}$ mm 两孔的轴线对二者公共轴线的同轴度公差为 $\phi0.01$ mm。

(3) 如附图 4-4(c)所示零件:$\phi48_{-0.025}^{\ 0}$ mm 的轴心线对 $\phi25_{-0.021}^{\ 0}$ mm 轴心线的同轴度公差为 $\phi0.02$ mm;左端面 A 在 $\phi42$ mm 处对 $\phi25_{-0.021}^{\ 0}$ mm 轴心线的轴向圆跳动公差为 0.03 mm;$\phi25_{-0.021}^{\ 0}$ mm 外圆柱面的圆柱度公差为 0.01 mm。

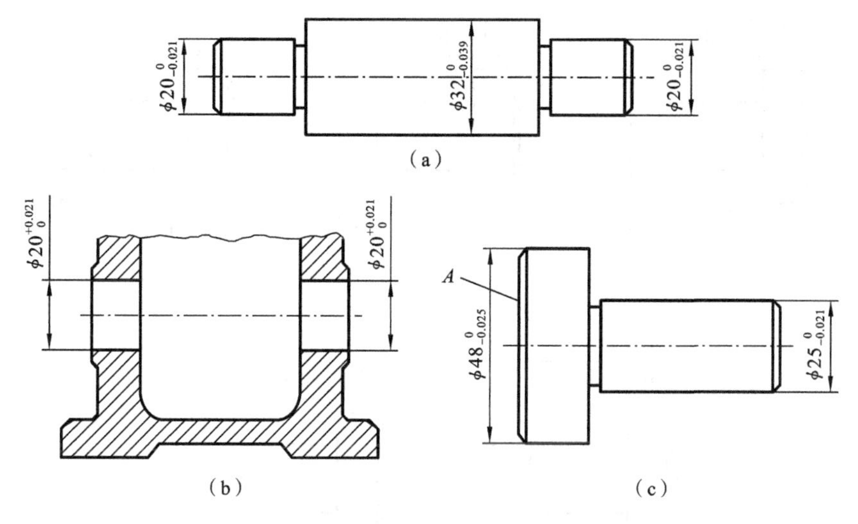

附图 4-4

6. 试分别说明附图 4-5 所示各零件图样，在最大实体状态和最小实体状态时所允许轴线直线度误差的极限值、各自遵守的边界及边界尺寸。

7. 对于附图 4-6 所示零件图，分别求出下列尺寸和允许的垂直度误差极限值。

(1) 最大实体实效尺寸；

(2) 最大实体状态时允许轴线垂直度误差的极限值；

(3) 最小实体状态时允许轴线垂直度误差的极限值；

(4) 实际孔应遵守的边界。

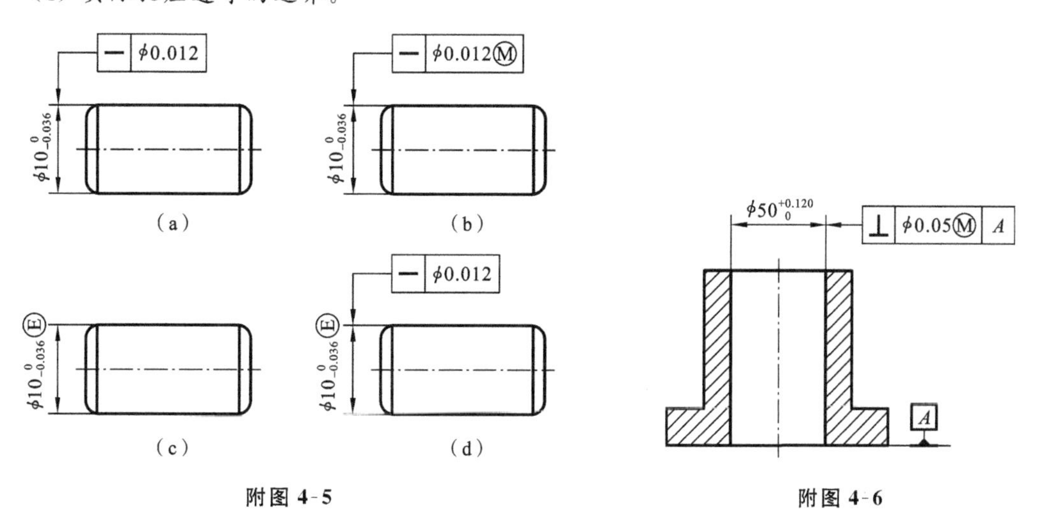

附图 4-5　　**附图 4-6**

8. 对于附图 4-7 所示的各零件：

(1) 各零件的垂直度公差分别遵守什么公差原则或公差要求；

(2) 分别说明它们的合格条件并绘制各自的动态公差图；

(3) 对于附图 4-7(b)所示零件，若加工后测得零件的局部实际尺寸处处为ϕ19.985 mm，轴线的垂直度误差为 ϕ0.02 mm，该零件是否合格？

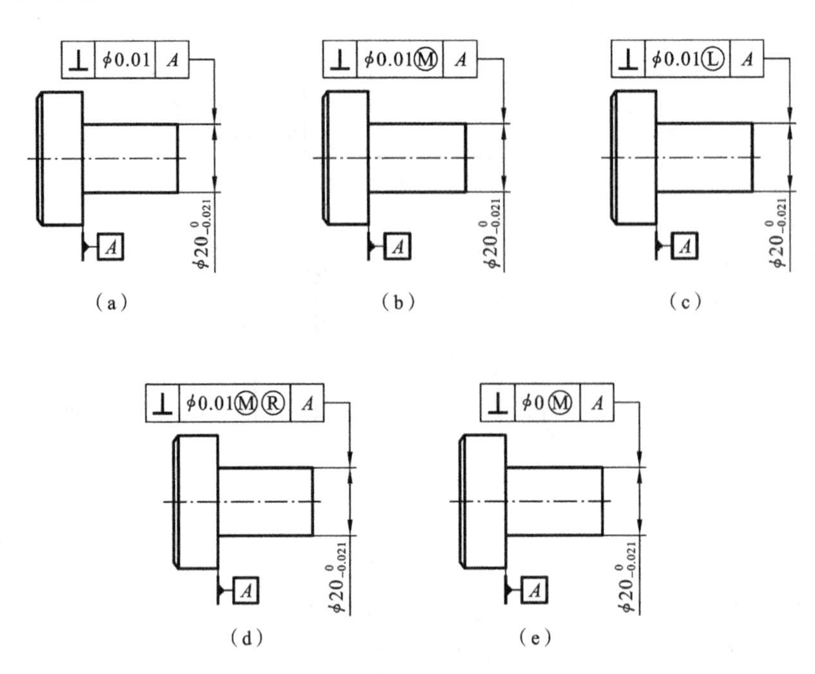
⊥ ϕ0.01 A
A
ϕ20 0 -0.021
(a)
⊥ ϕ0.01Ⓜ A
A
ϕ20 0 -0.021
(b)
⊥ ϕ0.01Ⓛ A
A
ϕ20 0 -0.021
(c)
⊥ ϕ0.01ⓂⓇ A
A
ϕ20 0 -0.021
(d)
⊥ ϕ0Ⓜ A
A
ϕ20 0 -0.021
(e)

附图 4-7

第5章 表面粗糙度及其评定

5.1 表面结构概述

5.1.1 表面形貌的几何特征

制件经加工成形后，其与外界介质区分的物理边界成为制件的实际表面(real surface)。由于制造和储运过程中各种因素的影响，实际表面并非为设计所体现的理想状态，而是如图5-1(a)所示(放大后)，呈现出由多种尺度几何误差复合而成的复杂表面形貌。若采用软件或硬件的方式对该实际表面进行滤波，可以突现出该表面不同尺度的几何误差，例如，图5-1(b)所示的为滤波后得到的微观几何形貌轮廓，反映表面粗糙度误差；图5-1(d)所示的为宏观几何形貌轮廓(原始轮廓)，反映表面形状误差；而图5-1(c)所示的为介于微观和宏观之间的几何形貌轮廓，反映表面波纹度误差。

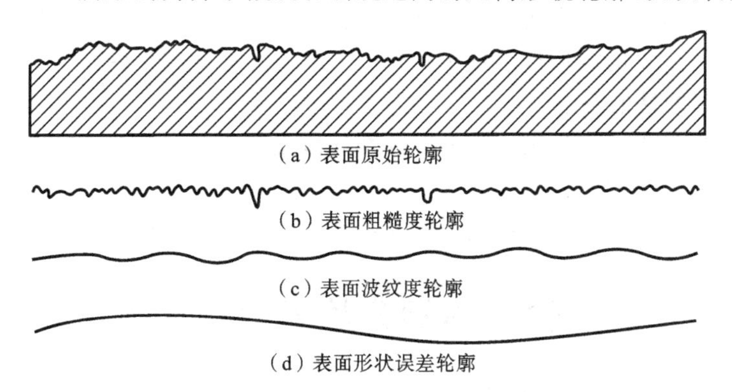

图5-1 实际表面轮廓不同尺度几何特征

5.1.2 表面粗糙度对使用性能的影响

如图5-1(b)所示，表面粗糙度(surface roughness)是表面轮廓上具有许多间距和高度都很小峰谷的微观几何形貌特征，是机械加工的主要误差之一。表面粗糙度通常是在加工过程中，由刀痕、刀具与零件表面之间的摩擦、切屑分离时工件表面的塑性变形，以及工艺系统中的高频振动等原因引起的。表面粗糙度影响零件多方面的使用性能。

1. 对摩擦磨损的影响

零件工作表面之间的相互摩擦运动需要克服表面微观峰、谷"犬牙交错"所引起的阻力，此阻力来自凸峰的弹、塑性变形或切割作用等，从而增加能量的损耗。表面越粗糙，摩擦阻力越大，因摩擦而消耗的能量就越大。此外，表面越粗糙，则两结合表面间的实际接触面积越小，单位面积的压力越大，故更易磨损。

因此，减小零件表面的粗糙程度可以减小摩擦阻力，对于工作机械，可以提高传动效率，对于动力机械，可以减少摩擦损失，增加输出功；同时，还可减少零件的表面磨损，延长机器的使用寿命。但是，表面过于平整光洁，会不利于润滑油的储存，易使工作面间形成半干摩擦甚至干摩擦，从而加剧磨损。同时，两结合表面过光可能增加表面间的吸附力或排出空气后的负压，这也会增加摩擦阻力，加速磨损。

2. 对机器或仪器工作精度的影响

表面粗糙不平导致摩擦阻力大、磨损也大，不仅会降低机器或仪器零件运动的灵敏性，而且还会影响机器或仪器精度的保持。由于粗糙表面的实际有效接触面积小，在相同负荷下，接触表面单位面积的压力大，使表层的变形增大，即表面的接触刚度变低，从而影响机器或仪器的工作精度。

3. 对配合性质的影响

对间隙配合而言，表面粗糙易于磨损，使间隙很快增大乃至破坏配合性质，缩短工作寿命。特别是，在尺寸小、公差小的情况下，表面粗糙程度对配合性质的影响更大。

对过盈配合而言，表面粗糙会减小实际有效过盈量，从而降低连接强度。根据实测和试验，直径为 180 mm 的车辆轮轴过盈配合，在微观凸峰的最大高度为 36.5 μm 时的配合虽比微观凸峰的最大高度为 18 μm 时的配合增加了 15% 的过盈量，但连接强度反而降低了 45%～50%。

4. 对零件强度的影响

零件表面越粗糙，则对应力集中越敏感，特别是在交变负荷的作用下影响更大，零件往往因此而损坏。因而，零件的沟槽或阶梯圆角处的表面粗糙程度应小些。

5. 对表面抗腐蚀性的影响

表面越粗糙，则积聚在零件表面上的腐蚀性气体或液体也就越多，且更容易通过表面的微观凹谷向零件表层渗透，使腐蚀加剧。

此外，零件表面粗糙程度对连接的密封性和零件的美观及维护保养都有不同程度的影响。

5.2 表面轮廓的划分及表面粗糙度的评定

表面几何形貌误差影响使用性能，设计时需根据零件的使用要求对表面作出技术规定以控制表面形貌误差，在零件加工完成后需针对设计规定对表面进行测试评定。为了客观、正确、定量地评价表面形貌误差，国家标准 GB/T 3505《产品几何技术规范(GPS) 表面结构 轮廓法 术语、定义及表面结构参数》对以下问题做了统一的规范：① 由于实际表面包含多种尺度的几何误差，因而对表面作的技术规定也应区分不同的尺度；② 描述和度量几何误差值的大小，需要在不同尺度范围内规定统一基准；③ 针对不同的使用性能要求，需要对同一几何特征的表面规定多种评定参数。

5.2.1 表面轮廓的划分

按照 GB/T 3505 的定义，表面轮廓(surface profile)为一个指定平面与实际表面相交所得的轮廓，如图 5-2 所示。该指定平面的法向，通常是名义上与实际表面平行且根据对表面评定的需要指向适当方向。

为了区分复合于实际表面上不同尺度的几何特征，GB/T 3505 规定采用如图 5-3 所示的截止波长分别为 λs、λc 和 λf 的三种轮廓滤波器(profile filter)来划分表面轮廓上的长波和短波成分。λs 轮廓滤波器为用于确定存在于表面上的粗糙度与比它更短波长波的成分之间相交界限的滤波器；λc 轮廓滤波器为用于确定存在于表面上的粗糙度与波纹度成分之间相交界限的滤波器；λf 轮廓滤波器为用于确定存在于表面上的波纹度与比它更长波长波的成分之间相交界限的滤波器。

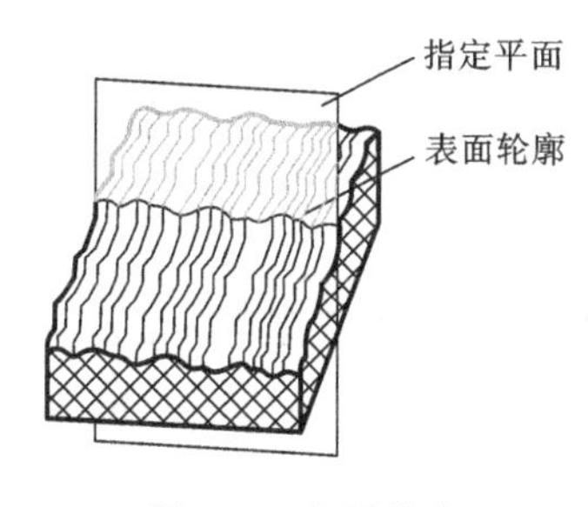

图 5-2　表面轮廓

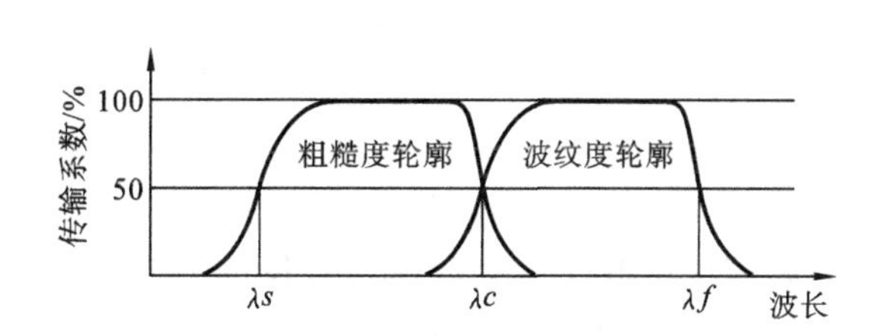

图 5-3　粗糙度和波纹度轮廓的传输特性

在测量评定实际表面轮廓时，采用不同的滤波器(或滤波器的组合)来获得轮廓复合几何形貌上相应特征的成分。

1. 原始轮廓

原始轮廓(primary profile)为在测量评定实际表面轮廓时，通过 λs 轮廓滤波器后的总轮廓(见图 5-1(a))。原始轮廓是评定原始轮廓参数的基础。

2. 粗糙度轮廓

粗糙度轮廓(roughness profile)是在测量评定实际表面轮廓时，对原始轮廓采用 λc 轮廓滤波器抑制长波成分以后形成的轮廓，是经过人为修正的轮廓(见图 5-1(b))。粗糙度轮廓的传输频带由 λs 和 λc 轮廓滤波器限定，是评定粗糙度轮廓参数的基础。

3. 波纹度轮廓

波纹度轮廓(waviness profile)是在测量评定实际表面轮廓时，对原始轮廓连续应用 λf 轮廓滤波器抑制长波成分和 λc 轮廓滤波器抑制短波成分以后形成的轮廓，是经过人为修正的轮廓(见图 5-1(c))。波纹度轮廓的传输频带是由 λf 和 λc 轮廓滤波器来限定的，在用 λf 轮廓滤波器分离波纹度轮廓前，应首先用最小二乘法的最佳拟合从总轮廓中提取标称的形状。波纹度轮廓是评定波纹度轮廓参数的基础。

为了规范表面轮廓的评定，GB/T 3505 对表面轮廓给出了 9 个基本术语；对各种轮廓共规定了 14 个评定参数，并规定：各参数符号的第一个字母分别用大写字母 R 表示在粗糙度轮廓上计算所得的参数(称为 R 参数)、W 表示在波纹度轮廓上计算所得的参数(称为 W 参数)、P 表示在原始轮廓上计算所得的参数(称为 P 参数)。

5.2.2　表面轮廓的评定基准

GB /T 3505 做了如下一些有关评定基准的规定。

1. 坐标系

坐标系(coordinate system)通常采用右旋笛卡儿直角坐标系为定义表面结构参数的坐标系，其 X 轴与中线方向一致，Y 轴处于实际表面中，而 Z 轴则在从材料指向周围介质的外延方向上。

纵坐标值(ordinate value,$Z(x)$)为被评定轮廓在任一位置距 X 轴的高度;若位于 X 轴的下方,该高度为负值,反之则为正值。

2. 中线

中线(mean lines)为具有几何轮廓形状并划分轮廓的基准线。用 λc 轮廓滤波器抑制长波轮廓成分所对应的中线为粗糙度轮廓中线(mean line for the roughness profile);用 λf 轮廓滤波器抑制长波轮廓成分所对应的中线为波纹度轮廓中线(mean line for the waviness profile);在原始轮廓上按照标称形状用最小二乘法拟合确定的中线为原始轮廓中线(mean line for the primary profile)。

由于对同一轮廓采用不同的评定基准会得到不同的结果(见图 5-4),所以规定轮廓的轮廓中线实质上是分别规定度量轮廓不同尺度几何误差的基准线。

3. 取样长度

取样长度(sampling length)为在 X 轴(中线)方向判别被评定轮廓不规则特征的长度。

评定粗糙度的取样长度 lr 和波纹度的取样长度 lw 在数值上分别与 λc 和 λf 轮廓滤波器的截止波长相等;原始轮廓的取样长度 lp 等于评定长度。

由于表面轮廓由粗糙度轮廓、波纹度轮廓和原始轮廓复合而成,因而在评定某一特征的轮廓时要对轮廓的区域大小作相应限制,即要规定相应的取样长度。如规定评定表面粗糙度的取样长度,目的就是要避免将表面波纹度误差或形状误差带入表面粗糙度的评定结果中。如评定图 5-5 所示表面轮廓的粗糙度时,若取样长度为 lr_1,评定结果 Δ_1 主要反映粗糙度误差;而取样长度为 lr_2 时,Δ_2 包含波纹度或形状误差。

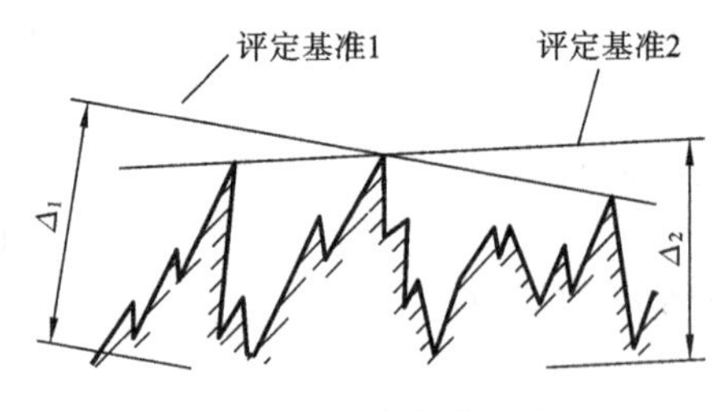

图 5-4 评定基准比较

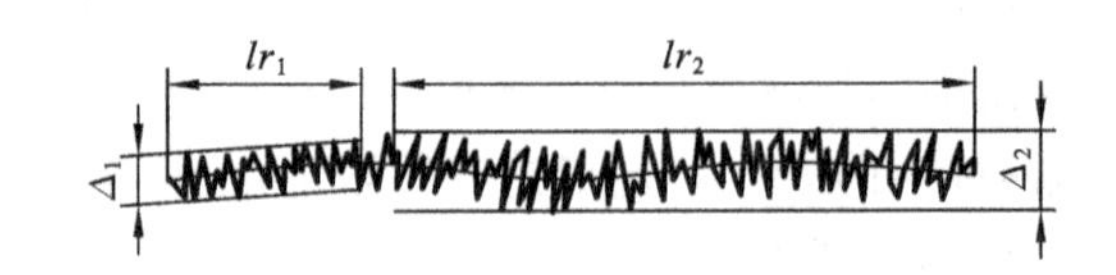

图 5-5 取样长度比较

4. 评定长度

评定长度(evaluation length)为用于评定被评定轮廓在 X 轴(中线)方向上的长度,记为 ln ,其包含一个或几个取样长度。

由于加工工艺系统各方面因素的影响,实际表面轮廓存在不同程度的不均匀性,因此在评定轮廓时若仅在一个取样长度上测量实际轮廓,则不能充分反映轮廓整体的状况。如评定图 5-6 所示表面粗糙轮廓时,在该表面不同部位上各取样长度内,其粗糙度轮廓的波动幅值和波距的数值是不同的。为了充分合理地评价表面轮廓的特性,需根据被评定轮廓的工艺特征规定评定长度,在多个取样长度上进行评定。

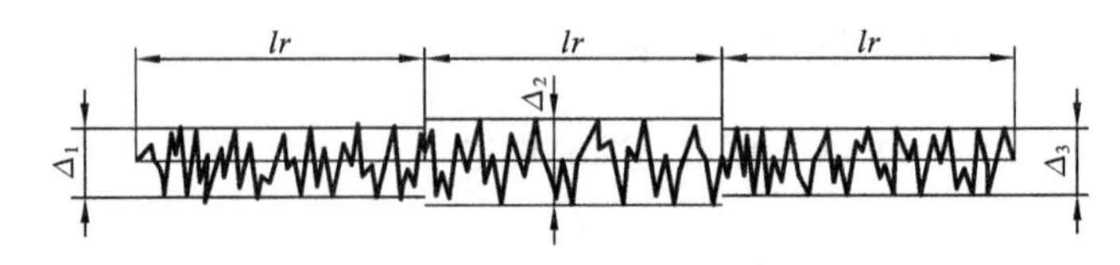

图 5-6 表面粗糙度的评定长度

5.2.3 表面轮廓几何形貌的基本术语

轮廓上的峰和谷是构成轮廓整体的基本结构，也是描述和规范对表面轮廓的技术要求各参数中的最基本的要素，因而 GB/T 3505 对轮廓峰和谷的幅度给出了如下基本术语。

1. 轮廓峰及轮廓峰高

如图 5-7 所示被评定轮廓上，轮廓与 X 轴（中线）两相邻交点的向外（从材料到周围介质）的轮廓部分为轮廓峰（profile peak）；轮廓峰的最高点距 X 轴（中线）的距离成为轮廓峰高（profile peak height），记为 Zp。

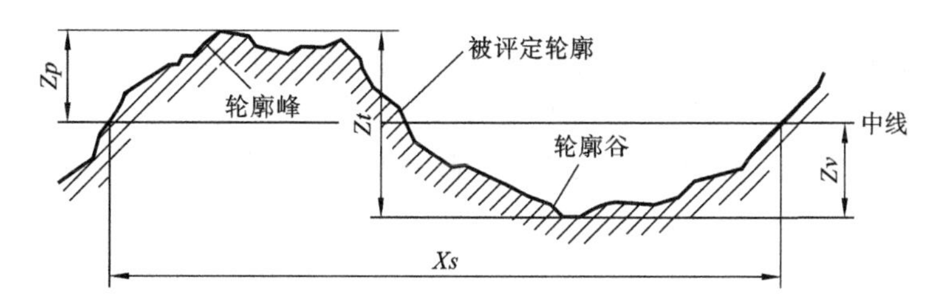

图 5-7 轮廓几何形貌描述

2. 轮廓谷及轮廓谷深

如图 5-7 所示被评定轮廓上，轮廓与 X 轴（中线）两相邻交点的向内（从周围介质到材料）的轮廓部分为轮廓谷（profile valley）；轮廓谷的最低点距 X 轴（中线）的距离成为轮廓谷深（profile valley depth），记为 Zv。

GB /T 3505 规定：应计入被评定轮廓的轮廓峰或轮廓谷的最小高度和最小间距分别称为高度分辨率（height discrimination）和间距分辨率（spacing discrimination）；高度分辨率通常用轮廓最大高度（Rz、Wz、Pz）或任一幅度参数的百分率表示，间距分辨率则以取样长度的百分率表示。

3. 轮廓单元及轮廓单元的高度与宽度

如图 5-7 所示，轮廓峰和相邻轮廓谷的组合称为轮廓单元（profile element）；轮廓单元的轮廓峰高与轮廓谷深之和称为轮廓单元高度（profile element height），记为 Zt；一个轮廓单元与 X 轴（中线）相交线段的长度称为轮廓单元宽度（profile element width），记为 Xs。

GB /T 3505 规定：在取样长度的始端或末端，被评定轮廓的向外部分或向内部分应看做一个轮廓峰或一个轮廓谷；当在多个连续的取样长度上确定若干个轮廓单元时，在每一个取样长度的始端或末端评定的峰和谷仅在每个取样长度的始端计入一次。

4. 轮廓总高度

在评定长度（ln）内的最大轮廓峰高与最大轮廓谷深之和称为轮廓总高度（total height of profile ），对于上述三种轮廓，分别记为 Rt、Wt、Pt。由于轮廓总高是在评定长度而不是在取样长度上定义的，所以对于任一种轮廓，都有：$Rt \geqslant Rz$；$Wt \geqslant Wz$；$Pt \geqslant Pz$。

5.2.4 表面粗糙度的评定参数

基于 GB/T 3505 对各种轮廓所规定的评定参数，并针对表面粗糙度轮廓的工程应用，GB/T 1031《产品几何技术规范(GPS) 表面结构 轮廓法 表面粗糙度参数及其数值》选用了其中的部分 R 参数来描述和规范对表面粗糙度轮廓的技术要求，以满足对表面粗糙度质量控制的需求。所选参数包括规定采用的幅度参数和附加评定参数等两类。

1. 评定粗糙度轮廓的高度参数

(1) 轮廓的算术平均偏差(arithmetical mean deviation of the assessed profile) Ra。

粗糙度轮廓的算术平均偏差指:在一个取样长度(lr)内,轮廓纵坐标值 $Z(x)$绝对值的算术平均值,即

$$Ra=\frac{1}{lr}\int_{0}^{lr}|Z(x)|\,\mathrm{d}x,$$

或近似表示为

$$Ra=\frac{1}{n}\sum_{i=1}^{n}|Z(x_i)|$$

图 5-8 所示粗糙度轮廓算术平均偏差的含义。即在取样长度内,所有轮廓峰和轮廓谷分别和 X 轴(中线)所的围面积与取样长度的比值,表示轮廓上各点对 X 轴(中线)的平均偏离程度。轮廓算术平均偏差概念较直观,易于理解,能反映轮廓各点的幅度信息,是广泛被采用的评定参数。

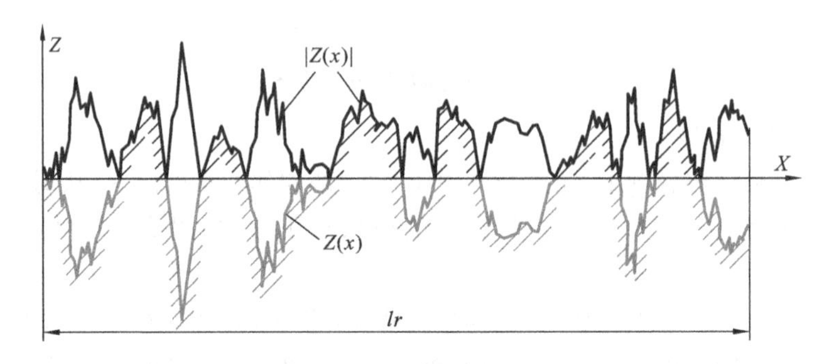

图 5-8 粗糙度轮廓的算术平均偏差

(2) 轮廓最大高度(maximum height of profile)Rz。

粗糙度轮廓最大高度指:在一个取样长度(lr)内,最大的轮廓峰高 Rp 与最大的轮廓谷深 Rv 之和,即

$$Rz=Rp+Rv$$

式中:最大轮廓峰高 $Rp=\max\{Zp_i\}$;最大轮廓谷深 $Rv=\max\{Zv_i\}$。

图 5-9 所示粗糙度轮廓最大高度的含义。

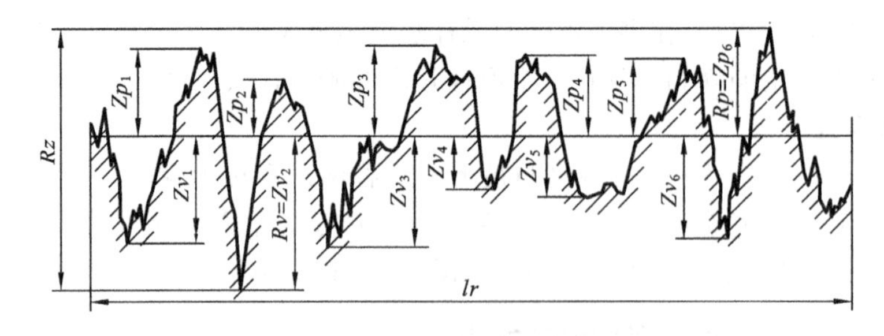

图 5-9 粗糙度轮廓峰和谷的幅度参数

轮廓最大高度 Rz 的概念严密、直观,反映粗糙度轮廓在取样长度内的最大分散范围,测量和计算都比较简单。Rz 是一个常用的参数,多用于某些不允许出现比较大的加工痕迹的零件表面或零件小表面粗糙度的控制。注意,在 GB/T 1031 的旧版本中,Rz 表示轮廓微观不平度十点高度,轮廓最大高度的代号为 Ry。

2. 评定粗糙度轮廓的附加评定参数

GB/T 1031 规定，根据表面功能的需要，除表面粗糙度高度参数（Ra、Rz）以外，可选用下列附加评定参数。

（1）轮廓单元的平均宽度（mean width of the assessed profile elements）Rsm。

粗糙度轮廓单元的平均宽度指：在一个取样长度（lr）内，各轮廓单元宽度 Xs_i 的平均值，即

$$Rsm = \frac{1}{m}\sum_{i=1}^{m} Xs_i$$

式中：m——取样长度内轮廓单元的个数。

图 5-10 示出粗糙度轮廓单元平均宽度的含义。注意，在 GB/T 1031 的旧版本中，Rsm 的代号为 Sm。

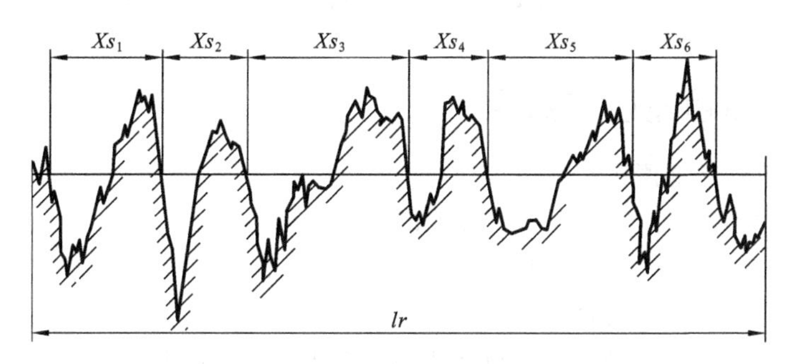

图 5-10　粗糙度轮廓单元的平均宽度

GB /T 3505 规定：若无特殊规定，计算轮廓单元的平均宽度时的高度分辨率按轮廓最大高度（Rz）的 10% 选取，同时水平间距分辨率按取样长度（lr）的 1% 选取。

粗糙度轮廓单元的平均宽度反映轮廓峰、谷在横向（X 轴向）分布的疏密状况，主要用于控制表面加工横纹的细密程度。

（2）轮廓支承长度率（material ratio of the profile）$Rmr(c)$。

在粗糙度轮廓评定长度（ln）内，用一条与 X 轴（中线）平行的直线从与轮廓最大峰高的峰点接触起，向轮廓的实体内平移，该直线与轮廓相截所得各段截线的数量及长度将随平移距离 c 的增加而不断变化。GB/T 3505 称上述 c 为水平截面高度；称各段截线长度 Ml_i 之和为水平截面高度 c 上轮廓的实体材料长度（material length of profile at the level c），记为 $Ml(c)$，有

$$Ml(c) = Ml_1 + Ml_2 + \cdots + Ml_n$$

式中：n——水平截面高度为 c 时所截取的线段数，如图 5-11 的左图所示。

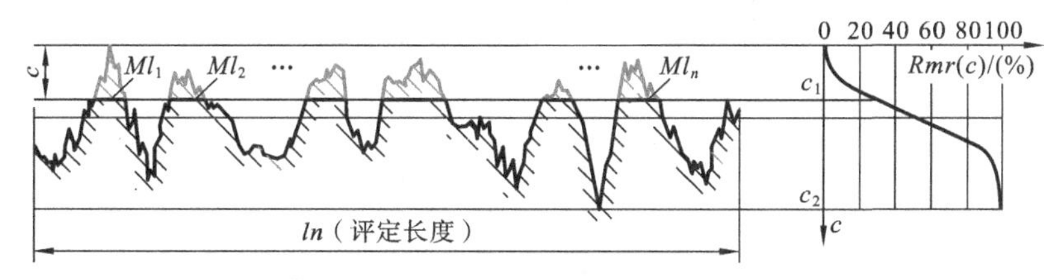

图 5-11　水平截面高度 c 上轮廓的实体材料长度及支承长度率曲线

轮廓支承长度率指：在评定长度（ln）内，给定水平截面高度 c 上轮廓的实体材料长度 $Ml(c)$ 与评定长度（ln）的比率，记为 $Rmr(c)$，即

$$Rmr(c) = \frac{Ml(c)}{ln}$$

显然,轮廓支承长度率为水平截面高度 c 的函数,图 5-11 的右图给出了轮廓支承长度率随水平截面高度 c 变化而变化的函数曲线,称为轮廓支承长度率曲线(material ratio curve of the profile),亦称为阿伯特-费尔斯通曲线(Abbott Firestone curve)。例如,对于图示粗糙度轮廓,当水平截面高度 $c=c_1$ 时 $Rmr(c)=35\%$;同时,当水平截面高度 c 等于或大于轮廓的总高度 Rt(如图示 $c=c_2=Rt$)时,$Rmr(c)=100\%$。

实际应用中,工件表面与被支承件或相配件从轮廓的峰顶开始接触,使用中随着轮廓峰的不断磨损,实际接触区域亦随之逐步变化,而变化情况反映轮廓的摩擦磨损特性。轮廓支承长度率正好可满足实际应用中描述和规定轮廓的摩擦磨损特性的需求。

5.3 表面粗糙度的选用及标注

5.3.1 表面粗糙度的选用

1. 评定参数值的选择原则

表面粗糙度评定参数值选择的一般原则如下。

(1) 同一零件上,工作表面的表面粗糙度应比非工作表面的要求严,即 $Rmr(c)$ 值应大,其余评定参数值应小。

(2) 对于摩擦表面,速度越高或单位面积压力越大,则表面粗糙度要求应越严,尤其是对滚动摩擦表面应更严。

(3) 承受交变负荷时,在容易产生应力集中的部位,特别是在零件截面变化过渡的倒角或零件的沟槽处,表面粗糙度要求应严。

(4) 在有腐蚀性工况下的外露表面、有密封要求的表面,表面粗糙度要求应严。

(5) 要求配合性质稳定可靠时,表面粗糙度要求应严。

(6) 在确定零件配合表面粗糙度参数值时,应与其尺寸公差相协调。

(7) 操作时要触摸的表面(手柄等)、要求外表美观的表面等,应适当提高表面粗糙度要求。

此外,还应考虑其他一些特殊因素和要求。表 5-1 所示的为应用举例,可供选用时参考。

表 5-1 表面粗糙度的表面特征、经济加工方法及应用举例

<table>
<tr><th colspan="2">表面微观特性</th><th>Ra /μm</th><th>加工方法</th><th>应用举例</th></tr>
<tr><td>粗糙表面</td><td>微见刀痕</td><td>≤20</td><td>粗车、粗刨、粗铣、钻、毛锉、锯</td><td>粗加工过的半成品表面,非配合表面,如轴端面、倒角、钻孔、齿轮及皮带轮侧面、键槽底面、垫圈接触面等</td></tr>
<tr><td rowspan="3">半光表面</td><td rowspan="2">微见加工痕迹</td><td>≤10</td><td>车、刨、铣、镗、钻、粗铰</td><td>轴上不安装轴承或齿轮处的非配和表面,紧固件的自由装配表面,轴或孔的退刀槽等</td></tr>
<tr><td>≤5</td><td>车、刨、铣、镗、磨、拉、粗刮、滚压</td><td>半精加工表面,箱体、支架、盖面、套筒等和其他零件结合而无配合要求的表面,需要发蓝的表面等</td></tr>
<tr><td>看不清加工痕迹</td><td>≤2.5</td><td>车、刨、铣、镗、磨、拉、刮、滚压、铣齿</td><td>接近于精加工表面,箱体上安装轴承的镗孔表面,齿轮的工作面</td></tr>
</table>

续表

<table>
<tr><th colspan="2">表面微观特性</th><th>Ra /μm</th><th>加 工 方 法</th><th>应 用 举 例</th></tr>
<tr><td rowspan="3">光表面</td><td>可辨加工痕迹方向</td><td>≤1.25</td><td>车、镗、磨、拉、刮、精铰、磨齿、滚压</td><td>圆柱(锥)销、与滚动轴承配合的表面，普通车床导轨面，内、外花键定心表面等</td></tr>
<tr><td>微辨加工痕迹方向</td><td>≤0.63</td><td>精铰、精镗、磨、刮、滚压</td><td>要求配合性质稳定的表面，工作时受交变应力的重要零件，较高精度车床的导轨面</td></tr>
<tr><td>不辨加工痕迹方向</td><td>≤0.32</td><td>精磨、珩磨、研磨、超精加工</td><td>精密机床主轴锥孔、顶尖圆锥面，发动机曲轴、凸轮轴工作表面，高精度齿轮工作面</td></tr>
<tr><td rowspan="4">极光表面</td><td>暗光泽面</td><td>≤0.16</td><td>精磨、研磨、普通抛光</td><td>精密机床主轴颈表面，一般量规工作面，气缸套内表面，活塞销表面等</td></tr>
<tr><td>光亮泽面</td><td>≤0.08</td><td rowspan="2">超精磨、精抛光、镜面磨削</td><td rowspan="2">精密机床主轴颈表面，滚动轴承的滚动体工作面，高压油泵中柱塞与柱塞套配合面等</td></tr>
<tr><td>镜状光泽面</td><td>≤0.04</td></tr>
<tr><td>镜面</td><td>≤0.01</td><td>镜面磨削、超精研</td><td>高精度量仪、量块的工作面，光学仪器中的金属镜面</td></tr>
</table>

2. 规定表面粗糙度要求的一般规则

(1) 在规定表面粗糙度要求时，应给出表面粗糙度参数值和测定时的取样长度。必要时，也可规定表面加工纹理、加工方法或加工顺序及不同区域的表面粗糙度等附加要求。

(2) 表面粗糙度各参数值应在垂直于基准面的各截面上获得。截面方向应反映高度参数(Ra、Rz)的最大值，否则应在图样上标出截面的方向。

(3) 对表面粗糙度的要求不适用于表面缺陷(如沟槽、气孔、划痕等)，必要时应单独规定对表面缺陷的要求。

3. 取样长度与评定长度的选用

一般情况下，在测量 Ra、Rz 时，推荐按表 5-2 选用对应的取样长度和评定长度，此时在图样上可省略取样长度和评定长度的标注；当有特殊要求时，应在图样或技术文件中注出相应数值。

对于微观不平度间距较大的端铣、滚铣及其他大进给走刀量的加工表面，应按表 5-2 给出的较大的取样长度值。评定长度应根据不同的加工方法和相应的取样长度来确定，一般情况下推荐按表 5-2 选取相应的评定长度，即 $ln \approx 5 \times lr$；如被测表面均匀性较好，可选用小于表 5-2 给出的数值，均匀相差的表面可选用大于表 5-2 给出的数值。

表 5-2　Ra、Rz 参数值与取样长度 lr 及评定长度 ln 的对应关系

Ra/μm	Rz/μm	lr/mm	ln/mm ($ln=5\times lr$)
≥0.008～0.02	≥0.025～0.10	0.08	0.4
≥0.02～0.10	≥0.10～0.50	0.25	1.25
≥0.10～2.00	≥0.50～10.0	0.8	4.0
≥2.00～10.0	≥10.0～50.0	2.5	12.5
≥10.0～80.0	≥50.0～320	8.0	40.0

4. 评定参数值的规定及选用

(1) 对于高度参数 Ra、Rz 的数值,根据表面功能需要,分别按表 5-3 给出的数值系列选取。在高度参数值的常用范围内(Ra=0.025~6.3 μm ,Rz=0.1~25 μm)时,推荐选用 Ra。

(2) 对于附加参数 Rsm 的数值,根据表面功能需要,按表 5-4 给出的数值系列选取。

(3) 对于附加参数 $Rmr(c)$ 的数值,根据表面功能需要,按表 5-5 给出的数值系列选取。选取 $Rmr(c)$ 的数值时,应同时给出轮廓水平截面高度 c 值。c 可用微米为单位,或用 Rz 的百分数表示。Rz 的百分数系列为:5%、10%、15%、20%、25%、30%、40%、50%、60%、70%、80%、90%。

表 5-3 高度参数 Ra、Rz 的数值

参数名称和代号	参数值系列 /μm			
轮廓的算数平均偏差 Ra	0.012	0.2	3.2	50
	0.025	0.4	6.3	100
	0.05	0.8	12.5	
	0.1	1.6	25	
轮廓最大高度 Rz	0.025	0.8	25	800
	0.05	1.6	50	1500
	0.1	3.2	100	
	0.2	6.3	200	
	0.4	12.5	400	

表 5-4 附加参数 Rsm 的数值

参数名称和代号	参数值系列 /μm		
轮廓单元的平均宽度 Rsm	0.006	0.1	1.6
	0.0125	0.2	3.2
	0.025	0.4	6.3
	0.05	0.8	12.5

表 5-5 附加参数 $Rmr(c)$ 的数值

参数名称和代号	参数值系列 /(%)										
轮廓支承长度率 $Rmr(c)$	10	15	20	25	30	40	50	60	70	80	90

5.3.2 表面粗糙度的注法规定

国家标准 GB/T 131 对表面结构的技术要求在图样、说明书、合同、报告等技术文件中的表示方法作了统一的规定,同时给出了表面结构标注用图形符号和标注方法。尽管该标准涉及的轮廓参数包括表面粗糙度轮廓参数、波纹度轮廓参数及原始轮廓参数,但对于这三种轮廓的标注,除参数代号外,其基本表示方法是一样的。

1. 表面粗糙度的图形符号

表面粗糙度的图形符号及含义如表 5-6 所示。

表 5-6　表面粗糙度图形符号及其含义

图形符号	含　　义
	基本图形符号：由不等长且与标注表面成 60°夹角的两条直线构成；没有补充说明时不能单独使用，仅用于简化代号标注；若加注了补充或辅助说明，则不需进一步说明该表面是否去除或不去除材料
	要求去除材料的扩展图形符号：在基本图形符号上加一短横；表示指定表面由去除材料的方法获得
	不允许去除材料的扩展图形符号：在基本图形符号上加一圆圈；表示指定表面用不去除材料的方法获得
	完整图形符号：在上述三种符号的长边上加一横线，用于标注表面结构特征的补充信息：左图表示允许任何工艺，中图表示去除材料，右图表示不去除材料
	工件轮廓各表面的图形符号：在图样某视图上构成封闭轮廓的多个表面有相同的表面结构要求时，在完整图形符号上加一圆圈并标注在图样中工件的封闭轮廓线上[注]

注：右图(a)所示的为工件轮廓各表面的图形符号标注图例，其表示该阶梯形零件主视图涉及形成封闭轮廓的 6 个面（见右图(b)）有相同的结构要求

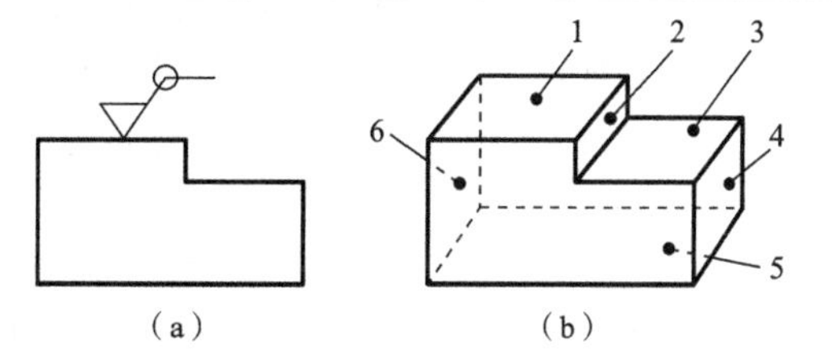

(a)　　(b)

2. 表面粗糙度各项要求的注写位置规定

表面粗糙度的技术要求包括表面结构参数及参数值；必要时应标注补充要求，包括：传输带、取样长度、加工工艺、表面纹理及方向、加工余量等。这些技术要求涉及表面的结构、表面的测量条件及表面的制作工艺等诸多方面，因而需要规范地在技术文件或图样上进行表达。

图 5-12 示出表面粗糙度各项技术要求的注写位置。图中围绕表面粗糙度完整图形符号周边的字母为位置代号，虚线框为位置范围，其中：

位置 a——注写表面结构的单一要求。

位置 b——注写表面结构的多个要求时，其中第一个要求注写在位置 a，第二个要求注写在位置 b；若有更多表面结构要求，则顺序在图示垂直方向向下方排。

位置 c——注写加工方法、表面处理、涂层或其他加工工艺要求等。

位置 d——注写所要求的表面纹理和纹理的方向。

位置 e——注写所要求的加工余量数值（单位 mm）。

3. 表面粗糙度结构要求及测量评定条件的注写

在上述位置 a 和位置 b 注写表面粗糙度结构要求时，应给出参数代号（轮廓及特征代号）和相应数值，并包括满足评定长度要求的取样长度的个数，以及要求的参数极限值等内容。图 5-13(a)所示的为表面粗糙度结构要求注写的一个示例，图 5-13(b)所示的为该要求各项内容的初步解释。表面粗糙度结构要求需要表达的信息量较多，GB/T 131 对每项要求的注写均有细则规定，以下逐一对其进行说明。

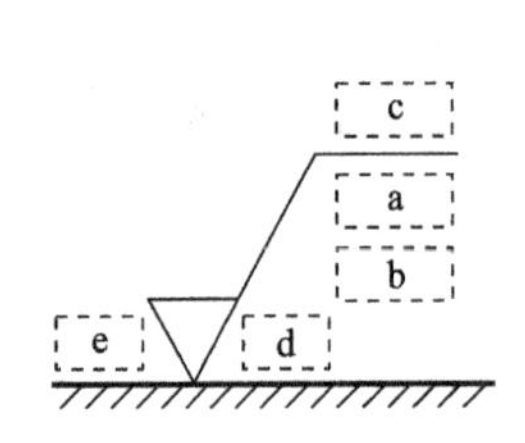

图 5-12　表面粗糙度要求的注写位置

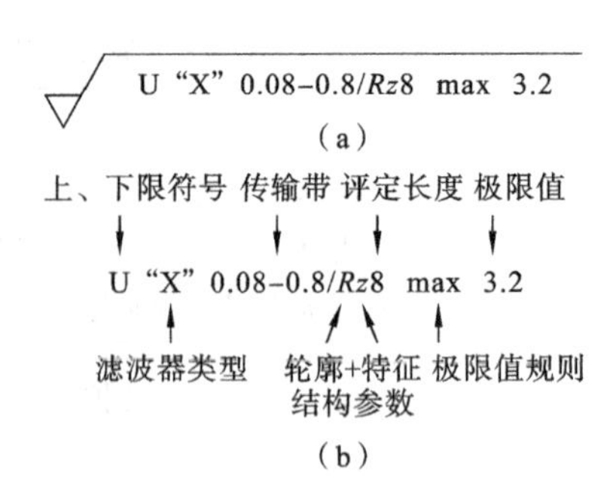

图 5-13　表面粗糙度结构要求表达示例

1) 表面结构参数及参数极限值的标注

表面结构参数由轮廓类型代号及结构特征代号组成。对于表面粗糙度轮廓而言，GB/T 1031给出了高度参数 *Ra*、*Rz* 和附加参数 *Rsm*、*Rmr*(*c*)共四个评定参数及各参数的极限值系列(见表 5-3 至表 5-5)。图 5-13 所示表面结构要求中，给出的表面粗糙度轮廓参数是：轮廓最大高度 *Rz*。

规定表面结构参数的极限值(允许的上限和(或)下限值，以 μm 为单位注数值)要求时，可根据表面功能要求，标注单向极限(上限或下限)或双向极限。对于单向极限的标注：当规定参数的极限值为下限值时，结构参数前应加注字母符号 L；当规定参数的极限值为上限值时，可不另加注符号，即默认为参数的单向上限值。对于双向极限的标注：应在规定其极限值为上限值的结构参数前加注字母符号 U；同时对规定其极限值为下限值的结构参数前注字母符号 L。

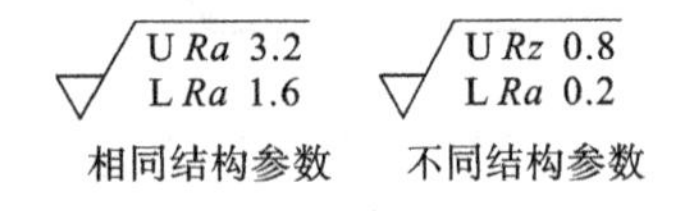

图 5-14　表面粗糙度参数双向极限的标注

图 5-13 所示表面结构要求中，给出的表面粗糙度轮廓参数极限值为单项上限值：3.2 μm。图 5-14 所示的分别给出对同一种结构参数和不同结构参数规定双向极限标注的两个示例。

2) 极限值判断规则的标注

表面结构要求中均应规定参数的极限值及其验收的判断规则。标准规定了判断表面合格与否的两种判断规则：16%规则和最大规则，在标注中应体现采用何种极限值判断规则。

所谓 16%规则，即当参数的规定值为上限值时，如果该参数在同一评定长度上的全部实测值中，大于图样规定值的个数不超过实测值总数的 16%，则该表面合格；当参数的规定值为下限值时，如果该参数在同一评定长度上的全部实测值中，小于图样规定值的个数不超过实测值总数的 16%，则该表面合格。

所谓最大规则，即若参数的规定值为最大值，则检验时在被检表面的全部区域内测得的参数值不应超出该规定值。

在按最大规则图样标注时，应在参数代号后加注"max"，如图 5-13 所示。在按 16%规则图样标注时，参数代号后不注"max"，即 16%规则是表面结构要求标注的默认规则。

3) 传输带和取样长度的标注

表面结构的诸特征是在一定波长范围内定义的，波长范围由一个截止短波的滤波器(短波滤波器)和一个截止长波的滤波器(长波滤波器)所限制，即这两个滤波器构成特定波长范围(mm)内表面结构的传输带，同时其中长波滤波器的截止波长值为评定该表面结构的取样长度。对于表面粗糙度轮廓而言，其传输带由短波滤波器 λs 和长波滤波器 λc 所限定，λc 的截止

波长为取样长度 lr。

在表面粗糙度表面结构要求的标注中，若省略了传输带标注，则表示默认按表 5-2 所示选用取样长度(即选取长波滤波器的截止波长)。若有特殊要求，则要注出传输带的截止波长范围：按短波滤波器在前、长波滤波器在后的顺序用“-”号连接二者，再加“/”号后注在参数代号前。在某些情况下，只标注传输带两个滤波器中的一个，此时需保留“-”号以区别短波或长波滤波器，如图 5-15 所示。此时若存在另一滤波器，其使用默认截止波长。

如图 5-13 所示的表面粗糙度表面结构要求，表示是在对被测表面经过截止波长为 0.08 mm的短波滤波器和截止波长为 0.8 mm 的长波滤波器滤波后，所得到的表面粗糙度轮廓上规定的要求。

4）评定长度(ln)的标注

在表面粗糙度表面结构要求的标注中应给出评定长度的要求。评定长度 ln 是以其包含的取样长度 lr 的个数来体现的，因而在标注中需在表面粗糙度结构参数代号后注出取样长度的个数以示评定长度。

若默认评定长度 ln 的标注(见图 5-14、图 5-15)，则表示默认其含 5 个取样长度 lr，即 $ln=5\times lr$。若规定评定长度内的取样长度个数不等于默认值 5，则应在参数代号后注出取样长度的个数，如图 5-13 所示标注中规定评定长度含 8 个取样长度。

5）关于滤波器类型的标注

如图 5-13(a)所示标注中，“X”处用于标注轮廓滤波器类型。目前的标准滤波器为高斯滤波器，过去的标准滤波器为 2RC 滤波器。认为需要时，可在“X”处注“高斯滤波器”或“2RC”。

4. 表面加工方法或相关信息的注法

加工工艺(加工方法、表面处理、涂层等)在很大程度上决定了表面轮廓的特征，因而必要时可在图 5-12 所示位置 c 处用文字和(或)相关专业符号注明加工工艺。如图 5-16(a)所示对表面工艺要求为：用车削去除材料的加工方法获得所注表面要求；图 5-16(b)所示对表面工艺要求为：用不去除材料的表面镀覆工艺获得所注表面要求。

图 5-15 传输带中只标注一个滤波器　　图 5-16 加工工艺信息的标注示例

5. 表面纹理的注法

为保证表面的功能要求，有时需对加工纹理作出规定。例如，对于平面密封表面，加工纹理需呈同心圆状；对于相互移动的表面，加工纹理最好按一定的方向呈直线状等。对表面纹理的要求，按表 5-7 示出的规定符号标注在图 5-12 所示的位置 d 处。

6. 加工余量的注法

在同一图样中，有多道加工工序的表面可标注加工余量。加工余量以毫米(mm)为单位标注在图 5-12 所示的位置 e 处。例如，图 5-17 所示的是在表示完工零件的图样中给出加工余量的标注方法，其表示所有表面均有 3 mm 的加工余量。

7. 表面粗糙度要求在图样上的注法

1）注法的一般规定

表面粗糙度要求对每一表面一般只标注一次，并尽可能标注在相应的尺寸及其公差的同

表 5-7　表面纹理的标注

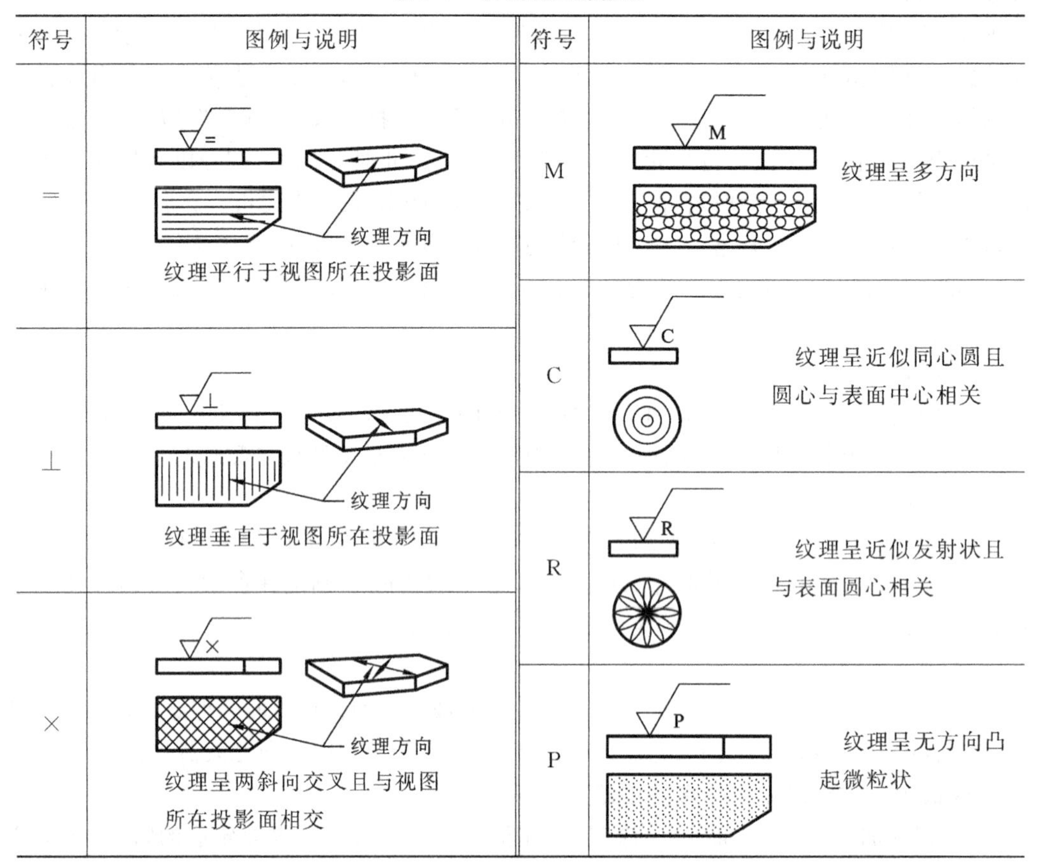

符号	图例与说明	符号	图例与说明
=	纹理方向 纹理平行于视图所在投影面	M	纹理呈多方向
⊥	纹理方向 纹理垂直于视图所在投影面	C	纹理呈近似同心圆且圆心与表面中心相关
×	纹理方向 纹理呈两斜向交叉且与视图所在投影面相交	R	纹理呈近似发射状且与表面圆心相关
		P	纹理呈无方向凸起微粒状

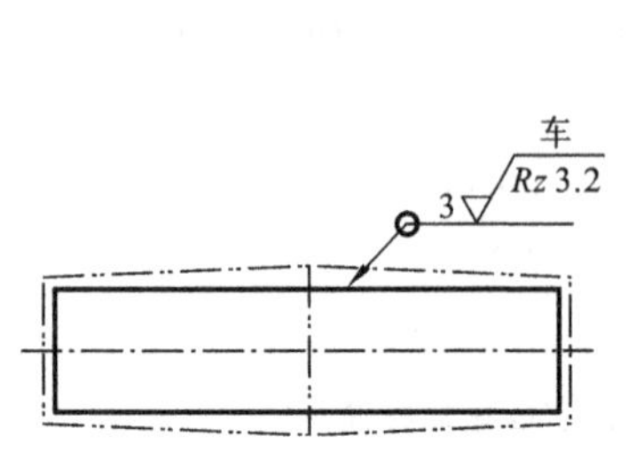

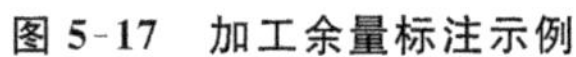
图 5-17　加工余量标注示例

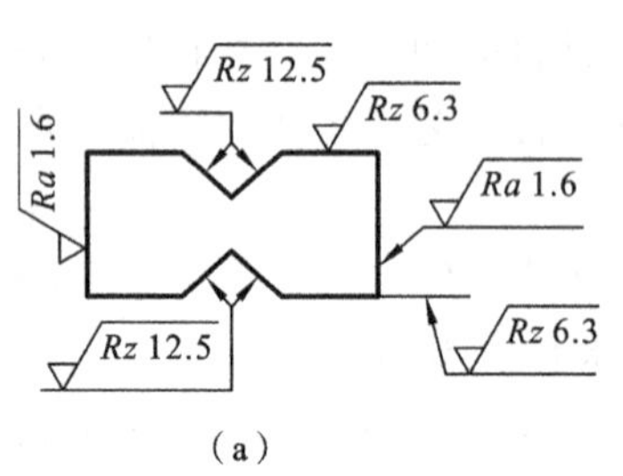

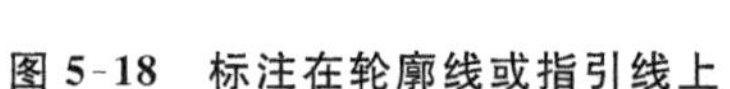
图 5-18　标注在轮廓线或指引线上

一视图上，与尺寸的注写和读取方向一致。表面粗糙度要求可标注在轮廓线、轮廓延长线或指引线上(见图 5-18)、标注在尺寸线上(见图 5-19)，也可标注在几何公差框格上(见图 5-20)。

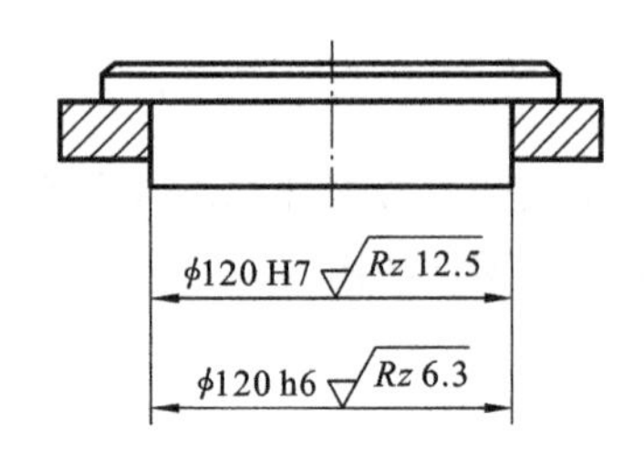

图 5-19　标注在尺寸线上

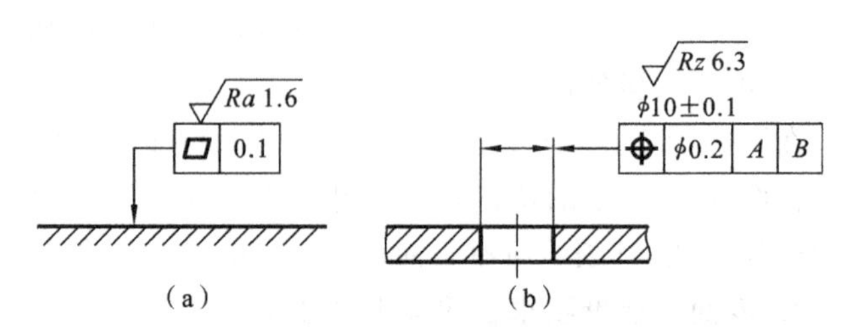

图 5-20　标注在几何公差框格上

2）简化注法

当工件的多个、多数或全部表面有相同的表面粗糙度要求，或图纸空间有限时，可采用简化标注法。这里给出部分简化注法，如图 5-21 示出大多数表面有相同要求时的两种简化标注方法：在图样标题栏附近注出对这些表面粗糙度要求，并在其后的圆括号内辅注基本图形符号（见图 5-21(a)）或视图上已给表面的要求（见图 5-21(b)）。图 5-22 示出多个表面有相同要求（或图纸空间有限）时的简化标注方法：在被要求的表面注上带字母的完整图形符号；并将该符号与相应的表面粗糙度要求分别用等号连接标注在图样标题栏附近。

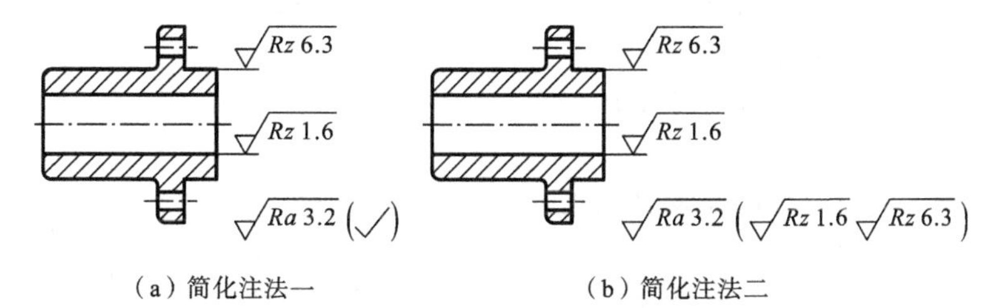

（a）简化注法一　　（b）简化注法二

图 5-21 大多数表面有相同要求的简化注法

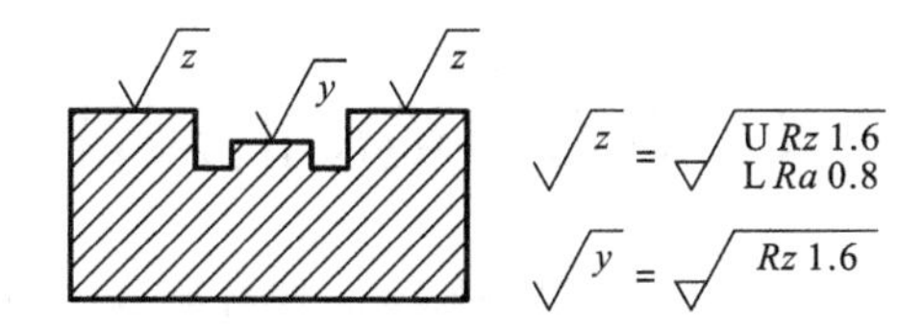

图 5-22 多个表面有相同要求或图纸空间有限时的简化注法

5.3.3 表面粗糙度图样标注示例

表 5-8 给出几例表面粗糙度要求的图样标注及其含义的解释。

表 5-8 表面粗糙度要求的图样标注示例及其含义

图样标注	表面粗糙度要求的含义		
	参数及其数值	测量条件及极限值判断规则	制造工艺要求
磨 Ra1.6 ⊥ -2.5/Rz max6.3	单向上限值 Ra = 1.6 μm	默认传输带；默认评定长度 $ln=5\times lr$；16%规则	去除材料磨削加工；纹理垂直视图投影面
	单向上限值 Rz = 6.3 μm	传输带－2.5 mm(lr)；默认评定长度 $ln=5\times2.5$ mm；最大规则	
Fe/Ep · Ni10bCr0.3r -0.8/Ra 3 1.6 U-2.5/Rz 12.5 L-2.5/Rz 3.2	单向上限值 Ra = 1.6 μm	传输带－0.8 mm(lr)；评定长度 $ln=3\times0.8$ mm；16%规则	去除材料方法加工；表面处理为：钢件，镀镍/铬
	双向上限值 Rz = 12.5 μm 双向下限值 Rz = 3.2 μm	对上下极限：传输带－2.5 mm(lr)；默认评定长度 $ln=5\times2.5$ mm；16%规则	

续表

图样标注	表面粗糙度要求的含义		
	参数及其数值	测量条件及极限值判断规则	制造工艺要求
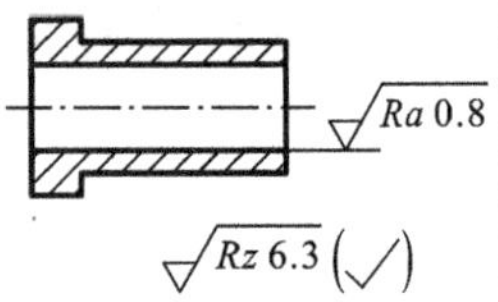 Ra 0.8 Rz 6.3 (√)	对内孔表面： 单向上限值 Ra＝0.8 μm 除内孔外的所有表面： 单向上限值 Rz＝6.3 μm	默认传输带；默认评定长度 $ln=5\times lr$；16%规则	所有表面用去除材料方法加工；没有表面纹理要求
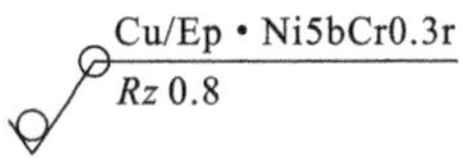 Cu/Ep·Ni5bCr0.3r Rz 0.8	封闭轮廓的所有表面： 单向上限值 Rz＝0.8 μm	默认传输带；默认评定长度 $ln=5\times lr$；16%规则	所有表面用不去除材料方法得到；表面处理：铜件，镀镍/铬

5.4　表面粗糙度的测量

常用的表面粗糙度测量方法有：目测或感触法、非接触测量法和接触测量法等三种。随着生产和科技发展，近年来出现一些新的测量技术，如用激光干涉系统测量表面粗糙度，在磨削过程中对加工表面粗糙度进行在线测量等。

5.4.1　目测或感触法

目测或感触法是车间常用的简便方法，即根据表面粗糙度样板用肉眼(或借助放大镜)或者凭检验者的感觉(抚摸或用指甲在表面划动)来判断表面粗糙度。

表面粗糙度样板的材料、形状及制造工艺尽可能与被检表面的相同，否则将会产生较大的误差。为此，在实际生产中，也可直接从工件中挑选样品，在仪器上测定表面粗糙度值后作样板使用。

此外，还可用下述方法来评定表面粗糙度：将工件表面与表面粗糙度样板面倾斜同样的角度，在相同温度下，观察比较同样黏度的油滴在二者表面上流动的速度，速度快的表面粗糙程度小。

通过表面粗糙度样板来比较测量表面粗糙度一般只用于表面粗糙程度较大表面的近似评定，当表面粗糙程度小时，这种方法往往很难得出正确结论。

5.4.2　非接触测量法

用非接触测量法检查表面粗糙度的常用仪器有：比较显微镜、双管显微镜和干涉显微镜。此外，还可以用光电式仪器及气动量仪。对要求很高的表面可用光学、电子或离子探针进行非接触测量。

1. 用双管显微镜测量表面粗糙度

双管显微镜有轴线成90°夹角的两个光管，一个为照明管，另一个为观测管，其采用如图5-23(a)所示的光切原理测量微小尺寸。图中，照明管的光源1发出的光线经过聚焦镜2、窄缝光栏3后形成平行窄长光带，再经透镜4以一定的斜度(45°)投射到被测表面。若被测表面粗糙不平，则光带随之在表面上变为弯曲状(见图5-23(b))，其通过透镜5成像于分划板6上。操作者通过观测管内的目镜7可观察到放大后的分划板上的光带。设表面微观不平度的高度为H，光带弯曲高度为$ab=H/\cos45°$；而从目镜中看到的光带弯曲高度$a'b'=KH/\cos 45°$(式中K为观测管的放大倍数)。双管显微镜的测量范围$H=0.5\sim60\ \mu m$。

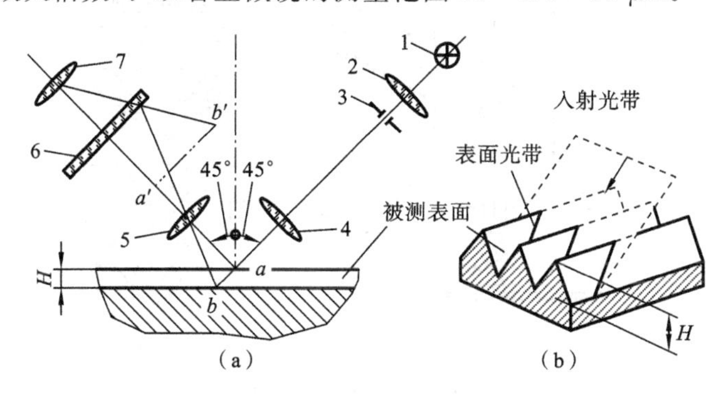

图5-23　双管显微镜的测量原理

1—光源；2—聚焦镜；3—光栏；4、5—透镜；6—分划板；7—目镜

用双管显微镜可测量车、铣、刨或其他类似方法加工的金属零件的外圆面或平面，但不便于测量用磨削或抛光等方法加工的金属零件表面。测量内表面(如孔、沟槽等)或笨重零件表面时，可用石印模材料(如蜡、低熔点合金等)压印的方法，获得被测表面的复制模型，然后用双管显微镜测量复制的模型，以间接获得被测表面的粗糙度。

2. 用干涉显微镜测量表面粗糙度

干涉显微镜采用光波干涉原理测量表面粗糙度。图5-24所示的为干涉显微镜光学系统示意图。由光源1发出的光线经聚光镜2、滤色片3、光栏4及透镜5形成平行光线后，射向底面半镀银的分光镜7，然后分为两束：一束光线通过补偿镜8、物镜9到平面反射镜10，并被反射镜10反射回到分光镜7，再由分光镜7经聚光镜11到反射镜16，并被反射镜16反射进入目镜12的视野；另一束光向上通过物镜6投射到被测表面，由被测表面反射回来，通过分光镜7、聚光镜11到反射镜16，由反射镜16反射也进入目镜12的视野。这样，在目镜12的视野内即可观察到两束光线因光程差而形成的干涉带图形。若被测表面粗糙不平，干涉带即成如图5-24(b)所示的弯曲形状。由测微目镜可读出相邻两干涉带距离a及干涉带弯曲高度b。由于光程差每增加光波波长λ的1/2即形成一条干涉带，故被测表面微观不平度的实际高度为

$$H=\frac{b}{a}\cdot\frac{\lambda}{2}$$

若将反射镜16移开，使光线通过照相物镜15及反射镜14到毛玻璃13上，在毛玻璃处即可拍摄干涉带图形的照片。

单色光用于检测有着同样加工痕迹的表面，此时得到的是黑色与彩色条纹交替呈现的干涉带图形。当加工痕迹不规则时则用白色光源，此时得到的干涉图形在黑色条纹的两边，将是对称分布的若干彩色条纹。

该仪器的测量范围为0.03～1 μm，测量误差为±5%。

若对上述干涉显微镜做改造，用压电陶瓷(PZT)驱动平面反射镜10，并用光电探测器(CCD)取代目镜，则可将干涉显微镜改装成光学轮廓仪。将CCD所探测的动态干涉信号输入计算机处理，可迅速得到一系列表面粗糙度的评定参数值及轮廓图形。

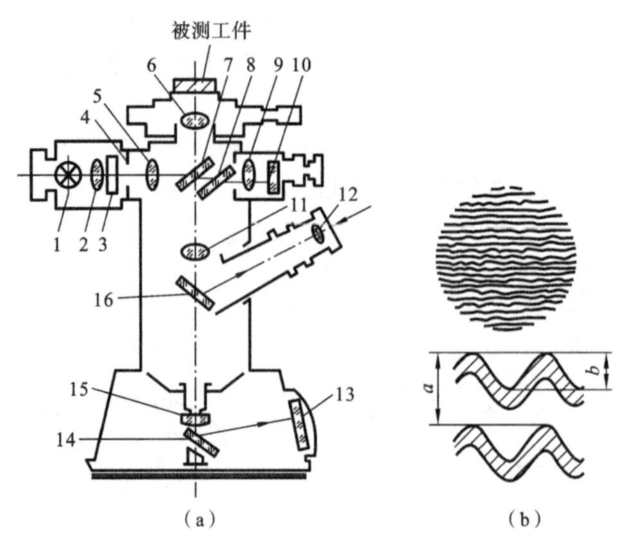

图 5-24 干涉显微镜测量原理

1—光源;2—聚光镜;3—滤色片;4—光栏;5—透镜;6,9—物镜;7—分光镜;8—补偿镜;10,14,16—反射镜;11—聚光镜;12—目镜;13—毛玻璃;15—照相物镜

在近代,基于多光束干涉技术的干涉仪利用多次反射,以保证形成狭窄和稀少的干涉条纹影像,从而大大提高仪器的测量精度,读数可达纳米数量级。

3. 光学探针法测量粗糙度

光学探针法类似于机械触针法,其将聚焦光束(光学探针)代替金刚石触针,然后利用不同的光学原理,来检测被测表面形貌相对于聚焦光学系统的微小距离变化。根据聚焦误差信号检测方式的不同,基于聚焦探测原理的方法主要有:傅科刀口法、差分法、光强法、临界角法、像散法及偏心光束法等。

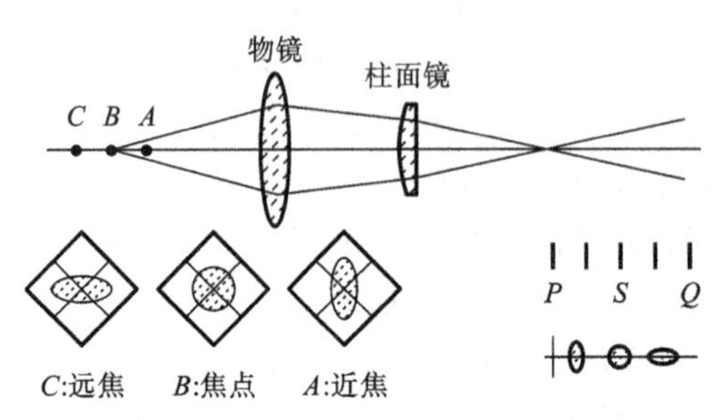

图 5-25 像散法聚焦检测原理

图 5-25 示出像散法测量表面粗糙度的原理。照射在工件表面的光点 B 通过物镜在 Q 处成像,将柱面透镜置于物镜后部以产生像散光。若柱面透镜成像位置为 P,则在 PQ 之间随着光点从 P 向 Q 移动,光束截面的长轴从纵向椭圆变成横向椭圆,其间 S 处的截面形状是圆。由于工件表面微观高低起伏,位于 S 点的截面形状随目标位置变化而变化,故可用四象限光电探测器对这些截面形状进行光电变换,通过运算可得到与表面位置相对应的输出信号。

4. 电子束流探测法测量粗糙度

扫描电子显微镜(SEM)用聚焦的电子束作为探针在表面上作光栅状扫描,利用探测器接收从被测表面激发的二次电子,经处理后得到放大的扫描电子图像。由于二次电子的强度及分布与被测表面的几何状况有关,因此扫描电子图像能反映表面的几何形貌。通常在扫描电子显微镜上采用立体观察技术以获得被测表面的立体图像,经立体分析技术可获得表面形貌的几何参数值。这种方法的垂直分辨率和水平分辨率分别为 10 nm 和 2 nm。由于扫描电子显微镜操作复杂、测量时间长、被测面须导电及工作环境要求严格等,目前通常用于表面形貌的定性分析。

扫描隧道显微镜(STM)是通过探测固体表面原子中电子的隧道电流来分辨固体表面形貌的新型显微装置。根据量子力学中的隧道效应原理,金属表面以外的电子云密度呈指数衰减,衰减长度约为 1 nm。若以一个只有原子线度的金属针尖探针与被测表面作为两个电极并加上电压 U,当二者非常接近至距离小于 1 nm 时,二者的电子云略有重叠。在电场作用下,电子就会穿过两个电极之间的势垒形成隧道电流 I。隧道电流 I 对针尖与被测表面之间的距离 s 极为敏感,如果 s 减小 0.1 nm,隧道电流就会增加一个数量级。当扫描隧道显微镜的针尖在样品表面上方扫描时,即使其表面只有原子尺度的起伏,其隧道电流也能将它显示出来,其垂直分辨率和水平分辨率分别可达 0.001 nm 和 0.01 nm。

5.4.3　接触测量法

接触测量法是一种最基本、应用最为广泛的表面轮廓测量方法,其在工程表面测量中占有极其重要的地位。在接触测量中,通常采用尖锐的触针与被测表面接触并做相对移动,由被测表面形貌的波动带动触针起伏运动,然后通过传感器感知触针的位移信号并放大,经数据采集和处理后获得被测表面的几何形貌参数值。根据传感器的不同原理,构成了多种表面粗糙度测量仪。

1. 电动轮廓仪

图 5-26 所示的为电动轮廓仪的工作原理图。安装在杠杆一端的触针和导块在驱动装置的驱动下在被测表面上滑行,触针随被测表面形貌的波动而起伏运动,导致杠杆另一端的铁芯随之在两电感线圈中上下移动而产生相应变化的感生电动势;感生电动势与振荡器输入电桥的载波叠加形成调制波,再经放大和相敏检波后得到与触针位移成比例的电信号。该信号一方面可经直流功率放大后驱动记录器在记录纸上绘出表面轮廓的放大图形;同时也可经 A/D 转换器转换后由计算机采集、计算,输出被测表面粗糙度的参数值及轮廓图形。

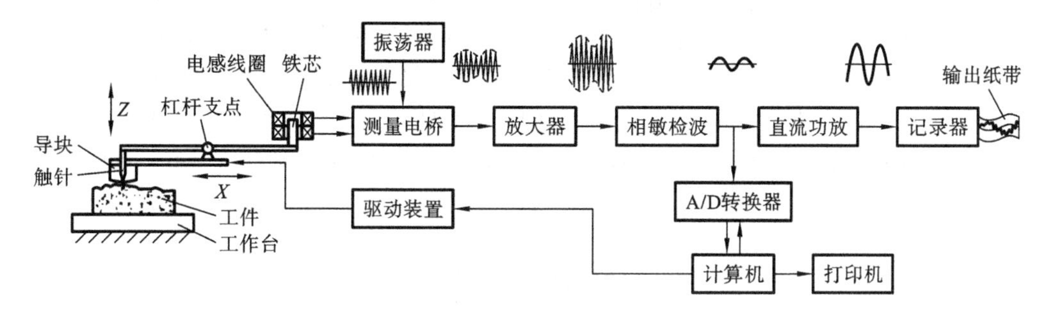

图 5-26　电动轮廓仪的工作原理

触针式电动轮廓仪受触针针尖圆弧半径(1～2 μm)的限制,难以探测到表面实际轮廓的谷底,同时,触针有可能划伤被测表面。其优点在于:可直接测量某些难以测量的零件表面(如孔、槽等);能连续测量轮廓,在相应软件的支持下可方便计算出表面粗糙度各参数值并给出轮廓图形;使用简便,测量效率高。因而,电动轮廓仪广泛应用于工业生产中。

近年来,在传统电动轮廓仪的基础上,通过改造配装上由计算机控制的精密二维工作台,将原驱动触针和导块横向移动的驱动装置,改为驱动工作台二维运动的精密双向驱动装置,从而将原来测头与被测表面间的相对二维运动变为三维运动,实现表面粗糙度的三维测量和评定。图 5-27 所示的为三维表面粗糙度测量仪的系统简图,图 5-28 所示的为测量所得工件表面形貌三维图形。

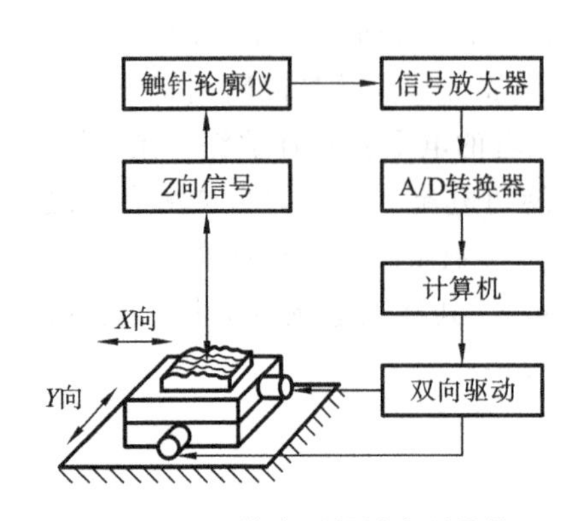

图 5-27　三维表面粗糙度测量仪

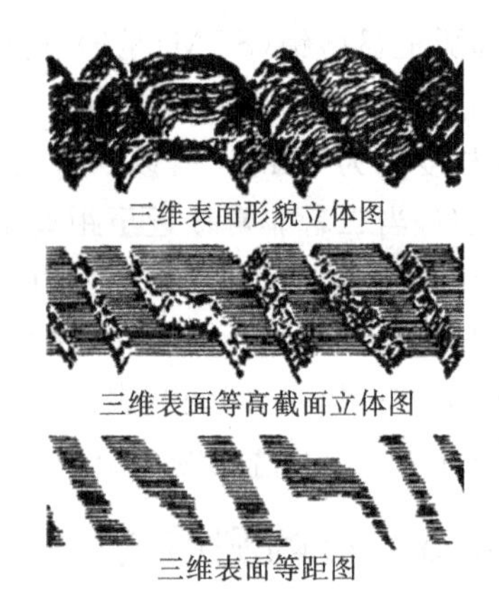

图 5-28　表面形貌三维图

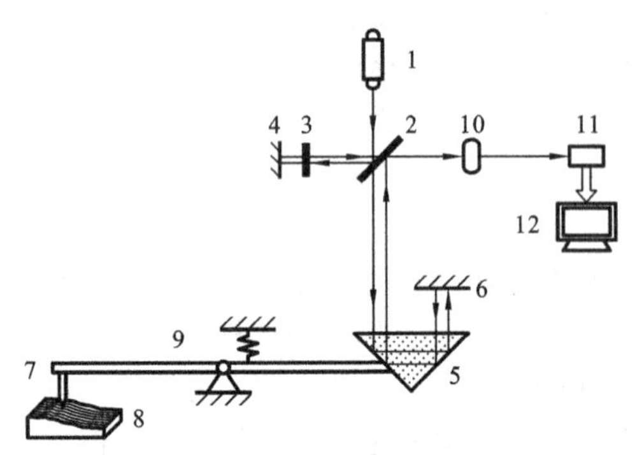

图 5-29　Form Talysurf 轮廓仪原理图

1—激光器；2—偏振分光镜；3—1/4 波片；4、6—反光镜；5—角隅棱镜；7—触针；8—被测工件；9—杠杆；10—接收器；11—接口；12—计算机

2. 迈克尔逊干涉式触针测量仪

英国 Taylor Hobson 公司将迈克尔逊干涉原理与触针相结合，于 20 世纪 90 年代初生产出迈克尔逊干涉式触针测量仪(Form Talysurf 轮廓仪)。该仪器的基本原理如图 5-29 所示。激光器 1 发出的激光束经偏振分光镜 2 分为两束：一束经 1/4 波片 3 到达反光镜 4；另一束经角隅棱镜 5 到达反光镜 6。两束光返回后在偏振分光镜 2 上发生干涉。当触针 7 在被测工件 8 的表面横向移动时，触针上下位移通过杠杆 9 带动角隅棱镜 5 移动，从而引起干涉条纹的变化，每移动一个干涉条纹所对应触针的位移量为 $\lambda/2$(λ 为激光的波长)。干涉条纹变化的信号由光电接收器 10 接收，并经接口电路 11 送入计算机 12。计算机在相应计算软件的支持下给出被测表面的形状误差、波纹度及表面粗糙度的评定参数值和表面形貌图。该仪器的测量范围可达 6 mm，分辨率可达 10 nm。

结语与习题

Ⅰ. 本章的学习目的、要求及重点

学习目的：了解表面粗糙度的含义和表面粗糙度的选用及图样表示。

要求：了解表面粗糙度的评定基准和评定参数，在图样上的标注方法及表面粗糙度的选用原则；了解表面粗糙度的测量方法。

重点：表面粗糙度的评定及标注。

Ⅱ. 复习思考题

1. 表面粗糙度对零件的工作性能有何影响？
2. Ra、Rz、Rsm、$Rmr(c)$分别反映表面微观形貌的何种特征？
3. 评定表面粗糙度时，为何要规定中线？
4. 评定表面粗糙度时，为何要选定取样长度和评定长度？

Ⅲ. 练习题

1. 一实际轮廓如附图 5-1 所示，求该轮廓的 Ra、Rz、Rsm、$Rmr(c)$（当 $c=25\%Rz$ 时）。

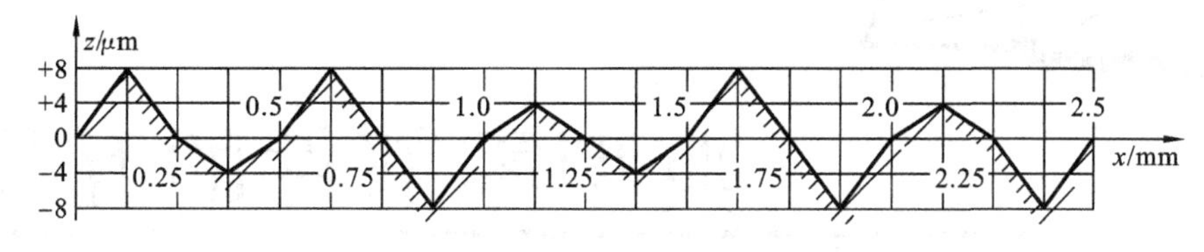

附图 5-1

2. 试解释附图 5-2 所示两项表面粗糙度要求的含义。

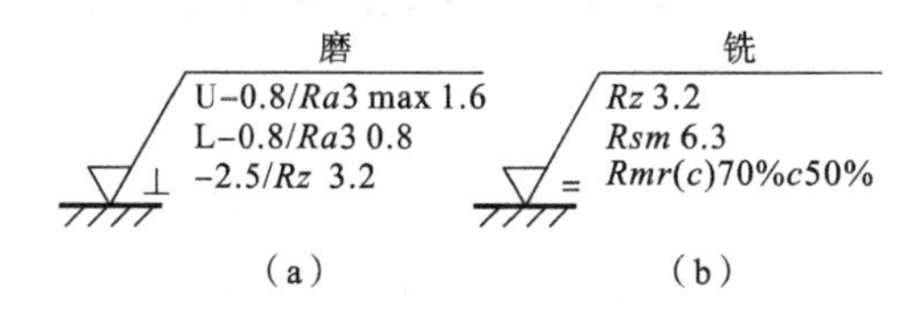

附图 5-2

3. 如附图 5-3 所示零件，其各表面均由去除材料方法加工，将下列要求标注在该零件图上（未提要求均采用默认值）。

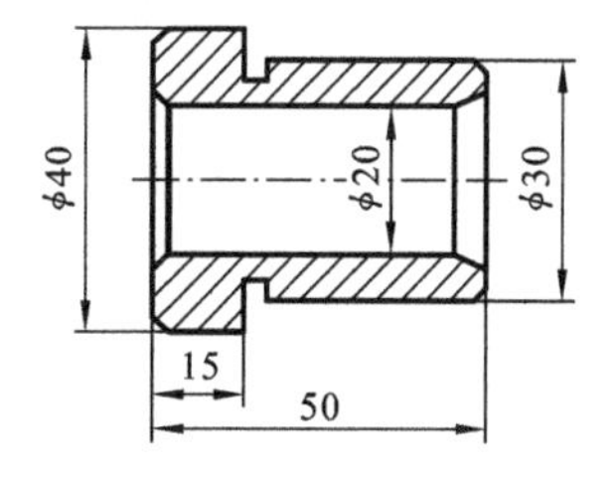

附图 5-3

(1) ϕ40 mm 外圆柱体表面粗糙度 Ra 的上限值为 3.2 μm；

(2) 左端面表面粗糙度的上限值为 1.6 μm；

(3) ϕ40 mm 圆柱体右端面表面粗糙度 Ra 的上限值为 3.2 μm；

(4) ϕ20 mm 内孔表面粗糙度 Rz 的上限值为 0.8 μm，下限值为 0.4 μm；

(5) ϕ30 mm 外圆柱体表面粗糙度 Ra 的上限值为 1.6 μm，下限值为 0.8 μm；

(6) 其余各加工表面的表面粗糙度 Ra 的上限值为 25 μm。

第6章 典型零部件的互换性

6.1 滚动轴承与支承孔、轴配合的互换性

6.1.1 概述

滚动轴承(rolling bearing)是标准化部件,其主要由内圈、外圈、滚动体(钢球或滚子)和保持架组成,如图6-1所示。滚动轴承具有旋转精度高、摩擦系数小、润滑简便、易于更换等许多优点,在各种机械装备、电子装备、仪器仪表及各类器械中得到广泛的应用。

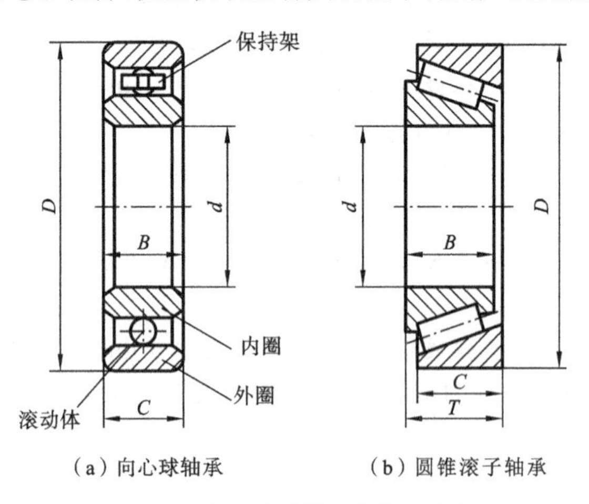

(a) 向心球轴承　　(b) 圆锥滚子轴承

图6-1　向心滚动轴承的基本结构

作为基础部件,滚动轴承的外径 D、内径 d 和套圈宽度 B(内圈)和 C(外圈)是配合尺寸,分别与外壳孔和轴颈配合,其互换性为完全互换;而作为构成滚动轴承的零件,其内、外圈滚道和滚动体采用分组互换,为不完全互换。

6.1.2 滚动轴承的精度

1. 滚动轴承的公差等级

根据GB/T 307.3的规定,滚动轴承的精度按尺寸公差与旋转精度分级。公差等级由低到高排列:向心滚动轴承(radial rolling bearing)的精度分为0、6、5、4、2五级(圆锥滚子轴承除外);圆锥滚子轴承(tapered roller bearing)的精度分为0、6X、5、4、2五级;推力轴承(thrust rolling bearing)的精度分为0、6、5、4四级。

0级轴承为普通型轴承,应用在旋转精度要求不高的一般机械中。例如,普通机床的变速箱、进给机构，汽车、拖拉机中的变速机构，普通电动机、水泵、压缩机、蒸汽轮机中的旋转机构等。0级轴承在机械制造中的应用最广。

6(6X)级轴承称为高级轴承，5级轴承称为精密级轴承，它们应用在旋转精度要求较高的机械中。例如，普通机床主轴的前轴承多用5级的，后轴承多用6级的。

4级和2级轴承称为超精密级轴承，用于精密机床、精密仪器、高速摄影机等高速精密机械中。

2. 滚动轴承公差等级的划分及公差规定

1）滚动轴承公差等级划分的依据

滚动轴承的各个公称尺寸如图6-1所示。轴承内圈内径 d、外圈外径 D、内圈宽度 B、外圈宽度 C 和装配高度 T 等尺寸的制造公差决定了轴承的尺寸精度。

由于滚动轴承的内、外圈都是薄壁零件，所以在加工、装配和储藏中不可避免会存在变形，但在装配时其变形在一定程度上可由支承孔或轴矫正，故滚动轴承的内圈与轴颈、外圈与支承孔配合时，起作用的是平均直径。因而，为保证配合性质，应规定其平均直径的公差；另一方面，滚动轴承内、外圈经热处理后硬度和脆性均较高，为了不致因其变形过大而难以矫正或矫正后影响轴承工作精度，对精度较高的滚动轴承还应对内、外圈的实际尺寸规定公差，以限制实际尺寸的变动量。为此，GB/T 307.1《滚动轴承 向心轴承 公差》针对上述两方面的情况，对滚动轴承的内、外径规定了制造公差。

2）滚动轴承的尺寸精度

(1) 有关滚动轴承内、外套圈直径的定义。

① 公称直径(nominal bore or outside diameter)　轴承的内圈内圆和外圈外圆的理论直径分别称为公称内径 d 和公称外径 D。公称直径一般作为计算直径偏差的公称尺寸。

② 单一直径(single bore or outside diameter)　滚动轴承的任一径向截面上，内圈内圆和外圈外圆的实际直径分别称为单一内径 d_s(见图6-2)和单一外径 D_s。

③ 单一平面单一直径(single bore or outside diameter in a single plane)　理论上，同一滚动轴承的径向截面可有无穷多个，因而在同一径向截面(单一平面)上的单一直径分别称为单一平面单一内径 d_{sp}(见图6-2)和单一平面单一外径 D_{sp}。

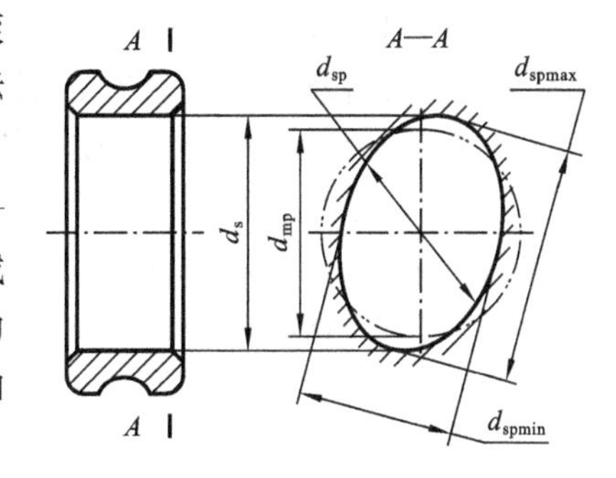

图6-2　滚动轴承内圈尺寸

(2) 滚动轴承内、外套圈的单一直径及其控制。

① 单一直径偏差　单一内径 d_s 与公称内径 d 之差及单一外径 D_s 与公称外径 D 之差，分别称为单一内径偏差 Δ_{ds}(deviation of a single bore diameter)及单一外径偏差 Δ_{Ds}(deviation of a single outside diameter)，即

$$\Delta_{ds}=d_s-d,\quad \Delta_{Ds}=D_s-D$$

② 单一平面直径变动量　最大与最小单一平面单一内径之差和最大与最小单一平面单一外径之差分别称为单一平面内径变动量 V_{dsp}(variation of bore diameter in a single plane)和单一平面外径变动量 V_{Dsp}(variation of outside diameter in a single plane)，即

$$V_{dsp}=d_{spmax}-d_{spmin},\quad V_{Dsp}=D_{spmax}-D_{spmin}$$

GB/T 307.1规定了滚动轴承套圈的单一直径极限偏差(公差)和单一平面直径变动量的最大允许值(公差)。单一直径偏差分别定义在内、外套圈的整体圆柱面上，因而可控制相应圆

柱面整体的直径变化量(用于 4 级和 2 级超精密级轴承);单一平面直径变动量分别定义在内、外套圈的任一同一截面上,因而可控制相应圆柱面在任一径向截面上的直径变化量。

(3) 滚动轴承内、外套圈平均直径及其控制。

① 单一平面平均直径　在轴承的任一径向截面上,轴承内圈的最大与最小单一平面单一内径的算术平均值(见图 6-2)和轴承外圈的最大与最小单一平面单一外径的算术平均值分别称为单一平面平均内径 d_{mp}(mean bore diameter)和单一平面平均外径 D_{mp}(mean outside diameter),即

$$d_{mp}=(d_{spmin}+d_{spmax})/2$$

$$D_{mp}=(D_{spmin}+D_{spmax})/2$$

② 单一平面平均直径偏差　轴承单一平面平均内径 d_{mp} 与公称内径 d 之差和单一平面平均外径 D_{mp} 与公称外径 D 之差,分别称为单一平面平均内径偏差 Δ_{dmp}(deviation of mean bore diameter in a single plane)和单一平面平均外径偏差 Δ_{Dmp}(deviation of mean outside diameter in a single plane),即

$$\Delta_{dmp}=d_{mp}-d,\quad \Delta_{Dmp}=D_{mp}-D$$

③ 平均直径变动量　轴承单个内圈最大与最小单一平面平均内径之差称为平均内径变动量 V_{dmp}(variation of mean bore diameter);单个外圈最大与最小单一平面平均外径之差称为平均外径变动量 V_{Dmp}(variation of mean outside diameter),即

$$V_{dmp}=d_{mpmax}-d_{mpmin},\quad V_{Dmp}=D_{mpmax}-D_{mpmin}$$

GB/T 307.1 规定了滚动轴承套圈的单一平面平均直径极限偏差(公差)和套圈平均直径变动量最大许用值(公差)。如前所述,滚动轴承的内圈与轴颈、外圈与支承孔配合时,起作用的是平均直径。因而,标准规定用单一平面平均直径极限偏差来控制每个径向截面上的平均直径(配合尺寸),用平均直径变动量的最大许用值来控制内、外圆柱面上平均直径(配合尺寸)的变动量,从而保证通过装配矫正套圈变形后的配合性质。

(4) 滚动轴承内、外套圈宽度及其控制。

① 套圈公称宽度(nominal ring width)　滚动轴承套圈两理论端面间的距离称为套圈的公称宽度,内圈记为 B,外圈记为 C。公称宽度一般作为计算宽度偏差的公称尺寸。

② 套圈单一宽度(single ring width)　套圈单一宽度是指套圈两实际端面与基准端面切平面垂直线的两交点间的距离,内圈记为 B_s,外圈记为 C_s。

③ 套圈单一宽度偏差(diviation of a single ring width)　套圈单一宽度偏差是指套圈单一宽度与公称宽度之差,内圈记为 Δ_{Bs},外圈记为 Δ_{Cs},即

$$\Delta_{Bs}=B_s-B,\quad \Delta_{Cs}=C_s-C$$

④ 套圈宽度变动量(variation of ring width)　单个套圈最大与最小单一宽度之差,内圈记为 V_{Bs},外圈记为 V_{Cs},即

$$V_{Bs}=B_{smax}-B_{smin},\quad V_{Cs}=C_{smax}-C_{smin}$$

GB/T 307.1 规定了滚动轴承套圈的单一宽度极限偏差(公差)和套圈宽度变动量最大许用值(公差)。单一宽度极限偏差控制宽度的实际偏差,以保证配合质量;套圈宽度变动量可以控制套圈两实际端面间的平行性。

3) 滚动轴承的旋转精度

为保证轴承的旋转精度,GB/T 307.1 对滚动轴承内、外套圈和成套轴承规定了相应的参数及其允许值,这些参数如下。

① K_{in}、K_{ea}：成套轴承内、外圈径向跳动(radial runout if inner and outer of assembled bearing)。

② S_{ia}、S_{ea}：成套轴承内、外圈轴向跳动(axial runout if inner and outer of assembled bearing)。

4) *滚动轴承的几何公差*

GB/T 307.1 对滚动轴承内、外套圈和成套轴承规定了相应的几何公差参数及其允许值。这些参数如下。

① S_d：内圈端面对内孔的垂直度(perpendicularity of inner ring face with respect to the bore)。

② S_D：外圈外表面对端面的垂直度(perpendicularity of outer ring outside surface with respect to the face)。

对于上述滚动轴承的各精度评价参数，GB/T 307.1 根据套圈的基本尺寸、公差等级、直径系列、结构及安装形式等，分别以极限偏差或最大允许值的形式规定了各参数的具体公差要求。表 6-1 和表 6-2 所示的分别是该标准给出的部分公称尺寸的 0 级和 6 级向心轴承(圆锥滚子轴承除外)的公差要求，实际应用中尚需进一步参照该标准。

表 6-1 向心轴承内圈的公差要求① (μm)

参数		Δ_{dmp}				V_{dmp}		V_{dsp}						K_{in}		Δ_{Bs}			V_{Bs}
								直径系列											
								9		0、1		2、3、4				全部	正常	修正②	
公差等级		0		6		0	6	0	6	0	6	0	6	0	6	0、6			0、6
公称尺寸/mm		上极限偏差	下极限偏差	上极限偏差	下极限偏差	max		max						max		上极限偏差	下极限偏差		max
超过	到																		
2.5	10	0	−8	0	−7	6	5	10	9	8	7	6	5	10	6	0	−120	−250	15
10	18	0	−8	0	−7	6	5	10	9	8	7	6	5	10	7	0	−120	−250	20
18	30	0	−10	0	−8	8	6	13	10	10	8	8	6	13	8	0	−120	−250	20
30	50	0	−12	0	−10	9	8	15	13	12	10	9	8	15	10	0	−120	−250	20
50	80	0	−15	0	−12	11	9	19	15	19	15	11	9	20	10	0	−150	−380	25
80	120	0	−20	0	−15	15	11	25	19	25	19	15	11	25	13	0	−200	−380	25
120	180	0	−25	0	−18	19	14	31	23	31	23	19	14	30	18	0	−250	−500	30
180	250	0	−30	0	−22	23	17	38	28	38	28	23	17	40	20	0	−300	−500	30
250	315	0	−35	0	−25	26	19	40	31	44	31	26	19	50	25	0	−350	−500	35
315	400	0	−40	0	−30	30	23	50	38	50	38	30	23	60	30	0	−400	−630	40
400	500	0	−45	0	−35	34	26	56	44	56	44	34	26	65	35	0	−450	—	45

注：① 摘自 GB/T 307.1；圆锥滚子轴承除外。

② 适用于成对或成组安装时单个轴承的内、外圈，也适用于 $d \geqslant 50$ mm 锥孔轴承的内圈。

表 6-2　向心轴承外圈的公差要求[①]　　(μm)

参数		Δ_{Dmp}				V_{Dmp}[②]		V_{Dsp}[②]								K_{ea}		Δ_{Cs}		V_{Cs}
								开型轴承						闭型轴承						
								直径系列												
								9		0、1		2、3、4		2、3、4						
公差等级		0		6		0	6	0	6	0	6	0	6	0	6	0	6	0、6		
公称尺寸/mm		上极限偏差	下极限偏差	上极限偏差	下极限偏差	max		max								max		上极限偏差	下极限偏差	max
超过	到																			
6	18	0	−8	0	−7	6	5	10	9	8	7	6	5	10	9	15	8	与同一轴承内圈的 Δ_{Bs} 及 V_{Bs} 相同		
18	30	0	−9	0	−8	7	6	12	10	9	8	7	6	12	10	15	9			
30	50	0	−11	0	−9	8	7	14	11	11	9	8	7	16	13	20	10			
50	80	0	−13	0	−11	10	8	16	14	13	11	10	8	20	16	25	13			
80	120	0	−15	0	−13	11	10	19	16	19	16	11	10	26	20	35	18			
120	150	0	−18	0	−15	14	11	23	19	23	19	14	11	30	25	40	20			
150	180	0	−25	0	−18	19	14	31	23	31	23	19	14	38	30	45	23			
180	250	0	−30	0	−20	23	15	38	25	38	25	23	15	—	—	50	25			
250	315	0	−35	0	−25	26	19	44	31	44	31	26	19	—	—	60	30			
315	400	0	−40	0	−28	30	21	50	35	50	35	30	21	—	—	70	35			
400	500	0	−45	0	−33	34	25	56	41	56	41	34	25	—	—	80	40			

注：① 摘自 GB/T 307.1；圆锥滚子轴承除外。
② 适用于内、外止动环安装前或拆卸后。

6.1.3　滚动轴承与支承孔、轴结合的极限与配合

滚动轴承作为一种部件，应用中其外圈被装入支承孔，内圈装在轴颈上。在内、外套圈分别与支承轴、孔的配合中，轴承内、外套圈按轴承的相关国家标准，而支承轴、孔按极限与配合国家标准分别选取公差带，以形成满足滚动轴承应用需求的不同性质的配合。

1. 滚动轴承内、外套圈公差带的特点

在滚动轴承套圈与支承孔、轴的配合中，起作用的是套圈的平均直径 D_{mp} 和 d_{mp}。由GB/T 307.1《滚动轴承 向心轴承 公差》及表 6-1 和表 6-2 所列平均直径的极限偏差可见，对于所有公差等级，单一平面平均外径和内径的公差带均是上极限偏差为零、下极限偏差为负，如图 6-3所示，单向配置在公称尺寸(公称直径 D、d)零线的下方。

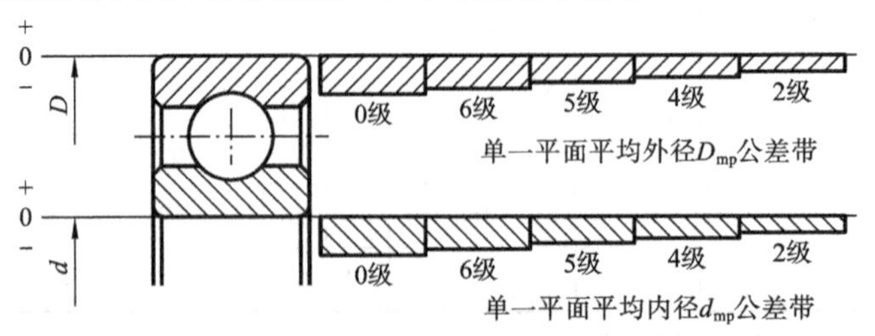

图 6-3　滚动轴承单一平面平均直径公差带配置

2. 滚动轴承内、外套圈与支承件配合的特点

由于滚动轴承是一种标准部件，因而其外圈外径与支承孔的配合采用基轴制配合，内圈内

径与支承轴的配合采用基孔制配合。但是，考虑到滚动轴承的结构特点和精度要求，这里的基轴制和基孔制与第 3 章所述的基准制有所不同。

其一，内、外套圈直径的公差值是针对轴承的应用需求而规定的，而非采用极限与配合国家标准所规定的标准公差(IT)。这是因为轴承装配时易于变形，而其高旋转精度对间隙或过盈的变化敏感，所以对内、外圈规定的公差值比相应的标准公差值要严格，以减小间隙或过盈的变动量。比如 0 级(普通级)轴承内、外圈的公差相当于 IT5～IT6 级。

其二，作为基轴制的孔，轴承内圈内径公差带配置在零线以下(见图 6-3)，而不像极限与配合国家标准所规定的基准孔公差带配置在零线以上(见图 3-14(a))。这是因为在大多数情况下，内圈是随轴颈一起转动的，为防止它们之间产生相对滑移，二者应采用既不致引起套圈过大变形又易于装拆的小过盈配合，从而保证轴承的工作精度和使用方便。此时，若采用极限与配合国家标准所规定的孔、轴过盈配合，则过盈量过大；若过渡配合，则可能出现间隙。为此，将轴承内圈内径公差带配置在零线下方，保证其与轴颈之间可选取获得适当过盈量的配合。

3. 滚动轴承内、外套圈与支承轴、孔的配合

图 6-4 所示的为 GB/T 275 推荐的一般工作条件下，滚动轴承套圈与支承轴、孔配合的常用公差带。适用于对旋转精度、运动平稳性、工作温度等无特殊要求的安装情况，及实心或厚壁钢制支承轴和铸钢或铸铁支承孔；不适用于无内(外)圈轴承和特殊用途轴承(如飞机机架轴承、仪器轴承等)。

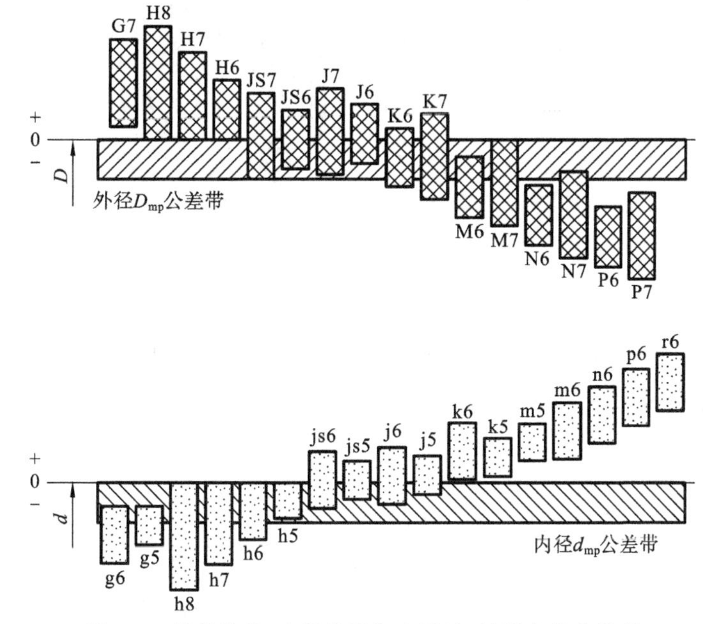

图 6-4 轴承外径、内径分别与支承孔、轴配合的公差带

6.1.4 滚动轴承与支承孔、轴配合的选用

合理地选择滚动轴承与支承轴及孔的配合，可保证机器运转的质量，延长使用寿命，并使产品制造经济合理。选择时主要应考虑以下因素。

1. 考虑应用的精度要求

在实际应用需求的轴承精度，即轴承的公差等级决定后，与其相配的支承轴和支承孔的公差等级应与之协调，否则装配后不能达到轴承预期的精度。通常，与 0 级和 6 级轴承配合的支承轴应选取 IT6 级公差,支承孔应选取 IT7 级公差;对于旋转精度和运转平稳性有较高要求的场合,支承轴取 IT5 级公差,支承孔取 IT6 级公差;与 5 级轴承配合的支承轴、孔均取 IT6 级公差,要求高的场合均取 IT5 级公差;与 4 级轴承配合的支承轴、孔分别取 IT5 级、IT6 级公差;要求更高的场合,支承轴、孔分别取 IT4 级、IT5 级公差。

2. 考虑负荷类型

根据作用于轴承的合成径向负荷对套圈相对旋转的情况,可将套圈的负荷分为以下三类。

(1) 局部负荷。

当轴承工作时,轴承只承受一个方向不变的径向负荷 F_r,其相对静止的套圈在滚道的局部范围承受负荷,如图 6-5(a)所示的外圈滚道和图 6-5(b)所示的内圈滚道。

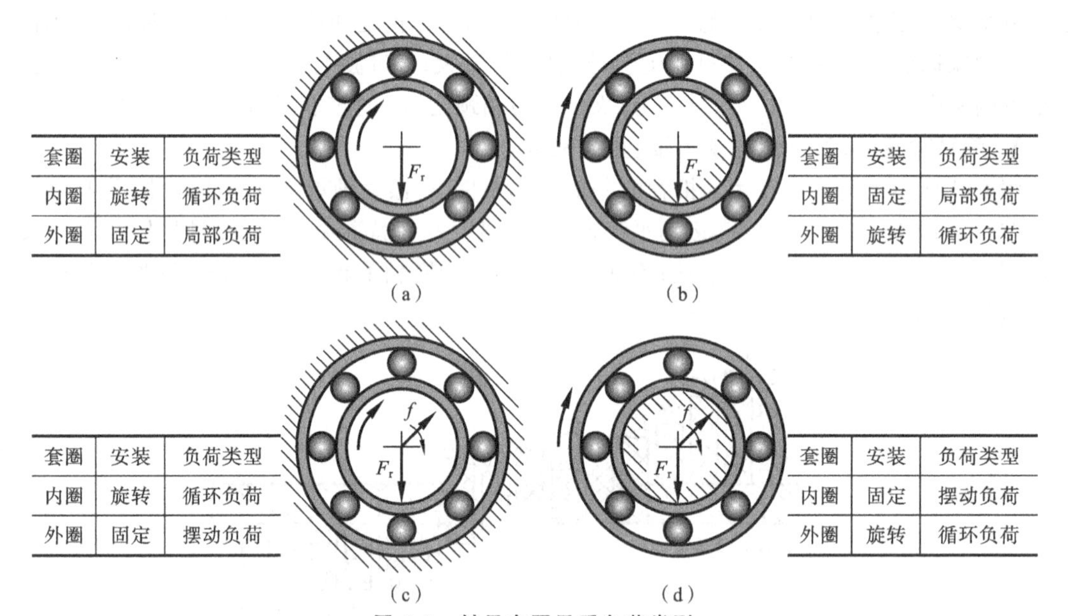

图 6-5 轴承套圈承受负荷类型

(2) 循环负荷。

当轴承工作时,轴承只承受一个方向不变的径向负荷 F_r,其相对旋转的套圈滚道随着旋转在全部滚道上依次承受负荷,如图 6-5(a)、图 6-5(c)所示的内圈滚道和图 6-5(b)、图 6-5(d)所示的外圈滚道。

(3) 摆动负荷。

当轴承工作时,轴承除了承受一个方向不变的径向负荷 F_r 外,还承受一个相对较小的旋转负荷 f,导致二者的合成径向负荷在套圈滚道的一定范围内摆动。此时轴承的非旋转套圈随着负荷的摆动在该范围内反复承受负荷,如图 6-5(c)所示的外圈滚道和图 6-5(d)所示的内圈滚道。

当套圈受局部负荷时,配合应稍松。可以有不大的间隙,以便在滚动体摩擦力或冲击带动下,该套圈相对于支承轴或孔表面偶尔能有游动的可能,从而减少滚道的局部磨损,同时装拆也相对方便些。一般可选过渡配合或间隙配合。

当套圈受循环负荷时,滚道一般不会产生局部磨损。此时,为防止该套圈相对支承轴或孔打滑而引起配合表面磨损、发热,其与支承轴或孔的配合应较紧,一般选过渡或过盈配合。

受摆动负荷的套圈与支承轴或孔的配合,一般与循环负荷的套圈的配合相同或稍松。

3. 考虑负荷大小

轴承在负荷作用下会发生变形，同时负荷大小在配合面上的分布也不均匀，因而工作中可能引起配合的松动。因此负荷大，过盈量也应大。

轴承套圈与支承轴或孔配合的最小过盈量取决于负荷的大小。一般，$P\leqslant 0.07C$ 的径向负荷，称为轻负荷；$0.07C<P\leqslant 0.15C$ 的负荷，称为正常负荷；$P>0.15C$ 的负荷，称为重负荷。这里，C 为轴承的额定动负荷。

当轴承内圈受循环负荷时，它与支承轴配合所需的最小过盈量 $Y'_{\min}$(mm)为

$$Y'_{\min}=\frac{13Fk}{10^6 b} \tag{6-1}$$

式中：F——轴承承受的最大径向负荷，kN；

k——与轴承系列有关的系数，轻系列 $k=2.8$，中系列 $k=2.3$，重系列 $k=2$；

b——轴承内圈的配合宽度，m，$b=B-2r$(B 为轴承内圈宽度，r 为内圈的圆角半径)。

为避免套圈破裂，还需要按不超出套圈的许用强度来计算其最大过盈量 $Y'_{\max}$(mm)为

$$Y'_{\max}=\frac{11.4kd[\sigma_p]}{(2k-2)\times 10^3} \tag{6-2}$$

式中：$[\sigma_p]$——许用拉应力，10^5 Pa，轴承钢的 $[\sigma_p]\approx 400(10^5\ \mathrm{Pa})$；

d——轴承内圈内径，m。

例 6-1　某一旋转机构中采用的 308 型 6 级向心球轴承，其内径 d 为 40 mm，宽度 B 为 23 mm，圆角半径 r 为 2.5 mm，承受正常最大径向负荷为 4 000 N。试计算它与轴颈配合的最小过盈量，并选择适当的轴公差带。

解　由式(6-1)可得

$$Y'_{\min}=\frac{13\times 4\times 2.3}{10^6\times(23-2\times 2.5)\times 10^{-3}}\ \mathrm{mm}\approx 0.007\ \mathrm{mm}$$

按算得的最小过盈量，可选与 $\phi 40$ mm 内圈配合轴的公差带为 m5，且由表 3-4 和表 3-7 可知，其下极限偏差为 +0.009 mm，上极限偏差为 +0.02 mm；再由表 6-1 查得，公称内径 40 mm、6 级轴承 d_{mp} 的上极限偏差为 0，下极限偏差为 −0.01 mm，则可计算得到该内圈与支承轴配合的极限过盈量分别为

$$|Y_{\min}|=0.009\ \mathrm{mm},\quad |Y_{\max}|=0.03\ \mathrm{mm}$$

按式(6-2)计算内圈与支承轴配合时，不致使套圈破损所允许的最大过盈量为

$$Y'_{\max}=\frac{11.4\times 2.3\times 40\times 10^{-3}\times 400}{(2\times 2.3-2)\times 10^3}\ \mathrm{mm}\approx 0.161\ \mathrm{mm}$$

由上述计算可知，$|Y_{\min}|>Y'_{\min}$，$|Y_{\max}|<Y'_{\max}$，故选择与该内圈相配支承轴的公差带为 m5 是合理的。

这里给出的计算公式的安全裕度较大，计算结果往往偏紧。参考表 6-4，上例中支承轴的公差带可选 k5。

4. 考虑工作温度

轴承运转时，套圈滚道与滚动体摩擦会导致温升，使外圈配合变紧，内圈配合变松；同时工作环境温度对支承轴或孔的影响也会导致实际配合的变化。因而，选择配合时应考虑温度的影响。

5. 考虑轴承的旋转精度和旋转速度

对于旋转精度要求较高的滚动轴承，为消除弹性变形和振动的影响，不宜采用间隙配合，但配合也不宜过紧。滚动轴承旋转速度越高，选用配合相对应紧些。

6. 考虑其他因素

剖分式外壳结构比整体式外壳结构的制造误差大，应选较松的配合。当轴承装在薄壁外壳、轻合金外壳或空心轴上时，其应比装在厚壁、铸铁外壳或实心轴上选用更紧些的配合。另外，为了便于拆装，在保证精度的前提下宜用较松的配合。

GB/T 275 对与向心轴承配合的支承轴和支承孔的公差带的选择作了推荐，分别如表 6-3 和表 6-4 所示。

表 6-3 向心轴承和外壳的配合 孔公差带代号

运转状态		负荷状态	其他状况	公差带①	
说明	举例			球轴承	滚子轴承
固定的外圈负荷	一般机械、铁路机车车辆轴箱、电动机、泵、曲轴主轴承	轻、正常、重	轴向易移动，可采用剖分式外壳	H7、G7②	
		冲击	轴向能移动，可采用整体式或剖分式外壳	J7、Js7	
摆动负荷		轻、正常			
		正常、重	轴向不移动，采用整体式外壳	K7	
		冲击		M7	
旋转的外圈负荷	张紧滑轮、轮毂轴承	轻		J7	K7
		正常		K7、M7	M7、N7
		重		—	N7、P7

注：① 并列公差带随尺寸的增大从左至右选择，对旋转精度有较高要求时，可相应提高一个公差等级。

② 不适用于剖分式外壳 。

表 6-4 向心轴承和轴的配合 轴公差带代号

圆柱孔轴承						
运转状态		负荷状态	深沟球轴承、调心球轴承和角接触球轴承	圆柱滚子轴承和圆锥滚子轴承	调心滚子轴承	公差带
说明	举例		轴承公称内径/mm			
旋转的内圈负荷及摆动负荷	一般通用机械、电动机、机床主轴、泵、内燃机、正齿轮传动装置、铁路机车车辆轴箱	轻负荷	≤18	—	—	h5
			>18～100	≤40	≤40	j6①
			>100～200	>40～140	>40～140	k6①
			—	>140～200	>140～200	m6①
		正常负荷	≤18	—	—	j5、js5
			>18～100	≤40	≤40	k5②
			>100～140	>40～100	>40～65	m5②
			>140～200	>100～140	>65～100	m6
			>200～280	>140～200	>100～140	n6
			—	>200～400	>140～280	p6
			—	—	>280～580	r6
		重负荷		>50～140	>50～100	n6
				>140～200	>100～140	p6③
				>200	>140～200	r6
				—	>200	r7

续表

圆柱孔轴承						
运转状态		负荷状态	深沟球轴承、调心球轴承和角接触球轴承	圆柱滚子轴承和圆锥滚子轴承	调心滚子轴承	公差带
说明	举例		轴承公称内径/mm			
固定的内圈负荷	静止轴上的各种轮子、张紧轮绳轮、振动筛、惯性振动器	所有负荷	所有尺寸			f6 g6① h6 j6
仅有轴向负荷		所有尺寸				j6、js6
圆锥孔轴承						
所有负荷	铁路机车车辆轴箱	装在退卸套上的所有尺寸				h8(IT6)④⑤
	一般机械传动	装在紧定套上的所有尺寸				h9(IT7)④⑤

注：① 凡对精度有较高要求的场合，应用j5，k5，… 代替j6，k6，…。

② 圆锥滚子轴承、角接触球轴承配合对游隙影响不大，可用k6、m6代替k5、m5。

③ 重负荷下轴承游隙应选大于0组。

④ 凡有较高精度和转速要求的场合，应选用h7(IT5)代替h8(IT6)等。

⑤ IT6、IT7表示圆柱度公差数值。

6.1.5　支承孔、轴配合表面的几何公差与表面粗糙度要求

由于滚动轴承的套圈为薄壁件，其支承轴或孔的几何误差在与轴承装配中也会复映至轴承的套圈，或直接影响装配精度，从而破坏轴承的工作精度。为此，GB/T 275对支承孔和轴的配合面及端面的几何公差做了相应的规定，如表6-5所示。

表6-5　支承轴和外壳的几何公差

公称尺寸/mm		圆柱度 t				端面圆跳动 t_1			
		轴颈		外壳孔		轴肩		外壳孔肩	
		轴承公差等级							
		0	6(6X)	0	6(6X)	0	6(6X)	0	6(6X)
超过	到	公差值/μm							
	6	2.5	1.5	4	2.5	5	3	8	5
6	10	2.5	1.5	4	2.5	6	4	10	6
10	18	3.0	2.0	5	3.0	8	5	12	8
18	30	4.0	2.5	6	4.0	10	6	15	10
30	50	4.0	2.5	7	4.0	12	8	20	12
50	80	5.0	3.0	8	5.0	15	10	25	15
80	120	6.0	4.0	10	6.0	15	10	25	15
120	180	8.0	5.0	12	8.0	20	12	30	20
180	250	10.0	7.0	14	10.0	20	12	30	20
250	315	12.0	8.0	16	12.0	25	15	40	25
315	400	13.0	9.0	18	13.0	25	15	40	25
400	500	15.0	10.0	20	15.0	25	15	40	25

支承孔、轴的配合表面粗糙度将影响与轴承配合的有效过盈量及接触精度，或多次装拆中的磨损。由于滚动轴承为高精度旋转部件，GB/T 275 对支承孔和轴的配合面及端面的表面粗糙度做了相应的规定，如表 6-6 所示。

表 6-6　支承轴和外壳的表面粗糙度

轴或轴承座直径/mm		轴或外壳配合表面直径公差等级					
		IT7		IT6		IT5	
		表面粗糙度 $Ra/\mu m$					
超过	到	磨	车	磨	车	磨	车
80	80 500	1.6	3.2	0.8 1.6	1.6 3.2	0.4 0.8	0.8 1.6
端面		3.2	6.3	3.2	6.3	1.6	3.2

6.2　键与花键结合的互换性

6.2.1　平键结合的互换性

键结合是一种可拆联结，通常用于轴和齿轮、皮带轮等安装在轴上的回转或移动零件的联结，在两联结件中键传递扭矩和运动，或作为导向件。键的主要类型有平键(square and rectangular key)、半圆键(woodruff key)和楔键(taper key)，其联结形式如图 6-6 所示。

键结合紧凑、简单、可靠、拆卸方便、容易加工，在各种机械中应用广泛。

1. 平键结合互换性的特点

实际工作中，键由其侧面来传递扭矩或导向，因此键与键槽(轴槽和毂槽)联结时，键宽和槽宽 b 是主要互换性参数。由于键的侧面同时与轴槽及轮毂槽分别形成不同性质的配合，且键为标准件，所以平键结合为基轴制配合。

通常在传递扭矩或回转运动中，为了保证键与键槽侧面接触良好且便于拆装，配合的过盈量或间隙量应小。对于导向平键联结，要求键与轮毂槽之间做相对滑移，为保证较好的导向性，配合的间隙也要适当。此外，键和键槽的几何误差也会影响联结质量，应加以控制。

2. 平键结合的极限与配合

在考虑键联结的上述互换性特点的基础上，国家标准 GB/T 1095、GB/1096 分别对普通平键与键槽规定了松联结、正常联结和紧密联结三类配合，表 6-7 所示的是三类配合的公差带代号及适用范围。图 6-7 所示的为三类配合的公差带图。

表 6-7　平键联结的公差带

配合类型	键宽与槽宽 b 的公差带			适用范围
	键	轴槽	毂槽	
松联结	h8	H9	D10	导向联结
正常联结		N9	JS9	一般机械
紧密联结		P9		载荷大、冲击载荷、双向扭矩等

由图 6-7 所示公差带图可见，在松联结中，键与轴槽为间隙配合，但由于几何误差等的影

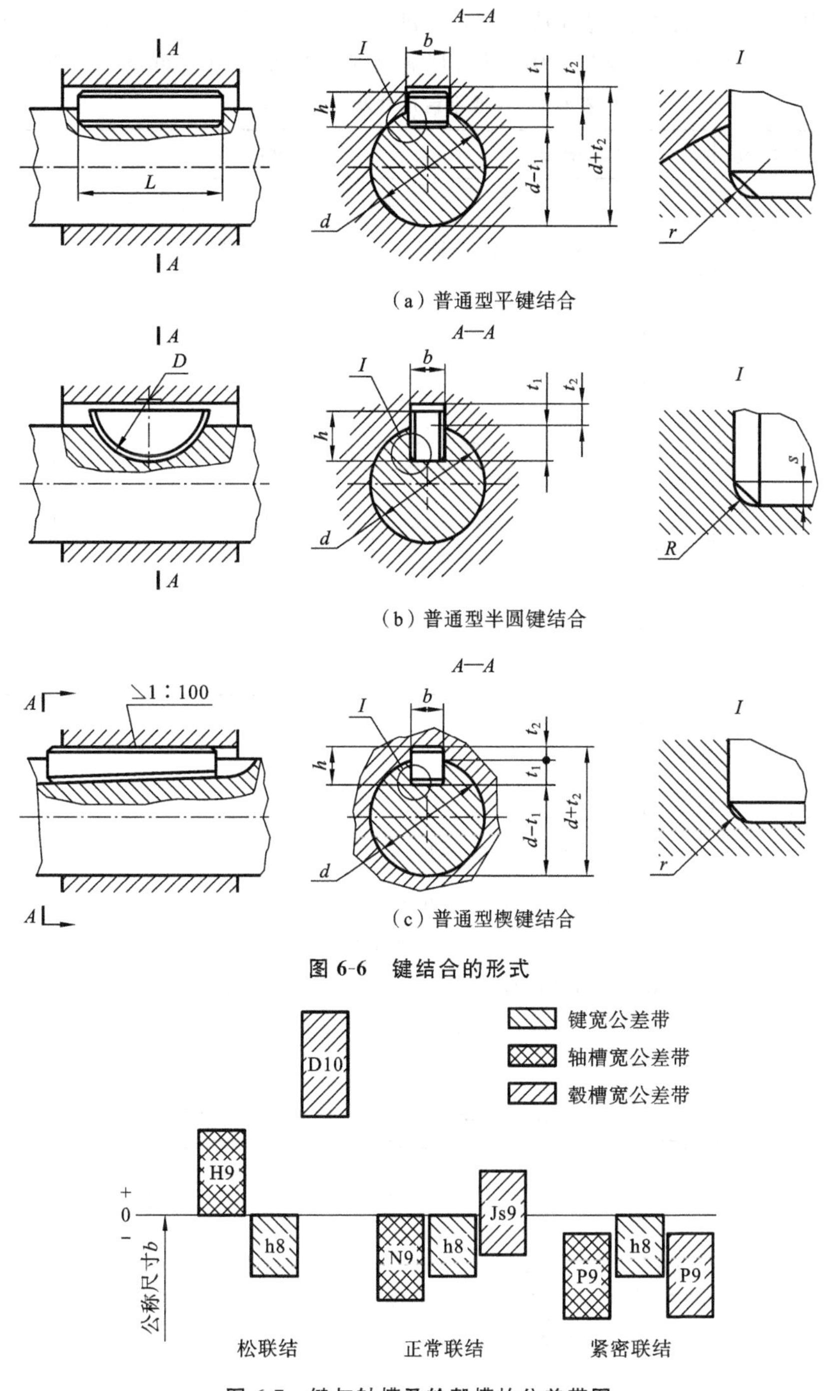

图 6-6　键结合的形式

图 6-7　键与轴槽及轮毂槽的公差带图

响，二者一般固定不动；而键与轮毂槽的配合为较大的间隙配合，二者结合后可以相对滑移，所以用在导向联结。在正常联结中，键与轴槽和轮毂槽均为过渡配合，但处于平均为间隙或小过盈配合状态，在几何误差等的影响下轴与二者均固定结合，用于正常承载情况下的一般机械；同时键与轮毂槽配合稍松，可方便轮毂的装配。在紧密联结中，尽管键与轴槽和轮毂槽均为过渡配合，但处于平均为稍大的过盈配合状态，轴与二者联结均紧密固定，用于大负荷或承载突变的场合。

键联结的主要互换性参数键宽及槽宽 b 和键长及槽长 L 的公差及极限偏差数值均可分别从第 3 章的表 3-4、表 3-7 和表 3-8 中查得;其他尺寸及其极限偏差如表 6-8 所示。

表 6-8　普通平键尺寸及极限偏差[①]　　(mm)

直径	键宽、高	键及轴槽长			键槽深度				槽底角半径	
d	$b\times h$	L[②]	公差带		轴 t_1		轮毂 t_2		r	
			键	轴槽	公称尺寸	极限偏差	公称尺寸	极限偏差	min	max
>22～30	8×7	18～80	h14	H14	4.0	+0.2 0	3.3	+0.2 0	0.16	0.25
>30～38	10×8	22～110			5.0		3.3		0.25	0.4
>38～44	12×8	28～125			5.0		3.3			
>44～50	14×9	36～160			5.5		3.8			
>50～58	16×10	45～180			6.0		4.3			
>58～65	18×11	50～200			7.0		4.4			
>65～75	20×12	56～220			7.5		4.9		0.40	0.60
>75～85	22×14	63～250			9.0		5.4			
>85～95	25×14	70～280			9.0		5.4			
>95～110	28×16	80～320			10.0		6.4			

注:① 摘自 GB/T 1095、GB/T 1096;

② L 的尺寸系列详见 GB/T 1096。

普通平键的标记格式为

标准代号 键 型式代号 $b\times h\times L$

普通平键的形式分为 A、B、C 三种型式(见图 6-8),标记时 A 型可缺省。如:"GB/T 1096 键 16×10×100 "表示按国家标准 GB/T 1096 规定的 A 型普通平键,其键宽 b=16 mm,键高 h=10 mm,键长 L=100 mm;"GB/T 1096 键 B 16×10×100"表示按国家标准 GB/T 1096 规定的 B 型普通平键,其键宽 b=16 mm,键高 h=10 mm,键长 L=100 mm。

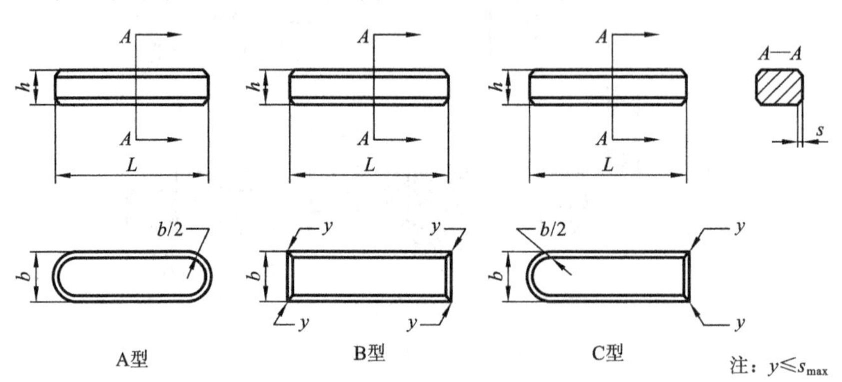

图 6-8　普通平键的形式

6.2.2　花键结合的互换性

1. 花键结合及特点

花键(spline)结合是具有多个均布键的花键轴(外花键)与具有多个相应均布键槽的花键孔(内花键)构成的结合。花键结合的类型较多,按键廓形状,可分为矩形花键、渐开线花键和三角形花键。由于花键结合是多键结合，因而具有能传递较大的扭矩、定心精度高、导向性好、联结可靠等特点，广泛应用于机床、汽车、拖拉机、工程机械及矿山机械中。

2. 矩形花键结合

矩形花键(straight-sided spline)在各种机械中应用最多，特别适用于传递扭矩不大，而精度要求较高的场合。国家标准 GB/T 1144《矩形花键尺寸、公差和检验》对花键结合的互换性作了规定。该标准规定矩形花键结合的键数 N 为 6、8、10 等三种；按传递扭矩大小，矩形花键结合分为轻、中等两个系列，轻系列比中系列的键高尺寸小，承载能力相对低些。图 6-9 所示的为矩形花键的公称尺寸图，图中 D 称为外花键和内花键的大径，d 称为小径，B 称为键宽(花键和键槽)。表 6-9 所示的是花键结合的公称尺寸系列。

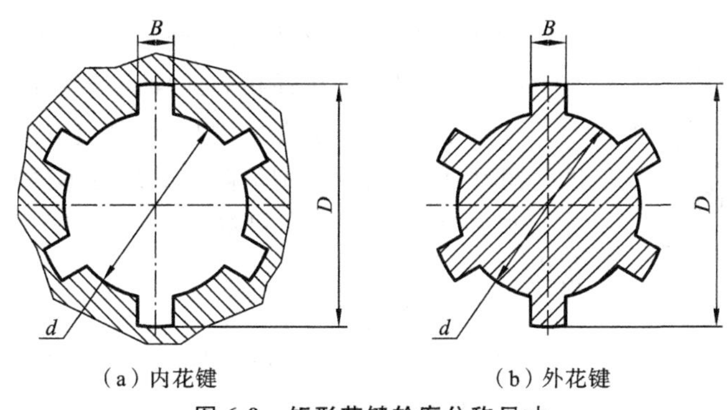

(a) 内花键　　(b) 外花键

图 6-9　矩形花键轮廓公称尺寸

表 6-9　矩形花键的公称尺寸系列　　(mm)

小径 d	轻系列				中系列			
	规格 $N\times d\times D\times B$	键数 N	大径 D	键宽 B	规格 $N\times d\times D\times B$	键数 N	大径 D	键宽 B
11	—	—	—	—	6×23×14×3	6	14	3
13					6×23×16×3.5		16	3.5
16					6×23×20×4		20	4
18					6×23×22×5		22	5
21					6×23×25×5		25	
23	6×23×26×6	6	26	6	6×23×28×6		28	6
26	6×26×30×6		30		6×23×32×6		32	
28	6×28×32×7		32	7	6×23×34×7		34	7
32	6×32×36×6		36	6	8×23×38×6	8	38	6
36	8×36×40×7	8	40	7	8×23×42×7		42	7
42	8×42×46×8		46	8	8×23×48×8		48	8
46	8×46×50×9		50	9	8×23×54×9		54	9
52	8×52×58×10		58	10	8×23×60×10		60	10
56	8×56×62×10		62		8×23×65×10		65	
62	8×62×68×12		68	12	8×23×72×12		72	12
72	10×72×78×12	10	78		10×23×82×12	10	82	
82	10×82×88×12		88		10×23×92×12		92	
92	10×92×98×14		98	14	10×23×102×14		102	14
102	10×102×108×16		108	16	10×23×112×16		112	16
112	10×112×120×18		120	18	10×23×125×18		125	18

3. 矩形花键结合的互换性

1) 矩形花键的定心方式

矩形花键结合涉及大径 D、小径 d 和键(槽)宽 B 三个主要的互换性参数,即在内、外花键结合时,共有三组结合面,即内、外大径圆柱面、小径圆柱面,以及各键和键槽的侧面。实际结合时,三组结合面中只能以一组面为主来确定内、外花键的中心,否则将过定位。因而,花键结合中需确定配合的定心方式,即在 D、d、和 B 三参数中确定一个参数为定心参数,并以该参数来确定配合性质。

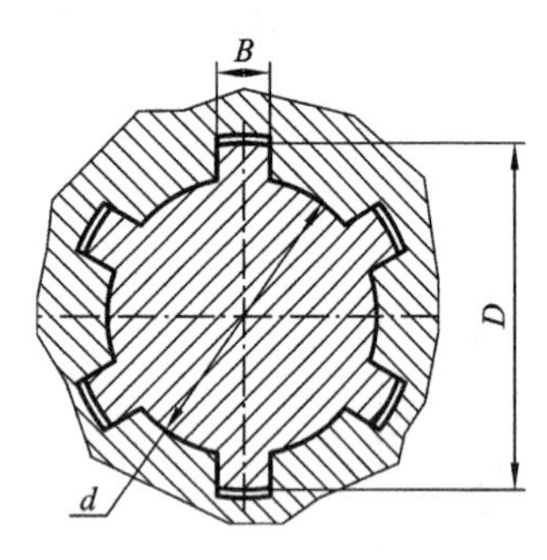

图 6-10 矩形花键定心方式

GB/T 1144 规定矩形花键以小径 d 定心,如图 6-10 所示。这样,对定心直径即小径 d 有较高的精度要求;对非定心直径即大径 D 要求较低,且有较大的间隙;而其键宽及槽宽 B,必须有足够的精度,以保证传递扭矩或导向的功能。

采用小径定心,能在花键孔、轴经过必要的热处理以提高硬度与耐磨性后,再用磨削消除热处理变形,使定心直径的尺寸和几何误差大大减小,并提高表面粗糙度质量,从而获得较高精度。

2) 矩形花键的尺寸公差与配合

GB/T 1144 规定了矩形花键的公差带,如表 6-10 所示。

表 6-10 矩形内外花键的尺寸公差带

内花键				外花键			装配型式
d	D	B		d	D	B	
		拉削后不热处理	拉削后热处理				
一般用							
H7	H10	H9	H11	f7	a11	d10	滑动
				g7		f9	紧滑动
				h7		h10	固定
精密传动用							
H5	H10	H7、H9		f5	a11	d8	滑动
				g5		f7	紧滑动
				h5		h8	固定
H6				f6		d8	滑动
				g6		f7	紧滑动
				h6		h8	固定

注:① 精密传动的内花键,当需要控制键侧配合间隙时,槽宽可选 H7;一般情况下可选 H9。

② d 为 H6 和 H7 的内花键,允许与提高一级的外花键配合。

由表 6-10 可知,GB/T 1144 根据使用要求将花键结合分为一般用和精密传动用等两类。定心精度要求高或传递扭矩较大时,小径 d 选用较高的公差等级;精密传动类多用于机床变速箱中,一般类多用于传递扭矩较大的汽车、拖拉机中。

同时，由表 6-10 可知，矩形花键各参数均采用基孔制配合，这样可以减少加工和检验内花键时的定值刀(拉刀)、量具(量规)的规格和数量；针对不同的应用场合的需求，在每类结合中分别按滑动、紧滑动和固定三种联结方式规定了内、外花键相应参数的公差带。尽管三种联结方式所规定的尺寸公差带均为间隙配合，但受几何误差的影响，花键孔、轴实际结合时将变紧。联结方式选用中，当花键孔在花键轴上无轴向移动要求，而传递扭矩较大时，选用固定联结；当花键孔在花键轴上有轴向移动要求时，可选用紧滑动联结；当移动频率高且移动距离长时，应选用滑动联结。

3) 矩形花键的几何公差及表面粗糙度要求

(1) 几何公差要求。

矩形花键孔、轴结合时多个表面共同作用，且键的长宽比大，因而几何误差对结合的影响较大，应加以控制。

在批量生产用综合检验法时，通常通过规定位置度公差来控制内、外花键的分度误差(见图 6-11)，表 6-11 所示的是位置度公差值。

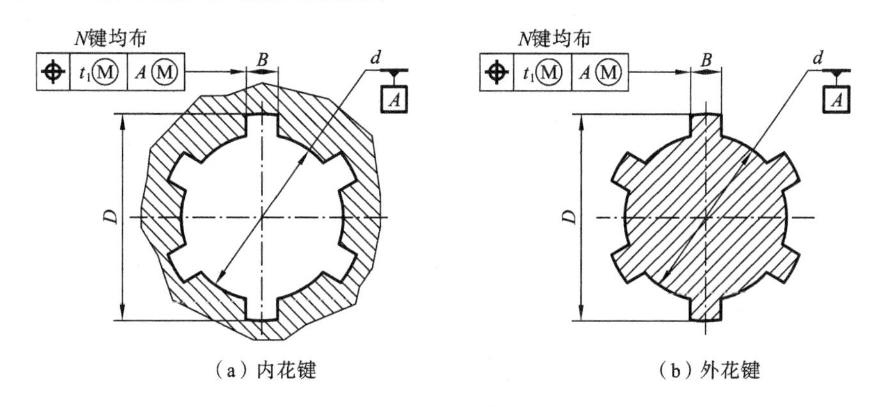

(a) 内花键　　(b) 外花键

图 6-11　矩形花键位置度公差标注

表 6-11　矩形花键及键槽位置度公差　　(mm)

键宽或键槽宽 B			3	3.5～6	7～10	12～18
t_1	键槽宽		0.010	0.015	0.020	0.025
	键宽	滑动、固定	0.010	0.015	0.020	0.025
		紧滑动	0.006	0.010	0.013	0.016

当单件小批零生产且没有花键专用综合量规时，可规定对称度公差(见图 6-12)和等分度公差，以便做单项测量，表 6-12 所示的是对称度公差值(等分度公差值与其相同)。

表 6-12　矩形花键及键槽对称度公差　　(mm)

键宽或键槽宽 B		3	3.5～6	7～10	12～18
t_2	一般用	0.010	0.012	0.015	0.018
	精密传动用	0.006	0.008	0.009	0.011

对于较长花键，可根据产品的性能自行规定键侧对轴线的平行度公差。

(2) 表面粗糙度要求。

矩形花键各结合表面的表面粗糙度要求如表 6-13 所示。

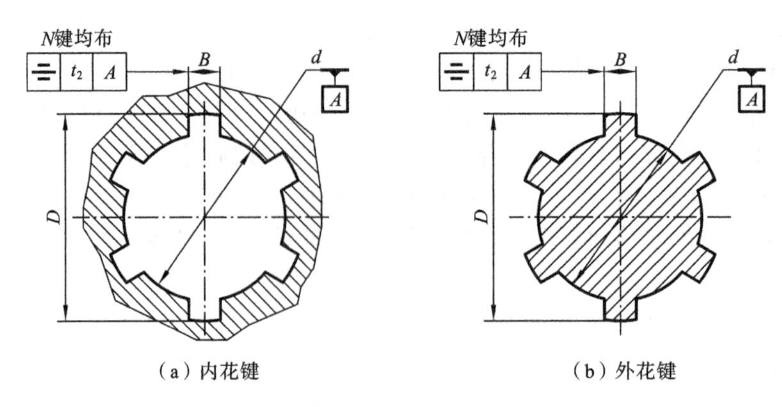

(a) 内花键　　　(b) 外花键

图 6-12　矩形花键对称度公差标注

表 6-13　矩形花键表面粗糙度推荐值

加工表面		内花键	外花键
Ra 不大于 /μm	大径	6.3	3.2
	小径	0.8	0.8
	键侧	3.2	0.8

4. 矩形花键的标注

矩形花键在图样上的标注格式为

键数×小径及其公差×大径及其公差×键(槽)宽及其公差

标注示例如图 6-13 所示。

在图 6-13(a)所示装配图上，$6\times23\ \frac{H7}{f7}\times26\ \frac{H10}{a11}\times6\ \frac{H11}{d10}$表示矩形花键的键数为 6，小径尺寸及配合代号为 $\phi23\ \frac{H7}{f7}$，大径尺寸及配合代号为 $\phi26\ \frac{H10}{a11}$，键(槽)宽尺寸及配合代号为 $\phi6\ \frac{H11}{d10}$。由表 6-10 可知，这是一般用途滑动矩形花键联结。

在图 6-13(b)所示零件图上，内花键标注为 6×23H7×26H10×6H11，外花键标注为 6×23f7×26a11×6d10；也可直接标注各参数的公称尺寸和上、下极限偏差，如图 6-13(c)所示。

5. 矩形花键的检测

花键检测方法一般有单项检测法和综合检测法等两种。

(1) 单项检测法　可用通用测量器具分别测量花键的各项尺寸和几何误差。例如，用千分尺等测量 D、d、B 的实际尺寸，用光学分度头测量等分累积误差等，然后将两类测量结果综合，以判断花键各单项要素是否超越最大理想边界，用测得各单项要素的实际尺寸判断其是否超越最小实体尺寸。这种方法多用于单件、小批生产，或用于单项要素加工质量的工艺分析。

(2) 综合检测法　可用专用的花键综合量规及单项量规来验收花键。对于内花键，用内花键综合通规同时检验实际内花键 $d_{\min}$、$D_{\max}$、$B_{\min}$ 及大径对小径的同轴度，用单项检测法检验等分度、对称度以代替位置度检查，并用单项止规(或其他量具)分别检查 $d_{\max}$、$D_{\max}$、$B_{\max}$。对于外花键，用外花键综合通规同时检验 $d_{\max}$、$D_{\min}$、$B_{\max}$ 及大径对小径的同轴度，用单项检测法检验等分度、对称度以代替位置度检查，并用单项止规(或其他量具)分别检查 $d_{\max}$、$D_{\max}$、$B_{\max}$。综合检验法适用于成批生产的成品检验。

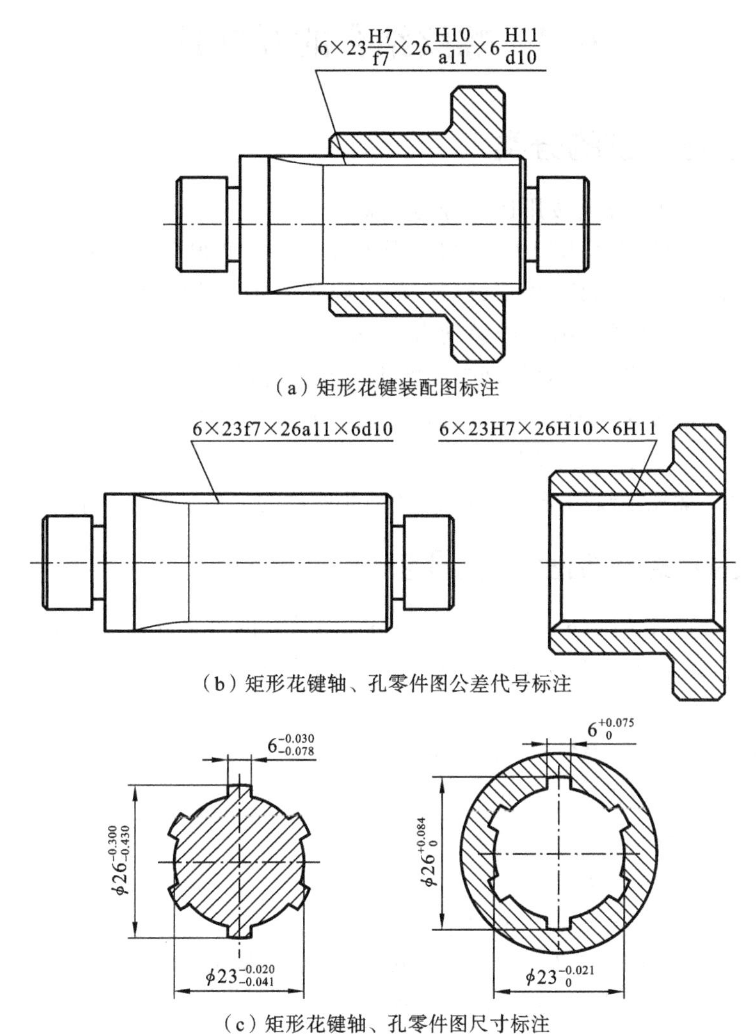

(a) 矩形花键装配图标注

(b) 矩形花键轴、孔零件图公差代号标注

(c) 矩形花键轴、孔零件图尺寸标注

图 6-13 矩形花键图样标注示例

花键综合量规的结构形式如图 6-14 所示。

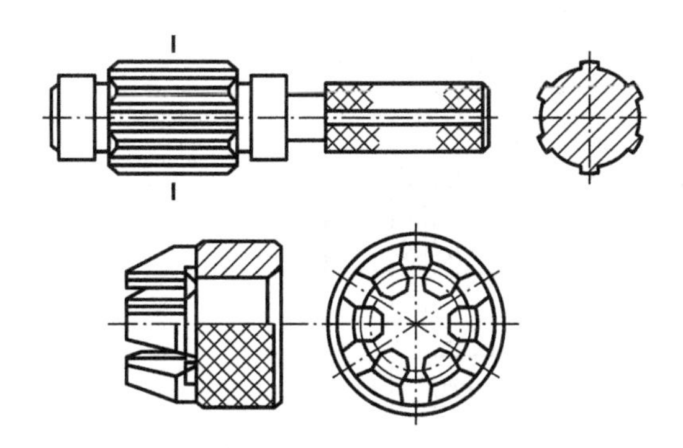

图 6-14 矩形花键综合量规结构示例

6.3 螺纹结合的互换性

6.3.1 普通螺纹的分类

在工程应用中常用的螺纹按用途可分为三类。

(1) 紧固螺纹　紧固螺纹用于联结和紧固零件。其类型很多,使用要求也有所不同。对普通紧固螺纹的主要要求是,内、外螺纹联结的可旋合性和联结可靠性。

(2) 传动螺纹　传动螺纹用于传递动力、运动或位移,例如,丝杠和测微螺纹。这类螺纹的牙型有梯形、矩形和三角形。对传动螺纹的主要要求是,传动准确、可靠,螺牙接触良好及耐磨等。特别是对丝杠,要求传动比恒定,且在全长上的累积误差小。对测微螺纹,特别要求传递运动准确,且由间隙引起的空程误差小。

(3) 紧密螺纹　紧密螺纹用于密封联结。对这类螺纹的主要要求是,不能有气、液体的泄漏。

6.3.2 普通螺纹结合的主要参数

普通螺纹(general purpose metric screw thread)结合的主要几何参数如图6-15所示。图中粗实线为螺纹轮廓的基本牙型(basic profile),其各参数代号如下。

P—— 螺距(pitch)。

D、d——内、外螺纹的大径(major diameter)。

D_1、d_1——内、外螺纹的小径(minor diameter)。

D_2、d_2——内、外螺纹的中径(pitch diameter)。

α——牙型角(thread angle)。

$\alpha/2$——牙型半角(half of thread angle)。

H——牙型原始三角形的高度(fundamental triangle height)。

此外,螺纹联结的主要几何参数还有旋合长度(length of thread engagement),如图6-16所示。

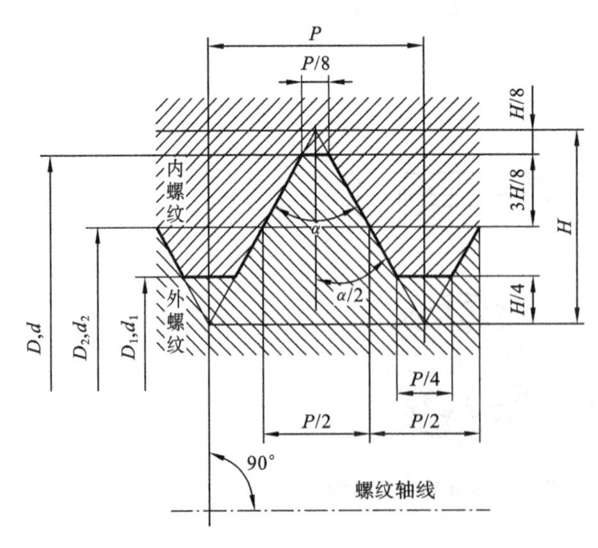

图6-15　普通螺纹的主要几何参数

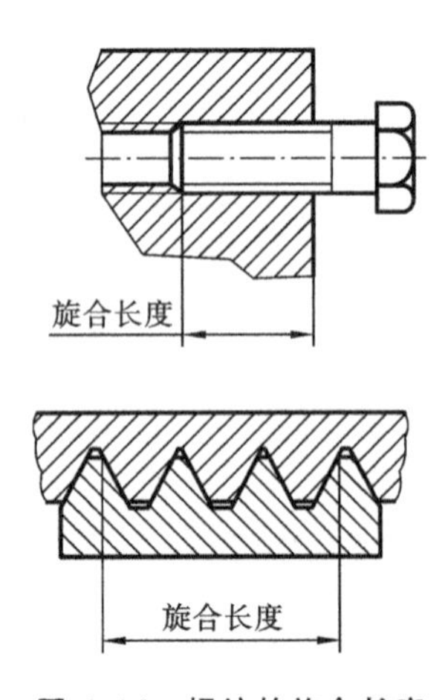

图6-16　螺纹的旋合长度

上述参数中，内螺纹大径 D 和外螺纹小径 d_1 又称为底径（或根径，root diameter）；内螺纹小径 D_1 和外螺纹大径 d 又称为顶径（crest diameter）。螺纹的中径 D_2、d_2 是螺纹的一个假想圆柱体的直径，该圆柱体的母线通过牙型上的沟槽与凸起宽度相等的地方；普通螺纹理论牙型角 $\alpha=60°$、牙型半角 $\alpha/2=30°$，牙侧与螺纹轴线的垂线间的夹角称为牙侧角（flank angle）。

GB/T 196 对普通螺纹的尺寸作了规定，表 6-14 列出部分螺纹的主要几何参数的公称尺寸。

表 6-14　部分普通螺纹的公称尺寸　(mm)

公称直径 D、d（大径）	直径系列	螺距 P		中径 D_2、d_2	小径 D_1、d_1
16	第一系列	粗牙	2	14.701	13.835
		细牙	1.5	15.026	14.376
			1	15.350	14.917
17	第三系列	细牙	1.5	16.026	15.376
			1	16.350	15.917
18	第二系列	粗牙	2.5	16.376	15.294
		细牙	2	16.701	15.835
			1.5	17.026	16.376
			1	17.350	16.917
20	第一系列	粗牙	2.5	18.376	17.294
		细牙	2	18.701	17.835
			1.5	19.026	18.376
			1	19.350	18.917
22	第二系列	粗牙	2.5	20.376	19.294
		细牙	2	20.701	19.835
			1.5	21.026	20.376
			1	21.350	20.917
24	第一系列	粗牙	3	22.051	20.752
		细牙	2	22.701	21.835
			1.5	23.026	22.376
			1	23.350	22.917
25	第三系列	粗牙	2	23.701	22.835
		细牙	1.5	24.026	23.376
			1	24.350	23.917

6.3.3　普通螺纹的公差与配合

1. 普通螺纹几何参数误差对使用性能的影响

由图 6-15 可知，普通螺纹是由多个几何要素构成的较复杂的形体，因而螺纹结合涉及的几何参数很多，这些参数的误差将不同程度地影响螺纹的可旋合性和联结的可靠性这两方面的使用要求。例如，外螺纹中径 d_2 过大或内螺纹中径 D_2 过小、外螺纹大径 d（顶径）过大或内螺纹大径 D（底径）过小、外螺纹小径的 d_1（底径）过大或内螺纹小径 D_1（顶径）过小等情况，均会使内、外螺纹的可旋合性变差;反之,外螺纹中径 d_2 过小或内螺纹中径 D_2 过大、外螺纹大径 d(顶径)过小或内螺纹小径 D_1(顶径)过大等情况,又会使内、外螺纹接触区域减小,联结可靠性变差。另外,螺距 P 的误差和牙型角 α 的误差也都会影响内、外螺纹的可旋合性或联结可靠性。

2. 普通螺纹的公差与配合

根据普通螺纹的使用要求及螺纹各几何参数对使用性能的影响,GB/T 197 规范了普通螺纹的大径、小径及中径的公差与配合,包括规定了顶径(D_1、d)及中径(D_2、d_2)的公差带(大小及位置)和结合的旋合长度,并根据使用的不同精度要求做了公差带选用及内、外螺纹配合的推荐,以及对螺纹的标记方法做了规定等;对底径(D、d_1)只规定了基本偏差(公差带的位置),并规定内、外螺纹牙底实际轮廓上的各点不应超越按基本牙型和极限偏差所确定的最大实体牙型,即未做公差带大小的要求,仅考虑在内、外螺纹结合的螺牙根部保留适当的间隙。

1) 普通螺纹的公差值(公差带大小)

国家标准 GB/T 197 对普通螺纹顶径和中径规定了公差等级,如表 6-15 所示。中径和顶径公差值分别如表 6-16 和表 6-17 所示。

表 6-15　普通螺纹公差等级

螺纹直径		公差等级
顶径	内螺纹小径　D_1	4、5、6、7、8
	外螺纹大径　d	4、6、8
中径	内螺纹中径　D_2	4、5、6、7、8
	外螺纹中径　d_2	3、4、5、6、7、8、9

表 6-16　部分普通螺纹中径公差(T_{d_2}、T_{D_2})　(μm)

公称直径 D、d/mm		螺距 P/mm	外螺纹中径公差 T_{d_2}							内螺纹中径公差 T_{D_2}				
			公差等级							公差等级				
大于	至		3	4	5	6	7	8	9	4	5	6	7	8
11.2	22.4	1	60	75	95	118	150	190	236	100	125	160	200	250
		1.25	67	85	106	132	170	212	265	112	140	180	224	280
		1.5	71	90	112	140	180	224	280	118	150	190	236	300
		1.75	75	95	118	150	190	236	300	125	160	200	250	315
		2	80	100	125	160	200	250	315	132	170	212	265	335
		2.5	85	106	132	170	212	265	335	140	180	224	280	355
22.4	45	1	63	80	100	125	160	200	250	106	132	170	212	—
		1.5	75	95	118	150	190	236	300	125	160	200	250	315
		2	85	106	132	170	212	265	335	140	180	224	280	355
		3	100	125	160	200	250	315	400	170	212	265	335	425
		3.5	106	132	170	212	265	335	425	180	224	280	355	450
		4	112	140	180	224	280	355	450	190	236	300	375	475
		4.5	118	150	190	236	300	375	475	200	250	315	400	500

表 6-17　部分普通螺纹顶径公差(T_d、T_{D_1})　(μm)

螺距 P /mm	外螺纹大径公差 T_d			内螺纹小径公差 T_{D_1}				
	公差等级			公差等级				
	4	6	8	4	5	6	7	8
0.5	67	106	—	90	112	140	180	—
0.6	80	125	—	100	125	160	200	—
0.7	90	140	—	112	140	180	224	—
0.75	90	140	—	118	150	190	236	—
0.8	95	150	236	125	160	200	250	315
1	112	180	280	150	190	236	300	375
1.25	132	212	335	170	212	265	335	425
1.5	150	236	375	190	236	300	375	475
1.75	170	265	425	212	265	335	425	530
2	180	280	450	236	300	375	475	600
2.5	212	335	530	280	355	450	560	710
3	236	375	600	315	400	500	630	800

2) 普通螺纹的基本偏差(公差带位置)

(1) 普通螺纹各直径的基本偏差。

国家标准GB/T 197对普通螺纹的顶径、中径及底径均规定了极限偏差。其中,对内螺纹所有直径规定的基本偏差均为下偏差EI,代号为:H和G两种(公差带位置);对外螺纹所有直径规定的基本偏差均为上偏差es,代号为:e、f、g和h共四种(公差带位置)。GB/T 197对各基本偏差代号规定了相应的基本偏差数值,如表6-18所示。

表 6-18　部分内、外螺纹大径、中径及小径的基本偏差数值

螺距 P /mm	基本偏差/μm					
	内螺纹下偏差 EI		外螺纹上偏差 es			
	G	H	e	f	g	h
0.5	+20	0	−50	−36	−20	0
0.6	+21		−53	−36	−21	
0.7	+22		−56	−38	−22	
0.75	+22		−56	−38	−22	
0.8	+24		−60	−38	−24	
1	+26		−60	−40	−26	
1.25	+28		−63	−42	−28	
1.5	+32		−67	−45	−32	
1.75	+34		−71	−48	−34	
2	+38		−71	−52	−38	
2.5	+42		−80	−58	−42	
3	+48		−85	−63	−48	

(2) 普通螺纹公差带位置的特点。

普通内、外螺纹公差带的配置分别如图 6-17 和图 6-18 所示。由图可见,普通螺纹的公差带沿基本牙型的牙顶、牙侧和牙底连续分布;公差带以相应直径的基本牙型线为零线配置,且内螺纹公差带均配置于零线上方,外螺纹公差带配置在零线下方;内、外螺纹基本偏差代号的规定与第 3 章中光滑圆柱体极限与配合标准中的规定类似,但基本偏差数值由螺纹标准规定;螺纹各直径的基本偏差值及公差值均在垂直于螺纹轴线的方向计量。

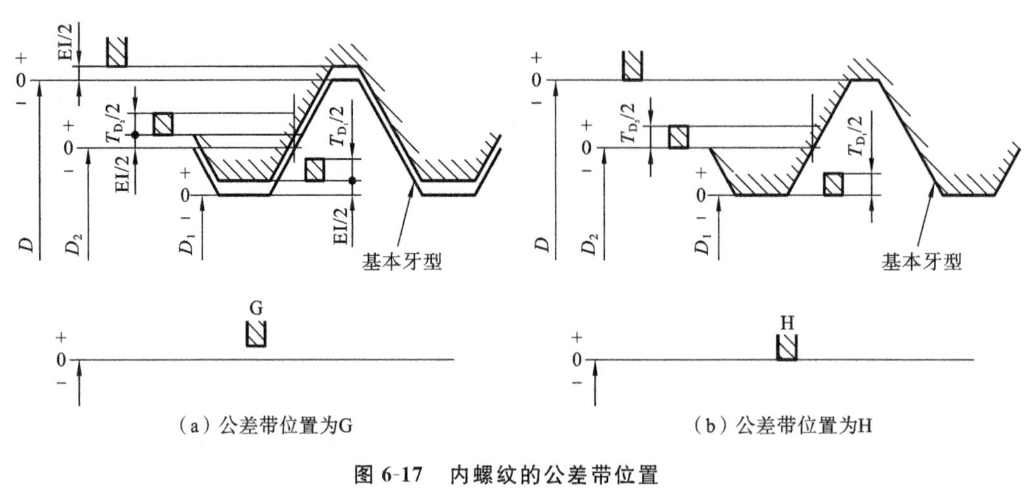

图 6-17 内螺纹的公差带位置

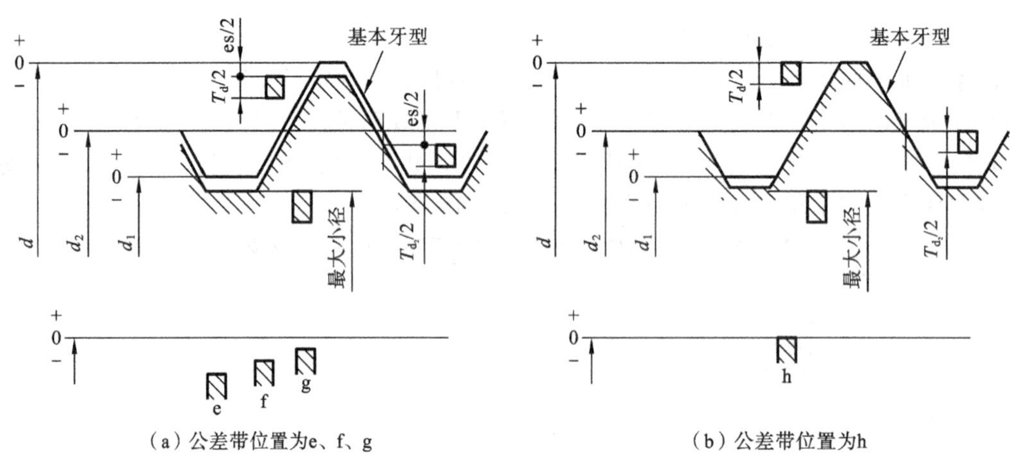

图 6-18 外螺纹的公差带位置

3) 普通螺纹结合的旋合长度

螺纹的螺距误差及牙型角误差都将影响螺纹的可旋合性和联结可靠性,一般而言,旋合长度越长,影响越大。但普通螺纹国家标准 GB/T 197 没有单独规定螺距及牙型角的公差,而在螺纹直径公差的选用中考虑了旋合长度的影响,并将旋合长度分为三组,分别为:短旋合长度组,记为 S;中等旋合长度组,记为 N;长旋合长度组,记为 L。各组的长度范围如表 6-19 所示。实际选用旋合长度时,一般用 N 组,当结构或强度有特殊要求时考虑选用 S 或 L 组。

4) 普通螺纹的配合及选用

(1) 螺纹结合的精度分级。

普通螺纹结合的精度分为三级:精密级、中等级和粗糙级。精密级用于精密螺纹;中等级用于一般用途螺纹;粗糙级用于制造螺纹有困难的场合,例如,在热轧棒料上或深盲孔内加工螺纹。

表 6-19　部分普通螺纹的旋合长度　　(mm)

基本大径 D、d		螺距 P	旋合长度			
			S	N		L
>	≤		≤	>	≤	>
11.2	22.4	1	3.8	3.8	11	11
		1.25	4.5	4.5	13	13
		1.5	5.6	5.6	16	16
		1.75	6	6	18	18
		2	8	8	24	24
		2.5	10	10	30	30
22.4	45	1	4	4	12	12
		1.5	6.3	6.3	19	19
		2	8.5	8.5	25	25
		3	12	12	36	36
		3.5	15	15	45	45
		4	18	18	53	53
		4.5	21	21	63	63

(2) 推荐公差带及选用原则。

为了满足并规范普通螺纹配合的使用需求，国家标准 GB/T 197 根据使用的不同精度要求，并按不同的旋合长度，分别推荐了内、外螺纹的公差带，如表 6-20、表 6-21 所示。

表 6-20　内螺纹的推荐公差带

螺纹精度	公差带位置 G			公差带位置 H		
	S	N	L	S	N	L
精密	—	—	—	4H	5H	6H
中等	(5G)	**6G**	(7G)	**5H**	**6H**	**7H**
粗糙	—	(7G)	(8G)	—	7H	8H

表 6-21　外螺纹的推荐公差带

螺纹精度	公差带位置 e			公差带位置 f			公差带位置 g			公差带位置 h		
	S	N	L	S	N	L	S	N	L	S	N	L
精密	—	—	—	—	—	—	—	(4g)	(5g4g)	(3h4h)	**4h**	(5h4h)
中等	—	**6e**	(7e6e)		**6f**	—	(5g6g)	**6g**	(7g6g)	(5h6h)	6h	(7h6h)
粗糙	—	(8e)	(9e8e)	—	—	—		8g	(9g8g)	—	—	—

公差带的选用原则：宜优先选用表 6-20、表 6-21 所示公差带，除特殊情况外，其他公差带不宜选用；公差带选用顺序为：表列粗字体公差带、一般字体公差带、括号内公差带；带方框的粗字体公差带用于大量生产的紧固螺纹；在旋合长度的实际值未知时，推荐按中等旋合长度 N 选用螺纹公差带；如无其他说明，推荐公差带适用于涂镀前的螺纹或薄涂镀层的螺纹。

(3) 内、外螺纹的配合。

由前述内、外螺纹基本偏差的规定和推荐的公差带可知,普通螺纹结合均为间隙配合。理论上,由表 6-20、表 6-21 所示内、外螺纹的推荐公差带可以形成任意组合的配合。但是,为了保证内、外螺纹间有足够的螺纹接触高度,推荐完工后的螺纹零件宜优先组成 H/g、H/h 或 G/h 的配合。对公称直径小于或等于 1.4 mm 的螺纹,应选用 5H/6h、4H/6h 或更精密的配合。

6.3.4 普通螺纹的标记

完整的螺纹标记由螺纹特征代号、尺寸代号、公差带代号及其他有必要做进一步说明的个别信息组成。图 6-19 所示的是普通螺纹标记示例,以及给出标记的规定及解释。

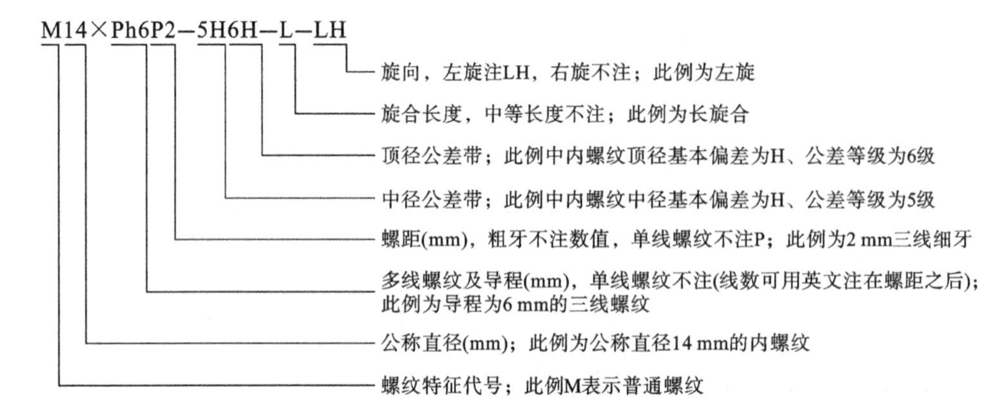

图 6-19　普通螺纹标记规定示例

除上例中的解释的规定外,在螺纹中径和顶径公差带的标记中还规定:① 若中径公差带代号与顶径公差带代号相同,则只标一种代号;② 对下列情况的中等精度螺纹可不注公差代号:对于内螺纹,公称直径小于或等于 1.4 mm、公差代号为 5H,以及公称直径大于 1.6 mm、公差代号为 6H 的内螺纹可不注公差代号;对于外螺纹,公称直径小于或等于 1.4 mm、公差代号为 6h,以及公称直径大于 1.6 mm、公差代号为 6g 的外螺纹可不注公差代号;③ 表示内、外螺纹配合时,内螺纹公差带代号在前,外螺纹公差带代号在后,二者用"/"号分开。

以下举螺纹标记示例并按标记顺序做相应解释。

① M10×1—5g6g——普通螺纹;公称直径为 10 mm、单线,细牙、螺距为 1 mm;中径公差等级为 5 级、基本偏差代号为 g,顶径公差等级为 6 级、基本偏差代号为 g,外螺纹;中等旋合长度;右旋。

② M16-6H—S—LH——普通螺纹;公称直径为 16 mm、单线,粗牙、螺距为 2 mm;中径和顶径公差等级均为 6 级、基本偏差代号均为 H,内螺纹;短旋合长度;左旋。

③ M20×2—6H/5g6g——普通内、外螺纹组成的配合;公称直径为 20 mm、单线,细牙、螺距为 2 mm;对于内螺纹,中径和顶径公差等级均为 6 级、基本偏差代号均为 H;对于外螺纹,中径公差等级为 5 级、基本偏差代号为 g,顶径公差等级为 6 级、基本偏差代号为 g;中等旋合长度;右旋。

6.3.5 螺纹的作用中径及中径的合格性判断

1. 螺纹的作用中径和单一中径

普通螺纹结合时,牙顶和牙根部分留有较大间隙,其主要靠内、外螺纹的螺牙侧面来实现联结功能。若是理想内、外螺纹相互结合，它们的螺牙侧面应该相互贴合。由于制造误差，如中径误差、螺距误差和牙型角误差的存在，实际螺牙侧面会在径向、轴向偏离理论牙型位置，或相对理论牙型偏转，从而共同影响相互结合内、外螺纹的可旋合性及联结可靠性。

1) 作用中径

根据螺纹中径的定义，处于理想状态下的中径为理想中径 d_2、D_2，而在螺纹制成后的实际状态下的中径称为实际中径 d_{2s}、D_{2s}。

作用中径(virtual pitch diameter)是指在规定的旋合长度内，恰好包容实际螺纹的一个假想螺纹的中径，这个假想螺纹具有理想的螺距、半角及牙型高度，并在牙顶处留有间隙，以保证包容时不与实际螺纹的大、小径发生干涉。内、外螺纹的作用中径分别用 D_{2m}、d_{2m} 表示。

当螺纹没有螺距误差和牙型角误差时，螺纹的作用中径即为其实际中径，即

$$d_{2m}=d_{2s},\quad D_{2m}=D_{2s} \tag{6-3}$$

图 6-20 所示的为某无螺距误差和半角误差的实际外螺纹作用中径示意。

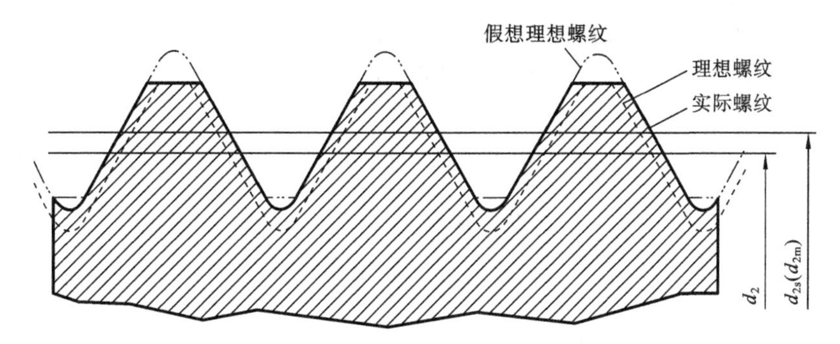

图 6-20 无螺距和半角误差时的作用中径

当螺纹有螺距误差、没有牙型角误差时，螺纹的作用中径不等于实际中径。对于外螺纹，如图 6-21 所示，实际外螺纹作用中径比实际中径大，即

$$d_{2m}=d_2+f_P=d_2+1.732|\Delta P_\Sigma| \tag{6-4}$$

式中：f_P——螺距误差的中径当量(mm)；

ΔP_Σ——螺距累积误差(mm)。

同理，内螺纹的作用中径比实际中径小，即

$$D_{2m}=D_2-f_P=D_2-1.732|\Delta P_\Sigma| \tag{6-5}$$

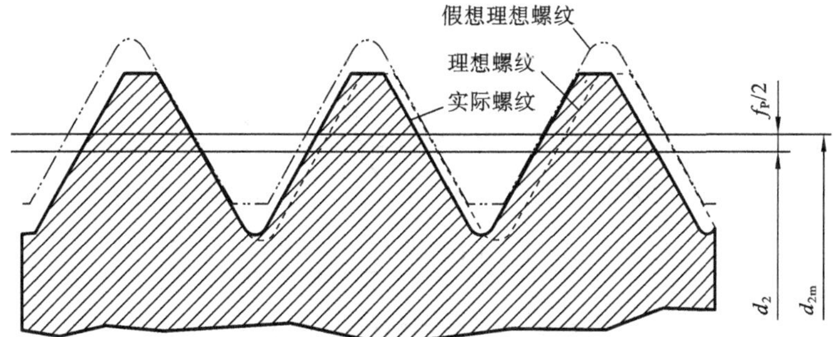

图 6-21 有螺距误差、无半角误差时的作用中径

当螺纹有牙型角误差、没有螺距误差时，螺纹的作用中径也不等于实际中径。对于外螺纹，如图 6-22 所示，实际外螺纹作用中径比实际中径大，即

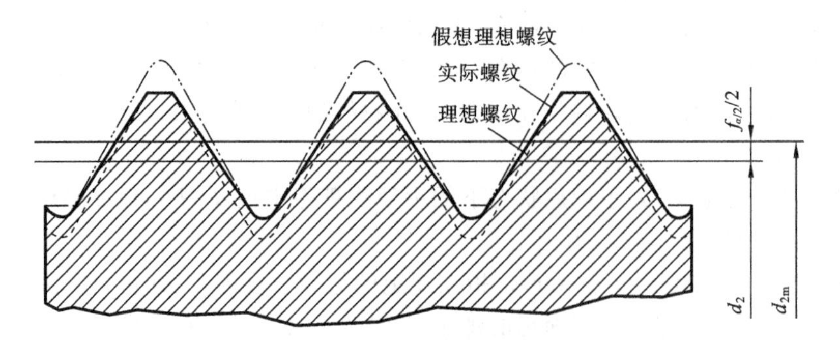

图 6-22　无螺距误差、有牙型角误差时的作用中径

$$d_{2m}=d_2+f_{\alpha/2}=d_2+0.073P(K_1|\Delta\alpha_1/2|+K_2|\Delta\alpha_2/2|) \tag{6-6}$$

同理，内螺纹的作用中径比实际中径小，即

$$D_{2m}=D_2-f_{\alpha/2}=D_2-0.073P(K_1|\Delta\alpha_1/2|+K_2|\Delta\alpha_2/2|) \tag{6-7}$$

上两式中：$f_{\alpha/2}$——牙型半角误差的中径当量(μm)；

$\Delta\alpha_1/2$、$\Delta\alpha_2/2$——左、右牙型半角误差(′)；

P——螺距(mm)；

K_1、K_2——左、右牙型半角误差系数，对于外螺纹，有(内螺纹取值相反)

$$K_i=\begin{cases}2, & \Delta\dfrac{\alpha_i}{2}>0\\ 3, & \Delta\dfrac{\alpha_i}{2}<0\end{cases}\quad (i=1,2) \tag{6-8}$$

实际螺纹的中径、螺距和牙型半角同时存在误差，因而实际外螺纹和内螺纹的作用中径分别为

$$d_{2m}=d_{2s}+f_P+f_{\alpha/2} \tag{6-9}$$

$$D_{2m}=D_{2s}-f_P-f_{\alpha/2} \tag{6-10}$$

式中的实际中径 D_{2s} 和 d_{2s} 可分别用内、外螺纹的单一中径 D_{2a} 和 d_{2a} 替代。

2) 单一中径

单一中径(simple pitch diameter)是指一个假想圆柱的直径，该圆柱的母线通过牙型上沟槽宽度等于基本螺距一半的地方，如图 6-23 所示。内、外螺纹的单一中径分别用 D_{2a}、d_{2a} 表示。

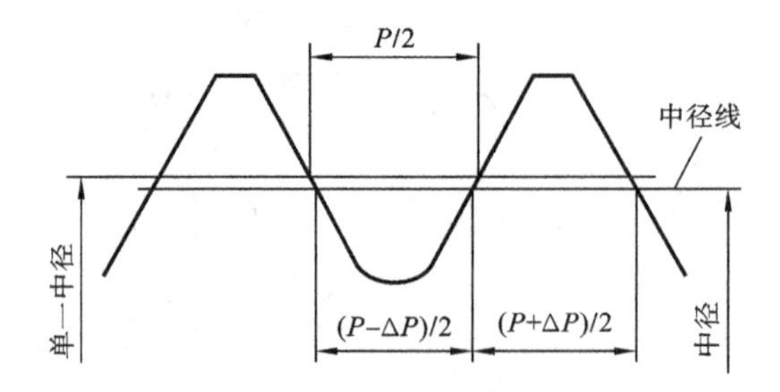

图 6-23　普通螺纹单一中径

定义单一中径是为了在测量实际中径时，排除螺距与牙型半角误差的影响而规定的。单一中径可用三针法方便地测得。单一中径可间接控制槽底位置，即控制底径，以保证螺纹的强度。

2. 螺纹中径合格性判断

普通螺纹的互换性应满足可旋合性及联结的可靠性两方面的要求。

在大径和小径不发生干涉的条件下，保证相互结合内、外螺纹顺利旋合的条件为

$$D_{2m} \geqslant d_{2m} \tag{6-11}$$

为了保证配合性质和联结强度，以中径来判断实际螺纹是否合格，即螺纹的中径合格性判断原则是，实际螺纹的作用中径（D_{2m}、d_{2m}）不能超出最大实体牙型的中径；而实际螺纹上任何部位的单一中径（D_{2a}、d_{2a}）不能超出最小实体牙型中径。据此，螺纹的中径合格性判断条件如下。

对于外螺纹
$$\begin{cases} d_{2m} \leqslant d_{2max} \\ d_{2a} \geqslant d_{2min} \end{cases} \tag{6-12}$$

对于内螺纹
$$\begin{cases} D_{2m} \geqslant D_{2min} \\ D_{2a} \leqslant D_{2max} \end{cases} \tag{6-13}$$

式中：d_{2max}、d_{2min}——外螺纹中径的最大和最小极限尺寸；

D_{2max}、D_{2min}——内螺纹中径的最大和最小极限尺寸。

按螺纹中径合格性判断条件式(6-12)、式(6-13)，螺纹中径公差同时控制中径、螺距和牙型半角三项参数的误差，所以中径公差是综合公差；内、外螺纹作用中径不得超出最大实体中径（D_{2min}，d_{2max}），以保证可旋合性；内、外螺纹单一中径不得超出最小实体中径（D_{2max}，d_{2min}），以保证联结强度。

例 6-2　用工具显微镜测量 M24-6h 的外螺纹，测得实际中径 $d_{2a}=21.910$ mm，螺距累积误差 $\Delta P_{\Sigma}=-62$ μm，牙型半角误差 $\Delta\alpha_1/2=+76'$、$\Delta\alpha_2/2=-63'$，该螺纹的中径是否合格？

解　① 查阅有关表格数据。

由表 6-14 可知，$d_2=22.051$ mm，$P=3$ mm；由表 6-16 可知，中径公差 $T_{d_2}=200$ μm；由表 6-18 可知，中径上偏差 es=0。可得极限中径为

$$d_{2max}=d_2+es=22.051 \text{ mm};$$

$$d_{2min}=d_{2max}-T_{d2}=(22.051-0.2)\text{ mm}=21.851 \text{ mm}$$

② 计算作用中径。由式(6-4)、式(6-6)、式(6-8)和式(6-9)得

$$f_P=1.732|\Delta P_{\Sigma}|=1.732\times|-62|\ \mu\text{m}=107.4\ \mu\text{m}$$

$$f_{\alpha/2}=0.073P(K_1|\Delta\alpha_1/2|+K_2|\Delta\alpha_2/2|)=0.073\times3\times(2\times|+76|+3\times|-63|)\ \mu\text{m}$$
$$=74.7\ \mu\text{m}$$

$$d_{2m}=d_{2a}+f_P+f_{\alpha/2}=21.910+107.4\times10^{-3}+74.7\times10^{-3}\text{ mm}=22.092\text{ mm}$$

③ 中径合格性判断。按式(6-12)，虽然该外螺纹的实际中径满足 $d_{2max}\geqslant d_{2a}\geqslant d_{2min}$，但作用中径 $d_{2m}>d_{2max}$，所以该螺纹中径不合格。

6.3.6　普通螺纹的检测

圆柱螺纹的检测可分为综合检测和单项检测等两类，螺纹的设计者可根据螺纹的不同使用场合和螺纹加工的条件以及生产方式，来决定采用何种螺纹检测手段及相应的合格性判断。

1. 用量规检测螺纹

1）螺纹顶径的检测

螺纹的顶径，即外螺纹大径 d 和内螺纹小径 D_1 可分别用光滑极限环规（卡规）和光滑塞规检查，如图 6-24 右端所示的检验外螺纹顶径 d（大径）的卡规和图 6-25 右端所示的检验内

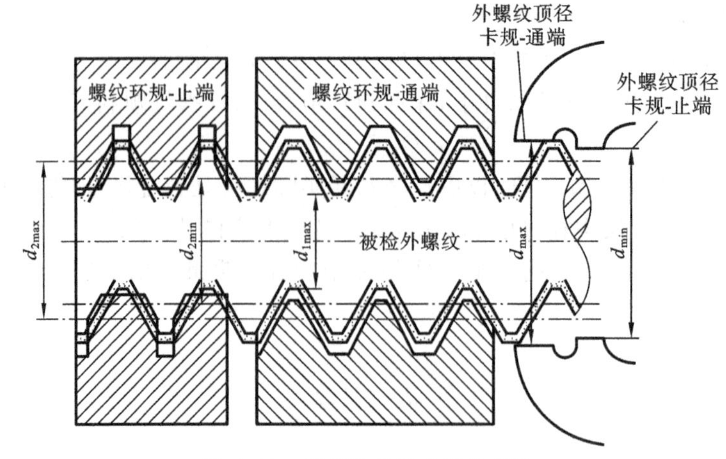

图 6-24　用螺纹量规检验外螺纹

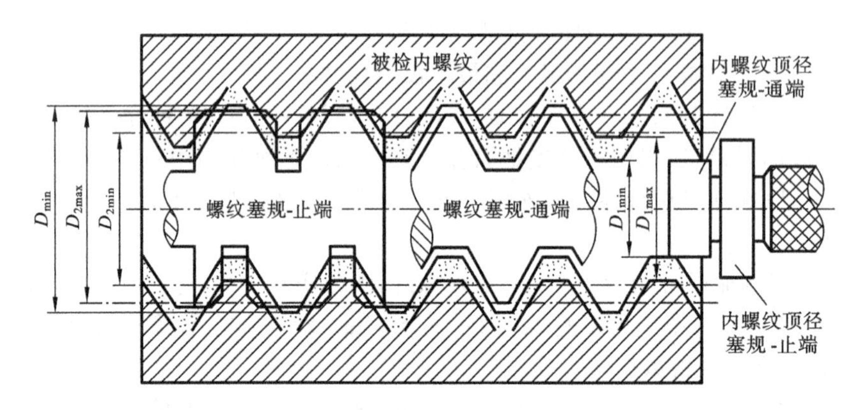

图 6-25　用螺纹量规检验内螺纹

螺纹顶径 D_1(小径)的塞规。

2) 螺纹的综合检测

螺纹的综合检测,可以用投影仪或螺纹量规来进行。生产中主要用螺纹极限量规来控制螺纹的极限轮廓,并由此判断螺纹的合格性。图 6-24 和图 6-25 所示的分别为用综合量规检验外螺纹和内螺纹的情况。

为了满足中径合格性判断原则,螺纹量规的通端和止端在螺纹的长度和牙型上的结构特征是不同的。

螺纹量规的通端主要用于检查作用中径,因此应该有完整的牙型,且其螺纹长度要等于螺纹的旋合长度(螺母的螺纹长度)。当螺纹通规可以和被检螺纹工件自由旋合时,表示被检螺纹的作用中径未超出规定。

螺纹量规的止端用于检测螺纹的实际中径。为了减少螺距误差和牙型半角误差对检测结果的影响,保证止端与被检螺纹仅在螺纹中径处相接触,止端牙型应做成短齿不完整轮廓,并将止端螺纹长度相应缩短(2～3.5 牙)。

2. 螺纹的单项测量

螺纹的单项测量用于螺纹工件的工艺分析或螺纹量规及螺纹刀具质量的检测。所谓单项测量,即分别测量螺纹的每个参数,主要是中径、螺距和牙型半角,其次是顶径和底径,有时还需要测量牙底的形状。除了顶径可直接用内、外径量具测量外,其他参数多用通用仪器测量,其中用得最多的是万能工具显微镜、大型工具显微镜和投影仪。

1）在工具显微镜上测量

螺纹中径、螺距和牙型半角的测量的一般性原理如图 6-26 所示。

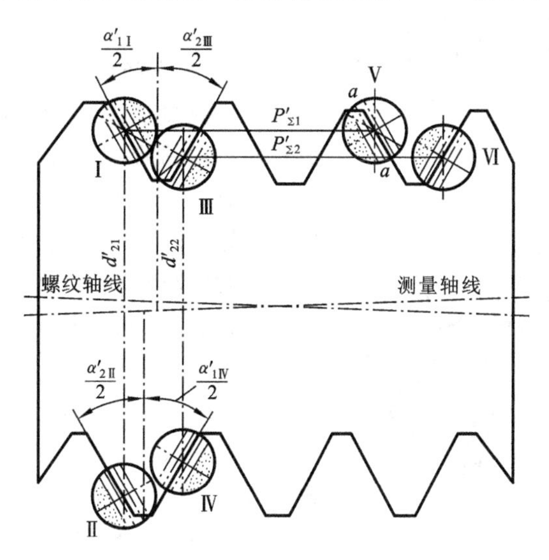

图 6-26　在工具显微镜上测量螺纹单项参数

（1）螺纹中径的测量。

在显微镜上测量中径时，移动工作台（对于大型工具显微镜）或滑台（对于万能工具显微镜），使螺纹投影轮廓牙型（位置Ⅰ）与目镜中的虚线 a-a 对准；然后移动工作台或滑台，使螺纹轮廓牙侧（位置Ⅱ）与目镜中的虚线 a-a 对准。这时，螺纹轮廓牙侧对目镜中的虚线 a-a 的相对移动量即为所测中径 d'_2。其值等于横向千分尺（对于大型工具显微镜）或横向移动的螺旋游标读数显微镜（对于万能工具显微镜）的前后两次读数之差的绝对值。

测量时，工件安装误差引起的螺纹轴线与工作台或滑台纵向移动方向不一致会导致测得的中径 d'_2 不正确，如图 6-26 所示，d'_{21} 偏大而 d'_{22} 偏小。为了消除此误差，可取二者的算术平均值为实际中径值，即

$$d'_2=(d'_{21}+d'_{22})/2$$

（2）螺距累积误差的测量。

如图 6-26 所示，利用纵向千分尺或纵向螺旋游标读数显微镜读数。测量时，使目镜中的虚线 a-a 与螺纹的某一牙侧相切（位置Ⅰ），读取一读数；然后将工件沿轴线移动 n 个螺距，使目镜中的虚线 a-a 与螺纹该处牙侧相切（位置Ⅴ），再读取一读数。两次读数之差的绝对值即为 n 个螺距的实际累计值 P'_Σ。同理，为了消除安装误差的影响，应分别测出实际累计值 $P'_{\Sigma1}$ 和 $P'_{\Sigma2}$，得到实际累计值为

$$P'_\Sigma=(P'_{\Sigma1}+P'_{\Sigma2})/2$$

则 n 个螺距的累积误差为

$$\Delta P_\Sigma=P'_\Sigma-nP \tag{6-14}$$

（3）牙型半角误差的测量。

如图 6-26 所示，为了消除安装误差的影响，同样分别测出实际牙型半角 $\alpha'_{1\mathrm{I}}/2$、$\alpha'_{2\mathrm{II}}/2$、$\alpha'_{2\mathrm{III}}/2$、$\alpha'_{1\mathrm{IV}}/2$，则实际左、右侧牙型半角分别为

$$\alpha'_1/2=(\alpha'_{1\mathrm{I}}/2+\alpha'_{1\mathrm{IV}}/2),\quad \alpha'_2/2=(\alpha'_{2\mathrm{II}}/2+\alpha'_{2\mathrm{III}}/2)$$

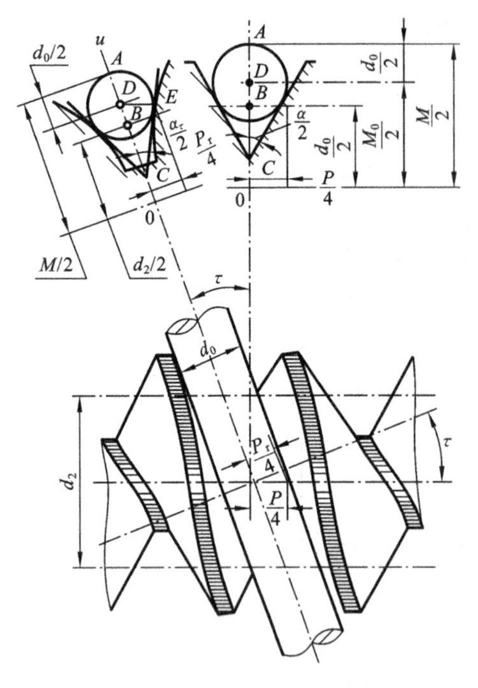

图 6-27 螺纹中径的三针测量

将它们与公称牙型半角 $\alpha/2$ 比较，即可得实际左、右牙型半角误差分别为

$$\Delta\alpha_1/2=\alpha'_1/2-\alpha/2,\quad \Delta\alpha_2/2=\alpha'_2/2-\alpha/2 \tag{6-15}$$

2）螺纹中径的三针测量法

三针测量法主要用于测量螺纹的中径。根据被测螺纹的螺距选取直径为 d_0 的三根圆柱形量针，分别放入被测螺纹两侧的三个牙槽中，使之与牙侧接触，如图 6-27 所示。然后用接触式量仪（光较仪、测微仪或测长仪等）测出三根针的外母线之间的跨距 M，即可计算出螺纹的单一中径 d_{2a}。

由图 6-27 可知，

$$M/2=d_0/2+M_0/2=d_0/2+d_2/2+DB$$
$$=d_0/2+d_2/2+DC-BC \tag{6-16}$$

式中：$BC=P/[4\tan(\alpha/2)]$。

量针放入牙槽之后，其轴线并不与螺纹轴线垂直，而是顺着螺纹槽的旋向。量针与螺牙侧面的接触点并不在通过螺纹轴线的轴向剖面内，而是在接触点处的螺纹法向剖面内。螺纹轴向剖面内的基本牙型的牙侧轮廓是直线，而法向剖面内的两牙侧轮廓却是曲线，它在接触点 E 处的切线与牙槽平分线的交点跟轴向剖面内的牙侧直线与牙槽平分线的交点 C 很接近，可看做重合（严格讲并不重合），因此 $DC=d_0/[2\sin(\alpha_\tau/2)]$。

从而可求出被测螺纹的单一中径为

$$d_{2a}=M[1+1/\sin(\alpha_\tau/2)]d_0+P/[2\tan(\alpha/2)] \tag{6-17}$$

式中：α——被测螺纹牙型角；

α_τ——通过接触点 E 的法向剖面牙侧切线的夹角。

由图 6-27 可知，α 与 α_τ 之间的关系为

$$\tan(\alpha_\tau/2)=\tan(\alpha/2)\times\cos\tau$$

式中：τ——量针与螺纹接触点 E 处的螺旋升角。

通常可用中径处的螺旋升角 φ 代替 τ 进行计算。

若所用的量针与螺纹牙侧正好在中径圆柱上接触，则直径为最佳中径，其值为

$$d_0=P/[2\cos(\alpha/2)] \tag{6-18}$$

用三针法测量螺纹中径，在最有利的情况（螺牙的牙侧很直、仪器选择正确、量针的直径选用正确等）下，其测量精度比用量刀在万能测量显微镜上的测量精度高很多。例如，测量 50～100 mm 的螺纹塞规，用万能测量显微镜时的极限误差为±4.5 μm，而用 0 级精度量针和 4 等量块，在卧式光学比较仪上按三针法测量螺纹中径的极限误差为±1.5 μm。此外，三针法在生产条件下的应用比较方便，测量效率也较高。

6.4 圆锥结合的互换性

圆锥(cone)结合是机械制造中经常应用的一种结合形式，它具有相互结合的内、外圆锥的

定心精度高、同轴度易于保证、装拆方便且间隙可调、轴向加载便可实现过盈结合等特点。实际应用中，广泛用于铣刀、钻头、铰刀、顶尖等刀具、工具与机床主轴的联结，以及流体系统中的密封联结。

6.4.1　圆锥结合的主要几何参数

图 6-28 所示的是圆锥的基本几何参数，图中：D、d、d_x 分别为最大圆锥直径、最小圆锥直径和给定截面(距端面 x 处)圆锥直径；L 为圆锥长度，即最大与最小圆锥直径间的轴向距离；α 为圆锥角(cone angle)，为通过圆锥轴线的截面内，两条素线间的夹角；C 为锥度(rate of taper)，为两个垂直圆锥轴线截面的圆锥直径 D 和 d 之差与该两截面之间的轴向距离 L 之比，即

$$C=(D+d)/L \tag{6-19}$$

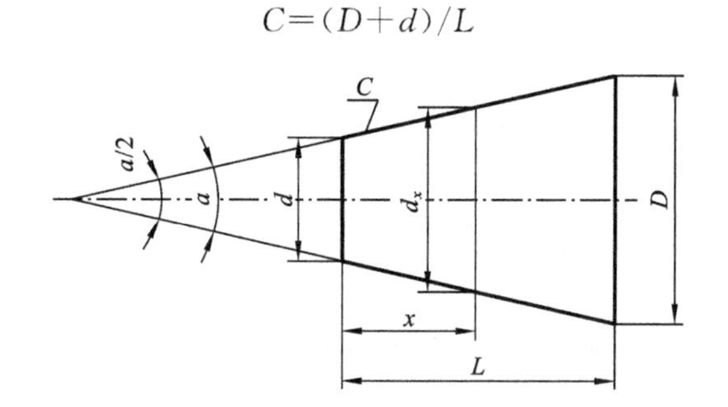

图 6-28　圆锥的基本几何参数

锥度 C 与圆锥角 α 的关系为

$$C=2\tan(\alpha/2)=1:[\cot(\alpha/2)]/2 \tag{6-20}$$

锥度一般用比例或分式形式表示，如 $C=1:20$ 或 $C=1/20$。

为了规范圆锥的制造和使用，GB/T 157 规定了圆锥的锥度与锥角系列，表 6-22 所示的是一般用途圆锥的锥度与锥角系列，表 6-23 所示的是部分特定用途圆锥的锥度与锥角系列。

表 6-22　一般用途圆锥的锥度与锥角系列

基本值		推算值			基本值		推算值		
系列 1	系列 2	圆锥角 α		锥度 C	系列 1	系列 2	圆锥角 α		锥度 C
120°		—	—	1∶0.2886751		1∶8	7°9′9.6075″	7.15266875°	—
90°		—	—	1∶0.500000	1∶10		5°43′29.3176″	5.72481045°	—
	75°	—	—	1∶0.6516127		1∶12	4°46′18.7970″	4.77188806°	—
60°		—	—	1∶0.8660254		1∶15	3°49′5.8975″	3.81830487°	—
45°		—	—	1∶1.2071068	1∶20		2°51′51.0925″	2.86419237°	—
30°		—	—	1∶1.8660254	1∶30		1°54′34.8570″	1.90968251°	—
1∶3		18°55′28.7199″	18.92464442°	—	1∶50		1°8′45.1586″	1.14587740°	—
	1∶4	14°15′0.1177″	14.25003270°	—	1∶100		34′22.6309″	0.57295302°	—
1∶5		11°25′16.2706″	11.42118627°	—	1∶200		17′11.3219″	0.28647830°	—
	1∶6	9°31′38.2202″	9.52728338°	—	1∶500		6′52.5295″	0.11459152°	—
	1∶7	8°10′16.4408″	8.17123356°	—					

表 6-23 部分特定用途圆锥的锥度与锥角系列

基本值	推算值			用途	
	圆锥角 α		锥度 C		
11°54′	—	—	1∶4.7974511	纺织机械	
8°40′	—	—	1∶6.5984415		
7°	—	—	1∶8.1749277		
1∶38	1°30′27.7080″	1.50769667°	—		
1∶64	0°53′42.8220″	0.89522834°	—		
7∶24	16°35′39.4443″	8.17123356°	1∶3.42857140	机床主轴、工具配合	
6∶100	3°26′12.1776″	3.43671600°	1∶16.6666667	医疗设备	
1∶12.262	4°40′12.1514″	4.67004205°	—	贾各锥度	No. 2
1∶12.972	4°24′52.9039″	4.41469552°	—		No. 1
1∶15.748	3°38′13.4429″	3.63706747°	—		No. 33
1∶18.779	3°3′1.2070″	3.05033527°	—		No. 3
1∶19.264	2°58′24.8644″	2.97357343°	—		No. 6
1∶20.288	2°49′24.7802″	2.82355006°	—		No. 0
1∶19.002	3°0′52.3956″	3.01455434°	—	莫氏锥度	No. 5
1∶19.180	2°59′11.7258″	2.98659050°	—		No. 6
1∶19.212	2°58′53.8255″	2.98161820°	—		No. 0
1∶19.254	2°58′30.4217″	2.97517713°	—		No. 4
1∶19.922	2°52′31.4463″	2.87540176°	—		No. 3
1∶20.020	2°51′40.7960″	2.86133223°	—		No. 2
1∶20.047	2°51′26.9283″	2.85748008°	—		No. 1

6.4.2 圆锥公差

GB/T 11334 对圆锥公差的术语和定义、圆锥公差项目和给定方法，以及圆锥公差数值等进行了规范。

1. 基本术语及定义

(1) 公称圆锥　公称圆锥(nominal cone)是指由设计给定的理想形状的圆锥，如图 6-28 所示。公称圆锥可用两种形式确定：① 一个公称圆锥直径(最大圆锥直径 D、最小圆锥直径 d 或给定截面圆锥直径 d_x)、公称圆锥长度 L、公称圆锥角 α 或公称锥度 C；② 两个公称圆锥直径和公称圆锥长度。

(2) 实际圆锥　实际圆锥(actual cone)是指实际存在并与周围介质分隔的圆锥。实际圆锥是按公称圆锥要求加工而成的，通常带有加工误差；当通过测量认识实际圆锥时，将会带进测量误差。

(3) 实际圆锥直径　实际圆锥直径(actual cone diameter)是指实际圆锥上的任一直径

d_a，如图 6-29 所示。

(4) 实际圆锥角　实际圆锥角(actual cone angle)是指实际圆锥的任一轴向截面内，包容其素线且距离为最小的两对平行直线之间的夹角，如图 6-30 所示。

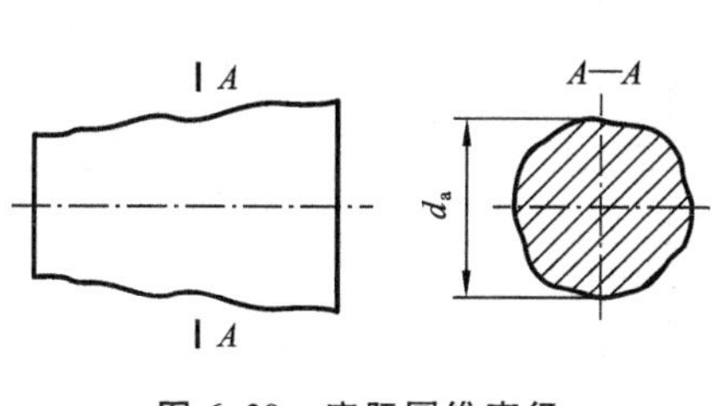

图 6-29　实际圆锥直径

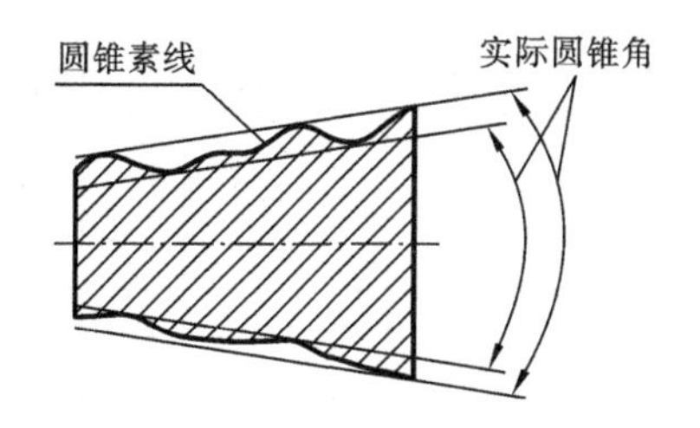

图 6-30　实际圆锥角

(5) 极限圆锥　极限圆锥(limit cone)是指与公称圆锥共轴且圆锥角相等，直径分别为上极限直径和下极限直径的两个圆锥。在圆锥的任一径向截面上，这两个圆锥的直径差都相等，如图 6-31 所示。

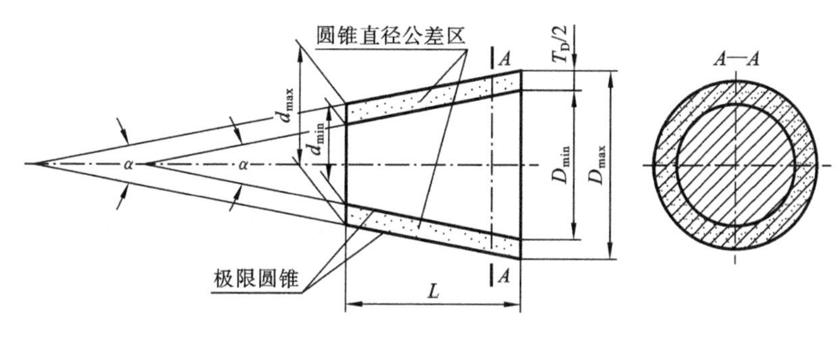

图 6-31　极限圆锥

(6) 极限圆锥角　极限圆锥角(limit cone angle)是指允许的上极限或下极限圆锥角，如图 6-32 所示。

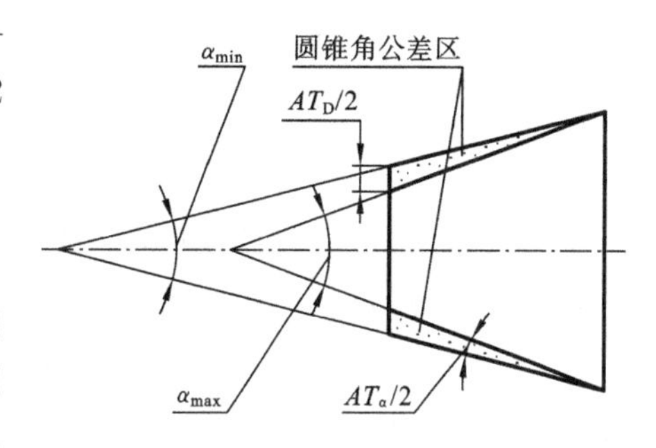

图 6-32　极限圆锥角

2. 圆锥公差项目及定义

1) 圆锥直径公差及圆锥直径公差区

圆锥直径公差(cone diameter tolerance)是指圆锥直径的允许变动量，记为 T_D，如图 6-31 所示。圆锥直径公差 T_D 一般以最大圆锥直径 D 为公称直径，按极限与配合国家标准规定的标准公差选取。同样，圆锥直径的极限偏差也以最大圆锥直径 D 为公称直径，按国家标准极限与配合规定的标准公差选取。

圆锥直径公差区(cone diameter tolerance interval)是指由公称直径 D、直径公差 T_D 及直径 D 的极限偏差所确定的两个极限圆锥所限定的区域。图 6-31 所示的是在轴向截面内的圆锥直径公差区的示意。

2) 圆锥角公差及圆锥角公差区

圆锥角公差(cone angle tolerance)是指圆锥角的允许变动量，记为 AT(角度值 AT_α 或线性值 AT_D)，如图 6-32 所示。圆锥角公差共分 12 个等级，分别表示为 $AT1$，$AT2$，…，$AT12$。表 6-24 所示的是部分圆锥角公差数值。

表 6-24 圆锥角公差数值

公称圆锥长度 L/mm		圆锥角公差等级											
		$AT3$			$AT4$			$AT5$			$AT6$		
		AT_α		AT_D	AT_α		AT_D	AT_α		AT_D	AT_α		AT_D
大于	至	μrad	(″)	μm	μrad	(″)	μm	μrad	(″)	μm	μrad	(′)(″)	μm
10	16	100	21″	>1.0～1.6	160	33″	>1.6～2.5	250	52″	>2.5～4.0	400	1′22″	>4.0～6.3
16	25	80	16″	>1.3～2.0	125	26″	>2.0～3.2	200	41″	>3.2～5.0	315	1′05″	>5.0～8.0
25	40	63	13″	>1.6～2.5	100	21″	>2.5～4.0	160	33″	>4.0～6.3	250	52″	>6.3～10
40	63	50	10″	>2.0～3.2	80	16″	>3.2～5.0	125	26″	>5.0～8.0	200	41″	>8～12.5
63	100	40	8″	>2.5～4.0	63	13″	>4.0～6.3	100	21″	>6.3～10	160	33″	>10～16
100	160	31.5	6″	>3.2～5.0	50	10″	>5.0～8.0	80	16″	>8～12.5	125	26″	>12.5～20
160	250	25	5″	>4.0～6.3	40	8″	>6.3～10	63	13″	>10～16	100	21″	>16～25
250	400	16	3″	>5.0～8.0	31.5	6″	>8.0～12.5	50	10″	>12.5～20	80	16″	>20～32

公称圆锥长度 L/mm		圆锥角公差等级											
		$AT7$			$AT8$			$AT9$			$AT10$		
		AT_α		AT_D	AT_α		AT_D	AT_α		AT_D	AT_α		AT_D
大于	至	μrad	(′)(″)	μm	μrad	(′)(″)	μm	μrad	(′)(″)	μm	μrad	(′)(″)	μm
10	16	630	2′10″	>6.3～10	1000	3′26″	>10～16	1600	5′30″	>16～25	2500	8′35″	>25～40
16	25	500	1′43″	>8～12.5	800	2′45″	>12.5～20	1250	4′18″	>20～32	2000	6′52″	>32～50
25	40	400	1′22″	>10～16	630	2′10″	>16～25	1000	3′26″	>25～40	1600	5′30″	>40～63
40	63	315	1′05″	>12.5～20	500	1′43″	>20～32	800	2′45″	>32～50	1250	4′18″	>50～80
63	100	250	52″	>16～25	400	1′22″	>25～40	630	2′10″	>40～63	1000	3′26″	>63～100
100	160	200	41″	>20～32	315	1′05″	>32～50	500	1′43″	>50～80	800	2′45″	>80～125
160	250	160	33″	>25～40	250	52″	>40～63	400	1′22″	>63～100	630	2′10″	>100～160
250	400	125	26″	>32～50	200	41″	>50～80	315	1′05″	>80～125	500	1′43″	>125～200

对于圆锥角公差的角度值 AT_α 和线性值 AT_D 两种表示形式，角度值 AT_α 可用微弧度或度、分、秒为单位给出，线性值 AT_D 用微米为单位给出。AT_D 和 AT_α 的换算关系为

$$AT_D = AT_\alpha \times L \times 10^{-3} \tag{6-21}$$

式中：AT_D 单位为 μm；AT_α 单位为 μrad；L 单位为 mm。

圆锥角的极限偏差可按单向或双向（对称或不对称）取值，如图 6-33 所示的三种形式。图 6-33(a)所示的为圆锥角上偏差为 $+AT/2$，下偏差为 0；图 6-33(b)所示的为圆锥角上偏差为 0，下偏差为 $-AT/2$；图 6-33(c)所示的为圆锥角上偏差为 $+AT/4$，下偏差为 $-AT/4$。

圆锥角公差区（tolerance interval for the cone angle）是指由公称圆锥角 α、圆锥角公差 AT 及圆锥角的极限偏差所确定的两个极限圆锥角所限定的区域。图 6-32 所示的是在轴向截面内，圆锥直径允许的变动量。

3）给定截面圆锥直径公差及给定截面圆锥直径公差区

给定截面圆锥直径公差（cone section diameter tolerance）是指在垂直圆锥轴线的给定截面内，圆锥直径的允许变动量，记为 T_{DS}，如图 6-34 所示。给定截面圆锥直径公差 T_{DS} 以给定圆锥直径 d_x 为公称直径，按极限与配合国家标准规定的标准公差选取。同样，圆锥直径的极

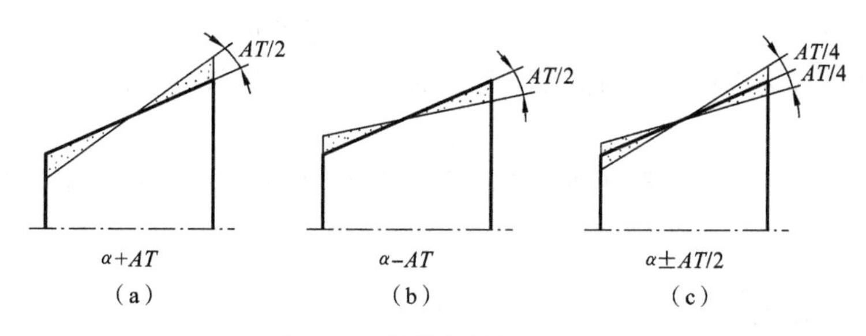

图 6-33　圆锥角的极限偏差

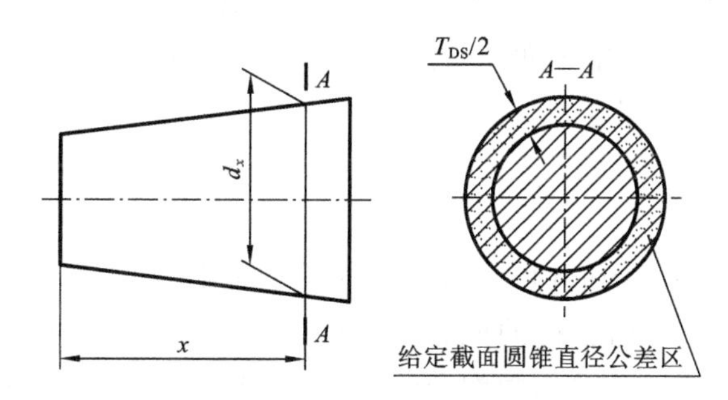

图 6-34　给定截面圆锥直径公差

限偏差也以给定圆锥直径 d_x 为公称直径，按国家标准极限与配合规定的标准公差选取。

给定截面圆锥直径公差区（cone section diameter tolerance interval）是指在给定截面内，由给定截面直径 d_x、直径公差 T_{DS} 及直径 d_x 的极限偏差所确定的两个同心圆所限定的区域。图 6-34 所示的是在给定截面内，圆锥直径允许的变动量。

4）圆锥的形状公差

圆锥的形状公差，记为 T_F，是指圆锥素线的直线度公差和截面圆度公差。当圆锥的形状误差需要加以特别的控制时，应规定圆锥素线的直线度公差和径向截面的圆度公差，其值可按 GB/T 1184《形状和位置公差 未注公差值》的规定选取。

3. 圆锥公差的给定方法

对于一个具体的圆锥零件，并不需要同时给出以上四种公差，应根据其功能要求和工艺特点来规定所需的公差项目。国家标准 GB/T 11334 规定了两种圆锥公差的给定方法。

1）给出圆锥公称圆锥角 α（或锥度 C）和圆锥直径公差 T_D

此时，圆锥角误差和圆锥的形状误差均应在极限圆锥所限定的区域内。当对圆锥角误差、圆锥的形状误差有更高要求时，可再给出圆锥角公差 AT、圆锥的形状公差 T_F；此时，AT 和 T_F 仅占 T_D 的一部分。

这种给定方法符合包容原则，常用于要求保证配合性质的圆锥结合。按这种方法给定圆锥公差时，在圆锥直径的极限偏差后标注“Ⓣ”符号，如 $\phi50^{+0.039}_{0}$Ⓣ。

2）给出给定截面圆锥直径公差 T_{DS} 和圆锥角公差 AT

此时，给定截面圆锥直径和圆锥角应分别满足这两项公差的要求。T_{DS} 和 AT 的关系如图 6-35 所示。

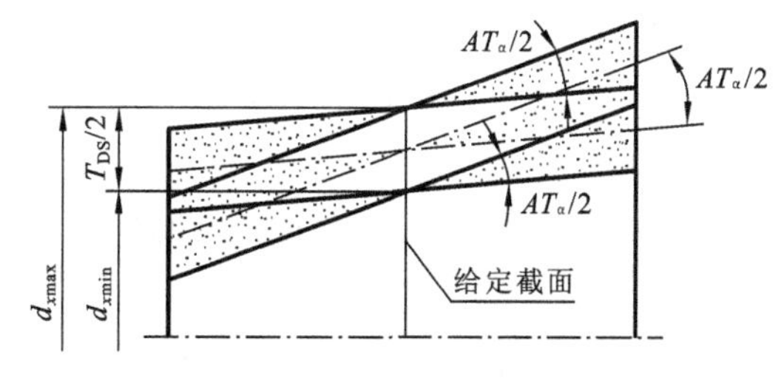

图 6-35　圆锥公差的给定方法

按这种给定方法的要求,两参数分别受各自公差带的约束,不存在极限圆锥,同时,这种方法是在假定圆锥素线为理想直线的情况下给出的,当对圆锥形状误差有更高要求时,可再给出圆锥的形状公差 T_F。

这种给定方法常用于需要限制某一特定截面的直径偏差,有良好密封性的圆锥结合,如阀类零件等。

6.4.3 圆锥配合

GB/T 12360 产品几何技术规范(GPS)《圆锥配合》对圆锥结合作了统一的技术规范,其适用于锥度 C 在 1∶3～1∶500 内、长度 L 在 6～630 mm 内、直径至 500 mm 的光滑圆锥,并按上述方法一给定圆锥公差的配合。

1. 圆锥结合的类型

1) 结构型圆锥配合

结构型圆锥配合(construction type cone fit)是由圆锥结构确定装配位置,从而确定内、外圆锥公差区之间的相互关系而获得的配合。它可以是间隙配合、过渡配合或过盈配合。图 6-36(a)所示的为由轴肩接触得到间隙配合的结构型圆锥配合;图 6-36(b)所示的为由结构尺寸 a 得到过盈配合的结构型圆锥配合。

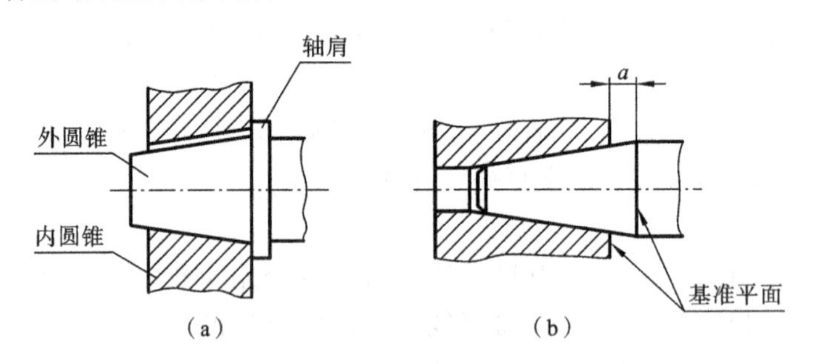

图 6-36 结构型圆锥配合

对结构型圆锥配合而言,在按内、外圆锥的结构装配后,二者的配合性质应满足设计的要求。

2) 位移型圆锥配合

位移型圆锥配合(axial displacement type cone fit)是由内、外圆锥在装配时,从二者在无轴向力接触时的实际初始位置 P_a(actual starting position)做一定相对轴向位移(axial displacement)而获得的配合。它可以是间隙配合或过盈配合。图 6-37(a)所示的为外圆锥从接触的实际初始位置 P_a 向二者松动的方向轴向位移 E_a 至终止位置 P_f(final position),从而获得间隙配合的位移型圆锥配合。图 6-37(b)所示的为在给定轴向装配力 F_s 的作用下,外圆锥从接触的实际初始位置 P_a 向压紧的方向轴向位移 E_a 至终止位置 P_f,从而获得过盈配合的位移型圆锥配合。

与结构型圆锥配合不同,位移型圆锥配合的配合性质与相配内、外圆锥的相对位置及获得该位置的相对位移有关。

(1) 极限初始位置及初始位置公差。

在位移型圆锥配合中,对于按公差要求制作出一批相互配合的内、外圆锥,它们结合时的

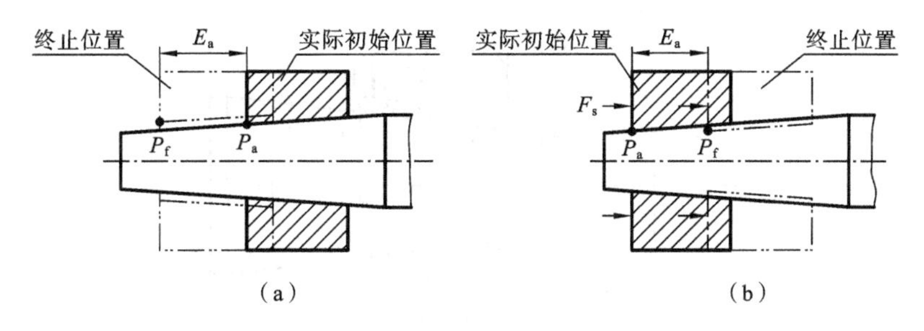

图 6-37　位移型圆锥配合

实际初始位置 P_a 是各不相同的。称初始位置允许的两个界限 P_1、P_2 为极限初始位置(limit starting position),其中极限初始位置 P_1 为内圆锥的下极限圆锥和外圆锥的上极限圆锥接触时的位置;极限初始位置 P_2 为内圆锥的上极限圆锥和外圆锥的下极限圆锥接触时的位置;实际初始位置 P_a 位于极限初始位置 P_1 和 P_2 之间。同时,称初始位置允许的变动量为初始位置公差 T_p(tolerance on the starting position),如图 6-38 所示。初始位置公差 T_p 等于极限初始位置 P_1 和 P_2 之间的距离,即

$$T_p=(T_{Di}+T_{De})/C \tag{6-22}$$

式中:C——锥度;

T_{Di}——内圆锥直径公差;

T_{De}——外圆锥直径公差。

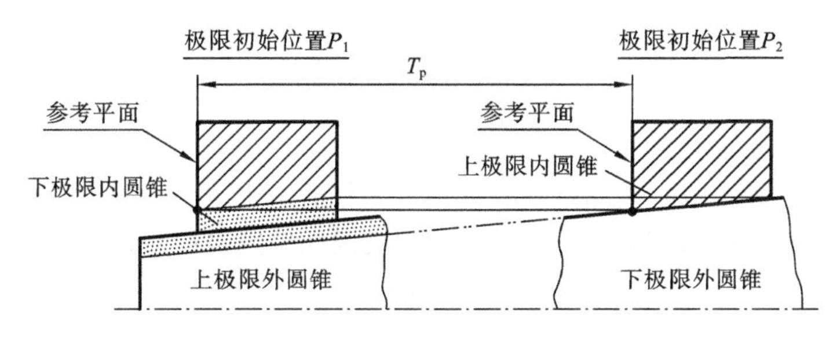

图 6-38　极限初始位置

(2) 极限轴向位移及轴向位移公差。

位移型圆锥结合中,为获得使用要求所需的间隙或过盈,内、外圆锥装配时需从相互结合的初始位置 P_a 沿轴向相对位移至得到设计要求的间隙或过盈的终止位置 P_f,如图 6-37 所示。称相互结合的内、外圆锥:从 P_a 到 P_f,以得到最小间隙或最小过盈的轴向位移为最小轴向位移(minimum axial displacement),记为 E_{amin};从 P_a 到 P_f,以得到最大间隙或最大过盈的轴向位移为最大轴向位移(maximum axial displacement),记为 E_{amax}。同时,称轴向位移允许的变动量为轴向位移公差(tolerance on the axial displacement),记为 T_E,且

$$T_E=E_{amax}-E_{amin} \tag{6-23}$$

图 6-39 所示的为在终止位置时得到最大、最小过盈及相应轴向位移公差的示意。

2. 圆锥直径配合量

圆锥直径配合量(span of cone diameter fit)是指圆锥配合在配合直径上允许的间隙或过盈的变动量,记为 T_{Df}。圆锥直径配合量类似于光滑圆柱结合的配合公差,其与配合直径上的极限间隙或过盈,以及相配内、外圆锥直径公差之间的关系如表 6-25 所示。

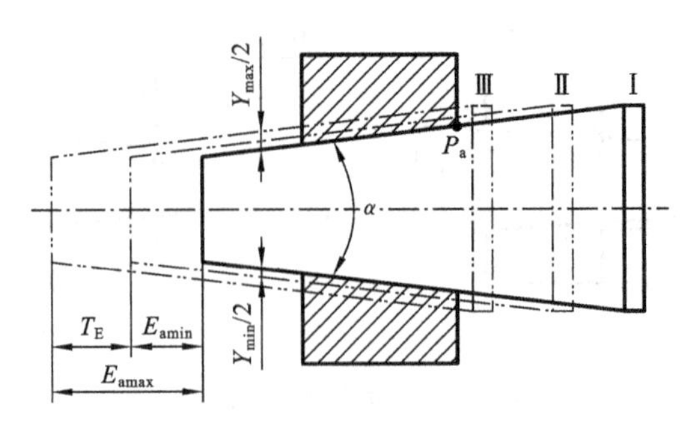

图 6-39 轴向位移公差示意

Ⅰ—实际初始位置;Ⅱ—最小过盈位置;Ⅲ—最大过盈位置

表 6-25 圆锥直径配合量

配合性质	结构型圆锥配合	位移型圆锥配合
圆锥直径间隙配合量	$T_{Df}=X_{max}-X_{min}$	$T_{Df}=X_{max}-X_{min}=T_E\times C$
圆锥直径过盈配合量	$T_{Df}=Y_{min}-Y_{max}$	$T_{Df}=Y_{min}-Y_{max}=T_E\times C$
圆锥直径过渡配合量	$T_{Df}=X_{max}-Y_{max}$	—
$T_{Df}=T_{Di}+T_{De}$		

注:X_{max}、X_{min},Y_{min}、Y_{max}分别为配合直径的极限间隙与过盈;T_{Di}、T_{De}分别为内、外圆锥的直径公差。

3. 圆锥配合的一般规定

对于结构型圆锥配合,推荐优先采用基孔制。内、外圆锥直径公差带代号及配合按极限与配合国家标准选取。

对于位移型圆锥配合,内、外圆锥直径公差带代号的基本偏差推荐选用 H、h 和 JS、js。其轴向位移的极限值按极限与配合国家标准规定的极限间隙或极限过盈来计算。

位移型圆锥配合的轴向位移极限值(E_{amin}、E_{amax})和轴向位移公差(T_E)按表 6-26 所示公式计算。

表 6-26 位移型圆锥配合的轴向位移极限值和轴向位移公差的计算

轴向位移	间隙配合	过盈配合
轴向最小位移	$E_{amin}=\lvert X_{min}\rvert/C$	$E_{amin}=\lvert Y_{min}\rvert/C$
轴向最大位移	$E_{amax}=\lvert X_{max}\rvert/C$	$E_{amax}=\lvert Y_{max}\rvert/C$
轴向位移公差	$T_E=E_{amax}-E_{amin}=\lvert X_{max}-X_{min}\rvert/C$	$T_E=E_{amax}-E_{amin}=\lvert Y_{max}-Y_{min}\rvert/C$

6.4.4 圆锥公差的标注

1. 按面轮廓度法标注圆锥公差

通常情况下,可按面轮廓度法来标注圆锥公差,如表 6-27 所示。

2. 按基本锥度法标注圆锥公差

按圆锥公差给定方法一,即给出圆锥公称圆锥角 α(或锥度 C)和圆锥直径公差 T_D 时,可采用基本锥度法标注圆锥公差,这种方法适用于有配合要求的结构型内、外圆锥。

表 6-27　按面轮廓度法标注圆锥公差

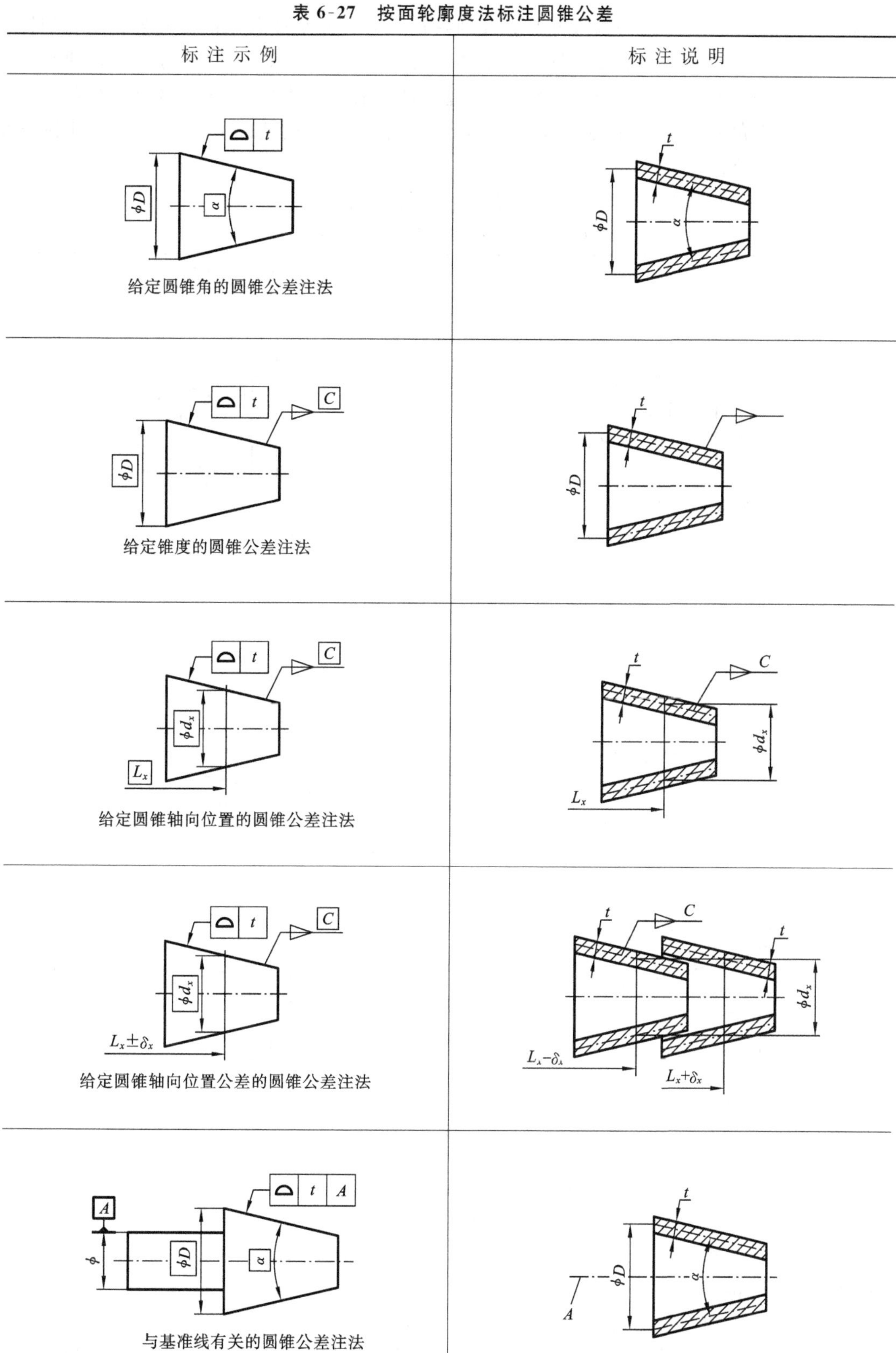

给定圆锥角的圆锥公差注法

给定锥度的圆锥公差注法

给定圆锥轴向位置的圆锥公差注法

给定圆锥轴向位置公差的圆锥公差注法

与基准线有关的圆锥公差注法

基本锥度法是表示圆锥要素尺寸与其几何特征具有相互从属关系的一种公差区域的标注方法,即由两同轴圆锥面(圆锥要素的最大实体尺寸和最小实体尺寸)形成两个具有理想形状的包容面间的公差区域,实际圆锥处处不得超越这两包容面。因此,该公差区域既控制圆锥直径的大小及圆锥角的大小,也控制圆锥表面的形状。在有需要的情况下,亦可附加给出圆锥角公差和有关几何公差。

表 6-28 所示的是按基本锥度法标注锥度公差的示例。

表 6-28　按基本锥度法标注圆锥公差

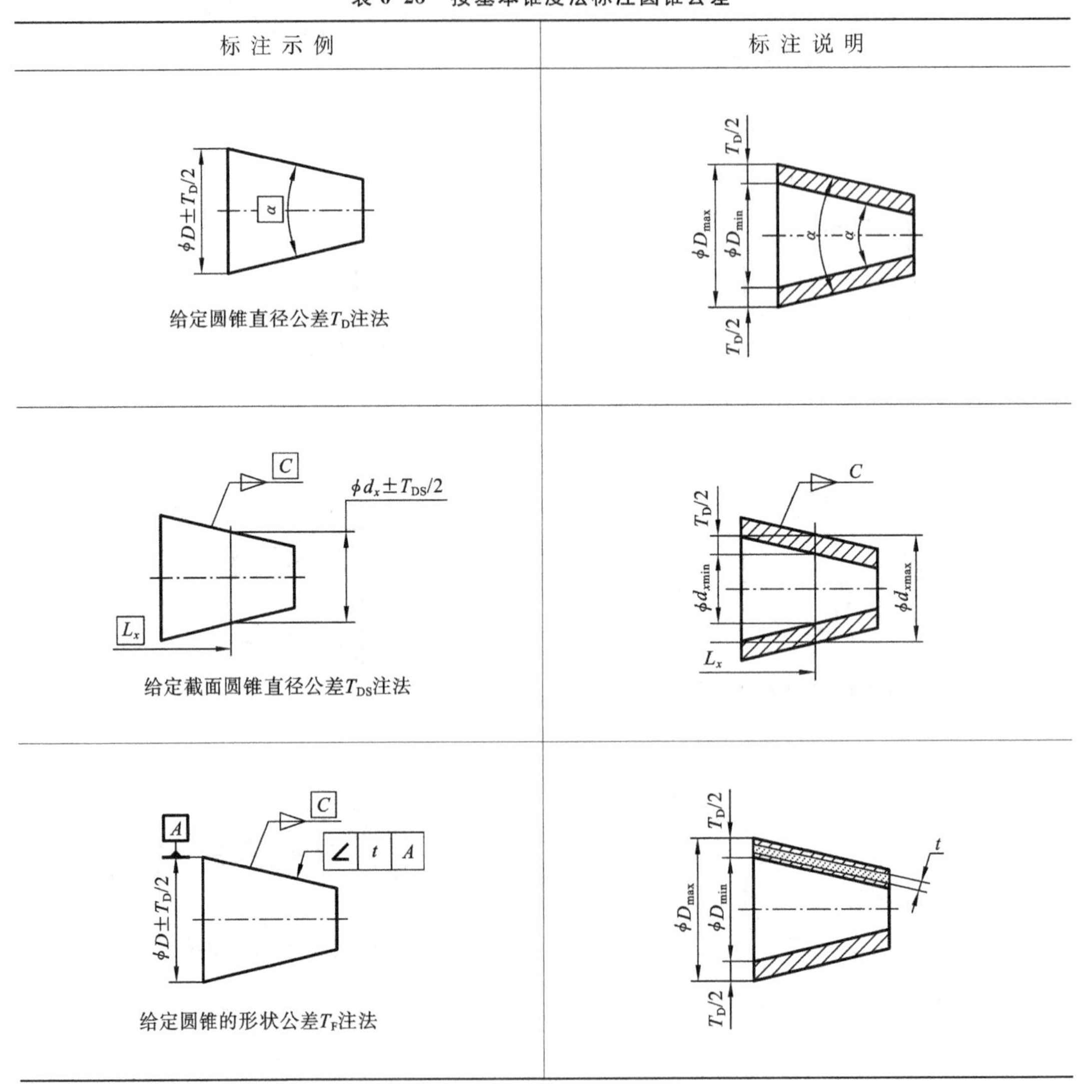

3. 按公差锥度法标注圆锥公差

按圆锥公差给定方法二,即给出给定截面圆锥直径公差 T_{DS} 和圆锥角公差 AT 时,可采用公差锥度法标注圆锥公差。这种方法适用于对某给定截面圆锥直径有较高要求的圆锥和要求密封及非配合圆锥。

公差锥度法是直接给定有关圆锥要素的公差,即同时给出圆锥直径公差和圆锥角公差,构成两同轴圆锥面公差区域的标注方法。此时,给定截面圆锥直径公差仅控制该截面圆锥直径偏差,不控制圆锥角公差,T_{DS} 和 AT 各自分别规定,分别满足要求,故按独立原则解释。在有需要的情况下，亦可附加给出有关几何公差要求。

表 6-29 所示的是按公差锥度法标注圆锥公差的示例。

表 6-29　按公差锥度法标注圆锥公差

标 注 示 例	标 注 说 明
给定最大圆锥直径公差和圆锥角公差的注法	该圆锥的直径由 $\phi D+T_D/2$ 和 $\phi D-T_D/2$ 确定；圆锥角应在 $\alpha+AT_\alpha/2$ 和 $\alpha-AT_\alpha/2$ 之间变化；圆锥素线直线度公差要求为 t。这些要求应各自独立地考虑
给定截面圆锥直径公差和圆锥角公差注法	该圆锥的给定截面圆锥直径应由 $\phi d_x+T_{DS}/2$ 和 $\phi d_x-T_{DS}/2$ 确定；锥角应在 $\alpha+AT_\alpha/2$ 和 $\alpha-AT_\alpha/2$之间变化；这些要求应各自独立地考虑

6.4.5　角度和锥度的测量

1. 间接测量法

1）用正弦规测量角度和锥度

正弦规是利用正弦函数原理精确地检验圆锥量规和角度样板等工具的锥度和角度偏差的计量器具。图 6-40 所示的为正弦规的结构简图，其主体的工作面平面度精度很高，并支承在两个等直径的圆柱体上。将正弦规放在平板上由两圆柱体同时接触平板时，其工作面与平板具有很高的平行度精度。

使用时，将正弦规下挡板一端的圆柱体与平板接触，另一端圆柱体与平板间，垫入组合尺寸为 h 的量块组，则正弦规工作面与平板的夹角 α 的正弦函数为

$$\sin\alpha=h/L \tag{6-24}$$

式中：α——正弦规放置的角度；

h——量块组尺寸；

L——两支承圆柱体的中心距。

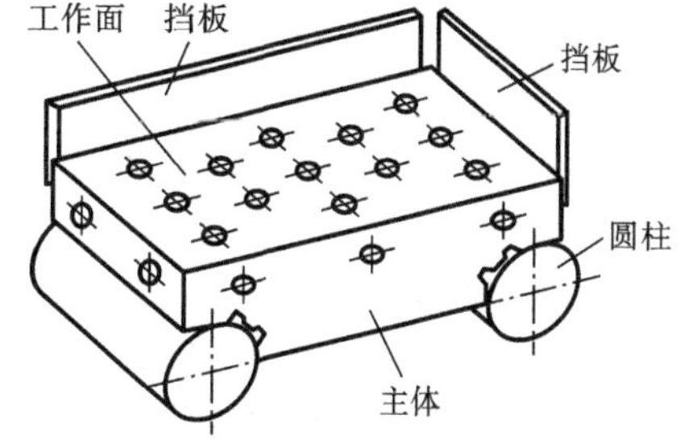

图 6-40　正弦规

图 6-41 所示的为用正弦规检验圆锥工件的示意图。检测时，由被检圆锥的公称圆锥角 α 计算得到量块组尺寸 h，使正弦规工作面与平板的夹角刚好等于被检圆锥的公称圆锥角 α。用合理精度的指示器测出图示 a、b 两点的高度差 Δh，再测出 a、b 两点的距离 l，则锥度误差为

$$\Delta C=\Delta h/l \tag{6-25}$$

锥角误差为

$$\Delta\alpha=\Delta C\times 2\times 10^5 \tag{6-26}$$

式中：$\Delta\alpha$ 的单位为(″)。

2) 用钢球或圆柱量规测量角度和锥度

图 6-42 所示的为用两个不同直径的精密钢球测量内圆锥的方法示意。已知两钢球直径 D_1、D_2，分别测量 L_1 和 L_2，因 $H=L_1-L_2$，故

$$\tan\alpha=(D_1-D_2)/(2H) \tag{6-27}$$

由式(6-26)即可求出实际的角度或锥度。

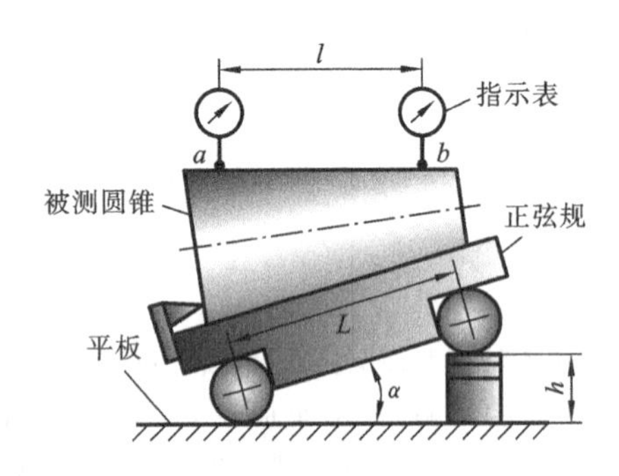

图 6-41　用正弦规检验圆锥

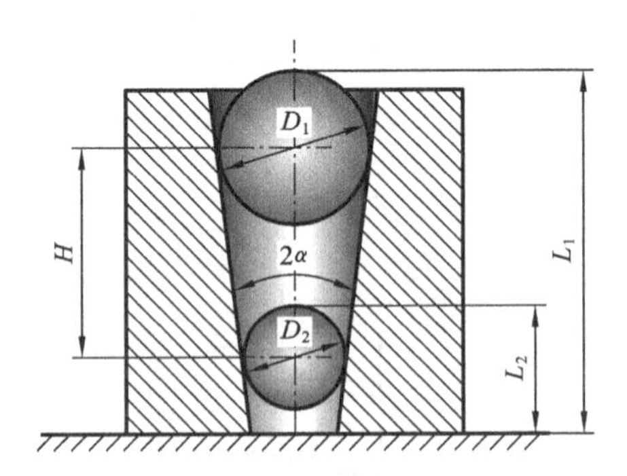

图 6-42　用钢球测量内圆锥

图 6-43 所示的为用两等直径圆柱量规和等高量块组间接测量外圆锥角的方法示意。已知量块组高度 H，分别测量图示 M_1 和 M_2，则有

$$\tan\alpha=(M_1-M_2)/(2H) \tag{6-28}$$

由式(6-27)即可求出实际的角度或锥度。

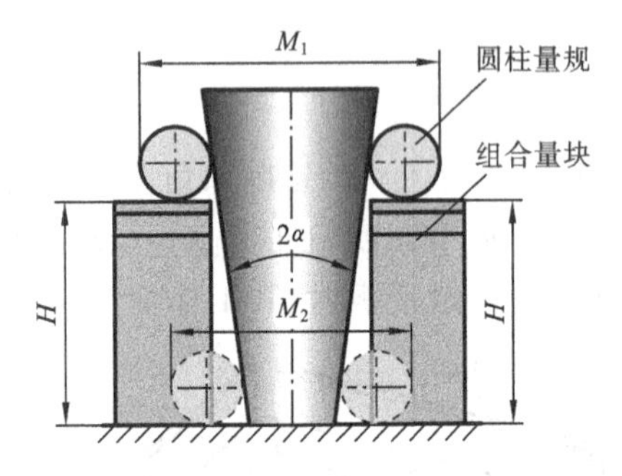

图 6-43　用圆柱量规测量外圆锥

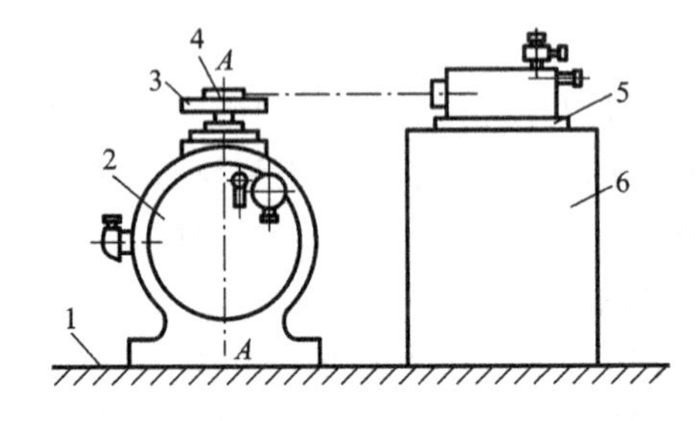

图 6-44　用光学分度头测量角度

1—平板；2—分度头；3—工件台；4—工件；5—自准直仪；6—垫块

2. 直接测量法

1) 用光学分度头测量角度

光学分度头具有较高的分度精度，分度值为 5″以下的分度头可保证 10″以内的分度精度，常用来测量角度块、角度样板等工件。

如图 6-44 所示，用光学分度头测量角度时，调整分度头 2 的主轴 A—A 垂直于平板 1，利用主轴锥孔安装工件台 3，待测角度工件 4 置于其上；置于平板 1 上的垫块 6 上放置分度值小于 1″的自准直仪 5，其光轴垂直于主轴 A—A 并照射工件 4 的侧边。测量时，转动分度头主轴，工件 4 随之转动至准直仪瞄准角度工件 4 的一条边，从分度头读取角度 θ_1；然后继续转动

分度头主轴至准直仪瞄准角度工件4的另一条边，从分度头读取角度θ_2。则被测工件4的角度为$\alpha=180^\circ-(\theta_2-\theta_1)$

2）用测角仪测量角度

图6-45所示的是用测角仪测量角度的测量原理。测量时，将被测工件10放在工作台5上，调整工作台和自准直光管2的位置，使平行光管1中被光源4照射的分划板7上十字刻线的影像经工件表面反射以后，对准在自准直光管的双十字刻线8的正中间，此时从读数显微镜3中读取角度值θ_1。再转动主轴，使刻度盘和工作台随之回转至工件的另一表面，并使来自平行光管十字刻线的影像经该表面反射后再次对准自准直光管双十字刻线8的正中间。然后从读数显微镜读取角度值θ_2。则被测工件6的角度为

$$\alpha=180^\circ-(\theta_2-\theta_1)$$

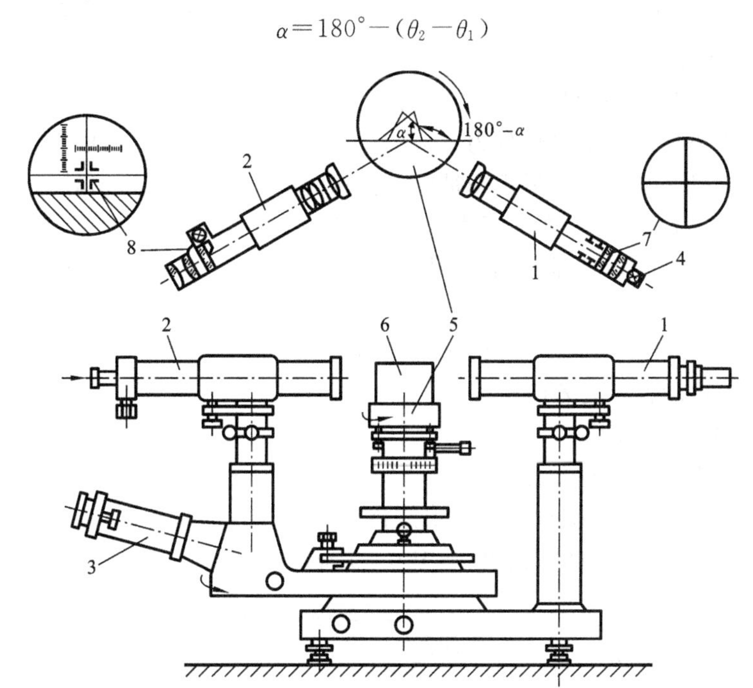

图6-45 用精密测角仪测量角度

3. 比较法

1）用样板比较

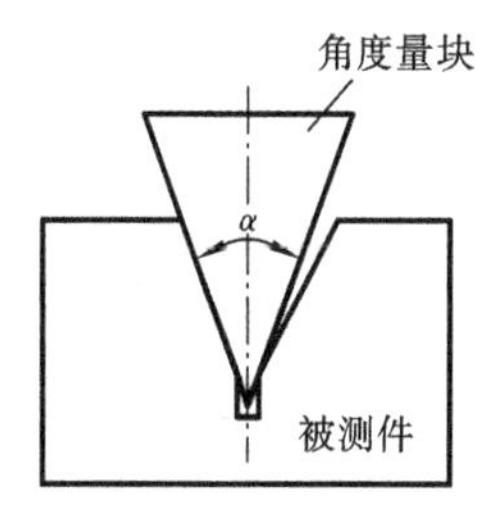

图6-46 角度量块

比较法多用于车间的零件检验。检验时常用一个角度量块或一个角度样板与被测件进行比较，通过观察被测件与量块或样板之间的光缝状态来判断工件是否合格，如图6-46所示。也可按角度零件的两极限角度α_{min}和α_{max}将样板制成极限样板来检验。检验时，若通端检验零件时为小端接触，止端检验时为大端接触，则该零件合格，如图6-47所示。

2）用90°角尺比较

90°角尺是生产车间经常使用的计量器具，分为00级、0级、1级和2级等四个精度等级。00级的角尺作为基准用，应在000级平板上使用，一般保存在计量室；0级用于精密检验，应在00级平板上使用；1级用于一般精度检验，应在0级平板上使用；2级用于画线。

根据结构不同，有圆柱直角尺（00级、0级）、矩形直角尺（00级、0级、1级）、三角形直角尺

(00 级、0 级)、刀口型直角尺(0 级、1 级)、平面直角尺(0 级、1 级、2 级)和宽座直角尺(0 级、1 级、2 级)等六种形式。从检测原理上讲,90°角尺与角度量块或角度样板相同,图 6-48 所示的为车间常用的宽座角尺检验工件的示意图。

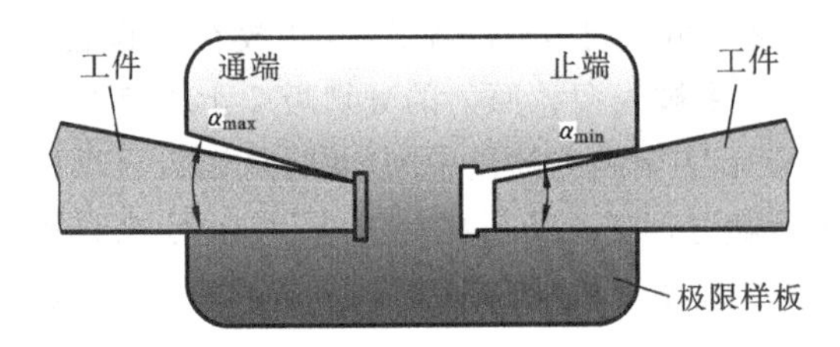

图 6-47 极限角度样板

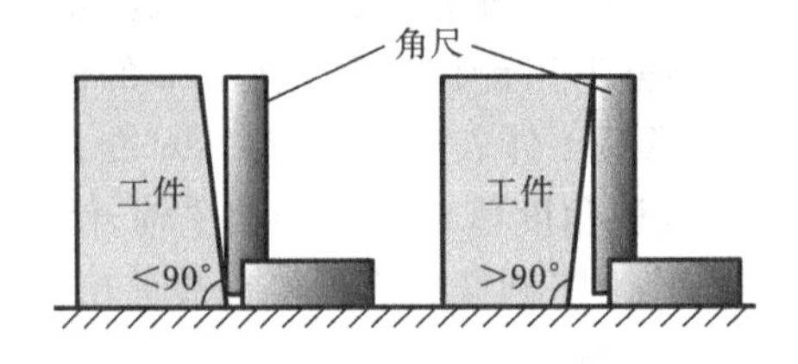

图 6-48 90°角尺检验角度

4. 圆锥量规综合检验法

GB/T 11852 对圆锥量规做了统一的规范。圆锥量规多用于成批生产中综合检验内、外圆锥工件整体的合格性。圆锥量规分为不带扁尾和带扁尾等两种结构形式,如图 6-49 所示。用圆锥量规检验工件是按照圆锥量规与被检工件相配后,二者的轴向相对位置来判断合格与否的。为此,在圆锥量规的一端刻有 Z 标尺标记(两条相距为允许轴向位移量的刻线)或制成高度为 Z 的台阶。Z 标尺标记是根据工件圆锥直径公差 $T_{D工件}$ 和锥度 C 计算出的允许的轴向位移量,即

$$Z=(T_{D工件}/C)\times 10^{3} \tag{6-29}$$

式中:$T_{D工件}$——工件的直径公差(μm);

C——工件的圆锥锥度;

Z——允许的轴向位移量(mm)。

量规上刻制 Z 标尺标记的计量位置,对塞规(检验内圆锥)而言,为刻线的前边缘,对于环规(检验外圆锥)而言,为刻线的后边缘,如图 6-49 所示。

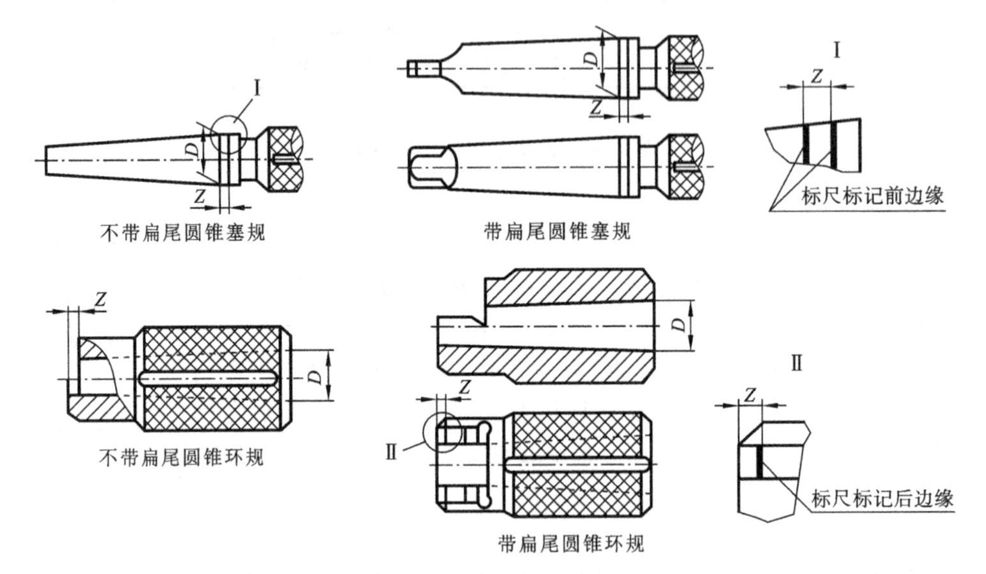

图 6-49 圆锥量规的结构

用圆锥量规检验圆锥工件直径的方法如图 6-50 所示。圆锥环规套入被检外圆锥后,若被检外圆锥的测量面位于图示高度差为 Z 的台阶之间,则被检外圆锥直径合格;圆锥塞规插入

被检内圆锥后，若被检内圆锥的测量面位于图示 Z 标尺标记的两刻线之间，则被检内圆锥直径合格。

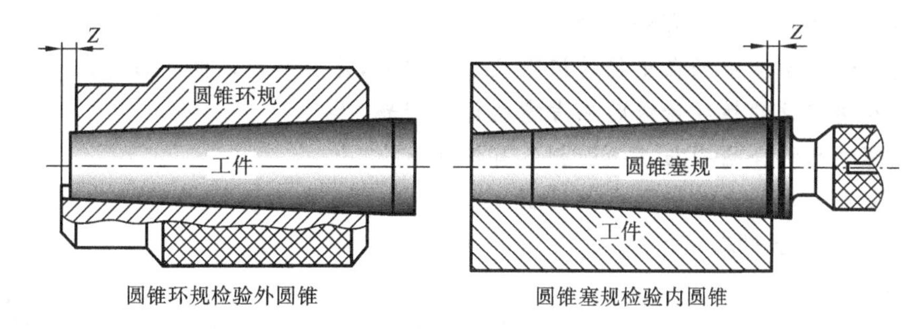

图 6-50　圆锥量规检验工件

不同公差等级内圆锥工件的锥角可用圆锥塞规（锥角公差等级为 1、2、3 级）涂色法来检验。检验时，用红丹粉沿塞规轴向涂三条均布的线；然后轻轻把塞规放入被检锥孔并使二者密合，再正、反研合转动塞规 3～5 次，每次转动 1/3 转左右且轴向力控制在 100 N 以下。对研完后轻抽出塞规，观察二者的接触情况确定被检锥孔合格与否。按 GB/T 11852 的规定，检验时涂层厚度 δ 应不大于表 6-30 所示值，而接触率 ψ 应不小于表 6-30 所示数值。

表 6-30　涂色层厚度及接触率

圆锥工作塞规锥角公差等级	工件锥角公差等级	圆锥长度 L/mm					接触率 ψ /(%)
		>6～16	>16～40	>40～100	>100～250	>250～630	
		涂色层厚度 δ/μm					
1	$AT3$	—	—	—	0.5	1.0	85
	$AT4$	—	—	0.5	1.0	1.5	80
2	$AT5$	—	—	0.5	1.0	1.5	75
	$AT6$	—	0.5	1.0	1.5	2.5	70
3	$AT7$	—	0.5	1.0	1.5	2.5	65
	$AT8$	0.5	1.0	1.5	3.0	5.0	60

结语与习题

Ⅰ. 本章的学习目的、要求及重点

学习目的：了解典型零、部件结合的互换性。

要求：① 了解滚动轴承公差与配合的特点及其应用；② 了解单键和花键的公差与配合特点及其应用；③ 了解螺纹互换性的特点及公差标准的应用；④ 了解圆锥结合公差与配合的特点及其应用。

重点：各典型零、部件互换性的特点及其应用。

Ⅱ. 复习思考题

1. 滚动轴承的互换性有何特点？其公差与配合与一般圆柱体的公差与配合有何不同？
2. 滚动轴承的精度如何划分？各精度的代号及其应用场合如何？

3．滚动轴承承受负荷的类型与选择配合有何关系？

4．单键与轴槽及轮毂槽的配合有何特点？分为哪几类？如何选择？

5．矩形花键的定心方式有哪几种？如何选择？小径定心有何优点？

6．假定螺纹的实际中径在中径的极限尺寸范围内，是否就可以断定该螺纹为合格品？

7．选择紧固螺纹的精度等级时应考虑些什么问题？

8．圆柱螺纹的综合检测与单项检测各有何特点？

9．圆锥公差如何给出并标注在图样上？

10．圆锥体配合分哪几类？

Ⅲ．练习题

1．某0级滚动轴承外径为ϕ90 mm、内径为ϕ50 mm。与其内圈配合的轴的公差带为k5，与其外圈配合的孔的公差带为J6。试画出它们的公差与配合图解，并计算极限间隙(或过盈)以及平均间隙(或过盈)。

2．用平键联结ϕ30H8孔与ϕ30k7轴以传递扭矩，已知$b=8$ mm、$h=7$ mm、$t_1=4$ mm、$t_2=3.3$ mm。试确定键与槽宽的公差配合，绘出孔与轴的剖面图，并标注槽宽和槽深的基本尺寸与极限偏差。

3．按下面给出的矩形花键联结有关参数的公差与配合查表，并分别标注在花键孔和花键轴的剖面图上。

$$6\times26\ \frac{\mathrm{H7}}{\mathrm{f7}}\times30\ \frac{\mathrm{H10}}{\mathrm{a11}}\times6\ \frac{\mathrm{H9}}{\mathrm{d10}}$$

4．查表确定螺栓M24×2—6h的外径和中径极限尺寸，并绘出其公差带图。

5．加工M16—6g的螺栓，已知某种加工方法所产生的误差为$\Delta P_{\Sigma}=-0.01$ mm，牙型半角误差$\Delta\alpha_1/2=+30'$、$\Delta\alpha_2/2=-40'$。问这种加工方法允许实际中径的变化范围是多少？

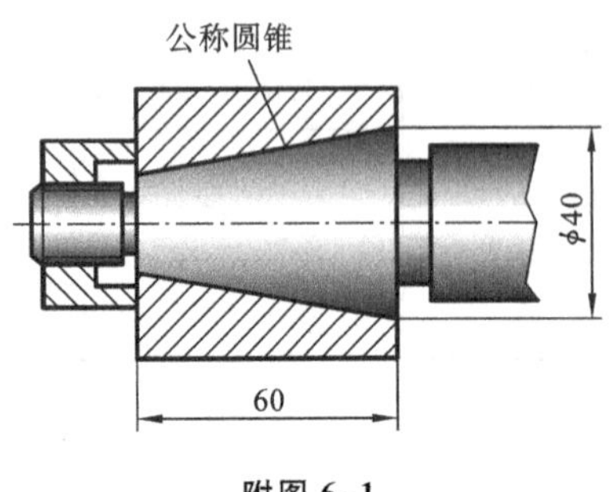

附图 6-1

6．附图6-1所示的为某内、外圆锥配合的装配示意图。

(1) 若锥度为1∶5，求内外圆锥的最小圆锥直径d和锥角α。

(2) 若内圆锥公差带为ϕ40H8，外圆锥公差带为ϕ40h8，分别画出内、外圆锥的零件图，并标注圆锥公差。

(3) 求内、外圆锥配合的轴向位移极限值(E_{amin}、E_{amax})和轴向位移公差(T_{E})。

渐开线圆柱齿轮传动的互换性

齿轮传动用于传递空间任意两轴间的运动或动力，其类型很多，包括：两平行轴间的平面齿轮传动，如圆柱齿轮、齿轮齿条传动机构等；两相交轴间的空间齿轮传动，如圆锥齿轮传动机构等；两交错轴间的空间齿轮传动，如圆锥螺旋齿轮、蜗杆传动机构等。齿轮传动准确可靠、效率高，是机械传动的基本形式之一，并在各类机械中得到广泛应用。

齿轮传动的互换性有如下特点：其一，互换性要求的出发点为保证齿轮副的传动精度，而非包容性配合精度，因而所规定的限制制造误差的互换性参数能分别反映传动精度某方面的要求。其二，由于传动精度受到齿轮副构成质量，包括齿轮本身的制造精度和齿轮支撑轴系精度的共同影响，因而规定的互换性参数分别从齿轮的加工和齿轮副的装配两方面来控制制造误差，以满足使用对传动的精度要求。其三，由于齿轮是由多要素组成的复杂几何体，传动精度又是通过实际齿轮副运转而体现的，通用计量器具难以反映影响传动精度的制造误差，因而齿轮传动互换性参数多数以特定的测量方法或测量项目给出。在各类型齿轮传动中，圆柱齿轮是齿轮传动机构中应用最广，也是最基本的类型。本章将介绍渐开线圆柱齿轮传动的互换性，由此可了解其他齿轮传动互换性的一般规律。

7.1 齿轮传动的使用要求及制造误差

7.1.1 齿轮传动的使用要求

齿轮传动用于传递运动和动力，为保证正常工作及传动的精度、效率及使用寿命，一般情况下，齿轮应有下面四个方面的使用要求。

1. 传递运动的准确性

由机械原理可知，齿廓为渐开线的齿轮在传递运动时，理论上应保持恒定的传动比。但由于制造误差的影响，各轮齿的实际齿廓相对于旋转中心分布不均，且齿廓线也不一定是理论的渐开线，因而实际齿轮传动的传动比并非恒定。齿轮传递运动的准确性或运动精度的作用就是要求齿轮一转范围内传动比的变动不超过一定限度。

传动比的变动程度可通过转角误差的大小来反映。理想传动的齿轮是：主动齿轮转过一个角度 φ_1，从动齿轮应按理论传动比 $i=z_2/z_1$ 相应地转过一个角度 $\varphi_2=\varphi_1/i$。但在实际齿轮的传动中，由于齿轮本身各项误差的影响，从动轮的实际转角 $\varphi'_2\neq\varphi_2$，存在转角误差 $\Delta\varphi=\varphi'_2-\varphi_2$，且 $\Delta\varphi$ 随齿轮的转动而变化，从而导致实际传动比 $i'=\varphi_1/(\varphi_2+\Delta\varphi)\neq i$，且不为常数。如图 7-1 (a)所示的一对齿数相同的齿轮，主动轮为理想齿轮，而从动轮为具有齿距分布不均等误差的齿轮，图中虚线为从动轮的理论齿廓，实线为从动轮的实际齿廓。这对齿轮的理论传动比为 $i=1$，即在齿轮传动的过程中，当主动轮转过 180°时，从动轮理应转过 180°，但对于第 3

齿到第 7 齿,从动轮只转过 179°53′,产生转角误差 $\Delta\varphi_{\Sigma}=7'$,实际传动比 $i'=180°/179°53'\neq1$。在齿轮传动的一转范围内,从动齿轮必然会产生最大的转角误差 $\Delta\varphi_{\Sigma}$(见图 7-1(b)),它的大小反映了齿轮传动比的变动,亦即反映齿轮在一转范围内传递运动的准确程度。

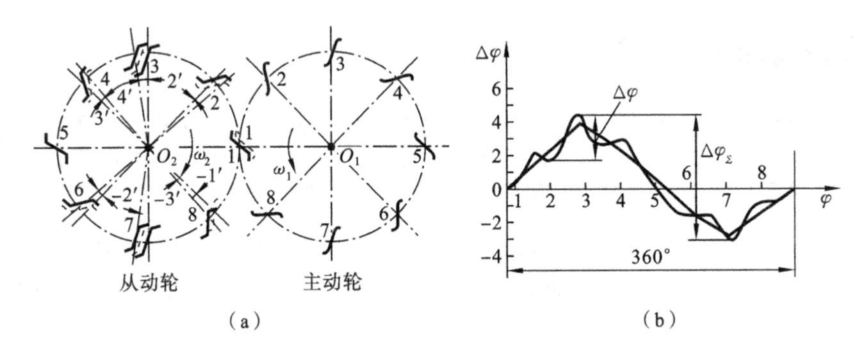

图 7-1　转角误差

在齿轮传动误差分析中,称引起齿轮一转范围内传动比的最大变动(最大转角误差)的误差为长周期误差。因而,要保证齿轮传动的运动精度,应控制齿轮的长周期误差。

2. 传动的平稳性

传动的平稳性或齿轮工作平稳性精度的作用就是要求齿轮在转过一个轮齿或一个齿距角范围内瞬时传动比的变动不超过一定的限度。一对理想渐开线齿轮在理想安装条件下的瞬时传动比应该恒定,但实际齿轮由于受齿廓误差、齿距误差等影响,传动比在任何时刻都会有波动,即使转过很小的角度都会引起转角误差。如图 7-1(b)所示,齿轮在一转范围内不仅存在最大转角误差 $\Delta\varphi_{\Sigma}$,而且当齿轮每转过一个齿距角时,还会存在小的转角误差 $\Delta\varphi$,并在齿轮一转中多次重复出现,可取其中最大的一个,即转角误差曲线上波峰波谷的差值中最大者来评价瞬时传动比的变动。在齿轮传动的过程中,瞬时传动比的变化将引起噪声、冲击、振动,反映齿轮传动的平稳性。

在齿轮传动误差分析中,称引起齿轮转过一个轮齿或一个齿距角内瞬时传动比变动的误差为短周期误差。要保证齿轮传动的平稳性精度,应控制齿轮的短周期误差。

3. 负荷分布的均匀性

负荷分布的均匀性或齿轮接触精度的作用就是要求在轮齿啮合过程中,沿工作齿面的全齿长和全齿高上保持均匀接触,并且接触面积尽可能大。理想齿轮的工作齿面在啮合过程中可以保证全部均匀接触,但实际齿轮由于受各种误差的影响,工作齿面不可能全部均匀接触,如图 7-2 所示。这种局部接触会导致该部分齿面承受负荷过大,产生应力集中,造成局部磨损或点蚀,影响齿轮的寿命。因此,为了保证齿轮能正常传递负荷,对齿轮传动的工作齿面的接触面积应有一定要求,这就是齿轮负荷分布的均匀性要求。

4. 齿轮副侧隙

齿轮副侧隙(齿侧间隙)是指一对齿轮啮合时,啮合的轮齿在非工作齿面间应留有合理的间隙,如图 7-3 所示。齿轮副侧隙的作用是保证啮合齿面间能形成油膜润滑、补偿齿轮副的安装与加工误差,以及补偿受力变形和发热变形,防止齿面烧伤或齿轮卡死。

一般来说,为使齿轮传动性能好,对齿轮传动的准确性、平稳性、负荷分布的均匀性及侧隙均应有一定的要求。然而,对于不同用途的齿轮,其使用要求的侧重点是不同的。例如,读数与分度齿轮主要用于测量仪器的读数装置、精密机床的分度机构及伺服系统的传动装置,这类

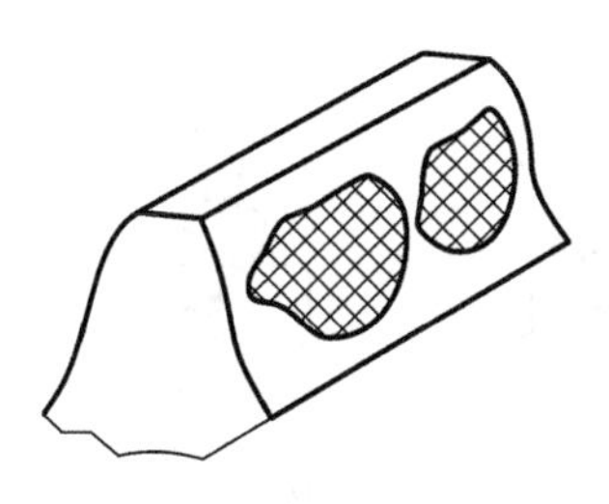

图 7-2　齿面接触区域

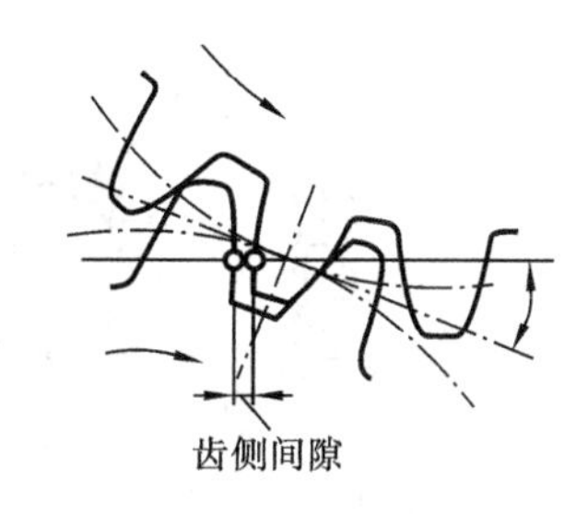

图 7-3　齿轮副侧隙

齿轮的工作负荷与转速都不大，主要的使用要求是传递运动的准确性。高速齿轮，如减速器、汽车、飞机中的齿轮，转速较高，对噪声、冲击、振动要求严格，它们的使用要求主要是运动的平稳性。传递动力的齿轮，如轧钢机、起重机及矿山机械中的齿轮，主要用于传递扭矩，它们的使用要求主要是负荷分布的均匀性。也有四个方面使用要求都较高的齿轮，如蒸汽轮机、水轮机中的齿轮；也有四个方面使用要求都较低的齿轮，如手动调整用的齿轮。各类齿轮传动都应保证适当的齿侧间隙，但对于可逆传动中的齿侧间隙还应加以限制，减小回程误差。

7.1.2　齿轮制造误差分析

由于齿轮传动的使用要求受到制造误差的制约，只有了解各种制造误差对上述传动要求的影响，才能对各传动要求合理地规定不同的评定项目，并给出相应的公差或极限偏差；同时，只有了解各种制造误差的来源，才能合理选用加工方法，并采取必要的措施在工艺过程中控制制造误差，以达到设计所要求的传动精度。因而，分析研究齿轮传动制造误差（包括加工误差及齿轮副装配误差）是建立齿轮传动互换性规范的基础。

1. 齿轮传动制造误差的分类

在齿轮加工和装配的制造过程中，各种因素所导致的误差将影响传动精度，可从不同的角度对制造误差做下述分类。

从误差出现的结构部位来看，齿轮传动的制造误差可分为：齿距误差，即实际齿距并非理论齿距，或各同侧齿面相对于齿轮回转中心分布不均匀；齿廓误差，即实际齿廓并非理论的渐开线齿廓或并非处于正确的方位；齿向误差，即实际齿面沿齿轮轴线（或齿长方向）的形状及位置误差；齿厚偏差，即为获得必要的齿侧间隙而规定齿厚极限偏差，使实际齿厚并非理论齿厚；齿轮副两轴线误差，即装配后齿轮副实际中心距并非理论中心距，或两轴线的方位误差。

从误差出现的方向来看（见图 7-5(a)），齿轮传动的制造误差可分为：径向误差，即沿齿轮回转的径向（圆柱齿轮的齿高方向）的误差；切向误差，即沿齿轮回转的圆周方向上的误差；轴向误差，即沿齿轮实际轮齿长方向上的误差。

从误差对传动比的影响来看，齿轮传动的制造误差可分为：长周期误差，即导致齿轮回转一周范围内传动比最大波动的误差；短周期误差，即导致齿轮回转一个齿距角范围内瞬时传动比波动的误差。

2. 齿轮的加工误差及其对传动的影响

齿轮的加工方法很多，按渐开线的形成原理可分为成形法和范成法等两种。

成形法是用成形刀具逐齿间断分度加工齿轮的。如图 7-4 所示，可用刀刃具有渐开线轮廓的盘状齿轮铣刀或指状齿轮铣刀加工齿轮。

范成法（亦称展成法）是用齿轮插刀、滚刀或砂轮等刀具按齿轮啮合原理加工齿轮的。图

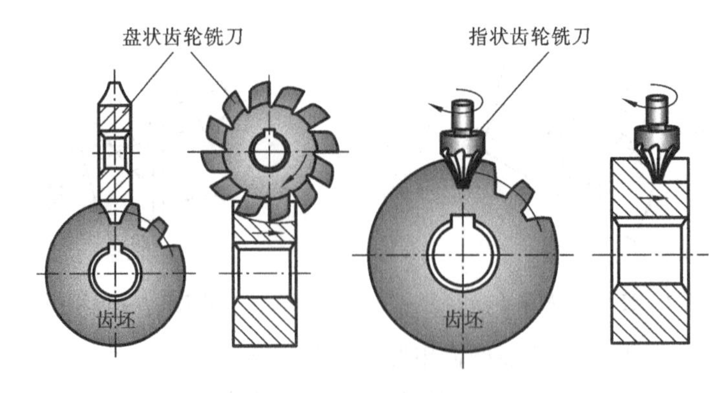

图 7-4　齿轮成形加工

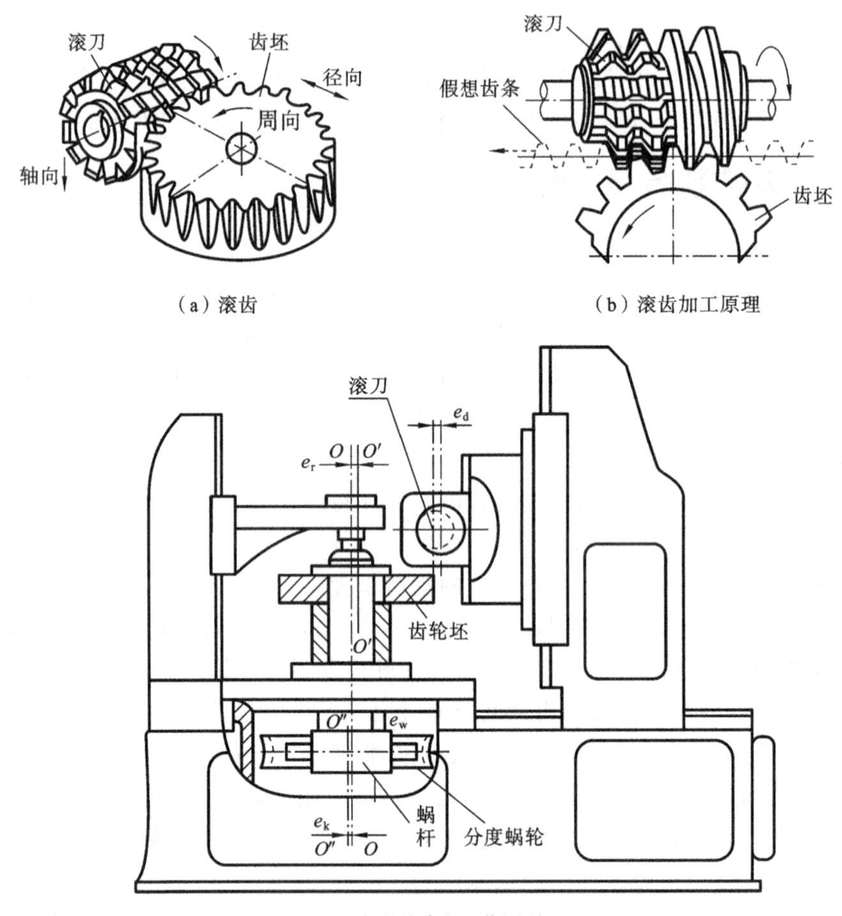

图 7-5　滚齿加工

7-5(b)所示的为滚齿加工原理示意图,滚刀的各刀齿依次排列在圆柱螺旋线上,可绕轴线回转进行切削加工。滚齿加工时,齿坯绕滚齿机工作台回转中心旋转,滚刀绕自身轴线回转,二者的径向处于理论齿轮齿条啮合距离,且滚刀轴线与齿坯端面的夹角为滚刀的螺旋升角(加工直齿轮),使滚刀螺旋线的切线方向与齿坯待切轮齿的方向相同。由于滚刀在轮坯端面上的投影为一齿条,当滚刀转动时,相当于该齿条连续向前移动。若滚刀为单头螺旋线滚刀,则滚刀转一圈时，齿坯按齿轮齿条的啮合关系同步回转角度 360°/Z（Z 为被加工齿轮的齿数）即可切出一个齿。当滚刀不断旋转，同时齿坯按啮合关系同步转一圈，则整个齿圈将被切出，此即展成加工原理。另外，实际加工中，为在全齿宽范围内加工出齿廓，滚刀应能沿被加工齿轮的轴向移动。由于全齿高齿廓不是齿坯回转一圈一次切成的，而是分多次进给切出，因此，滚刀应能沿齿坯的径向移动。

由于实际生产中，广泛采用基于范成法的滚齿机加工齿轮，这里以滚齿机上加工齿轮为例（见图 7-5(c)所示滚齿机工作原理示意图），分析整个工艺系统工作时可能导致的典型的齿轮加工误差。

(1) 几何偏心 e_r。

如图 7-5(c)所示，由于齿坯安装孔和滚齿机心轴之间有间隙，或者齿坯本身的外圆和安装孔不同心等因素的影响，齿坯安装孔的轴线 $O'O'$ 和滚齿机工作台回转中心 OO 不重合，其偏心量即为几何偏心 e_r。

当齿轮在加工过程中存在几何偏心 e_r 时（见图 7-6），滚刀轴线 O_1O_1 到滚齿机工作台回转中心 O 的距离 A 不变，而齿坯安装孔中心 O' 绕滚齿机工作台回转中心 O 旋转，即 O_1O_1 到 O' 的距离 A' 是变动的，且 $A'_{max}-A'_{min}=2e_r$。此时，加工得到的轮齿一边齿深且瘦长，另一边齿浅且短肥；若不考虑其他误差的影响，各齿廓在 O 为圆心的分度圆上分布是均匀的，如图 7-6 所示，$P_{ti}=P_{tk}$，而在以 O' 为圆心的圆周上分布不均匀，$P'_{ti}\neq P'_{tk}$，以 O 为中心的实际齿廓相对于 O' 来说有周期性径向移动，即径向误差，使被加工的齿轮产生齿距误差和齿厚误差。在齿轮使用时，若工作中心为 O'，各齿廓相对于以 O' 为中心的节圆分布不均，必在一转范围内产生最大转角误差，使传动比呈长周期变化，从而主要影响齿轮传递运动的准确性，同时实际齿廓相对于 O' 的径向移动亦将引起齿侧间隙的变化。

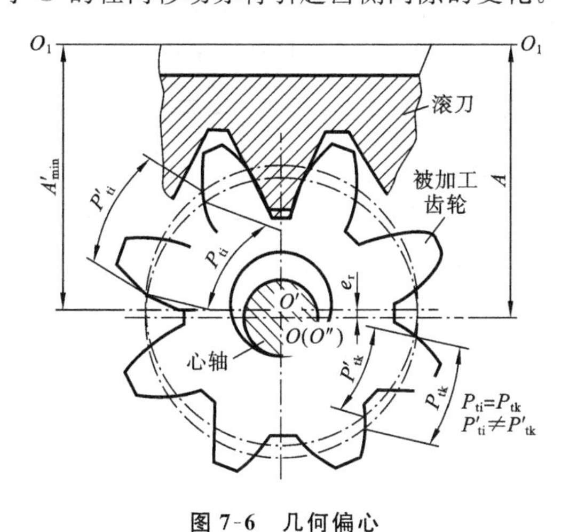

图 7-6　几何偏心

e_r—几何偏心；O—滚齿机工作台回转中心；O'—齿坯基准孔中心

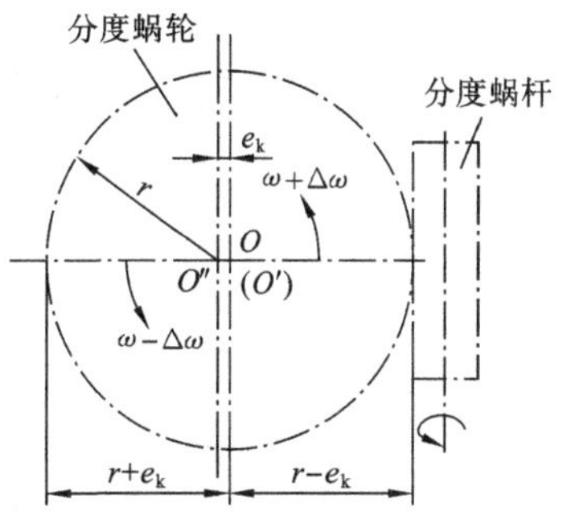

图 7-7　运动偏心

(2) 运动偏心 e_k。

如图 7-5(c)所示，机床分度蜗轮的加工误差或者分度蜗轮的安装偏心，使机床分度蜗轮的轴心线 $O''O''$ 和滚齿机工作台的回转中心 OO 不重合，其偏心量即为运动偏心 e_k。

如图 7-7 所示，分度蜗轮的分度圆中心为 O''，工作台的回转中心为 O（假设和齿坯基准孔中心 O' 重合）。假设滚刀匀速回转，经过分齿传动链，蜗杆也匀速回转，即速度 $v=$ 常数，分度蜗轮的角速度和节圆半径的关系为 $\omega=v/r$。由于分度蜗轮的节圆半径 r 在 $(r-e_k)\sim(r+e_k)$

之间周期性变化，所以分度蜗轮连同齿坯的角速度 ω 也相应在$(\omega+\Delta\omega)\sim(\omega-\Delta\omega)$之间变化，即齿坯相对于滚刀的转速不均匀，忽快忽慢，破坏了滚刀转一转，齿坯转 $360°/z$ 的确定关系而呈周期性变化，导致加工出来的齿轮的齿廓在齿坯切向上产生周期性位置误差，即产生齿距误差，同时齿廓产生畸变，即产生齿形的周期性误差。从而，在使用中传动比呈长周期变化，主要影响齿轮传递运动的准确性。

(3) 机床传动链的高频误差。

加工直齿轮时，分度传动链中各传动部件误差的影响，主要是分度蜗杆的径向跳动和轴向窜动的影响，使分度蜗轮连同齿坯在一转范围内的瞬时产生转速波动，从而导致加工出来的齿轮产生齿距偏差、齿形误差。加工斜齿轮时，除了分度传动链误差外，还受到差动传动链传动误差的影响。这些误差的影响呈短周期性，主要影响齿轮的工作平稳性及负荷分布的均匀性。

(4) 滚刀的安装误差和制造误差。

如图 7-5(c)所示，滚刀的安装偏心 e_{d}、滚刀本身的径向跳动、轴向窜动和齿形角偏差等，在齿轮加工过程中都会被反映到被加工齿轮的每一个轮齿上，是产生齿廓偏差的主要因素，同时还会使齿轮产生基节偏差。这些误差的影响呈短周期性，主要影响齿轮的工作平稳性及负荷分布的均匀性。

(5) 齿坯安装偏斜或滚刀架导轨偏斜。

当齿坯安装中心线相对于滚齿机工作台回转轴线发生如图 7-8(a)所示的倾斜，或滚刀架导轨相对于滚齿机工作台回转轴线发生如图 7-8(b)所示的倾斜时，滚刀的进刀方向与齿坯的几何中心线不平行，导致加工出的轮齿在齿长上一边深、一边浅，从而影响齿轮的负荷分布均匀性。

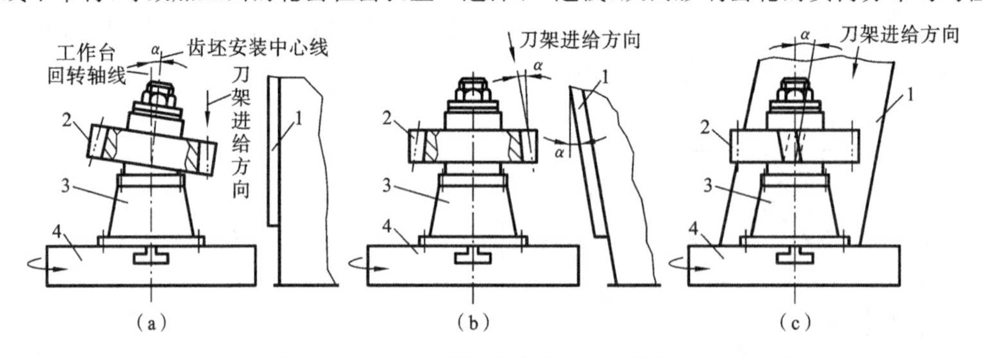

图 7-8 齿坯安装偏斜及滚刀架导轨偏斜

1—刀架导轨；2—齿坯；3—夹具座；4—滚齿机工作台

当滚刀架导轨相对于滚齿机工作台回转轴线发生如图 7-8(c)所示的倾斜时，滚刀的进刀方向与齿坯的几何中心线不平行，导致加工出轮齿的齿向偏离设计齿向，从而影响齿轮的负荷分布均匀性及齿侧间隙，偏斜严重时甚至会导致齿轮副卡死。

3. 齿轮副安装误差及其对传动的影响

齿轮传动是通过一对绕各自轴回转的齿轮相互啮合实现的，因此传动的使用要求受到齿轮轴的安装误差的影响。

对圆柱齿轮而言，理论上相互啮合的一对齿轮的回转线应共面且平行，但由于制造误差的存在，安装后两实际回转轴线并非共面或不平行。如图 7-9(a)所示的圆柱齿轮副两轴线不共面，图 7-9(b)所示的圆柱齿轮副两轴线不平行，这两种情况都将导致两啮合齿轮的齿向相互偏斜，从而影响齿轮的负荷分布均匀性及齿侧间隙，偏斜严重时甚至会导致齿轮副卡死。

另外，齿轮副两齿轮回转轴安装后的实际中心距偏差将影响齿侧间隙。

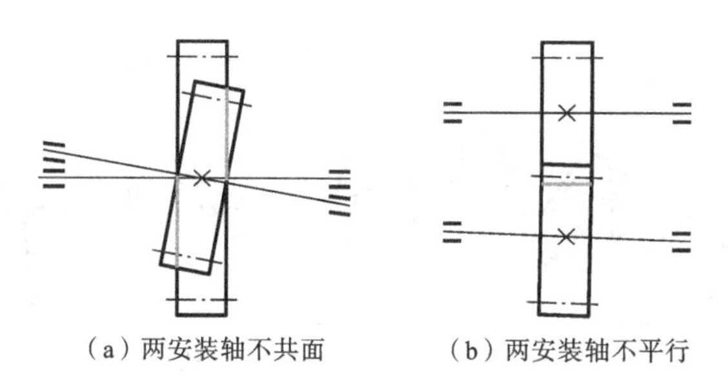

图 7-9　齿轮副安装误差

7.2　齿轮制造误差的控制及检测

如图 7-10 所示，齿轮是由多个几何要素构成的几何体。理论上，由左、右两侧渐开线形齿廓，沿齿轮回转轴线的轴向形成左、右两侧渐开线齿面，并构成轮齿的齿宽；在齿顶圆和齿根圆之间，由左、右两侧齿面间具有理论齿厚的实体构成轮齿；由均布在分度圆上的多个轮齿构成齿轮。

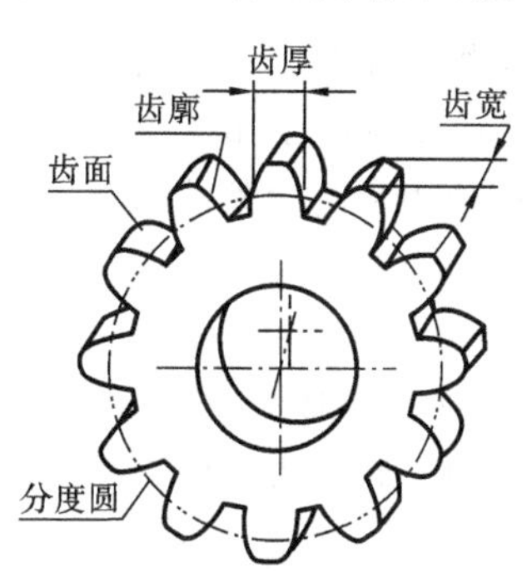

图 7-10　齿轮结构要素

理想的传动中，两相互啮合的齿轮应按啮合原理保证传动比的恒定和传动平稳，同时，要有足够承载的接触面积和适度的齿侧间隙。但构成齿轮的各要素和结构以及两轮的安装存在制造误差，这将影响传动的质量。为此，国家标准 GB/T 10095.1～2，以及指导性技术文件 GB/Z 118620.1～4 分别对齿轮和齿轮副规定了齿轮制造的精度制和检验规范，以控制齿轮要素及结构的加工误差和齿坯及齿轮副安装误差，形成了齿轮制造的标准体系。

7.2.1　控制单个齿轮加工误差的单项参数及其检测

在实际齿轮制造中，各组成要素的加工误差将影响齿轮的传动质量。为了控制齿轮各要素的加工误差，GB/T 10095 及指导性技术文件 GB/Z 18620 分别规定了如下单项评定和检测参数。

1. 同侧齿面周向分布误差的控制及检测

1）齿距误差的评定参数

(1) 单个齿距偏差 f_{pt} 和基圆齿距偏差 f_{pb}。

① 单个齿距偏差(individual circular pitch deviation) f_{pt}　是指在端平面上，接近齿高中部的一个与齿轮轴线同心的圆上，实际齿距与理论齿距(P_t)的代数差(见图 7-11)。单个齿距偏差是 GB/T 10095.1 规定的控制齿轮加工误差的参数，其反映两相邻轮齿同侧齿面间周向分布的位置误差为切向短周期误差，因此单个齿距偏差是保证齿轮工作平稳性精度的参数之一。

由渐开线齿轮的啮合原理可知，分度圆齿距(周节) P 与基圆齿距(基节) P_b 及分度圆压力角 α 之间的关系为

$$P_b = P\cos\alpha$$

全微分上式有，

$$\Delta P_b = \Delta P\cos\alpha - P\sin\alpha \times \Delta\alpha \tag{7-1}$$

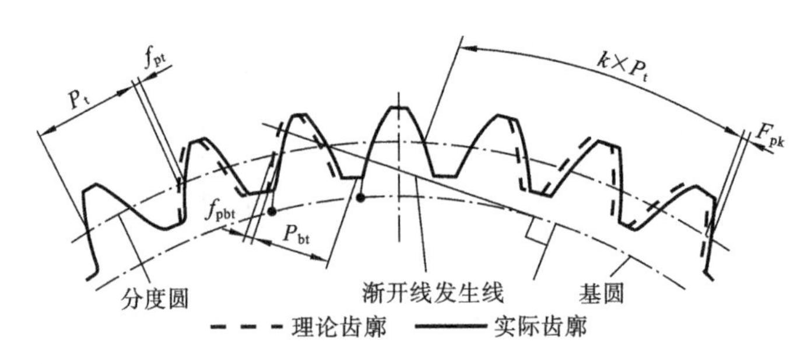

图 7-11　同侧齿面周向分布误差

式中：ΔP_b——基节误差；

ΔP——齿距误差；

$\Delta\alpha$——齿形角误差。

此式表明，这三者均影响齿轮的工作平稳性，因而指导性技术文件 GB/Z 18620.1 给出了基圆齿距偏差 f_{pb} 这一检验参数。

② 基圆齿距偏差(base circular pitch deviation)f_{pb}　是指实际基节与公称基节的代数差。根据使用和测量条件的要求，基圆齿距偏差分为端面基圆齿距偏差 f_{pbt}(见图 7-11)和法向基圆齿距偏差 f_{pbn} 等两种，且二者的关系为

$$f_{pbn}=f_{pbt}\cos\beta_b \tag{7-2}$$

式中：β_b——基圆螺旋角。

对于圆柱直齿轮，$\beta_b=0$，有 $f_{pbn}=f_{pbt}$。

基圆齿距偏差对齿轮工作平稳性的影响主要体现在相邻同侧齿面转过一个齿距角，在进入和脱离啮合时传动比的瞬时突变。如图 7-12 所示的两啮合齿轮，主动轮 1 具有公称基节 P_{b1}，而从动轮 2 的基节 P_{b2} 有偏差。若 $P_{b2}<P_{b1}$(见图 7-12(a))，则当前一齿廓在 a_1 和 a_2 点啮合终止时，下一齿廓的 b_1 和 b_2 点尚未进入啮合，此时主动轮 1 的齿顶点 a_1 将离开啮合线并在从动轮 2 的齿面上刮行，导致从动轮 2 突然减速；以至下一齿廓接触从动轮 2 的 b_2 点进入啮合时，从动轮 2 又突然增速至正常速度。若 $P_{b2}>P_{b1}$(见图 7-12(b))，则当前一齿廓尚在 a_1 和 a_2 处正常啮合时，下一齿廓将在啮合线外提前接触从动轮 2 的齿顶 b_2 点进入啮合，此时从动轮 2 突然增速并导致前一齿廓提前脱齿，以至从 b_2 点刮行至啮合线上，从动轮 2 减速至正常速度。以上两种情况均会引起齿面转过一个齿距角时传动比的突变，说明基圆齿距偏差是一种影响工作平稳性的切向短周期误差。

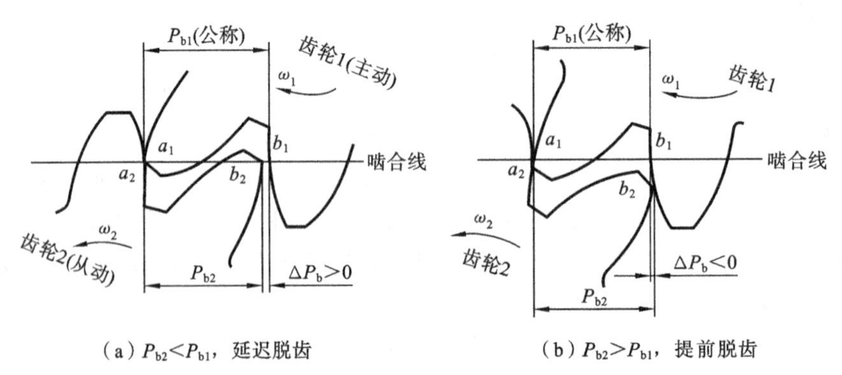

图 7-12　基圆齿距偏差对传动的影响

(2) 齿距累积偏差 F_{pk} 及齿距累积总偏差 F_P。

① 齿距累积偏差(accumulative pitch deviation)F_{pk}　是指任意 k 个齿距的实际弧长与理论弧长的代数差。理论上它等于这 k 个齿距各单个齿距偏差的代数和，即

$$F_{pk} = \sum_{i=1}^{k}(f_{pt})_i \quad (k = 2,\cdots,z) \tag{7-3}$$

齿距累积偏差是 GB/T 10095.1 规定的控制齿轮加工误差的参数，多用于传动比较大的齿轮副中的大齿轮。对于齿数较多，精度要求较高的齿轮，为了防止在较小转角内产生过大的转角误差，应限制 F_{pk}。但除非另有规定，F_{pk} 的允许值适用于 $k=2\sim z/8$(z 为齿数)的弧段内。通常取 $k\approx z/8$ 就足够了，对于特殊的应用(如高速齿轮)，需规定较小的 k 值。图 7-11 所示的为跨三个齿距，即 $k=3$ 时的齿距累积偏差 F_{p3}；图 7-13(a)所示的为同侧齿面各齿距累积偏差的示意图。

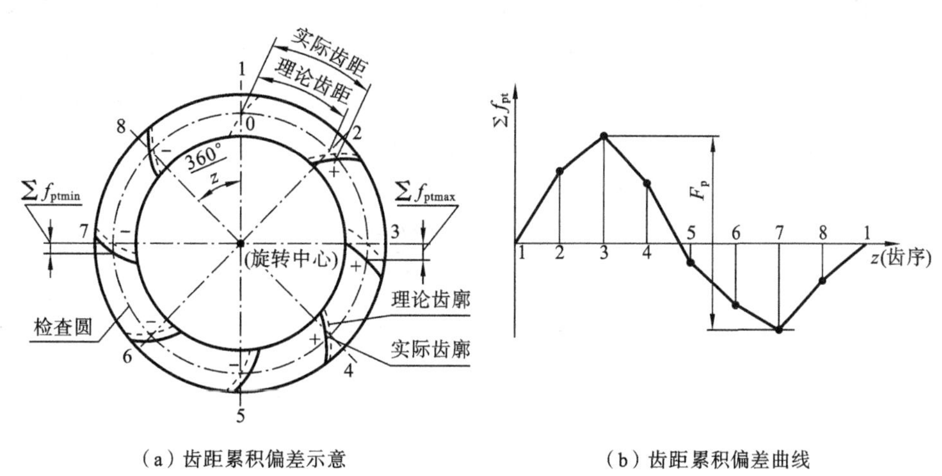

(a) 齿距累积偏差示意　　(b) 齿距累积偏差曲线

图 7-13　齿距累积偏差和齿距累积偏差曲线

② 齿距累积总偏差 (total accumulative pitch deviation)F_p　是指齿轮同侧齿面任意弧段($k=1\sim z$)内的最大齿距累积偏差，即实际弧长与理论弧长的最大差值的绝对值，它表现为齿距累积偏差曲线的总幅度值，如图 7-13(b)所示。齿距累积总偏差是 GB/T 10095.1 规定的基本参数，是单个齿轮传递运动准确性精度的评定参数之一。

无论是径向误差(见图 7-6)还是切向误差(见图 7-7)的存在，都会引起齿轮在分度圆上的齿距变化，显然会引起转角误差，影响齿轮传递运动的准确性。因此齿距累积总偏差既可反映齿轮的径向误差，也可反映切向误差，能较全面地评定齿轮的运动精度。

2) 齿距偏差及齿距累积偏差的检测

齿距偏差及齿距累积偏差的测量方法有相对法和绝对法等两类。

(1) 相对法。

相对法测量齿距偏差及齿距累积偏差常用齿距仪检测，基圆齿距偏差常用基节检查仪检测。

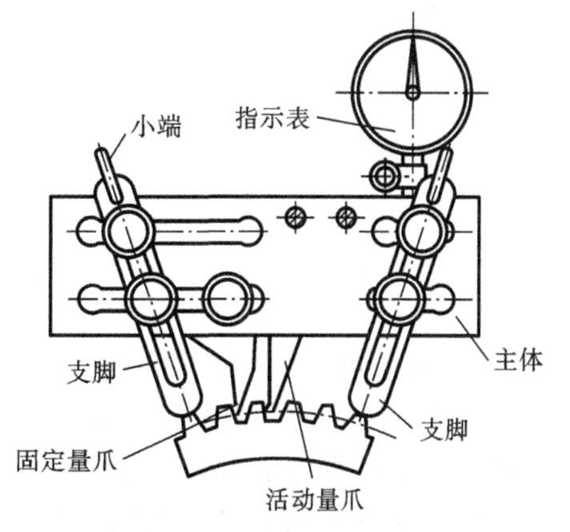

图 7-14　用齿距仪测量齿轮

图 7-14 所示齿距仪可测模数为 3～15 mm 的齿

轮。固定量爪可以在主体的槽内移动。槽旁有按模数刻制的标尺,其刻度间距为 $\pi=3.14$ mm,以便在调整时使两量爪之间的距离大致等于一个齿距。活动量爪通过放大倍数为 2 的角杠杆与指示表相联,若指示器的刻度值为 0.01 mm,则可得 0.005 mm 的读数值。

测量时,若以齿顶圆定位,则利用仪器的两支脚靠在齿顶圆上;若以齿根圆定位,则将两支脚掉头后用小端插入齿槽,靠在齿根圆上。然后调整支脚的伸出长度,使两量爪在分度圆附近与被测齿廓接触。

现以表 7-1 所示数据为例,表述齿数为 18 的齿轮的测量及数据处理过程。测量中,首先以被测齿轮任意两相邻齿之间的实际齿距作为基准齿距调整仪器,然后按齿序 N 顺序测量各相邻齿的实际齿距相对于基准齿距之差,称为相对齿距偏差,填入表中 A 行。其次,将相对齿距偏差逐项累加,求出最终累加值的平均值 $\sum A/n$ (n 为齿数)并填入 B 行。再将平均值反号后与 A 行中各相对齿距偏差相加,分别求得各齿距偏差 $(f_{pt})_i$ $(i=1,2,\cdots,n)$,并填入 C 行。最后将它们逐个累加,并将各累加值 $\sum(f_{pt})_i$ $(i=1,2,\cdots,n)$ 依次填入 D 行。由表可知,C 行中第 17 个齿距的齿距偏差绝对值最大,所以该齿轮齿距偏差 $f_{pt}=+5$ μm;D 行中,逐齿累积的最大值与最小值之差即为被测齿轮的齿距累积总偏差 $F_p=(+10-(-9))$ μm $=19$ μm。另外,k 个绝对齿距偏差的代数和则是 k 个齿距的齿距累积偏差。

表 7-1　齿距偏差测量数据处理　　(μm)

齿序 N	1	2	3	4	5	6	7	8	9	10	11	12	13	14	15	16	17	18
A	+25	+23	+26	+24	+19	+19	+22	+19	+20	+18	+23	+21	+19	+21	+24	+25	+27	+21
B	+22.00																	
C	+3	+1	+4	+2	−3	−3	0	−3	−2	−4	+1	−1	−3	−1	+2	+3	+5	−1
D	+3	+4	+8	+10	+7	+4	+4	+1	−1	−5	−4	−5	−8	−9	−7	−4	+1	0

图 7-15(a)所示的为采用基节检查仪测量基圆齿距偏差的方法。基节检查仪可测量模数为 2～16 mm 的齿轮,指示器的刻度值为 0.001 mm。活动量爪通过杠杆和齿轮同指示表相联,旋转微动螺杆可调节固定量爪的位置。利用仪器附件,调节固定量爪与活动量爪之间的距离为公称基节 P_b 时使指示表对零。测量时,将固定量爪和辅助支脚骑在轮齿上部两侧齿廓上(见图 7-15(b)),旋转螺杆调节支脚的位置,使它们与齿廓接触,以保持测量时量爪的位置稳定。摆动基节仪,指示器指针回转点的读数为实际基节对公称基节之差,即为该相邻齿廓的基圆齿距偏差。在相隔 120°处对左右齿廓进行测量,取所得读数中绝对值最大的数作为被测齿轮的基圆齿距偏差 Δf_{pb}。

(2) 绝对法。

利用精密分度装置(刻度盘、分度盘及多面棱体等)控制被测齿轮每次转过一个或 k 个理论齿距角,或利用定位装置控制被测齿轮每次转过一个齿或 k 个齿,从通过杠杆与被测齿廓接触的指示器上读取其实际转角与理论转角之差(以检查圆弧长计),即可直接测得单个齿距偏差 Δf_{pt},从而可算出齿距累积总偏差和齿距累积偏差。

用绝对法测量齿距累积总偏差和齿距累积偏差,所得结果不受测量误差累积的影响,并能在最大最小误差之处多次重复测量进行校核,因而比较精确可靠。

2. 齿廓形状及位姿误差的控制及检测

齿廓偏差(tooth profile deviation)是指实际齿廓对设计齿廓的偏离量,该量在端平面内且

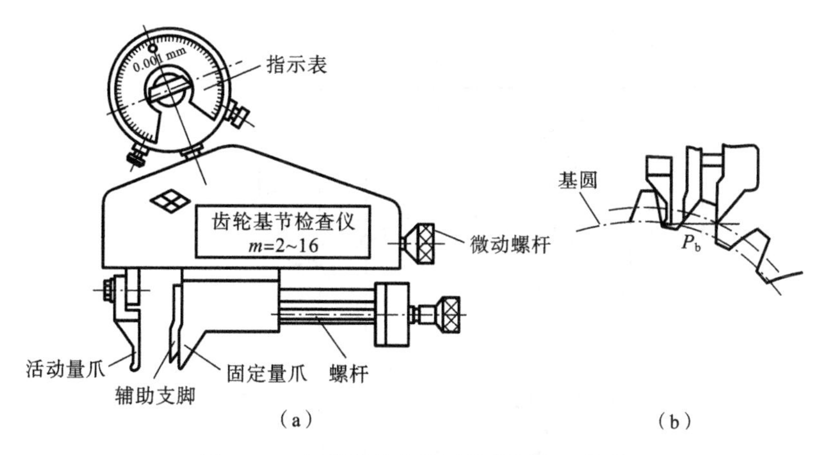

图 7-15　用基节检查仪测量基圆齿距偏差

垂直于渐开线齿廓的方向计值。由于设计齿廓包括齿顶倒角和齿根圆角，同时受相配齿轮齿廓的影响，GB/T 10095.1 对齿廓偏差的计值范围做了规定。

图 7-16 上部所示的为绘制齿廓迹线的齿廓图(齿廓迹线是齿廓检验设备所记录的齿廓偏差曲线)。若被测齿廓为未经修形的理想渐开线，则齿廓偏差为零，即设计齿廓迹线为直线(注修形渐开线齿廓的设计齿廓迹线为曲线)。由于实际齿廓为非理想渐开线，因而实际齿廓迹线将偏离设计齿廓迹线，其偏离之差表示实际齿廓对被测齿轮的基圆所展成的渐开线齿廓的偏差，且位于设计齿廓迹线上方为正偏差，下方为负偏差。另外，未经修形的渐开线齿廓，其实际齿廓迹线的最小二乘直线称为平均齿廓迹线，即实际齿廓迹线各点到平均齿廓迹线距离的平方和为最小。平均齿廓迹线用于评价实际齿廓的形状误差及位姿(位置和倾斜)误差。

图 7-16 下部所示的为实际齿廓的齿廓迹线示例图。图中实际齿廓 A 点为齿顶或齿顶倒棱(倒圆)起始点，F 为齿根圆角(或挖根)的起始点，E 为与相配轮齿有效啮合的终点(一般为与相配齿轮齿顶圆的接触点)。设在相配理想齿轮驱动下该实际齿轮顺时针旋转，其上各点由 A 至 F 依次与两齿轮的啮合线(基圆公切线)相交，检验设备将记录各交点处的齿廓偏差，形成图 7-16 上部所示的实际齿廓迹线。

GB/T 10095.1 规定，称 A 点的基圆切线长度与 F 点的基圆切线长度之差为可用长度 L_{AF}。称 A 点和 E 点间所对应的那部分可用长度为有效长度 L_{AE}。称从 E 点开始有效长度 L_{AE} 的 92% 的这一部分(与图示 B、E 两点对应)为齿廓的计值范围 L_α，即在 L_α 内的齿廓应符合规定精度的公差要求。而对于余下 8% 的靠近齿顶这一段齿廓，在评定齿廓总偏差和齿廓形状偏差时，若其偏差偏向齿体外，则必须计入其偏差值；若偏向齿体内，则其公差可为计值范围 L_α 内所规定公差的 3 倍。

1）齿廓偏差的评定参数

(1) 齿廓总偏差 F_α。

齿廓总偏差(tooth profile total deviation)F_α 是指在计值范围 L_α 内，包容实际齿廓迹线的两条最近设计齿廓迹线间的距离，如图 7-16 所示。

齿廓总偏差是短周期误差，反映了单个齿面在啮合过程中传动比总的波动量，因此齿廓总偏差是保证齿轮工作平稳性精度的参数之一，并作为齿轮质量分等的依据之一。

(2) 齿廓形状偏差 $f_{f\alpha}$ 与齿廓倾斜偏差 $f_{H\alpha}$。

由图 7-16 所示，齿廓总偏差既反映了实际齿廓形状对理论渐开线的偏离，同时也反映其

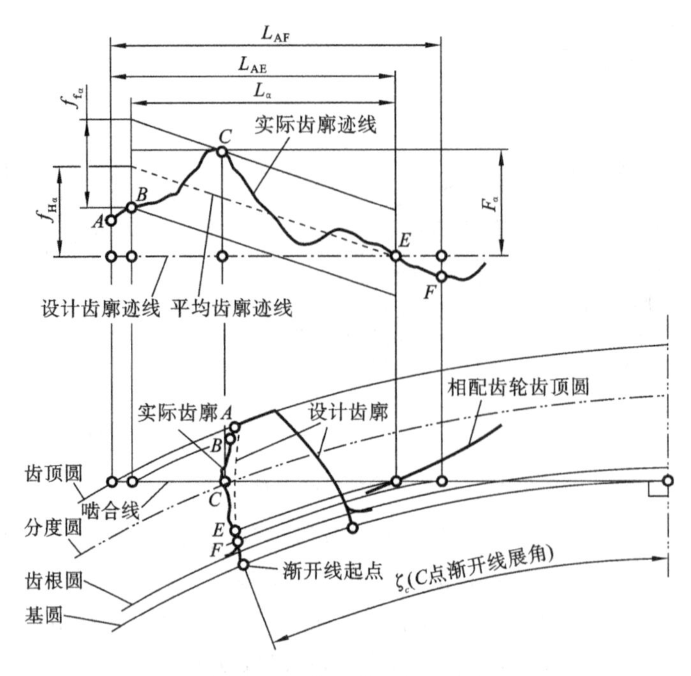

图 7-16　齿廓图及齿廓偏差

总走向对理论渐开线的偏斜。因此，作为指导性资料，GB/T 10095.1 在附录 B 中进一步规定了齿廓形状偏差和齿廓倾斜偏差两个参数的允许值，以满足实际应用中的某些需求(如制造工艺分析、装配工艺分析、齿廓表面质量分析等)。

① 齿廓形状偏差(form deviation of tooth profile) $f_{f\alpha}$　是指在计值范围 L_{α} 内，包容实际齿廓迹线的两条与平均齿廓迹线完全相同的曲线间的距离，且两条曲线与平均齿廓迹线的距离为常数，如图 7-16 的齿廓图所示(注：未经修形的渐开线齿廓的平均齿廓迹线为直线)。齿廓形状偏差主要反映实际齿廓偏离渐开线齿形的形状误差部分。

② 齿廓倾斜偏差(angle deviation of tooth profile) $f_{H\alpha}$　是指在计值范围 L_{α} 内，分别与平均齿廓迹线两端相交的两条设计齿廓迹线间的距离，如图 7-16 的齿廓图所示。齿廓倾斜偏差主要反映实际齿廓在位姿上偏离渐开线齿形的程度，从而导致的压力角的变化。

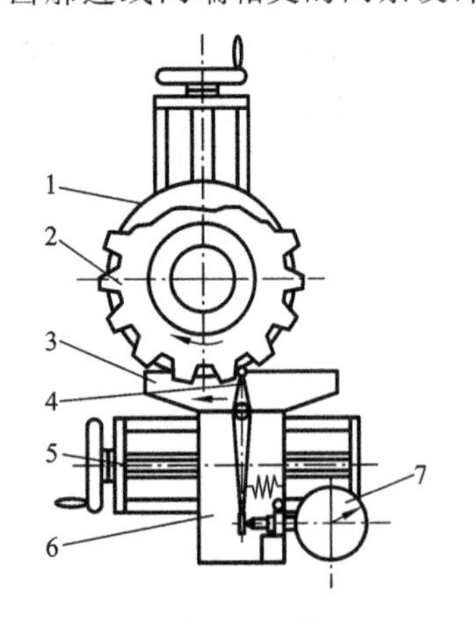

图 7-17　专用基圆盘式渐开线检查仪

1—基圆盘；2—被测齿轮；3—直尺；4—杠杆测头；5—丝杠；6—拖板；7—指示表

2) 齿廓偏差的检测

渐开线齿轮的齿廓偏差，可在专用的渐开线齿形检查仪上进行测量。其原理是，根据渐开线的形成规律，利用精密机构产生正确的渐开线与实际齿廓进行比较，以确定齿廓偏差。对于成批生产精度不高的齿轮，可用渐开线样板检查。对于小模数齿轮，可在投影仪上用按照一定比例放大的正确渐开线图形与按照同样比例放大的实际齿廓影像进行比较测量。

图 7-17 所示的是专用基圆盘式渐开线检查仪的原理示意图。被测齿轮 2 与基圆盘 1 装在同一心轴上，直径等于被测齿轮基圆直径 d_b 的基圆盘与装在拖板 6 上的直尺 3 相切。当转动丝杠 5 使拖板 6 移动时，直尺与基圆盘相

互做纯滚动，杠杆测头4与被测齿廓接触点相对于基圆盘的运动轨迹应是理想渐开线。若被测实际齿廓不是理想渐开线，则杠杆测头4在弹簧作用下产生摆动，由指示表7读出其齿廓总偏差。这种仪器的优点是，结构简单，传动链短，若装调适当，可得较高的测量精度。其缺点是：需要根据被测齿轮的基圆直径更换基圆盘，故只适用于少品种成批生产的齿轮的检测。

图7-18所示的是通用基圆盘式渐开线检查仪。基圆盘2通过钢带3与导板4相连，当导板4直线移动时，铰链5使杠杆6绕支点A摆动，再通过滑块7和拉杆15带动拖板9随导板4平行移动。量头8与滑块7的中心连线与拉杆15的轴心线同处于与导板4运动方向平行的平面内。

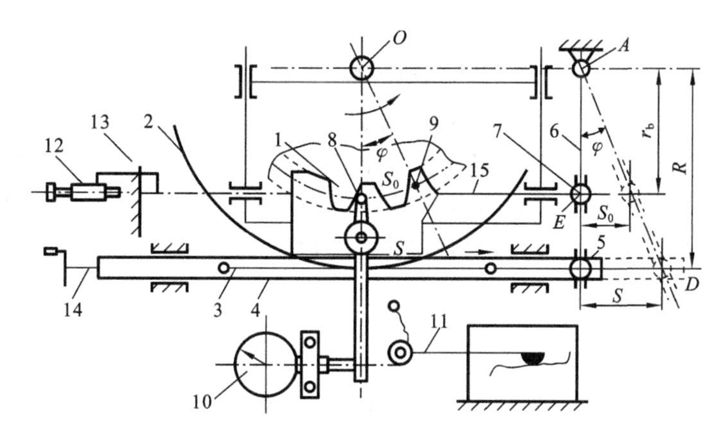

图7-18 通用基圆盘式渐开线检查仪

1—被测齿轮；2—基圆盘；3—钢带；4—导板；5—铰链；6—杠杆；7—滑块；8—量头；9—拖板；10—指示器；11—记录装置；12—读数显微镜；13—刻度尺；14—丝杠；15—拉杆

利用读数显微镜12和刻度尺13，按被测齿轮1的基圆半径r_b调整拉杆15与AO(O为基圆盘中心)之间的距离，使量头8与滑块7的中心连线与被测齿轮基圆相切。测量时，转动丝杠14，使导板4移动一个距离S，则基圆盘与被测齿轮转过一个角度φ，且$S=R\varphi$。与此同时，杠杆6也摆动一个角度φ，通过拉杆15使拖板9连带量头8移动距离$S_0=r_bS/R=r_b\varphi$。因此，量头8相对于被测齿轮的运动轨迹是以r_b为基圆半径的理论渐开线。由于量头8紧靠在被测齿廓上，当有齿廓偏差时，可从指示器10上读取其最大误差值，由记录装置11画出齿廓总偏差曲线。

通用圆盘式齿形渐开线检查仪可测量不同基圆半径r_b的齿轮，不需更换基圆盘，适用于多品种小批量生产的齿轮的检测。

3. 齿面螺旋线的形状与位姿误差的控制及检测

螺旋线偏差(spiral deviation)是指在端面基圆切线方向上测得的实际螺旋线与设计螺旋线之间的偏差。由于设计齿廓包括齿端倒角或修圆，GB/T 10095.1对齿廓偏差的计值范围做了规定。

图7-19所示的为绘制螺旋线迹线图。螺旋线迹线为螺旋线检验设备在纸上或适当的介质上所记录的曲线。若被测齿面为未经修形的理想螺旋渐开面(直齿为渐开面)，则其螺旋线偏差为零，即设计螺旋线迹线为直线(注修形渐开线齿廓的设计螺旋线迹线为曲线)。由于实际齿面为非理想螺旋渐开面，因而实际螺旋线迹线将偏离设计螺旋线迹线，其偏离之差表示实际螺旋线对不修形螺旋线的偏差。另外，对未经修形的螺旋渐开线齿面，其实际螺旋线迹线的

最小二乘直线称为平均螺旋线迹线,即实际螺旋线迹线各点到平均螺旋线迹线距离的平方和为最小。平均螺旋线迹线用于评价实际螺旋线的形状误差及位姿误差。

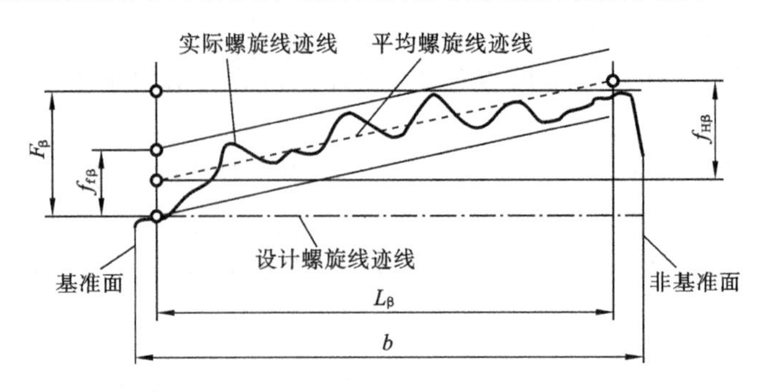

图 7-19　螺旋线图及螺旋线偏差

GB/T 10095.1 规定,图 7-19 所示的 b 为螺旋线迹线长度,无倒角或修圆时为齿宽,否则为除去倒角或修圆后的长度。L_β 为螺旋线的计值范围,其为在齿轮两端处各减去 5%齿宽或一个模数长度二者中较小的一个后的迹线长度。在评定螺旋线总偏差和螺旋线形状偏差时,在两端缩减区内的偏差偏向齿体外,则必须计入其偏差值;若偏向齿体内,则其公差可为计值范围 L_β 内所规定公差的 3 倍。

1）螺旋线偏差的评定参数

（1）螺旋线总偏差 F_β。

螺旋线总偏差(spiral total deviation)F_β 是指在计值范围 L_β 内,包容实际螺旋线迹线、与设计螺旋线迹线平行的两条最近平行线间的距离,如图 7-19 所示。

理想齿轮副轮齿间在齿宽方向上应该是线接触的,因而螺旋线总偏差可反映被测齿面在啮合过程中与理想配对齿轮在齿宽方向上的接触状况。因此螺旋线总偏差是保证齿轮负荷分布均匀性精度的参数之一,并作为齿轮质量分等的依据之一。

（2）螺旋线形状偏差 $f_{f\beta}$和螺旋线倾斜偏差 $f_{H\beta}$。

如图 7-19 所示,螺旋线总偏差既反映了实际螺旋线形状对理论螺旋线的偏离,同时也反映其总走向对理论螺旋线的偏斜。因此,作为指导性资料,GB/T 10095.1 在附录 B 中进一步规定了螺旋线形状偏差和螺旋线倾斜偏差两个参数的允许值,以满足实际应用中的某些需求(如制造工艺分析、装配工艺分析、轮齿接触质量分析等)。

螺旋线形状偏差(form deviation of spiral)$f_{f\beta}$是指在计值范围 L_β 内,包容实际螺旋线迹线的两条与平均螺旋线迹线完全相同的曲线间的距离,且两条曲线与平均螺旋线迹线的距离为常数,如图 7-19 所示(注:未经修形的螺旋线的平均螺旋线迹线为直线)。螺旋线形状偏差主要反映实际螺旋线偏离设计螺旋线的形状误差部分。

螺旋线倾斜偏差(angle deviation of spiral)$f_{H\beta}$是指在计值范围 L_β 内,分别与平均螺旋线迹线两端相交的两条设计螺旋线迹线间的距离,如图 7-19 所示。螺旋线倾斜偏差主要反映实际螺旋线迹线的走向与设计螺旋线迹线间的夹角。

2）螺旋线偏差的检测

螺旋线总偏差的测量方法有展成法和坐标法等两种。用展成法测量的仪器有单盘式渐开线螺旋检查仪、分级圆盘式渐开线螺旋检查仪、杠杆圆盘式通用渐开线螺旋检查仪以及导程仪等。用坐标法测量的仪器有螺旋线样板检查仪、齿轮测量中心以及三坐标测量机等。

展成法测量原理如图 7-20 所示,以被测齿轮回转轴线为基准,通过精密传动机构实现被测齿轮 1 回转和测头 2 沿轴向移动，以形成理论的螺旋线轨迹，图中 3 为测头滑架。测头 2 将实际螺旋线与理论螺旋线轨迹进行比较，将二者差值输入记录器绘出螺旋线偏差曲线，在该曲线上按定义可确定螺旋线总偏差 F_β。

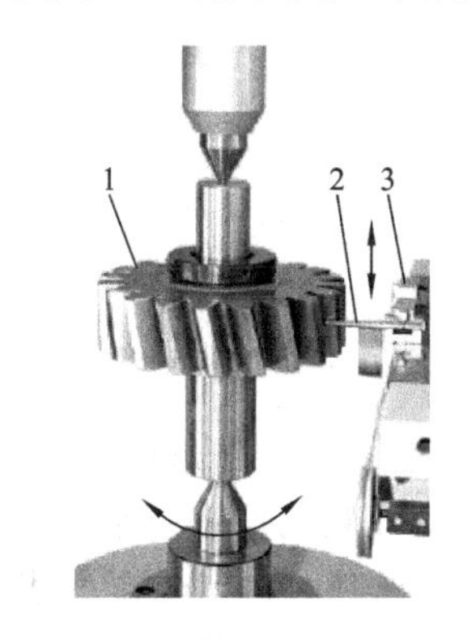

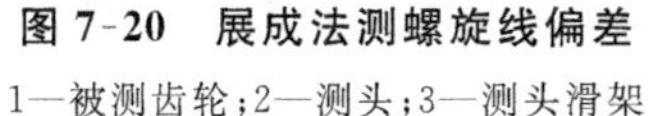

图 7-20　展成法测螺旋线偏差

1—被测齿轮；2—测头；3—测头滑架

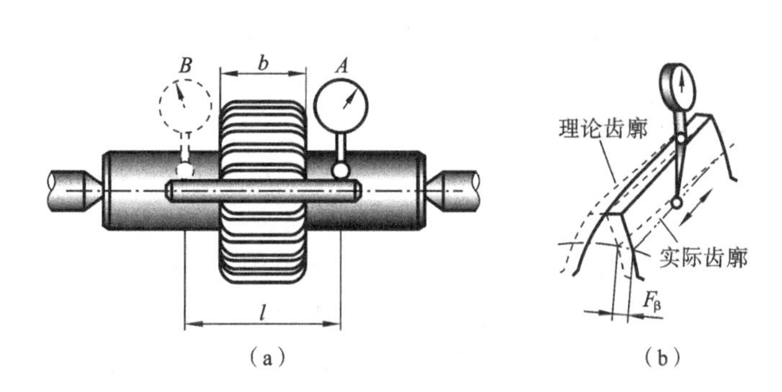

图 7-21　直齿圆柱齿轮螺旋线总偏差的测量

直齿圆柱齿轮的 $\beta=0$，其螺旋线总偏差的测量可用齿圈径向跳动检查仪，也可在平板上用顶尖座和千分表架等简易设备进行。如图 7-21(a)所示，将精密圆棒放入齿槽(为使圆棒在分度圆附近与两齿廓接触，对于一般齿数的齿轮，取其直径 $d_p=1.68m$，m 为模数)，移动千分表架，测量圆棒两端 A、B 处的高度差 Δh。若被测齿宽为 b，则螺旋线总偏差为

$$F_\beta=\frac{b}{l}\times\Delta h \tag{7-4}$$

为了避免被测齿轮在顶尖上的安装误差(例如两顶尖不等高)对测量精度的影响，可将圆棒放入相隔 180°的两齿槽中分别测量(齿轮的位置不变)，取其平均值作为测量结果。

若用指示表量头直接与被测齿廓在分度圆柱面附近接触，并沿齿轮轴线方向移动进行测量，则在齿宽范围内指示表的最大读数与最小读数之差，即为螺旋线总偏差 F_β，如图 7-21(b)所示。

4. 轮齿齿厚的控制及检测

1) 齿厚的检测参数

(1) 齿厚偏差 f_{sn}。

齿厚偏差(thickness deviation of teeth) f_{sn} 是指在齿轮齿面的法向平面内，分度圆上的实际齿厚 $S_{n\,actual}$ 与理论法向齿厚 S_n 之差(对于直齿轮，齿向螺旋角 $\beta=0$，其法向平面为齿轮的径向平面)，如图 7-22 所示，该齿形为齿面法向平面上的齿廓，图中粗实线表示实际齿廓，点画线表示分度圆，双点画线表示理论齿廓，虚线表示极限齿廓。

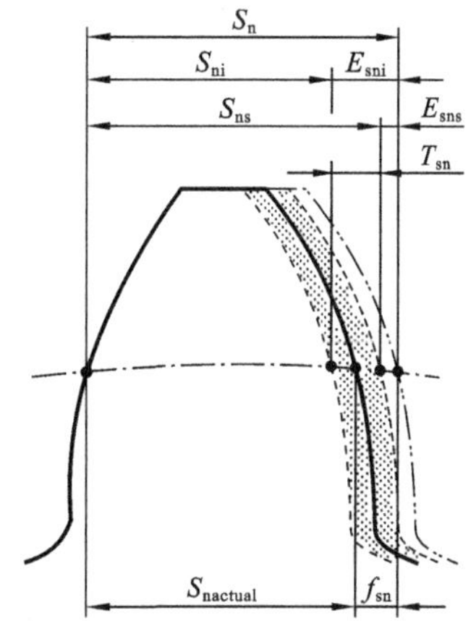

图 7-22　齿厚偏差(齿面的法向平面上)

S_n—法向齿厚；S_{ni}—齿厚最小极限；S_{ns}—齿厚最大极限；$S_{n\,actual}$—实际齿厚；E_{sni}—齿厚下偏差；E_{sns}—齿厚上偏差；T_{sn}—齿厚公差；f_{sn}—齿厚偏差

齿厚偏差受齿轮加工过程中径向、切向误差影响，其大小反映了齿轮轮齿的厚薄，从而将影响传动中齿侧间隙的大小，其被列为指导性技术文件 GB/Z 18620.2 推荐的一项检测参数，用于检测评价齿轮齿侧间隙。

实际制造中，齿轮副的侧隙一般用减薄标准齿厚的

方法来获得。为了获得适当的齿轮副侧隙,规定用齿厚的极限偏差,即齿厚上偏差 E_{sns} 及齿厚下偏差 E_{sni} 来限制实际齿厚偏差,一般情况下 E_{sni}、E_{sns} 均为负值。由图 7-22 有

$$E_{sns}=S_{ns}-S_{n} \tag{7-5}$$

$$E_{sni}=S_{ni}-S_{n} \tag{7-6}$$

为获必要的传动侧隙,齿厚实际偏差 f_{sn} 需满足

$$E_{sni}\leqslant f_{sn}\leqslant E_{sns} \tag{7-7}$$

另外,齿厚公差为

$$T_{sn}=E_{sns}-E_{sni}$$

(2) 公法线长度 W_k。

公法线的长度(base tangent length)W_k 是指在齿轮齿面的法向平面内,基圆柱切平面上跨越 k 个齿(对于外齿轮)或 k 个齿槽(对于内齿轮)并与两异侧齿面相切的两平行平面间测得的距离。图 7-23 所示的为齿面法向平面上的齿廓,图中粗实线表示实际齿廓,点画线表示分度圆,双点画线表示理论齿廓,虚线表示极限齿廓;$W_{k\ the}$ 为理论公法线长度,$W_{k\ actual}$ 为实际公法线长度。

公法线长度为

$$W_k=(k-1)P_{bn}+s_{bn} \tag{7-8}$$

式中:P_{bn}——基节;

s_{bn}——基圆齿厚(见图 7-23)。

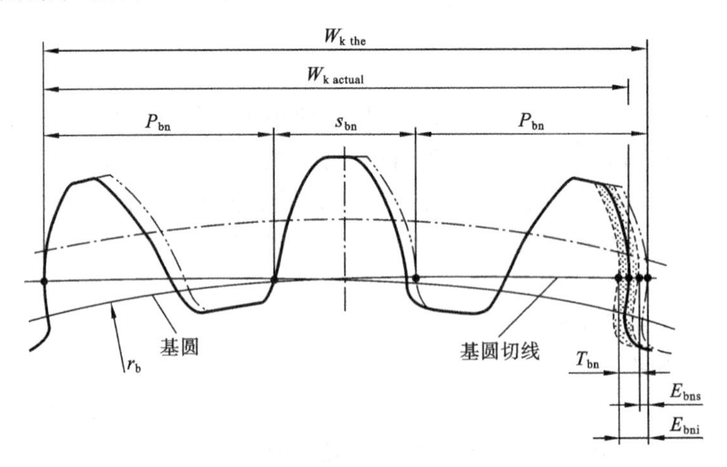

图 7-23 公法线长度(齿面的法向平面上)

$W_{k\ the}$—理论公法线长度;$W_{k\ actual}$—实测公法线长度;P_{bn}—基节;s_{bn}—基圆齿厚;

E_{bns}—公法线长度上极限偏差;E_{bni}—公法线长度下极限偏差;T_{bn}—公法线长度公差;r_b—基圆半径

可见,公法线长度包含齿厚的信息,因而其被列为指导性技术文件 GB/Z 18620.2 推荐的一项检测参数,用于检测评价齿轮齿侧间隙。

为了获得适当的齿轮副侧隙,实际制造中可规定公法线长度 W_k 的极限偏差,即用公法线长度上偏差 E_{bns} 及公法线长度下偏差 E_{bni} 来限制实际公法线长度。

对于外齿轮,

$$W_{k\ the}+E_{bni}\leqslant W_{k\ actual}\leqslant W_{k\ the}+E_{bns} \tag{7-9}$$

对于内齿轮,

$$W_{k\ the}-E_{bni}\leqslant W_{k\ actual}\leqslant W_{k\ the}-E_{bns} \tag{7-10}$$

另外，公法线长度公差为

$$T_{\mathrm{bn}}=E_{\mathrm{bns}}-E_{\mathrm{bni}}$$

2）齿厚偏差及公法线长度的检测

齿厚 s_{n} 是分度圆柱面上左、右齿廓间的弧长，但由于弧长难以直接测量，故实际测量分度圆上的弦齿厚 s_{nc}。图 7-24 所示的为齿厚游标卡尺测量齿厚偏差示意图。测量时，以齿顶圆作为测量基准，按照分度圆弦齿高 h_{e} 的数值调整好高度游标卡尺，将高度游标尺的测量面与齿顶接触，从宽度游标卡尺上即可读出分度圆上的实际弦齿厚 s_{nc}。

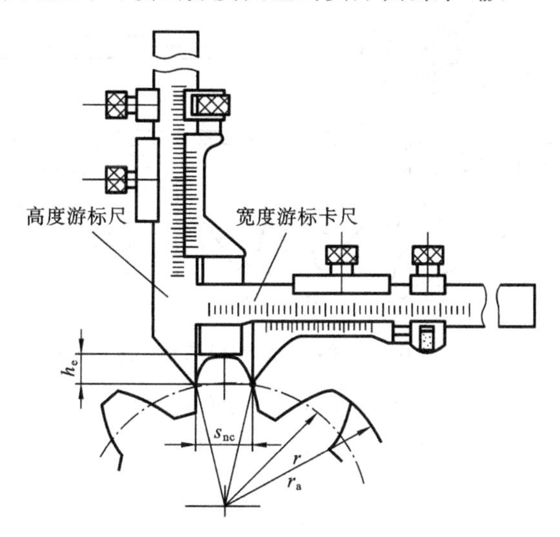

图 7-24　用齿厚游标卡尺测量齿厚

对于标准圆柱齿轮，h_{e} 和 s_{nc} 分别为

$$h_{\mathrm{e}}=m\left[1+\frac{z}{2}\left(1-\cos\frac{90^{\circ}}{z}\right)\right] \tag{7-11}$$

$$s_{\mathrm{nc}}=mz\sin\frac{90^{\circ}}{z} \tag{7-12}$$

式中：m 和 z——被测齿轮模数和齿数。

实际检测时，由于作为测量基准的齿顶圆存在加工误差，故应根据齿顶圆半径的实测值对弦齿高进行修正，即

$$h_{\mathrm{e}}=m\left[1+\frac{z}{2}\left(1-\cos\frac{90^{\circ}}{z}\right)\right]\pm(r'_{\mathrm{a}}-r_{\mathrm{a}}) \tag{7-13}$$

式中：r'_{a} 和 r_{a}——被测齿轮的实际和理论齿顶圆半径。

对于公法线长度，常用的测量器具有游标卡尺、公法线千分尺、公法线指示表卡规及万能测齿仪等。理论上，凡是具有两个平行测量面的，其两量爪能插入被测齿轮相隔一定齿数的齿槽中的量具和仪器，都可用于测量公法线长度。在成批大量生产中，还可采用按公法线的极限尺寸做成的极限卡规来测量。

图 7-25 所示的为用公法线指示表卡规按相对法测量公法线长度的示意图。其固定量爪紧固在开口弹性套筒上，后者可沿空心圆杆做轴向移动，以调节固定量爪与活动量爪之间的距离。活动量爪通过簧片支持在框架上，其位移经放大倍数为 2 的杠杆传到指示表，故若用刻度值为 0.01 mm 的指示表，可得 0.005 mm 的读数值。测量公法线长度前，首先按选定的跨齿数 n 计算被测齿轮的理论公法线长度 $W_{\mathrm{k\ the}}$，并按 $W_{\mathrm{k\ the}}$ 值组合量块。跨齿数 n 的选取与被测

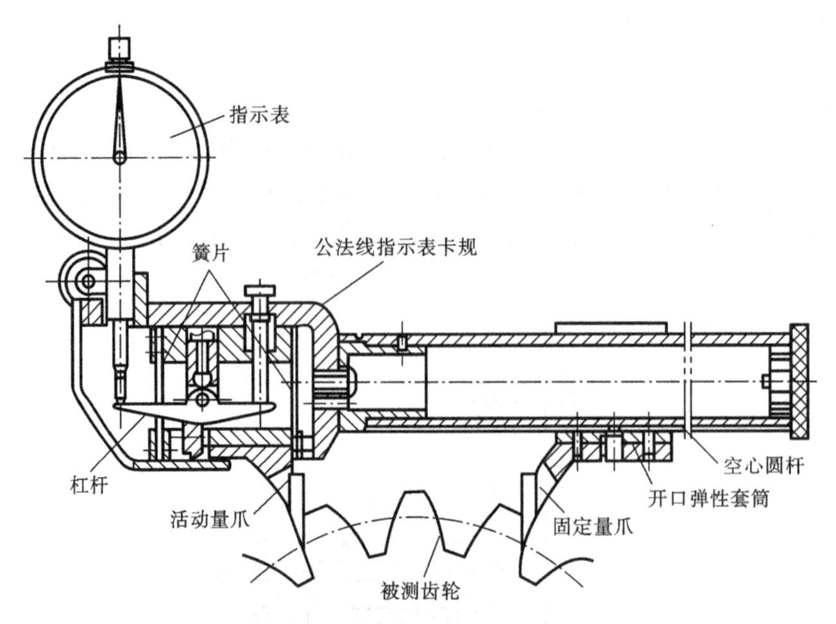

图 7-25　用公法线指示表卡规测量公法线长度

齿轮的齿数及变位系数等有关,为减小测量误差,量爪的测量面应在分度圆附近与被测齿廓相切。对于标准齿轮或变位系数不大($\xi=-0.3\sim+0.3$)的齿轮,跨齿数可按 $n=(\alpha/180°)/z+0.5$ 计算并化整。当 $\alpha=20°$时,取

$$n=z/9+0.5\approx 0.111z+0.5 \tag{7-14}$$

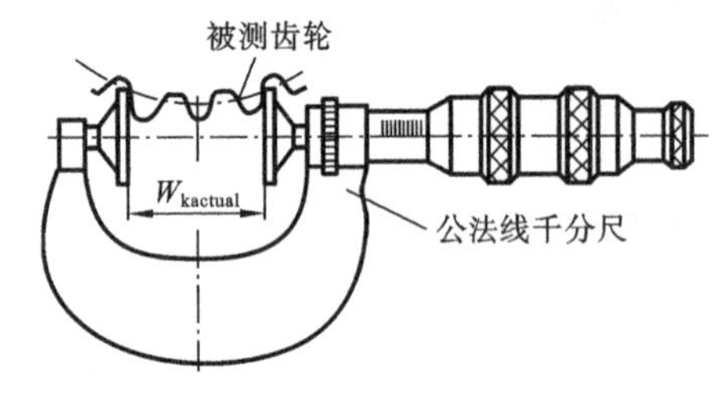

图 7-26　用公法线千分尺测量公法线长度

测量时,调整两量爪的测量平面分别与组合量块两测量面贴合,并使指示表压缩约 2 圈左右并将指针对零后锁紧开口弹性套筒。调整好后,两量爪的测量平面应分别与第 1 和第 n 齿的异名齿廓相切,从指示表上读取实际公法线长度的偏差。读取的偏差值加上理论公法线长度 $W_{\text{k the}}$ 值即为实际公法线长度 $W_{\text{k actual}}$。

实际生产中,常用公法线千分尺按绝对法测量实际公法线长度 $W_{\text{k actual}}$,如图 7-26 所示。这种方法仪器简单、操作方便,常用于生产现场检测。

7.2.2　控制单个齿轮加工误差的综合参数及其检测

实际齿轮都是以齿轮副的形式成对啮合工作的,单个齿轮各要素的加工误差将共同影响齿轮副的传动质量。为了综合反映和控制齿轮各要素的加工误差的共同影响,GB/T 10095 及指导性技术文件 GB/Z 18620 分别规定了如下综合检测参数,以评价单个齿轮制造误差对传动质量的影响。

1. 切向综合误差的控制及检测

1) 切向综合偏差的评定参数

(1) 切向综合总偏差 F'_{i}。

切向综合总偏差(tangential composite deviation)F'_{i} 是指被测齿轮与测量齿轮单面啮合(只有同侧齿面单面接触)检验时,被测齿轮一转内,齿轮分度圆上实际圆周位移与理论圆周位

移的最大差值，如图 7-27 所示。切向综合总偏差是 GB/T 10095.1 规定的检验参数，但不是必检项目。

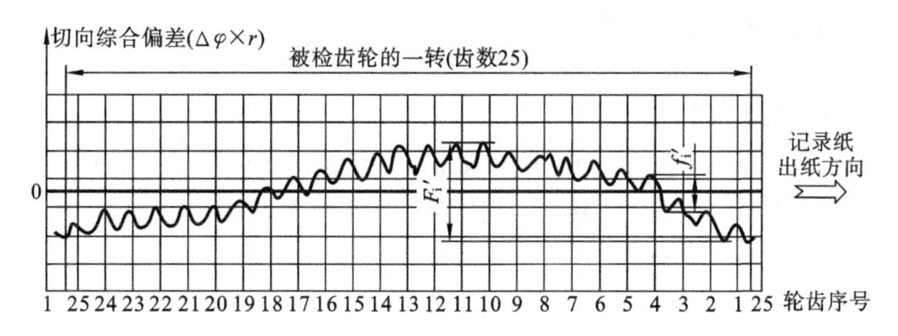

图 7-27　切向综合偏差检测记录图

Δφ—实际转角对理论转角的转角偏差；r—分度圆半径

切向综合总偏差反映被测齿轮一转中的最大转角误差，其反映齿轮加工中切向、径向的长、短周期误差综合作用的结果，是反映齿轮运动精度的较为完善的参数。当被测齿轮切向综合总偏差不超出规定值时，表示其能满足传递运动准确性的使用要求。

(2) 一齿切向综合偏差 f'_i。

一齿切向综合偏差(tangential tooth-to-tooth composite deviation) f'_i 是指被测齿轮与测量齿轮单面啮合检验时，被测齿轮转过一个齿距角的范围内，齿轮分度圆上实际圆周位移与理论圆周位移的最大差值，如图 7-27 所示。一齿切向综合偏差是 GB/T 10095.1 规定的检验项目，但不是必检项目。

齿轮每个轮齿在加工中径向和切向误差的存在，会导致齿轮每转过一个齿距角都会引起转角误差，因而在图 7-27 所示的切向综合偏差检测的记录曲线上呈现许多小的峰谷。在这些短周期误差中，峰谷的最大幅度值即为该齿轮的一齿切向综合偏差 f'_i。由于 f'_i 能综合反映切向和径向的短周期误差，是反映齿轮工作平稳性较全面的指标。

2) *切向综合偏差的检测*

在对单个产品齿轮进行切向综合偏差检测时，被测齿轮与测量齿轮按理论正确位置安装，并在低速、轻载下进行单面啮合旋转过程中检测。按指导性技术文件 GB/Z 18620.1 的规定，测量齿轮的精度应比被测齿轮的精度至少高 4 级，否则应对测量齿轮所引起的误差进行修正。

切向综合偏差可用齿轮单面啮合综合检查仪(简称单啮仪)进行测量。图 7-28 所示的为一种光栅式单啮仪的测量原理图。测量时，基准蜗杆(即测量元件)与被测齿轮装配中心距固定不变，由基准蜗杆回转以单面啮合形式驱动被测齿轮回转。基准蜗杆和被测齿轮上分别装有与其同步旋转的主光栅 1 和主光栅 2。信号拾取头 1 和 2 经光电变换分别输出精确反映基准蜗杆和被测齿轮角位移的电信号频率 f_1 和 f_2，分别经分频器调制为 f_1/z 和 f_2/k(z 和 k 分别是被测齿轮的齿数和基准蜗杆的头数)，使两路电信号的频率相同，并输入相位计。由于被测齿轮存在加工误差，其角速度发生变化，两路电信号将产生相应的相位差；经相位计比相后，输出的

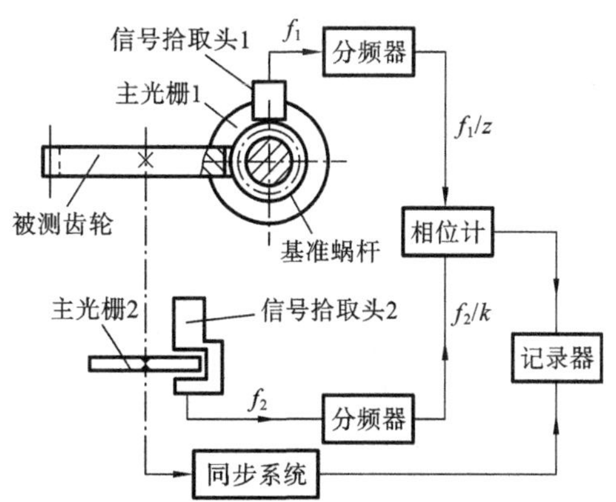

图 7-28　光栅式单啮仪工作原理图

电压也相应地变化，于是记录器即可在圆记录纸上描绘出被测齿轮的单啮误差曲线(见图7-27)，从而确定切向综合偏差。

2. 径向综合误差的控制及检测

1) 径向综合偏差的评定参数

(1) 径向综合总偏差 F''_i。

径向综合总偏差(radial composite deviation)F''_i 是在径向(双面)综合检测时，被测齿轮的左、右齿面同时与测量齿轮接触，并转过一整圈时出现的中心距最大值与最小值之差，如图7-29所示。径向综合总偏差是 GB/T 10095.2 规定的检验参数。

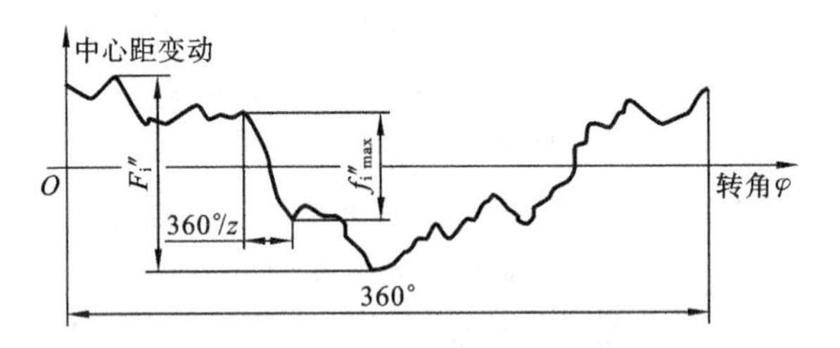

图 7-29 径向综合偏差检测记录曲线

径向综合总偏差主要反映加工误差在齿轮径向上的影响，包括齿轮的几何偏心、齿形、齿厚均匀性等加工误差对齿轮传动的影响。由于其反映齿轮加工误差在一转范围内在径向上的综合影响，因此可用于评定齿轮的运动准确性。但径向综合总偏差不能反映切向误差，因而不能充分反映齿轮的运动精度，只有将径向综合总偏差与能反映切向误差的相应参数联合运用，才能全面评定齿轮运动的准确性。

(2) 一齿径向综合偏差 f''_i。

一齿径向综合偏差(radial tooth-to-tooth composite deviation)f''_i 是在径向(双面)综合检测时，被测齿轮左右齿面同时与测量齿轮双面接触，对应被测齿轮转过一个齿距角(360°/z)的径向综合偏差值；被测齿轮所有轮齿的 f''_i 的最大值不应超过规定的允许值。如图 7-29 所示。一齿径向综合偏差是 GB/T 10095.2 规定的检验参数。

由于齿轮加工误差的存在，齿轮每转过一个齿距角都会引起双啮中心距的变化，表现在图7-29 所示径向综合偏差曲线中出现许多小的峰谷。在这些短周期误差中，峰谷的最大幅度值即为一齿径向综合偏差 f''_i，其主要反映了短周期误差对传动的影响，可用来评定齿轮的工作平稳性。因不能反映切向短周期误差，故其不能充分反映齿轮的工作平稳性精度，需与反映切向误差的相应参数联合运用。

2) 径向综合偏差的检测

径向综合总偏差可用齿轮双面啮合综合检查仪测量，如图 7-30 所示。被测齿轮安装在固定拖板的心轴上，基准齿轮(即测量元件)安装在浮动拖板的心轴上，在弹簧作用下，与被测齿轮作紧密无间隙的双面啮合。被测齿轮回转一周，双啮中心距 a 的变动将综合反映被测齿轮的径向综合总偏差。测量数据可由指示表逐点读出，或由记录装置记录如图 7-29 所示的误差曲线。双啮中心距的公称值 a 为

$$a=\frac{m_n(z_1+z_2)\cos\alpha_t}{2\cos\alpha_{mt}\cos\beta} \tag{7-15}$$

$$\mathrm{inv}\alpha_{mt}=\frac{2\zeta_{\Sigma n}\tan\alpha_t}{z_1+z_2}+\mathrm{inv}\alpha_t \tag{7-16}$$

式中：m_n——被测齿轮的法向模数；

z_1、z_2——被测齿轮、基准齿轮的齿数；

α_t——分度圆端面压力角；

α_{mt}——测量时的端面压力角；

$\zeta_{\Sigma n}$——按法向计算的被测齿轮与基准齿轮变位系数总和，应计入原始齿廓位移量；

β——分度圆柱上的螺旋角。

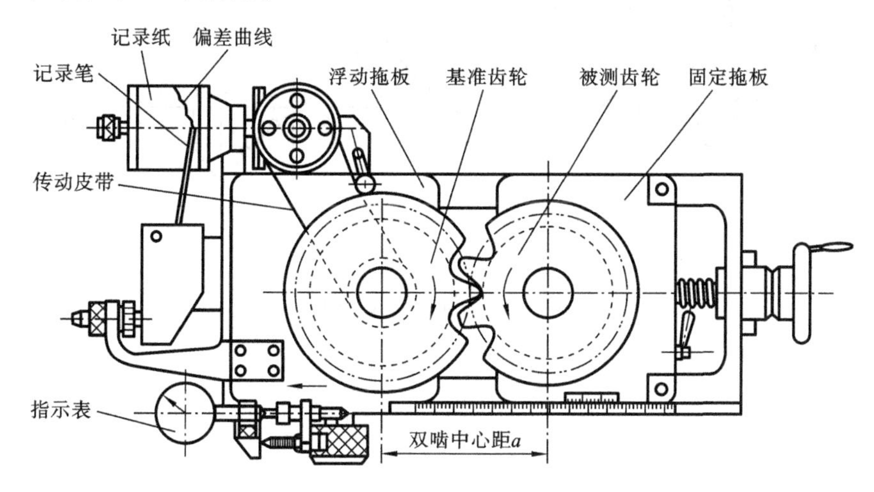

图 7-30　齿轮双面啮合综合测量仪

可根据双啮中心距来调整仪器。

齿轮双面啮合综合检测的“双啮”测量状态与齿轮的“单啮”工作状态不一致，且主要反映加工误差在径向上对传动的影响，同时测量结果还受左、右两侧齿廓和测量齿轮的精度以及总重合度的综合影响，因而其不能全面反映传动精度（运动精度和工作平稳性精度）的要求。但“双啮”测量状态与切齿加工时的状态相似，测量结果能够反映齿坯和刀具的安装误差，且仪器结构简单环境适应性好，操作方便，测量效率高，因而在大批量生产中应用很普遍。

3. 径向跳动误差的控制及检测

1）径向跳动 F_r

径向跳动（teeth radial run-out）F_r 是指在齿轮以一圈范围内，测头（球形、圆柱形或砧形）相继置于每个齿槽内并在齿高中部与齿面双面接触时，从它到齿轮轴线的最大径向距离和最小径向距离之差。图 7-31(a)所示的为径向跳动测量原理简图；图 7-31(b)所示的为径向跳动检测记录。

径向跳动 F_r 反映齿轮几何中心相对工作轴线的径向误差，其主要是由加工时几何偏心 e_r 引起的轮齿径向分布的长周期误差。由于轮齿的周向分布误差也将影响测头的径向位置，因而径向跳动 F_r 的测量结果也包含周向分布误差的影响，但周向分布误差一般不影响齿轮几何中心的位置。因而，径向跳动 F_r 主要反映齿轮径向制造误差在一转内对传动最大转角误差的影响，即影响齿轮的运动精度状况。GB/T 10095.2 在附录 B 中给出齿圈径向跳动的定义及其允许值，为齿轮的供需双方协商一致后使用。

2）径向跳动的检测

径向跳动可利用普通顶尖座、指示表及表架来进行测量或用专用齿圈径向跳动检查仪测量。所用量头可以做成锥角为 2α 的锥形，最好选用直径为 d_p 的圆球或圆柱量头（见图7-31）。

对于压力角 $\alpha=20°$ 的直齿圆柱齿轮，为使圆球或圆柱与被测齿廓在分度圆附近接触，其直

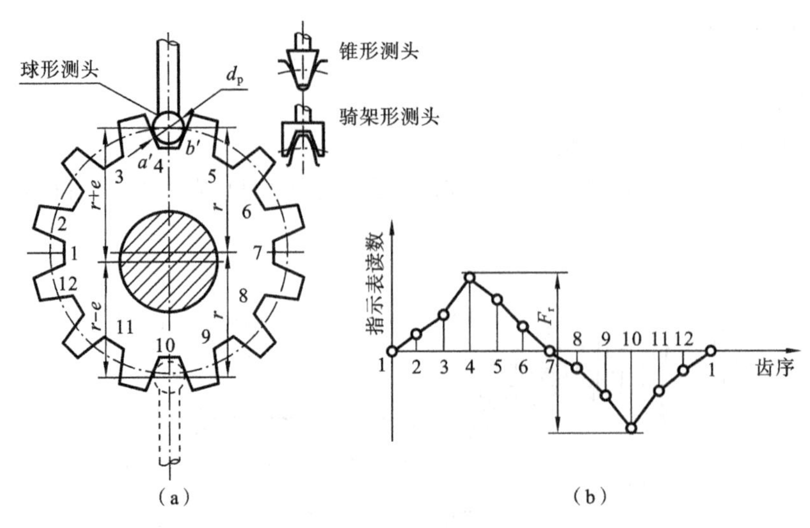

图 7-31 齿轮径向跳动

径 d_p 为

$$d_p = mz\sin\frac{90^\circ}{z}\Big/\cos\left(\alpha+\frac{90^\circ}{z}\right) \tag{7-17}$$

式中：m——被测齿轮模数；

z——被测齿轮齿数；

α——被测齿轮压力角。

4. 轮齿接触斑点的检验

轮齿接触斑点(tooth contact pattern)是指安装好的齿轮副，在轻微负荷条件下运转后齿面上分布的接触痕迹。接触痕迹的大小在齿面展开图上分别用其在齿长和齿高方向上所占的百分比计算。接触斑点是作为指导性技术文件 GB/Z 18620.4 推荐的检测参数。由于GB/Z 18620.4 推荐的齿轮精度估计的检测数据，是基于被测齿轮与测量齿轮在测试机架上检测的，因而主要反映的是单个被测齿轮制造误差的综合效应。

接触斑点是一对齿轮在确定安装条件下的检测参数，其综合反映出齿轮加工误差及安装误差对传动的影响，所测斑点在齿面上的分布反映出负荷在齿面上的分布状况。接触斑点可以给出齿长方向配合不准确的程度，包括齿长方向的不准确配合和波纹度，也可以给出齿廓不准确性的程度；为保证齿轮的接触精度，主要要控制沿齿长方向的接触长度；而沿齿高方向的接触长度主要影响齿轮传动的平稳性。需要指出的是，根据接触斑点所做出的结论带有主观性，它只是近似的，并且依赖于有关人员的经验。

检测轮齿接触斑点时，可将一对相互啮合的被测齿轮副安装在其箱体(或专门的测试机架)内检测二者的接触斑点，以评估二者轮齿间的负荷分布状况；亦可将被测齿轮与测量齿轮按接近理论正确的安装尺寸(中心距及轴线平行度等)安装在测试机架上检测二者的接触斑点，以评估被测齿轮的螺旋线和齿廓精度。检测时，在齿面上涂上 0.006～0.012 mm 厚的印痕涂料，所施加的轻微负荷应能恰好保证被测齿面保持稳定的接触，根据运转后留在印痕涂料上的接触痕迹来评价齿面的接触状况。图 7-32 所示的是被测齿轮与测量齿轮对滚所产生的几种典型接触斑点的分布状况，其中，图 7-32(a)所示接触斑点为典型的规范，近似占齿宽 b 的 80%，有效齿面高度 h 的 70%，有齿端修薄；图 7-32(b)所示接触斑点分布在齿长方向配合正确，有齿廓偏差；图 7-32(c)所示接触斑点分布具有波纹度；图 7-32(d)所示接触斑点反映齿廓正确、有螺旋线偏差和齿端修薄。

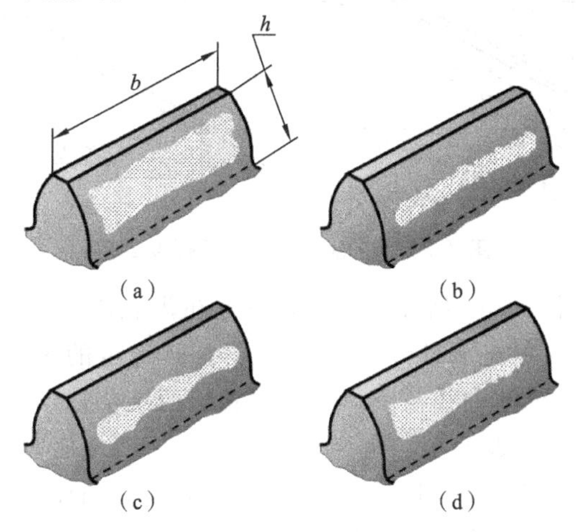

图 7-32 典型接触斑点示意

7.3 齿轮副装配误差的控制参数

一对实际齿轮副工作时，其回转轴通常分别安装在齿轮箱体的支承孔上，因此支承孔所体现的齿轮副实际工作轴线的制造质量将影响齿轮副的传动质量。作为指导性技术文件 GB/Z 18620.3 对齿轮副轴线的相应参数做了技术规定，对齿轮副中心距的尺寸和轴线平行度要求提供了推荐数值，以保证相啮合齿轮间的侧隙和齿长方向正确接触。

1) 中心距允许偏差

中心距允许偏差(limit deviations of shaft centre distance)是指实际中心距与公称中心距之差(中心距偏差)的允许值。公称中心距是在考虑了最小侧隙及两齿轮的齿顶与其相啮合的非渐开线齿廓齿根部分的干涉后确定的。

中心距偏差会影响齿轮传动时的工作侧隙，设计者应根据齿轮副可能的安装误差(轴、箱体、轴承的偏斜，轴线不共线或偏斜等)和工作状况(温度、离心伸胀、润滑剂等)给出中心距偏差的允许值，通常是给出相对公称中心距对称配置的两个极限偏差以构成中心距公差带，如图 7-33 所示。在齿轮只是单向承载运转而不经常反转的情况下，最大侧隙的控制不是规定中心距允许偏差所考虑的重要因素，此时中心距允许偏差主要取决于重合度的考虑；控制运动用的齿轮副及当齿轮上的负荷经常反向时，规定中心距允许偏差应仔细考虑上述因素。GB/Z 18620.3 没对中心距偏差推荐允许值的数值系列。

2) 轴线平行度偏差

轴线平行度偏差(parallelism deviation of axes)将影响齿面的正常接触，一方面使负荷分布不均匀，同时还会造成齿侧间隙在全齿宽上大小不等。由于轴线平行度偏差对齿轮副传动质量的影响与偏差的方向有关，GB/Z 18620.3 规定了“轴线平面内的平行度偏差”和“垂直平面上的平行度偏差”两项评定参数，并给出了它们的公差值的计算方法。

(1) 轴线平面内的平行度偏差 $f_{\Sigma\delta}$。

轴线平面内的平行度偏差(parallelism deviation on the axis plane)是指两轴线公共平面

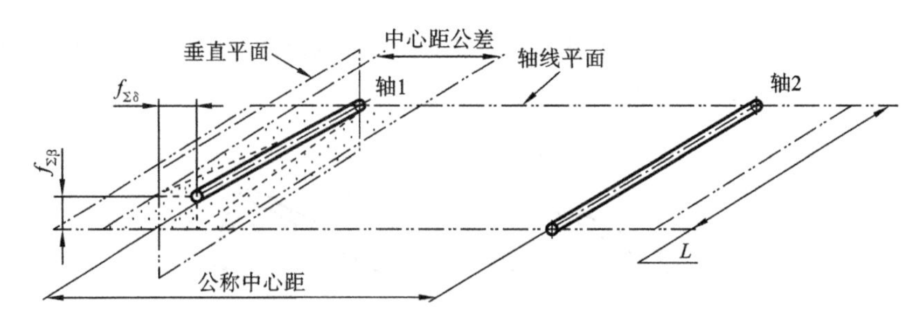

图 7-33　中心距及轴线平行度公差

上轴线的平行度偏差。如图 7-33 所示,公共平面是在齿轮副的两支承轴线中,由轴承间距(L)较长的支承轴线 2 与另一支承轴线 1 的某一端点所确定的平面。若两支承轴线跨距相同,则公共平面由支承小齿轮的轴线与支承大齿轮轴线的一个端点来确定。

(2) 垂直平面上的平行度偏差 $f_{\Sigma\beta}$。

垂直平面上的平行度偏差(parallelism deviation on the vertical plane)是指在公共平面的垂直面上轴线的平行度偏差,如图 7-33 所示。

7.4　齿侧间隙及齿轮副的配合

齿轮传动是通过齿轮副的回转来实现的,为了保证无障碍地运转,齿轮副相配齿轮间相互结合需要有适当的齿侧间隙以形成侧隙配合。与孔、轴结合形成包容与被包容的配合不同,齿轮副两齿轮结合所形成的侧隙配合是非包容性的配合形式。

1. 齿轮副齿侧间隙的度量参数

齿轮副的齿侧间隙(tooth backlash),即"侧隙"是指两个相配齿轮的工作齿面相接触时,在两个非工作齿面之间所形成的间隙。

如图 7-34 所示,齿侧间隙 j 有三种度量方式,其中圆周侧隙 j_{wt} 是指当两个啮合齿轮中的一个齿轮固定时,另一个齿轮所能转过的节圆弧长的最大值;法向侧隙 j_{bn} 是指当两个啮合齿轮的工作面相互接触时,其非工作面之间的最短距离;径向侧隙 j_r 是指将两个相配齿轮的中心距缩小,直到二者左、右两侧齿面都接触时的该缩小量。三种侧隙表达方式之间的关系为

$$j_{bn}=j_{wt}\cos\alpha_{wt}\cos\beta_b \tag{7-18}$$

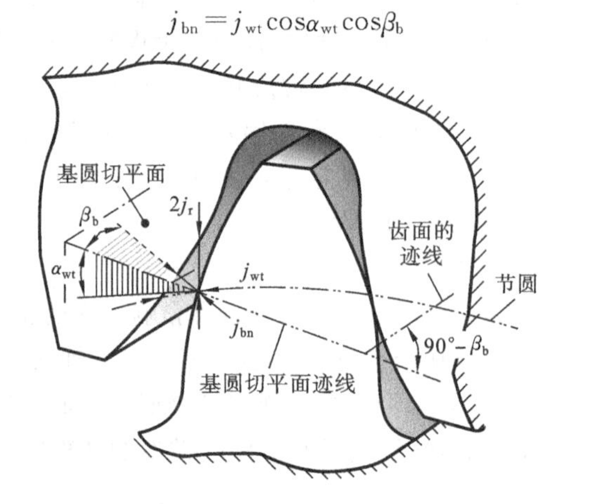

图 7-34　圆周侧隙 j_{wt}、法向侧隙 j_{bn} 及径向侧隙 j_r

$$j_r = j_{wt}/(2\tan\alpha_{wt}) \tag{7-19}$$

式中：α_{wt}——端面节圆压力角；

β_b——基圆螺旋角。

齿轮副侧隙配合状况，即侧隙 j 的大小受相配两轮的轮齿齿厚、轮齿各要素的几何误差、轮齿位置分布的误差，以及两轮中心距和轴线平行度的共同影响，且在齿轮加工并装配完成后和运转工作时才体现出来。齿轮副在静态条件下安装于箱体内所测得的侧隙称为装配侧隙，其大小由齿轮的制造误差（加工与装配）决定；齿轮副在稳定工作状态下的侧隙称为工作侧隙，其在装配侧隙的基础上还要受工作变形等工况因素的影响。通常，装配侧隙要大于工作侧隙，同时侧隙也不是一个固定值，在齿轮不同的位置上是变动的。

显然，工作侧隙的大小影响齿轮啮合传动的松动程度。由于工作侧隙是由装配侧隙和工作状态确定的，其中装配侧隙可由规定齿厚极限偏差和齿轮副中心距极限偏差及轴线平行度公差来控制，而为保证齿轮副工作时的侧隙不为零或负值，还需考虑工况因素对侧隙的影响。为此，GB/Z 18620.2 在附录中给出了最小侧隙 j_{bnmin}，它是当相配齿轮副两齿轮的轮齿均为最大允许实效齿厚，且两齿轮处于最紧的允许中心距啮合时，在静态条件下存在的最小允许侧隙，同时给出了 j_{bnmin} 的推荐值。

2. 齿侧间隙的检测

齿侧间隙实际上是按测量方法定义的，现场检测通常根据圆周侧隙的定义按图 7-35 所示方法，在固定轮 1 的情况下，通过晃动轮 2 从指示表上读取 j_{wt} 的数值；也可根据法向侧隙的定义按图 7-36 所示方法，在固定轮 1 的情况下，在两轮配合的非工作面中插入厚薄规（塞尺），用能插入厚薄规的最大尺寸表示 j_{bn} 的数值。

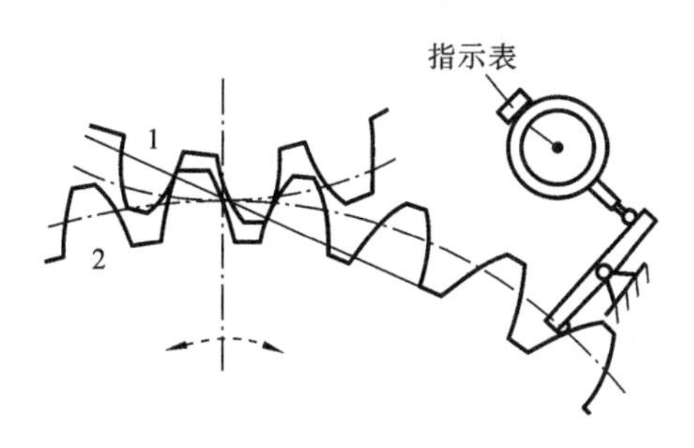

图 7-35　圆周侧隙 j_{wt} 的测量

1—固定轮；2—晃动轮

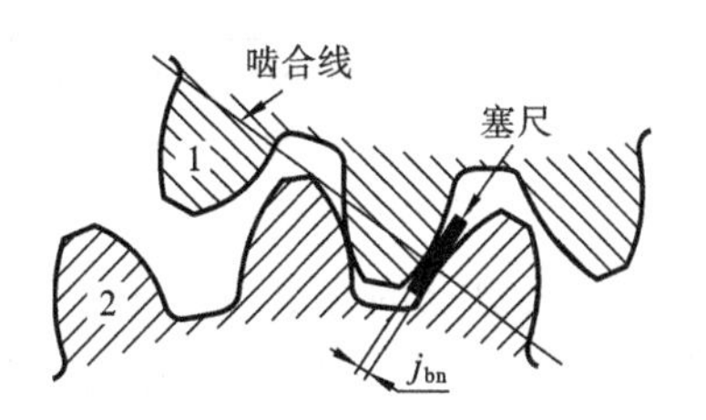

图 7-36　法向侧隙 j_{bn} 的测量

1—固定轮；2—晃动轮

7.5　齿轮及齿轮副制造的精度设计

7.5.1　单个齿轮的制造精度规定及选用

1. 齿轮精度等级及评定参数允许值的确定

国家标准 GB/T 10095《圆柱齿轮精度制》，对单个齿轮的制造精度规定了 0、1、2、…、12 由高到低共 13 个精度等级（其中，对 F_i'' 和 f_i'' 规定 4～12 共 9 个精度等级），并给出了各参数允许值的计算公式、参数范围和计算值的数值圆整规则。表 7-2 所示的是单个齿轮各评定参数的精度特征、允许值的计算公式及

其数值规定。表 7-14～表 7-24 分别列出这些参数的允许值(偏差的允许变动范围或变动量)系列的摘选。

表 7-2　轮齿精度评价参数几何特征及其允许值

主要特征		参数名称	5 级精度允许值计算公式[1][2]	允许值	备注
轮齿分布误差	周向	单个齿距偏差	$f_{pt}=0.3(m_n+0.4d^{0.5})+4$	$\pm f_{pt}$,见表 7-14	
		齿距累积偏差	$F_{pk}=f_{pt}+[1.6(k-1)m_n]^{0.5}$	通过计算得到	标准未单独列允许值
		齿距累积总偏差	$F_P=0.3m_n+1.25d^{0.5}+7$	见表 7-15	
齿面几何误差	齿高	齿廓总偏差	$F_\alpha=3.2m_n^{0.5}+0.22d^{0.5}+0.7$	见表 7-16	
		齿廓形状偏差	$f_{f\alpha}=2.5m_n^{0.5}+0.14d^{0.5}+0.5$	见表 7-17	非强制性检测项目
		齿廓倾斜偏差	$f_{H\alpha}=2m_n^{0.5}+0.17d^{0.5}+0.5$	$\pm f_{H\alpha}$,见表 7-18	
	齿长	螺旋线总偏差	$F_\beta=0.1d^{0.5}+0.63+b^{0.5}+3$	见表 7-19	
		螺旋线形状偏差	$f_{f\beta}=0.07d^{0.5}+0.45b^{0.5}+4.2$	见表 7-20	非强制性检测项目
		螺旋线倾斜偏差	$f_{H\beta}=0.07d^{0.5}+0.45b^{0.5}+4.2$	$\pm f_{H\beta}$,见表 7-20	
综合误差	切向	切向综合总偏差	$F'_i=F_P+f'_i$	通过计算得到	非强制性检测项目
		一齿切向综合偏差	$f'_i=K(4.3+f_{pt}+F_\alpha)$ 式中$\varepsilon_\gamma<4$时,$K=0.2(\varepsilon_\gamma+4)/\varepsilon_\gamma$ $\varepsilon_\gamma\geqslant4$时,$K=0.4$	f'_i/K,见表 7-21	
	径向	径向综合总偏差	$F''_i=3.2m_n+1.01d^{0.5}+6.4$	见表 7-22	
		一齿径向综合偏差	$f''_i=2.96m_n+0.01d^{0.5}+0.8$	见表 7-23	标准附录给出推荐公差
		径向跳动	$F_r=0.8F_P=0.24m_n+d^{0.5}+5.6$	见表 7-24	

注:① m_n、d、b 分别为模数、分度圆直径、齿宽,计算中取标准规定尺寸分段界限值的几何平均值;ε_γ 为重合度。

② 表中所列为 5 级精度允许值的计算公式,其余精度等级允许值可由 5 级精度的未圆整计算值乘以 $2^{0.5(Q-5)}$ 得到,Q 为待求允许值的精度等级数。

根据接触斑点的定义及其检测方法的规定,其反映了单个齿轮制造误差的综合效应。GB/Z 18620.4 给出了通过接触斑点的检测对齿轮精度估计的指导,表 7-3 所示的是不同精度被测齿轮与测量齿轮在规定的测量方法下所检测出接触斑点的分布情况,用于对装配后的齿轮的螺旋线和齿廓精度的评估。

表 7-3　齿轮装配后的接触斑点

精度等级数	b_{c1} 占齿宽	h_{c1} 占有效齿面高		b_{c2} 占齿宽	h_{c2} 占有效齿面高	
	直齿和斜齿	直齿	斜齿	直齿和斜齿	直齿	斜齿
≤4	50%	70%	50%	40%	50%	30%
5、6	45%	50%	40%	35%	30%	20%
7、8	35%	50%	40%	35%	30%	20%
9～12	25%	50%	40%	25%	30%	20%

h_{c1}　b_{c1}　b_{c2}　h_{c2}　有效齿面高度

接触斑点分布示意图

2. 精度等级的选择

在国家标准规定的 13 个精度等级中,0～2 级精度的齿轮对制造工艺与检测水平要求非常高，是作为技术发展保留的精度等级；3～5 级称为高精度等级；6～9 级称为中等精度等级，应用最多；10～12 级称为低精度等级。

1）齿轮精度等级的选择方法

齿轮精度等级的选用应根据齿轮的用途、使用要求、传递功率、圆周速度以及其他技术要求而定，同时要考虑加工工艺与经济性。齿轮精度等级的选择方法主要有计算法和类比法等两种。

（1）计算法。

计算法是按产品性能对齿轮所提出的具体使用要求，计算选定其精度等级的方法。若已知传动链末端元件的传动精度要求，则可按传动链的误差传递规律来分配各级齿轮副的传动精度要求，从而确定齿轮的精度等级；若已知传动装置所允许的振动，则可在确定装置动态特性过程中，依据机械动力学来确定齿轮的精度等级；若已知齿轮的承载要求，则可按所承受的转矩及使用寿命，经齿面接触强度计算，确定其精度等级。

（2）类比法。

根据以往产品设计、性能试验以及使用过程中所累积的经验，以及长期使用中已证实其可靠性的各种齿轮精度等级选择的技术资料，经过与所设计的齿轮在用途、工作条件及技术性能上做对比后，选定其精度等级。

表 7-4 所示的是部分机械的齿轮精度等级的应用情况，表 7-5 所示的是齿轮精度等级与速度的应用情况。

表 7-4　部分机械的齿轮精度等级范围

应用领域	精度等级	应用领域	精度等级
测量齿轮	2～5	航空发动机齿轮	4～8
透平齿轮	3～6	拖拉机齿轮	6～9
精密切削机床	3～7	一般减速器齿轮	6～9
一般金属切削机床	5～8	轧钢机齿轮	6～10
内燃机、电气机车车辆	6～7	地质、矿山绞车齿轮	8～10
轻型汽车齿轮	5～8	起重机齿轮	7～10
载重汽车齿轮	6～9	农业机械齿轮	8～11

表 7-5　齿轮精度等级与速度的应用

机器类型	圆周速度/(m/s)		应用情况	精度等级
	直齿	斜齿		
机床	>30	>50	高精度和精密的分度链末端齿轮	4
	>15～30	>30～50	一般精度分度链末端齿轮、高精度和精密的分度链的中间齿轮	5
	>10～15	>15～30	V 级机床主传动用齿轮、一般精度分度链的中间齿轮、Ⅲ级和Ⅱ级以上精度机床的进给齿轮、油泵齿轮	6
	>6～10	>8～15	Ⅳ级和Ⅳ级以上精度机床的进给齿轮	7
	<6	<7	一般精度机床的齿轮	8
			没有传动要求的手动齿轮	9

续表

机器类型	圆周速度/(m/s)		应用情况	精度等级
	直齿	斜齿		
动力传动		>70	很高速度的燃气轮机传动齿轮	4
		>30	高速度的燃气轮机传动齿轮、重型机械进给机构、高速重载齿轮	5
		<30	高速传动齿轮、有高可靠性要求的工业机器齿轮、重型机械的功率传动齿轮、作业率很高的起重运输机械齿轮	6
	<15	<25	高速和适度功率、或大功率和适度速度条件下的齿轮,冶金、矿山、林业、石油、轻工、工程机械和小型工业齿轮箱(通用减速器)有可靠性要求的齿轮	7
	<10	<15	中等速度较平稳传动的齿轮,冶金、矿山、林业、石油、轻工、工程机械和小型工业齿轮箱(通用减速器)的齿轮	8
	≤4	≤6	一般性工作和噪声要求不高的齿轮、受载低于计算负荷的齿轮、速度大于 1 m/s 的开式齿轮传动和转盘齿轮	9
航空、船舶和车辆	>35	>70	需要很高的平稳性、低噪声的航空和船用齿轮	4
	>20	>35	需要高的平稳性、低噪声的航空和船用齿轮	5
	≤20	≤35	需要很高的平稳性、低噪声的航空和船用齿轮	6
	≤15	≤25	有平稳性和噪声要求的航空和船用齿轮	7
	≤10	≤15	中等速度较平稳传动的载重汽车和拖拉机的齿轮	8
	≤4	≤6	较低速度和噪声要求不高的载重汽车第一挡与倒挡以及拖拉机和联合收割机的齿轮	9
其他			检验 7 级精度齿轮的测量齿轮	4
			检验 8～9 级精度齿轮的测量齿轮、印刷机和印刷辊子用齿轮	5
			读数装置中特别精密传动的齿轮	6
			读数装置的传动及具有非直尺的速度传动齿轮、印刷机传动齿轮	7
			普通印刷机传动齿轮	8
单级传动效率			不低于 0.99(包括轴承不低于 0.985)	4～6
			不低于 0.98(包括轴承不低于 0.975)	7
			不低于 0.97(包括轴承不低于 0.965)	8
			不低于 0.96(包括轴承不低于 0.95)	9

2) 齿轮精度等级选择应注意的事项

GB/T 10095.1 同侧齿面精度制规定,对单个齿轮的 f_{pt}、F_{pk}、F_p、F_α、F_β 等评定参数规定精度等级时,若无其他说明,则取同一精度等级;亦可通过供需协议,对工作面和非工作面规定不同精度等级,或对不同的评定参数规定不同的精度等级;另外,也可以仅对工作面规定所要求的精度等级。

GB/T 10095.2 齿轮径向误差精度制规定,对单个齿轮的径向综合偏差 F''_i 和 f''_i 两评定参数规定精度等级时,若无其他说明,则取同一精度等级;亦可通过供需协议,规定不同精度等级;对径向综合偏差规定某一精度等级并不意味着对 f_{pt}、F_{pk}、F_p、F_α、F_β 等评定参数规定相同的精度等级。径向跳动 F_r 精度由供需双方协商选用。

由于不同的应用对齿轮传动准确性、工作平稳性及负荷分布均匀性等精度要求有不同的侧重，通常应根据主要的精度要求来决定齿轮的精度等级，即应先确定反映主要精度要求评定参数的精度等级，再根据具体情况确定反映其他评定参数的精度等级。若反映传动准确性精度评定参数的精度等级数为 C_{I}、反映工作平稳性精度评定参数的精度等级数为 C_{II}、反映负荷分布均匀性精度评定参数的精度等级数为 C_{III}，根据不同评定参数所反映的齿轮制造误差的特性（见表 7-6），一般情况下可按下式确定齿轮评定参数的精度等级：

$$C_{\mathrm{II}}-1\leqslant C_{\mathrm{I}}\leqslant C_{\mathrm{II}}+2,\quad C_{\mathrm{III}}\leqslant C_{\mathrm{II}} \tag{7-20}$$

在用类比法选择齿轮精度等级时，通常多选定 C_{II} 后，再按上式确定其余评定参数的精度等级。

表 7-6 评定参数的主要特性

评定参数	反映误差的主要特性	对传动精度的影响
F_p、F_{pk}、F'_i、F''_i、F_r	长周期误差，除 F_{pk} 外，均在齿轮一转范围内检测	传递运动的准确性
f_{pt}、F_α、$f_{f\alpha}$、$f_{H\alpha}$、f'_i、f''_i	短周期误差，在一个齿面上或一个齿距内检测	传递运动的平稳性
F_β、$f_{f\beta}$、$f_{H\beta}$	在齿轮的轴线方向（齿长方向）上检测	负荷分布均匀性

7.5.2 齿轮坯和齿轮副的精度要求及选用

实际齿轮副的两齿轮是由齿坯加工后并安装在齿轮箱体上工作的，因此轮坯和箱体的制造质量对于齿轮副的接触条件和运行状况有着极大的影响。GB/Z 18620.3 对齿轮坯（包括基准轴线、确定基准轴线的基准面以及其他相关的基准面）及最终构成齿轮副轴线的相应参数做了精度要求的规定。

1. 齿轮坯轴线的精度要求

表 7-2 所示齿轮轮齿的精度参数及其数值要求都是基于特定的回转轴线，即基准轴线而定义的，整个齿轮的几何要素均以基准轴线为准。因此，设计时必须明确把规定齿轮公差的基准轴线表示出来，同时对用于确定基准轴线的要素（基准面）应做相应的精度规定，以保证齿轮各要素的制造精度。表 7-7 所示的是确定齿轮基准轴线的三种基本方法及相应基准面的公差要求。

表 7-7 齿轮基准轴线的确定方法

方法描述	方法 1：用两个“短”圆柱或圆锥形基准面上设定的两个圆的圆心来确定轴线上的两个点	方法 2：用一个“长”圆柱或圆锥面来同时确定轴线的方向和位置。孔的轴线可以用正确装配的工作芯轴来代表	方法 3：轴线位置用一个“短”圆柱形基准面上的一个圆的圆心来确定，而其方向则用垂直于此轴线的一个基准端面来确定
图例	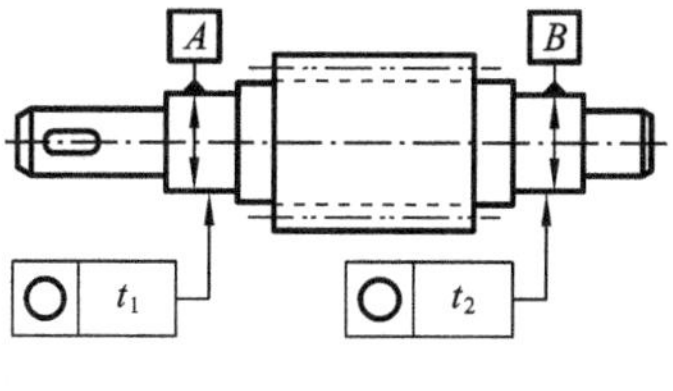 A　B　t_1　t_2	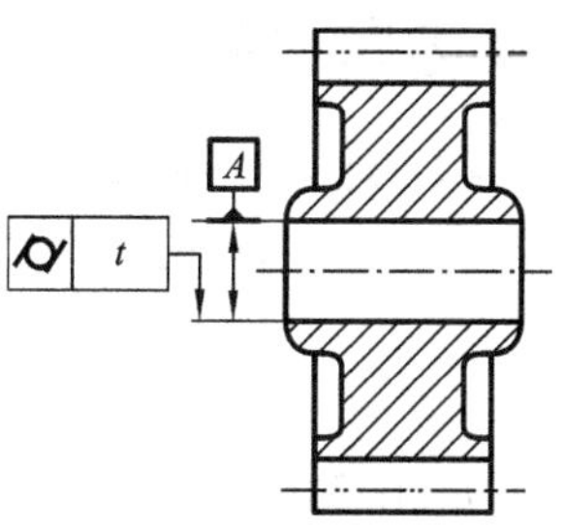 A　t	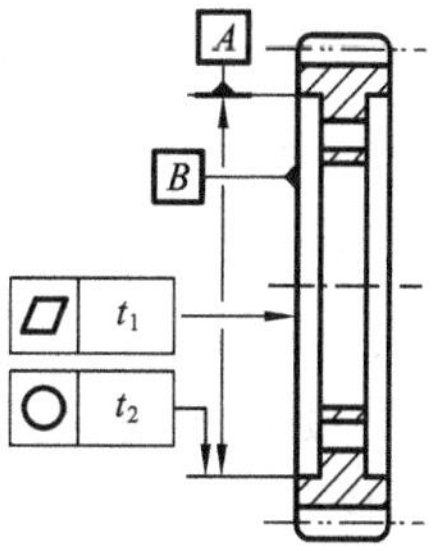 A　B　t_1　t_2
基准面公差	圆度：$0.04(L/b)F_\beta$ 或 $0.1F_p$ 取二者中之小值	圆柱度：$0.04(L/b)F_\beta$ 或 $0.1F_p$ 取二者中之小值	圆度：$0.06F_p$ 平面度：$0.06(D_d/b)F_\beta$

注：① L—轴承跨距；b—齿宽；D_d—基准面直径；

② 齿轮坯的公差应减至能经济地制造的最小值。

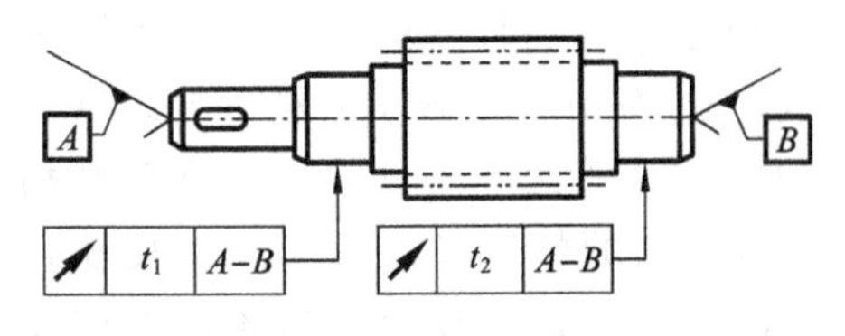

图 7-37 两端中心孔确定基准轴线

在实际生产及应用中，对于与轴制成一体的小齿轮，在制造和检验时常将其安置于两端的顶尖上，即以两端的中心孔(基准面)确定齿轮的基准轴线，如图7-37所示。显然，该齿轮轴的工作及制造安装面与基准面是不统一的，导致齿轮的基准轴线和工作轴线不重合。对于此类情况，GB/Z 18620.3 推荐工作安装面相对于基准轴线的跳动不应大于表 7-8 规定的数值。

表 7-8 安装面的跳动公差

确定轴线的基准面	跳动量	
	径向	轴向
圆柱或圆锥形	$0.15(L/b)F_\beta$ 或 $0.3F_p$ 取二者中之大值	
一个圆柱和一个端面	$0.3F_p$	$0.2(D_d/b)F_\beta$

注：① L—轴承跨距；b—齿宽；D_d—基准面直径；

② 齿轮坯的公差应减至能经济地制造的最小值。

2. 轴线平行度公差

轴线平面内的轴线平行度偏差影响螺旋线啮合偏差，其影响是工作压力角的正弦函数，而垂直平面上的轴线平行度偏差的影响是工作压力角的余弦函数。可见一定量的垂直平面上轴线平行度偏差导致的啮合偏差将比同样大小的轴线平面内偏差导致的啮合偏差要大 2～3 倍。另外，由于齿轮轴要通过轴承安装在箱体或相应的机架上，而齿轮实际工作在齿宽范围内，所以规定齿轮轴线的平行度偏差允许值时应考虑轴承间距。据此，GB/Z 18620.3 对这两种偏差推荐了不同的最大允许值，如图 7-33 所示。

① 垂直平面上平行度偏差 $f_{\Sigma\beta}$ 的推荐最大值为

$$f_{\Sigma\beta}=0.5(L/b)F_\beta \tag{7-21}$$

式中：L——轴承间距；

b——齿宽；

F_β——螺旋线总偏差。

② 轴线平面内平行度偏差 $f_{\Sigma\delta}$ 的推荐最大值为

$$f_{\Sigma\delta}=2f_{\Sigma\beta} \tag{7-22}$$

7.5.3 齿侧间隙及齿厚极限偏差的确定

要使装配好的齿轮副能无障碍地运转，需要适当的侧隙配合。决定配合的主要要素分别为两相配齿轮的齿厚和两齿轮的中心距，同时也受齿轮各要素的几何误差以及两齿轮轴线平行度误差的影响。

1. 最小侧隙的确定

GB/Z 18620.2 对齿轮副的装配侧隙做了指导性规范，并在其附录中为设计者提供了最小侧隙 j_{bnmin} 的推荐值(见表 7-9)和最小侧隙的计算公式。

表 7-9 所示的最小侧隙数值为

$$j_{bnmin}=2(0.05+0.0005a_i+0.03m_n)/3 \tag{7-23}$$

式(7-23)及表 7-9 给出的是基于静态条件下，相配齿轮副两齿轮的轮齿均为最大允许实效齿厚，且两齿轮处于最紧的允许中心距啮合时最小侧隙的推荐值，设计时亦可通过对各影响因素的公差分析来估算，但由于各因素对侧隙的影响通常不能简单地叠加，估算时需要判断和经验。

表7-9　对于中、大模数齿轮最小侧隙 j_{bnmin} 的推荐数值　(mm)

m_n	最小中心距 a_i					
	50	100	200	400	800	1600
1.5	0.09	0.11	—	—	—	
2	0.10	0.12	0.15	—	—	—
3	0.12	0.14	0.17	0.24	—	—
5	—	0.18	0.21	0.28	—	—
8	—	0.24	0.27	0.34	0.47	—
12	—	—	0.35	0.42	0.55	—
18	—	—	—	0.54	0.67	0.94

注：本表推荐值用于由钢铁金属齿轮及其箱体构成的传动装置的最小侧隙，工作时节圆线速度小于15 m/s，其箱体、轴和轴承都采用常用的商业制造公差。

实际生产中，也可通过考虑下列因素来确定最小侧隙。

(1) 齿轮副的工作温度。

补偿箱体和齿轮副温升的侧隙值为

$$j_{bnmin1}=a(\alpha_1\Delta t_1-\alpha_2\Delta t_2)\times 2\sin\alpha_n \tag{7-24}$$

式中：a——中心距(mm)；

Δt_1、Δt_2——齿轮和箱体在正常工作下对标准温度(20℃)的温差(℃)；

α_1、α_2——齿轮和箱体材料的线膨胀系数(1/℃)；

α_n——法向压力角(°)。

(2) 润滑方式及齿轮圆周速度。

对于无强迫润滑的低速传动(油池润滑)，所需的最小侧隙为

$$j_{bnmin2}=(0.005-0.01)m_n \tag{7-25}$$

式中：m_n——法向模数(mm)。

对于喷油润滑的齿轮副，其最小侧隙可按圆周速度 v 确定，即

当 $v\leqslant 10$ m/s 时，$j_{bnmin2}\approx 0.01m_n$

当 $10<v\leqslant 25$ m/s 时，$j_{bnmin2}\approx 0.02m_n$

当 $25<v\leqslant 60$ m/s 时，$j_{bnmin2}\approx 0.03m_n$

当 $v>60$ m/s 时，$j_{bnmin2}\approx(0.03\sim 0.05)m_n$

考虑上面(1)、(2)两项因素，最小极限侧隙应为

$$j_{bnmin}\geqslant 1000(j_{bnmin1}+j_{bnmin2}) \tag{7-26}$$

2. 齿厚极限偏差的确定

设计时，当按表7-9选定或按式(7-26)确定了最小侧隙 j_{bnmin} 后，若无其他误差影响，则齿轮副两相配齿轮的齿厚上偏差 E_{sns1}、E_{sns2} 为

$$|(E_{sns1}+E_{sns2})|\cos\alpha_n=j_{bnmin} \tag{7-27}$$

若 $E_{sns1}=E_{sns2}=E_{sns}$，则有 $j_{bnmin}=2E_{sns}\cos\alpha_n$

若按式(7-26)确定最小侧隙，在设计计算齿轮副的齿厚偏差时，为满足齿轮副正常运转

时所需的最小侧隙，还应考虑箱体的中心距和齿轮的制造及安装误差的影响。即由齿轮副两轮齿厚上偏差所形成的侧隙除了要满足最小侧隙的需要外，还需为中心距偏差和齿轮制造及安装误差所造成的侧隙变化留有补偿量，则式(7-27)变为

$$|(E_{sns1}+E_{sns2})|\cos\alpha_n=j_{bnmin}+f_a\times 2\sin\alpha_n+J_n \quad (7\text{-}28)$$

式中：f_a——中心距允许偏差；

J_n——补偿齿轮制造及安装误差引起的侧隙减小量，J_n 可按下式计算

$$J_n=\sqrt{f_{pb1}^2+f_{pb2}^2+2(F_\beta\cos\alpha_n)^2+(f_{\Sigma\delta}\sin\alpha_n)^2+(f_{\Sigma\delta}\cos\alpha_n)^2}$$

若 $\alpha_n=20°$，且 $F_\beta=f_{\Sigma\delta}=2f_{\Sigma\beta}$，则上式可简化为

$$J_n=\sqrt{f_{pb1}^2+f_{pb2}^2+2.104F_\beta^2} \quad (7\text{-}29)$$

若两啮合齿轮的齿厚上偏差相等，即 $E_{sns1}=E_{sns2}=E_{sns}$，则齿厚上偏差为

$$|E_{sns}|=f_a\tan\alpha_n+\frac{j_{bnmin}+J_n}{2\cos\alpha_n} \quad (7\text{-}30)$$

齿厚下偏差为

$$E_{sni}=E_{sns}-T_{sn} \quad (7\text{-}31)$$

式中：T_{sn}——齿厚公差，

$$T_{sn}=\sqrt{F_r^2+b_r^2}\times 2\tan\alpha_n \quad (7\text{-}32)$$

其中：F_r——径向跳动公差；

b_r——切齿时径向进刀公差，可按表 7-10 选用。

表 7-10　齿轮切齿时径向进刀公差推荐

齿轮精度等级	4	5	6	7	8	9
b_r	1.26IT7	IT8	1.26IT8	IT9	1.26IT9	IT10

7.5.4　齿坯的相关尺寸和齿面表面粗糙度要求

作为定位基准或安装基准的齿轮内孔、齿顶圆、齿轮轴的尺寸精度将影响齿轮传动精度，表 7-11 所示的是其尺寸公差要求。

表 7-11　齿坯尺寸公差要求

传递运动准确性参数的精度等级	1	2	3	4	5	6	7	8	9	10	11	12
齿轮孔的直径	IT4	IT4	IT4	IT4	IT5	IT6	IT7		IT8		IT8	
齿轮轴的直径	IT4	IT4	IT4	IT4	IT5		IT6		IT7		IT8	
齿顶圆直径	IT6		IT7			IT8			IT9		IT11	

同样，作为传动的接触面，齿面的表面质量将影响传动精度，GB/Z 18620.4 对齿轮表面粗糙度要求做了规定，表 7-12 所示的是齿面算术平均偏差 Ra 的推荐值。

表 7-12　齿轮齿面表面粗糙度 Ra 的推荐极限值　　(μm)

模数/mm	精度等级											
	1	2	3	4	5	6	7	8	9	10	11	12
$m<6$					0.5	0.8	1.25	2.0	3.2	5.0	10	20
$6\leqslant m\leqslant 25$	0.04	0.08	0.16	0.32	0.63	1.00	1.6	2.5	4	6.3	12.5	25
$m>25$					0.8	1.25	2.0	3.2	5.0	8.0	16	32

7.5.5　齿轮检验项目的确定

齿轮检验项目实际上就是规定了精度要求的评定参数。表7-6所示的齿轮众多评定参数分别对齿轮不同要素从不同侧面来限制齿轮的制造误差，且保证同一类传动精度又有多个评定参数。同时，有些评定参数对于齿轮特定的功能没有明显的影响，而有些参数可以替代别的一些参数，如切向综合偏差能替代齿距偏差，径向综合偏差可以替代径向跳动。因此设计时需要根据齿轮的功能要求、生产批量、加工工艺手段及测量条件等，选择适当的评定参数组合，而没有必要对所有评定参数都做精度要求的规定。

由于国际标准化组织考虑上述情况的ISO/TR 10063《圆柱齿轮 功能组 检验组 公差族》至今尚未发布，因而与其对应的国家标准（与GB/T 10095及GB/Z 18620配套）亦未制定，目前对齿轮制造质量的控制由采购方与供货方协商确定评定参数的选择。根据我国企业齿轮制造的技术水平，建议齿轮供货方在表7-13所示的检验项目组中选取一个用于评定齿轮的质量，经需方同意后也可用于验收。

表7-13　齿轮检验项目的建议

<table>
<tr><th>组号</th><th>检验项目组</th><th colspan="2">说　明</th></tr>
<tr><td>1</td><td>f_{pt}、F_p、F_α、F_β、F_r</td><td>用于0～12级精度要求的齿轮</td><td rowspan="2">由制造方掌握，可将F_α和F_β分别分解成$f_{f\alpha}$、$f_{H\alpha}$和$f_{f\beta}$、$f_{H\beta}$检验；F_r可用F''_i替代</td></tr>
<tr><td>2</td><td>f_{pt}、F_{pk}、F_p、F_α、F_β、F_r</td><td>用于高速传动或传动比较大的齿轮</td></tr>
<tr><td>3</td><td>F''_i、f''_i</td><td colspan="2">主要用于经试制详细检验合格后投入大批量生产的齿轮</td></tr>
<tr><td>4</td><td>f_{pt}、F_r</td><td colspan="2">多用于10～12级精度要求的齿轮</td></tr>
<tr><td>5</td><td>F'_i、f'_i</td><td colspan="2">有高于被测齿轮精度四个等级的测量齿轮及测量装置时，由供需双方协商选用</td></tr>
</table>

7.5.6　齿轮精度要求的标注

按照国家标准规定，在技术文件上表述齿轮的精度要求时，应注明GB/T 10095.1—2008或GB/T 10095.2—2008。

具体齿轮的精度等级及检验项目的标注方法建议如下。

若齿轮的检验项目为同一精度等级，则可标注精度等级数和标准号；若齿轮的检验项目的精度等级不同，则分别标出检验项目代号及其精度等级数和标准号。

例如，7 GB/T 10095.1—2008或GB/T 10095.2—2008，表示图样给出涉及相应标准评定参数的精度等级同为7级；6(F_α)、7(F_p、F_β) GB/T 10095.1—2008，表示图样给出的齿廓总偏差F_α为6级，齿距累积总偏差F_p和螺旋线总偏差F_β均为7级。

7.5.7　应用举例

例7-1　某普通车床进给系统中的一对直齿圆柱齿轮，传递功率为3 kW，主动齿轮z_1的最高转速$n_1=700$ r/min，模数$m_n=2$ mm，$z_1=40$，$z_2=80$，齿宽$b_1=15$ mm，压力角$\alpha=20°$；齿轮的材料为45钢，$\alpha_1=11.5\times10^{-6}$ 1/℃，箱体材料为铸铁，$\alpha_2=10.5\times10^{-6}$ 1/℃；工作时，齿轮z_1的温度为60℃，箱体的温度为40℃，齿轮的润滑方式为喷油润滑；z_1的孔径$D_H=32$ mm。经供需双方商定，基圆齿距偏差的允许值为$f_{pb1}=\pm9$ μm，$f_{pb2}=\pm10$ μm；中心距允许偏差$f_a=$

±17.5 μm;齿轮需检验 f_{pt}、F_p、F_α、F_β、F_r,精度等级均为 6 级。试确定齿轮 z_1 各评定参数的允许值、齿轮副法向侧隙及 z_1 的齿厚极限偏差和齿坯的技术要求,并绘制齿轮 z_1 的工作图。

解 (1) 确定 z_1 的 f_{pt}、F_p、F_α、F_β、F_r 的允许值。

因为 z_1 的分度圆直径为 $d_1=z_1\times m_n=(40\times 2)$ mm=80 mm,齿宽为 $b_1=15$ mm,精度为 6 级,则分别由表 7-14 至表 7-16、表 7-19 和表 7-24 查到(亦可由表 7-2 所示的公式计算得到):

$$f_{pt}=\pm 7.5\ \mu m;\quad F_p=26\ \mu m;\quad F_\alpha=8.5\ \mu m;\quad F_\beta=11\ \mu m;\quad F_r=21\ \mu m$$

表 7-14 单个齿距偏差 $\pm f_{pt}$ (μm)

分度圆直径 d/mm	模数 m/mm	精度等级												
		0	1	2	3	4	5	6	7	8	9	10	11	12
$5\leqslant d\leqslant 20$	$0.5\leqslant m\leqslant 2$	0.8	1.2	1.7	2.3	3.3	4.7	6.5	9.5	13.0	19.0	26.0	37.0	53.0
	$2<m\leqslant 3.5$	0.9	1.3	1.8	2.6	3.7	5.0	7.5	10.0	15.0	21.0	29.0	41.0	59.0
$20<d\leqslant 50$	$0.5\leqslant m\leqslant 2$	0.9	1.2	1.8	2.5	3.5	5.0	7.0	10.0	14.0	20.0	28.0	40.0	56.0
	$2<m\leqslant 3.5$	1.0	1.4	1.9	2.7	3.9	5.5	7.5	11.0	15.0	22.0	31.0	44.0	62.0
	$3.5<m\leqslant 6$	1.1	1.5	2.1	3.0	4.3	6.0	8.5	12.0	17.0	24.0	34.0	48.0	68.0
	$6<m\leqslant 10$	1.2	1.7	2.5	3.5	4.9	7.0	10.0	14.0	20.0	28.0	40.0	56.0	79.0
$50<d\leqslant 125$	$0.5\leqslant m\leqslant 2$	0.9	1.3	1.9	2.7	3.8	5.5	7.5	11.0	15.0	21.0	30.0	43.0	61.0
	$2<m\leqslant 3.5$	1.0	1.5	2.1	2.9	4.1	6.0	8.5	12.0	17.0	23.0	33.0	47.0	66.0
	$3.5<m\leqslant 6$	1.1	1.6	2.3	3.2	4.6	6.5	9.0	13.0	18.0	26.0	36.0	52.0	73.0
	$6<m\leqslant 10$	1.3	1.8	2.6	3.7	5.0	7.5	10.0	15.0	21.0	30.0	42.0	59.0	84.0
	$10<m\leqslant 16$	1.6	2.2	3.1	4.4	6.5	9.0	13.0	18.0	25.0	35.0	50.0	71.0	100.0
	$16<m\leqslant 25$	2.0	2.8	3.9	5.5	8.0	11.0	16.0	22.0	31.0	44.0	63.0	89.0	125.0

表 7-15 齿距累积总偏差 F_p (μm)

分度圆直径 d/mm	模数 m/mm	精度等级												
		0	1	2	3	4	5	6	7	8	9	10	11	12
$5\leqslant d\leqslant 20$	$0.5\leqslant m\leqslant 2$	2.0	2.8	4.0	5.5	8.0	11.0	16.0	23.0	32.0	45.0	64.0	90.0	127.0
	$2<m\leqslant 3.5$	2.1	29	4.2	6.0	8.5	12.0	17.0	23.0	33.0	47.0	66.0	94.0	133.0
$20<d\leqslant 50$	$0.5\leqslant m\leqslant 2$	2.5	3.6	5.0	7.0	10.0	14.0	20.0	29.0	41.0	57.0	81.0	115.0	162.0
	$2<m\leqslant 3.5$	2.6	3.7	5.0	7.5	10.0	15.0	21.0	30.0	42.0	59.0	84.0	119.0	168.0
	$3.5<m\leqslant 6$	2.7	3.9	5.5	7.5	11.0	15.0	22.0	31.0	44.0	62.0	87.0	123.0	174.0
	$6<m\leqslant 10$	2.9	4.1	6.0	8.0	12.0	16.0	23.0	33.0	46.0	65.0	93.0	131.0	185.0
$50<d\leqslant 125$	$0.5\leqslant m\leqslant 2$	3.3	4.6	6.5	9.0	13.0	18.0	26.0	37.0	52.0	74.0	104.0	147.0	208.0
	$2<m\leqslant 3.5$	3.3	4.7	6.5	9.5	13.0	19.0	27.0	38.0	53.0	76.0	107.0	151.0	214.0
	$3.5<m\leqslant 6$	3.4	4.9	7.0	9.5	14.0	19.0	28.0	39.0	55.0	78.0	11.0	156.0	220.0
	$6<m\leqslant 10$	3.6	5.0	7.0	10.0	14.0	20.0	29.0	41.0	58.0	82.0	116.0	164.0	231.0
	$10<m\leqslant 16$	3.9	5.5	7.5	11.0	15.0	22.0	31.0	44.0	62.0	88.0	124.0	175.0	248.0
	$16<m\leqslant 25$	4.3	6.0	8.5	12.0	17.0	24.0	34.0	48.0	68.0	96.0	136.0	193.0	273.0

表 7-16 齿廓总偏差 F_α (μm)

分度圆直径 d/mm	模数 m/mm	精度等级												
		0	1	2	3	4	5	6	7	8	9	10	11	12
$5\leqslant d\leqslant 20$	$0.5\leqslant m\leqslant 2$	0.8	1.1	1.6	2.3	3.2	4.6	6.5	9.0	13.0	18.0	26.0	37.0	52.0
	$2<m\leqslant 3.5$	1.2	1.7	2.3	3.3	4.7	6.5	9.5	13.0	19.0	26.0	37.0	53.0	75.0
$20<d\leqslant 50$	$0.5\leqslant m\leqslant 2$	0.9	1.3	1.8	2.6	3.6	5.0	7.5	10.0	15.0	21.0	29.0	41.0	58.0
	$2<m\leqslant 3.5$	1.3	1.8	2.5	3.6	5.0	7.0	10.0	14.0	20.0	29.0	40.0	57.0	81.0
	$3.5<m\leqslant 6$	1.6	2.2	3.1	4.4	6.0	9.0	12.0	18.0	25.0	35.0	50.0	70.0	99.0
	$6<m\leqslant 10$	1.9	2.7	3.8	5.5	7.5	11.0	15.0	22.0	31.0	43.0	61.0	87.0	123.0
$50<d\leqslant 125$	$0.5\leqslant m\leqslant 2$	1.0	1.5	2.1	2.9	4.1	6.0	8.5	12.0	17.0	23.0	33.0	47.0	66.0
	$2<m\leqslant 3.5$	1.4	2.0	2.8	3.9	5.5	8.0	11.0	16.0	22.0	31.0	44.0	63.0	89.0
	$3.5<m\leqslant 6$	1.7	2.4	3.4	4.8	6.5	9.5	13.0	19.0	27.0	38.0	54.0	76.0	108.0
	$6<m\leqslant 10$	2.0	2.9	4.1	6.0	8.0	12.0	16.0	23.0	33.0	46.0	65.0	92.0	131.0
	$10<m\leqslant 16$	2.5	3.5	5.0	7.0	10.0	14.0	20.0	28.0	40.0	56.0	79.0	112.0	159.0
	$16<m\leqslant 25$	3.0	4.2	6.0	8.5	12.0	17.0	24.0	34.0	48.0	68.0	96.0	136.0	192.0

表 7-17 齿廓形状偏差 $f_{f\alpha}$ (μm)

分度圆直径 d/mm	模数 m/mm	精度等级												
		0	1	2	3	4	5	6	7	8	9	10	11	12
$5\leqslant d\leqslant 20$	$0.5\leqslant m\leqslant 2$	0.6	0.9	1.3	1.8	2.5	3.5	5.0	7.0	10.0	14.0	20.0	28.0	40.0
	$2<m\leqslant 3.5$	0.9	1.3	1.8	2.6	3.6	5.0	7.0	10.0	14.0	20.0	29.0	41.0	58.0
$20<d\leqslant 50$	$0.5\leqslant m\leqslant 2$	0.7	1.0	1.4	2.0	2.8	4.0	5.5	8.0	11.0	16.0	22.0	32.0	45.0
	$2<m\leqslant 3.5$	1.0	1.4	2.0	2.8	3.9	5.5	8.0	11.0	16.0	22.0	31.0	44.0	62.0
	$3.5<m\leqslant 6$	1.2	1.7	2.4	3.4	4.8	7.0	9.5	14.0	19.0	27.0	39.0	54.0	77.0
	$6<m\leqslant 10$	1.5	2.1	3.0	4.2	6.0	8.5	12.0	17.0	24.0	34.0	48.0	67.0	95.0
$50<d\leqslant 125$	$0.5\leqslant m\leqslant 2$	0.8	1.1	1.6	2.3	3.2	4.5	6.5	9.0	13.0	18.0	26.0	36.0	51.0
	$2<m\leqslant 3.5$	1.1	1.5	2.1	3.0	4.3	6.0	8.5	12.0	17.0	24.0	34.0	49.0	69.0
	$3.5<m\leqslant 6$	1.3	1.8	2.6	3.7	5.0	7.5	10.0	15.0	21.0	29.0	42.0	59.0	83.0
	$6<m\leqslant 10$	1.6	2.2	3.2	4.5	6.5	9.0	13.0	18.0	25.0	36.0	51.0	72.0	101.0
	$10<m\leqslant 16$	1.9	2.7	3.9	5.5	7.5	11.0	15.0	22.0	31.0	44.0	62.0	87.0	123.0
	$16<m\leqslant 25$	2.3	3.3	4.7	6.5	9.5	13.0	19.0	26.0	37.0	53.0	75.0	106.0	149.0

表 7-18　齿廓倾斜偏差 $\pm f_{H\alpha}$　　(μm)

分度圆直径 d/mm	模数 m/mm	精度等级												
		0	1	2	3	4	5	6	7	8	9	10	11	12
$5\leqslant d\leqslant 20$	$0.5\leqslant m\leqslant 2$	0.5	0.7	1.0	1.5	2.1	2.9	4.2	6.0	8.5	12.0	17.0	24.0	33.0
	$2<m\leqslant 3.5$	0.7	1.0	1.5	2.1	3.0	4.2	6.0	8.5	12.0	17.0	24.0	34.0	47.0
$20<d\leqslant 50$	$0.5\leqslant m\leqslant 2$	0.6	0.8	1.2	1.6	2.3	3.3	4.6	6.5	9.5	13.0	19.0	26.0	37.0
	$2<m\leqslant 3.5$	0.8	1.1	1.6	2.3	3.2	4.5	6.5	9.0	13.0	18.0	26.0	36.0	51.0
	$3.5<m\leqslant 6$	1.0	1.4	2.0	2.8	3.9	5.5	8.0	11.0	16.0	22.0	32.0	45.0	63.0
	$6<m\leqslant 10$	1.2	1.7	2.4	3.4	4.8	7.0	9.5	14.0	19.0	27.0	39.0	55.0	78.0
$50<d\leqslant 125$	$0.5\leqslant m\leqslant 2$	0.7	0.9	1.3	1.9	2.6	3.7	5.5	7.5	11.0	15.0	21.0	30.0	42.0
	$2<m\leqslant 3.5$	0.9	1.2	1.8	2.5	3.5	5.0	7.0	10.0	14.0	20.0	28.0	40.0	57.0
	$3.5<m\leqslant 6$	1.1	1.5	2.1	3.0	4.3	6.0	8.5	12.0	17.0	24.0	34.0	48.0	68.0
	$6<m\leqslant 10$	1.3	1.8	2.6	3.7	5.0	7.5	10.0	15.0	21.0	29.0	41.0	58.0	83.0
	$10<m\leqslant 16$	1.6	2.2	3.1	4.4	6.5	9.0	13.0	18.0	25.0	35.0	50.0	71.0	100.0
	$16<m\leqslant 25$	1.9	2.7	3.8	5.5	7.5	11.0	15.0	21.0	30.0	43.0	60.0	86.0	121.0

表 7-19　螺旋线总偏差 F_β　　(μm)

分度圆直径 d/mm	齿宽 b/mm	精度等级												
		0	1	2	3	4	5	6	7	8	9	10	11	12
$5\leqslant d\leqslant 20$	$4\leqslant b\leqslant 10$	1.1	1.5	2.2	3.1	4.3	6.0	8.5	12.0	17.0	24.0	35.0	49.0	69.0
	$10<b\leqslant 20$	1.2	1.7	2.4	3.4	4.9	7.0	9.5	14.0	19.0	28.0	39.0	55.0	78.0
	$20<b\leqslant 40$	1.4	2.0	2.8	3.9	5.5	8.0	11.0	16.0	22.0	31.0	45.0	63.0	89.0
	$40<b\leqslant 80$	1.6	2.3	3.3	4.6	6.5	9.5	13.0	19.0	26.0	37.0	52.0	74.0	105.0
$20<d\leqslant 50$	$4\leqslant b\leqslant 10$	1.1	1.6	2.2	3.2	4.5	6.5	9.0	13.0	18.0	25.0	36.0	51.0	72.0
	$10<b\leqslant 20$	1.3	1.8	2.5	3.6	5.0	7.0	10.0	14.0	20.0	29.0	40.0	57.0	81.0
	$20<b\leqslant 40$	1.4	2.0	2.9	4.1	5.5	8.0	11.0	16.0	23.0	32.0	46.0	65.0	92.0
	$40<b\leqslant 80$	1.7	2.4	3.4	4.8	6.5	9.5	13.0	19.0	27.0	38.0	54.0	76.0	107.0
	$80<b\leqslant 160$	2.0	2.9	4.1	5.5	8.0	11.0	16.0	23.0	32.0	46.0	65.0	92.0	130.0
$50<d\leqslant 125$	$4\leqslant b\leqslant 10$	1.2	1.7	2.4	3.3	4.7	6.5	9.5	13.0	19.0	27.0	38.0	53.0	76.0
	$10<b\leqslant 20$	1.3	1.9	2.6	3.7	5.5	7.5	11.0	15.0	21.0	30.0	42.0	60.0	84.0
	$20<b\leqslant 40$	1.5	2.1	3.0	4.2	6.0	8.5	12.0	17.0	24.0	34.0	48.0	68.0	95.0
	$40<b\leqslant 80$	1.7	2.5	3.5	4.9	7.0	10.0	14.0	20.0	28.0	39.0	56.0	79.0	111.0
	$80<b\leqslant 160$	2.1	2.9	4.2	6.0	8.5	12.0	17.0	24.0	33.0	47.0	67.0	94.0	133.0
	$160<b\leqslant 250$	2.5	3.5	4.9	7.0	10.0	14.0	20.0	28.0	40.0	56.0	79.0	112.0	158.0
	$250<b\leqslant 400$	2.9	4.1	6.0	8.0	12.0	16.0	23.0	33.0	46.0	65.0	92.0	130.0	184.0

表 7-20　螺旋线形状偏差 $f_{f\beta}$ 和螺旋线倾斜偏差 $\pm f_{H\beta}$　(μm)

分度圆直径 d/mm	齿宽 b/mm	精度等级												
		0	1	2	3	4	5	6	7	8	9	10	11	12
5≤d≤20	4≤b≤10	0.8	1.1	1.5	2.2	3.1	4.4	6.0	8.5	12.0	17.0	25.0	35.0	49.0
	10<b≤20	0.9	1.2	1.7	2.5	3.5	4.9	7.0	10.0	14.0	20.0	28.0	39.0	56.0
	20<b≤40	1.0	1.4	2.0	2.8	4.0	5.5	8.0	11.0	16.0	22.0	32.0	45.0	64.0
	40<b≤80	1.2	1.7	2.3	3.3	4.7	6.5	9.5	13.0	19.0	26.0	37.0	53.0	75.0
20<d≤50	4≤b≤10	0.8	1.1	1.6	2.3	3.2	4.5	6.5	9.0	13.0	18.0	26.0	36.0	51.0
	10<b≤20	0.9	1.3	1.8	2.5	3.6	5.0	7.0	10.0	14.0	20.0	29.0	41.0	58.0
	20<b≤40	1.0	1.4	2.0	2.9	4.1	6.0	8.0	12.0	16.0	23.0	33.0	46.0	65.0
	40<b≤80	1.2	1.7	2.4	3.4	4.8	7.0	9.5	14.0	19.0	27.0	38.0	54.0	77.0
	80<b≤160	1.4	2.0	2.9	4.1	6.0	8.0	12.0	16.0	23.0	33.0	46.0	65.0	93.0
50<d≤125	4≤b≤10	0.8	1.2	1.7	2.4	3.4	4.8	6.5	9.5	13.0	19.0	27.0	38.0	54.0
	10<b≤20	0.9	1.3	1.9	2.7	3.8	5.5	7.5	11.0	15.0	21.0	30.0	43.0	60.0
	20<b≤40	1.1	1.5	2.1	3.0	4.3	6.0	8.5	12.0	17.0	24.0	34.0	48.0	68.0
	40<b≤80	1.2	1.8	2.5	3.5	5.0	7.0	10.0	14.0	20.0	28.0	40.0	56.0	79.0
	80<b≤160	1.5	2.1	3.0	4.2	6.0	8.5	12.0	17.0	24.0	34.0	48.0	67.0	95.0
	160<b≤250	1.8	2.5	3.5	5.0	7.0	10.0	14.0	20.0	28.0	40.0	56.0	80.0	113.0
	250<b≤400	2.1	2.9	4.1	6.0	8.0	12.0	16.0	23.0	33.0	46.0	66.0	93.0	132.0

表 7-21　f'_i/K 的比值　(μm)

分度圆直径 d/mm	模数 m/mm	精度等级												
		0	1	2	3	4	5	6	7	8	9	10	11	12
5≤d≤20	0.5≤m≤2	2.4	3.4	4.8	7.0	9.5	14.0	19.0	27.0	38.0	54.0	77.0	109.0	154.0
	2<m≤3.5	2.8	4.0	5.5	8.0	11.0	16.0	23.0	32.0	45.0	64.0	91.0	129.0	182.0
20<d≤50	0.5≤m≤2	2.5	3.6	5.0	7.0	10.0	14.0	20.0	29.0	41.0	58.0	82.0	115.0	163.0
	2<m≤3.5	3.0	4.2	6.0	8.5	12.0	17.0	24.0	34.0	48.0	68.0	96.0	135.0	191.0
	3.5<m≤6	3.4	4.8	7.0	9.5	14.0	19.0	27.0	38.0	54.0	77.0	108.0	153.0	217.0
	6<m≤10	3.9	5.5	8.0	11.0	16.0	22.0	31.0	44.0	63.0	89.0	125.0	177.0	251.0
50<d≤125	0.5≤m≤2	2.7	3.9	5.5	8.0	11.0	16.0	22.0	31.0	44.0	62.0	88.0	124.0	176.0
	2<m≤3.5	3.2	4.5	6.5	9.0	13.0	18.0	25.0	36.0	51.0	72.0	102.0	144.0	204.0
	3.5<m≤6	3.6	5.0	7.0	10.0	14.0	20.0	29.0	40.0	57.0	81.0	115.0	162.0	229.0
	6<m≤10	4.1	6.0	8.0	12.0	16.0	23.0	33.0	47.0	66.0	93.0	132.0	186.0	263.0
	10<m≤16	4.8	7.0	9.5	14.0	19.0	27.0	38.0	54.0	77.0	109.0	154.0	218.0	308.0
	16<m≤25	5.5	8.0	11.0	16.0	23.0	32.0	46.0	65.0	91.0	129.0	183.0	259.0	366.0

表 7-22 径向综合总偏差 F''_i (μm)

分度圆直径 d/mm	法向模数 m_n/mm	精度等级								
		4	5	6	7	8	9	10	11	12
$5\leqslant d\leqslant 20$	$0.2\leqslant m_n\leqslant 0.5$	7.5	11	15	21	30	42	60	85	120
	$0.5<m_n\leqslant 0.8$	8.0	12	16	23	33	46	66	93	131
	$0.8<m_n\leqslant 1.0$	9.0	12	18	25	35	50	70	100	141
	$1.0<m_n\leqslant 1.5$	10	14	19	27	38	54	76	108	153
	$1.5<m_n\leqslant 2.5$	11	16	22	32	45	63	89	126	179
	$2.5<m_n\leqslant 4.0$	14	20	28	39	56	79	112	158	223
$20<d\leqslant 50$	$0.2\leqslant m_n\leqslant 0.5$	9.0	13	19	26	37	52	74	105	148
	$0.5<m_n\leqslant 0.8$	10	14	20	28	40	56	80	113	160
	$0.8<m_n\leqslant 1.0$	11	15	21	30	42	60	85	120	169
	$1.0<m_n\leqslant 1.5$	11	16	23	32	45	64	91	128	181
	$1.5<m_n\leqslant 2.5$	13	18	26	37	52	73	103	146	207
	$2.5<m_n\leqslant 4.0$	16	22	31	44	63	89	126	178	251
	$4.0<m_n\leqslant 6.0$	20	28	39	56	79	111	157	222	314
	$6.0<m_n\leqslant 10$	26	37	52	74	104	147	209	295	417
$50<d\leqslant 125$	$0.2\leqslant m_n\leqslant 0.5$	12	16	23	33	46	66	93	131	185
	$0.5<m_n\leqslant 0.8$	12	17	25	35	49	70	98	139	197
	$0.8<m_n\leqslant 1.0$	13	18	26	36	52	73	103	146	206
	$1.0<m_n\leqslant 1.5$	14	19	27	39	55	77	109	154	218
	$1.5<m_n\leqslant 2.5$	15	22	31	43	61	86	122	173	244
	$2.5<m_n\leqslant 4.0$	18	25	36	51	72	102	144	204	288
	$4.0<m_n\leqslant 6.0$	22	31	44	62	88	124	176	248	351
	$6.0<m_n\leqslant 10$	28	40	57	80	114	161	227	321	454

表 7-23 一齿径向综合偏差 f''_i (μm)

分度圆直径 d/mm	法向模数 m_n/mm	精度等级								
		4	5	6	7	8	9	10	11	12
$5\leqslant d\leqslant 20$	$0.2\leqslant m_n\leqslant 0.5$	1.0	2.0	2.5	3.5	5.0	7.0	10	14	20
	$0.5<m_n\leqslant 0.8$	2.0	2.5	4.0	5.5	7.5	11	15	22	31
	$0.8<m_n\leqslant 1.0$	2.5	3.5	5.0	7.0	10	14	20	28	29
	$1.0<m_n\leqslant 1.5$	3.0	4.5	6.5	9.0	13	18	25	36	50
	$1.5<m_n\leqslant 2.5$	4.5	6.5	9.5	13	19	26	37	53	74
	$2.5<m_n\leqslant 4.0$	7.0	10	14	20	29	41	58	82	115

续表

分度圆直径 d/mm	法向模数 m_n/mm	精度等级								
		4	5	6	7	8	9	10	11	12
$20<d\leqslant50$	$0.2\leqslant m_n\leqslant0.5$	1.5	2.0	2.5	3.5	5.0	7.0	10	14	20
	$0.5<m_n\leqslant0.8$	2.0	2.5	4.0	5.5	7.5	11	15	22	31
	$0.8<m_n\leqslant1.0$	2.5	3.5	5.0	7.0	10	14	20	28	40
	$1.0<m_n\leqslant1.5$	3.0	4.5	6.5	9.0	13	18	25	36	51
	$1.5<m_n\leqslant2.5$	4.5	6.5	9.5	13	19	26	37	53	75
	$2.5<m_n\leqslant4.0$	7.0	10	14	20	29	41	58	82	116
	$4.0<m_n\leqslant6.0$	11	15	22	31	43	61	87	123	174
	$6.0<m_n\leqslant10$	17	24	34	48	67	95	135	190	269
$50<d\leqslant125$	$0.2\leqslant m_n\leqslant0.5$	1.5	2.0	2.5	3.5	5.0	7.5	10	15	21
	$0.5<m_n\leqslant0.8$	2.0	3.0	4.0	5.5	8.0	11	16	22	31
	$0.8<m_n\leqslant1.0$	2.5	3.5	5.0	7.0	10	14	20	28	40
	$1.0<m_n\leqslant1.5$	3.0	4.5	6.5	9.0	13	18	26	36	51
	$1.5<m_n\leqslant2.5$	4.5	6.5	9.5	13	19	26	37	53	75
	$2.5<m_n\leqslant4.0$	7.0	10	14	20	29	41	58	82	116
	$4.0<m_n\leqslant6.0$	11	15	22	31	44	62	87	123	174
	$6.0<m_n\leqslant10$	17	24	34	48	67	95	135	191	269

表7-24　径向跳动公差 F_r　(μm)

分度圆直径 d/mm	法向模数 m_n/mm	精度等级												
		0	1	2	3	4	5	6	7	8	9	10	11	12
$5\leqslant d\leqslant20$	$0.5\leqslant m_n\leqslant2.0$	1.5	2.5	3.0	4.5	6.5	9.0	13	18	25	36	51	72	102
	$2.0<m_n\leqslant3.5$	1.5	2.5	3.5	4.5	6.5	9.5	13	19	27	38	53	75	105
$20<d\leqslant50$	$0.5\leqslant m_n\leqslant2.0$	2.0	3.0	4.0	5.5	8.0	11	16	23	32	46	65	92	130
	$2.0<m_n\leqslant3.5$	2.0	3.0	4.0	6.0	8.5	12	17	24	34	47	57	95	134
	$3.5<m_n\leqslant6$	2.0	3.0	4.5	6.0	8.5	12	17	25	35	49	70	99	139
	$6.0<m_n\leqslant10$	2.5	3.5	4.5	6.5	9.5	13	19	26	37	52	74	105	148
$50<d\leqslant125$	$0.5\leqslant m_n\leqslant2.0$	2.5	3.5	5.0	7.5	10	15	21	29	42	59	83	118	167
	$2.0<m_n\leqslant3.5$	2.5	4.0	5.5	7.5	11	15	21	30	43	61	86	121	171
	$3.5<m_n\leqslant6$	3.0	4.0	5.5	8.0	11	16	22	31	44	62	88	125	176
	$6.0<m_n\leqslant10$	3.0	4.0	6.0	8.0	12	16	23	33	46	65	92	131	185
	$10<m_n\leqslant16$	3.0	4.5	6.0	9.0	12	18	25	35	50	70	99	140	198
	$16<m_n\leqslant25$	3.5	5.0	7.0	9.5	14	19	27	39	55	77	109	154	218

(2) 计算齿侧间隙。

齿轮副中心距为

$$a=(d_1+d_2)/2=(z_1+z_2)\times m_n/2=[(40+80)\times 2/2]\ \text{mm}=120\ \text{mm}$$

由式(7-24)得

$$\begin{aligned} j_{\text{bnmin1}} &= a(\alpha_1\Delta t_1-\alpha_2\Delta t_2)\times 2\sin\alpha_n \\ &= [120(11.5\times 10^{-6}\times 40-10.5\times 10^{-6}\times 20)\times 2\times \sin 20^\circ]\ \text{mm} \\ &= 0.0205\ \text{mm} \end{aligned}$$

由于

$$v=3.14\times 700\times 0.080/60\ \text{m/s}=2.93\ \text{m/s}<10\ \text{m/s}$$

则取

$$j_{\text{bnmin2}}\approx 0.01\ m_n=0.02\ \text{mm}$$

由式(7-25),得

$$j_{\text{bnmin}}=1000(j_{\text{bnmin1}}+j_{\text{bnmin2}})=1000\times(0.0205+0.02)\ \mu\text{m}=40.5\ \mu\text{m}$$

(3) 计算齿厚极限偏差。

取两齿轮 z_1 和 z_2 的齿厚上偏差 $E_{\text{sns1}}=E_{\text{sns2}}=E_{\text{sns}}$,$F_\beta=f_{\Sigma\delta}=2f_{\Sigma\beta}$,则由式(7-29)可得

$$\begin{aligned} J_n &= \sqrt{f_{\text{pb1}}^2+f_{\text{pb2}}^2+2.104F_\beta^2} \\ &= \sqrt{9^2+10^2+2.104\times 11^2}\ \mu\text{m} \\ &\approx 21\ \mu\text{m} \end{aligned}$$

由式(7-30)可得

$$\begin{aligned} E_{\text{sns}} &= -\left(f_a\tan\alpha_n+\frac{j_{\text{bnmin}}+J_n}{2\cos\alpha_n}\right)=-\left(17.5\tan 20^\circ+\frac{40.5+21}{2\cos 20^\circ}\right)\ \mu\text{m} \\ &= -39.09\ \mu\text{m} \end{aligned}$$

则取齿轮 z_1 的齿厚上偏差为

$$E_{\text{sns1}}=E_{\text{sns2}}=-40\ \mu\text{m}$$

查表 7-10(d_1=80 mm,IT8=46 μm)并计算,得齿轮 z_1 的进刀公差为

$$b_r=1.26\text{IT8}=58\ \mu\text{m}$$

由式(7-32),齿轮 z_1 的齿厚公差为

$$T_{\text{sn}}=\sqrt{F_r^2+b_r^2}\times 2\tan\alpha_n=\sqrt{21^2+58^2}\times 2\tan 20^\circ\ \mu\text{m}=45\ \mu\text{m}$$

则齿轮 z_1 的齿厚下偏差为

$$E_{\text{sni1}}=E_{\text{sns1}}-T_{\text{sn}}=(-40-45)\ \mu\text{m}=-85\ \mu\text{m}$$

(4) 确定齿坯其他技术要求。

设计以 z_1 的孔及端面为定位基准面,由表 7-11 得基准孔直径公差为 IT6,$T_H=0.016$ mm,ES=+0.016 mm,EI=0;齿顶圆直径公差为 IT8,$T_S=0.054$ mm,es=0,ei=−0.054 mm。

由表 7-7、表 7-8 有,内孔圆柱度公差 $T_{/\bigcirc/}$ 及右端面(D_d=54 mm)轴向圆跳动公差 $T_{\nearrow}$ 分别为

$$T_{/\bigcirc/}=0.04(L/b)F_\beta=0.04\times(30/15)\times 11\ \mu\text{m}=0.88\ \mu\text{m}$$

$$T_{\nearrow}=0.2(D_d/b)F_\beta=0.2(54/15)\times 11\ \mu\text{m}=8\ \mu\text{m}$$

取 $T_{/\bigcirc/}=1\ \mu\text{m}$,$T_{\nearrow}=8\ \mu\text{m}$。另取齿顶圆径向圆跳动公差为 0.011 mm。

由表 7-12 查得，齿面表面粗糙度为

$$Ra = 0.8\ \mu\text{m}$$

（5）绘制齿轮工作图。

齿轮 z_1 的工作图如图 7-38 所示。

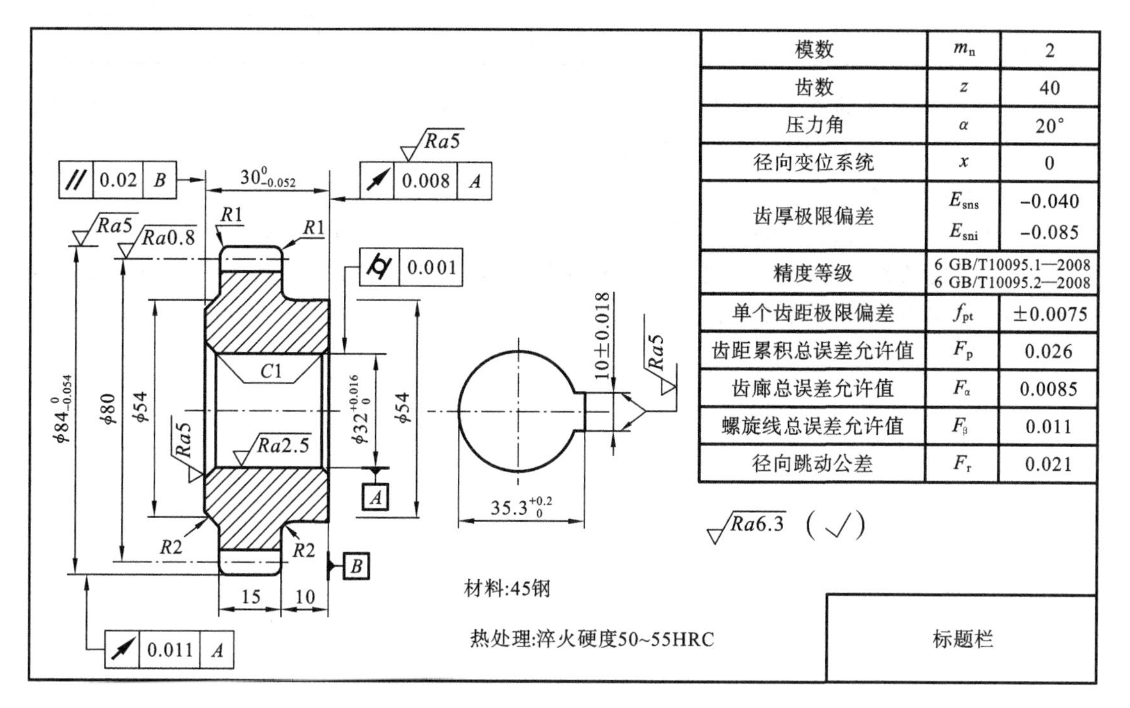

模数	m_n	2
齿数	z	40
压力角	α	20°
径向变位系统	x	0
齿厚极限偏差	E_{sns} E_{sni}	-0.040 -0.085
精度等级	6 GB/T10095.1—2008 6 GB/T10095.2—2008	
单个齿距极限偏差	f_{pt}	±0.0075
齿距累积总误差允许值	F_p	0.026
齿廓总误差允许值	F_α	0.0085
螺旋线总误差允许值	F_β	0.011
径向跳动公差	F_r	0.021

图 7-38　齿轮工作图

结语与习题

Ⅰ. 本章的学习目的、要求及重点

学习目的：了解圆柱齿轮公差标准及其应用。

要求：① 了解齿轮制造精度各评定参数和检验项目的概念和含义及其对使用性能的影响；② 了解渐开线圆柱齿轮精度制的特点及其选用和标注；③ 了解圆柱齿轮的测量方法。

重点：影响齿轮传动质量的误差分析，各项评定参数的目的及作用；各评定参数之间的相互联系。

Ⅱ. 复习思考题

1. 齿轮传动的使用要求有哪些，彼此有何区别和联系？
2. 影响使用要求的主要误差源是什么？
3. 各评定参数和检测项目分别反映传动质量的何种特征？

Ⅲ. 练习题

1. 检测一模数 $m_n = 3$ mm，齿数 $z_1 = 30$，压力角 $\alpha = 20°$，设计要求 7 级精度的渐开线直齿圆柱齿轮，结果为 $F_r = 20\ \mu\text{m}$，$F_p = 36\ \mu\text{m}$。试用表 7-2 所提供的公式，计算并评价该齿轮的这两项评定参数是否满足设计要求。

2. 用相对法测量模数 $m_n = 3$ mm，齿数 $z_1 = 12$ 的直齿圆柱齿轮齿距累积总偏差和单个齿距偏差,测得数据附表 7-1 所示。该齿轮设计要求为 8 级精度(GB/T 10095.1—2008),试求其齿距累积总偏差 F_p 和单个齿距偏差 f_{pt},并判断其合格与否。

附表 7-1

序号	1	2	3	4	5	6	7	8	9	10	11	12
测量读数/μm	0	+5	+5	+10	−20	−10	−20	−18	−10	−10	+15	+5

3. 已知精度要求为 6 级(GB/T 10095.1—2008 和 GB/T 10095.2—2008)的某直齿圆柱齿轮副,模数 $m_n=5$ mm,压力角 $\alpha=20°$,齿数分别为 $z_1=20$,$z_2=100$,内孔直径分别为 $D_1=25$ mm, $D_2=80$ mm。

(1) 试用表 7-2 所提供的公式,计算 f_{pt}、F_p、F_α、F_β、F''_i、f''_i 及 F_r 的允许值。

(2) 试确定两齿轮基准面(齿轮结构类似于图 7-38 所示齿轮)的几何公差、齿面表面粗糙度以及两轮内孔和齿顶圆的尺寸公差。

第8章 尺寸链

8.1 尺寸链的基本概念

8.1.1 尺寸链的含义及作用

机械设计与制造中，在多个零件按装配工艺的要求装配成机器或部件时，各零件的相关尺寸被联系在一起，形成了相互关联的尺寸组；如图 8-1(a)所示的孔、轴装配后，将间隙 A_0、孔径 A_1 和轴径 A_2 联系在一起，并有 $A_0=A_1-A_2$。在零件设计时，按使用需要所确定的尺寸将零件上相关要素联系在一起，形成了相互关联的尺寸组；如图 8-1(b)所示箱体零件，顶面及右端大孔中心相对箱体底面的尺寸 A_1 和 A_2 在设计图样上给出，将图示的尺寸 A_0(设计后自然形成)、A_1 和 A_2 联系在一起，并有 $A_0=A_1-A_2$。在零件毛坯按加工工艺的要求被加工成形的过程中，各工序的相关尺寸被联系在一起，形成了相互关联的尺寸组；如图 8-1(c)所示的零件工序图，图示要求阶梯轴由原长度 C_2 加工至 C_1，切除余量 C_0，将尺寸 C_0、C_1 和 C_2 联系在一起，并有 $C_0=C_2-C_1$。

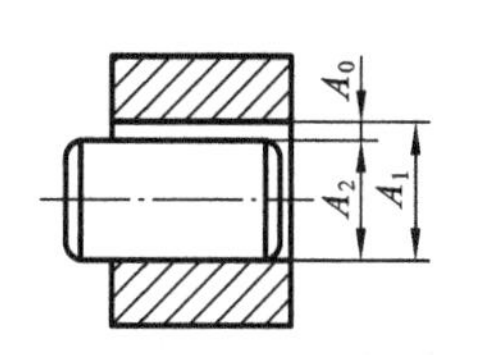

(a) 零件间的尺寸联系

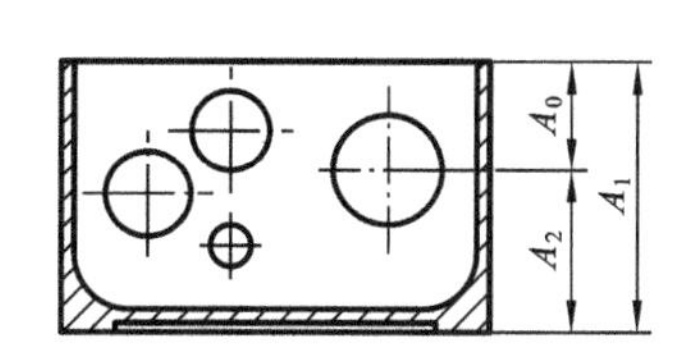

(b) 零件表面间的尺寸联系

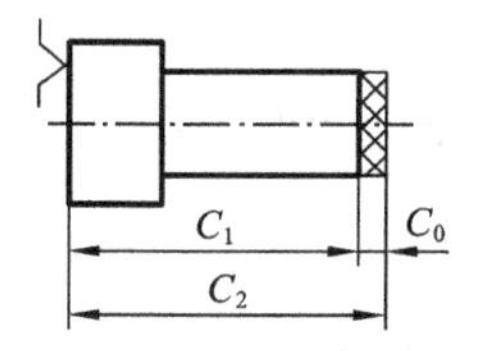

(c) 零件工艺尺寸间的联系

图 8-1 机件上各件间相互关联的尺寸

类似于图 8-1 所示的这些相互关联尺寸，它们在机器的装配或零件的设计、加工过程中，由相互连接的尺寸形成封闭的尺寸组，称为尺寸链(dimentional chain)。对于尺寸链中的各个尺寸，除了它们的公称尺寸需满足机械原理设计和结构设计的要求外，由于它们形成封闭的尺寸组，各尺寸的精度将相互影响，因而还应通过尺寸链的分析与计算进行精度设计，即在满足使用要求的前提下对它们规定经济合理的精度要求。

8.1.2 尺寸链的有关术语及定义

1. 环

尺寸链中，列入尺寸链中的每一个尺寸称为环(link)，如图 8-1 所示的 A_0、A_1、A_2、C_0、C_1、C_2。

2. 封闭环

尺寸链中,在装配过程或加工过程中最后形成的一环称为封闭环(closing link),如图 8-1 所示的 A_0 和 C_0。

3. 组成环

尺寸链中,对封闭环有影响的全部环称为组成环(component link)(如图 8-1 所示的 A_1、A_2、C_1、C_2)。组成环中任一环(如图 8-1 所示的 A_1、A_2、C_1、C_2)的变动必然引起封闭环的变动。

4. 增环

尺寸链中,某组成环的变动引起封闭环的同向变动,则称该环为增环(increasing link)(如图 8-1 所示的 A_1 和 C_2)。同向变动是指该环增大时封闭环也增大,该环减小时封闭环也减小。

5. 减环

尺寸链中,某组成环的变动引起封闭环的反向变动,则称该环为减环(decreasing link)(如图 8-1 所示的 A_2 和 C_1)。反向变动是指该环增大时封闭环减小,该环减小时封闭环增大。

6. 补偿环

尺寸链中,预先选定某一组成环,可以通过改变其大小或位置,使封闭环达到规定的要求,则称所选定的这一环为补偿环(compensating link),如图 8-2 所示的 L_2。

7. 传递系数

表示各组成环对封闭环影响大小的系数称为传递系数(scaling factor, transformation ratio)。尺寸链中,封闭环 L_0 为各组成环 $L_i(i=1,2,\cdots,m)$ 的函数,即 $L_0=f(L_1,L_2,\cdots,L_m)$。设第 i 个组成环的传递系数为 ζ_i,则 $\zeta_i=\partial f/\partial L_i$。对于增环,$\zeta_i$ 为正值;对于减环,ζ_i 为负值。如图 8-1 所示的尺寸链中,对于 $A_0=A_1-A_2$,$\zeta_1=+1$,$\zeta_2=-1$;对于 $C_0=C_2-C_1$,$\zeta_2=+1$,$\zeta_1=-1$。

8.1.3 尺寸链的分类

1. 长度尺寸链和角度尺寸链

(1) 长度尺寸链　指全部环为长度尺寸的尺寸链,如图 8-1、图 8-2 所示的尺寸链。

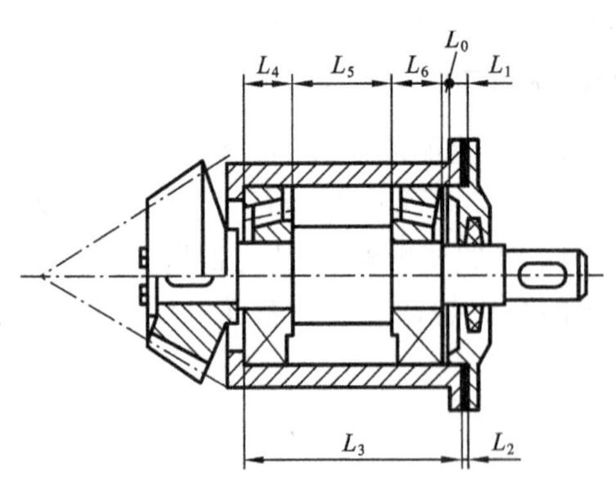

图 8-2　补偿环

(2) 角度尺寸链　指全部环为角度尺寸的尺寸链,如图 8-3 所示的尺寸链。图中游标卡尺两量爪测量面之间的平行度 α_0(以角度值表示)与定尺量爪测量面对定尺下侧面的垂直度 α_1(以角度值表示)及动尺量爪测量面对动尺框下侧面的垂直度 α_2(以角度值表示)构成角度测量链,有 $\alpha_0=\alpha_1-\alpha_2$。

2. 装配尺寸链、零件尺寸链与工艺尺寸链

(1) 装配尺寸链　指全部组成环为不同零件设计尺寸所形成的尺寸链,如图 8-1(a)、图 8-2 所示的尺寸链。

(2) 零件尺寸链　指全部组成环为同一零件设计尺寸所形成的尺寸链,如图 8-1(b)所示的尺寸链。

(3) 工艺尺寸链　指全部组成环为同一零件工艺尺寸所形成的尺寸链，如图 8-1(c)所示的尺寸链。

装配尺寸链和零件尺寸链统称为设计尺寸链；设计尺寸是指工程图样上标注的尺寸，工艺尺寸是指工序尺寸、定位尺寸和测量尺寸。

3. 基本尺寸链与派生尺寸链

(1) 基本尺寸链　指全部组成环皆直接影响封闭环的尺寸链，如图 8-4 所示的 β 尺寸链。

(2) 派生尺寸链　一个尺寸链的封闭环为另一个尺寸链的组成环的尺寸链，如图 8-4 所示的 γ 尺寸链。

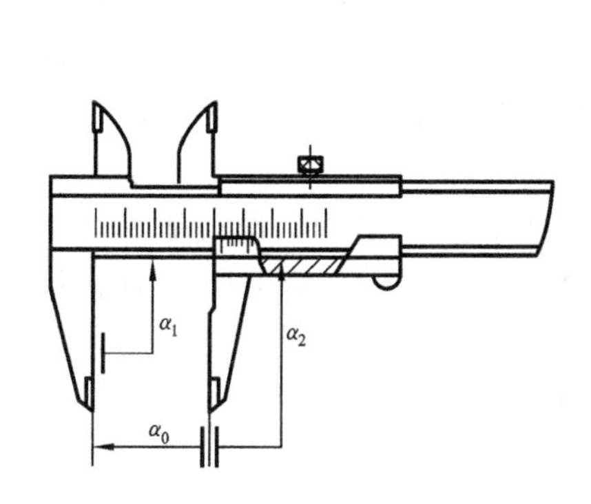

图 8-3　角度尺寸链

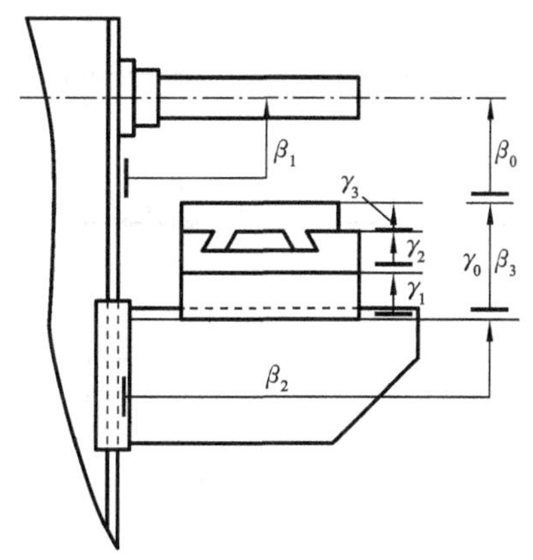

图 8-4　基本尺寸链与派生尺寸链

4. 标量尺寸链与矢量尺寸链

(1) 标量尺寸链　指全部组成环为标量尺寸所形成的尺寸链，如图 8-1 至图 8-3 所示尺寸链。

(2) 矢量尺寸链　指全部组成环为矢量尺寸所形成的尺寸链，如图 8-5 所示尺寸链。

5. 直线尺寸链、平面尺寸链与空间尺寸链

(1) 直线尺寸链　指全部组成环平行于封闭环的尺寸链，如图 8-1、图 8-2 所示尺寸链。

(2) 平面尺寸链　指全部组成环位于一个或几个平面内，但某些组成环不平行于封闭环的尺寸链，如图 8-6 所示尺寸链。

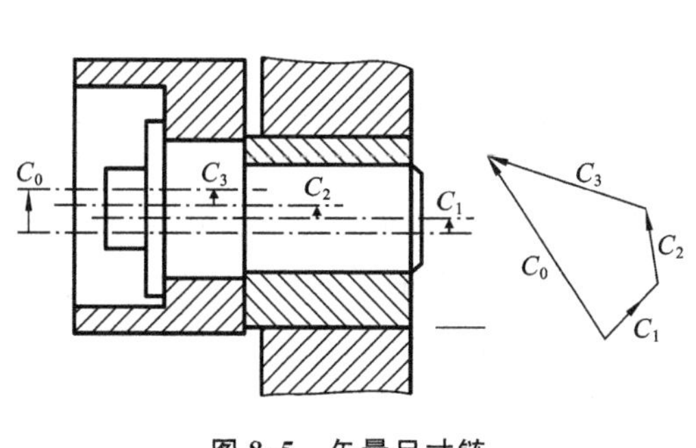

图 8-5　矢量尺寸链

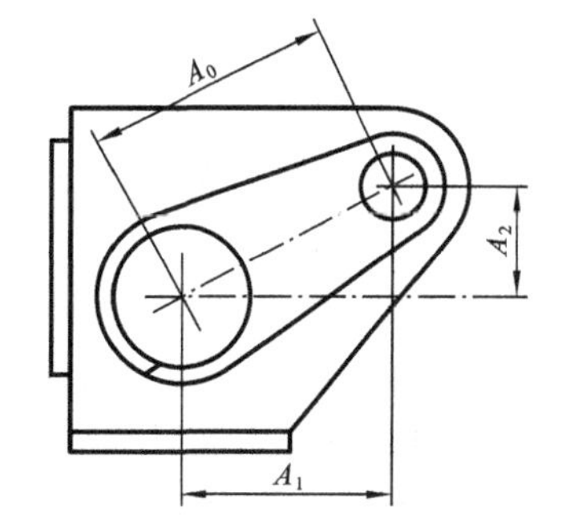

图 8-6　平面尺寸链

(3) 空间尺寸链　指组成环位于几个不平行平面内的尺寸链。

8.1.4　尺寸链图的绘制及环的特征判别

正确绘制尺寸链图并判断各环的特征是分析计算尺寸链的基础，这里以图 8-2 所示的装

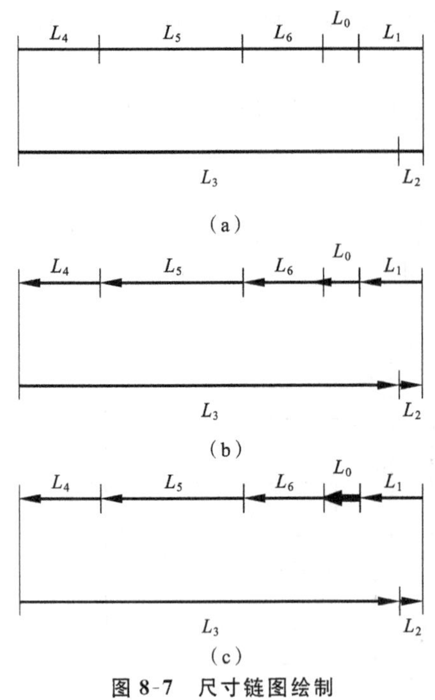

图 8-7 尺寸链图绘制

配图为例，给出一种绘制尺寸链图的简单方法，其步骤如下。

(1) 绘制相互连接的封闭尺寸线组。

按装配图或零件图的标注，从某一尺寸开始依次画出并连接各尺寸线，形成一个封闭的尺寸线组，如图 8-7(a)所示。若将具体的结构联结抽象为尺寸联结，则绘制时可不严格按照尺寸的比例，但应保持各尺寸联结和大小的逻辑关系。

(2)绘制单向箭头。

从尺寸线组中的任一尺寸线开始，将其一端注上箭头，再按箭头方向依次将各尺寸线注上单向箭头，形成箭头首尾相接的单箭头尺寸链，如图 8-7(b)所示。

(3) 判别封闭环。

在单箭头尺寸链上，找出装配或加工过程中最后形成的环，根据封闭环的定义确认其为封闭环，并对相应单箭头线作特殊的标记(加粗或着色等)，如图 8-7(c)所示，L_0 为封闭环，将其线条加粗。

(4) 判别增、减环。

对于直线尺寸链，箭头方向与封闭环箭头相反的组成环为增环，与封闭环箭头同向的组成环为减环，如图 8-7(c)所示，L_2、L_3 为增环，L_1、L_4、L_5、L_6 为减环。

8.1.5 尺寸链的作用

通过尺寸链分析计算，可以解决以下几个问题。

(1) 合理地分配公差。

按封闭环的公差与极限偏差，合理地分配各组成环的公差与极限偏差。

(2) 分析结构设计的合理性。

在机器、部件或机构设计中，通过对各种方案的装配尺寸链分析比较，可确定较合理的结构。

(3) 检校图样。

检查、校核零件图尺寸、公差与极限偏差是否正确合理时，可按装配尺寸链分析计算。

(4) 合理地标注尺寸。

装配图上的尺寸标注反映零、部件的装配关系及要求，应按装配尺寸链分析计算封闭环的公差(装配后的技术要求)及各组成环的公称尺寸。零件图上的尺寸标注反映零件的加工要求，应按零件尺寸链分析计算，一般选最不重要的环作为封闭环，图样上不注其公差和极限偏差。而零件上属于装配组成环的尺寸，则应对其规定公差与极限偏差。

(5) 基面换算。

当按零件图上的尺寸和公差标注不便于加工或测量时，应按零件尺寸链进行基面换算。

(6) 工序尺寸计算。

尺寸链分析计算在机器的精度设计中有重要作用，国家标准 GB/T 5847《尺寸链 计算方法》给出了分析计算尺寸链的规范。

8.2 直线尺寸链的分析计算

本章主要介绍直线尺寸链的分析计算。对于直线尺寸链，封闭环 L_0 与组成环 L_i 的基本关系为

$$L_0=\zeta_1 L_1+\zeta_2 L_2+\cdots+\zeta_m L_m \tag{8-1}$$

对于增环，$\zeta_i=+1$；对于减环，$\zeta_i=-1$。

8.2.1 尺寸链分析计算的基本内容

在机械设计与制造中，尺寸链分析计算的内容主要包括三个方面。

(1) 设计计算。

根据装配的技术要求，设计计算各组成环的公差和极限偏差。设计计算有时也称为“解反计算问题”、“公差分配”等。设计计算的结果取决于设计方法，如等公差法、等公差级法或成本优化法等，因而其结果并非唯一。通常，对设计计算结果还要结合有关专业知识和实践经验进行适当的调整。

(2) 校核计算。

已知各组成环的公称尺寸、极限偏差和公差，求封闭环的公称尺寸、极限偏差和公差。校核计算有时也称为“解正计算问题”、“公差分析”或“公差验证”等。校核计算实质上是审核按图样标注加工各组成环后，是否能满足封闭环的要求，以验证设计的正确性。

(3) 中间计算。

已知封闭环和某些组成环的公称尺寸、极限偏差和公差，求另外的组成环的公称尺寸、极限偏差和公差。中间计算有时也称为部分公差分配，多用于分析解决零件的工艺尺寸问题。

8.2.2 用完全互换法(极值法)分析计算直线尺寸链

用完全互换法分析计算尺寸链问题时，考虑的是尺寸链的各环均为极限尺寸，而不考虑实际尺寸的实际分布状况。因而用完全互换法分析计算尺寸链问题可使产品的各组成环在装配时不需挑选或改变其大小、位置，装配后即能达到封闭环的要求。

1. 基本计算公式

根据完全互换法的出发点及式(8-1)给出的封闭环与组成环 L_i 的基本关系可知，当所有增环($\zeta_i=+1$)为最大极限尺寸，同时所有减环($\zeta_i=-1$)为最小极限尺寸时，封闭环为最大极限尺寸；当所有增环为最小极限尺寸，同时所有减环为最大极限尺寸时，封闭环为最小极限尺寸。由此可导出封闭环的公称尺寸、极限尺寸、极限偏差、中间偏差和公差的计算公式。

1) 封闭环的公称尺寸

封闭环的公称尺寸为

$$L_0=\sum_{i=1}^{n}L_{iz}-\sum_{i=n+1}^{m}L_{ij} \tag{8-2}$$

式中：L_0——封闭环的公称尺寸；

L_{iz}——增环的公称尺寸；

L_{ij}——减环的公称尺寸；

n——增环的个数；

m——全部组成环的个数(下同)。

2）封闭环的极限尺寸

封闭环的极限尺寸为

$$L_{0\max} = \sum_{i=1}^{n} L_{iz\max} - \sum_{i=n+1}^{m} L_{ij\min} \tag{8-3}$$

$$L_{0\min} = \sum_{i=1}^{n} L_{iz\min} - \sum_{i=n+1}^{m} L_{ij\max} \tag{8-4}$$

式中：$L_{0\max}$、$L_{0\min}$——封闭环的最大极限尺寸和最小极限尺寸；

$L_{iz\max}$、$L_{iz\min}$——增环的最大和最小极限尺寸；

$L_{ij\max}$、$L_{ij\min}$——减环的最大和最小极限尺寸。

3）封闭环的极限偏差

由式(8-3)和式(8-4)分别减式(8-2)，有

$$\mathrm{ES}_0 = \sum_{i=1}^{n} \mathrm{ES}_{iz} - \sum_{i=n+1}^{m} \mathrm{EI}_{ij} \tag{8-5}$$

$$\mathrm{EI}_0 = \sum_{i=1}^{n} \mathrm{EI}_{iz} - \sum_{i=n+1}^{m} \mathrm{ES}_{ij} \tag{8-6}$$

式中：ES_0、EI_0——封闭环的上极限偏差和下极限偏差；

ES_{iz}、EI_{iz}——增环的上极限偏差和下极限偏差；

ES_{ij}、EI_{ij}——减环的上极限偏差和下极限偏差。

4）封闭环的公差

由式(8-3)减去式(8-4)或由式(8-5)减去式(8-6)，取差值的绝对值，有

$$T_0 = \sum_{i=1}^{m} T_i \tag{8-7}$$

式中：T_0——封闭环的公差；

T_i——第 i 个组成环的公差。

由式(8-7)可知，尺寸链中封闭环的精度最低，设计零件时往往把最不重要的尺寸作为封闭环；而装配尺寸链中，封闭环往往是反映装配精度的最重要的一环，因而可在尺寸链中预先选定某一组成环作为补偿环，通过改变其大小或位置来保证封闭环达到规定的精度要求。

5）中间偏差

中间偏差是尺寸公差带中点的偏差值，即上、下偏差的平均值，如图 8-8 所示。

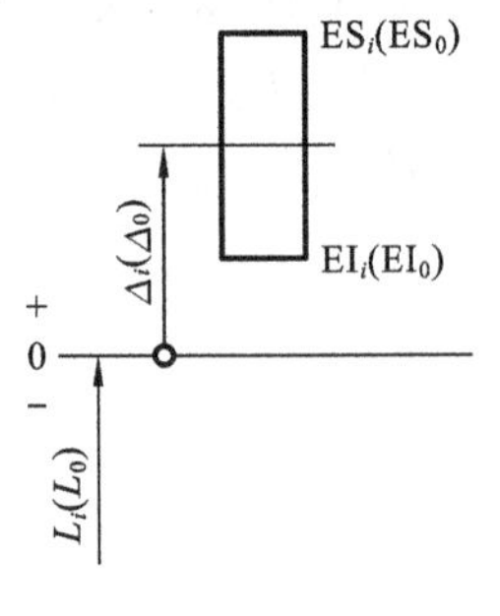

图 8-8　中间偏差

组成环的中间偏差为

$$\Delta_i = (\mathrm{ES}_i + \mathrm{EI}_i)/2 \tag{8-8}$$

封闭环的中间偏差为

$$\Delta_0 = \frac{\mathrm{ES}_0 + \mathrm{EI}_0}{2} = \sum_{i=1}^{n} \Delta_{iz} - \sum_{i=n+1}^{m} \Delta_{ij} \tag{8-9}$$

式中：Δ_{iz}——增环的中间偏差；

Δ_{ij}——减环的中间偏差。

若已知 Δ_0 和 T_0，则由图 8-8 可知，封闭环极限偏差为

$$\mathrm{ES}_0 = \Delta_0 + T_0/2 \tag{8-10}$$

$$\mathrm{EI}_0 = \Delta_0 - T_0/2 \tag{8-11}$$

2. 设计计算(反计算)

由前述,设计计算是根据装配的技术要求,设计计算各组成环的公差和极限偏差的过程。

1) 各组成环公差的确定

已知封闭环的公差求各组成环的公差,即按装配总的技术要求,根据第3章介绍的有关知识合理地给各组成环分配公差,有两种分配方法。

(1) 等公差法(平均公差法)。

等公差法即假定各组成环的公差相等。先取各组成环公差为平均公差,即

$$T'_i = T_{av} = T_0/m \tag{8-12}$$

按式(8-12)计算出组成环的平均公差 T_{av}后,再根据各组成环的公称尺寸、加工难易程度等因素适当调整,调整后的组成环公差 T_i需满足

$$\sum_{i=1}^{m} T_i \leqslant T_0 \tag{8-13}$$

(2) 等公差级法(等精度法)。

等公差级法即假定各组成环的公差等级相同,由3.3节可知,此时各组成环应有相同的公差等级系数 a,则由式(3-2)和式(8-7)可得

$$T_0 = \sum_{i=1}^{m} T_i = ai_1 + ai_2 + \cdots + ai_m$$

有

$$a = \frac{T_0}{i_1 + i_2 + \cdots + i_m} = T_0 \Big/ \sum_{i=1}^{m} i_i \tag{8-14}$$

式中:i_i——各组成环的公差单位,$i_i = 0.45\sqrt[3]{L_{iav}} + 0.001 L_{iav}$;

L_{iav}——第 i 个组成环公称尺寸所在尺寸段的几何平均值。

不同尺寸段相应的公差单位值如表8-1所示。

表8-1 公差单位值

尺寸分段/mm	1～3	>3～6	>6～10	>10～18	>18～30	>30～50	>50～80	>80～120	>120～180	>180～250	>250～315	>315～400	>400～500
i/μm	0.54	0.73	0.90	1.08	1.31	1.56	1.86	2.17	2.52	2.90	3.23	3.54	3.86

由式(8-14)计算出 a,再由表3-1或表3-2查出与其相近的公差等级系数 a',则各组成环的公差值为

$$T_i = a' i_i \tag{8-15}$$

也可由 a'所对应的公差等级,查表3-4确定各组成环的公差。同样,各组成环的公差应满足式(8-13)。

2) 各组成环极限偏差的确定

各组成环的公差 T_i 确定后,按"单向体内原则"确定组成环的极限偏差。即对于包容尺寸(孔类尺寸),可取 ES$=+T_i$,EI$=0$;对于被包容尺寸(轴类尺寸),可取 es$=0$,ei$=-T_i$。计算时,通常留一合适的组成环,待其他组成环的极限偏差确定后,再按式(8-5)和式(8-6)来计算其极限偏差。

例8-1 如图8-9(a)所示的为装配简图,齿轮可在固定轴上转动。其端面与挡环的间隙要求为+0.10～+0.35 mm。已知:$L_1=30$ mm;$L_2=L_5=5$ mm;$L_3=43$ mm;L_4 是标准件(卡簧),$L_4=3_{-0.05}^{\ 0}$ mm。试用完全互换法设计计算各尺寸的公差和极限偏差。

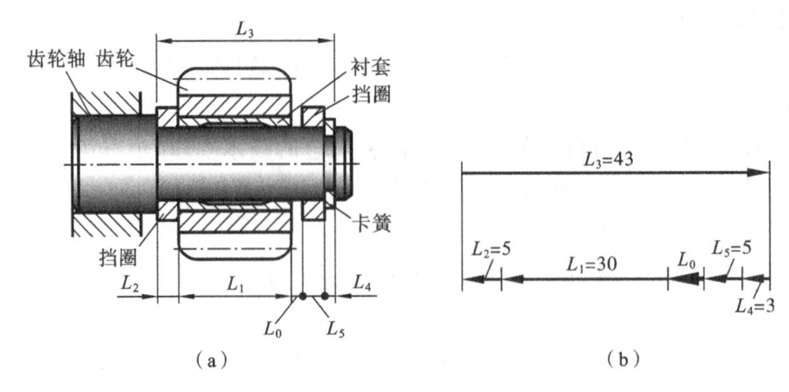

图 8-9　齿轮端面与挡环的轴向间隙要求

解　① 绘制尺寸链图，确定封闭环和增、减环。

根据图 8-9(a)所示各零件的装配关系，画出如图 8-9(b)所示尺寸链图。根据各零件装配顺序，最后形成的间隙 L_0 为封闭环；根据尺寸链的箭头方向判断：L_3 为增环，L_1、L_2、L_4、L_5 均为减环。

② 求封闭环的基本尺寸、极限偏差及公差。

由式(8-2)可得

$$L_0=L_3-(L_1+L_2+L_4+L_5)=43\ \text{mm}-(30+5+3+5)\ \text{mm}=0$$

由题意，有封闭环极限偏差：$ES_0=+0.35$ mm，$EI_0=+0.1$ mm，则封闭环公差为

$$T_0=ES_0-EI_0=(0.35-0.1)\ \text{mm}=0.25\ \text{mm}$$

③ 计算各组成环的公差与极限偏差。

由题意，组成环 L_4 为标准件，其公称尺寸、极限偏差及公差为已知，无需另外计算。以下分别用两种方法分配组成环 L_1、L_2、L_3及 L_5 的公差并确定其极限偏差(此处作为示例，实际应用中可根据实际情况选用其中一种方法)。

(a) 用等公差法。由式(8-12)计算组成环的平均公差，有

$$T'_i=T_{av}=(T_0-T_0)/4=(0.25-0.05)/4\ \text{mm}=0.05\ \text{mm}$$

根据各组成环的公称尺寸大小、加工的难易程度，以平均公差为基数，调整各组成环的公差 T_i 为：$T_1=T_3=0.06$ mm，$T_2=T_5=0.04$ mm($T_4=0.05$ mm 为已知)。

因 $T_1+T_2+T_3+T_4+T_5=(0.06+0.04+0.06+0.05+0.04)\ \text{mm}=0.25\ \text{mm}=T_0$，满足式(8-13)的要求，所定各组成环的公差可行。

根据"单向体内原则"，各组成环(除 L_3 待定外)的极限偏差可定为

$$L_1=30_{-0.06}^{\ 0}\ \text{mm},\quad L_2=L_5=5_{-0.04}^{\ 0}\ \text{mm}\quad (L_4=3_{-0.05}^{\ 0}\ \text{mm 为已知})$$

对于组成环 L_3，由式(8-5)和式(8-6)，有上偏差为

$$\begin{aligned}ES_3&=ES_0+(EI_1+EI_2+EI_4+EI_5)=+0.35\ \text{mm}+(-0.06-0.04-0.05-0.04)\ \text{mm}\\&=+0.16\ \text{mm}\end{aligned}$$

下偏差为

$$EI_3=EI_0+(ES_1+ES_2+ES_4+ES_5)=+0.1\ \text{mm}+(0+0+0+0)\ \text{mm}=+0.1\ \text{mm}$$

故组成环 L_3 的极限偏差定为 $L_3=43_{+0.10}^{+0.16}$ mm。

根据所定各组成环的公差及极限偏差验算，有

$$ES_0=ES_3-(EI_1+EI_2+EI_4+EI_5)=+0.16\ \text{mm}-(-0.06-0.04-0.05-0.04)\ \text{mm}$$

$=+0.35\ \text{mm}$

$$EI_0=EI_3-(ES_1+ES_2+ES_4+ES_5)=+0.1\ \text{mm}-(0+0+0+0)\ \text{mm}=+0.1\ \text{mm}$$

满足题意要求。

(b) 用等公差级法。从表 8-1 查出各组成环的公差单位分别为：$i_1=1.31$，$i_2=0.73$，$i_3=1.56$，$i_5=0.73$。由式(8-14)，有

$$a=\frac{(0.25-0.05)\times 1000}{1.31+0.73+1.56+0.73}\approx 46$$

查表 3-1 知，各组成环的公差等级可定为 IT9，并由表 3-4 可得到各组成环的公差分别为

$$T_1=0.052\ \text{mm},\quad T_2=T_5=0.03\ \text{mm},\quad T_3=0.062\ \text{mm},\quad T_4=0.05\ \text{mm}(\text{已知})$$

因 $T_1+T_2+T_3+T_4+T_5=(0.052+0.03+0.062+0.05+0.03)\ \text{mm}=0.224\ \text{mm}<T_0$，满足式(8-13)的要求，所定各组成环的公差可行。

根据"单向体内原则"，各组成环(除 L_3 待定外)的极限偏差可定为

$$L_1=30_{-0.052}^{\ 0}\ \text{mm},\quad L_2=L_5=5_{-0.03}^{\ 0}\ \text{mm}\quad (L_4=3_{-0.05}^{\ 0}\ \text{mm 为已知})$$

同样，因 $T_1+T_2+T_3+T_4+T_5=0.224\ \text{mm}<T_0$，需按所定组成环的中间偏差计算 L_3 的极限偏差。由已定组成环的极限偏差可知

$$\Delta_1=-0.026\ \text{mm},\quad \Delta_2=\Delta_5=-0.015\ \text{mm},\quad \Delta_4=-0.025\ \text{mm},\quad \Delta_0=+0.225\ \text{mm}$$

则由式(8-9)，有

$$\Delta_3=\Delta_0+(\Delta_1+\Delta_2+\Delta_4+\Delta_5)=+0.225\ \text{mm}+(-0.026-0.015-0.025-0.015)\ \text{mm}$$
$$=+0.144\ \text{mm}$$

则有

$$ES_3=\Delta_3+T_3/2=(+0.144+0.062/2)\ \text{mm}=+0.175\ \text{mm}$$
$$EI_3=\Delta_3-T_3/2=(+0.144-0.062/2)\ \text{mm}=+0.113\ \text{mm}$$

故组成环 L_3 的极限偏差定为：$L_3=43_{+0.113}^{+0.175}\ \text{mm}$。

根据所定各组成环的公差及极限偏差验算，有

$$ES_0=ES_3-(EI_1+EI_2+EI_4+EI_5)=+0.175\ \text{mm}-(0.052-0.03-0.05-0.03)\ \text{mm}$$
$$=+0.337\ \text{mm}<+0.35\ \text{mm}$$
$$EI_0=EI_3-(ES_1+ES_2+ES_4+ES_5)=+0.113\ \text{mm}-(0+0+0+0)\text{mm}$$
$$=+0.113\ \text{mm}>+0.1\ \text{mm}$$

满足题意要求。

3. 校核计算(正计算)

校核计算是已知各组成环的公称尺寸、极限偏差和公差，求封闭环的公称尺寸、极限偏差和公差的计算过程，用于检验所设计的各组成环的尺寸是否满足封闭坏的要求。

例 8-2　在图 8-9 所示尺寸链中，各组成环已设计为 $L_1=30_{-0.1}^{\ 0}\ \text{mm}$，$L_2=L_5=5_{-0.05}^{\ 0}\ \text{mm}$，$L_3=43_{+0.05}^{+0.15}\ \text{mm}$，$L_4=3_{-0.05}^{\ 0}\ \text{mm}$，其余已知条件同例 8-1。试校核封闭环能否满足规定的要求，即 $L_0=0$，$ES_0=+0.35\ \text{mm}$，$EI_0=+0.1\ \text{mm}$。

解　①、②两步骤同例 8-1 的①、②。

③ 按组成环的设计值，计算封闭环的公称尺寸，有

$$L_0=L_3-(L_1+L_2+L_4+L_5)=43\ \text{mm}-(30+5+3+5)\ \text{mm}=0$$

④ 按组成环的设计值，计算封闭环的公差，有

$$T_0=T_1+T_2+T_3+T_4+T_5=(0.1+0.05+0.1+0.05+0.05)\ \text{mm}=0.35\ \text{mm}$$

⑤ 按组成环的设计值，计算封闭环的极限偏差，有

$$ES_0=ES_3-(EI_1+EI_2+EI_4+EI_5)=+0.15\ \text{mm}-(-0.1-0.05-0.05-0.05)\ \text{mm}$$
$$=+0.40\ \text{mm}$$
$$EI_0=EI_3-(ES_1+ES_2+ES_4+ES_5)=+0.05\ \text{mm}-(0+0+0+0)\ \text{mm}$$
$$=+0.05\ \text{mm}$$

由上述计算结果可见,封闭环的公差和极限偏差都不符合题意规定的要求,应重新设计。

4. 中间计算

中间计算是已知封闭环和某些组成环的公称尺寸、极限偏差和公差,求另外一些组成环的公称尺寸、极限偏差和公差的计算过程。中间计算多用于求解零件尺寸链和加工工艺尺寸链。由于零件尺寸链的封闭环与加工顺序有关,采用不同的加工顺序会有不同的封闭环,所以在中间计算中,需根据零件的制作工艺正确判定封闭环。

例 8-3　加工如图 8-10(a)所示轴的横截面,加工顺序为先车削外圆直径至 A_1,然后按尺寸 A_2 调整刀具铣削平面,最后磨削外圆直径至 A_3,要求保证尺寸 $A_4=45\pm0.2$ mm。试计算 A_2 的公称尺寸及极限偏差。

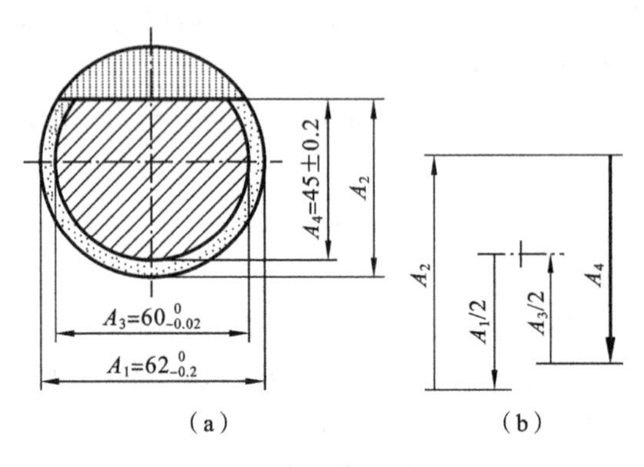

图 8-10　轴横截面的尺寸链

解　① 绘制尺寸链图,确定封闭环和增、减环。根据题意工序安排及图 8-10(a)所示轴截面的工序尺寸关系,画出如图 8-10(b)所示尺寸链图。根据零件的加工工序,最后形成的尺寸 A_4 为封闭环;根据尺寸链的箭头方向判断:A_2、$A_3/2$ 为增环,$A_1/2$ 为减环。

因为已知封闭环 $A_4=45\pm0.2$ mm,减环 $A_1/2=31^{\ 0}_{-0.1}$ mm,增环 $A_3/2=30^{\ 0}_{-0.1}$ mm,求增环 A_2,故为中间计算问题。

② 计算 A_2 的公称尺寸。由式(8-2),有

$$A_2=A_4+A_1/2-A_3/2=(45+31-30)\ \text{mm}=46\ \text{mm}$$

③ 计算 A_2 的极限偏差。由式(8-5)和式(8-6),有

$$ES_2=ES_4-ES_{A_3/2}+EI_{A_1/2}=(+0.2+0-0.1)\ \text{mm}=+0.1\ \text{mm}$$
$$EI_2=EI_4-EI_{A_3/2}+ES_{A_1/2}=(-0.2+0.01+0)\ \text{mm}=-0.19\ \text{mm}$$

故 $A_2=46^{+0.10}_{-0.19}$ mm 为所求。

8.2.3　用大数互换法(统计法)分析计算直线尺寸链

大数互换法亦称统计法,是以考虑实际尺寸的实际分布状况为出发点,根据概率论与数理统计的基本原理来分析计算尺寸链的方法。采用大数互换法分析计算尺寸链问题,可使产品绝大多数的组成环在装配时不需挑选或改变其大小、位置,装配后能达到封闭环的要求。

1. 组成环和封闭环的概率分布

1）组成环的概率分布

按规定的公差加工以获得某一尺寸时，由于受到机床、刀具、环境及操作者等整个工艺系统中诸多不确定性因素的影响，所得实际尺寸不可能为确定值，是在公差带内及其附近呈一定概率分布的随机变量。实际尺寸的一般分布的形式（概率密度函数 $\varphi(x)$）如图 8-11 所示。

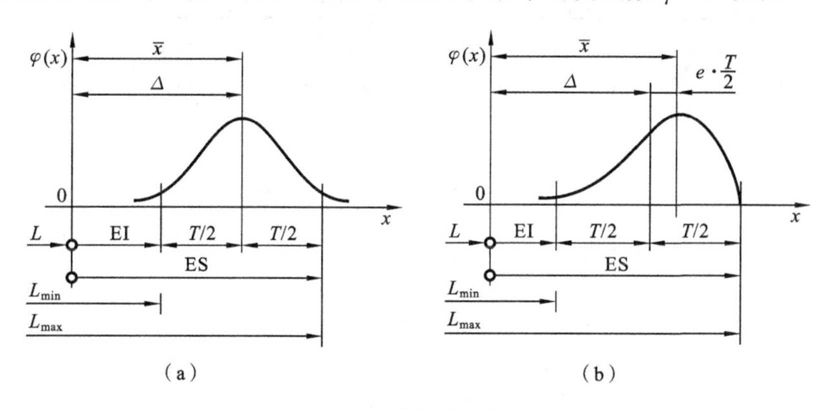

图 8-11 实际尺寸的对称与不对称分布

L—公称尺寸；$L_{\max}$、$L_{\min}$—最大、最小极限尺寸；T—公差；$ES=\Delta+T/2$—上极限偏差；$EI=\Delta-T/2$—下极限偏差；

$\Delta=(ES+EI)/2$—中间偏差；$\bar{x}$—平均偏差，即实际偏差的算术平均值；$e=\dfrac{\bar{x}-\Delta}{T/2}$—分布不对称系数

在机械加工中，零件的典型分布形式如表 8-2 所示。表中 K 为相对分布系数，

$$K_i=6\sigma_i/T_i$$

表 8-2 实际尺寸典型分布曲线

分布特征	正态分布	三角分布	均匀分布	瑞利分布	偏态分布	
					外尺寸	内尺寸
分布曲线	3σ 3σ			e·T/2	e·T/2	e·T/2
e	0	0	0	−0.28	0.26	−0.26
K	1	1.22	1.73	1.14	1.17	1.17

2）封闭环的概率分布

尺寸链中的组成环均可视为相互独立的随机变量 L_i，封闭环 L_0 为若干个相互独立的随机变量之和，也是随机变量，它们之间的相互关系为

$$L_0=\zeta_1 L_1+\zeta_2 L_2+\cdots+\zeta_m L_m$$

式中：$\zeta_i(i=1,2,\cdots,m)$——各组成环对封闭环影响大小的传递系数；

m——组成环的个数。

封闭环的概率分布取决于各组成环的概率分布。若所有组成环对称于公差带中心分布，则封闭环的概率分布形式如图 8-12(a)所示；若组成环为不对称分布，且 $m\geqslant5$，则封闭环的概率分布形式如图 8-12(b)所示。

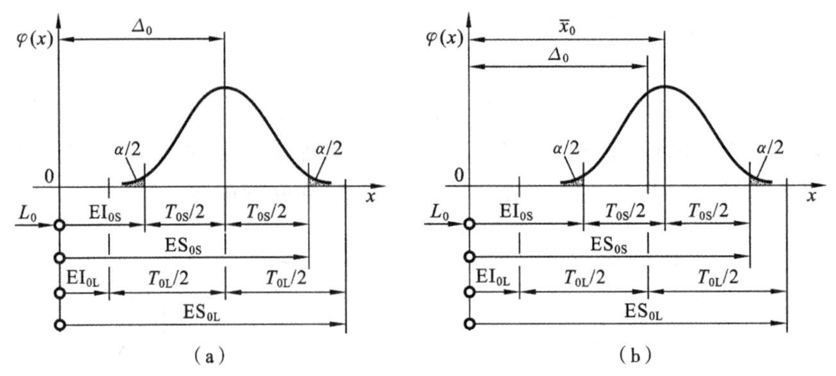

图 8-12　封闭环分布的一般形式

T_{0L}— 封闭环的极值公差,等于全部组成环公差之和;

T_{0S}— 封闭环的统计公差,取决于各组成环的概率分布及置信水平 $1-\alpha$;

ES_{0L}— 封闭环极值上偏差;EI_{0L}— 封闭环极值下偏差;

ES_{0S}— 封闭环统计上偏差;EI_{0S}— 封闭环统计下偏差;

Δ_0— 封闭环中间偏差,等于极值上偏差与下偏差的平均值;

$\bar{x}_0$— 封闭环的平均偏差;$\varphi(x)$— 封闭环的概率密度函数

2. 基本计算公式

1)封闭环的公差

由概率论可知,若干个独立随机变量之和的方差等于各随机变量的方差之和。封闭环的方差与组成环方差的关系为

$$\sigma_0^2=\zeta_1^2\sigma_1^2+\zeta_2^2\sigma_2^2+\cdots+\zeta_m^2\sigma_m^2 \tag{8-16}$$

由于 $\sigma_i=K_iT_i/6$,故式(8-16)可写成

$$\sigma_0=\sqrt{\left(\zeta_1\frac{K_1T_1}{\sigma}\right)^2+\left(\zeta_2\frac{K_2T_2}{\sigma}\right)^2+\cdots+\left(\zeta_m\frac{K_mT_m}{\sigma}\right)^2}$$

封闭环的公差 $T_{0S}=6\sigma_0/K_0$,故有

$$T_{0S}=\frac{1}{K_0}\sqrt{\sum_{i=1}^{m}\zeta_i^2K_i^2T_i^2} \tag{8-17}$$

式中:K_0——封闭环的相对分布系数;

K_i——组成环的相对分布系数。

分布系数与分布形式有关,其值如表 8-2 所示。

若 $m\geqslant5$,封闭环的分布可近似为正态分布,有 $K_0=1$,故

$$T_{0S}=\sqrt{\sum_{i=1}^{m}\zeta_i^2K_i^2T_i^2} \tag{8-18}$$

若组成环的分布相同,即 $K_1=K_2=\cdots=K_m=K$,则

$$T_{0S}=K\sqrt{\sum_{i=1}^{m}\zeta_i^2T_i^2} \tag{8-19}$$

若各组成环均为正态分布,封闭环亦为正态分布,即 $K_i=1$, $K_0=1$,故

$$T_{0S}=\sqrt{\sum_{i=1}^{m}\zeta_i^2T_i^2} \tag{8-20}$$

2)封闭环的公称尺寸

各组成环的公称尺寸为确定值,不是随机变量,在用统计方法计算尺寸链时,封闭环的公

称尺寸仍用式(8-2)计算，即

$$L_0 = \sum_{i=1}^{n} L_{iz} - \sum_{i=n+1}^{m} L_{ij}$$

3) 封闭环的平均偏差和中间偏差

由概率论可知，若干个独立随机变量之和的数学期望等于各独立随机变量数学期望之和。封闭环的平均偏差 $\bar{x}_0$ 与各组成环平均偏差 $\bar{x}_i$ 的关系为

$$\bar{x}_0 = \zeta_1 \bar{x}_1 + \zeta_2 \bar{x}_2 + \cdots + \zeta_m \bar{x}_m$$

由图 8-11 可得

$$\bar{x}_i = e_i T_i / 2 + \Delta_i$$

故有

$$\bar{x}_0 = \sum_{i=1}^{m} \zeta_i \left(\frac{e_i T_i}{2} + \Delta_i \right) \tag{8-21}$$

式中：e_i——与分布形式有关的分布不对称系数，其值如表 8-2 所示。

若所有组成环的分布均为对称于公差带中点的分布，则有 $e_i = 0$，故

$$\bar{x}_0 = \sum_{i=1}^{m} \zeta_i \Delta_i = \Delta_0 \tag{8-22}$$

对于直线尺寸链，增环 $\zeta_i = +1$，减环 $\zeta_i = -1$，故式(8-21)可写成

$$\bar{x}_0 = \sum_{i=1}^{n} \left(\frac{e_{iz} T_{iz}}{2} + \Delta_{iz} \right) - \sum_{i=n+1}^{m} \left(\frac{e_{ij} T_{ij}}{2} + \Delta_{ij} \right) \tag{8-23}$$

式中：e_{iz}——增环的分布不对称系数；

e_{ij}——减环的分布不对称系数；

T_{iz}——增环的公差；

T_{ij}——减环的公差。

同理，式(8-22)可写成

$$\bar{x}_0 = \Delta_0 = \sum_{i=1}^{n} \Delta_{iz} - \sum_{i=n+1}^{m} \Delta_{ij} \tag{8-24}$$

4) 封闭环的极限偏差

由图 8-12 可见，用统计法计算的封闭环极限偏差为

$$ES_{0S} = \bar{x}_0 + T_{0S}/2 \tag{8-25}$$

$$EI_{0S} = \bar{x}_0 - T_{0S}/2 \tag{8-26}$$

若所有组成环的分布均为对称公差带中心的分布，则有

$$ES_{0S} = \Delta_0 + T_{0S}/2 \tag{8-27}$$

$$EI_{0S} = \Delta_0 - T_{0S}/2 \tag{8-28}$$

5) 封闭环的极限尺寸

由图 8-12 可见，用统计法计算的封闭环极限尺寸为

$$L_{0\max} = L_0 + ES_{0S} \tag{8-29}$$

$$L_{0\min} = L_0 + EI_{0S} \tag{8-30}$$

3. 设计计算

1) 各组成环公差值的确定

按大数互换法确定各组成环的公差也有“等公差”和“等公差级”两种方法。

(1) 等公差法(平均公差法)。

设计给出的封闭环公差为 T_0，假定各组成环的公差相同，且 $m \geqslant 5$，对于直线尺寸链有

$|\zeta_i|=1$,则由式(8-18)可得组成环的平均公差 T_{iav} 为

$$T_{iav} = T_0 \Bigg/ \sqrt{\sum_{i=1}^{m} K_i^2} \tag{8-31}$$

若各组成环的分布形式相同,则有

$$T_{iav} = T_0/(K\sqrt{m}) \tag{8-32}$$

若各组成环均按正态分布,则有

$$T_{iav} = T_0/\sqrt{m} \tag{8-33}$$

可按式(8-33)计算出各组成环公差,然后作适当调整,最后应满足

$$\sqrt{\sum_{i=1}^{m} K_i^2 T_i^2} \leqslant T_0 \tag{8-34}$$

(2) 等公差级法(等精度法)。

假定各组成环具有相同的公差等级,对于直线尺寸链,由式(8-18),有

$$T_0 = \sqrt{\sum_{i=1}^{m} K_i^2 a^2 i_i^2}$$

可求得各组成环的公差等级系数为

$$a = T_0 \Bigg/ \sqrt{\sum_{i=1}^{m} K_i^2 i_i^2} \tag{8-35}$$

若各组成环的分布形式相同,则有

$$a = T_0 \Bigg/ \left(K\sqrt{\sum_{i=1}^{m} i_i^2}\right) \tag{8-36}$$

若组成环均为正态分布,则有

$$a = T_0 \Bigg/ \sqrt{\sum_{i=1}^{m} i_i^2} \tag{8-37}$$

求出 a 后,可查出对应的公差等级和标准公差,最后按式(8-34)验算。

2) *各组成环公差极限偏差的确定*

各组成环公差确定后,仍按单向体内原则确定各组成环的极限偏差,方法与前述完全互换法确定各组成环的极限偏差相同。

例 8-4　零部件及已知条件同例 8-1,生产调查表明,各组成环的概率分布为正态分布。试按大数互换法确定各组成环的公差和极限偏差。

解　①、②两步骤同例 8-1 的①、②。

③ 计算各组成环的公差与极限偏差。

(a) 用等公差法计算。

由式(8-33),有

$$T_{iav} = T_{0S}/\sqrt{m} = 0.2/\sqrt{4}\ \text{mm} = 0.1\ \text{mm}$$

根据各组成环的公称尺寸大小、加工的难易程度,以平均公差为基数,调整各组成环公差为

$$T_1 = T_3 = 0.14\ \text{mm},\quad T_2 = T_5 = 0.10\ \text{mm}\quad (T_4 = 0.05\ \text{mm 为已知})$$

按式(8-34)验算,有

$$T_{0S} = \sqrt{0.14^2 + 0.10^2 + 0.14^2 + 0.05^2 + 0.10^2}\ \text{mm} \approx 0.248\ \text{mm} < 0.25\ \text{mm}$$

可以满足封闭环公差的要求。

按单向体内原则，确定组成环（除 L_3 待定外）的极限偏差为

$$L_1=30_{-0.14}^{\ 0}\ \text{mm},\quad L_2=L_5=5_{-0.10}^{\ 0}\ \text{mm}\quad (\text{已知}\ L_4=3_{-0.05}^{\ 0}\ \text{mm})$$

则这些组成环及封闭环的中间偏差分别为

$$\Delta_1=-0.07\ \text{mm},\quad \Delta_2=\Delta_5=-0.05\ \text{mm},\quad \Delta_4=-0.025\ \text{mm},\quad \Delta_0=+0.225\ \text{mm}$$

由式(8-24)，有

$$\Delta_3=\Delta_0+\Delta_1+\Delta_2+\Delta_4+\Delta_5=(+0.225-0.07-0.05-0.025-0.05)\ \text{mm}=+0.03\ \text{mm}$$

所以

$$ES_3=(+0.03+0.07)\ \text{mm}=+0.10\ \text{mm}$$

$$EI_3=(+0.03-0.07)\ \text{mm}=-0.04\ \text{mm}$$

于是有

$$L_3=43_{-0.04}^{+0.10}\ \text{mm}$$

(b) 用等公差级法（等精度法）计算。

由式(8-37)，有

$$a=\frac{(0.25-0.05)\times 1000}{\sqrt{1.31^2+0.73^2+1.56^2+0.73^2}}\approx 88$$

由表 3-1 知，各组成环的公差等级介于 IT10 与 IT11 之间，取为 IT11，并由表 3-2 可得到各组成环的公差为

$$T_1=0.13\ \text{mm},\quad T_2=T_5=0.075\ \text{mm},\quad T_3=0.16\ \text{mm}\quad (T_4=0.05\ \text{mm 为已知})$$

按式(8-34)验算，有

$$T_{0S}=\sqrt{0.13^2+0.075^2+0.16^2+0.05^2+0.075^2}\ \text{mm}\approx 0.237\ \text{mm}<0.25\ \text{mm}$$

可以满足封闭环公差的要求。

按单向体内原则，确定组成环（除 L_3 待定外）的极限偏差为

$$L_1=30_{-0.13}^{\ 0}\ \text{mm},\quad L_2=L_5=5_{-0.075}^{\ 0}\ \text{mm}\quad (\text{已知}\ L_4=3_{-0.05}^{\ 0}\ \text{mm})$$

则这些组成环及封闭环的中间偏差分别为

$$\Delta_1=-0.065\ \text{mm},\quad \Delta_2=\Delta_5=-0.0375\ \text{mm},\quad \Delta_4=-0.025\ \text{mm},\quad \Delta_0=+0.225\ \text{mm}$$

由式(8-24)，有

$$\Delta_3=\Delta_0+\Delta_1+\Delta_2+\Delta_4+\Delta_5=(+0.225-0.065-0.0375-0.025-0.0375)\ \text{mm}$$
$$=+0.06\ \text{mm}$$

所以

$$ES_3=(+0.06+0.08)\ \text{mm}=+0.14\ \text{mm}$$

$$EI_3=(+0.06-0.08)\ \text{mm}=-0.02\ \text{mm}$$

于是有

$$L_3=43_{-0.02}^{+0.14}\ \text{mm}$$

由本例题可见，各组成环的公差比例 8-1 所确定的组成环公差大得多，这显然对生产有利。本例中的封闭环为正态分布时，$e_0=0$、$K_0=1$，相应的置信水平 P 为 99.73%。当置信水平不同时，K_0 可取不同值，K_0 取值越大，组成环的公差越大，但出现不合格品的可能性也越大。P 与 K_0 相应的关系如表 8-3 所示。

表 8-3 置信水平 P 和相对分布系数 K_0 的数值

P/(%)	99.73	99.5	99	98	95	90
K_0	1	1.06	1.16	1.29	1.52	1.82

4. 校核计算

例 8-5 已知条件同例 8-2,假设各组成环为正态分布,试按大数互换法校核封闭环能否达到规定的要求(封闭环的极限偏差:$ES_0=+0.35$ mm,$EI_0=+0.1$ mm)。

解 ①、②两步骤同例 8-1 的①、②。

③ 按组成环的设计值,计算封闭环的公称尺寸,有

$$L_0=L_3-(L_1+L_2+L_4+L_5)=43\ \text{mm}-(30+5+3+5)\ \text{mm}=0$$

④ 按组成环的设计值,计算封闭环的公差,有

$$T_{0S}=\sqrt{0.10^2+0.05^2+0.10^2+0.05^2+0.05^2}\ \text{mm}\approx 0.17\ \text{mm}<0.25\ \text{mm}$$

⑤ 按组成环的设计值,计算封闭环的极限偏差。

各组成环的中间偏差分别为

$$\Delta_1=-0.05\ \text{mm},\quad \Delta_2=\Delta_5=-0.025\ \text{mm},\quad \Delta_3=+0.10\ \text{mm},\quad \Delta_4=-0.025\ \text{mm}$$

由式(8-24)计算封闭环的中间偏差为

$$\Delta_0=+0.1\ \text{mm}-(0.05-0.025-0.025-0.025)\ \text{mm}=+0.225\ \text{mm}$$

由式(8-27)和式(8-28)可得

$$ES_0=\Delta_0+T_{0S}/2=(+0.225+0.17/2)\ \text{mm}=+0.31\ \text{mm}$$

$$EI_0=\Delta_0-T_{0S}/2=(+0.225-0.17/2)\ \text{mm}=+0.14\ \text{mm}$$

由上述计算结果可见,封闭环的公差和极限偏差均符合题意规定的要求。

由本例题与例 8-2 对照可见,同样的组成环公差设计,按完全互换法校核不满足封闭环的要求,而按大数互换法校核可满足封闭环的要求。但应注意,本例中采用大数互换法校核的前提,是假定各组成环的实际尺寸均按正态分布。若生产工艺方式不能保证题中各组成环的实际尺寸的分布为正态分布,将失去采用大数互换法的前提条件,校核结果是不可信的。

用大数互换法分析计算尺寸链,是在组成环实际尺寸的概率分布已知或设计时已做假定的基础上进行的,只有组成环的实际尺寸满足已知或假定的分布,才能使封闭环公差按一定的置信水平满足设计要求。

8.3 统计尺寸公差

8.3.1 统计尺寸公差的概念

在一般公差概念中,实际尺寸只要在极限尺寸所限定的范围内即为合格的尺寸,没有对实际尺寸的分布提出要求。事实上,按极限尺寸的规定加工零件,得到的实际尺寸呈很强的随机性,并随加工方式的不同呈不同的分布形式。由于零件实际尺寸为极限尺寸的可能性很小,相关尺寸同时都为极限尺寸的可能性更小,因此,仅用极限尺寸来控制零件的实际尺寸不尽合理和经济,还应控制实际尺寸的分布,为此提出了统计尺寸公差的概念。

统计尺寸公差是对实际尺寸概率分布特性做出规定的尺寸公差,它不仅限制尺寸的变动量,还限制实际尺寸的分布特性,并通过技术规范在设计和图样上反映对实际尺寸及其分布的要求。

统计尺寸公差可提高装配精度、改善产品性能、提高经济效益,但是需在生产上采取相应的附加措施,也会导致工艺和测量的复杂化,因而并非所有的零部件尺寸都适宜采用统计尺寸

公差。对于为了获得高装配精度的有关零部件，以及当尺寸精度过高将导致加工成本急剧上升时，采用统计尺寸公差较适宜。随着质量管理工作在生产中日益加强，采用统计尺寸公差已不是困难之事，它可作为设计要求标注在图样上，成为质量管理的指标之一。

8.3.2 限定概率分布特性的方法

1. 规定边区或中间区的频率

为了近似地规定在生产上可行的实际尺寸分布，可将公差带分为三个区域，即上边区、中间区和下边区，各区对应要求的频率分别为 P_{Umax}、P_{Cmin}、P_{Lmax}，如图 8-13 所示。P_{Cmin} 为中间区至少要达到的频率，P_{Umax}、P_{Lmin} 分别为上、下边区允许的最大频率。

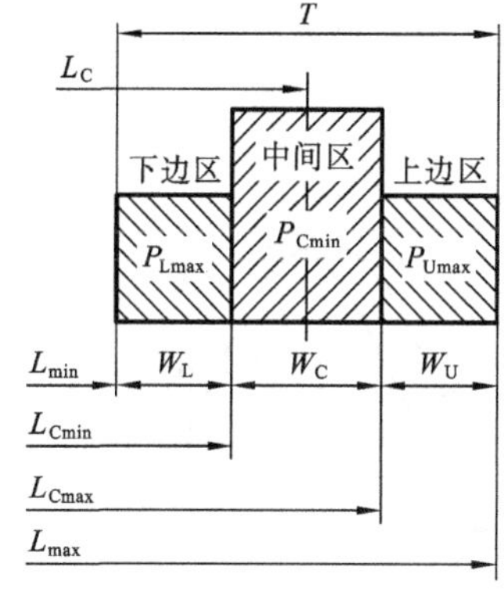

图 8-13 统计公差带的划分

在公差 T 内划分各区宽度 W 一般有两种方法，即取

$$T:W_C=2:1 \tag{8-38}$$

或

$$T:W_C=3:1 \tag{8-39}$$

式中：W_C——中间区的宽度。

对于各种不同的概率分布，其中间区（或边区）的理论频率是不同的。从表 8-4 可查出不同概率分布在不同的区间划分中的中间区理论频率，边区的频率亦可推出。

表 8-4 不同分布的中间区理论频率 P

分布		$T:W_C=2:1$	$T:W_C=3:1$
正态	P_{Cmin}, W_C, T	86%	68%
三角	P_{Cmin}, W_C, T	75%	55%
均匀	P_{Cmin}, W_C, T	50%	33%
直角	P_{Cmin}, W_C, T	50%	33%

在生产中，实际尺寸分布只能近似地满足对称要求，为使要求不致太苛刻，可适当降低对频率限制的要求，但进行尺寸链计算时，应做相应的修正。

2. 规定实际尺寸算术平均区间(范围)

在一般正常生产情况下，实际尺寸的概率分布近似为正态分布。若分布的数学期望等于公差带中点坐标值，标准偏差等于或小于 $T/6$，则可保证零件几乎全部合格。若实际尺寸分布的标准偏差等于 $T/6$，而数学期望不在公差带的中点上(见图 8-14)，则边区的频率可能超出要求。若实际尺寸的分布范围小于 T(见图 8-15)，尽管分布的数学期望偏离公差带的中点，边区的频率也可能不会超出要求。因此，可用规定实际尺寸算术平均区间的方法来限制实际尺寸的概率分布。

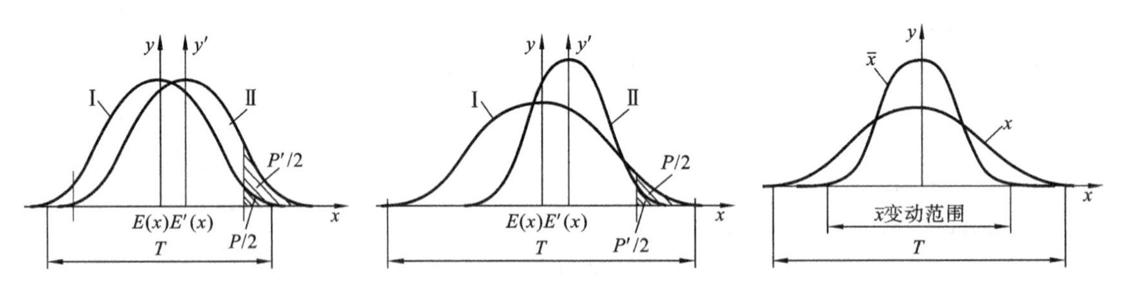

图 8-14　$E'(x)$不在公差带中心　图 8-15　实际尺寸分布范围小于 T　图 8-16　$\bar{x}$ 的变动范围

在质量控制中，可用采样检查方法判断。样本均值 $\bar{x}$ 与实际尺寸 x 总体分布的关系如图 8-16 所示，$\bar{x}$ 的变动范围为

$$\mu_0 - K_\alpha \frac{\sigma_0}{\sqrt{n}} < \bar{x} < \mu_0 + K_\alpha \frac{\sigma_0}{\sqrt{n}} \tag{8-40}$$

式中：μ_0——总体的数学期望；

σ_0——总体的标准偏差；

n——样本容量；

K_α——置信系数。

由式(8-40)可见，对于不同的 n 和 K_α，$\bar{x}$ 的变动范围不同。

同样，分布的中位数 $\tilde{x}$ 也可以反映分布的集中情况，故也可用规定中位数的变动范围来大致限定一个分布。

8.3.3　统计尺寸公差在图样上的标注

若规定边区或中间区的频率，统计尺寸公差可标注为

$$55 \pm 0.06 \pm 0.03P86\%$$

式中：55——公称尺寸(mm)；

(55+0.06)——最大极限尺寸(mm)；

(55−0.06)——最小极限尺寸(mm)；

$P86\%$表示中间区的频率不能小于 86%，即在中间区 55±0.03 范围内至少包含有 86% 的实际尺寸。

如无特别说明，则有

$$P_{\text{Umax}} = P_{\text{Lmax}} = \frac{1 - P_{\text{Cmax}}}{2} \times 100\% = 7\%$$

即在上边区 $55^{+0.06}_{+0.03}$ 或下边区 $55^{-0.03}_{-0.06}$ 范围内最多只能包含 7%的实际尺寸。

若规定算术平均值的区间，统计尺寸公差可标注为

$$55 \pm 0.06 \pm 0.02\bar{x}$$

表示实际尺寸的算术平均值必须位于 55±0.02 的区间内。

若要标注中位数的区间，则可标注为

$$55 \pm 0.06 \pm 0.02\tilde{x}$$

表示实际尺寸的中位数必须位于 55±0.02 的区间内。

若对统计尺寸公差已在技术条件中说明或在工厂中已做内部规定，为了突出该尺寸公差为统计尺寸公差，则可按图 8-17 所示的简化方法标注。

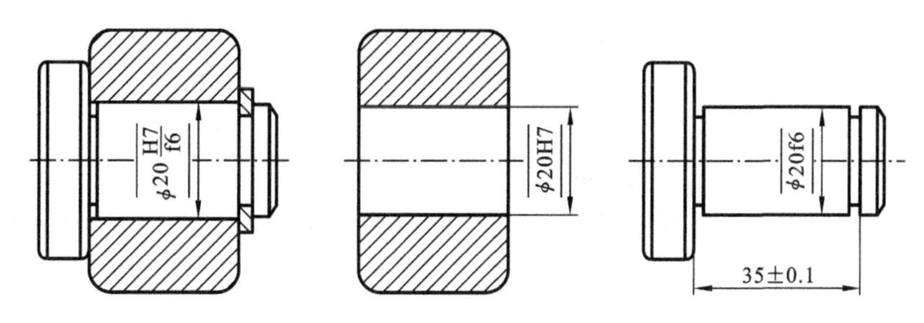

图 8-17　统计尺寸公差的简化标注

8.3.4　应用

生产中为了近似地规定一个分布，可以从实际出发，统一简化对公差带区间的划分和各区间的频率要求，以达到要求合理、可行和计算简便的目的。

为此，可以做出如下规定。

(1) 在 $T : W_C = 3 : 1$ 时，$P_{Cmin} = 50\%$（近似正态分布的规定）；

(2) 在 $T : W_C = 2 : 1$ 时，$P_{Cmin} = 50\%$（近似均匀分布的规定）。

在统一为上述两种规定的条件下，封闭环公差为

$$T_{0S} = \sqrt{\sum_{i=1}^{m} K_i^2 T_i^2} \quad (m \geqslant 5) \tag{8-41}$$

当 $T : W_C = 3 : 1$ 时，$K_i = 1.2$；当 $T : W_C = 2 : 1$ 时，$K_i = 1.5$。

如果所有组成环都按 $T : W_C = 3 : 1$ 或 $T : W_C = 2 : 1$ 计算公差，则有

$$T_{0S} = K\sqrt{\sum_{i=1}^{m} T_i^2} \quad (K = 1.2 \text{ 或 } K = 1.5) \tag{8-42}$$

如果所有组成环的公差都相等，则有

$$T_{0S} = KT_i\sqrt{m} \quad (K = 1.2 \text{ 或 } K = 1.5) \tag{8-43}$$

例 8-6　如图 8-18 所示镜筒装配图，其封闭环尺寸为 204±0.25 mm。剖面 A（视图上半部）表示采用调整法设计的，由于有螺母调整，各组成环的公差可取较大值（如偏差可为±0.1 mm 或更大）。如果按剖面 B（视图下半部）设计，此时没有调整环节，按完全互换法求得的组成环公差为 0.1 mm，这是很不经济的；但这样设计可省去调整螺母，缩短管长，装配时不用调整。如果按剖面 B 设计，试确定各组成环的统计尺寸公差。

解　设五个组成环采用同样大的公差，且组成环的实际尺寸分布要求定为 $T : W_C = 3 : 1$，$P_{Cmin} = 50\%$，则由式(8-43)得

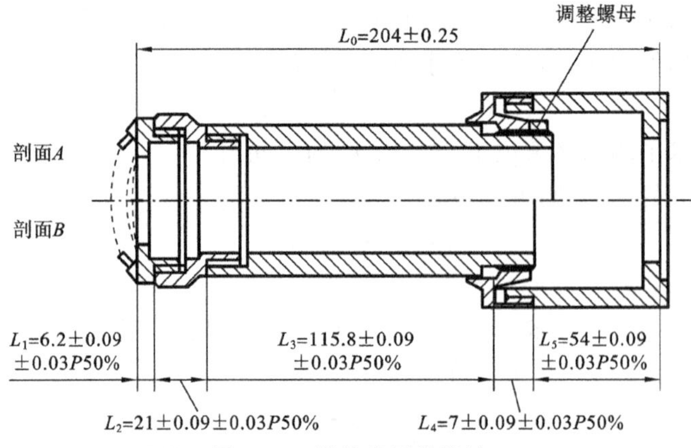

图 8-18　镜筒的两种设计

$$T_i=\frac{T_{0S}}{K\sqrt{m}}=\frac{0.5}{1.2\sqrt{5}}\ \text{mm}\approx 0.187\ \text{mm}$$

为方便将公差分为三个区间，各组成环的公差取为 0.18 mm。各组成环的公称尺寸及极限偏差为

$$L_1=(6.2\pm0.09)\ \text{mm},\quad L_2=(21\pm0.09)\ \text{mm},\quad L_3=(115.8\pm0.09)\ \text{mm}$$

$$L_4=(7\pm0.09)\ \text{mm},\quad L_5=(54\pm0.09)\ \text{mm}$$

验算如下：

$$T_{0S}=K_iT\sqrt{m}=1.2\times0.18\sqrt{5}\ \text{mm}\approx0.48\ \text{mm}<0.5\ \text{mm}$$

$$ES_{0S}=\Delta_0+\frac{T_{0S}}{2}=\left(0+\frac{0.48}{2}\right)\ \text{mm}=+0.24\ \text{mm}$$

$$EI_{0S}=\Delta_0-\frac{T_{0S}}{2}=\left(0-\frac{0.48}{2}\right)\ \text{mm}=-0.24\ \text{mm}$$

均满足封闭环的要求。

但是，各零件的尺寸还应满足预先规定的分布要求。按统计尺寸公差的标注方法(见图 8-18)，各组成环还应写成

$$L_1=6.2\pm0.09\pm0.03P50\%\ \text{mm},\quad L_2=21\pm0.09\pm0.03P50\%\ \text{mm}$$

$$L_3=115.8\pm0.09\pm0.03P50\%\ \text{mm},\quad L_4=7\pm0.09\pm0.03P50\%\ \text{mm}$$

$$L_5=54\pm0.09\pm0.03P50\%\ \text{mm}$$

结语与习题

Ⅰ. 本章的学习目的、要求、重点及难点

学习目的：了解相互关联尺寸公差的内在联系，学会按具体情况解决相关尺寸精度的分析及计算方法。

要求：① 建立尺寸链的概念，了解其作用及基本术语；② 掌握尺寸链的基本分析计算方法。

重点：根据相互关联尺寸的工艺联系，正确绘制尺寸链图；用完全互换法和大数互换法解尺寸链。

Ⅱ. 复习思考题

1. 如何根据装配或加工工艺将相关尺寸联结成封闭的尺寸组?

2. 绘制尺寸链图有何要点? 在尺寸链中怎样确定封闭环并判断增环和减环?

3. 计算尺寸链的目的是什么？

4. 解尺寸链的方法有哪几种？分别用在什么场合？

Ⅲ. 练习题

1. 有一套筒按 $\phi 65h11$ 加工外圆，按 $\phi 50H11$ 加工内孔，求壁厚的公称尺寸与极限偏差。

2. 某厂加工的曲轴、连杆及衬套等零件装配后如附图 8-1 所示。经调试运转，发现部分曲轴肩与衬套端面有划伤现象。按设计要求曲轴肩与轴承衬套端面间隙 $A_0=0.1\sim0.2$ mm，而设计图规定 $A_1=150^{+0.016}_{0}$ mm，$A_2=A_3=75^{-0.02}_{-0.06}$ mm。验算图样给定零件尺寸的极限偏差是否合理.

3. 某车床变速齿轮内孔与轴的配合为 $\phi 30H7/h6$，以平键联结（见附图 8-2）。轴上键槽深 $t_1=4^{+0.2}_{0}$ mm，轮毂槽深 $t_2=3.3^{+0.2}_{0}$ mm。为检验方便，在零件图上常应标注尺寸 X_1 和 X_2 的尺寸偏差。试求出 X_1 和 X_2 的公称尺寸和极限偏差。

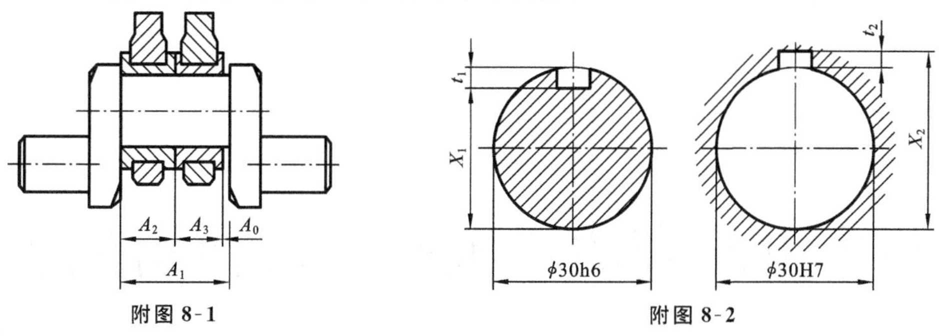

附图 8-1　　附图 8-2

4. 如附图 8-3 所示，在轴上加工一键槽。加工顺序为：

(1) 车削外圆直径至 $\phi 70.5_{-0.1}^{0}$ mm；

(2) 铣键槽至尺寸 X；

(3) 磨外圆至直径至 $\phi 70h9$。

要求按此工序加工完后，键槽深度为 $7.5^{+0.2}_{0}$，求 X 的公称尺寸及极限偏差。

5. 如附图 8-4 所示的机构，A_0 为装配间隙。

(1) 用完全互换法计算装配间隙 A_0 的变动范围；

(2) 用大数互换法计算装配间隙 A_0 的变动范围（设所有组成环符合正态分布）。

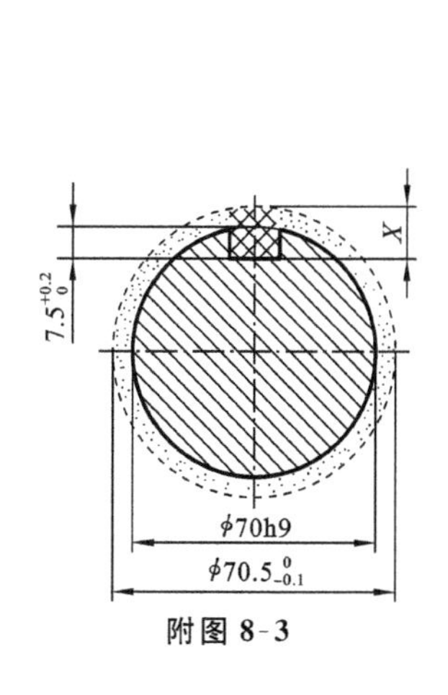

附图 8-3

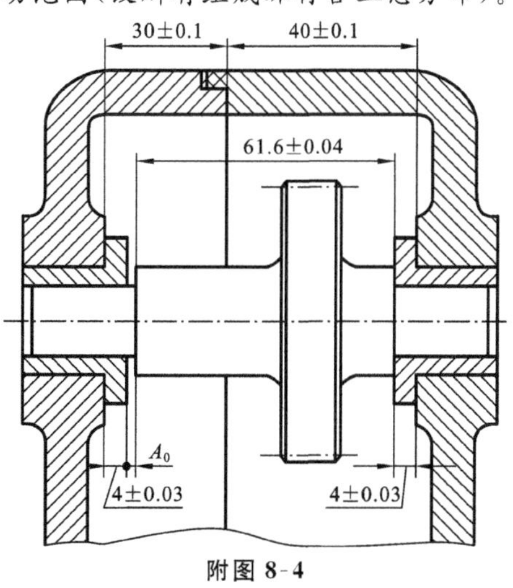

附图 8-4

参考文献

[1] 李柱.互换性与测量技术基础(上)[M].北京:计量出版社,1984.
[2] 李柱.互换性与测量技术基础(下)[M].北京:计量出版社,1985.
[3] 谢铁邦,李柱,席宏卓.互换性与技术测量[M].3版.武汉:华中科技大学出版社,1998.
[4] 李柱,徐振高,蒋向前.互换性与测量技术[M].北京:高等教育出版社,2004.
[5] 田克华.互换性与测量技术基础[M].哈尔滨:哈尔滨工业大学出版社,1996.
[6] 杨练根.互换性与技术测量[M].武汉:华中科技大学出版社,2010.
[7] 杨曙年.机械加工工艺师手册[M].2版.北京:机械工业出版社,2011.

与本书配套的二维码资源使用说明

本书部分课程资源以二维码链接的形式呈现。利用手机微信扫码成功后提示微信登录，授权后进入注册页面，填写注册信息。按照提示输入手机号码，点击获取手机验证码，稍等片刻收到4位数的验证码短信，在提示位置输入验证码成功，再设置密码，选择相应专业，点击“立即注册”，注册成功(若手机已经注册，则在“注册”页面底部选择“已有账号？立即注册”，进入“账号绑定”页面，直接输入手机号和密码登录，)接着提示输入学习码，需刮开教材封底防伪涂层，输入13位学习码(正版图书拥有的一次性使用学习码)，输入正确后提示绑定成功，即可查看二维码数字资源。手机第一次登录查看资源成功以后，再次使用二维码资源时，只需在微信端扫码即可登录进入查看。